VADE-MECUM

DU

SPÉCIALISTE-EXPERT

EN

TIMBRES-POSTE D'EUROPE

PAR

Fernand SERRANE

*Originaux : Valeur proportionnelle des Nuances,
Oblitérations, Paires et Blocs
Réimpressions
Faux — Fausses oblitérations — Truquages*

NOMBREUSES ILLUSTRATIONS

NICE

IMPRIMERIE DE L'ÉCLAIREUR DE NICE

1927

DU MÊME AUTEUR :

Guide du Spécialiste (1919). Epuisé.
Catalogue du Spécialiste d'Europe (1922). Epuisé.
Première Emission des Pays-Bas (1924).
L'Emission des Timbres de Bordeaux (1925).
La Reconstruction des Planches de Bordeaux (1926).

Seul Diplômé de l'Exposition de Paris (1925)
pour les études sur la falsification.

VADE-MECUM

DU

SPÉCIALISTE-EXPERT

EN

TIMBRES-POSTE D'EUROPE

PAR

Fernand SERRANE

MEMBRE DES SOCIÉTÉS

Société Philatélique Belge, Bruxelles
American Philatelic Society, New-York
Groupement Philatélique de France, Paris
Association Philatélique de la Côte d'Azur, Nice
Association Philatélique d'Échanges, Paris
Association Nouvelle de Timbrologie, Paris
etc

———— •O• ————

NICE
IMPRIMERIE DE L'ÉCLAIREUR DE NICE
21 Rue Meyerbeer 21
1926

AVANT-PROPOS

-

> « Et c'est une folie a nulle autre seconde
> « De vouloir se mêler de corriger le monde.
>
> « *Le Misanthrope.* »

On a parfois critiqué, dans des travaux antérieurs, les périodes étrangères au sujet traité, en maudissant la rhétorique, la dissertation qui contrecarrent de sombres desseins ; mais le fait de cingler la tromperie, la spéculation et les tripotages malpropres nous a valu infiniment plus de louanges. Ainsi, chacun apporte le stimulant précieux qui engage à.... récidiver.

Anciennes collections. Vieux marchands.

Au temps jadis, l'amateur de timbres ne connaissait que le marchand et subissait les inconvénients d'achats hâtifs, faits en boutique.

La qualité des vignettes était reléguée au second plan ; seule l'authenticité était la préoccupation primordiale des vendeurs, généralement honnêtes et blanchis sous le harnais. Néanmoins, le manque de publications philatéliques permit de tromper, dès le début, marchands et collectionneurs par des *fac-simile* vendus plus ou moins ouvertement.

Les collections de nos pères comportaient donc un grand nombre de pièces en mauvais état et des faux, souvent acquis en connaissance de cause, quand les timbres vrais étaient introuvables ou trop onéreux.

Anciens Catalogues.

Les catalogues restaient dans leurs attributions en renseignant, à l'usage des collectionneurs, des cotes exactes, reflets du marché mondial ; c'étaient des guides dont le grand intérêt résidait dans l'enregistrement méticuleux de tractations réelles.

Evolution.

Petit à petit, la multiplication des collectionneurs, la création d'un grand nombre de vignettes, l'ampleur et le volume des transactions, le développement des méthodes de truquage et de falsification ont fini par créer des organismes nouveaux dont nous allons voir les avantages et les inconvénients.

Envois à choix.

L'envoi à vue, avec prix marqués nets, est le premier perfectionnement des méthodes d'achat. Il se fait sur simple demande, en fournissant des références, et a l'avantage de permettre l'étude de chaque timbre et l'estimation maximum d'après ses qualités.

Si vous n'êtes pas suffisamment expérimenté, assurez-vous de la moralité du vendeur et exigez que les timbres soient marqués à son nom.

Sociétés Philatéliques.

Le but des sociétés est de permettre l'échange des doubles sans passer par d'onéreux intermédiaires. Les timbres, marqués à prix nets, sont réunis en carnets qui forment des envois à vue. Des marchands sont admis comme membres chargés de fournir des carnets ; ils ne doivent pas recevoir d'envois, vu que cela est contraire au but envisagé.

Dans une bonne société, tous les timbres sont marqués au verso ; les envois sont spécialisés (Europe ; France et Colonies ; Grande Bretagne et Colonies, anciens Etats Allemands et Colonies ; anciens Etats Italiens et Colonies ; hors d'Europe, etc.) et suivent un ordre régulier, chaque membre étant premier à son tour ; les carnets sont retournés aux propriétaires dans un délai maximum de 10 mois pour trois circulations complètes et immédiatement réglés. Avant de vous engager, informez-vous sérieusement si toutes ces conditions sont remplies.

Experts.

Le progrès des falsifications a créé la fonction d'expert chargé d'examiner les timbres pour compte d'amateurs moins compétents. Beaucoup se parent de ce titre qui reconnaissent tout juste les faux hurlants et se fient à leur flair pour donner des avis au petit bonheur comme on joue à pile ou face ; l'imitation moderne leur a souvent prouvé que des investigations plus sérieuses sont indispensables.

L'énormité du nombre de timbres émis fait que l'expertise générale est devenue une impossibilité, particulièrement pour les surcharges. Le matériel de comparaison — originaux, réimpressions, essais, faux, truquages, surcharges et oblitérations — est déjà immense rien que pour une des spécialisations citées ; on comprend que, sagement, l'expert s'y cantonne.

Il est arrivé aux plus grands experts de se fourvoyer ; ceci advient au cours d'un travail copieux, quand ils se trouvent en présence de très bonnes falsifications nouvelles sur lesquelles leurs références sont muettes ; les mireurs d'œufs, les astronomes et même les mathématiciens connaissent aussi ces fautes de distraction, vénielles en regard des services rendus.

La réparation artistique augmente encore leur travail ; on restaure aujourd'hui avec un tel soin que la plupart des amateurs n'y voient que du feu.

Il y a lieu de signaler que le cachet ou la signature d'un expert n'est pas toujours une garantie, car ces signes ont pu être falsifiés. Quand on veut avoir une certitude absolue, il faut faire expertiser soi-même.

Le taux des expertises ne doit pas dépasser o fr. 50 or, avec, le cas échéant, supplément égal pour l'oblitération.

Ventes Publiques.

Les hauts prix atteints par des pièces rarissimes ou de qualité exceptionnelle orientent les collectionneurs vers la vente publique dont ils espèrent grand profit. Voyons ce qu'il en est.

Les frais du vendeur sont de 10 % (commission de l'expert), plus 1 fr. 50 or par photo, plus o fr. 50 or par lot annoncé, soit au total environ 15 % pour les grandes ventes et 20 à 25 % pour les petites. La vente supporte en outre les frais d'achat (10 à 19 1/2 % suivant les pays), car l'acheteur en tient compte dans la détermination des offres.

Si l'on ajoute la moins-value des grosses pièces légèrement tarées (on en trouve dans les meilleures collections) ; la dépréciation des émissions peu recherchées et celle des séries de petites valeurs (queue de la collection), on constate que le résultat est souvent inférieur à la moitié de la valeur cataloguée.

Le vendeur s'imagine que la totalité de ses lots seront demandés, mais, suivant l'époque, l'importance de la collection, la moralité ou la réputation de l'expert, la moitié ou parfois même le quart seulement des lots obtiendront une mise sérieuse. Ne commettez pas l'imprudence de ne pas fixer de limites car alors les autres lots partent pour presque rien ou sont achetés à bas prix par l'expert.

Le paiement ne se fait pas rubis sur l'ongle, mais avec délai d'un et parfois deux mois ; si le change baisse entre temps, c'est désastreux. Vendez donc dans les pays à change élevé si vous voulez toucher exactement le produit obtenu.

Par contre, l'achat en vente publique est à recommander, mais seulement lorsqu'il s'agit de pièces isolées, décrites comme très belles et dont une photographie permet l'étude (marges, centrage, oblitération). Renvoyez la pièce si la fraîcheur ne mérite pas le qualificatif donné. Les lots de plusieurs timbres sont parfois vendus sans garantie d'expertise ; s'informer avant d'acheter.

Tous les experts envoient le catalogue sur demande et expédient les pièces acquises ; il est donc inutile de payer surcommission à d'autres personnes pour miser sur des lots.

Courtiers en timbres rares.

La grande différence entre les prix de vente et d'achat, l'exagération des frais de vente publique ont créé le courtier, intermédiaire utile quand les collectionneurs n'ont pu s'entendre entre eux. S'il est sérieux, il ne prend que 5 à 10 % de commission, en sus des taxes légales, et fait d'excellentes affaires.

La collection générale.

La collection générale est morte, bien morte, malgré les tentatives de galvanisation des éditeurs d'albums. Lentement anémiée par le nombre effarant de vignettes nouvelles, minée par l'énorme production des Etats en mal d'argent, la spéculation et la falsification — dont c'est la proie désignée — ont porté le coup fatal. D'ailleurs, quelle fortune, quels loisirs y suffiraient ?

Nouveaux catalogues, nouveaux marchands.

Le collectionneur sérieux et particulièrement le spécialiste n'accepte les cotes des catalogues qu'après étude et comparaison.

Les catalogues qui se mettent à la remorque des grandes maisons de commerce sont des prix-courants, mais non des guides. Ils sont fréquemment dominés par ces établissements dont le but est de bien vendre ce qu'ils possèdent en quantité ou ce dont ils peuvent s'approvisionner facilement, notamment les nouveautés à fort tirage et les spéculatifs à grand rendement.

Nous avons demandé cent fois que les cotes soient renseignées en valeur or et que, dans chaque pays, la Fédération des collectionneurs publie une fois l'an la cote exacte, réelle et sans escompte des timbres nationaux ; ce serait un bon moyen de propagande et la vente de ce bulletin annuel remplirait la caisse. On ne verrait plus alors les nouveautés et certaines surcharges valoir le cinquième des prix catalogués ; les dentelés moyens se vendre à la moitié et des timbres anciens et rares sous-cotés. Combien de jeunes amateurs sont capables de discriminer ces diverses catégories ?

Les cotes sont encore arbitraires quand quelques individus accaparent une ou plusieurs émissions nouvelles pour dicter ensuite des exigences excessives ; les catalogues qui enregistrent un tel état du marché ont le devoir de renseigner les lecteurs pour dégager leur responsabilité, et les collectionneurs, s'ils veulent débrider rapidement ces abcès, n'ont qu'à s'abstenir.

Timbres rares.

C'est le chiffre de tirage seul qui conditionne la rareté intrinsèque du timbre ; on peut diviser ce dernier en quatre catégories d'après son âge :

1° Nouveautés (1910 à nos jours).
2° Contemporains (1890 à 1910).
3° Modernes (1870 à 1890).
4° Anciens (1847 à 1870).

Dans la première catégorie, tous les exemplaires ou presque subsistent en bon état. Pour les contemporains, la proportion des disparus est relativement faible ; après 1890, les collectionneurs étaient déjà nombreux et le public ne jetait au panier que les valeurs d'affranchissement courant.

Plus on recule dans le temps et plus le nombre des subsistants est restreint ; pour les modernes, la proportion est de 1/5 ; pour les anciens de 1/10 à peine et pour les très anciens, jusque vers 1860, elle descend à 1 ou 2 % (il reste une douzaine de pièces des Post-Office de Maurice, tirés à 1.000 exemplaires).

Si l'on recherche le nombre des subsistants en parfait état, ces quotients subissent un déchet énorme ; en effet, les non dentelés avec marges correctes ne se rencontrent pas une fois sur 10 dans les timbres à intervalles étroits (Toscane, Tour et Taxis), et à peine une fois sur 3 dans les timbres à larges intervalles (Pays-Bas, Portugal) ;– les oblitérations salissantes enlèvent parfois jusqu'à 4/5 du contingent restant (Belgique 1849, épaulettes) et divers facteurs, comme l'usure (amincissements, coupures, manque de fraîcheur, etc.) ou le décentrage accentuent encore ces progressions géométriques. La conclusion, très intéressante au point de vue de la rareté réelle, est que le chiffre de tirage des modernes doit être divisé par 10 à 100 suivant le cas, et celui des anciens par 200 à 2.000 (1 ou 2 Post-Office en parfait état sur 2.000 et 2 à 3.000 épaulettes de Belgique sur 5 millions).

Timbres impeccables.

Le timbre sans défauts est frais de couleur, proprement oblitéré et possède au minimum quatre marges moyennes ou, s'il est dentelé, un centrage parfait. D'après ce que nous avons expliqué au paragraphe précédent, on comprend que l'impeccable, exempt de toute tare, est d'une grande rareté de qualité; les prix des catalogues sont le plus souvent risibles pour les pièces anciennes de cette condition.

Une collection de belle apparence provoque toujours de grandes surprises quand elle est passée au crible: tares ignorées, réparations, truquages, fausses surcharges, oblitérations contrefaites et faux de toutes pièces. Les amateurs qui voudront bien se livrer à l'étude critique de leurs albums en regardant les timbres.... avec les yeux du voisin ou ceux d'un expert, devront convenir que nous sommes dans le vrai.

Il faut donc conseiller de saisir aux cheveux les offres d'anciens oblitérés à l'état parfait, chaque fois que le prix n'est pas outré, et dissuader de céder de telles pièces à un prix inférieur à leur qualité. Mercure est un dieu à triple effet, d'autant plus à craindre en notre délicieuse époque que le moindre intermédiaire vise à prendre du 100 %. Quant aux pièces de belle apparence, offertes à bas prix, cherchez leurs tares: elles en ont toujours. *Vulgus vult decipi*.

Timbres neufs.

Le neuf doit avoir les mêmes qualités que l'usé et, à part quelques exceptions, posséder sa gomme originale. Il est commun en cet état lorsqu'il s'agit de timbres récents ou de restes de stock (dernières émissions de Tour et Taxis); on le trouve même avec bord ou coin de feuille alors que cela est rare dans les vieux oblitérés.

Les neufs anciens sont rares; aussi le truquage y sévit intensément: pièces lavées de leur oblitération, regommées, camouflées par réparation avant le regommage et qui doivent subir la quadruple épreuve de la loupe, de la benzine, de l'eau et de l'eau bouillante, etc. C'est un motif pour les déconseiller aux jeunes amateurs à qui les réimpressions et les essais feront encore courir grands risques. Le neuf n'est même pas nécessaire pour l'étude spécialisée car l'oblitéré rend plus de services par suite du nouvel élément d'expertise et d'étude dû à l'estampille (notamment dans les surchargés des colonies françaises et allemandes).

A proprement parler, est-ce faire collection que d'acquérir des vignettes à la poste pour les faire passer dans des albums? A l'exception des grosses raretés, on ne devrait, au contraire, admettre que des timbres ayant réellement servi et qui possèdent des traces de viabilité autres qu'un acte de naissance administratif et poussiéreux. Mais allez donc faire partager ces vues à des partisans du moindre effort qui poussent à la consommation facile et tablent non seulement sur le pourcentage de chaque série nouvelle, mais encore sur celui du bristol où elle sera collée.

Nouveautés.

La hantise du faux — que le présent volume combat victorieusement — est l'un des motifs qui ont éloigné les débutants des timbres anciens et classiques. Ignorants, ils écoutèrent les mauvais bergers qui disaient: « Prenez mon ours, les nouveautés. Avec elles, pas de soucis d'oblitération, voyez, elles sont neuves ; pas de faux (comme c'est faux !) ; elles sont peu chères (voire ! !) et vous aurez le grand avantage de les trouver partout..... et surtout chez moi. »

On entend bien que l'étude d'une nouvelle série est compréhensible et naturelle, mais il est ridicule de ne prendre, dans chaque pays, que les derniers venus. Voyez-vous un collectionneur de meubles acquérant tous les derniers modèles de Dufayel? C'est la collection en série, fille d'après-guerre, qui ne demande aucun effort cérébral et forme des amas, toujours semblables, pour le plus grand profit de ceux qui ont lancé ces appâts. C'est de l'émulation à rebours et il faut conseiller d'acquérir, s'il en est temps encore, les choses rares et recherchées ; pour les autres, croyez-le bien, vous aurez tout le temps.

D'ailleurs, ceux qui voudront bien calculer à l'indice-or le prix de leurs achats, — surtout pour les émissions de 1919 et 1920 — et la valeur à ce jour, seront stupéfaits des pertes, malgré les quelques lots de rapport qui ont pu leur échoir; s'ils tiennent à faire la preuve par 9, qu'ils regardent autour d'eux, les fortunes élevées..... sur ces nullités. Les avertissements, les dissertations ne leur ont cependant pas manqué.

Néanmoins, et c'est un indice de redressement, l'esprit collectionneur reprend le dessus et les novices, devenus compagnons, regardent maintenant vers le haut des pages de leurs albums.

Spécialisation.

La contribution journalière d'études spécialisées a fait sortir le timbre des limbes où il s'enlisait. Ce travail de prospection a formé les catalogues détaillés — dont l'officiel italien est le type parfait — en même temps qu'il engendrait une pépinière de spécialistes qui savent où ils vont et ce qu'ils veulent.

La spécialisation est donc à l'ordre du jour ; elle seule permet de constituer un ensemble harmonieux de pièces de valeur et elle est d'autant plus passionnante que les recherches sont plus poussées. Elle seule permet de connaître la valeur précise des mille variétés sur lesquelles les catalogues généraux sont forcément muets. Cela démontre à l'évidence que les stocks de quelques maisons n'établissent pas la valeur mondiale des timbres, mais bien les demandes, échanges et ventes des collectionneurs puisque ce sont eux, sans conteste, qui possèdent le plus énorme stock qui soit.

Qu'ils prennent connaissance de leur force, qu'ils s'entr'aident, qu'ils forment des Fédérations nationales attachées à leurs seuls intérêts: là est le contrepoids indispensable' pour faire disparaître les pratiques qui font tant de tort à la philatélie.

Classement des timbres.

Dans l'étude des timbres, l'ordre chronologique est le seul régulier; rigoureusement logique, il suit pas à pas l'histoire et la fabrication des vignettes et range la succession des planches et des tirages avant toutes les branches secondaires de nuances, papiers, dentelures, etc.

Les catalogues généraux, avec leur étiquetage souvent arbitraire, (et leur dérivé d'albums à cases) ont malheureusement suivi une mauvaise voie dont le mal sera durable; attachés à des classifications artificielles descriptives, ils ont négligé l'ordre naturel et systématique. Cuvier pour la zoologie, de Jussieu pour la botanique ont renversé les mauvaises méthodes de leurs prédécesseurs, de même les travaux spécialisés, rangés méthodiquement sur des pages sans cases, avec notation des détails scientifiques indispensables, rejettent résolument les anciens errements.

Les changes.

Depuis la grande guerre, les changes ont provoqué partout d'innombrables variations de cote, en rapport avec les monnaies réelles, et obligé le collectionneur à traverser le labyrinthe des calculs cambistes: nouvelle cause d'attirance vers la spécialisation qui possède la connaissance exacte des valeurs.

Pour remédier aux incertitudes du change, il faut se baser sur l'or et y rapporter toutes les cotations; pour connaître ensuite la valeur en papier-monnaie des divers pays, il suffira de multiplier la cote-or par le coefficient de dépréciation monétaire en procédant par paliers de coefficients fixes tant que le change n'enregistre pas de fluctuations sensibles.

PRÉFACE

—

« Fraude Cœli sereni deceptus.
« VIRGILE. »

Dès le début de la philatélie, des fabriques de fac-simile surgissent en Allemagne, en Italie, en Suisse ; elles copient les timbres rares, mais, quand la confection d'un seul cliché suffit, toute la série y passe. Ces imitations anciennes sont presque toujours d'une exécution si grossière que le collectionneur avancé et, à plus forte raison le spécialiste, les juge d'un coup d'œil: dessin, format, nuance, papier, tout est dissemblable. La collection de ces contrefaçons naïves ne peut donc intéresser que le débutant. Elle l'initie au grand secret de l'expertise: savoir regarder !

Méritent seuls une mention particulière les faux de cette époque fabriqués pour tromper la poste ; souvent insidieux, on les recherche nantis d'une oblitération originale qui leur confère une rareté ; neufs, ils peuvent figurer dans les références à côté des réimpressions et des essais, mais il ne faut leur accorder qu'une valeur minime: l'exagération constitue une prime à la fabrication et ces vignettes seraient copiées à leur tour. (Le fait s'est déjà produit.)

Le développement de la philatélie et les études publiées par nos devanciers obligèrent bientôt les faussaires à se rabattre sur des séries plus communes ; le nombre des imitateurs s'accroît et quelques-uns s'ingénient à rendre leur art si nocif que la lutte devient semblable à celle du canon et de la cuirasse. Les amateurs se réfugient derrière les experts, au moins pour les pièces de valeur et cela est indispensable depuis l'apparition de vignettes bien présentées par des gens qui connaissent la photolithographie, les ressources de la typographie, de la gravure, des procédés chimiques et qui emploient des encres similaires.

Cette fois, un regard est insuffisant car l'apparence des imitations modernes est souvent très bonne et la comparaison avec l'authentique s'impose à tous ceux qui connaissent insuffisamment le timbre. C'est en examinant avec attention les signes distinctifs de l'original — papier, genre d'impression, dentelure, nuance, etc. — et en s'attachant aux traits les plus ténuits du dessin qu'on découvre la fraude. Se souvenir que les timbres les plus rares ont souvent les mêmes caractéristiques que le plus commun de la série.

Le mal grandit de jour en jour. On imite maintenant les séries les plus ordinaires et particulièrement celles nouvellement émises, que le manque de renseignements fait accepter sans examen. Enfin les faussaires dernier cri cherchent à battre tous les records en émettant des faux et des fausses surcharges (Alexandrie, Batoum, Pologne, Memel, Syrie, etc., etc.) presque en même temps que l'émission régulière ; ainsi, tout le stock contrefait s'écoule avant la publication des signes distinctifs de l'ivraie.

Ces maux eussent été évités si l'on avait réagi vigoureusement dès le début, mais, par une étrange aberration, ce commerce trompeur était plus encouragé que les études des collectionneurs d'originaux ! On voit par exemple la maison F...., de Genève, obtenir pour ses produits frelatés, exposés en bonne place, « 6 croix de mérite, 8 médailles d'or, 4 grands prix et 6 diplômes d'honneur (sic) aux Expositions internationales de Saint-Etienne 1895, Nice 1896, Marseille 1897, Toulouse et Lyon 1898, etc. » !

Il n'est plus étonnant, dès lors, de voir une floraison sporadique devenir spontanée et universelle ; les rares productions qui conservaient un voile de pudeur — sous forme de mention « facsimile », « falsch », etc. — se mettent toutes nues pour mieux monter à l'assaut des collections.

Qu'a-t-on fait pour remédier à cet état de choses ? Rien ou quasiment rien, quelques actions sans suite, sans profondeur ; des stocks sont saisis, mais les clichés sont le plus souvent partis sous d'autres cieux et les stocks des..... succursales continuent à se répandre.

Les Chambres syndicales de marchands, bien placées pour savoir ce qu'il en est, n'ont pas procédé avec l'autorité et l'unité de vues indispensables pour aboutir à des résultats durables ; il ne faut pas que la peur les paralyse de voir des membres compromis par recel car les Chambres de Commerce, les Syndicats de Bourse et de Banque n'hésitent pas devant l'ablation d'un membre gangrené. L'exemple est fécond et fait gagner en réputation.

Les fédérations de collectionneurs, aidées des syndicats de marchands, sont assez fortes pour faire leur police elles-mêmes et procéder à l'assainissement complet. Qu'elles entament des actions énergiques contre les corsaires ; les lois de tous les pays contiennent de sévères dispositions contre le dol, l'escroquerie, la tromperie sur la qualité de la marchandise vendue et, au civil, sur les indemnités pour préjudice subi. Qu'elles entreprennent une action d'ensemble auprès du législateur en lui soumettant un texte précis; elles sont le nombre, levier électoral, et leur puissance d'intérêts est décuple de celle des syndicats de pêcheurs qui agissent avec succès sur les pouvoirs publics. L'organisation et la propagande de cette croisade devraient être en tête de l'ordre du jour des Congrès philatéliques; ainsi, ces derniers finiraient par servir à quelque chose.

Le collectionneur isolé est dans l'impossibilité de tenir à jour un répertoire des faussaires et truqueurs; ces gens changent de nom et d'adresse à chaque..... faux-pas; mais les organismes cités auraient intérêt à le faire et à s'en servir comme les tribunaux des casiers judiciaires pour s'informer et protéger leurs affiliés. Les Fédérations ont aussi le moyen d'obliger la publicité — arme à deux tranchants, comme la langue d'Esope — d'envisager un peu plus l'intérêt général en n'acceptant pas de louches annonces de réimpressions ou de lots à bas prix trop souvent remplis de crapauds.

Cet exorde ne doit pas effrayer le collectionneur car *l'imitation parfaite est absolument impossible.*

Un *faux* a toujours quelque différence essentielle dans le dessin; le papier, en dehors de très rares exceptions, n'est jamais le même, et l'examen par transparence, la mesure au micromètre et l'emploi du microscope en ont toujours raison; les dimensions du dessin varient; les dentelures sont rarement conformes et montrent...... le bout de l'oreille, surtout dans les coins, les falsificateurs ne possédant pas les perforeuses de toutes dimensions nécessaires pour toutes les combinaisons; les nuances, enfin, sont si rarement identiques que le spécialiste possesseur de nombreuses références tique tout de suite sur les tons étrangers.

Nous craignons d'autant moins de divulguer *les signes distinctifs des faux* insidieux que le faussaire n'arrivera pas à l'identité absolue, même s'il recommence cent fois son cliché; chaque correction provoquera, au contraire, de nouvelles erreurs, et toutes les ressources de la photographie ne permettent jamais d'imiter exactement ni un timbre, ni un billet de banque. De plus, le nombre de signes décrits est minime en regard des différences . dont les productions contrefaites fourmillent.

A noter que la plupart des faux sont lithographiés, ce qui permet d'écarter rapidement tous ceux dont les originaux sont gravés en taille douce (léger relief de la couleur) et les typographiés provenant de matrices reproduites par estampage ou par l'électrotypie (points blancs dans les fonds colorés ou empâtement des traits dans les impressions fortes). Les lithographiés ont des traits moins nets (bavures) et le dessin se ressent du grain de la pierre; mais dans le cas fort improbable, où le papier et les nuances ne donneraient pas d'indications sur les faux, l'étude des caractéristiques du report fournit toujours la certitude.

L'amateur qui voudra bien, à l'aide du présent vade-mecum, comparer quelques-uns des meilleurs faux, s'apercevra vite qu'il n'en est pas de redoutable à condition de regarder là où l'on a pris soin de guider ses pas comme le marin surveille sa boussole pour regagner le port. Qu'il fasse ensuite des prosélytes, et ce sera un jeu pour la science timbrologique de faire reculer l'escroquerie.

Pour mieux éclairer cette question, qu'on nous permette de faire état d'un fait personnel.

Le prospectus de l'Exposition de Paris 1925 renseignait une classe XXVI (division VI) pour les timbres faux et les études sur les falsifications.

Régulièrement inscrit et ayant versé les fonds pour une surface de 10 mq, la Commission m'objecta, au moment même de disposer les cartons, que cette classe venait d'être supprimée! De qui donc était venue cette fâcheuse initiative? Fort de mon droit, je proteste et déclare vouloir faire une exposition particulière à l'Hôtel Normandy; on m'autorise alors à exposer mes cartons d'étude à une hauteur de 2 m. 50 au-dessus du sol, à même le mur, sans aucun vitrage protecteur.

Cette manière de mettre la lumière tout en haut du boisseau amena la protestation suivante dans le livre des visiteurs de l'Exposition:

« Je viens protester contre l'emplacement qui a été assigné à une collection que je considère comme l'une des plus intéressantes de la présente Exposition.

« Je veux parler de la collection: Etude de faux de M. F. Serrane.

« Cette collection est placée non sur la cimaise, mais près de la corniche, à plus de 2 m. 50 du sol, c'est-à-dire à une hauteur telle qu'elle passe inaperçue ou que, si on la découvre, il est impossible de l'étudier.

« Il semblerait qu'on ait voulu favoriser l'exploitation des poires — ces victimes des faussaires et des falsificateurs — en ne leur permettant pas de se documenter.

« Je n'ai pas l'honneur de connaître M. Serrane autrement que par des articles signés de lui et je ne fais cette protestation qu'en mon nom personnel, en celui des collectionneurs désireux de s'instruire. »

« Ch. P...... »

(Signature et adresse).

Cette curieuse manifestation de phobie a tout de la politique de l'autruche, mais qui donc peut croire aujourd'hui qu'il vaut mieux cacher le danger et brimer ceux qui, dans un but confraternel et désintéressé, sonnent du tocsin, que d'abattre les faux dieux, coffrer les contrefacteurs et obtenir des lois qui les ligottent?

Mais revenons à notre sujet.

Les *fausses oblitérations* ne sont dangereuses que parce que l'amateur ne les connaît pas toutes. Le plus grand nombre sont mal exécutées, avec des encres différentes et trop jeunes.

Les *fausses surcharges*, d'ailleurs très peu nombreuses sur les anciens timbres d'Europe, sont plus difficiles à expertiser que les faux timbres, du fait que la surface à examiner est moins grande et qu'un certain nombre de références sont indispensables pour rendre un jugement sûr.

La nuance, le degré d'oléosité et l'épaisseur de l'encre font écarter pas mal d'imitations; le degré de foulage est un indice patent pour d'autres. La forme, la disposition et la mensuration des lettres et signes ainsi que le mesurage précis des intervalles permettent d'en rejeter un grand nombre, particulièrement dans les anciennes contrefaçons; enfin, des détails inconnus des faussaires tels que la nuance exacte, la dentelure, le papier et le centrage des stocks officiellement surchargés font constater quelques flagrants délits. Les clichés obtenus par la photographie sont meilleurs, mais la nuance de l'encre, le mesurage et le flou de ces imitations permettent cependant l'expertise.

Il faut avouer, néanmoins, qu'il existe des surcharges contrefaites à la perfection. Ceci a fait dire — bien savoureusement — à certains: « Si on ne peut pas les expertiser, elles sont bonnes! » C'est oublier qu'un progrès peut surgir demain qui les fera rayer des albums et c'est encore un bon motif pour faire signer les pièces acquises.

Nous demandons depuis longtemps que les spécialistes et experts renseignent, chacun dans leur sphère, les variétés et les moindres particularités des surcharges. Ce travail nécessite, il est vrai, l'agrandissement à plusieurs diamètres des feuilles originales, mais il prouve souvent qu'il n'est pas deux surcharges rigoureusement identiques par feuille et il faudra en arriver là si l'on veut acquérir la certitude absolue; un juge d'instruction finit bien par connaître le numéro exact de la machine à écrire qui a tapé un feuillet incriminé.

Il est encore une branche où le truquage fait fureur, c'est *la réparation des timbres* (1).

Elle pouvait se concevoir pour des pièces très rares dont il manquait un petit coin, quelques dents ou pour masquer une déchirure, mais tous les tripoteurs du monde se sont emparés de ce métier et leurs progrès sont rapides.

Les non dentelés ont reçu des marges énormes; les dentelés des mâchoires neuves; les amincis ou troués sont replâtrés ou remontés; les timbres sont lavés de leur oblitération et doublés au verso pour empêcher la gomme de traverser le papier original rendu spongieux par les acides (on est parfois obligé d'enlever la gomme pour constater le remontage); des unités sont rassemblées pour former des paires, des tête-bêche, des blocs; le cartouche de la valeur est pris d'un rare mutilé pour être transposé sur un commun de même nuance; les centres se renversent avec facilité, etc., etc.

Le malheur est que ces pièces sont maltraitées par l'adjonction de matériaux étrangers, par des repeintures consécutives pour masquer les raccords ou refaire le dessin et que leur valeur diminue en proportion; les pièces entièrement remontées au verso ne valent pas plus du 1/20 de la valeur cataloguée.

Les réparations les mieux faites ne sont pas dangereuses; elles se voient parfois à l'œil nu, souvent à la loupe; la benzine, l'eau froide ou chaude montrent les méfaits; la nuance modifiée est l'indice radical des remontés et le microscope n'est que rarement indispensable pour... y voir clair. Un fragment de papier à la machine avec fils de soie colorés, dans un timbre ancien sur papier à la main provoquera parfois votre sourire amusé et désabusé.

Examinez toujours posément vos achats à la loupe au recto, au verso et par transparence; cela fait voir fréquemment les réparations et presque toujours la repeinture; ainsi, beaucoup de mauvaises affaires resteront chez le vendeur. Arrivé chez vous, mettez vos acquisitions sur le métier, et renvoyez celles qui seraient truquées.

Notre « Guide du Spécialiste (1919) et le « Catalogue du Spécialiste d'Europe » (1922) se bornaient à indiquer le danger des mauvaises rencontres.

Le principal objet de l'ouvrage présenté aujourd'hui est de faire toucher du doigt les signes distinctifs des faux et des originaux. La partie « Catalogue de prix » paraîtra sacrifiée, mais nous relaterons, dans chaque émission, tous les points qui peuvent servir à l'expert pour se former une opinion exacte sur la valeur des pièces qui lui sont soumises en nous attachant spécialement aux choses qui ne sont pas indiquées dans les catalogues généraux. Pour le reste, les publications d'études et de catalogues spécialisés permettront à chacun de se renseigner suffisamment.

Le plan de l'ouvrage est divisé comme suit:

I. *Chiffres de tirage.* — Pour les timbres anciens quand ces chiffres sont connus et chaque fois qu'ils sont d'utilité.

II. *Premier choix.* — Indication des mesures minimum des quatre marges dans les non dentelés. (Timbres coupés au milieu des intervalles).

III. *Détails de la fabrication.* — Disposition des feuilles, des reports, papiers employés et modes d'impression. Pas de clichés pour les différentes émissions, celles-ci étant suffisamment connues.

IV. *Nuances rares.* — Valeur proportionnelle renseignée d'après la valeur de la nuance ordinaire par l'indication des lettres N (neuf) et U (usé, oblitéré) pourvues de multiplicateurs ou de décimales additives.

Les nuances rares cotées dans les catalogues généraux ne sont pas renseignées.

V. *Variétés.* — Valeur proportionnelle renseignée d'après la même méthode.

VI. *Paires, blocs.* — Valeur proportionnelle en premier choix. (Sans autres indications, les paires neuves et usées valent: 3 N ou 3 U ; blocs de 4 neufs: 6 N.)

VII. *Oblitérations.* — Figuration des cachets les plus usuels avec indication de valeur proportionnelle. Ces renseignements sont suffisants pour guider le lecteur, car il est impossible de s'étendre sur cette question, un gros volume étant parfois nécessaire pour relater toutes les oblitérations d'un seul pays.

VIII. *Réimpressions, essais et fantaisies.* — Nomenclature détaillée de leurs rapports avec les originaux.

IX. *Truquages.* — Nomenclature des principaux.

X. *Faux et originaux.* — Figuration des signes distinctifs des originaux chaque fois qu'il existe plusieurs bonnes séries fausses de diverses provenances, ou simple nomenclature de ces signes quand cela est suffisant. Figuration des caractéristiques ou description des faux insidieux.

XI. *Fausses oblitérations.* — Nomenclature des plus connues, faites en série. Ceci à seule fin d'attirer l'attention, car il existe un grand nombre de faux cachets isolés et d'authentiques cachets périmés dont la mention serait trop vaste à écrire.

N.-B. — Les numéros indiqués à la suite des émissions sont ceux du Catalogue général de langue française Yvert et Tellier.

Les prix renseignés sont toujours en francs or.

Les noms des faussaires ne sont pas indiqués parce que tous ne sont pas connus et que ceux des truqueurs — engeance aussi funeste — seraient forcément omis ; de plus, cette réclame est désagréable pour d'honorables homonymes. Le lieu d'origine avec, le cas échéant, l'initiale des noms d'auteurs, est d'ailleurs suffisant pour éviter toute erreur de désignation.

Nous avons le regret de penser que ce livre va faire découvrir bien des timbres indésirables ; le collectionneur trop confiant les passera par profits et pertes en jurant bien qu'on ne l'y reprendra plus. Il aura la consolation, si c'en est une, de voir ses confrères, amateurs de surcharges ou de nouveautés autrement mal lotis. *Claritatem oculis facere.*

Nous prions le lecteur de dire ses critiques, ses desiderata. Ils seront pris en considération pour les éditions suivantes. Par contre, toutes suggestions mercantiles recevront une rigoureuse fin de non recevoir.

L'Auteur.

ALBANIE

———

Pays à surcharges, que l'amateur moyen doit se dispenser de collectionner, car on trouve dix fois plus de faux que d'authentiques. Seule la grande spécialisation permet de s'y reconnaître, à condition d'examiner à fond chaque timbre, chaque surcharge, sans aucun égard pour les cachets apposés au verso.

Ce petit pays fournit la preuve qu'il vaut mieux émettre en surnombre des séries bien imprimées et en approvisionner largement tous les bureaux, que des vignettes sans tenue, faciles à contrefaire ; ces dernières font passer l'argent des collectionneurs non dans les caisses de l'Etat, mais dans la poche des « filoutélistes ».

———

Avant d'avoir des timbres spéciaux, l'Albanie indépendante employait des timbres turcs, mais avec l'oblitération ronde à date, caractères romains, qui fut en usage par la suite (5 bureaux ?).

Ces timbres, toujours rares, forment la première partie de la collection de ce pays ; à prendre sur lettre car il y a de faux cachets, notamment Vlone (Valona) en bleu, avec interruption du cercle extérieur à gauche de ce mot.

Les timbres des bureaux du Levant italien, surchargés Albania ; Durazzo, Scutari di Albania et Valona peuvent également entrer dans le cadre de cette spécialisation.

———

. La *PREMIERE EMISSION* (1913) porte une surcharge en noir ou gris-noir, qui devient huileuse et brouillée à la fin du tirage. On la trouve en rouge et en bleu sur des essais qui ont néanmoins affranchi quelques lettres. Il existe une réimpression non-officielle dont l'encre est huileuse et plus foncée que celle des originaux, d'où une transparence plus grande (rare). Les 5 paras et 5 piastres existent en tête-bêche ; les 25 et 50 piastres sont des fantaisies ainsi que toutes les valeurs non cataloguées dans Yvert. Le numéro 12 c est un provisoire de durée très courte, employé à Elbassan.

Faux. — Nombreux. Se reconnaissent par comparaison du plumage ; on trouve parfois une oblitération turque sous la surcharge ! Une série faite à Constantinople ne montre pas de protubérance sur le derrière de la tête de l'aigle droit ; une autre, faite à Genève, se reconnaît aux cuisses de l'aigle, trop peu relevées. Les mensurations de la surcharge (écartement des ailes, des têtes, des pattes, hauteur totale, etc.), sont nécessaires.

DEUXIEME EMISSION (1913). — N⁰ˢ 13 à 19.

Le n⁰ 13 a été employé avant les autres et ne porte pas le contrôle petit aigle ni le chiffre de la valeur ; nuance grise semblable à celle du n⁰ 16, impression nette.

Les n⁰ˢ 14 à 19 (25 oct. 1913) montrent de nombreuses erreurs dans la valeur : 1 pa, 2 pa, 19 pa, 30 pa, 55 gr et 10 gr ; pata, parz, ara, aral, praa, upara, paraa, pqura, pqra, grohs, vgrosh, grpsh, gros, gr sh, etc. ; le contrôle est parfois déplacé, double, renversé etc. Les nuances varient d'après les tirages.

Faux. — Nombreux. La vérification par comparaison est nécessaire.

TROISIEME EMISSION 1913 (fin déc.). — N⁰ˢ 20 à 24. Cliché en cuivre, surcharge à la main ; valeur surchargée à la main par tampon à main. Papier vergé horiz. ou vertic. Les erreurs de couleur sont rares ; on trouve des valeurs omises, des erreurs de chiffres, etc.

Bien entendu, les erreurs de ces émissions provisoires sont fréquemment voulues comme toutes celles des tripotages postérieurs à 1900 et la discrimination est difficile à faire entre les erreurs réelles et celles qui ont pour but d'hypothéquer le portefeuille du collectionneur. Conclusion: prudence extrême.

Faux. — Nombreux. Comparaison.

ALBANIE CENTRALE. (*Essad Pacha.*).

1⁰ Emploi d'un cachet à main de grand module (4 cent.), triple cercle, impression violette ; peut être considéré comme une marque postale de service employée parfois comme timbre, avec oblitération régulière sur l'enveloppe. Curiosité, sans plus, par suite de la position irrégulière d'Essad Pacha.

2⁰ Série exécutée à Vienne, légende: Albanie Centrale ; commandée par Essad Pacha, mais non émise. Fantaisie.

EMISSION SCANDERBERG (1913). — N⁰ˢ 25 à 30.
Pas d'imitations.

1914. *EMISSION PRECEDENTE SURCHARGEE* 7 mars. — N⁰ˢ 31 à 36.

Surcharges à la main, faites en deux fois. 5 et 25 oint avec inscription 1461 etc., renversée.

TIMBRES DE KORITZA. — N⁰ 27.

Il existe deux valeurs, 10 et 25 paras (port intérieur et extérieur). Cachet à la main frappé deux fois sur les enveloppes d'envoi, puis ensuite imprimées en feuilles (en usage les 30 et 31 mars seulement). Les neufs du stock restant sont considérés comme réimpressions.

Faux. — Très nombreux. Comparaison des encres et du dessin.

EMISSIONS SUIVANTES.

Toutes les émissions suivantes ont été outrageusement imitées. Comparaison. Toutes les séries non cataloguées dans Yvert et les n⁰ˢ 108 à 113 (poste) et taxe n⁰ˢ 18 à 22 (1920) sont des fantaisies sans valeur.

ALLEMAGNE

I. — OFFICE DE TOUR ET TAXIS
(*Etats du Nord et du Sud*)

Les timbres *neufs* des deux premières émissions (1852 à 1859) sont rares, en bon état, avec gomme originale (excepté 5, 10 silb.; 15 et 30 Kr). Ceux des autres émissions sont souvent plus communs que les oblitérés par suite de la vente des stocks et les n⁰ˢ 12 à 15, 20 à 31, 40, 41 et 45 à 52 portent souvent de fausses oblitérations.

Les non dentelés de *premier choix* doivent avoir quatre marges visibles (1/4 à 1/2 m/m); ceux avec marges complètes (vollrandig) valent le double et ceux dont les marges empiètent sur les timbres voisins (übervollrandig) au moins le triple. Les bords de feuilles sont rares. Les nuances sont parfois altérées par exposition à la lumière. Comparez le recto et le verso.

Oblitérations. — Les cachets à numéros (Nummernstempel), de
1 à 424 sont à 4 cercles (Vierringstempel) excepté les nᵒˢ 104, 220,
270, 360, 363, 370, 381, 382, 384 à 386, 388 et 390 à 393 qui
n'avaient que trois cercles (Dreiringstempel). Numéros rares en
noir: 390 et 406; très rare: 372 (500 fr.). En bleu: 2 à 5 U, mais le
nᵒ 80 est rare et le nᵒ 424 très rare. En rouge, rares : 5 à 10 U ;
nᵒˢ 69 et 238, très rares. On trouve en outre des oblitérations
vertes: rares.

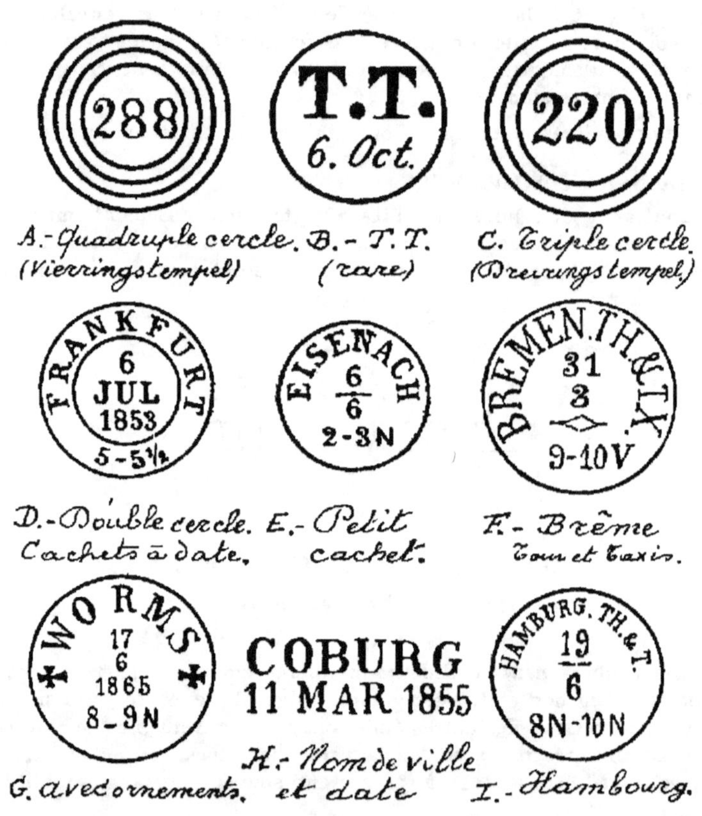

A.-Quadruple cercle. B.-T.T. C.-Triple cercle.
(Vierringstempel) (rare) (Dreiringstempel)

D.-Double cercle. E.-Petit F.-Brême
Cachets à date. cachet. Tour et Taxis.

G. avec ornements. H.-Nom de ville I.-Hambourg.
et date

Les cachets à date doublent la valeur; il en est de rares,
notamment ceux en bleu; en rouge: R. R. Les cachets sur une ou
deux lignes, encadrés ou non sont toujours rares, ainsi que les
ambulants, le cachet rond T u T et les cachets étrangers
(Hanovre, etc.).

Les *timbres sur lettres* valent environ U, 50; excepté les n°s 2, 12, 13, 26 à 30, 40 et 41: 2 U; les n°s 1, 7, 14 et 26 (1/4 silbg) isolés: 4 U.

On trouve des découpures *d'enveloppes* ayant servi comme adhésifs: rares.

NORD. 1852-58. — N°s 1 à 6.

Le 2 silbg. n° 5 est généralement sans point après Taxis. Cette valeur n'en a pas non plus dans les autres émissions, excepté le n° 24. Le n° 3 a été coupé pour moitié. Paires: 4 U; bandes de 3: 6 U; blocs de 4, n° 1: 20 U; n° 3: 30 U; les autres: R. R. Il y a 3 nuances distinctes du 1 silbg.: bleu, gris-bleu et bleu foncé; et deux du 3 silbg.: jaune et ocre-jaune.

1859-1861. — N°s 7 à 13.

Paires: 4 U; bandes de 3: 6 U; blocs: R. R.

1862-64. — N°s 14 à 19.

Prendre ces timbres avec marge suffisante pour avoir la certitude que ce ne sont pas des exemplaires des émissions suivantes avec perçages coupés. Le 1 silb. rose a été coupé diagonalement pour moitié. Paires: 3 U; bandes de 3: 6 U, mais n°s 14 et 18: 8 U; blocs de 4 n° 19: 16 U; n° 14: 32 U; les autres, R. R.

1865. — N°s 20 à 25.

La vérification du perçage est nécessaire pour les oblitérés car le n° 20 peut être un n° 14 faussement percé en lignes blanches et toute la série peut avoir été truquée de l'émission neuve de 1867 avec fausse oblitération. Paires: 3 U; bandes de 3: 5 U; blocs: rares (n° 23: 20 U).

1867. — N°s 26 à 31.

Le n° 29 existe en paires non percées au milieu: rares. Quelques timbres des deux émissions précédentes ont été pourvus de larges marges par réparation et d'un perçage peinturluré. Paires, bandes et blocs : comme dans l'émission précédente Bloc de 4 du n° 29: 30 U.

SUD. 1852-58. — N°s 32 à 35.

Mêmes nuances de papier que dans les n°s 1 à 6. Les timbres de 6 Kr. n'ont pas de point après Postverein. Le 3 Kr a été coupé par moitié. Paires: 4 U excepté 33 a: 8 U; bandes de 3: 6 U; bloc de 4: rares (n° 32: 40 U).

1859-1860. — N°s 36 à 41.

Le n° 36 en vert bleu vaut 2 N. Le n° 39 recto-verso: R. R. On trouve les n°s 40 et 41 avec perçage non officiel. Paires: 4 U; bandes de 3: 6 à 10 U; blocs de 4: rares (n° 36: 50 U).

1862-64. — N°s 42 à 44.

Même observation que pour n°s 14 à 19. Le n° 43 est connu recto-verso: R. R. Paires: 4 U; bandes de 3: 6 U; blocs de 4: rares.

1865. — N°s 45 à 48.

Même observation que pour n°s 20 à 25. Paires: 3 U; bandes de 3: 5 U; blocs de 4: rares.

1867. — N°s 49 à 52.

Paires: 3 U; bandes de 3: 5 U; blocs de 4: rares.

Réimpressions. — Les n°s 1 à 11, 14 à 19, 22 et 23, 32 à 39 et 42 à 45 ont été réimprimés en 1910 (les n°s 4 et 33 en deux nuances). Tons légèrement différents des originaux, pas de gomme, lettres N D (majuscules anglaises) en violet au verso — (abréviation de Neudruck : réimpression). La série vaut 25 fr.

Faux anciens. — En dehors des faux grossiers (Nuremberg, etc.) il y a lieu de noter:

1/4 silbg. 4 types lithographiés. — a) Freimarke est écrit Freinrarke; b) les fractions 1/4 des angles sont peu visibles, le 4 de la fraction des cartouches inférieurs est plus petit que les minuscules de l'inscription; c) la lettre s de Deutsch n'a pas de trait terminal dans le haut; d) faux très réussi, mais le cor inférieur droit est à l'envers, le pavillon dirigé vers le bas du timbre.

10 silbg. 2 types lithographiés. — a) Thurn et und forment un seul mot; b) les consonnes hautes de Silb Grosh sont moins hautes que les capitales; le k de Frimarke reste à 1/2 mm. du bord supérieur du cartouche (au lieu d'arriver très près); le fond des cors et des petits chiffres 10 du fond central sont très mal venus (hachures); les chiffres 10 des quatre coins sont trop grands.

30 Kr. Le T de Taxis ne porte qu'un trait vertical au lieu de deux traits fins.

Faux modernes. — Toutes les valeurs (excepté les 5 et les 10 silbg, 15 et 30 Kr.) ont été contrefaites par 10 clichés de fabrication turinoise. La coloration du papier (demi-glacé moderne) a été exécutée à Genève, ainsi que l'impression et les oblitérations quadruple cercle n° 6, 9 (parfois 6 et 9 à l'envers), 34, 95, 142, 195, etc. Ces oblitérations ont également été appliquées sur des originaux. On peut trouver toutes nuances (rarement bien conformes) le papier étant coloré au fur et à mesure des commandes.

Voir l'illustration pour les caractéristiques de ces faux et des originaux.

Tour et Taxis, Nord et Sud. Colonnes de gauche: originaux. Colonnes de drate: faux de Tuxin.		1, 7, 14, 20 et 26	
2, 15, 21 et 27. *Burelage extra-fin.* / *Burelage grossier.*	**3, 8, 16, 22 et 28.** ke / kr / Gro / Gro	**4, 9, 17, 23 et 29** fre / fre / 1 S / 1 S	
5, 10, 18, 24 et 30	**6, 11, 19, 25 et 31.**	**32, 36, 45 et 49.**	
33, 37, 42, 46 et 50.	**34, 38, 43, 47 et 50**	**35, 39, 44, 48 et 52.**	

Fausses oblitérations. — Outre les faux cachets à numéros déjà cités (Genève), il en existe de plusieurs provenances (Saxe, Berlin, Alsace, Paris); les quadruples cercles 18 et 39 sont particulièrement réussis. On trouve aussi une trentaine de cachets à date dont les meilleurs sont : Bremen Th et TX ; Blomberg ; Frankenberg ; Hamburg Th e T ; Ilmenau et Marburg. Quelques-uns ont été frappés sur des lettres entières fabriquées avec du papier de l'époque. Les moins bons se reconnaissent tout de suite à quelque mauvaise disposition des signes (lettres ou chiffres penchés ; chiffres horaires trop petits, lettres non concentriques au cercle, lettres dont l'axe ne passe pas par le centre du cachet, etc.) et l'encre oblitérante, trop jeune, les fait remarquer.

On trouve ces faux sur tous les neufs, restes de stock, donc sur ceux qui n'ont pas été réimprimés, et également sur le n° 2 bien moins rare neuf qu'usé.

II. — CONFÉDÉRATION DE L'ALLEMAGNE DU NORD

1868. *PERCÉS EN LIGNES. TYPOGRAPHIÉS.*

Les timbres sur lettres valent 2 U. Les paires : 3 U ; bandes de 4, rares ; les blocs de 4 usés sont rares, par exemple n°ˢ 3 et 9 . 25 frs. On trouve des percés en lignes plus larges et parfois plus hauts que d'autres (21 × 25 ᵐ/ᵐ), dont on fabrique des non dentelés ; le mieux, est de prendre les non dentelés en paires (rares) ou isolés sur lettre : 3 U. Non dentelé n° 4 : 50 fr. ; n° 7 : 100 fr. ; n° 8 : 75 fr. ; n° 9 : 50 fr. ; n° 10 : rare ; paire usée : 500 fr. On trouve des essais ; n° 4 en noir. Pas de réimpressions. Les timbres avec numéros marginaux sont rares ; minimum : 50 fr.

Oblitérations. — Toutes celles qui sortent de l'ordinaire sont rares, par exemple, cachet muet bâtonné de Hambourg (Maschinen Stempel) sur n° 4 : 25 fr. ; oblitérations saxonnes : 3 à 10 U, suivant valeur ; ambulants ; Konigl, Preuss Post Amt Cassel, etc.

Fausses oblitérations. — Quelques-unes sur le n° 11, plus rare usé que neuf.

Faux. — Les n°ˢ 4 et 5 ont été grossièrement imités à Genève (F). Nuances très différentes. Lithographiés.

1869. *DENTELES 13 1/2 × 14. TYPOGRAPHIÉS.*

Timbres sur lettres : U, 50 ; n° 22 : 2 U ; paires : 3 U ; mais n° 22 : 4 U ; blocs : rares, n° 12 ; 25 fr. Pas de réimpressions.

Oblitérations. — Voir émission précédente.

Truquages. — Les n°ˢ 1, 8 et 11 ont été faussement dentelés pour faire des n°ˢ 12, 19 et 22.

Fausses oblitérations. — Assez nombreuses sur n°ˢ 19 et 22.

Faux. — N°ˢ 15 et 16, généralement neufs. Voir émission précédente.

Faux pour servir. — Lithographié. Inscription centrale non concentrique, inscription de la valeur irrégulière et peu lisible. Rare.

1869. *INSCRIPTION NORDDEUTSCHER POST BEZIRK. DENTELÉS 14 × 13 1/2.*

Sur lettre : 2 U ; oblitérés plume et cachet à date : U, 30 ; rares en paires et en blocs.

Truquages. — Les n°ˢ 23 et 24 oblitérés plume ont été fréquemment lavés pour en faire des neufs ; vérifiez la gomme par comparaison et recherchez les traces d'encre au recto (il faut parfois la photographie pour les apercevoir). Le papier spongieux est un bon indice du lavage.

Fausses oblitérations. — Ne sont pas rares sur le n° 24.

TIMBRES DE SERVICE 1870. DENTELÉS 14 × 13 1/2.

Sur lettres : U, 50 mais n°s 8 et 9 : 3 U. Les paires sont peu communes : 4 U.

Les oblitérations autres que l'oblit. ronde à date (ordinaire noire) sont rares, par exemple : K. P. R. Kriegsgerich-Commission Zu Glatt (cachet rond) etc.

Fausses oblitérations. — Nombreuses sur les valeurs en Kreuzer (Etats du Sud).

TÉLÉGRAPHES 1869. DENTELES 13 1/2 × 14 1/2.

Généralement oblitérés plume. Valent environ le double avec oblitération postale.

Truquages. — N°s 3, 5, 7 et 8 lavés de l'oblit. plume.

III. — EMPIRE D'ALLEMAGNE

Pas de réimpressions.

1871-72. *PETIT ECUSSON. DENTELES* 13 1/2 × 14. N°s 1 à 11.

Le n° 5 non dentelé: R. R. R. Quelques valeurs sont connues avec dentelure grossière: 2 N; 5 U. Timbres sur lettres: U, 50, n° 11: 2 U. Paires: 3 U; blocs de 4 neufs: 6 N; usés: 10 U. 5 groschen: 20 U. Les petites valeurs: 5 frs.

Oblitérations. — Ronde à date: commune. Toutes les autres sont rares: en couleur; ambulants; sur une ligne (par ex. Emden); étrangères (Bavière, Saxe, Hollande), etc. Le n° 8 a été faussement oblitéré.

Truquages. — Voir émission au gros écusson.

1872 (*JUILLET*) 10 et 30 *GROSCHEN. N°s* 26 et 27.

Avec oblit. plume et postale: U, 30. Sur lettre: 2 U.

Fausses oblitérations. — Très nombreuses. (Murrow, etc.)

1872. *GROS ECUSSON. N°s* 13 à 25.

Sur lettres: U, 50; 18 kr: 2 U. Paires 3 U; n°s 21: 4 U; blocs de 4: 10 U; n° 19: 30 U; les petites valeurs: 5 frs.

Le 2 gr. brun est un non émis.

Oblitérations. — Voir émission précédente. Les oblitérations du Levant sont recherchées.

Fausses oblitérations: sur n°s 21, 24 (brun-rouge) et surtout 25.

Truquages. — La plupart des timbres avec gros écusson ont été réestampés pour faire des petits écussons et l'opération contraire a été faite sur le n° 8 (orange); le froissement du papier et des défauts de conformité du dessin dévoilent la fraude; pour les oblitérés n°ˢ 21 et 25 le millésime est un indice probant.

Les centres renversés sont des fantaisies.

Faux. — De Berlin. Toute la série non dentelée. Exécution grossière. Parfois offerts comme réimpressions.

1875. *SURCHARGES* 2 1/2 et 9 gr. N°ˢ 28 et 29.

N° 28 avec chiffre 1 de la fraction déplacé de 1 ᵐ/ᵐ vers la gauche: 20 frs. N° 28 bloc de 4: 30 U; n° 29: rare.

1875. *PFENNIGE.* N°ˢ 30 à 35. *DENT.* 13 1/2 × 14 1/2.

Les blocs de 4 neufs sont rares : n°ˢ 30 à 33 : 15 N ; n° 34 et 35 : 10 N. Le n° 35 a vert bronze foncé et le n° 35 gris-pâle sont rares neufs: 100 frs ; les autres nuances, gris-noir, gris, gris-olive: 50 frs.

1880. *PFENNING.* N°ˢ 36 à 41.

Les neufs du premier tirage (nuances ternes, papier plus épais) sont recherchés : 5 N ; 25 pf N : 20 frs ; la nuance rare du n° 41a est réséda (1ᵉʳ tirage): 20 frs ; le gris olive ne vaut que 5 frs ; le commun (dernier tirage) est vert-bronze foncé.

10 pf. non dentelé: 50 frs ; 50 pf: R. R. A noter qu'on trouve des dentelés de format plus grand que les autres, 22 1/2 × 23 1/4 (dent. comprise) et que le non dentelé doit donc avoir 21 1/2 × 22 1/4 minimum. 50 pf. avec ornements circulaires blancs (dans le haut) 10 frs N, 5 frs usé.

Blocs de 4 oblitérés n°ˢ 36 à 39: 5 frs ; n°ˢ 40 et 41: 7 fr. 50 c.

Faux usés poste. — N° 38. 10 pf., faux de Strasbourg: R. R. oblitéré. Mal exécuté ; la comparaison du centre suffit.

N° 41 ; 50 pf. faux de Barmen: 75 frs oblitéré (octobre 1882 au 25 mars 1883). Hauteur prise au milieu du timbre: 21 1/2 au lieu de 21 3/4 ᵐ/ᵐ ; le dessin blanc de séparation entre les deux volutes situées à gauche de DEU touche l'ovale ; les signes secrets manquent.

1875-82. 2 *MK. CHIFFRE.* N° 43. *DENTELES* 14 1/2 × 13 1/2.

Le n° 43 a est de 1875, sa nuance est pourpre foncé.

1889-1900. *CHIFFRE OU AIGLE AU CENTRE. DENTELES* 13 1/2 × 14 1/2.

Non dentelés neufs, 3 pf.: 40 frs ; 10 pf: 75 frs ; 25 pf: 50 frs ; 50 pf. (brun) : 50 frs. Défauts de planche, 2 pf. avec erreur Reighspost: 10 frs ; 10 pf. avec trait allongé sur T du même mot: 5 frs. Le n° 41 est rare sur lettre : 5 frs.

Faux pour servir. — 10 pf. faux de Hôchst : 30 frs oblitéré ; sur lettre: 40 frs. Rose terne et rouge, cette dernière nuance moins commune. Nuances et dentelures non conformes.

10 pf. faux de Mayence : 75 frs. Rouge-brique, mêmes défauts.

Quand on a reconnu les nuances arbitraires, il suffit de compa·
rer le dessin pour arriver à une certitude ; le format et la dentelure
viennent ensuite la corroborer.

Faux. — Toute la série a été imitée. Voir plus loin.

1900 GERMANIA. REICHSPOST. DENT. 14. N°ˢ 51 à 64.
5 pf. bleu, erreur de couleur : R. R. 200 frs neuf.
10 pf. non dentelé : 10 frs neuf. 5 mk type III planche retouchée : N, 50 ; U, 50.

1901.5 PF. COUPÉ VERTICALEMENT POUR 3 PF. N° 65.
Surcharge peu officielle. Le neuf est à déconseiller.
L'oblitéré *sur lettre* vaut 500 frs ; isolé : 300 frs.
Fausses surcharges. — Nombreuses. Celles de Genève (F) se
trouvent sur timbre complet,non sectionné. Ce timbre doit absolu-
ment subir l'expertise de surcharge et d'oblitération.

1902-1904. DEUTSCHES REICH. N°ˢ 66 à 80.
Le 3 mk avec caractères gothiques est rare sur lettre : 3 U.
Truquage. — Erreur 67 a DFUTSCHES obtenue par grattage ;
examen à la loupe, par transparence.
Faux pour servir : 10 pf, faux de Chemnitz : rare. Dessin, for-
mat, dentelure : comparaison.

1905-1911. FILIGRANE LOSANGES. N°ˢ 81 à 95.
Faux pour servir : 10 pf. faux de Hanovre. Imitation grossière,
dentelure non conforme.
Les faux dits du service d'espionnage anglais, 10 et 15 pf. (n°
100) sont contestés.

1920. *MÊME FILIGRANE. DENTELÉS* 14. N°ˢ 119 à 133.
Faux pour servir : 60 pf. olive, faux de Berlin ? dentelé 13, le
lignage de la figure, du cou et du fond n'a pas la finesse de l'origine. Comparaison.

NOUVEAUTÉS.
Fausses surcharges.
1921. N° 136 ; 5 mk sur 75 pf. Nuance verte et chiffres non
conformes ; étoiles trop petites. Comparaison.
N° 137 10 mk sur 75 pf. Caractères non conformes (lettre M
plus haute que les chiffres). Comparaison.
1923. Série surchargée n°ˢ 252 à 290. Quelques surcharges simples (notamment n°ˢ 269 et 270) ont été imitées. Les erreurs de
surcharges (doubles, etc.) ont été imitées en grandes quantités à
Munich. Comparaison.
Les 800 T sur 100, sur 300 (vert foncé) et sur 500 (rouge) sont
des non émis.
1923. Série surchargée n°ˢ 310 à 319. Quelques valeurs ont été
imitées notamment le n° 310 qui aurait servi ? Comparaison.

TIMBRES DE SERVICE.

1923. N°s 37 à 47, quelques fausses surcharges.

1923. N°s 48 à 61. Il n'existe pas de surcharges renversées originales.

TÉLÉGRAPHES. Même observation pour les oblit. plume lavées que dans les télégraphes de la Confédér. du Nord.

OCCUPATION POLONAISE. 1919. N°s 1 à 7.

Les 3 valeurs chères ont été beaucoup imitées, ainsi que les surcharges renversées des n°s 6 a et 7 a ; la comparaison est indispensable, car il existe de très bonnes falsifications.

COLONIES ALLEMANDES.

La série allemande de 1889 (n°s 44 à 50) a été bien imitée à Genève (F). C'est cette série qui a été indiquée par erreur comme étant réimprimée (notamment par Zumstein).

On la rencontre rarement sans les fausses surcharges des colonies. L'illustration renseigne les principaux signes distinctifs du dessin ; il n'y a donc pas lieu de s'arrêter aux nuances arbitraires, au papier, ni à la dentelure, non conformes, car tout cela peut être modifié demain.

Citons à toutes fins utiles et malgré qu'elles ne rentrent pas dans le cadre de cette ouvrage les séries faussement surchargées et les faux cachets qui ont servi à les tamponner. (Cachet rond à date, gravé sur bois.)

Afrique orientale ; 1893, série en pesa n°s 1 à 5 ; 1896, série Deutsch-Ostafrica et pesa n° 6 à 10.

Afrique Sud-Ouest ; 1897, série Deutsch-Südwest-Afrika nᵒˢ 1 à 6, oblitération : GIBEON 1/5 9. 1898, série Deutsch-Südwesta-frika nᵒˢ 7 à 12, oblit. : RETHANIEN DEUTSCH-SUDWESTA-FRICA 1/5 99.

Camerun ; 1896, série Kamerun, nᵒˢ 1 à 6, oblit. KAMERUN 3 2 98.

Carolines ; 1899-1900, série Karolinen, nᵒʳ 1 à 6, oblit.: YAP 7/1 99 KAROLINEN.

Chine ; 1897-1900, série China, nᵒˢ 1 à 6 avec les deux inclinai-sons de la surcharge, oblit. : TSCHINWANGTA 16/2 97 DEUTS-CHE-POST.

Levant ; 1889, série en para et piaster nᵒˢ 6 à 10. Oblitérations diverses.

Mariannes ; 1899, série Marianen nᵒˢ 1 à 6, les deux inclinaisons, oblit.: SAIPAN 18/11 99 MARIANEN.

Maroc ; 1899, série Marocco et centimes, nᵒˢ 1 à 6.

Marshall ; 1897, série Marschall-Inseln nᵒˢ 1 à 6, oblit. : JALUIT 8/16 97 MARSCHALL-INSELN.

Nouvelle-Guinée ; 1896, série Deutsch-Neu-Guinea, nᵒˢ 1 à 6, oblit.: STEPHANSOKT 16-5-99.

Samoa ; 1900, série Samoa, nᵒʳ 36 à 41, oblit. APIA 1-2-00 10-11 V (SAMOA).

Togo ; 1897, série Togo, nᵒˢ 1 à 6, oblit.: KLEIN-POPO 5-11-98.

Bien entendu, les fausses surcharges et oblitérations ont été également appliquées sur des originaux.

ALLENSTEIN

Timbres peu intéressants ; nombreuses surcharges fausses.

1920. *PLEBISCITE. Nᵒˢ 1 à 14.*

La surcharge a été bien imitée sur toute la série, en caractères trop gras. Plusieurs autres types de faux circulent du 15 pf. nᵒ 4. Comparaison.

1920. *TRAITE DE VERSAILLES. Nᵒˢ 15 à 28.*

Fausse surcharge de Chemnitz ; 1 ᵐ/ᵐ environ moins haute et 1/4 ᵐ/ᵐ moins large. Plusieurs autres types circulent du 15 p lilas, nᵒ 18.

ALSACE-LORRAINE

La collection spécialisée des timbres de ce territoire est d'autant plus attachante, que leur mise en circulation correspond à l'avance des troupes allemandes.

1870. *POSTES, CENTIMES ET GRANDS CHIFFRES. DENTELÉS* 13 ½ × 14 ½.

Feuilles imprimées en deux fois : 1° burelage ; 2° texte.

Impression d'origine typographique qui a provoqué de nombreuses variétés et défauts dans les lettres et dans la largeur des mots Postes et Centimes. Les chiffres, déplacés par rapport aux lettres permettent de situer les types dont il sera question plus loin.

Il existe diverses *planches,* au moins pour quelques valeurs , cette question n'est pas encore suffisamment étudiée. Les types II des 10 et 20 cent proviennent des premières planches ; les types III et IV du 4 cent et le type IV du 20 cent semblent également appartenir à ces planches, mais ces erreurs ont dû être corrigées au cours du travail.

Burelage. — Tous les timbres portent le burelage, parfois renversé, mais celui du 10 cent est quelquefois partiel ou très peu visible par suite d'usure : 10 U.

Nuances. — Quelques nuances dans chaque valeur ; l'outremer vif n'est pas commun dans le 20 cent : 3 U. Le bistre-jaune du 10 centimes n'apparaît qu'avec la planche II.

Grand format. — 25 mm. de hauteur au lieu de 24, par défaut de dentelure ; 5, 10, 20 et 25 cent : 8 U.

Timbres sur lettres. — 2 U. Affranchissement rare : 1, 4 et 10 cent sur une lettre ; 2 c. et paire du 4 cent. On recherche les affranchissements mi-partie français et allemands ; aussi les lettres frappées d'une griffe de taxe (par exemple chiffre 20, en bleu : 20 frs.)

Paires : 3 U ; les 1 et 4 centimes sont moins communs ; bandes de 3 ; 1 et 2 cent : 6 U ; 4 cent : 8 U ; 5 et 10 cent 10 U ; 20 et 25 cent : rares. Tous les blocs sont rares usés, et recherchés à l'état neuf.

Oblitérations. — Les catalogues spécialisés notamment la France et Colonies d'Yvert, traitent cette question en détail.

On peut indiquer comme grandes subdivisions :

1° Les cachets français employés en Alsace-Lorraine ; cachets à date ronds ou festonnés, portant l'indice du département dans le

bas. Ils sont tous rares ayant été remplacés par des cachets allemands au début de 1871. (Valeur intrinsèque de 3 à 25 frs. Doivent
être bien lisibles).

Cachets losange de points, grands ou petits chiffres, plus rares :
10 à 40 frs ; noms de villes sur une ligne : 20 à 50 frs.

2° Les cachets français employés sur territoire français dans les
communes occupées par les Allemands. Mêmes cachets que précédemment, mêmes raretés, et cachets allemands provisoires avec
centre blanc ou millésime 1871 (Amiens, Epinal et Rouen).

3° Cachets allemands employés en Alsace-Lorraine, ronds à date,
avec indications horaires dans le bas. Généralement moins rares
que ceux du 1°. Sont rares tous les cachets à double cercle, sans
indications horaires (notamment Aumetz, Corny, Delme, Gertzheim
Rodemachern, Scherweiler) et les cachets ordinaires Roeschwoog,
Merzweiler et Westhofen im E : 10 à 30 frs.

4° Cachets prussiens, bavarois et wurtembergeois (ronds, rectangulaires ou en demi cercle, avec indications de Feldpost — poste
de campagne).

Sont rares : cachets ronds nos III, 63 et 64 ; cachets rectangulaires nos 4 et 75 ; cachets bavarois VI et les cachets wurtembergeois. Valeur : 20 frs.

5° Cachets de bureaux ambulants allemands, avec ou sans
cadre, inscription sur 3 lignes : 3 à 10 frs.

6° Cachets accidentels sur les timbres, comme : cachets de corps,
cachets d'arrivée, ambulants français, etc. Valeur d'amateur.

TYPES DES TIMBRES.

Les catalogues spécialisés mentionnent que les divers types se
reconnaissent à la position des chiffres par rapport aux mots Postes
et Centimes ; et que cette position se vérifie en prolongeant l'axe
ou l'un des côtés des chiffres.

Cette méthode provoque des tâtonnements, des erreurs, du fait
que le texte est plus ou moins large, suivant les espaces dont il
était pourvu.

Nous avons essayé d'apporter plus d'exactitude dans la solution
de ce petit problème en notant la position des chiffres, non par
rapport aux lettres mais en tenant compte de leur éloignement de
la bordure gauche. Le graphique joint fera néanmoins état des
deux procédés afin que le spécialiste puisse les juger et au besoin
les vérifier l'un par l'autre. (Communiqué le 1-10-1925 à « L'Echo
de la Timbrologie »).

1 centime. — Type I. Commun. Chiffre gras, 1^m/^{m} 1/4 de largeur.
Corps du chiffre à 8 1/2 ou 8 3/4 ^{m}/^{m} de la bordure gauche ; sa
position peut donc être légèrement différente par rapport au mot
Postes qui varie de 11 4/5 à 12 1/2 de largeur.

Type II. Moins commun. Chiffre maigre, 1 ^{m}/^{m} de largeur. Le
chiffre est à 9 ^{m}/^{m} de la bordure gauche.

2 centimes. — Pas de type digne de remarque; le mot Postes varie de 11 4/5 à 12 1/2 $^{m}/^{m}$ de largeur.

4 centimes. — Type I. Commun. (L'axe de la branche verticale du chiffre traverse la lettre I de centimes, ou bien: la base du chiffre se trouve au-dessus des lettres TIM).

Le chiffre 4 est situé à 6 $^{m}/^{m}$ 1/2 de la bordure gauche et le C de centimes à 2 $^{m}/^{m}$.

Type II. Rare. (L'axe de la branche verticale passe à droite de la lettre I mais tout près de celle-ci).

Le chiffre 4 est situé à 7 $^{m}/^{m}$ de la bordure; il est donc dévié à droite de 1/2 $^{m}/^{m}$, la cause en est dans une espace trop grande mise à gauche dans la composition typographique.

Quand le mot Postes est de largeur anormale (12 $^m/^m$ 3/4 au lieu de 11 3/4 à 12 1/2) le T est placé au-dessus de la droite de la tête du chiffre au lieu d'être au-dessus de la gauche ; ceci permettrait de noter un sous-type mais il vaux mieux, pour ne pas compliquer, mentionner le cas dans les variétés rares du mot Postes.

Type III. — R. R. R. (L'axe de la branche verticale du chiffre passe à gauche de la lettre M mais tout près de cette lettre, ou bien: la base du chiffre surmonte les lettres I M).

Disons tout de suite que le chiffre est à sa place, à 6 $^m/^m$ 1/2 de la bordure comme dans le type I ; c'est le mot CENTIMES qui est dévié à gauche de 1/2 $^m/^m$ le C se trouvant à 1 $^m/^m$ 1/2 de la bordure au lieu de 2 $^m/^m$.

Ce mesurage, précieux, situe le type sans contestation possible ; l'ancienne méthode provoquait des erreurs si l'on en juge par des exemplaires exposés à Paris comme appartenant à ce type rare mais qui étaient des types I et II. Le type III est excessivement rare.

Type IV. — R. R. R. (L'axe de la branche verticale du chiffre coupe la lettre T de centimes ou bien: la base du chiffre surmonte les lettres T I).

Ici, c'est le chiffre lui-même qui est fortement dévié à gauche puisque sa distance à la bordure gauche n'est que de 5 $^m/^m$. Ce défaut, comme celui du type III et celui du type IV du 20 centimes a dû être rectifié dans les deuxièmes planches de ces valeurs.

5 *Cent. Type I.* — Normal. Commun. (Le prolongement du côté gauche de la branche oblique du 5 traverse la lettre S de POSTES.) La tête du 5 est éloignée de 7 1/2 à 7 3/4 mm. de la bordure gauche.

Type II. — Rare. (Le même prolongement laisse la lettre S à sa droite).

Le chiffre dévié à gauche, est éloigné de 7 mm.1/4 de la bordure.

N.-B. — Pour cette valeur, les deux méthodes se valent.

10 *Cent.* Type I. — Commun. (Le prolongement du côté droit du chiffre traverse la lettre O de POSTES et la lettre N de CENTIMES). Le corps du chiffre 1 est situé à 5 mm. 1/2 de la bordure gauche.

Type II. — Moins commun. (Le même prolongement passe à droite des lettres O et N ou bien : le chiffre est situé exactement au-dessus de la lettre N.) Le chiffre, dévié à droite par l'interposition d'espaces plus grandes se trouve à 6 mm. 1/4 de la bordure.

N.-B. — On peut trouver de légères différences dans la position du chiffre *par rapport* aux lettres du fait de la largeur plus ou moins grande du mot POSTES.

20 *Cent. Type I.* — Commun. (La base du chiffre 2 commence exactement au-dessus de la lettre E). La base est à 4 mm. 1/4 de distance de la bordure gauche.

Type II. — Moins commun. (La base du chiffre 2 commence au-dessus de la lettre C).

Le chiffre est dévié à gauche, sa base est à 3 mm. ½ de la bordure.

Type III. — Rare. (La base du chiffre 2 commence au-dessus du milieu de l'intervalle entre les lettres C et E).

La base du chiffre est à 4 mm. de la bordure.

La mensuration est particulièrement utile, car l'ancien procédé exposait trop souvent l'amateur... à prendre son désir pour la réalité.

Type IV. — R. R. R. Le chiffre 20, fortement déplacé vers le haut n'est séparé du mot POSTES que par 1 mm. environ, alors qu'il est éloigné du mot CENTIMES d'environ 3 mm. 1/4. (Dans les autres types, l'espace est de 2 mm. 1/4 en haut et de 2 mm. en bas).

25 *Cent. Type I.* — Commun. (Le prolongement du côté gauche de la barre oblique du 5 laisse la lettre T de POSTES à sa gauche, ou bien : le prolongement du côté gauche du trait vertical de la lettre T de POSTES ne vient pas toucher la tête du chiffre 5).

C'est dans cette valeur que les types sont le plus difficile à identifier par les anciennes formules ; cela provient du fait que le chiffre est toujours situé à la même distance de la bordure gauche, alors que le mot POSTES est plus ou moins large. Il suffit de mesurer ce mot pour connaître le type qu'on a devant soi. (La mensuration doit se faire à hauteur du milieu de la boucle inférieure des lettres S, car le mesurage au pied expose à des erreurs à cause du trait terminal du P.

Le mot POSTES mesure 12 $^{m/m}$.

Type II. — Moins commun. (Le prolongement du côté gauche de la barre oblique du 5 traverse la lettre T de POSTES ou bien : le prolongement du côté gauche du trait vertical de la lettre T de POSTES vient buter dans la tête du chiffre 5).

Le mot POSTES mesure 12 1/2 $^{m/m}$.

Faux. — L'impression du burelage des Alsace-Lorraine a été confiée à divers imprimeurs, ce qui explique la différence de teintes.

Le burelage est fait d'entrelacs de doubles lignes ondulées, presque concentriques ; il est dit « droit » quand les parties convexes des arcs sont tournées vers le bas et « renversé » quand elles sont en sens contraire.

Originaux. — La distance du P. de POSTES à la bordure gauche est de 3 à 3 1/2 $^{m/m}$ La gomme des neufs est incolore, fine et transparente.

Faux de Hambourg dits « réimpressions ». — Toute la série existe avec burelage renversé (le 1 cent. avec burelage droit, rare), la gomme est semblable mais plus épaisse. Ces faux ont été exécutés en 1885 avec la planche originale du burelage ; tout le reste est faux, le matériel ayant été détruit en 1872.

C'est la série que tout le monde connaît. La distance du P à la bordure de gauche suffit à repérer facilement ces imitations car il n'y a que 2 $^{m/m}$ 3/4. On peut encore employer le truc connu de mener une diagonale partant du coin supérieur gauche ; elle coupe le P vers le milieu du trait vertical alors que dans les originaux elle effleure le pied de cette lettre. Le papier, plus lisse, fait bien ressortir le burelage. Piquage conforme.

Faux de Genève (F). — Fabriqués par séries complètes avec adjonction d'un 4 cent. type IV.

1° Premier cliché : série au burelage renversé ; solutions de continuité très visibles là ou les marges de couleur se rencontrent.

2° Deuxième cliché : même série au burelage droit.

3° Troisième cliché : même série avec burelage renversé mais les solutions de continuité ont disparu. Cette correction a été obtenue par simple limage du premier cliché.

4° Quatrième cliché : même série avec burelage droit, sans solutions de continuité.

On trouve aussi des faux de fabrication intermédiaire, par retouche des clichés 1° et 2° où quelques blancs ont disparu. On trouve pour une même valeur des solutions de continuité dans le sens vertical ou horizontal.

N.-B. — On peut trouver des originaux qui présentent dans l'un ou l'autre coin de ces solutions de continuité.

Le papier des faux est le même qui a servi pour les faux suisses de 1862 et provient de la maison B. f. K. à R... (Isère). On y retrouve parfois la marque de fabrique B. F. K. en lettres filigranées de 2 cent. 1/2 de hauteur. La dentelure, non conforme, se fait remarquer aux angles, ayant été faite en quatre fois.

Le meilleur moyen de reconnaître ces contrefaçons est d'examiner le burelage. La figure I représente, fortement agrandie, une paire d'arcs de cercle du burelage de lignes ondulées (fig. I).

On remarquera que la distance A B est de 9 $^{m/m}$ 3/8 dans les originaux et de 9 $^{m/m}$ 3/4 dans les faux de Genève.

De plus, dans les originaux, l'entrecroisement des couples de lignes festonnées forme, à chaque sommet, une figure losangique (Fig. II A, C, D, B). Chacune de ces figures est partagée elle-même en quatre parties ayant la forme de losanges. (Fig. III. les traits de ces figures ont été renforcés) plus un sommet de courbe dont la distance E F est fort petite : 1/8 de $^{m/m}$ ou simple solution de continuité.

Dans les faux de Genève on ne retrouve pas ces quatre simili losanges intérieurs et la distance E F est de 3/8 de $^{m/m}$.

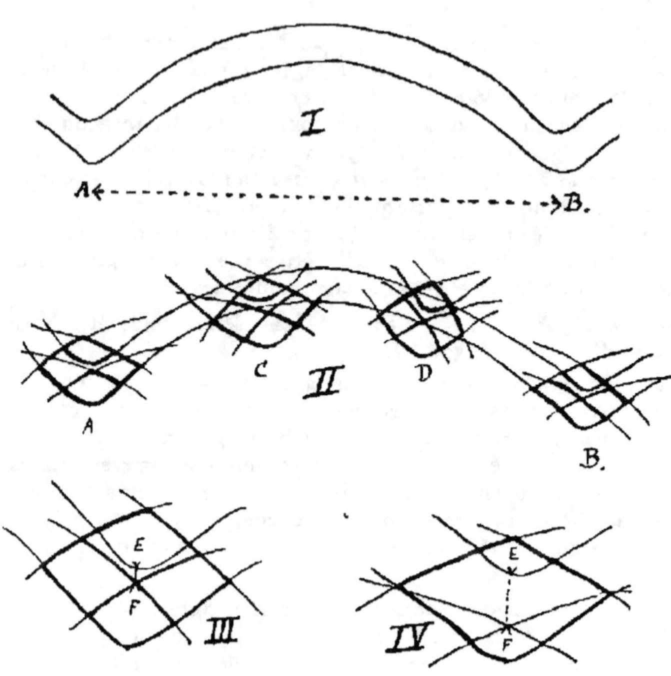

La distance du P de POSTES à la bordure est conforme ; la dentelure est de 13 1/2 × 14 ; 13 1/2 ; 14 ; gomme brunâtre.

Ces faux sont les plus insidieux connus ; les spécimens à burelage droit sont entrés dans beaucoup d'albums et de grands collectionneurs ont été trompés par le type IV du 4 centimes.

Faux anciens. — Mal exécutés, avec burelage renversé 1° faux de Paris. Burelage dit : tarte aux pommes ; distance A B (fig. I): 9 $^{m/m}$; distance E F fig. III : nulle. La distance du P de POSTES à la bordure est de 2 1/2 $^{m/m}$. Lettre E de CENTIMES moins haute que le C. Piquage: 13 1/4. 2° faux de Bruxelles. Très mauvais ; POSTES trop large : 13 $^{m/m}$, piquage 13 1/2.

Fausses oblitérations. — 1° Sur faux de Genève (gravés sur bois) :

Cachets ronds, un cercle, 24 $^{m/m}$.

Metz 30/6 71.

Geispoldsheim 11/1 71 4-5 N.

Bolchen 20 6 71 4-5 N.

Egisheim 13 2 71 2-3 N.

Urbeis 31 2 71 2-3 N (Erreur amusante, février ne pouvant avoir que 28 ou 29 jours.)

Diedenhofen 9/6 71 4-5 N.

Kayserberg 18 12 70 2-3 N (id.).

Forbach 30 12 70 2-3 N (id.).

Strassburg im Elsass 10 12 70 4-5 N (26 $^{m/m}$).

Cachet rectangulaire (15 $^{m/m}$ de hauteur).

K. PR. FELD-POST RELAIS N° 3. 10. 70.

Cachet rond double cercle (noir ou bleu).

K. PR. FELDPOST RELAIS N° 19 3 11 (ces trois derniers chiffres l'un sous l'autre, dans le cercle central).

Cachet allemand provisoire.

EPINAL en bleu (type o du cat. Fr. et Col.). Lettres et ornements mal faits, nuance de l'encre non conforme.

Cachet fer à cheval (type U du cat. Fr. et Col).

COLMAR 30 Aug 71 10-11 U. Chiffres de 30 obliques par rapport à AUG, étoiles mal venues.

N.-B. — Les dates de tous ces tampons sont interchangeables, mais celles indiquées ci-dessus oblitèrent un très grand nombre de faux, de « réimpressions » et même d'originaux du 1, 2 et 25 cent.

2° Autres cachets faux :

Il existe un grand nombre d'autres cachets faux, de toutes provenances, qu'on trouve le plus souvent sur des « réimpressions » et sur les 1, 2 et 25 cent. vrais.

En voici une liste qui est probablement incomplète :

1 cercle :

Erstein 6 4 7 10-12 V et 22 4 71 3-4 N.

Bischweiler 20 1 71 10-12 V.

Lucy 17 10 71.

Hayingen 28/6 71 7-8 V.

Metz 5/7 71 7-8 V.

Metz 11/10 ..... (bleu).

Forbach 18 3 71 5-6 N.

Winzenheim 29/12 20 3-4 N.

Mariakirch 5/5 71 6-7 N.

Ptsch 17 12 ... 11-12 V.

Metzerwisse 2 10 70 9 10 V. (Aussi 7 3 71 et 28 7 71).

Mulhausen im E. 29 11 70 et 2 5 71 2-5.

Oberberkheim 31/12 71 1-2 N.

Munster im Elsass 15 6 71.

Sentheim 27/2 71 4-5 V.

Steinburg 2 6 71 6-7 N.

.....ler de Thann 31 12 71 7-8 V.

Ensisheim 21 4 71 2-3 N.

Finstingen 3.3 71 5-6 N.

Boofzheim 12.....

Mutzig 15/4 71 2-4 N.

Wasselnheim 22 10 71 12-1 N (aussi 1 2 71 et 13 5 71).

Mulhausen. Elsass-Lothringen (rien au milieu).

Mulhausen. Elsass-Lothringen (date au milieu).

Hochenfelden 14 10 71 3-4 N.
Farschweiler 29 11 71 5-6 N.
Rappolsweiler 21/11 70 11 ?12 V.
Thann 9. 2-7 (sur une deuxième ligne !).
Petit cachet français :
Circy-s-Vezouze 24 nov. 70 (52) et 30 nov. 70 (52).
Double cercle (cachets français ou allemands) :
Mulhausen 16-8-71.
Strassbourg 71.
Reichshofen 1e/ 20 sept. 70 (67 ?)
Metz 16 déc. 70 (53).
Amiens 1871 POSTE.
Hagenau (rien au centre).
Commercy, 29 mars 71 ; 22 sept. 71 ; 3e/24 jan (avec ou sans division de levées, donc avec centre interchangeable).
Thann 1e/23 NOV 70.
Soissons 21 DEC 70 ; 4e/16 janv. 71 (centre interchangeable).
Ars sur Moselle 10/10 nov (sans millésime) (55) aussi 11/10 et 14/10.
Avricourt 5 fév. 71.
Fontois (sans rien autre).
Armée du Nord POSTES, grand quartier général (en bleu).
K PR Feld Post relais no 11 21 1.
K PR Feld Post relais no 64 20 1.
Cachet type U Fr. et Col. :
Gebweiler 12 juni 71 IV.
Losange de points grands chiffres :
2841 ; 1177.
Triple cercle, cercle extérieur perlé : ·
Chatenois 1er 23 nov. 70 (67).
Cachet sur 1 ligne, non encadré :
Bruno ; Incwiller ; Saint Nicolas (en bleu) ; Thiaucourt (en noir et en bleu).
Sur 3 lignes, non encadré :
Strassburg 19 4 1 Avricourt et
Avricourt 16 4 11 Strasbourg.

Cachets rectangulaires encadrés:

K PR Feld-Post relais no 2 9 2.
Saarburg Lothringen 11-4-71 4.
Strasburg Bahn Post Bur ?
K P R Feld Post relais no 23 10.
K P R Feld Post Relais no 27 11 3 (noir et bleu).
K P R Feld Post Relais no 43 2/12 (noir et rouge).

AUTRICHE

Les premières émissions d'Autriche sont des plus intéressantes ;
variétés de types, papiers, nuances, oblitérations, paires, bandes
blocs et variétés secondaires. On arrive à classer une centaine de
pièces toutes différentes de chacune des valeurs de l'émission de
1850. Les recherches d'oblitérations (quelques-unes très rares)
augmentent encore ce nombre.

Les non dentelés de *premier choix* doivent avoir 4 marges de
1 ^m/^m de largeur minimum. Pour les timbres taxe pour journaux
1 ^m/^m suffit. Les timbres de journaux (n°s 1 à 4) marges verticales
1/2 ^m/^m, horizontales un peu plus.

1850. *PREMIERE EMISSION. VALEUR EN KREUZER.* N^{os}
1 à 5.

Feuilles de 240 timbres en 4 groupes de 64 (8 × 8) mais, dans le
bas de chaque groupe 4 figurines sont remplacées par des croix de
Saint-André (rares quand elles forment paire avec un timbre normal) : 20 à 100 fr. Les croix isolées n'ont pas grand intérêt.

De 1850 à 1853 le papier, fabriqué à la main, porte le filigrane
K K.H.M. (initiales de : Ministère Impérial et Royal du Commerce.
Ces majuscules anglaises sont placées verticalement au milieu de
la feuille et ne portent que sur 4 timbres de chaque groupe de 60.

A partir de 1854, papier à la machine, mince, satiné et sans
filigrane.

Le papier à la main, surtout quand il est mince, montre des
transparences plus étendues et plus irrégulières que dans le papier
à la machine où les transparences sont plus symétriques ; cela est
dû aux presses coucheuses.

Le papier mince rappelle certaines qualités de papier de soie ;
l'épaisseur des papiers est variable et va jusqu'au papier carton.

Les types se distinguent par la position du chiffre dans le cartouche et son éloignement de la lettre K. (voir l'illustration) les
types III et IV ne se trouvent que dans le 9 Kr.

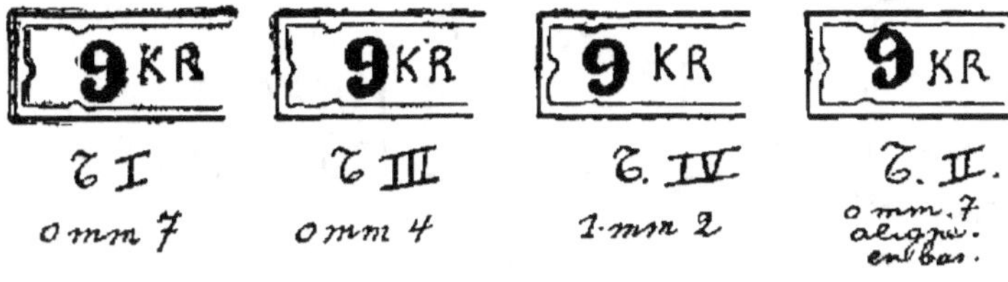

Quelques pièces sont connues oblitérées, d'un 12 Kr non émis ; l'erreur de couleur 3 K bleu au lieu de rouge est rarissime, les 2 et 6 K ont été employés coupés par moitié ; les 1, 3, 6 et 9 Kr ont été percés en lignes (non officiel) en Hongrie (Tokay, Varonno et Homonna). Sur lettre seulement !

Les impressions transparentes et les impressions très défectueuses sont recherchées ainsi que les défauts d'impression K E ; E K ; K P pour K K ; lettres K K rattachées dans le haut ; STAMPEI ; KREUZEP ; chiffre 2 sans boucle ; tache blanche de 2 $^{m/m}$ dans l'aigle de droite (défaut de planche du n° 3) ; T de K K POST avec boucle à droite (1re composition) ; etc., etc.

L'impression recto verso du 1 K se rencontre droite ou renversée ; aussi en impression sans couleur (impression aveugle, blinddruck).

Pour l'étude des *oblitérations* nous conseillons l'ouvrage de M. H. KROPF : Die Abstempelungen der Marken von Oesterreich-Ungarn und Lombardei-Venetien. 161 pages.

Les oblit type A (muettes) sont recherchées ; celles de Vienne, Cracovie (cercle ornementé) valent de 3 à 5 U ; d'autres, plus rares, valent jusque 30 U sur les n°ˢ 1 et 2 et jusqu'à 50 ou 60 fr. sur les n°ˢ 3 à 5. Il en existe une vingtaine de types.

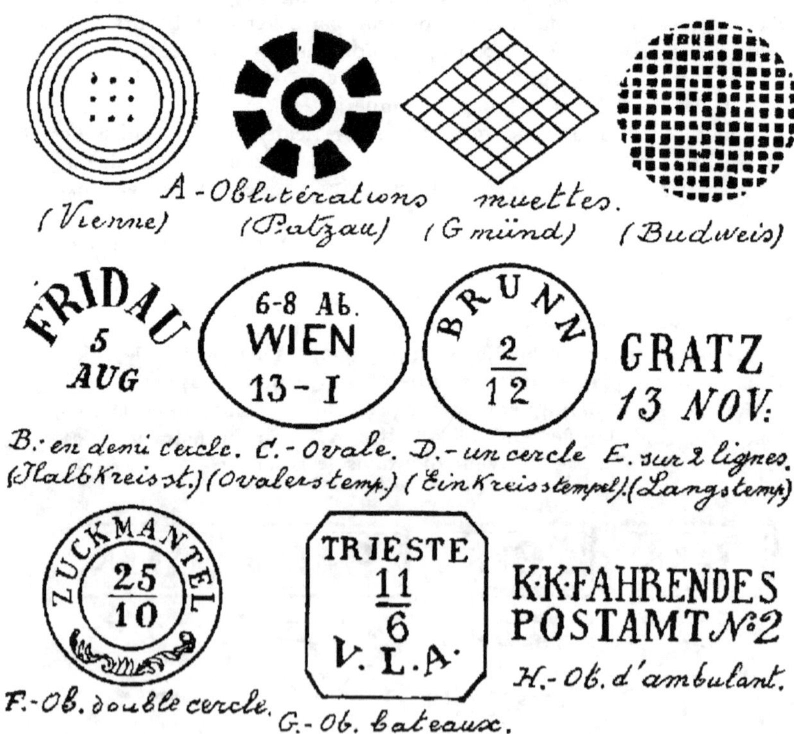

B. en demi cercle. C. - Ovale. D. - un cercle E. sur 2 lignes. (Halbkreisst.) (Ovalerstemp.) (Ein Kreisstempel.) (Langstemp)

F. - Ob. double cercle. G. - Ob. bateaux. H. - Ob. d'ambulant.

On trouve des oblit. ornementées, avec nom de ville qui sont tout aussi rares et des oblitérations d'un modèle commun, types D, E, F peuvent être très rares lorsqu'elles proviennent de communes peu peuplées.

Le type B est rare ; le type C est de rareté diverse, mais Vienne est commun ; le type D (rond à date, 1 cercle) se trouve aussi avec indications horaires, ornements ou nom des provinces dans le bas. Le type E est formé de capitales droites, penchées ou de cursives ; il est non encadré ou encadré d'un rectangle ou d'un octogone. Le type F comme le type D se trouve avec ou sans ornements dans le bas ou avec nom de province. Les oblit. bateaux (type G) se reconnaissent aux lettres V L A, excepté RIVA VAPORE et les cachets du genre E sont de raretés diverses.

Les cachets de gare portent le mot BAHNHOF ou l'abréviation B F ; les imprimés les mots Zeitungs expédition ; les postes de campagne Feldpost, etc.

Il existe, en outre, des cachets d'imprimés, des cachets FRANCO ; recommandés avec ou sans nom de ville, etc...

Oblit. rouges rares, excepté celle de Vienne.

Les oblit. du Levant sont rares en général.

On recherche les oblitérations lombardes.

Les *paires* valent 3 U ; les bandes de 3 : 6 U pour les 1 et 2 Kr ; 10 U pour les autres valeurs ; les bandes de 4 valent 15 U pour les 1 et 2 Kr mais 80 U pour les autres valeurs. Les blocs de 4 sont tous rares ; n° 1 : 500 fr.; n° 2 : 1.000 fr.; n° 3 : 125 fr.; n° 4 : 400 fr.; n° 5 : 250 fr.

Réimpressions. — Nuances généralement trop vives quoique claires, bonne impression.

1866. Papier blanc glacé, gomme mince jaunâtre.

n° 1, soufre ; 2, noir intense ; 3, vieux rose ; 4, brun-jaune ; 5, violet-bleu. Rares.

1870. Papier épais glacé, gomme épaisse, jaunâtre.

n° 1, soufre ; 2, noir ; 3, rouge ; 4, brun pâle ; 5, bleu foncé.

Impression brouillée, surtout n°ˢ 1, 2 et 4.

1884. Orange, noir, rouge, gris-brun, gris-bleu.

1887. 1 Kr orange terne ; jaune d'or.

1892. 2 Kr noir.

La comparaison s'impose donc pour les timbres neufs.

Faux. — 1° Quelques faux anciens, mal contrefaits, ne méritent qu'une mention.

2° Les 3, 6 et 9 Kr ont été bien contrefaits à Genève (F), au moyen de faux clichés de Lombardie (Voir ce pays).

3° 2 Kr noir, faux d'Olmutz. Papier moderne, parfois côtelé. La comparaison du pointillé de l'écusson et du dessin du petit écusson suffit. Ce faux a été fabriqué en paire, dont une croix de Saint-André, et il est à présumer que toute la série suivra.

1858. IMPRESSION EN RELIEF. N°s 7 à 16. DENTELÉS 15.

1er *choix.* — Centrés, avec oblit. légère, permettant de voir le type.

Types. — Le type I porte sur le haut du front une légère protubérance, tandis que dans le type II on voit fort bien l'extrémité d'une feuille de laurier qu'une pointe de couleur sépare du front. Au-dessus de la tête, la couronne de lauriers dépasse à peine, dans le type I tandis qu'elle montre trois pointes bien nettes et plus hautes dans le type II. Voir aussi l'illustration (à Lombardie) pour la boucle derrière le cou.

Le 15 Kr type I porte un point derrière K R ; dans le type II ce point a disparu.

Les n°s 11 à 16 on été émis le 20 février 1859 ; le 3 Kr du type I n'a servi que de novembre à fin juillet 1859.

Variétés. — On recherche les impressions transparentes, les impressions très défectueuses, les double impressions des 5 et 10 Kr ; la double impression de l'effigie, dont une renversée, dans le 15 Kr ; le 2 Kr a été coupé pour moitié (R.R) ; les 3 Kr noirs type I avec hachures blanches des ornements bien visibles sont rares. Les croix de Saint-André formant paire avec un normal sont R.R. : 400 francs.

Oblitérations. — Noires : communes ; rouges : assez communes ; bleues : 2 U ; lombardes, en bleu : très rares.

Paires.   3 U, blocs de 4 : tous rares ; n°s 14 à 16 : 40 U.

Réimpressions. — (N°s 11 à 16).

Mêmes dates et même papier que pour l'émission précédente. Toutes au type II. Nuances différentes, dentelures modifiées.

1865, dentelés 12. Rares.

1870. Dentelés 10 1/2.

1884. Dentelés 13 et non dentelés.

N. B. — Dans cette série le 2 Kr orange n'est pas réimprimé.

1887. Dentelés 13 et non dentelés des 2 Kr jaune et orange et des 3 Kr noir et vert.

1889. 2 Kr orange dent 12 1/2.

Truquages. — Réimpressions non dentelées faussement dentelées 15 et dentelées faussement redentelées.

Fausses oblitérations. — Nombreuses sur les réimpressions. On peut citer, pour les deux premières émissions : cachet rond MIRA 26-5 ; id, double cercle : MASSA ; cachet rectangulaire sans inscription autre que 58 ; et une quantité de faux cachets et même de cachets authentiques mais périmés.

1861. EFFIGIE EN RELIEF. DENTELÉS 14. N°s 17 à 21.

Nuances rares. — 2 K jaune vif ; 10 Kr brun-noir ; 15 K bleu-noir.

Variétés. — 2 K papier côtelé : R ; vergé : 250 fr. ; le 10 Kr a été employé coupé pour moitié ; R.R. ; impressions transparentes, n° 18 : 7 fr. 50 ; nos 19 à 22 : 5 fr. 5 Kr double impression : R.R.

Oblitérations. — Ovales ou octogonales de Vienne en rouge : peu communes ; oblit. bleues : rares ; oblit. Trieste Col Vapore : 5 fr.

Réimpressions. — 1866. Papier glacé ; 2 K, soufre ; 3, vert-jaune ; 5, brique ; 10, rouge-brun ; 15, bleu foncé. Dentelés 12. Rares.

1871. Papier blanc épais, gomme jaunâtre. Dentelés 10 1/2. 2 K, orange ; les autres valeurs comme en 1866.

1884. Papier mince glacé, gomme blanche. Dentelés 13 et non dentelés. 2 Kr, citron ; 3, vert olive pâle ; 5, orange pâle ; 10, rouge-brun pâle ; 15, bleu pâle.

1887. Même papier. Dentelés 12 et 12 /2.

2 Kr jaune et orange ; 3 K vert.

1863 *ARMES. DENTELÉS* 14. Nos 22 à 26.

Nuances. — Les 10 et 15 Kr de nuance très foncée ne sont pas communs.

Variétés. — Impressions transparentes : rares.

Oblitérations. — Voir émission précédente.

Réimpressions. — 1884. Papier glacé ; dentelés 13 et non dentelés.

2 K soufre ; 3, olive pâle ; 5, rose rouge ; 10, bleu terne ; 15, brun-jaune.

1887-92. Papier mince.

2 K, soufre et orange ; 3, vert jaune ; tous deux dent. 10 1/2 et non dentelés ; 5 Kr rose (aniline) et 10 K, bleu, dentelés 13 1/4 et 15 K, brun-jaunâtre dent. 11 1/2.

1864. *ARMES DENTELÉS* 9 1/2. Nos 27 à 31.

Filigrane. — Briefmarken en capitales à double trait portant sur le milieu de la feuille.

Variétés. — 2 K tête-bêche : R R ; 2 et 5 K vergé vertical : R R ; 15 K. recto-verso : R. R. Avec parties de filigrane : 3 U. Les impressions transparentes des 2 et 3 Kr sont rares ; les autres : 5 francs.

Réimpressions. — Voir émission précédente.

On trouve des découpures d'enveloppes qui sont rares sur lettres.

EMISSIONS SUIVANTES.

Pour le détail des émissions suivantes, trop nombreuses et moins intéressantes que les premières nous renvoyons le lecteur aux catalogues généraux et spécialisés.

1867. Le 2 Kr. jaune dentelé 10 1/4 × 13 est R. R. Ce timbre est connu coupé pour moitié diagonalement. Le 3 Kr rouge, erreur de couleur n'est connu qu'à 3 exemplaires ; les 2, 10 et 15 Kr avec double impression et toutes les valeurs avec impression transparente. Le bloc de 4 du 15 Kr est rare. Les 25 et 50 Kr sur lettre : rares.

Truquages. — Les dentelures rares ont été obtenues avec des timbres communs, remontés et faussement dentelés.

Le n° 38, découpure d'enveloppe, a été muni d'un faux piquage rare, papier plus gris, plus cotonneux.

Faux pour tromper la poste. — 10 K. bleu. Mal exécuté. Comparaison du dessin : angles et barbe.

Faux de Vienne? — Les hachures sous le chiffre 50 sont de moitié trop courtes ; dessin de la barbe et des ornements non conformes.

1883. — Chaque valeur comporte deux types reconnaissables aux chiffres.

Truquages des dentelures rares comme précédemment, ou pratiquées sur les timbres communs de trop grand format.

Réimpression. — 1883. 5 K rouge terne, dent. 10 1/2.

1890-96. 1 Kr gris, chiffre très déplacé : rare ; 10 Kr bleu, avec 3 coins sans chiffre : R. R.

Faux pour servir. — La série du 1 au 20 Kr aurait été imitée sur du papier épais comme celui des 24 à 50 Kr et 1 à 2 G. Nous ignorons s'il s'agit de papier officiel et si les falsifications ont été imprimées dans les ateliers de l'Etat par un directeur fantaisiste (H) ou si elles ont été faites ailleurs.

NOUVEAUTÉS

1918. *POSTE AERIENNE.*

Série fausse. La comparaison avec le n° 157 ou 158 suffit à reconnaître ces imitations qui sont parfois présentées sur lettres munies de toutes les herbes de la Saint-Jean.

1919-1921. — *CENTRE RENVERSE.*

Truquage indécollable du centre, visible à la loupe ou au microscope.

Séries fantaisistes. — Assez nombreuses. Ne consultez que des catalogues sérieux.

TIMBRES POUR JOURNAUX

1851-58. *TETE DE MERCURE. NON DENTELES. N°⁸ 1 à 4.*

1ᵉʳ *Choix.* — Marges verticales 1/2 ᵐ/ᵐ; horizontales 3/4 ᵐ/ᵐ minimum.

Types. — Il existe 3 types (voir illustration); on les trouve tous les 3 dans le n° 1 (type III, rare : 2 U); les n°⁸ 2 et 4 sont du type I ; le n° 3 (1856) du type II.

Papiers. — Epais, à la main ; ou mince, à la machine ; le n° 1 aussi sur papier côtelé (toujours de nuance bleu verdâtre terne).

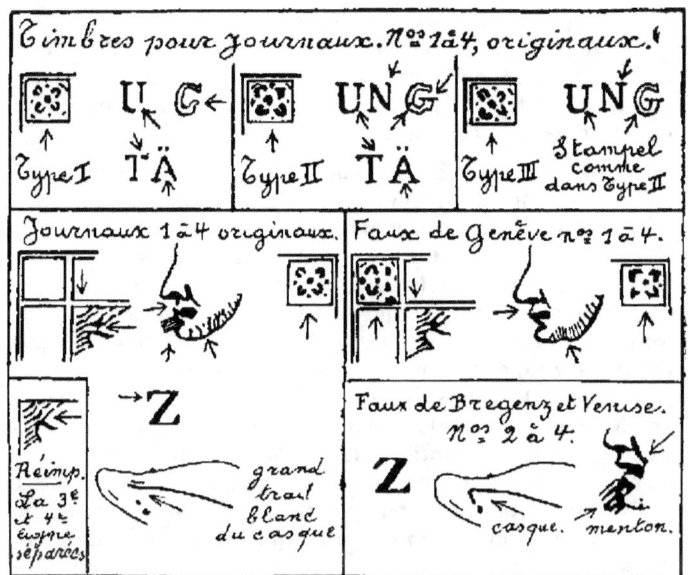

Oblitérations. — On recherche les oblitérations lombardes.

Paires. — N° 1 : 5 U ; les autres : R.R. ; les blocs de 4 : très rares.

Réimpressions. — Toutes au type I. Papier à la machine. (Voir signe distinctif dans l'illustration précédente).

1866. Papier lisse épais, nuances très proches des originaux (rares).

1870. Papier rugueux épais, mêmes nuances, mais foncées, le n° 4 en rose et en carmin ; gomme jaunâtre.

1884. Papier mince, jaunâtre, gomme jaunâtre. Nuances différentes, le n° 2 jaune vif ; le n° 3 rouge.

1885. Papier mince, terne, gomme blanche ; n° 1 ardoise ; n° 2 jaune pâle ; n° 3 rouge vermillonné ; n° 4 rose foncé violacé. Peu communs.

1887-1903. Cette période comporte 3 réimpressions un peu différentes de nuances. N° 1 bleu terne, bleu ardoise ; 2, jaune terne ; 3, rouge vif vermillon ; 4, rose foncé. Papier satiné, gomme blanche.

Mauvais faux anciens. — Une dizaine de faux différents (parfois en série), sont mal exécutés et peuvent se reconnaître très facilement par la comparaison du dessin avec un exemplaire réimprimé ou un ex. du n° 1 que tout le monde possède. L'examen des lettres, des rosaces, du burelage du fond et des détails de la tête et du casque ailé font rejeter tout de suite ces falsifications sans qu'on ait à s'occuper du papier, des nuances et des oblitérations. On trouve, par exemple, les lettres K K de moitié trop étroites, ou trop larges; le mot ZEITUNGS de moitié trop peu haut; des exemplaires pourvus d'un second encadrement; l'S de STAMPEL régulier; le P de POST ou le premier K sans trait curviligne dans le bas, ou avec trait trop épais, etc., etc. On les trouve fréquemment oblitérés à date ou avec losange de points.

Faux meilleurs, anciens et modernes. — Il existe de ceux-ci à peu près autant que des premiers, mais ils ont meilleure apparence, en ce sens que le dessin est mieux imité (parfois par photolithographie) et que les nuances se rapprochent plus de celles des originaux. Ici encore la forme et la hauteur des lettres des inscriptions (notamment le S de STAMPEL); la forme des rosaces des coins, la disposition des traits de burelage et des hachures du casque et du visage (œil, narine, oreille, hachures de la joue ou du cou); l'absence de points après STAMPEL ou K K, suffisent pour écarter les faux. On peut ranger dans cette catégorie les faux de Genève (F). (Voir illustration). Les nuances, bien entendu, ne sont pas conformes, mais quelques-unes sont fort près des nuances des originaux ou de certaines réimpressions; les oblitérations, mieux imitées, parviennent à tromper celui qui n'examine pas attentivement ses acquisitions et qui est assez naïf pour compter sur la bonne foi... de son prochain.

Enfin deux ou trois imitations (dont la série de Bregenz et de Venise, n°ˢ 2, 3 et 4) demandent une étude détaillée qui est parfois difficile dans la nuance jaune. Pensez à examiner le type du timbre (voir illustration) car il est évident que si un n° 3 est au type I (comme c'est le cas pour le faux de Genève) l'exemplaire soumis est faux.

N'oubliez pas que les originaux sont sur papier blanc où le jaune est très peu sensible; que l'impression n'est pas fine et que les nuances sont fraîches et vives.

Voir l'illustration pour les meilleurs faux connus (Bregenz et Venise).

Fausses oblitérations. — Innombrables sur réimpressions et sur faux de toutes pièces.

Sur faux de Genève; cachets ronds, 22 ᵐ/ᵐ, un cercle, gravés sur bois : POLA 20/5; BREITEN 17/12 52; RADOTIN 6/12 50; WIEN 9-11 N 2 III. On trouve aussi ces cachets sur réimpressions.

Sur faux de Bregenz; encres trop jeunes; cachets non conformes: rond double cercle EXPEDIZIONE GAZETTE VENEZIA, lettres trop hautes; Bregenz en capitales droites sur 2 lignes avec date, lettres trop hautes; même nom en italiques penchées, le G trop étroit Bregenz 2 JUN :; on trouve aussi les cachets double cercle ZEITUNGS EXPED WIEN 10/4; un cachet octogonal de SALZBURG dont les pans coupés sont trop longs, etc.

Truquages. — Il existe des truquages chimiques (notamment du n° 1 pour obtenir du jaune). Le spectroscope y est indiqué.

1858-59-61. *EFFIGIE EN RELIEF. N°ˢ 5 à 8.*

1ᵉʳ *choix.* — 4 marges de 1 ᵐ/ᵐ minimum.

Le n° 5 bleu est au type I des timbres poste de 1858 ; le n° 6, au type II. On trouve le n° 5 sur papier épais ou mince.

Nuances. — N° 5 (1885), bleu et bleu foncé ; n° 6 (1859) diverses nuances qu'on peut subdiviser en lilas (plus ou moins foncé) et en gris (N, 50). Le n° 7 (1861), dont le n° 8 d'Yvert n'est qu'une variété de nuance (tirage), va du lilas brunâtre au gris pâle en passant par le gris violacé et le gris verdâtre.

Oblitérations. — On recherche les oblitérations lombardes (Udine, Venezia, etc). L'oblitération ornementale de Cracovie est peu commune.

Paires : 4 U ; blocs de 4 : très rares.

Réimpressions. — 1866. Très bonne impression. N° 5, bleu vif , 6, gris-lilas, 7 gris-lilas. Rares.

1870. Impression légèrement défectueuse. N° 5, bleu terne, 6 violet rougeâtre, 7 gris-lilas et lilas brunâtre.

1884. Bonne impression. N° 5 bleu verdâtre, 6 violacé-brunâtre ; 7 comme en 1870.

1885. N° 5, bleu foncé ; n° 6, violet foncé ; 7, violet foncé.

1887-92. Bonne impression. N° 5, bleu terne ; 6, violet pâle , 7, gris-lilas et lilas-rougeâtre.

Faux. — Peu nombreux, les réimpressions ayant suffisamment donné matière à tromperie (fausses oblitérations).

Un faux du n° 5, d'assez bonne apparence, mais très mal réussi, est au type II, les ornements blancs des 4 cartouches sont agrémentés à l'intérieur d'un trait bleu ; le bas des lettres du mot POST touche le trait blanc du cartouche et le cor du coin supérieur gauche porte l'embouchure à droite! (Déjà décrit dans le Cat. du Spécialiste 1922).

1863. *ARMES. IMPRESSION EN RELIEF. N° 9.*

1ᵉʳ *Choix.* — 4 marges de 1 ᵐ/ᵐ.

Nuances. — Gris, gris brun, gris-lilas.

Filigrane. — ZEITUNGS-MARKEN.

Existe tête-bêche, 2 exemplaires connus.

Avec fragments de filigrane : 2 U.

Réimpressions. — Lilas-brunâtre en 1870 ; 1884 (papier jaunâtre) et 1887-92. Gris-lilas foncé en 1885.

TIMBRES-TAXE

1818-19. — N°ˢ 64 à 74. La surcharge a été imitée sur toute la série. Comparaison.

TIMBRES-TÉLÉGRAPHE

1873. *LITHOGRAPHIES. DENTELES* 12.

Dans le type I du 5 Kr la valeur est en caractère plus gras, et le millésime en caractères moins hauts que dans le type II. Les 20, 40 et 60 Kr sont au type II.

Les lithographiés sont de nuances plus ternes que les gravés de 1874-76; dans ces derniers, la valeur se détache sur un fond quadrillé que l'empâtement fait souvent paraître plein et le chiffre 3 (de 1873) donne l'illusion d'être un 8.

Truquages. — Le 50 Kr coupé des formules lithographiques a été faussement dentelé. Comparaison de la nuance, du format et vérification de la dentelure.

TIMBRES-TAXE POUR JOURNAUX

Types. — I. Grande Couronne. Une espèce de crête en forme de chapeau napoléonien se voit sur la tête de l'aigle de gauche et se termine en pointe dirigée vers l'extrémité de l'aile. T. II Grande Couronne. L'ornement précité est détaché de la tête et forme une oriflamme à trois pointes. T. III. Petite Couronne.

1853-78. *NON DENTELES.*

1er *Choix.* — 4 marges dé 1 $^{m}/^{m}$.

1 Kr bleu 1858 type I : rare; types II et III (1878), communs.

2 Kr vert (1853); type I, vert jaune, vert bleu ou vert foncé. 2 K brun (1858) type II; (1878) type III.

4 Kr brun (1858); type I.

Filigrane. — Les 1 et 2 K type III (1878) portent le filigrane Zeitung-Marken au-dessus de la feuille.

Variétés. — Le 2 Kr vert et le 2 Kr bleu coupés par moitié : rares; on trouve les 2 et 4 Kr avec surcharge manuscrite. Le 4 K est rare sur lettre : 2 U. Le 2 Kr type II se trouve en tête-bêche avec intervalle.

Réimpressions. — 1873. 2 Kr vert foncé, bonne impression sur jaunâtre au type I et 4 Kr brun sur papier mince, type II.

Faux anciens. — Imitations fantaisistes en nuances variées, dont le 2 Kr en noir. Comparez l'écu central avec un original commun; le bas de l'aigle héraldique ne doit pas toucher le cadre intérieur.

Faux modernes. — Le 4 Kr a été bien imité à Genève; photo-lithog.; largeur 21 2/5 au lieu de 21 1/10 $^{m}/^{m}$. La langue de l'aigle gauche ne touche pas la tête et le trait en arc de cercle qui se trouve dans l'ornement circulaire à gauche en bas est de moitié trop court.

Le 1 Kr, de même provenance, a été contrefait au type II avec ornement oriflamme à deux pointes, mais on le trouve surtout en noir (voir Lombardie).

Mêmes oblitérations fausses que sur les timbres pour journaux.

Faux pour tromper le fisc (Rovereto). — 1 Kr bleu type II. Les deux cadres extérieurs semblent n'en former qu'un seul; la croix au-dessus de la couronne est penchée à droite et ne touche pas le cadre intérieur; les ornements losangiques touchent les ornements ronds; nombreux défauts de dessin. 3 types. Oblitération fiscale.

POSTES DE CAMPAGNE

1915. *TIMBRES DE BOSNIE SURCHARGES.*

La surcharge a été imitée sur toute la série. Comparaison. Les surcharges renversées, doubles, rouges, etc., sont des fantaisies non officielles. S'abstenir. Idem pour les non dentelés.

1915. *EFFIGIE.*

Même remarque que ci-dessus.

Faux. — N° 47. Faux grossier. La comparaison suffit. Il est probable que la série des valeurs en K suivra.

COMPAGNIE DE NAVIGATION DU DANUBE

1866. 10 soldi lilas, lilas foncé; 17 s. écarlate dentelés 9 1/2, le 17 s. aussi dentelé 12.

1868. 71. 10 s. vert (nuances); 10 s. écarlate (1871) dentelés 9 1/2.

Les non dentelés sont des restes de stock.

Originaux. — Le burelage montre des marques secrètes d'expertise sous forme de traits interrompus, de points de couleur, etc., par exemple 3e et 4e traits reliés et 5e trait interrompu (au-dessus des lettres DO de DONAU), etc.

Réimpressions. — Papier épais, dentelés 10 ou non dentelés. 10 s. lilas pâle, 10 s. vert, 10 soldi orange rouge.

Mêmes signes de reconnaissance.

Faux. — Deux bonnes séries.

1° Genève (F). Zéro de 10 trop haut, près de 3 $^{m/m}$ au lieu de 2 1/2; barre horizontale du 7 trop longue dans le haut 1 3/4 au lieu de 1 1/2 $^{m/m}$. Les signes d'expertise manquent. Pointillé entre les 2 traits burelés qui partent à droite entre les deux f de Dampfschiffahrt.

2° Autre fabrique. Le point derrière le chiffre 10 est plus près du burelage ondulé que du zéro. Absence de signes secrets.

BADE

I. — **NON DENTELÉS**

Feuilles. — N° 1, 45 timbres (5×9) ; n° 2, 3, 4, 90 timbres (10×9), n° 5, premier tirage (5×10) ; deuxième tirage et n° 6, 7 et 8 : 100 timbres (10×10). Typographiés.

1ᵉʳ *Choix.* — 4 marges visibles ; avec marges de 1/2 ᵐ/ᵐ minimum : 2 U ; avec 4 marges allant jusqu'aux timbres voisins (übervollrandig) : 3 U à 5 U.

Oblitérations. — Quintuple cercle, noire type A : commune, mais certains numéros sont rares : 40, 61, 97, 134, 147 (2 U sur n° 1 ; 3 à 10 U sur les autres) ; les n° 165 et 168 sont très rares. En rouge, les n° 28 et 115 ; U, 50 ; n° 48, 121, 125, etc. : 2 à 5 U. En bleu, n° 4, 10, 17, 41, 60, 65, 66, 92 ?, 100, 104, 117, 123, 130, 162, etc., 3 à 10 U. En vert, n° 92 : rare. L'oblitération à date type C est très rare : 100 fr. minimum ; sur n° 1 : 2 U.

Les types F, G, H, etc., sont rares, minimum : 3 U. (Voir illustration).

1851-52. *NOIR SUR COULEUR. N° 1 à 4.*

1851. papier mince, transparent (50 à 60 mc) ; 1 Kr. chamois ; 3 Kr orange (2 N ; U, 50) ; 6 Kr vert-bleu (2 N ; 2 U) ; 9 Kr. vieux rose (4 N ; 2 U). 9 Kr vert, erreur de couleur, 3 pièces connues.

1852. papier moyen, non transparent (60 à 90, 95 mc) ; 1 Kr chamois brunâtre ; 3 K. jaune ; 6 Kr vert, 9 Kr rose.

Timbres sur lettres : U, 50.

Neufs avec gomme. — Valent en général 50 % de plus que les prix des catalogues généraux. Gomme jaunâtre. Le 6 Kr vert est R.R. avec gomme.

Paires. — N° 1 : 3 U ; n° 2 et 3 : 4 U ; n° 4 : 6 U. Blocs de 4 : R.R. ; n° 2 : 100 U. La bande de 3 du 6 Kr. formant port de 18 Kr. est rare : 10 U.

Réimpressions. 1866. Gomme blanche ; n° 1, brun et n° 2 jaune, papier plus épais ; n° 3, vert-bleu grisâtre, papier mince. Valeur : 10 fr.

Truquages. — 1 Kr. provenant du 1 Kr noir sur blanc trempé dans le thé, le café, etc. ; l'opération laisse des traces au verso. Si le papier est épais et la nuance légère (chamois pâle) comme celle du tirage de 1851, l'antinomie saute aux yeux. Le 9 Kr a été décoloré, puis teinté en vert ; même observation.

Faux. — Pour un connaisseur, l'examen du burelage — si fin dans les originaux — et des signes secrets du graveur suffit. Les 1 et 6 Kr ont été bien contrefaits en lithographie. 1 Kr. point

A.- quintuple cercle.　　B.- idem. extérieur dent.

Cachets à Date (Ortsstempel).

C. Un cercle　　　D. double cercle　　　E. id. rapproché.

F. ob. Chemins de fer.　G. Roue dentée.　H. Obl. rare.
(Bahnpoststempel) (Uhrradstempel)

I. Oblitération barre.　　　J. idem. encadrée.
(Balkenstempel)　　　　(Eingerahmter
　　　　　　　　　　　　　　Balkenstempel.)

K. oblit ovale
(Postablage.)

derrière le chiffre **1** à 1/2 ^m/^m au lieu de 1 ^m/^m; les lettres F et
K de Freimarke et le point sur l'i touchent le haut du cartouche; le
point qui doit se trouver à droite du 6 (6 April) touche ce chiffre,
etc. Quand la vignette n'est pas coupée court, on voit un cadre de
séparation à 1/2 ^m/^m du cadre extérieur. Dans le 6 Kr on retrouve
les mêmes défauts de lettres; les points qu'on trouve derrière le V
gothique et le 6 du cartouche de droite ont disparu. (Communiqué
au Philatéliste belge, 15-12-1925).

Fausses oblitérations. — Sur réimpressions du n° 1.

1853-58. *NOIR SUR COULEUR.* Nᵒˢ 5 à 8.

Papier moyen ou mince; ce dernier : U, 25. Nᵒˢ 7 et 8 sur
papier très mince, presque pelure (40 mc) : 2 N; 2 U.

• *Timbres sur lettre :* U, 50.

Neufs avec gomme : N, 50.

Nuances. — Deux nuances par valeur, suivant le papier. Le
1 Kr sur ivoire, très bonne impression grisâtre : 2 N; 4 U. Cette
valeur est connue en tête-bêche avec marge entre les timbres :
R.R.R. Le n° 7 sur pelure est bleu-grisâtre.

Paires. — 4 U; bandes de 3, nᵒˢ 5 et 6 : 6 U; nᵒˢ 7 et 8 : 12 U;
blocs de 4, n° 5 : 60 U; n° 6 : 100 U. Les autres : R.R.

Réimpressions. — Impression plus fine que les originaux; papier
épais excepté le 6 Kr; gomme blanche; les 3 Kr, nuances légèrement différentes. Valeur : 10 fr.

Truquages. — C'est souvent le 1 Kr de mauvaise impression qui
a été truqué pour en faire un n° 1, aussi la réimpression, dont
le papier n'a pas l'épaisseur conforme.

Faux. — Voir première émission pour les signes distinctifs;
nuances arbitraires.

Fausses oblitérations. — Sur le n° 5 truqué en n° 1 et sur la
réimpression de cette valeur.

II. — DENTELÉS

Feuilles de 100 timbres (10 x 10). Pas de réimpressions. Timbres
en général mal centrés; ceux dont la dentelure n'empiète sur aucun
filet d'encadrement : rares.

1860-62. *FOND LIGNÉ.* Nᵒˢ 9 à 15.

Gomme, jaunâtre ou blanche; on trouve les nᵒˢ 9 et 10 (outremer) avec gomme rose; neufs : R.R.; usés n° 9 : 8 U; n° 10 : 4 U.

Nuances. — 1 Kr noir intense (bonne impression) : U, 50;
3 Kr bleu de Prusse : 8 N; 9 Kr. rose foncé : N, 50; U, 50. 1 Kr.
dentelé 10, gris-noir : 8 N.

Variétés. — N° 10 bleu foncé, impression très défectueuse; aussi
impression huileuse et imp. transparente. On recherche les impressions fines du 1 Kr noir, du 3 Kr outremer foncé, du 6 Kr rouge
orange et du 9 Kr carminé. Le 9 Kr est rarement frais de couleur.

Oblitérations. — Type B, recherchées (n°ˢ 24, 52, 37 ; ce dernier a l'apparence d'un n° 87) : F, et H : 2 U ; G : 3 U pour les n°ˢ 1 à 25 ; 26 à 45 : rares ; type I : 3 U ; type J, commun sur les dentelés 10, mais rare en bleu. Le type K est rare.

L'affranchissement des timbres de Bade avec ceux de Prusse est très rare. Timbres sur lettres : U. 50.

Paires. — 3 U ; n°ˢ 11 et 12 : 4 U ; bandes de 3 : 5 U ; n°ˢ 11 et 12 : 6 U ; blocs de 4 : rares.

Faux anciens. — Lithographiés. Centrés ! Les points de l'écusson sont irréguliers et faibles ; le bandeau n'a que 17 lignes verticales au lieu de 18 : jambage de l'A de Baden trop étroit ; trait inférieur de la lettre E du même mot, trop long. Nuances arbitraires.

1862-65. *FOND BLANC. DENT.* 10. N°ˢ 16 à 21.

Le 3 Kr. dent. 13 1/2 est de 1862.

Nuances. — 1 Kr gris : 3 N ; bleu de Prusse : rare neuf ; U, 50 ; l'outremer et le bleu vif sont communs ; 18 Kr. vert-jaune, vert foncé : N, 50 ; U, 25. Le vert foncé, 2ᵉ tirage, a le papier plus blanc.

Variétés. — Le 3 Kr n° 18 est connu non dentelé : 200 fr., et le 9 Kr bistre recto-verso : R.R.

Timbres sur lettres 18 et 30 Kr : 2 U.

Oblitérations. — Types A, C, D : communes ; B, F, H, I, J : 2 U ; K : 3 U ; E : 4 U.

Paires : n°ˢ 17 à 19 : 3 U ; n°ˢ 20 à 22 : 4 U. Blocs : rares.

Faux anciens. — On s'est particulièrement attaqué aux 18 et 30 Kr. qui ont été imités par la gravure et la lithographie.

Les faux oblitérés de 4 cercles concentriques, distants de 2 ᵐ/ᵐ 1/2 sont à rejeter de suite.

Les lignes du bandeau (écu) ne sont généralement pas au nombre de 18 ; le côté gauche de la diagonale de l'N de Baden aboutit tout en haut du pied gauche de la lettre ; l'aigle de droite semble porter une tarte à la crème et non une couronne ; la comparaison du pointillé de l'écu est utile.

Dans un gravé du 18 Kreuzer, les barres supérieures des deux E de VEREIN sont plus longues que les barres inférieures ; dans le K de FREIMARKE les traits obliques entrent tout droit dans le trait vertical au lieu que leur point d'intersection soit réuni à la verticale par un court trait horizontal. (Même remarque pour les lithographiés).

Les autres faux anciens ne méritent pas une description. L'original mesure 22 1/5 ᵐ/ᵐ dans les deux sens.

Truquages. — A Genève (F) on a décoloré chimiquement des originaux du 3 Kr rose n° 17, en gardant intacte l'oblitération ; puis on les a réimprimés en 30 Kr. en ayant bien soin d'effacer l'impression orange sur l'oblitération. La dentelure, l'oblitération et le papier sont donc originaux mais les signes des figures a et b de l'illustration suivante et des traces d'impression orange sur l'oblitération permettent de déceler la fraude.

Le n° 17 a subi la même opération pour en faire un 18 Kr. La comparaison du dessin suffit. (Voir aussi : faux anciens).

Faux modernes. — Les n°ˢ 16 à 21 (y compris le 17 a) ont été falsifiés en 1899 par le graveur V..., de Turin, puis imprimés et faussement oblitérés par F..., de Genève. Le même cliché a servi pour toutes les valeurs à l'exception du 18 Kr qui eut les honneurs d'un cliché spécial.

Le papier est filandreux, blanc ou jaunâtre et d'une épaisseur de 75 à 85 mc., au lieu de 55 à 65 mc. dans les originaux, mais il y a lieu de n'y attacher qu'une importance relative, car il peut devenir meilleur à l'avenir ; de même pour les dentelures et nuances. La dentelure est le plus souvent 11 1/4 à 12, mais on la trouve aussi 10 ; le n° 17 a a été dentelé 14 ; les nuances ne sont pas tout à fait exactes (30 Kr trop rougeâtre).

Toutes les valeurs excepté le 18 Kr ont été tirées en blocs de 16 non dentelés (4 × 4) qui ont été ensuite dentelés par 10 opérations successives. Les feuilles de 16 étaient le plus souvent oblitérées avant perforation, ce qui, pour un travail en série, répond bien aux principes du taylorisme.

L'impression montre des défauts dont quelques-uns sont signalés dans l'illustration, figures a et b.

L'imitation du 18 Kr a été particulièrement soignée par le graveur et par l'imprimeur qui a réussi à la tirer dans les nuances exactes (vert et vert foncé). Ces falsifications ont été tirées en bloc de 4 non dentelés ; piqués ensuite en 6 fois. La dentelure est, en général, trop grande d'un quart de point ; le papier d'abord jaunâtre et transparent a été imprimé en vert, vert-jaune ; on s'est servi ensuite d'un papier blanc et mince (55 mc) relativement transparent avec impression en vert foncé. Voir l'illustration C.

(Communiqué, ainsi que le paragraphe suivant, au Philatéliste belge ; 15-12-1925).

Fausses oblitérations. — Les faux cachets de Genève, gravés sur bois sont :

1° Quintuple cercle à numéros : 8, 12, 60, 79 et 109.

2° Cachet à date, un cercle : RASTATT 14 OCT 5-10 V

3° Cachet à date double cercle : KEHL 2 NOV 6-7N ; HEIDELBERG 2 OCT ; FREIBURG 4 APR 2-7 M. OPPENAU 10 Aug.

4° Cachet horaire (roue dentée, Uhrradstempel n° 8).

5° Cachet sur 2 lignes, encadré : KARLSRUHE 2 MRZ.

Ces cachets s'étalent non seulement sur les timbres 16 à 21 faux et sur les découpures imitées d'enveloppes (6 Kr bleu et jaune, 18 Kr vermillon), mais aussi sur des originaux et les taxes non contrefaits.

On trouve un grand nombre d'autres oblitérations fausses sur le
30 Kr et sur les taxes.

1868. *INSCRIPTION K R. FOND·BLANC. DENT.* 10.

Le 7 Kr bleu pâle (ciel) vaut 2 N ; 3 U. Bonne impression : rare.

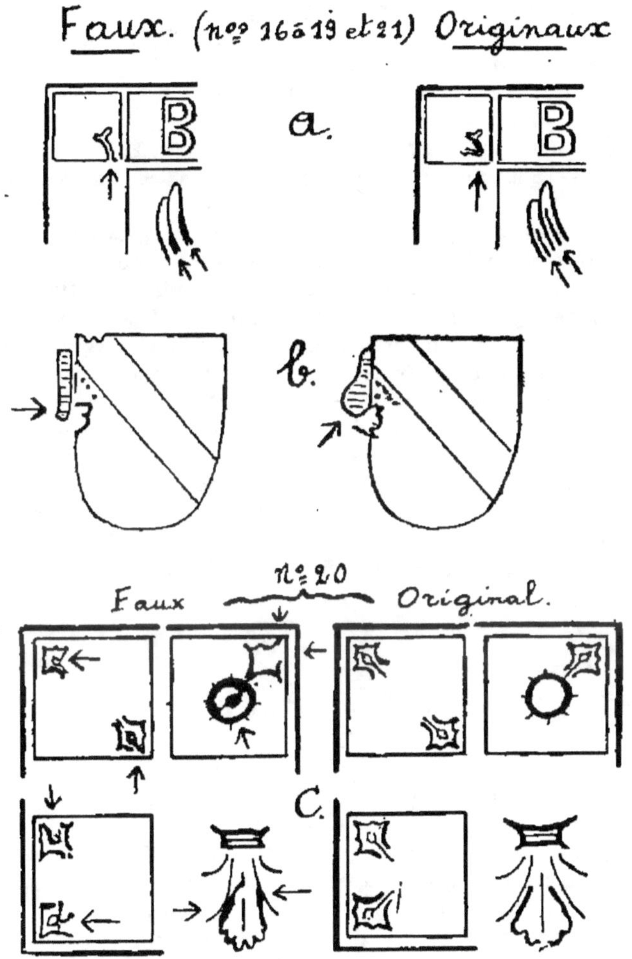

Le 3 Kr avec trait blanc relié à la tête du 3 : 10 N ; 10 U ;
(défaut de planche).

Oblitérations. — A date : commune.

Paires. — 3 U.

III. — **TIMBRES-TAXE**

Feuilles de 100 timbres (10 × 10). Papier mince ; les 1 et 3 Kr aussi sur papier épais. Dentelés 10. Le 12 Kr n'a été tiré qu'à 1.500 exemplaires ; il n'en reste que 3 % environ.

Timbres sur lettres. — 12 Kr : 3 U ; les autres : U, 50.

Variétés. — N° 2 avec le premier O de PORTO interrompu en haut et en bas (défaut de planche) : 10 N ; 4 U.

Le n° 3 a été coupé pour moitié : sur lettre : 1.000 fr. ; sur fragment : 750 fr.

N° 1 papier épais : 4 N ; U, 50 ; n° 2 : 6 N ; 3 U.

Faux. — Souvent imités sur papier épais, ce qui doit attirer l'attention.

Le mieux est d'acquérir le 1 ou 3 Kr authentiques peu chers sur papier mince et de s'en servir comme référence. Remarquez que les feuilles situées à droite et à gauche vers le milieu du timbre sont détachées de leur brindille ; que les volutes en bas et en haut du timbre sont reliées par un trait ondulé qui ne touche les volutes que dans les impressions appuyées ; deux petits traits presque verticaux partent du bas de ces volutes. Remarquez aussi les interruptions de la guirlande ; ce sont autant de signes secrets d'expertise qui permettent un jugement sain. De même, le dessin des feuilles de lierre ornementales suffit à écarter les contrefaçons ou l'on remarque des feuilles anti naturelles, en forme de triangle, attachées au cadre ornemental.

Les trois valeurs doivent subir l'expertise d'oblitération.

BAVIÈRE

I. — **NON DENTELÉS**

Les *feuilles* des valeurs à grands chiffres (1849 à 1862) sont de 180 timbres divisés en 4 groupes de 45 (9 × 5) ; celles de l'émission de 1867-68, de 120 timbres en 4 groupes de 30 (6 × 5).

Premier choix. — N°ˢ 1 à 14, quatre marges allant jusqu'aux filets séparatifs ; n°ˢ 15 à 22, quatre marges de 1 ᵐ/ᵐ minimum.

Fil de soie. — Les numéros 2 à 22 portent un fil de soie rouge, incorporé verticalement dans la pâte du papier à 21 ᵐ/ᵐ de distance ; on trouve parfois 2 fils sur un seul timbre et parfois pas du tout. Ces variétés sont appréciées en paire ou bande car, l'isolé est parfois truqué par enlèvement du fil.

Papiers. — Papier pelure : 30 à 40 mc. ; mince : 41 à 60 ; moyen : 61 à 80 ; épais : 81 mc. et plus jusqu'à 105, 110 mc. Tous les papiers sont faits à la main ; le papier très mince est rare.

Oblitérations. — Avant 1849 on se servait d'un petit cachet à date, du type D qui est rare sur les timbres.

Les cachets type A (1 cercle) vont de 1 à 608 ; ceux à trois cercles de 1 à 922 ; ils sont en général communs, mais ceux provenant de petites localités sont plus rares et peuvent valoir 100 fr. pour le cachet à 1 cercle ; de 20 à 100 fr. pour celui à 3 cercles (numéros au-dessus de 800) et de 50 à 200 fr. pour les n⁰ˢ au-dessus de 900. Le n° 922 est le plus rare. Ces cachets en rouge ou en bleu sont très rares.

Le type B, avec B.P. (Bahnhofpoststempel) se rencontre sur les 3 et 6 Kr ; rares sur les 1, 12 et 18 Kr. On trouve ce cachet avec le millésime de 1850 : 10 fr. sur n° 2.

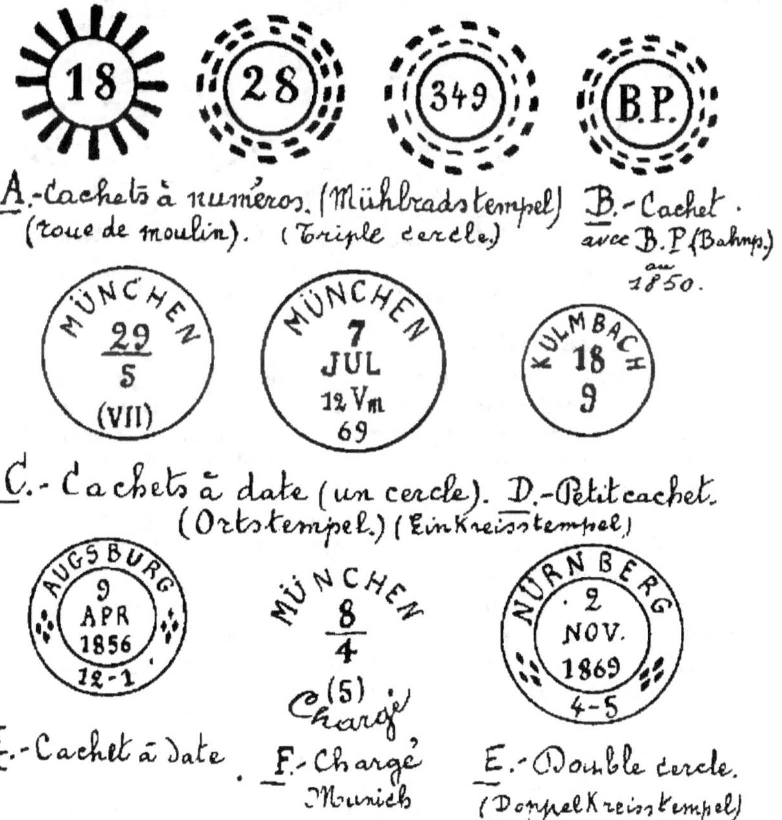

Les oblitérations à date type C, ne sont pas communes sur les trois premières émissions ; le type A devient très rare après 1870.

Le type J est commun mais devient rare avec la mention Bahnpost (type K).

Les types G et H ne sont pas communs excepté München ; type G Bahnhof : rare.

Type I toujours rare ; en rouge ou bleu : très rare.

Types F et L : très rares.

L'annulation plume sur le n° 1 vaut 75 fr.

MÜNCHEN
11 OCT. 1860

MÜNCHEN
28 DEC 61

POSTABLAGE.
THÜRGERSHEIM.

G.- Cachets sur 2 lignes. H.- idem encadré.
(Balkenstempel)

I.- Bureaux auxiliaires
(Postablage).

(Halbkreisstempel.)

(Rhombusstempel).

J. Cachet en demi cercle K.- idem ambulant L.- Cachet rare.

1849. 1 KREUZER NOIR.

Le noir intense provient du premier tirage ; bonne impression. Le gris-noir a dû être commandé pour remédier à la mauvaise visibilité des oblitérations sur le noir intense ; à ce moment, la planche commençait à s'user, ce qui se remarque au pied de chiffre à gauche, aux hachures des carrés ornementaux et à leur encadrement, ainsi qu'à l'encadrement du grand carré burelé. En fin de planche, l'usure se remarque aussi à l'extrémité du trait oblique du grand chiffre. Cette valeur est remplacée par le n° 4, en rose, dès 1850.

Variétés. — On recherche les impressions fines. Ce timbre avec fil de soie est un essai rare. Le tête-bêche est toujours bord de feuille à gauche. On trouve le gris noir avec double impression. Quelques défauts de planche : moitié supérieure de la lettre E de EIN formant tache blanche, FRANCO ; etc. Le n° 1 a été utilisé pour moitié sur bande d'imprimés.

Faux. — Il existe un assez grand nombre de faux ; pour ne pas en donner une nomenclature oiseuse, vérifier si le timbre montre les caractéristiques et mensurations décrites dans l'illustration de l'original. La plupart des faux ont le trait supérieur du chiffre parallèle au cartouche et le chiffre lui-même est trop haut, trop étroit, trop large, déplacé, etc. Quelques faux anciens sont si mal faits qu'un enfant les reconnaîtrait ; ils portent généralement les oblitérations A et B. Les fialsifications chimiques des nᵒˢ 4 et 9 pour en faire le nᵒ 1 sont des fantaisies de tripoteurs : vérification

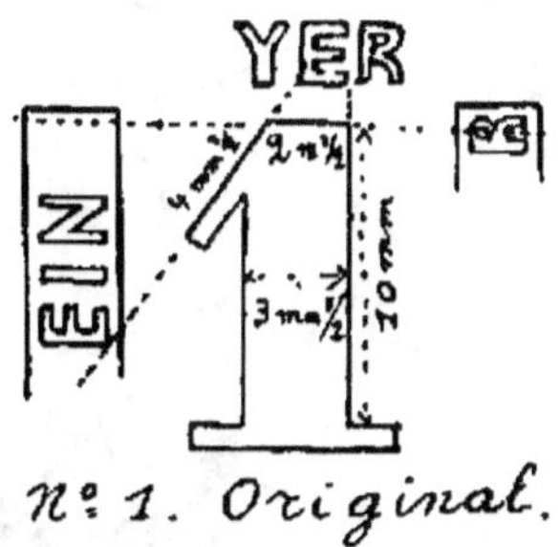

nᵒ 1. Original.

du burelage central et du fil de soie. Un faux moderne (Genève) ne supporte pas la comparaison ; il est neuf ou oblitéré des faux cachets A nᵒˢ 757, 249, 267, 269.

1849-50. *Nᵒˢ 2 et 3 (3 et 6 Kr). CERCLE BRISE.*

Nuances. — Le nᵒ 2 neuf ou usé est rare en intermédiaire outremer. Le nᵒ 3 est rare en brun-jaune, brun clair neuf, et rare en usé brun roux, brun foncé. Le 3 Kr bleu foncé vaut 3 N ; 4 U ; le 6 K brun foncé : U, 50.

La *gomme* des nᵒˢ 1 à 3 est d'abord jaunâtre ou parfois brunâtre et étalée au pinceau dans les premiers tirages ; la circonspection s'impose donc ; ensuite elle est blanche et étalée à la machine. Les deux valeurs sont connues avec gomme rouge (oblit. A, un cercle, nᵒ 2).

Paires. — 4 U ; le 3 K n'est pas connu en bande de 3 usée ; le bloc de 4 vaut 75 fr.

6 *Kreuzer.* — On a prétendu que la matrice du nᵒ 3 a été égarée, mais le changement de planche dans le nᵒ 5 peut s'expliquer aussi par la volonté du graveur d'obtenir un meilleur travail. Dans le nᵒ 5 (fin octobre 1850) les motifs ornementaux en arcs de cercle ont été amplifiés pour arriver à encercler entièrement le chiffre ; les cadres des petits carrés des coins sont soigneusement tracés. Une oblitération (roue de moulin) pouvant cacher le cercle brisé du nᵒ 3 et, d'autre part, la planche usée du nᵒ 5 ayant des impressions à « cercle brisé », l'illustration jointe renseignera les signes distinctifs des deux planches ; notez surtout dans la figure b la hachure blanche qui contourne le petit chiffre 6 à gauche en bas dans le carré inférieur gauche du nᵒ 5.

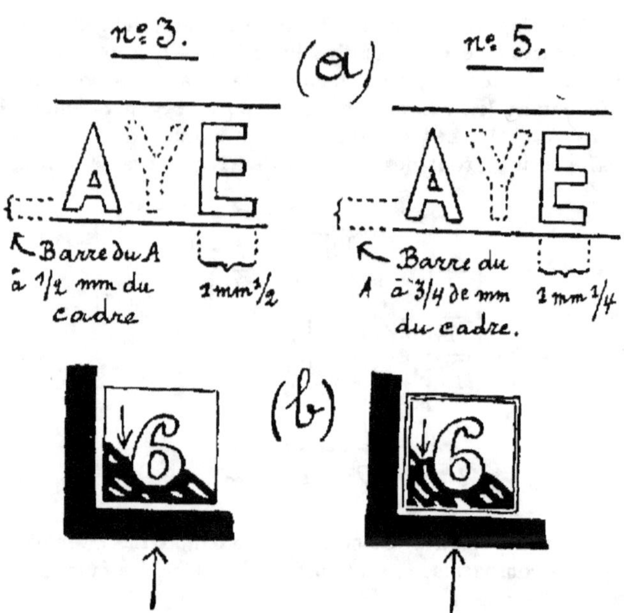

Variétés. — Les nᵒˢ 2, 3 et 5 out été utilisés avec gomme rouge (non officielle) par le bureau d'Altotting (nᵒ 7). Nᵒ 2 variété de planche avec trait blanc traversant le grand 3, de la lettre E de EIN à la lettre N de BAYERN ou de la même lettre E à la lettre O de FRANCO. Nᵒˢ 2 et 3, défauts d'impression : chiffre presque blanc ; ornements entourant le chiffre entièrement disparus : 2 U. Les nᵒˢ 2 et 3 sont recherchés avec fil de soie visible au recto et double fil de soie. Le 6 Kr a été employé pour moitié, coupé diagonalement. On a trouvé des exemplaires de cette valeur avec seconde impression non colorée (aveugle).

Oblitérations. — Nᵒ 2 avec cachet B (millésime 1850) : 15 U ; nᵒ 3, oblit. bleue : 2 U ; oblitération plume : U, 50.

Faux pour servir. — Nᵒ 2, sans fil de soie. Les chiffres des coins sont illisibles ; le dessin des lettres et des ornements est défectueux.

CERCLE REGULIER. Nᵒˢ 4 à 8.

L'expression cercle régulier est pour ainsi dire impropre pour le 1 Kr. car le cercle est rarement fermé comme dans les autres valeurs. Il en est de même dans une nuance pâle du 6 Kr (nᵒ 5 de la fin de la planche) souvent offerte comme nᵒ 3 ; se rapporter à l'illustration précédente.

Nuances. — 1 Kr rose foncé (1858) : 2 N ; 2 U ; 6 Kr. brun-jaune, brun-rouge et brun-chocolat : 3 N ; 9 Kr vert-bleu : R.R. neuf ; 4 U ; vert soutenu : R.R. neuf. 18 Kr. jaune foncé (maïs-gelb) : 2 N ; U, 50. Le 12 Kr foncé vif est rare.

Variétés. — N° 5 avec chiffre blanc (usure des arabesques) : 15 U ; coupé pour moitié, sur lettre : 600 fr. 9 Kr. papier pelure 2 N ; 5 U. 9 Kr avec cadre supérieur complet à l'extrémité gauche (Type I) : rare ; avec cadre interrompu à cet endroit (type II) 2 U ; avec cadre aminci (type III) : commun.

Oblitérations. — Types C ou E : U, 50 ; B : 3 U ; G, H : 2 U ; G Bahnhof : 3 U ; J : 2 U ; K et tous autres rares (excepté naturellement les types A).

Paires. — 4 U ; bandes de 3 : 8 U mais n° 5 : 50 U ; blocs de 4, n° 4 : 80 U ; n° 6 : 100 U ; les autres : R.R.

Faux. — Les 12 et 18 Kr de cette émission et de la suivante ont été contrefaits à Genève (F), soit avec fil de soie collé au verso, avec fil dessiné à l'encre rouge ou sans fil. Le schéma indique les signes de reconnaissance.

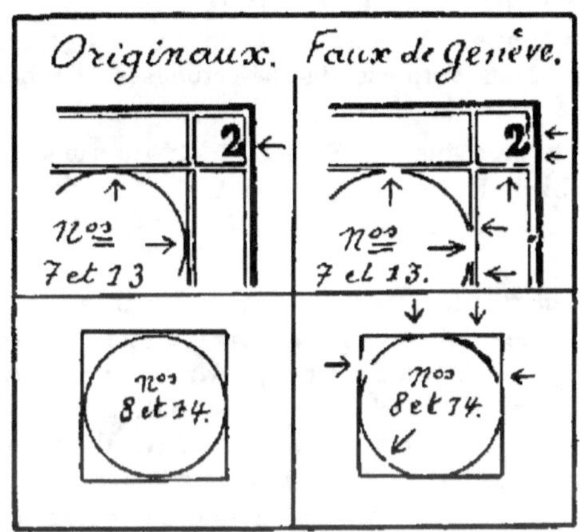

Nuances ternes, non conformes.

Les mêmes valeurs ont été contrefaites à Nuremberg, sans fil de soie ; l'impression estampée est très prononcée (voir à la loupe la bordure des carrés ornementaux) ; le chiffre 1 touche le cercle (à gauche en bas).

Les découpures de cartes (exposition de Munich 1914) n'ont pas de fil de soie, papier trop épais, à la machine.

Fausses oblitérations sur faux de Genève.

Type A (1 cercle) n°s 249, 257, 269, 757 ; (3 cercles) n° 269 avec chiffres plus grands et cachet à date : PASSAU VII 19 ; PASSAU 7 A-8.

1862-64. *CHANGEMENT DE COULEURS.* N°s 9 à 14.

Le 3 Kr n° 10 est du type I, cercle brisé.

Nuances rares. — 1 Kr jaune soufre : 10 N ; 3 U ; 6 Kr outremer : 800 frs neuf ; 500 frs usé ; 12 Kr vert-bleu : R. R. neuf ; U, 20 ; le

18 Kr n° 14 est d'une teinte vive même lorsqu'elle est pâle ; le n° 14a d'une teinte terne orangée (vermillonée) : 2 N ; ce timbre est moins rare que le n° 18 à l'état usé.

Variétés. — Les 6 et 12 Kr ont été coupés pour moitié: 150 et 500 frs sur lettre. Toute la série se trouve avec fil de soie au recto: 2 à 4 U ; papier mince; 2 U ; 3 Kr: 2 N ; 8 U.

Oblitérations. — Type A : communes ; à date: U, 50; communes sur le 1 Kr ; D F, I, L sur n°ˢ 9 à 12: 3 U ; sur n°ˢ 13 et 14: U, 50.

Le 12 Kr sur lettre vaut 2 U ; les affranchissements de timbres de Bavière avec ceux d'autres états (par ex. Autriche) sont rares.

Paires. — 4 U ; mais 6 et 9 Kr: 8 U ; bandes de 3: 6 U, mais 6 et 9 Kr: 20 U ; blocs de 4: rares ; 1 Kr: 30 U.

Faux. — Voir n°ˢ 4 à 8.

1867-68. *ARMES. FIL DE SOIE.* N°ˢ 15 à 22.

La plupart des timbres de cette émission ont le lignage du fond empâté; on trouve des impressions défectueuses. Recherchez les impressions fines.

Nuances. — 1 Kr vert-bleu: 2 N ; 2 U ; 6 Kr intermédiaire outremer: rare ; 7 Kr bleu de Prusse: 3 N ; 4 U ; 12 Kr deux nuances: violet pâle ; lilas-rose : N, 25 ; U, 25 ; 18 Kr, rouge vif : rare neuf ; 2 U.

Variétés. — Défauts de planche, traits ou taches blanches touchant ou traversant les chiffres ; 1 Kr trait oblique (chiffre de gauche en haut) ; 3 Kr sur la boule du bas ; 7 Kr id. sur le trait terminal du chiffre ; 12 Kr idem tache au même endroit; les 3 derniers (chiffre de gauche en bas): 5 à 10 U. On trouve d'autres variétés mineures. Les bords de feuille (minimum 3 ᵐ/ᵐ): 2 U.

On recherche les timbres avec fil de soie au recto ; les impressions huileuses des n°ˢ 15, 16, 19 (rare) et 21.

Le 6 Kr brun, papier à vergure verticale très fine: 2 U. Les n°ˢ 17 et 18 ont été coupés diagonalement pour moitié: rares. N° 16 imprimé recto-verso: R. R. R. Les n°ˢ 15, 16, 18, 19, 21 et 22 ont été percés en lignes, non officiellement (Expertise).

Oblitérations. — Types C, E, J : communes ; J sur n°ˢ 20 à 22, moins communs ; A (1 cercle) en noir sur n°ˢ 18 à 22: 2 U ; en rouge : 3 U ; type I et cachets encadrés : rares. Les oblit. plume sont recherchées : 50 %.

Timbres sur lettres. — 12 Kr: 2 U ; 18 Kr: 5 U. L'affranchissement du 18 Kr avec le 3 Kr est rare sur lettre.

Paires. — 4 U ; mais 6 Kr bleu, 9 Kr brun et 12 Kr: 5 U ; 1 Kr vert foncé et 3 Kr: 10 U ; 7 Kr bleu: 20 U. Les bandes de 3 des 1 et 18 Kr : 5 U, les autres : 10 U, excepté 3 Kr : 5 frs ; 7 Kr bleu: 40 U. Les blocs de 4 sont rares ; le plus commun, 3 Kr vaut 50 francs.

Réimpressions (1873). — Sans fil de soie ; trait tracé à l'encre rouge ; rares: 100 frs pièce. 1, 3, 6 Kr brun ; 7 et 12 Kr.

(1896). 1 Kr et 7 bleu. Avec fil de soie. Encore plus rares ; nuances non conformes. Papier à la machine.

Truquages. — Neufs de l'émission suivante, avec filigrane de lignes croisées, remontés au verso avec adjonction d'un fil de soie entre les deux papiers et faux gommage consécutif. Marges généralement courtes ; la benzine fait repêcher le filigrane, invisible par simple transparence. Les n°ˢ 23 à 27 et le n° 30 ont été ainsi maltraités.

Le 1 Kr sans fil de soie est une découpure de mandat.

II. — DENTELÉS

1870-72. *FILIGRANE LIGNES CROISÉES. DENT.* 11 1/2. N°ˢ 23 à 30.

On peut faire deux séries suivant que la grande diagonale des losanges filigranés mesure 14 $^{m}/^{m}$ (1870) ou 17 $^{m}/^{m}$ (1872). Les 9 et 10 Kr (14 $^{m}/^{m}$): R. R.

Variétés. — Papier uni (moins commun) ; vergé vertical ou horizontal. 7 Kr avec défaut de planche comme dans l'émission précédente: 100 frs neuf. Le 12 kr se trouve en deux nuances ; lilas rouge et violet, cette dernière moins commune. On trouve d'autres défauts, chiffres 3 et 10 barrés dans le coin supérieur droit.

Timbres sur lettres. — U, 25 ; 7, 9, 10 et 12 Kr de 1870: U, 75 ; 18 Kr (1872) 5 U ; 9 et 10 Kr 1873: 10 U ; 18 Kr: 20 U.

Paires. — 4 U

Réimpression. — Quelques séries finement exécutées pour l'exposition de Vienne 1873 ne sont pas à vrai dire des réimpressions mais des originaux d'un tirage spécial. Nuances différentes. Très rares. Le 12 Kr avec filig. de 12 $^{m}/^{m}$ (ce filigrane n'existe pas dans la valeur originale) est donc seul une réimpression. Nuance mauve. Valeur: 100 frs.

Truquages. — 1° Découpures de mandat, faussement dentelées et oblitérées. Nuance trop foncée, faux filigrane ; présentées sur fragment avec fausse oblit. NURNBERG 15 DEC VORM II, etc. 2° Tripotage exercé sur le n° 21 ; faux filigrane, fausse dentelure.

Faux du 12 Kr. — Grossier. Comparaison. Pas de filigrane.

Fausses-oblitérations sur le 12 Kr. Nombreuses. Le type A n'existe pas sur cette valeur.

1874-75. 1 MK. *FIL. LIGNES CROISÉES.* N°ˢ 36 et 37.

Le n° 36, non dentelé doit avoir 4 marges de 1 $^{m}/^{m}$ minimum, si l'on ne veut pas collectionner un n° 37 avec dentelure coupée. La nuance foncée est R. R. neuve ; U, 25. Papier vergé horizontal:

U, 50. Défaut de planche : M et A reliés par le pied : 2 U. Paire : 3 U ; unité sur lettre: 6 U ; oblit. bleue: 2 U. Le n° 37 de nuance foncée vaut: N, 50 ; U, 50 ; sur lettre: 10 U.

1875. *FIL. LIGNES ONDULÉES. N*^{os} *31 à 35.*

Les 7 et 8 Kr sur lettre valent: 3 U ; le 10 Kr: 8 U. Un cliché du 1 Kr égaré dans la planche du 3 Kr montre dans les 4 chiffres des traces du chiffre 1 rectifié : rare.

1875-76. *VALEUR EN PF. ET MARK. N*^{os} *38 à 47.*

Le 50 pf. rouge est vraiment rare sur lettre ainsi que le 2 mark ; le 1 mark: 4 U.

Réimpressions. — 1896. Exposition de Nuremberg.

25 pf. brun-jaune ; la nuance originale similaire est brun-jaune foncé ; 50 pf. brun foncé, très semblable à l'original ; la comparaison avec un oblitéré est nécessaire.

EMISSIONS SUIVANTES ET NOUVEAUTÉS

Sont beaucoup moins intéressantes et, à partir de 1919 se composent de timbres sans valeur. Il en est de même pour les timbres de service.

Fausses surcharges. — Sur n°s 116 à 151. Mal exécutées. La comparaison suffit à les faire remarquer. Sur n°s 1 et 5 des timbres de service : comparaison de l'encre et du foulage ; ces fausses surcharges sont nombreuses.

III. — TIMBRES-TAXE

1862. N° 1. *NON DENT. FIL DE SOIE. TYPOGRAPHIÉS.*
1er choix. 4 marges de 1/2 ^m/^m minimum.

Erreurs : Empfange ; 3 N ; 2 U. Les erreurs moins visibles *Bom* au lieu de *Dom*, etc.: N, 50 ; U, 50.

Faux. — Les anciennes imitations se reconnaissent facilement par la comparaison des petites inscriptions. Les faux anciens et les modernes (Genève, Nuremberg) n'ont pas de fil de soie ou fil de soie dessiné à l'encre ou collé au verso. La gomme originale est brunâtre. Les faux de Genève ont été fabriqués sur des papiers de diverses nuances du blanc au chamois en trois clichés: 1° chiffre 3 de 8 ^m/^m de haut au lieu de 9 1/2 ; 2° le second a de Zahlbar forme un u renversé ; 3° les cadres intérieurs sont interrompus: en bas, à gauche ; en haut, à gauche ; et le cadre droit dans le bas.

2me cliché en typographie ; les autres en lithographie.

Les fausses oblitérations décrites à l'émission 1849-50 se retrou-
2me cliché en typographie ; les autres en lithographie.

1870. *FIL. LIGNES CROISÉES. N*^{os} *2 et 3. DENT.* 11 1/2.

Les fausses oblitérations sont extrêmement nombreuses. Expertise.

Faux de Genève, comme pour le n° 1. Sans filigrane, dentelure et papier non conformes. Mêmes caractéristiques que le n° 1 pour le 3 Kr. Dans le 1 Kr l'h de Zahlbar touche le cadre intérieur et celui-ci est interrompu à 1 $^{m/m}$ 1/2 à droite et à gauche de cette jonction. Mêmes oblit. fausses fabriquées à Genève.

BELGIQUE

Les timbres des premières émissions belges jouissent d'une faveur marquée, due à la beauté de ces chefs-d'œuvre du burin.

I. — NON DENTELÉS

1849. *EPAULETTES.* N°s 1 et 2.

3 *tirages.* mai 1849 (émission officielle 1er juillet); septembre 1849 et avril 1850. La classification des tirages par les nuances est très difficile, on trouve par exemple le brun-roux dès juillet 1849.

Feuilles de 200 timbres, en 2 groupes de 100 (10 × 10) séparés par une bande de 12 $^{m/m}$. portant le mot BELGIQUE en capitales à double trait; sur les côtés, inscription: Timbres des Postes; en haut et en bas: Ministère des Travaux Publics. Chaque timbre porte un *filigrane* L. L. en monogramme encadré, le haut des lettres tourné vers la bande médiane.

Papier à la main, de diverses épaisseurs (1).

Les *doubles impressions* (rares) sont produites par double frappe de la planche; quand elles sont partielles, ou simplement estompées, cela est dû au jeu du papier.

(1) A notre avis. la question des épaisseurs de papier devrait être internationalisées en adoptant les mesures suivantes: papier pelure, x à 40 microns: papier mince, 41 à 60 mc; papier moyen. 61 à 80 mc; papier épais, 81 à 100 mc; papier très épais, 101 à 130 mc; papier carte ou bristol, 131 à 180 mc: papier carton. 181 à y mc. (Vœu communiqué au Congrès Philatélique de Marseille 1926. par l'intermédiaire de l'Assoc. Phil. de la Côte d'Azur.

La *re-entry* qu'on pourrait appeler « impression rengrenée ou tréflée » (par similitude avec les opérations de frappe des monnaies) porte bien des traits faisant double emploi, mais n'a reçu qu'une seule impression de la planche.

On a cru d'abord qu'il s'agissait de traces d'une première gravure qui remontaient au tirage quand la planche avait été mal grattée, mais la trouvaille d'essais portant re-entries a fait tomber cette explication et admettre la suivante:

Les planches de cuivre servant à l'impression en taille-douce, sont impressionnées en creux par un cylindre d'acier portant le coin reproducteur en relief, reporté du coin original en creux. Il arrive, par suite d'un mauvais repérage ou d'une fausse manœuvre qu'après une tentative d'application du cylindre on relève celui-ci afin de reprendre l'alignement; mais, cette mauvaise opération a laissé des empreintes plus ou moins fortes qui se retrouvent dans l'impression, chaque fois qu'elles ne coïncident pas avec celles de l'application définitive du cylindre. Quand l'opération a été ratée deux fois de suite on aura des doubles re-entries ou des tri-entries, si l'on veut bien admettre ce néologisme de cordiale entente, ou des impressions doublement rengrenées.

Les parties les plus en relief ont évidemment laissé les traces les plus visibles (cadres, chiffres pleins, ombres fortes des cheveux, du collet, de la tunique, etc, etc.). Voir illustration.

Les types I et VII sont les plus intéressants (trientries): 4 N; 6 U. Dans le type I, le cadre supérieur et les chiffres sont doublés et les zéros sont en outre marqués dans le bas; dans le type VII le cadre inférieur est doublé avec déviation vers la gauche et ce cadre inférieur est encore marqué faiblement à travers l'épaulette, la décoration et le jabot jusqu'aux cadres latéraux en même temps que les cheveux sont doublés en corrélation avec ce troisième cadre inférieur.

Les types II à VI valent 3 N; 5 U; dans le type II le cadre supérieur et les zéros sont partiellement doublés; de même dans le type III, avec doublage des lettres du bas; type IV, cadre supérieur et zéros doublés; faux traits provenant du guillochis, de l'épaulette gauche, du revers de la tunique et, sur le menton, faux traits de sourcils; type V idem et faux traits des épaulettes, de la tunique et du revers; type VI, cadre supérieur doublé. Le type III a toujours le jabot blanc.

Les types VIII à XII et quelques autres, similaires, valent 2 N; 2 à 3 U. Type IX faux traits de l'épaulette gauche, de la tunique et du revers, type X, du collet, type XI de l'épaulette gauche, de la tunique et du revers, etc.

Pour le 20 cent. on trouve une double impression des chiffres et des traits de POSTES (re-entry?) valeur 4 N et 10 U; les pièces où ce défaut est seulement estompé valent beaucoup moins. (Voir

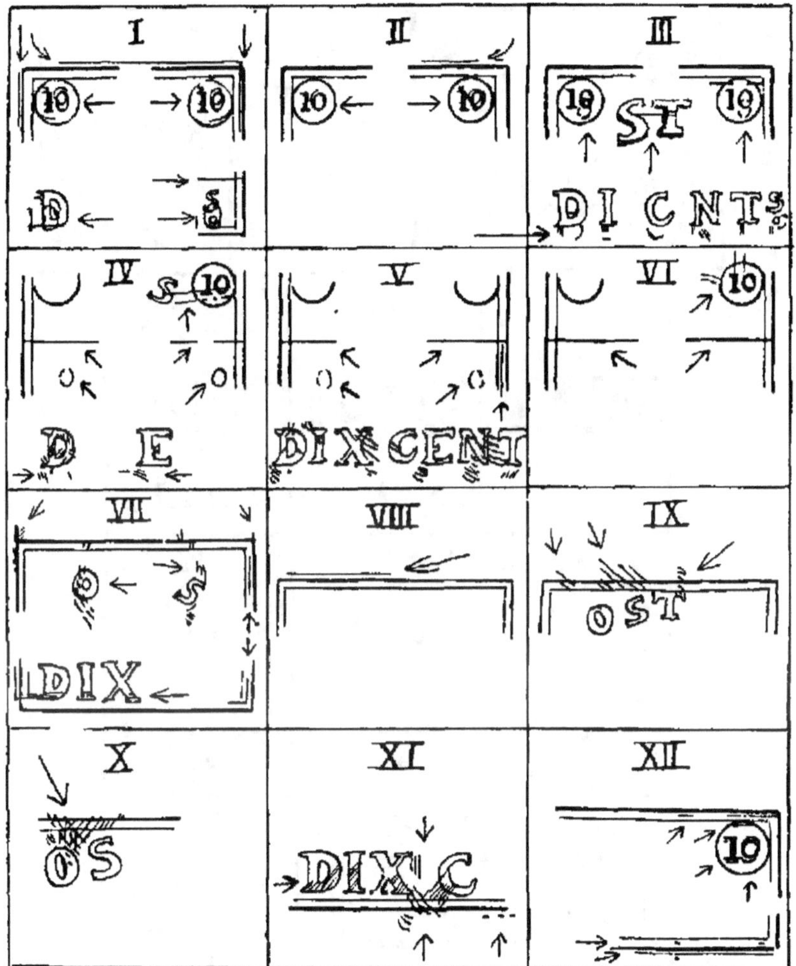

10 Centimes, re-entries

illustration). Les types A, B, C, sont des re-entries: 2 N ; 6 U ; les défauts de gravure D et F valent : 2 N ; 5 U ; les types E, G, H et d'autres petits défauts similaires : N, 50 ; 4 U.

Retouches. — L'illustration des types du 20 centimes renseigne dans le bas 3 exemples de retouches ; il en est quelques autres. Les plus visibles, 10 c. I et 20 cent. I : 2 N ; 4 à 6 U ; 20 cent. II : N, 50 ; 3 U.

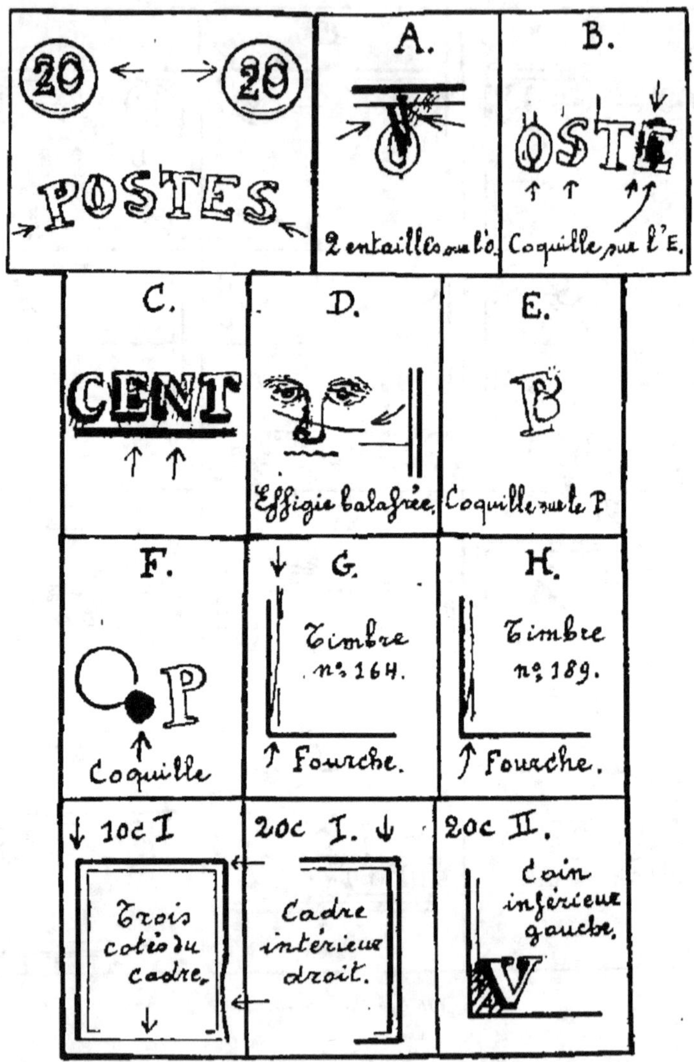

20 Centimes. Re-entries, variétés de gravure et retouches

Intervalles. — 1/2 à 2 $^{m/m}$ suivant la planche et la position des timbres dans la feuille ; l'intervalle moyen est de 1 $^{m/m}$.

1ᵉʳ *choix*. — Quatre marges de 1/2 ᵐ/ᵐ minimum. Malgré le fort chiffre de tirage (5.000.000 pour chaque valeur), le nombre des disparus 98 %? celui des timbres trop fortement oblitérés 80 %? et enfin le nombre des exemplaires avec marges trop courtes ou défectueux pour d'autres motifs (amincissements, coupures, etc.) 90 %? réduit si considérablement le nombre des exemplaires de premier choix, qu'on peut dire qu'il n'en existe plus 2.000 pièces de chaque valeur. Les exemplaires hors ligne, avec grandes marges et oblitération très légère obtiennent des prix d'amateur: 3 à 10 U. Bords de feuille: 2 U.

Neufs. — Sont rares avec gomme, les restes de stock étaient barrés à l'encre rouge. (On présente parfois ces derniers, lavés, comme des non barrés.)

Nuances. — 10 cent. brun, brun gris, brun foncé. Le 10 cent. brun sur papier très mince et le brun-roux sur papier mince: 2 N; 2 U; les exemplaires d'impression fine (1ᵉʳ tirage) brun bistré sur papier mince: 3 N; 3 U. 20 centimes bleu, bleu foncé, bleu clair ont la même valeur sur papier ordinaire ou mince; bleu laiteux, bleu-noir: 2 N; 2 U; les timbres dont le papier est fortement teinté au recto par l'impression (visible dans les marges) bleu ardoise sur papier ordinaire et bleu vif sur papier mince: 2 N, 50; 4 U. Le bleu outremer est recherché; il est souvent obtenu par altération chimique (papier trop blanc, rendu spongieux par l'acide oxydant et traces violacées dudit désinfectant.)

Paires. — 10 cent. : 3 N ; 4 U ; 20 cent. : 3 N ; 8 U. Les blocs de 4 étant excessivement rares (10 N ; 150 U) les bandes de 4 sont recherchées: 60 U.

Oblitérations. — Type A : commune (voir illustration n° 120); le modèle 56 est celui des bureaux de distribution : moins commun. En rouge : rare (erreur de tamponnage). Les lettres portent le cachet à date en rouge ou en vert, également exceptionnels sur le timbre. Le type A a 17 ou 18 barres (bureaux de distribution 18); le cachet de facteur rural, sans numéro, a 14 barres (rare). Cachet C, ambulant : rare.

Timbres sur lettres: 2 U.

Réimpressions isolées, à la matrice. Sans filigrane.

1866. En brun, brun-roux et en bleu pour le 20 cent. Sur papier vergé épais: 50 frs ; sur uni épais: 40 frs ; sur uni, ordinaire: 30 frs. La question est controversée de savoir s'il ne s'agit pas d'essais.

1895. Sur papier mince satiné, 10 cent. brun lilas: 25 frs ; 20 cent bleu: 10 frs ; bleu foncé: 15 frs.

Faux de Gênes (V.) Sans filigrane. Exécution grossière.

Il faut avoir beaucoup de bonne volonté pour se laisser tromper par ces images, dont les grandes marges attirent tout de suite l'attention.

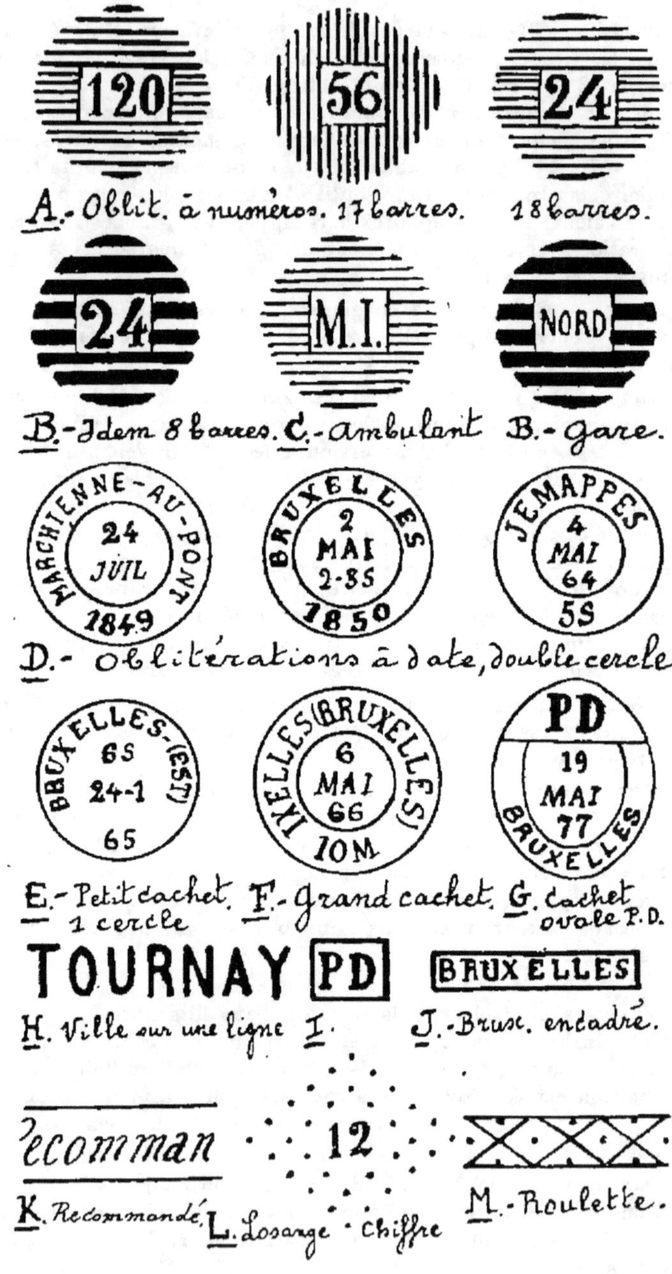
120
56
24
A.- Oblit. à numéros. 17 barres. 18 barres.
24
M.I.
NORD
B.- Idem 8 barres. C.- Ambulant B.- gare.
MARCHIENNE-AU-PONT
24
JUIL
1849
BRUXELLES
2
MAI
2-35
1850
JEMAPPES
4
MAI
64
5S
D.- Oblitérations à date, double cercle.
BRUXELLES-(EST)
6S
24-1
65
IXELLES(BRUXELLES)
6
MAI
66
10M
PD
19
MAI
77
BRUXELLES
E.- Petit cachet. F.- Grand cachet. G. Cachet
1 cercle ovale P.D.
TOURNAY PD BRUXELLES
H. Ville sur une ligne I. J.- Bruxc. encadré.
ecomman 12
K. Recommandé. L. Losange - Chiffre M. Roulette.

1849-50 *FILIG. L. L. ENCADRÉ. N°ˢ 3 à 5.*

Chiffres de tirage, 10 c. 498.000 ; 20 c. 376.000 ; 40 c. 292.000. Ces timbres sont donc beaucoup plus rares que ceux de la première émission.

Feuilles, 200 timbres, comme précédemment. Taille-douce.

Papier à la main, mince, ordinaire ou épais. On recherche le papier très mince.

1ᵉʳ *choix.* — Quatre marges de 1/2 ᵐ/ᵐ. Les exemplaires bien margés sont vraiment rares.

Oblitérations. — Voir première émission.

Nuances — Deux par valeur.

Variétés. — N° 3, coupé verticalement: R. R. R. Les neufs barrés à l'encre rouge valent 50 %.

Re-entry. — 10 cent. Chiffres doublés: 4 N ; 30 U.

Retouches. — Dans le feuillage, au-dessus du D. de DIX et à droite ou à gauche des mots VINGT CENT : 2 à 3 N ; 3 à 6 U suivant importance.

Paires. — 4 U ; bloc de 4: 4 N ; 60 U excepté le 40 cent.: 20 U.

1851. *FILIG. L L non encadré.* N°ˢ 6 à 8.

Feuilles comme précédemment.

Chiffres de tirage. — 10 cent.: 53.800.000 ; 20 c. : 39.200.000 ; 40 c. 4.350.000. Le 40 c. est donc de la même rareté que les n°ˢ 1 et 2.

Papier ordinaire ; épais: moins commun ; mince (10 c.: 400.000 ; 20 c.: 300.000 ; 40 c. 240.000): 2 N ; 3 U ; cotelé horizontalement (10 c.: 100.000 ; 20 c.: 60.000 ; 40 cent.: 45.000) : 2 N ; 6 U excepté le 40 cent.: 2 U ; le papier cotelé verticalement vaut le double.

Nuaces rares. 20 cent. bleu pâle (papier mince): 4 fois l'oblitéré de nuance ordinaire sur papier mince ; bleu cobalt (papier ordinaire): 6 U.

Re-entries. Chiffres 10 et mot Postes doublés comme dans l'émission précédente : 10 N ; 150 U. Cadre intérieur doublé : 3 N ; 60 U.

Retouches. — Assez nombreuses (voir exemples dans l'illustration suivante). Valeur: N, 25 à 3 N et 3 à 20 U suivant importance.

Paries. — 4 U ; blocs de 4 : 8 N ; 120 U, mais 40 cent. : 30 U.

Oblitérations. — Comme dans les émissions précédentes. Mais cachet type A à 14 barres : moins commun ; cachet à 26 barres (n° 24) R.R. ; cachet gros points : R.R.

1858 (JUILLET). 10, 20 et 40 *CENT.*

Quelques catalogues généraux ne renseignent pas cette émission — pas même comme variété de l'émission précédente —; c'est assez étrange, depuis le temps qu'elle est connue et cela ne s'explique que par le désir de ne pas modifier les albums.

Format 18 × 21 ᵐ/ᵐ. Le médaillon central, plus arrondi que dans l'émission suivante mesure 15 ᵐ/ᵐ de large sur 17 1/2 de hauteur au lieu de 14 1/2 sur 18 ᵐ/ᵐ de hauteur.

Pas de filigrane. — Feuilles de 200 timbres comme précédemment.

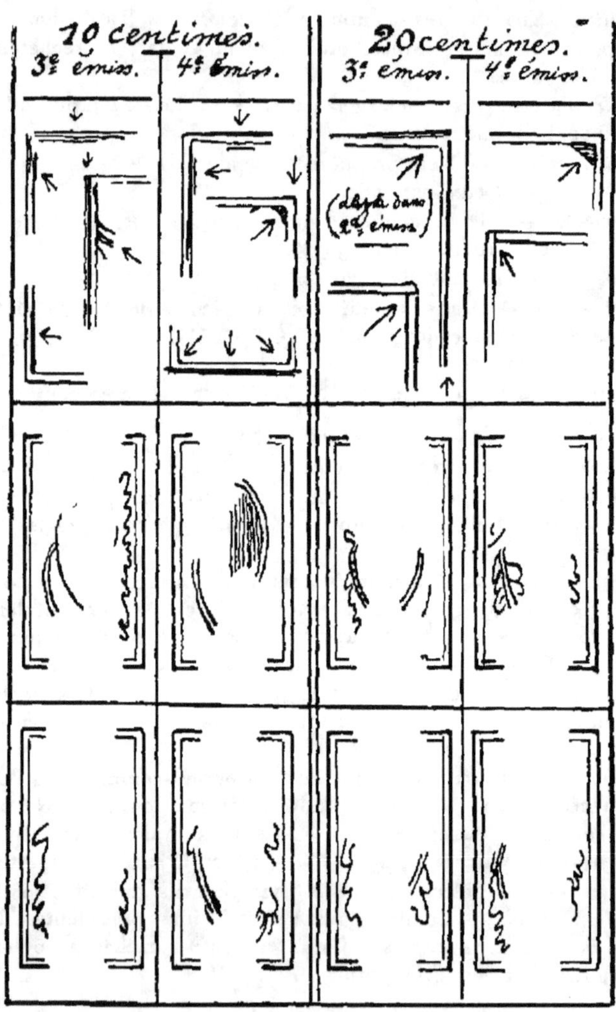

Chiffres de tirages. — 10 c.: 28.800.000; 20 c.: 20.700.000; 40 cent.: 2.300.000.

Papier mince, satiné, à la machine: commun; valeur comme pour le papier ordinaire de l'émission précédente.

Papier épais à la main (10 c.: 72.000 ; 20 c.: 54.000 ; 40 c.: 36.000).
Vu le déchet, ces variétés sont donc rares: 10 et 20 cent. neufs :
150 frs ; 40 cent. : 500 frs ; usés, 10 et 20 cent. : 20 frs ; 40 cent. :
75 frs.

Paires. — 4 U ; blocs de 4: 80 U ; 40 cent: 20 U (papier mince) :
papier épais: rarissimes.

Oblitérations. — Comme précédemment: type J: rare.

Retouches. — Comme dans l'émission précédente.

1861. *SANS FILIGRANE.* N°ˢ 9 à 12.

Format. — 17 2/3 × 21 3/4 ᵐ/ᵐ. Médaillon allongé 14 1/2 de
large sur 18 ᵐ/ᵐ de hauteur.

Feuilles de 300 timbres.

1ᵉʳ *choix.* — Quatre marges de 1/2 ᵐ/ᵐ minimum. Les exemplaires avec 4 grandes marges sont rares.

Chiffres de tirages. — 1 c.: 16.000.000 ; 10 c.: 24.500.000 ; 20 c.:
16.900.000 ; 40 c.: 3.100.000.

Le 1 cent. était destiné à affranchir les imprimés et journaux, à
l'exclusion des lettres ; ceci afin de réduire le travail de tamponnage. La rareté du 1 cent. par rapport au 20 cent. s'explique par
le grand nombre d'imprimés jetés au panier, alors que les lettres
étaient parfois gardées.

Papier ordinaire; mince ou légèrement strié horizontalement:
2 U ; verticalement : 5 U.

Variétés. — On trouve des impressions doubles, rares sur les
10, 20 et 40 cent. et des impressions huileuses.

Retouches. — Voir l'illustration suivante pour quelques exemples; on trouve en outre dans les 10 et 20 cent. de nombreuses
retouches du feuillage et dans le 10 cent. une grande retouche du
fond quadrillé (traits verticaux à droite de la tête): 6 N ; 50 frs
usé. 1 cent. retouche type I: 2 N ; 2 U; type II: 5 N ; 5 U; types
III à X· N, 25 ; U, 25. 10 cent., types I à IV et retouches du feuillage : 2 à 5 N, 3 à 10 U, suivant importance; 20 cent.: idem ;
40 cent : N, 50; 2 U.

Oblitérations. — Le 1 cent. est presque toujours oblitéré à date ;
types A et B: rares, cette valeur ayant été rarement apposée sur
des lettres ; les autres valeurs sont rarement oblitérées à date pour
le motif contraire. Oblitérations P et L: rares. En dehors des
cachets à barres et numéros déjà cités on trouve les types B à
numéro (8 et 10 barres); cachet B avec nom de réseau (ambulant,
8 barres).

Faux. — Le 1 cent. (non dentelé ou dentelé) a été grossièrement
imité en lithographie. La comparaison avec un 10 ou 20 cent. suffit.
(Fond central.)

Truquages. — 1 et 40 cent. dentelés rendus non dentelés avec belles marges après ablation des dents et remontage complet au verso. Pour les usés, raccords d'oblitération dans les marges.

Paires. — 3 U; blocs de 4: 6 N; 1 cent.: 6 U; 10 et 20 cent.: 16 N; 100 U; 40 cent.: 8 N; 20 U.

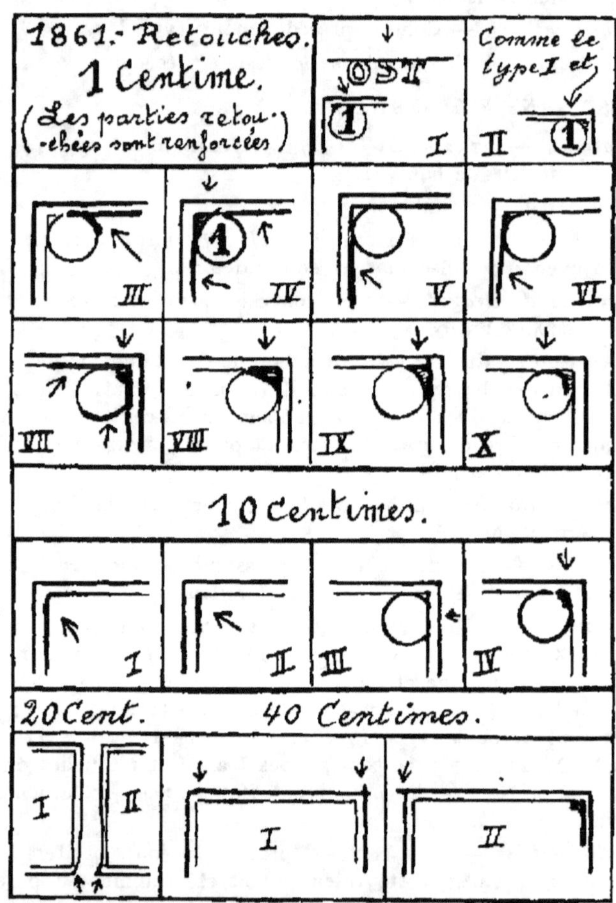

II. — DENTELÉS

Les dentelés doivent être centrés.

1863. *MÊME TYPE. DENTELÉS.* Nᵒˢ 13 à 16.

Planches de 300 timbres. Papier moyen et mince. Dentelures 12 1/2; 12 1/2 × 13 1/2; 14 1/2.

Variétés. — Impressions doubles: rares. 1 cent. planche usée: 3 N ; 2 U. Impression huileuse, transparente, 1 cent. : 2 N ; 2 U , 10 cent. : 3 N ; 20 U ; 1 cent. vert-bleu dentelé 12 1/2 : 2 N ; 2 U. Les 10 et 20 c. dentelés 14 1/2: même valeur.

Retouches. — 1 cent. Cadre supérieur ou inférieur retracé avec empiètement sur les lettres et chiffres ; lettres J M E retracées et coin inférieur gauche refait : 5 à 10 N et U. Petites retouches des ovales de la valeur.

Oblitérations. — Sur le 1 cent. ; types D et E : communs ; F (grand cachet) : U, 50 ; G : 2 U ; H : 5 P ; A : rares. Sur les autres valeurs ; type L : commun ; avec lettres et chiffres : moins commun, B : U, 50 ; A : 2 U ; J : rare.

Paires: 3 U ; n° 16: 4 U ; n° 13, bande de 5: 8 U ; blocs de 4 ; n°° 13: 6 U ; n°° 14 et 15: 25 frs ; n° 16: 20 U.

Réimpressions. — 1895. Non dentelées. Papier mince satiné, couleurs vives ; 1 cent. vert jaune pâle ; 40 cent. rouge vif.

1865-66. *LEOPOLD Ier FACE A GAUCHE.* N°° 17 à 21.

Feuilles de 300 timbres typographiés en 6 blocs de 50 (5 × 10).

Chiffres de tirages. 30 cent. : 5.700.000 ; 40 cent. : 4.800.000 ; 1 franc: 465.000.

1er *choix.* — Les timbres doivent être centrés ; on trouve des exemplaires de petit format et d'autres trop grands, par espacement des dentelures dans les deux sens: s'en souvenir pour l'acquisition des non dentelés.

Nuances rares. — 20 cent. cobalt ; 30 cent. chocolat ; brun noir et 1 franc dit « chou-rouge »: 2 N ; 2 U.

Dentelures. — 14 × 14 (Londres) 1 franc seulement ; 14 1/2 × 14 impression soignée de Belgique, 10 et 20 centimes rares ; les autres valeurs 3 N ; 2 U sur papier satiné ; les impressions suivantes, sur papier mince et ordinaire sont communes ; dentelés 15: communs.

Variétés. — On trouve le 30 cent. non dentelé horizontalement. Les 10, 20, 30 et 40 cent. sont connus non dentelés en impression fine (Londres) qu'on peut considérer comme des essais, et en impression ordinaire.

Oblitérations. — L: commune ; L avec lettres: U, 50 ; à date sur n°° 17 à 20 : rare ; sur 21: U, 25 ; type J : rare.

Paires: 3 U ; blocs de 4, n°° 17 et 18 usés: 15 frs ; n° 19, 20 et 21: 20 U , neufs : 6 N ; mais 40 cent. : 8 N ; 1 francs : 12 N.

Réimpressions. — 1895. Non dentelées. Papier satiné, nuances vives. La série: 50 frs. Des réimpressions privées, provenant de planches volées pendant la guerre nécessitent la comparaison du papier.

Truquages. — Dentelés de grand format coupés pour en faire des non dentelés. C'est le motif pour lequel les paires non dentelées ou les exemplaires avec très grandes marges sont recherchés.

Le truquage des non dentelés par remontage de fausses marges est facile à distinguer.

Faux. — Bons faux photolithographiés à grandes marges, des 30, 50 c. et 1 franc. Se rencontrent isolés ou sur fragments avec fausses oblitérations type L, nᵒˢ 12, 60, 63, 64, 70, 141, 283, 298, etc. ; sont parfois non dentelés ou dentelés 14. Dans l'original, la mèche de cheveux qui se trouve au-dessus du front a la forme d'une lame de faux dont le trait supérieur est plein et le trait inférieur, horizontal ; dans les faux, le trait supérieur est interrompu, le trait inférieur est ondulé ; le trait qui traverse obliquement l'oreille (direction N-O, S-E) est trop grêle ; le trait formant le bas de la narine est ondulé (simplement courbe dans les originaux ; la ligne de lumière (blanche) sur le devant du menton et sur la pomme d'Adam est bien marquée alors qu'elle l'est fort peu dans les originaux, les extrémités des hachures se recourbant pour arriver tout près du lignage du fond ; il en est de même sur le nez. Le trait ombré qui limite le cou à droite est mince mais marqué alors que dans l'original de Londres et dans le 14 1/2 × 14 impression de Bruxelles (les plus semblables à ces faux comme impression) cette ligne est visiblement formée par un renforcement des hachures du cou. La comparaison des traits de la chevelure (notamment au-dessus de l'oreille) de l'oreille, des cils et sourcils fait voir de nombreuses différences. Le mot UN FRANC est trop large de 1/6 de ᵐ/ᵐ. L'examen de la dexture du papier au moyen du microscope permet une décision beaucoup plus rapide.

Les faux anciens et une série de faux modernes se reconnaissent tout de suite par comparaison avec les nᵒˢ 17 ou 18.

1866-67. *TYPE PETIT LION.* Nᵒˢ 22 à 25.

Feuilles comme précédemment. Timbres d'imprimés, typographiés.

1ᵉʳ *choix.* — Le 1 cent non dentelé doit avoir 4 marges de 3/4 de ᵐ/ᵐ. Ce timbre est devenu rare, malgré son chiffre de tirage de près de 7 millions d'exemplaires, parce que, comme pour le nᵒ 9, la plupart des imprimés ou journaux étaient immédiatement jetés au panier.

Dentelures. — 14 1/2 × 14 ; 15.

Papier. — De diverses épaisseurs ; les nᵒˢ 23 b (gris-bleuté) et 25 a (bistre-roux pâle) sont sur papier épais, le dernier (faible tirage: 180.000) est rare.

Variétés. — Nᵒˢ 24 et 25 non dentelés: 100 frs or.

Défauts de planche ; 2 cent., ovale brisé à droite de la couronne 4 N ; 3 U ; 1 cent avec point entre T et E de POSTES ; 5 cent point devant le T. de POSTES, etc. Nᵒ 24, double impression rare.

Oblitérations. — A date : D, E, F : communs ; G : U, 25 ; L : U, 50.

Paires : 3 U ; blocs de 4, n° 22 : 5 U ; n° 23 idem ; n°ˢ 24 et 25 : 6 N ; 10 U.

Réimpressions (1895). Non dentelées, nuances trop vives, papier mince satiné ; impression fine. On trouve aussi des essais dans la nuance du timbre.

Originaux. — 1 centime. Format: 18 2/5 × 22 1/2 ᵐ/ᵐ ; 3 lignes horizontales sous le mot centimes, la plus basse a le double d'épaisseur des autres ; 8 perles bien visibles de chaque côté de la couronne (ne pas confondre avec celles-ci les ornements latéraux) ; voir aussi quelques signes dans l'illustration suivante.

2 et 5 centimes. Format 18 × 21 3/4 à 22 pour le 2 c. et 18 2/5 à 18 1/2 × 22 pour le 5 cent. ; 2 lignes légèrement courbées et d'égale épaisseur sous le mot centimes ; les lettres I M E de ce mot sont presque toujours reliées en haut et en bas ; 5 perles de chaque côté de la couronne ; les ornements de celle-ci diffèrent de ceux du 1 centime.

Dans les trois valeurs, les lettres de POSTES sont bien alignées à égale distance des bords du cartouche ; les lettres de CENTIMES, également bien alignées, ont 1 ᵐ/ᵐ 1/4 de hauteur.

Ces indications permettent de reconnaître tous les faux faits jusqu'à ce jour sans même s'inquiéter du papier, toujours si différent.

Faux anciens et modernes. — 1 centime. Vérifiez le format, les inscriptions et les signes distinctifs de l'illustration ; les réimpressions truquées par renforcement du verso mesurent 18 3/5 × 22 3/4.

Dans un faux ancien? potable, des lignes du guillochis manquent à gauche de la banderole de POSTES ; le P de ce mot est ouvert dans le haut, le second E de CENTIME n'est pas interrompu dans le bas, etc., etc.

2 et 5 centimes. Vérifiez le format, les inscriptions, la dentelure et les lignes sous centimes. Dans une imitation photolithographique de ces deux valeurs, les deux S de POSTES touchent le bas du cartouche, les lettres S E et S de CENTIMES touchent le deuxième des trois traits qui soulignent ce mot, et deux de ces traits débordent le mot sur 1 ᵐ/ᵐ ; le lion, cachectique, n'a pas les honnêtes dimensions du « Leeuw van Vlaanderen » ; 18 1/2 × 21 2/3 ᵐ/ᵐ. Les réimpressions ont le format trop grand.

Faux de Genève (F.). — 1 centime non dentelé et dentelé.

Cette valeur a été bien imitée, par photolithographie, et cette imitation, très répandue, demande un supplément d'informations. Format 18 × 22.

Papier moyen (65 à 75 microns) jaunâtre ou blanc, en deux clichés différents. Il n'y a pas lieu d'attacher trop d'importance au papier, ni à sa nuance, vu qu'on a pu employer d'autres papiers pour mieux tromper.

Dans l'original, une ligne du fond guilloché (indiquée par une flèche) et le pied de la lettre E de CENTIME sont presque toujours interrompus, l'exception se montrant dans les impressions lourdes, en traits pleins mais faibles. C'est le non dentelé qu'on trouve le plus souvent contrefait, mais les clichés ont dû servir à fabriquer des dentelés !

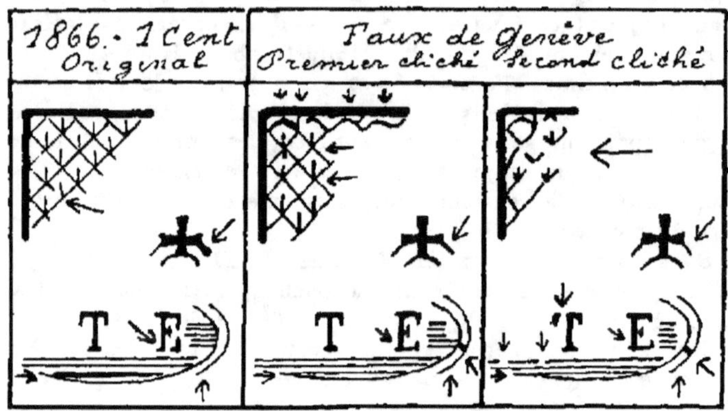

On trouve assez souvent l'oblitération fausse :

DEYNZE 17 NOV 67 1-2.

(Texte et dessin communiqués à « L'Echo de la Timbrologie ». N° du 15 janvier 1925.)

EMISSIONS POSTERIEURES

L'abondance des matières nous oblige à renvoyer aux catalogues généraux ou spécialisés pour tout ce qui ne rentre pas dans le cadre de notre travail.

1869. *CHIFFRE ET LION COUCHÉ. N° 29.*

8 centimes faux. — Assez insidieux, mais le dessin, obtenu par report, est moins net que celui des originaux ; la dentelure est arbitraire ; le papier est trop mince (50 mc), légèrement transparent, et la nuance est lilas gris. Les nuances originales sont lilas pâle, lilas et mauve (rare) toutes trois sur papier de 70 à 80 mc ; le violet est sur papier non transparent de 60 mc. Comparez avec les 1, 2 ou 5 cent.

1878. *EFFIGIE DE LEOPOLD II. 5 FRANCS. N°* 37 et 37 a.

Originaux. — 1er tirage, février 1878 (33.000 ex.) brun-rouge, imprimé typographiquement avec des encres belges trop épaisses ayant produit de petits « manque à l'impression » dans le fond du timbre et particulièrement sous le cou. Le 2me tirage, fait en juin (14.700 ex.) brun-pâle, bonne impression, exécutée avec des encres de la maison De La Rue de Londres. 3ᵐᵉ tirage, août 1881 (11.400 ex.) brun-rouge foncé avec encres végétales belges, suffisamment fluides ; bonne impression.

Papier blanc, moyen, non transparent, épaisseur, environ 75 mc ; format 17 × 21 ᵐ/ᵐ ; dentelé 15.

Faux modernes. — Assez nombreux, mais tous faciles à repérer par la comparaison des signes distinctifs de l'original (voir illustration) ; par la mensuration, la dentelure et les nuances. Le plus mauvais est celui de Gênes (I) dont l'aile de la narine est faite de deux traits ; le 5 de gauche interrompu au milieu, les inscriptions coupées par des hairs-lines et dont la partie basse de l'oreille manque. (27 1/4 × 21 ᵐ/ᵐ).

Faux de Genève (F). — Ces faux sont les plus répandus, particulièrement hors d'Europe ; ils ont été fabriqués en grand, dans les trois nuances des originaux et ont donné lieu à un travail soigné avec clichés améliorés (retouchés).

Malgré cela, on constate un grand nombre de différences dont les illustrations I, II, III, IV et V ne donnent que les plus visibles. Le type III est un cliché amélioré du type II et le type V un cliché retouché du type IV parce que l'angle aigu situé au-dessus de la lettre E faisait reconnaître ce dernier à l'œil nu.

Les types III et V nous apportent, une fois de plus, la preuve que l'imitation parfaite est impossible.

Les types I, II, III sont souvent sur papier presque pelure, transparent, jaune et filandreux (45 mc) aussi sur papier blanc, moyen, légèrement transparent ; les faux IV et V sur papier blanc de bonne épaisseur, mais le plus fréquemment sur papier mou facilement contrôlable.

Mensurations à peu près conformes, 17 × 20 2/3 ; 17 × 20 3/4.

Fausses oblitérations sur faux de Genève.

Types I, II, III. LOUVAIN 1 SEPT 2-5 1881.

GAND 2 AVRIL 1-5 1878.

LIEGE 26 AOUT 8-M 1878.

Types IV et V. ROULERS 23 FEVR 1880 et oblitération de caisse d'épargne (roulette).

Ces faux cachets ont été parfois apposés sur des originaux brun-rouge.

(Texte et dessins communiqués à « L'Echo de la Timbrologie ». Nº du 15-1-25.)

On trouve naturellement d'autres cachets faux fabriqués par des tripoteurs en chambre, et des annulations « roulettes » lavées et remplacées par un faux cachet à date.

1893-1900. *BANDELETTE DOMINICALE.* Nᵒˢ 53 à 67.

Le 25 cent. bleu foncé très vif, variété du nº 60 vaut 100 frs neuf et 40 frs usé ; le 1 fr. carmin sur vert, nº 64, non dentelé verticalement : 50 frs N ; 25 frs usé.

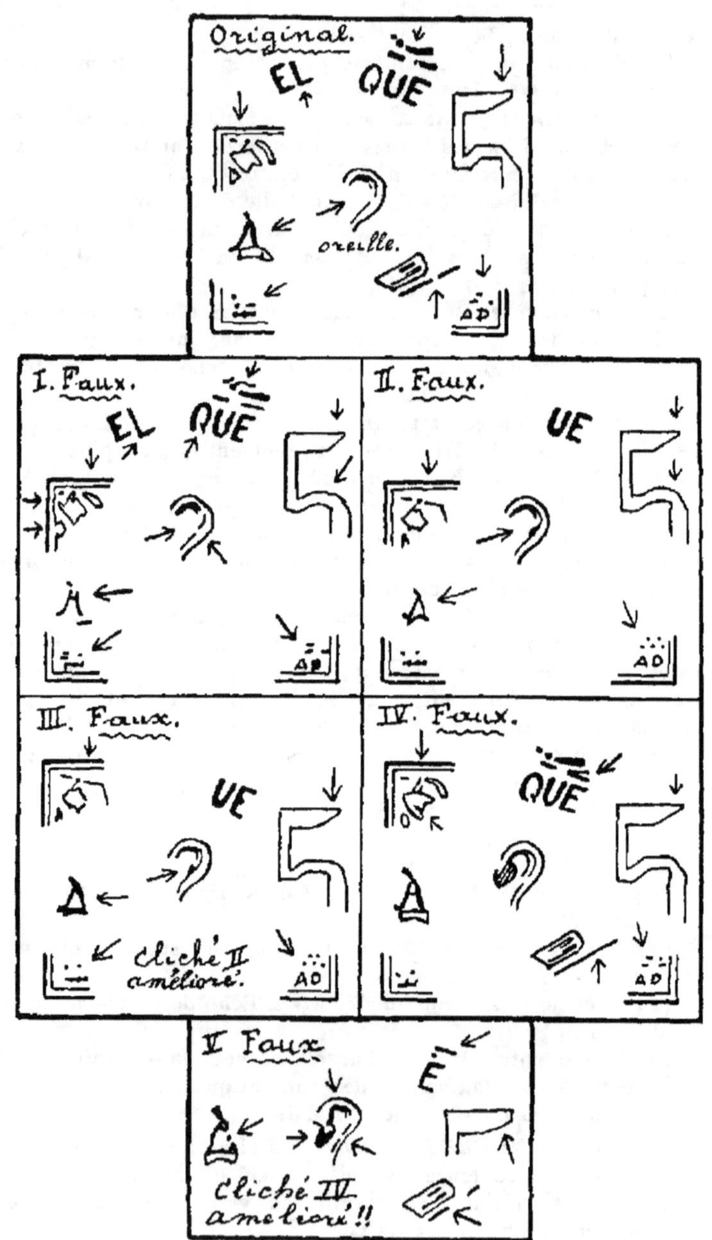

Original.
EL QUE
oreille.
I. Faux.
EL QUE
II. Faux.
UE
III. Faux.
UE
Cliché II amélioré.
IV. Faux.
QUE
V Faux
É
Cliché IV amélioré!!

Le 2 fr. violet sur blanc, n° 67, a été tiré à 140.000 exemplaires alors que le 2 frs lilas sur rose a été tiré à 168.000 exemplaires.

Faux du 2 francs violet sur blanc. N° 67.

1° Mauvais faux dont tout le dessin diffère. Comparaison des hachures verticales à droite de l'U de Belgique (3 au lieu de 5); de l'ornement du coin inférieur gauche, au-dessus de la bandelette (dessin à simple trait au lieu d'être à double trait); des ornements situés dans les angles au bas de la bandelette (points au lieu de croix à double trait.)

·Le cliché de ce faux a été rectifié, mais la comparaison du dessin, cheveux et barbe, suffit encore amplement à reconnaître ce travail ;

2° Un autre faux se reconnaît aussi au tracé de la barbe et des cheveux ; dans l'original, la boucle du chiffre 2 est éloignée du cercle tandis qu'ici elle ne laisse qu'une solution de continuité ; la barre supérieure du T est trop épaisse. Les oblitérés se repèrent facilement quand ils portent le cachet Liège 25 Juin 1892, vu que l'émission n'a vu le jour que le 1er juin 1893!

1894. *EXPOSITION D'ANVERS.* N°s 68 à 70.

Fausses oblitérations nombreuses sur le n° 70. Expertise. Un faux cachet porte la notation horaire 13 à 24 heures qui n'a été adoptée que quelques années plus tard.

1905. *GROSSE EFFIGIE DE LEOPOLD II.* N°s 74 à 80.

Un 10 cent. groseille sur papier blanc est rare: 25 frs N ou U. Les non dentelés valent 20 frs, le 25 cent. est plus commun: 10 frs.

Faux. — 2 frs violet. Mauvais faux, la comparaison du dessin de la barbe, des cheveux, de l'épaulette et de la tunique est probante. Faux cachet: Dinant, 15 août 1910.

1911. *TIMBRES DE 1910 SURCHARGÉS.* N°s 92 à 107.

Il existe une surcharge renversée sur le 1 cent. ·(n° 84) et des surcharges doubles dont une renversée sur les 5 et 10 cent. (n°s 86 et 87). Valeur: 125 frs.

Fausses surcharges. — N°s 92 à 94. La comparaison de la nuance, du foulage et des caractères est indispensable pour les surcharges bien imitées. Dans une mauvaise contrefaçon les deux chiffres 1 ne sont distancés que de 2/3 de m/m environ.

1914. *CROIX-ROUGE. MONUMENT DE MERODE.* N°s 126 à 131.

Terriblement commun si l'on en juge par les quantités en circulation, ces timbres sont rares par le chiffre de tirage (5 cent. 23.214, 10 cent. 14.650; 20 cent. 8663).

Les experts sérieux et notamment M. P. de S... ont dû tenir tête à la meute des marchands, qui déclaraient urbi et orbi que toutes ces vignettes étaient originales. Un de ces derniers, M. V.

G... de Bruxelles, dans un article (1) intitulé « Errare humanum est » prenait en pitié les « experts improvisés » et « les polémistes doublés d'obstination et de témérité » ; un autre, M. G. M... également de Bruxelles, dans un article (2) intitulé « Une mise au point » accusait d'erreur l'expert P. de S... et offrait 5.000 frs si l'on pouvait prouver que les types II et III « 2e et 3º tirages » étaient « le résultat d'une fabrication privée ».

L'erreur de ces marchands, faite de bonne foi, s'appuyait sur les dires de l'imprimeur officiel alors qu'un examen sérieux, une étude détaillée du bloc report des pièces incriminées est évidemment la seule chose valable.

Depuis, des jugements (Correctionnelle et Cour d'appel d'Anvers) ont prouvé qu'il y eut fabrication illicite, par l'imprimeur lui-même ! sur planches refaites et ont appris que le trafic de ces vignettes était énorme (un intermédiaire surpris, était porteur à lui seul, de 200.000 exemplaires !).

La morale est qu'un timbre doit toujours être mis sur le métier, sans aucun souci de provenance, fût-il remis en don, par son propre père, un pair, ou le Roi d'Angleterre.

Les signes distinctifs sont nombreux ; on peut s'en tenir aux suivants :

Nᵒˢ 126 à 128. La lettre A de Belgique forme un O (sans trait terminal) dans les faux. L'inscription Belgique est placée régulièrement dans le cartouche pour le 5 cent. et déplacée vers le haut pour les 10 et 20 cent. ; dans les faux, c'est le contraire.

Nᵒˢ 129 à 131. Les 5 et 10 centimes originaux sont plus hauts (1/2 ᵐ/ᵐ) que les falsifications ; dans le 20 cent. vrai, le mot Belgique est surélevé dans son cartouche, alors qu'il est régulièrement placé dans le faux. Le papier original du 20 cent. est d'un blanc rosé.

On trouve bien entendu une quantité d'autres différences que la comparaison et le manque des défauts originaux du report font repérer.

1915. *CROIX-ROUGE*. Nᵒˢ 132 à 134.

Truquage. — Le non dentelé du 20 cent. a été converti en dentelé 14×12 (rare). Expertise.

1918. *CROIX ROUGE EN SURCHARGE*. Nᵒˢ 150 à 163.

Offerts parfois sur lettre entière avec faux cachets des postes belges de Sainte-Adresse (France) ou des postes militaires, qui doublent la valeur de ces timbres.

---

(1) *Le Trait d'Union des Collectionneurs.* 1ᵉʳ juin 1922.
(2) *La Revue Postale et l'Annonce Timbrologique Réunies.*

1921. *SURCHARGE 20 c. SUR 5 c. JEUX OLYMPIQUES.*
N° 184.

Il existe de fausses surcharges clandestines (expertise) et de fausses surcharges faites pour l'exportation.

1921. *50 CENT. EFFIGIE DU ROI ALBERT.* N°⁹ 187 et 201.

Le timbre de l'Exposition de Bruxelles est d'un bleu foncé indigo (n° 187) (feuilles de 25 timbres); celui de la série régulière (septembre) est beaucoup plus pâle (gris-bleu ardoisé).

III. — TIMBRES-TAXE

1895-1912. *DENTELÉS 14.* N°⁹ 3 à 11.

Les 1 franc rose carminé (n° 10) et orange (n° 11) ont été falsifiés.

Faux. — 1 franc rose carminé. Impression grossière, hachures trop grosses ; largeur 21 2/5 $^{m}/^{m}$ au lieu de 22 $^{m}/^{m}$; de ce fait, les deux inscriptions sont trop étroites d'environ 1/2 $^{m}/^{m}$.

1 franc orange. 1° Faux de même fabrication, mêmes caractéristiques ; 2° Faux grossier dont le cadre paraît simple en place de double et dont le cadre intérieur se confond en outre avec la ligne très fine qui limite le cartouche supérieur. 3° Faux de tirage clandestin ? sur papier original ; nuance, dimensions et dessin non conformes (hachures des lions); ici, la comparaison s'impose.

1919. *SURCHARGE T SUR TIMBRES-POSTE DE* 1915.

Les n°⁹ 17 à 25, catalogués dans Yvert, surchargés d'un T (environ 16 $^{m}/^{m}$ de haut sur 9 $^{m}/^{m}$ de large) sont les seuls officiels. Tous les autres surchargés sont des fantaisies. Quelques surcharges fausses sur n°⁹ 17 à 25. Comparaison.

IV. — TIMBRES-TÉLÉGRAPHES

1866. *OCTOGONAUX. LÉOPOLD I*ᵉʳ. N°⁹ 1 et 2.

Ces timbres sont rarement centrés : N, 50 ; U, 50. Pas de blocs de 4 connus. Les non dentelés (Rothschild): R. R. Timbres avec SPECIMEN en noir, en bleu ou en rouge: rares.

Réimpressions. (1895). Dentelés, 50 cent. gris brunâtre; 1 fr. vert-jaune pâle. Comparaison.

1889. *25 FRANCS ROUGE ET VERT.* N° 10.

Truquage. — Le trou de l'oblitération à l'emporte-pièce a été retapé par réparation.

Faux. — Bon faux photo-lithographié mais de dimensions inexactes. Le lignage rouge, régulier et finement tracé dans l'original est grossier et inégal dans la contrefaçon. Les lettres des mots FRANCS sont trop grasses, surtout les A; les perles sont trop grosses, trop près l'une de l'autre et la première et la dernière sont à peu près de même grosseur alors que dans l'original, la 1ʳᵉ et la 64ᵉ sont de moitié plus petites.

V. — COLIS POSTAUX

1882-94. *DENTELÉS* 15. *1 et 2 FRS. Nᵒˢ* 13 et 14.

Faux. — Dentelés 14 ou non dentelés. Des réimpressions clandestines sont bien faites et demandent la comparaison du dessin; nuances inexactes; les faux sont grossiers.

1902. *DENTELÉS* 15. *1 FRANC. Nᵒ* 39.

Faux grossiers. — Comparaison de la nuance, de la dentelure et du dessin (petits lions, inscriptions, etc.).

Quelques cachets oblitérant les faux de 1 frs (nᵒˢ 13 et 39) sont si près des originaux qu'ils donnent à penser que l'on peut se trouver en présence de faux usés bureaux d'expédition des colis.

1915. *SURCHARGES ROUE AILÉE. Nᵒˢ* 48 à 57.

Fausses surcharges. — Très nombreuses. Quelques-unes vraiment dangereuses. Comparaison minutieuse indispensable.

VI. — OCCUPATION ALLEMANDE

Fausses surcharges. — Très nombreuses sur nᵒˢ 8 et 9 (parfois sur nᵒˢ 1 à 7 oblitérés, surcharge sur oblitération!) sur nᵒˢ 21 à 25 (23 a!); 33 à 37 et tous les Eupen et Malmédy.

Les mauvaises contrefaçons (encres mates, chiffres 5 avec barre supérieure fortement relevée, etc.) se distinguent facilement. De même la surcharge du nᵒ 25 quand le timbre n'a que 26 dents en haut et en bas au lieu de 27. Mais quelques falsifications bien faites nécessitent la comparaison.

BERGEDORF

La petite série de Bergedorf composée de 5 valeurs n'est peut-être pas très intéressante pour le collectionneur qui se contente d'un seul exemplaire de chaque timbre, mais elle offre un grand intérêt pour le reconstructeur.

L'étude de ces timbres permettra à chacun de se former le jugement par l'examen des originaux, des réimpressions officielles, des réimpressions non officielles (1) et des faux.

Les illustrations renseignent sur les oblitérations et sur les principales caractéristiques des originaux et des réimpressions officielles; quant aux faux... ils sont trop! A retenir cependant que

____

(1) Faites par Moens, au moyen de reports de la pierre-matrice dont il était devenu possesseur en même temps que des restes de stock.

toutes les valeurs provenant de la pierre originale portent 55 cercles entrelacés (perles) et que ce nombre diffère, le plus souvent, dans les faux.

L'abondance des réimpressions privées et des faux est due au petit chiffre de tirage des originaux, et l'affaire fut habilement exploitée par Moens qui édita plusieurs séries de réimpressions. Ces pseudo futures raretés connurent un grand succès ; c'était une des premières spéculations mystifications philatéliques, ce ne fut pas la dernière : les amateurs de nouveautés ont pu s'en apercevoir. (Actuellement la *série originale* neuve vaut 25 fr. or ; en bloc de 4 : 125 fr.

Par contre, les timbres authentiquement oblitérés sont rares.

Premier choix. — Quatre marges visibles ; les pièces bien margées sont exceptionnelles. Le 4 sch. doit avoir des marges de 1 ^{m}/^{m} (jusqu'aux filets séparatifs).

Originaux, réimpressions. — Pour chaque valeur on peut constituer une échelle allant de l'original (et de l'essai) toujours d'impression fine, jusqu'à la dernière réimpression de Moens, mal reportée et dont le fond burelé a partiellement disparu par suite des nettoyages de la matrice. Les réimpressions Moens, peu chères, sont de bonnes références, utiles à réunir avant l'acquisition des réimpressions officielles, des originaux et des essais.

Essais. — Tous rares. 1/2 s. lilas (n° 1 Yvert) 300 fr. ; 1 sch. blanc : 200 fr. ; 1 1/2 sch. jaune foncé : 150 fr. ; 3 sch. lie de vin (n° 5 Yvert) : 400 fr. ; 4 sch. brun clair : 400 fr.

Oblitérations. — Le territoire de Bergedorf comprenait la ville et les communes de Geesthacht ; Kirchwaerder ; Kurslach et Neuengramm. Avant l'usage des timbres adhésifs on employait un cachet type B (Bergedorf écrit avec deux f) et un cachet rectiligne, portant ce mot écrit de la même manière, avec la date au dessous. Un cachet semblable au précédent, mais avec un seul f et portant en troisième ligne l'indication V mittg ou N mittg est fort rare. L'oblitération Bergedorf sur une ligne, sans autres indications, est toujours fausse.

Le cachet type A était presque toujours apposé deux fois sur les lettres à destination du territoire ; une seule fois sur celles à destination de l'étranger mais ces dernières portaient le type B sur la lettre.

Type B : U, 50 ; C : R.R. ; D et E (Kirchwerder ou Geesthacht) : 2 U ; en bleu : R.R. Des cachets longs, de forme octogonale à double trait, avec inscriptions BLPA (Bergedorf) et Kw.L.P. (Kirchwerder) sont : R.R.

Toutes les oblitérations de Bergedorf doivent être contrôlées, car les faux cachets pullulent.

Les oblit. de Bergedorf sur timbres étrangers sont rares (lettres), par exemple : Conf. Allemagne du Nord, 1 groschen ; Danemark

n° 3 : 30 U ; n°⁸ 17, 19 et 20 : 50 U ; Holstein n°⁸ 1 et 2 : U, 50 ;
n° 3 : 3 U ; Schleswig n° 2 : 3 U ; n° 3 : 8 U ; 3a : 2 U ; n° 4 : 3 U.

Timbres sur lettres. — 1/2 et 1 sch. : 3 U ; 1 1/2, 3 et 4 sch. :
5 U.

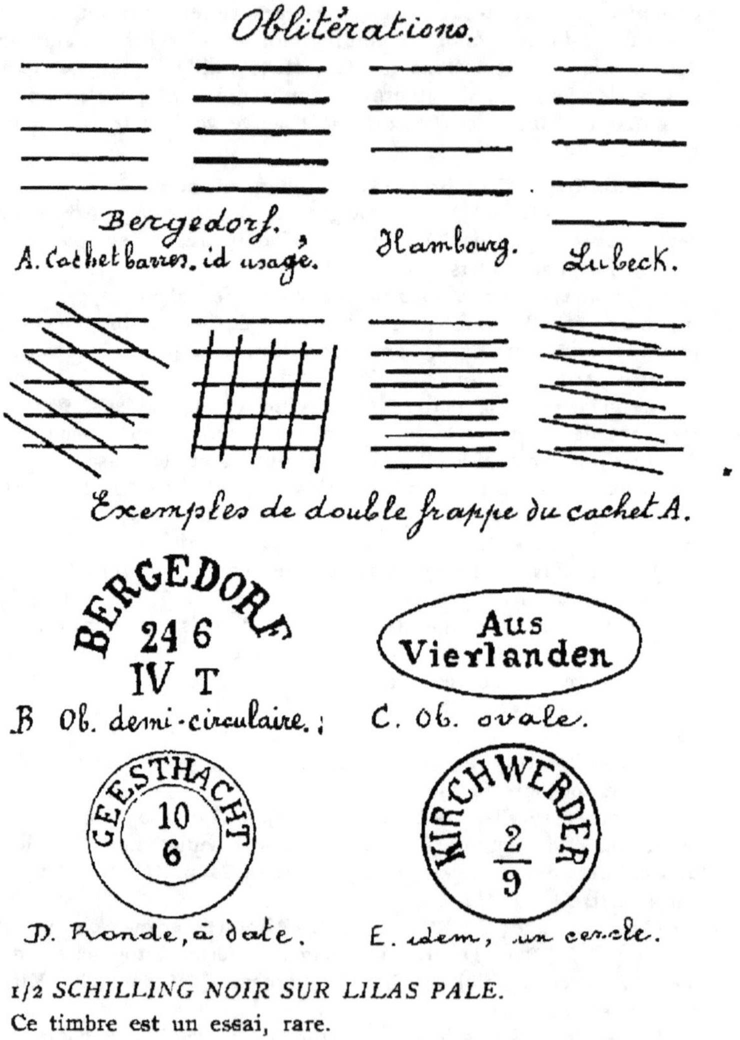

Oblitérations.

Bergedorf.
A. Cachet barré. id usagé.

Hambourg.

Lubeck.

Exemples de double frappe du cachet A.

BERGEDORF
24 6
IV T

B. Ob. demi-circulaire. ;

Aus
Vierlanden

C. Ob. ovale.

GEESTHACHT
10
6

D. Ronde, à date.

KIRCHWERDER
2
9

E. idem, un cercle.

1/2 SCHILLING NOIR SUR LILAS PALE.

Ce timbre est un essai, rare.

Truquage. — N° 2 neuf, dégommé, papier teinté chimiquement
et regommé.

1/2 SCHILLING NOIR SUR BLEU CLAIR OU BLEU (n°⁸ 2 et 2a).

Feuilles de 200 timbres formées de blocs reports verticaux de 12 timbres (2 × 6) ; chaque demi feuille comprend 8 de ces reports plus 4 timbres reportés dans le bas de la feuille à droite ou à gauche d'un intervalle central de 4 ^m/m.

Chiffres de tirage. — N° 1 : 180.000 ; n° 1a : 20.000 (1867).

L'illustration renseigne sur les caractéristiques des originaux ; on remarquera, en outre, que la toiture de la tour de gauche porte deux hachures ; qu'il y a quatre hachures noires dans le haut de l'écu et cinq blanches dans le bas. Les hachures des 8 cercles qui touchent le cadre intérieur sont bien visibles.

On trouve dans chaque timbre des petits défauts de report qui peuvent servir à situer la pièce dans le bloc report et parfois des défauts de transfert qui peuvent la situer dans la planche ; il en est de même pour les autres valeurs (1).

L'essai en noir sur lilas pâle montre évidemment les mêmes caractéristiques.

Réimpression officielle de l'essai. — Tirée en 1867 en noir sur lilas-rose. Les pierres de reports étant nettoyées on a fait de nouveaux reports verticaux (2 × 4) ; signe distinctif : point noir sur l'N de EIN. Valeur : 5 fr. or.

Réimpression Moens (1873). — Non officielle. 1/2 noir sur bleu, sans gomme. Signes : H et A de HALBER barrés par un trait mince presque vertical, le pied du R est détaché de la lettre. Valeur o fr. 10 c. or.

Deuxième réimpression Moens (1887). — 1/2 noir sur bleu violacé ; 1/4 de ^m/m en plus dans les deux dimensions ; aucune finesse d'impression. Lettres trop épaisses. Valeur o fr. 02.

1 *SCHILLING NOIR OU GRIS-NOIR SUR BLANC.*

Feuille de 180 timbres formée de 18 reports verticaux de 10 (2 × 5) ; un report en haut, puis 2 groupes de 4 reports ; même disposition en bas de la feuille, les 6 groupes étant séparés par un intervalle de 2 ^m/m. Le groupe de droite en bas, est transféré à l'envers ; il y a donc 12 timbres tête-bêche. Autre anomalie, les chiffres étaient si mal faits sur la matrice qu'on ne les reporta pas sur la pierre-mère de 10 timbres ; ils furent dessinés à la plume sur celle-ci, ce qui facilite la reconstruction.

Tirage : 90.000.

Originaux. — La toiture de la tour de gauche porte deux courtes hachures verticales dans le bas ; écu blanc en haut, cinq hachures verticales dans le bas, la cinquième accolée. Les chiffres montrent les points ou traits qui ont servi de repère pour leur exécution.

Essai en noir (papier épais). — Valeur : 25 fr. or.

---

(1) Il est entendu qu'il ne faut pas attacher trop d'importance à un seul signe, car l'impression a pu faire qu'il soit absent, allongé ou déformé.

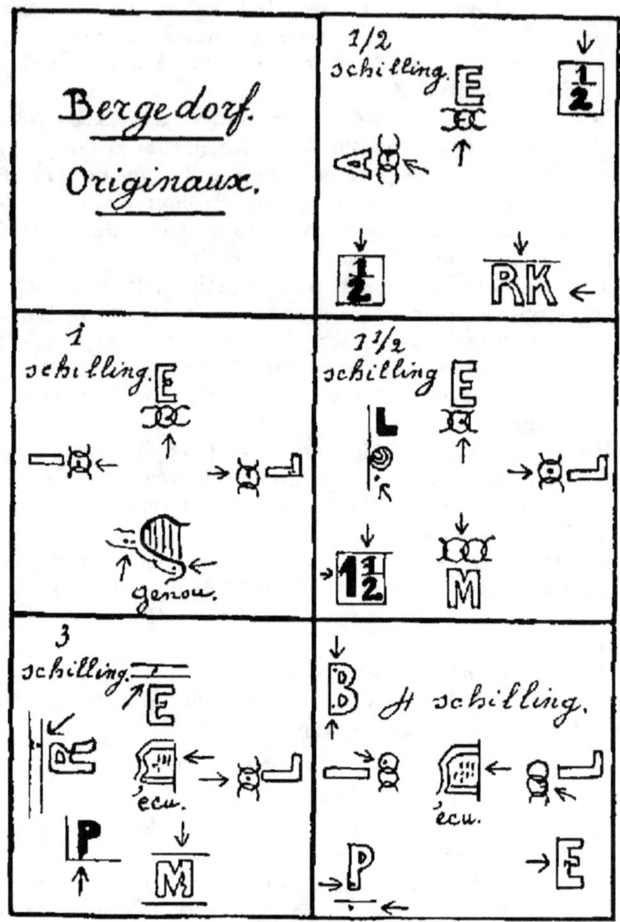

Réimpression Moens (1873). — Sans gomme, papier jaunâtre. Nouveau report vertical (2 × 4). Chiffres refaits avec trait terminal au pied. Valeur : o fr. 50 c. or.

2ᵉ *réimpression Moens*. — Mauvaise impression. Dimensions trop grandes (16 3/8 × 16 1/4 ᵐ/ᵐ). Chiffres trop gros. Burelage du fond central usé. Valeur : o fr. o5 c. or.

3ᵉ *réimpression Moens* (1888). — Très mal exécutée ; les chiffres trop minces, le fond central définitivement usé. Valeur : o fr. o2 c. or.

1 1/2 SCHILLING NOIR SUR JAUNE PALE OU FONCÉ.

Le noir sur jaune foncé est rare neuf.

La nuance du 1 1/2 sch. est jaune soufre.

Un essai sur papier épais (jaune foncé) est rare : 50 fr. or ; il portait l'erreur Schillinge, rectifiée avant le tirage définitif.

Feuilles de 200 timbres en deux groupes de 8 reports verticaux de 12 timbres (2 × 6) plus 4 timbres accolés latéralement à la demi-feuille ; ces 4 timbres transférés à l'envers forment donc des têtes-bêche.

Tirage : 100.000.

Originaux. — Les chiffres du coin inférieur gauche ont été agrandis, ce qui a provoqué les signes figurés au schéma. A droite de la tour droite, au-dessus du chemin de ronde, 3 petits points ; sous la griffe gauche de la serre, 2 petits points près du chaînon. L'embouchure du cor forme tête de serpent. Le burelage du fond central est très fin.

L'essai-erreur schillinge porte naturellement les mêmes signes distinctifs. Le papier est jaune foncé et épais.

Réimpression Moens (1873). — Schillinge ; impression noir intense sur jaune vif, impression peu fine, fond légèrement usé à droite au pied de la tour. Valeur : 0 fr. 50 c.

2° Réimpression Moens (1887). — Schillinge ; impression défectueuse ; fond central usé. Valeur : 0 fr. 05 c.

3 *SCHILLINGE BLEU SUR ROSE.*

Feuilles de 160 timbres en deux demi-feuilles formées de 8 reports horizontaux de 10 (5 × 2) séparés par un intervalle horizontal de 4 $^{m}/^{m}$.

Tirage : 80.000.

Il existe un essai rare, mais sur lie de vin ; valeur : 175 fr.

Originaux. — 5 traits blancs verticaux dans le bas de l'écu, celui de gauche souvent embryonnaire, celui de droite rompu au milieu. Petit trait horizontal et fin à gauche du pied de la lettre H du coin intérieur. Le papier est rose, mais paraît violacé à cause de l'impression bleue. Essai : mêmes signes.

Réimpression officielle de l'essai (1867). — Noir sur lilas. 2 points noirs vers le milieu de l'S de POSTMARKE. Valeur : 8 fr.

Réimpression Moens (1873). — Bleu sur papier violacé transparent. Tête de l'aigle sans hachures ; fond central : traces d'usure. Valeur : 0 fr. 20 c.

2° *réimpression Moens* (1887). — Bleu pâle sur rose lilacé. Burelage du fond central encore plus incomplet. Valeur : 0 fr. 10 c.

3° *réimpression Moens* (1888). — Bleu (nuances) sur papier presque pourpre avec fils de soie. Valeur : 0 fr. 02 c.

4 *SCHILLING NOIR SUR CHAMOIS OU CHAMOIS FONCÉ.*

Il existe un essai très rare, noir sur chamois rosé : 250 fr.

Tirage : 80.000 exemplaires.

Feuilles de 80 timbres en deux demi-feuilles séparées par un intervalle de 5 ᵐ/ᵐ. Chacune contient 4 reports horizontaux de 8 timbres (4 × 2) et au-dessous, en rangée horizontale, deux demi reports.

Originaux. — Une ligne de burelage se termine par un point à droite de la tour de droite vers le milieu de la fenêtre ; au-dessous, à hauteur du chemin de ronde, il y a un point entre deux lignes du burelage.

Réimpression Moens (1873). — Noir sur chamois brunâtre. Impression moins bonne, les signes distinctifs ont partiellement ou totalement disparu. Le cercle central montre un gros trait oblique remontant, qui part du chaînon sous l'I de VIER. Valeur : 1 fr.

2ᵉ *réimpression Moens* (1874). — Même papier. Impression un peu meilleure que la précédente, excepté pour le burelage qui commence à s'user, particulièrement devant la partie supérieure de l'aile. Pas de trait oblique dans le cercle. Valeur : 0 fr. 60.

3ᵉ *réimpression Moens* (1887). — Papier semblable, mais rougeâtre, les lettres des inscriptions sont très mal venues, notamment en haut et en bas. Trait dans le cercle. Valeur : 0 fr. 02.

BOSNIE

1ʳᵉ *EMISSION*. 1879 (*juin*) à 1898. Nᵒˢ 1 à 9.

Cette émission est des plus intéressantes pour le spécialiste à cause de la diversité des types, nuances, dentelures, planches, papiers, etc...

Elle montre que le début de la fabrication a été difficile — ici comme dans tous les pays — et qu'il a fallu du temps pour arriver à fournir des séries de nouveautés modernes dont tous les exemplaires sont identiques... et souvent sans intérêt.

Il existe 3 *planches*. *Planche I* (1879-1894), lithographique nᵒˢ 2 à 9, écu sans pointe dans le bas. Filigrane BRIEF-MARKEN jusqu'en 1890 (une fois dans la feuille), et ZEITUNGSMARKEN de 1890 à 1900. Le 15 cent. a deux types qui se reconnaissent aux chiffres de droite : type I, chiffre 1 épais, 5 à barre horizontale ; type II, chiffre 1 mince, 5 à barre oblique.

Planche II. — Comprend le nᵒ 1 en litho (fin de 1894) et 1895 nᵒˢ 1 à 9 en typographie. Pointe de l'écu visible. Deuxième filigrane, une fois par feuille. On trouve quelques différences dans les chiffres avec ceux de la planche I, par exemple : chiffre 2 de droite (nᵒ 3) en 3 tronçons avec barre horizontale chiffre

1 de droite (n° 6) moins haut et barre oblique bien visible, etc.
Dans cette planche le 10 h se trouve en deux types différents, le
second ayant le chiffre 1 de gauche plus épais ; ces deux types se
valent, mais on recherche les pièces du second type portant une
petite croix dans le triangle de droite en haut de l'écu (10 fois
par feuille de 100 toujours type II).

Planche III. — Ne comprend que le 5 h. en nuance rouge brique.

Réimpressions (1911). — Toute la série, dentelée 12 1/2 nuances
plus ternes. Comparaison avec les nuances originales ayant même
dentelure.

Faux. — Voir l'illustration des originaux de la seconde émission et comparer le centre du timbre (en dehors des coins).

2° *EMISSION.* 1900-1901. N°s 10 à 23.

La fabrication se modernise. Moins de variétés. Filigrane ZEI-
TUNGS MARKEN (1 fois par feuille) dans les premiers tirages
des valeurs en heller, puis sans filigrane.

Ni types, ni planches. Quelques dentelures ; le 2 h. dentelé
12 3/4 × 13 1/4, et le 10 h. 12 1/2 × 10 1/2 : rares.

Réimpressions (1911). — Comme celles de la première émission.

Faux de Gênes (V.). — Série de faux modernes, mal exécutés,
d'impression brouillée dont l'illustration décrit suffisamment les
caractéristiques. Le lion porte un béret de garçon pâtissier. Les
trois valeurs de grand format présentent des différences analogues
(voir notamment les sablés de l'écu, peu ou pas de lumière à droite
du sabre).

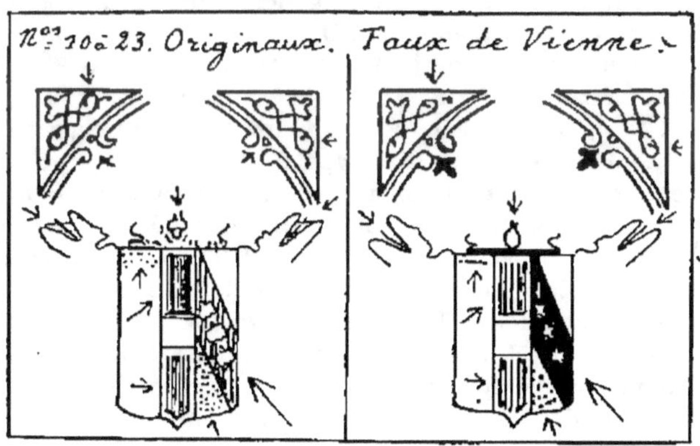

1901-1907. *MEME TYPE.* N°s 24 à 28.

Les dentelés 6 1/2, 9 1/4, 10 1/2, et combinés, ainsi que les non
dentelés : 10 fr. ; sur lettre : 20 fr.

Faux. — Comme dans l'émission précédente.

EMISSIONS SUIVANTES.

Rien à signaler.

Faux. — L'émission de 1912 a été contrefaite en imagettes typographiques de grand format qui ne rappellent pas, même de loin, la gravure des originaux.

BRÊME

Tous les oblitérés sont rares.

Timbres sur lettre : 3 U, excepté nᵒˢ 10 et 12 : 2 U. Lettres avec timbres d'émissions différentes : très rares.

Paires. — Neuves : 3 U. Oblitérées : 4 U minimum. Les bandes de 3 usées sont très rares.

I — NON DENTELÉS

Premier choix. — 4 marges de 1 ᵐ/ᵐ 1/2 pour les nᵒˢ 1 et 3 ; 1 ᵐ/ᵐ 1/4 pour le nᵒ 2 et 1 ᵐ/ᵐ pour le nᵒ 5. Les bords de feuille sont R.R. ; nᵒ 4 : 2 N ou 2 U.

Oblitérations (pour les 3 émissions). — L'illustration renseigne quelques types d'oblitérations mais il en existe beaucoup d'autres, généralement rares. Type A : usuelle en noir ; R.R. en bleu ; B : U, 10 ; en bleu : U, 30 ; mais Vegesack Bahnhof : R.R. en bleu et en noir ; C, Franco non encadré (généralement deux fois répété, parfois en croix): assez commune ; D: idem ; E, bien visible : U, 30 ; G : U, 50 (ambulant hanovrien) ; on trouve ce type avec G M = H V R en haut et BREMEN en troisième ligne.

Type H : U, 20 ; en bleu : R.R. On trouve encore (bureau prussien) cachet à 4 cercles nᵒ 182 ; type A non encadré et cachet en forme de demi-lune avec Bremen et date (bureau hanovrien), type A non encadré, type A avec encadrement festonné et divers cachets ronds à date, Bremen ; bureau de Tour et Taxis, grand cachet en demi-cercle ; quadruple cercle nᵒ 301 ; cachet T.T et date dans un cercle (voir illustration à Tour et Taxis) et les cachets à date avec inscription BREMEN TH et TX. Pour le bureau de la ville, des cachets ronds, grand format, avec clef ; des cachets type A encadré ou non encadré BREMERHAFEN avec date ; enfin des cachets avec inscription AMERICA UBER BREMEN.

Fausses oblitérations. — Très nombreuses. L'expertise est nécessaire. Voici quelques fausses oblitérations de Genève (gravées sur bois) : type A, BREMEN 20 6-3 4 ; type D BREMEN 5 8 5-6 ; type H, BREMEN, et BREMEN 25 5.

Types. — L'illustration des signes de reconnaissance des originaux fera toucher du doigt les différences entre les trois types du 3 grot. et les deux types du 5 gr.

Faux anciens. — En séries entières (Londres, Hambourg et Neuruppin). Tous grossièrement exécutés; un regard de comparaison avec les signes distincts des originaux suffira pour les reconnaître.

Faux modernes. — Nombreux, mais beaucoup ne valent pas mieux que les faux précédents. Nous indiquerons quelques différences des faux les plus insidieux, mais sans nous étendre sur ce sujet, trop long. Le tableau des signes distinctifs est suffisant pour repérer toutes les imitations; à l'exception de la soi-disant réimpression du 3 gr. décrite plus loin, elles n'ont jamais la finesse des authentiques.

Réimpressions. — Il n'y en a pas, mais ou donne parfois le nom de réimpressions non officielles sur planches refaites ! ! à des fac-simile donc à des faux, reconnaissables comme les autres contre-façons.

Originaux.

Nºˢ 1, 6, 11. Type I.	Nºˢ 1ᵃ, 6ᵃ, 11ᵃ. Type II.	Nºˢ 1ᵇ, 6ᵇ, 11ᵇ. Type III.
17 lignes — E — Ecusson.	17 lignes — gauche.	18 lignes. — droite
Nºˢ 2, 7, 12. Type I.	Nºˢ 2ᵃ, 7ᵃ, 12ᵃ. Type II.	Nºˢ 3 et 13.
12 lignes	12 lignes.	18 lignes — Ecusson. — ieh — rk
nº 4. Nºˢ 9 et 14.	Nºˢ 5 et 10.	Nºˢ 8 et 14.
60 lignes verticales — 5 S V 5 S V	32 lignes - 24 rayons. — POST — Volute au dessus de N.	27 lignes. — bien espacées.

Nº 1-3 *GROTE NOIR SUR BLEU* (3 *types*). 1855.

Feuilles de 120 timbres (12 × 10) ; les 3 types se suivent dans chaque rangée horizontale. Papier vergé horizontalement ; verticalement : N, 50 ; U, 50. Le point au sommet de la couronne (signe secret) n'est pas toujours visible. Un timbre par feuille porte un trait noir sous STADT POST AMT : N, 50 ; U, 50. Le papier du premier tirage portait une marque de fabrique (grande feuille de lys à double trait) : R.R. Bande de 3, les trois types se tenant 5 N.

Le prix du port pour le territoire de Brême était de 3 grote.

Dans le type III original, la 18e hachure de l'écu touche parfois le bord ; ce type n'a que 19 ᵐ/ᵐ de largeur au lieu de 19 1/4.

Les *faux* sont, en général, sur papier uni ; la soi-disant réimpression, sur le papier vergé grisâtre, est de 1/2 ᵐ/ᵐ plus haute que l'original, le trait d'ombre est continu sous les lettres E M (1ᵉʳ jambage) et E N de BREMEN, alors qu'il est interrompu entre les lettres dans l'original, etc., etc. Un faux ancien n'a pas de points blancs dans les grands chiffres, le T de AMT touche la lettre M, etc., etc. Pour les faux de Genève et pour les faux anciens (Neuruppin, etc.), il suffit d'étudier les schémas de l'illustration ; tous les papiers non vergés sont à rejeter.

N° 2. — 5 *GROTE NOIR SUR ROSE* (2 *types*). 1855.

Feuilles comme le n° 1. Quatre faibles points noirs en dehors des coins de chaque timbre à l'intersection du prolongement des cadres, et un filet séparatif à 1 ᵐ/ᵐ 1 /4 de ces derniers.

Le 5 grote était le port pour Hambourg.

Paire. — Les 2 types se tenant : 3 N. Double impression : R.R. Dans les deux types originaux il y a 12 hachures dans l'écu mais dans le type I celle de droite est légèrement renforcée. Un *faux* assez bien imité des n°ˢ 2, 7 et 12 n'a pas les 4 points à l'extérieur, le filet courbe intérieur n'est pas interrompu dans le bas (avant d'arriver au filet horizontal inférieur sous le f de fünf) ; les tirets du second f et du t de grote sont très peu visibles à gauche. D'autres faux n'ont pas de filet séparatif, montrent un G fermé dans le bas, etc.

Un faux de Genève (F) mal fait, ne montre aucun burelage entre la couronne et l'écusson et les lignes à gauche de l'écu partent presque horizontalement.

Truquage. — Le n° 7 avec perçage coupé ; le grand maximum de largeur de ce truquage est 23 ᵐ/ᵐ sur 26 ᵐ/ᵐ 1/2 de hauteur. Ceci montre la nécessité des grandes marges dans les non dentelés.

N° 2b *erreur*, non émis précisément à cause de l'erreur ; c'est la meilleure référence pour les n°ˢ 2, 7 et 12. (Pourtant les points extérieurs font parfois défaut).

Bloc de 4 : 6 N.

N° 3 — 7 *GROTE NOIR SUR JAUNE.* 1860.

Feuilles de 35 timbres (7 × 5). Traits séparatifs. 7 grote était le port pour le Mecklembourg et Lubeck.

Faux. — Pas de points noirs dans le K ni dans l'r de Marke. Les ornements des coins de gauche, surtout celui du haut, sont éloignés du cadre. Le b de Sieben est fermé en bas. Dans l'écu, la hachure gauche est trop éloignée du bord. Dans le faux de Genève, le burelage, mal imité, traverse quelques lettres des inscriptions et les points qui surmontent les ornements des coins sont trop éloignés.

N° 4. — 5 *SGR. VERT SUR BLANC, VERT FONCÉ.* 1861.

Les feuilles sont de 36 timbres (4 × 9) encadrés à 1 $^{m/m}$ environ par des traits de couleur. 5 sgr était le port pour l'Angleterre.

Papier glacé moyen, gomme brune mais on trouve du vert bleu sur papier épais crayeux (90 mc. environ) gomme ordinaire.

Le point derrière Sgr. est toujours nettement carré; les exemplaires sans bouton à droite de la clef sont recherchés; on trouve des pièces avec ovale intérieur blanc interrompu sur 2 $^{m/m}$ à hauteur du bouton gauche de la poignée; le V de gauche porte quelquefois un petit trait courbe, convexe vers le bas, au pied de la lettre.

Faux. — Papier mince transparent. La barre du 5 dépasse la panse du chiffre. Les tirets du V de droite sont trop rapprochés (1/6e $^{m/m}$ au lieu de 1/4) et le trait intérieur de la branche droite se dirige vers la branche gauche de la lettre. La draperie de droite comme dans le n° 9.

Faux de Genève. — Le chiffre 5 et les lettres S et Q touchent le trait qui se trouve au-dessus.

Truquage. — N° 9, perçage coupé. Se reporter à l'illustration; le papier est plus mince et légèrement transparent.

II. — **PERCÉS EN ARCS.**

Ces timbres doivent être centrés, mais on admet l'exception pour ceux à traits séparatifs visibles (n°ˢ 7, 10, etc.) puisque ces traits servaient de repère pour le perçage.

Mêmes types que n°ˢ 1 à 4 excepté le n° 9 un peu différent. Feuilles comme précédemment; n°ˢ 5 et 8, feuilles de 36 timbres (4 × 9). Le perçage des n°ˢ 5, 6 et 9 est un peu différent des n°ˢ 7 et 8.

Le 2 grote se trouve en orange et rouge-orange, il fut créé pour servir de port entre Brême et Vegesack; le 10 grote était le port pour la Hollande.

2 *GROTE.* 1863.

Papier blanc, légèrement glacé, ou papier blanc grisâtre.

Originaux. — Hachures fines et parallèles dans les cartouches des côtés. Burelage de grande finesse. Traits limites des cartouches faibles; celui du haut du cartouche inférieur presque invisible dans sa moitié de droite. Le G ressemble à un C

Faux. — 1°) Dans l'A de Stadt et dans l'S de POST, les points sont remplacés par des traits; les autres manquent. Lignes des cartouches prononcées. Volute au-dessus de l'N de BREMEN non interrompue. Hachures tremblées dans les cartouches des côtés.

2°) Autre faux. Au-dessus de l'N, la volute est simple au lieu d'être double ; celle qui se trouve sous le T de POST a son ouverture dirigée à droite (doit être en bas). Le superbe festonné blanc à double pointe, qui entoure l'ovale de la clef est remplacé ici par un festonné simple.

3°) Faux de Genève. Pas de points (A et S). Pas de hachures dans les ornements au-dessus des chiffres. Le burelage central est éloigné de 1/4 de ᵐ/ᵐ du cadre intérieur alors qu'il doit presque toucher ce cadre.

3 *GROTE.* 1863.

Vergé horizontalement   2 N ; 2 U. Avec trait sous Stadt Post Amt : N, 50 ; U, 50.

Truquage. — Le n° 1 a été faussement percé en arcs.

5 *GROTE.* 1862.

Ce timbre, comme le suivant, montre parfois un trait extérieur de séparation, plus rarement deux. On trouve des paires non percées au milieu : rares.

10 *GROTE.* 1861.

Originaux. — Le guillochage à double trait qui forme le fond des inscriptions Bremen et ZEHN POST est très fin ; on voit 6 losanges à droite et à gauche, vers le milieu du timbre, mais à droite, le losange de droite n'est pas entièrement achevé du côté droit.

Faux. — 1°) Chiffres 10 non conformes. Les traits du fond guilloché ne sortent pas de leur cadre sous le chiffre 10 de gauche ; ce fond est mal dessiné ; le bouton de la clef touche l'ovale.

2°) Genève, 2 modèles différents. 1° pas de traces de hachures dans le 10 de droite ; 4 losanges au lieu de 6. 2° pas de hachures dans les chiffres ; les 2 hachures à gauche du bouton gauche de la clef sont trop rapprochées, etc., etc...

5 *SILBERG.* 1863.

Les hachures verticales dépassent un peu le trait qui se trouve sous Bremen (excepté dans la planche usée).

Variétés. — Double perçage : rare. Planche usée, disparition de la plus grande partie des hachures verticales : N, 25 ; U, 25.

III — DENTELÉS (1866-1867)

Premier choix. — Centrés. On trouve deux dentelures : nette et peu nette ; la première est recherchée.

Le 2 grote rouge orange au lieu de jaune orange : N, 75 ; U, 50.

Le 3 grote est toujours vergé horizontalement ; on trouve cette valeur non dentelée dans le bas ; avec trait sous Stadt-Post-Amt : N, 50 ; U, 50.

Le 5 grote se rencontre en paires non dentelées au milieu : rares.

Le 7 g. sur lettre est une grande rareté. On trouve cette valeur en deux nuances, peu différentes.

Faux. — Voir les émissions précédentes.

Les découpures d'enveloppes, 1 gr. noir sur blanc, sur bleu pâle ou bleu lilacé valent 40 fr. sur lettre pour le papier blanc et 300 francs pour le papier teinté. Elles ont été imitées à Genève (F) avec les faux cachets renseignés au début. Les contrefaçons se reconnaissent au papier, aux dimensions de l'ovale, aux inscriptions et à la couronne qui est interrompue diagonalement.

BRUNSWICK

Les n°⁸ 1 à 11 étaient imprimés en feuilles de 120 (12 × 10) ; les autres, y compris les 4/4 guteg. en feuilles de 100 (10 × 10).

La reconstitution des planches est difficile à cause de la rareté des paires et blocs ; les bords de feuilles eux-mêmes sont véritablement rares. Pour les n°⁸ 4 à 11, le filigrane peut aider le reconstructeur. Il y aurait deux planches des n°⁸ 1 et 3 reconnaissables à la largeur des timbres, 20 $^{m/m}$ 3/4 et 21 $^{m/m}$ 1/4 pour le n° 1 ; 21 2/5 et 21 4/5 pour le n° 3.

1ʳᵉ *EMISSION.* 1ᵉʳ *JANVIER* 1852. *N°⁸* 1 à 3.

Les nuances vives valent N, 20 ; U, 20. Les neufs sont très rares, particulièrement ceux avec gomme rose originale : 2 N. (Se méfier des oblit. plume lavées avec regommage consécutif).

Papier, à la machine, sans filigrane, moyen, dur, d'un blanc très légèrement jaunâtre.

1ᵉʳ *Choix.* — 4 marges de 1 $^{m/m}$ environ. Les pièces hors choix avec 4 grandes marges valent jusque : 2 U.

Variétés. — N° 1, SIL3 au lieu de SILB : U, 50.

Point au-dessus du chiffre : U, 25.

N° 2, arc de cercle au-dessus du 2 de droite : U, 25.

N° 3, SIL3 ou SIBB au lieu de SILB : U, 50.

On trouve des variétés mineures, par exemple N° 2, avec H « cassé » en haut et n° 3 avec point sur l'I de SILB.

Ce sont soit des défauts d'impression, soit des défauts provenant de l'encrassement de la planche. Les bonnes impressions avec lignage vertical complet sont recherchées.

On trouve les trois valeurs avec manque à l'impression partiel provoqué par le manque de couleur (impression aveugle — blindedrück).

Le n° 2 est connu coupé pour moitié (Ferrari).

Oblitérations. — L'illustration renseigne les principaux modèles de cachets. Obl. A et B en bleu : communes ; E en bleu :

A. Double cercle sans millésime. B. - En demi-cercle. (Halbkreis. Ortsstempel) C avec millésime.

FRANCO — LEHRE 11 3 ÷ 6-7 — VECHELDE

D. E. Obl. rect. encadrée. (Kastenstempel) F. Non encadrée. (Balkenstemp.)

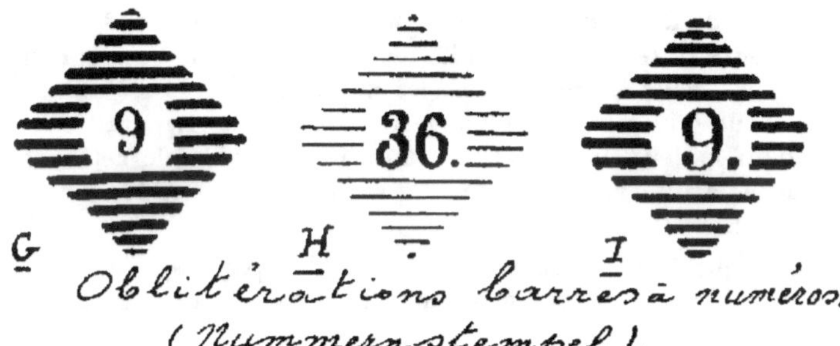

G H I Oblitérations barrées à numéros. (Nummernstempel).

J. Obl. en forme de boucle. (Schnallenstempel) K. Oblitér. rare.

recherchée , A en noir : U, 25 ; B, C, J en noir : U, 50 ; D : R.R. On trouve encore une petite oblitération ovale (grand axe . 18 $^{m/m}$) avec inscriptions horaires (Stundenstempel) : U, 50, et des cachets anciens (modèle A mais sans inscriptions dans le bas ou avec inscriptions manuscrites au milieu), ils sont rares, ainsi que les oblit. étrangères. Oblitérations plume : 50 %.

Timbres sur lettre : 2 U.

Paires. — N° 1 : 4 U; n°s 2 et 3 : 5 U.

Originaux. — Il a été fait d'abord 3 matrices gravées sur bois dont on reproduisit 3 matrices sur cuivre; ces dernières servirent à couler les 120 clichés typographiques de chaque planche.

Quelques petites différences entre les n°s 1, 2 et 3; le n° 1 est plus étroit et moins haut que les n°s 2 et 3. Il y a aussi de minimes différences entre les clichés d'une même planche

On a prétendu que les planches avaient été refaites pour les n°s 7 et 11, 8, 9 et 10 en se basant sur le fait que les variétés des n°s 1 à 3 ne s'y retrouvent plus. A mon avis, les mêmes planches ont servi; les signes provenant d'encrassement ont disparu après nettoyage, mais les signes distinctifs des timbres n'ont aucunement varié.

En effet, si l'on examine ces signes renseignés dans l'illustration ci-après, on constate que les signes des n°s 1 à 3 se retrouvent tous dans les n°s 7, 7a, 11, 8, 9 et 10, excepté l'interruption de l'ovale de droite du n° 1 qui ne se retrouve plus dans les n°s 7, 7a et 11, mais cela est dû à une légère usure des clichés. Il en est de même dans le n° 8 pour l'interruption de la banderole et pour le cadre intérieur de droite en haut; de même pour les hachures de l'ovale à droite, dans les n°s 3 et 9.

C'est donc l'impression plus forte qui a fait disparaître ces défauts dans la deuxième émission et l'usure y a aidé; le nettoyage des planches à intervalles réguliers a suffi pour écarter les défauts d'encrassage.

A noter que le changement de couleur des papiers (1853) et la création du filigrane n'avaient d'autre but que d'éviter les contrefaçons.

Au surplus, si l'on examine successivement les tirages des n°s 1, 2, 3, jusqu'aux n°s 10 (1862) et 11 (1864) on constate que les planches ont donné des impressions de plus en plus complètes, mais de moins en moins fines. Les cadres extérieurs des n°s 10 et 11 sont une bonne indication à ce sujet.

Faux. — Les faux anciens d'origine allemande ne montrent pas les signes décrits pour les originaux; en faux modernes une série de Genève n'est pas plus heureuse : les hachures de l'ovale central sont obliques à droite de la couronne; celles qui passent sur le bout de la queue sont trop écartées et les trois clichés (n°s 1 à 3 qui ont servi aussi pour les n°s 7, 7a, 11, 8, 9 et 10) sont trop étroits de près de 1 $^{m}/_{m}$ (20 $^{m}/_{m}$ 1/8). La première qualité d'un faussaire est pourtant d'avoir un compas dans les yeux !

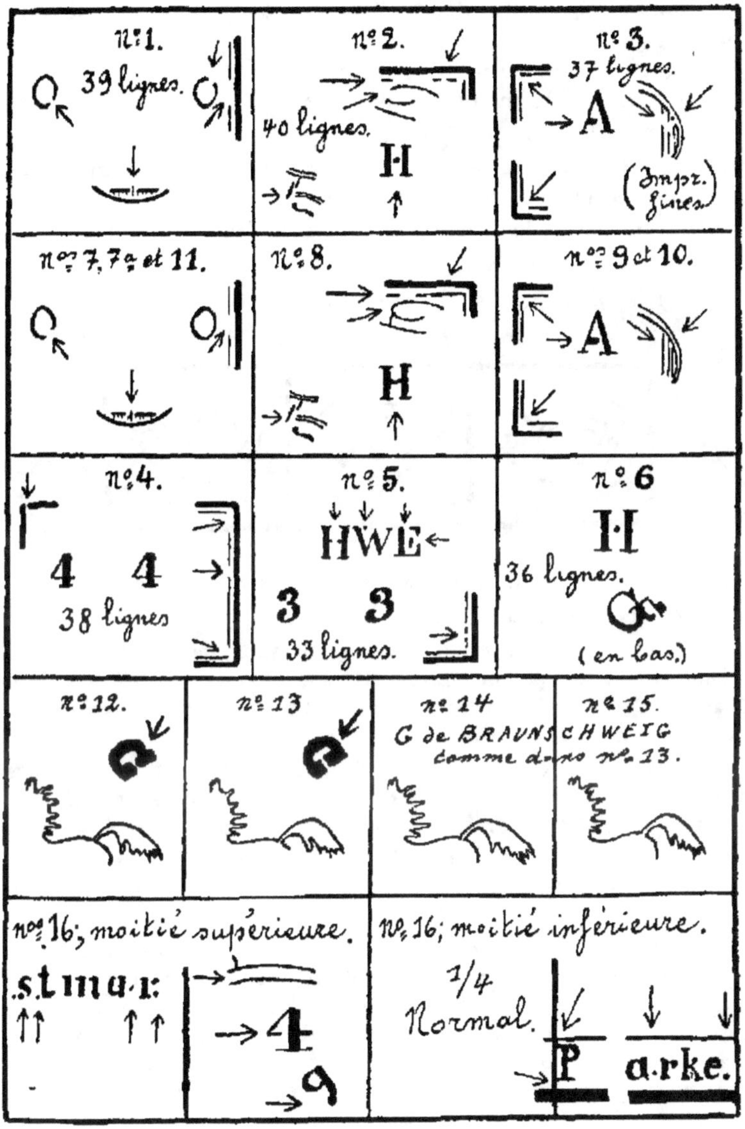

Fausses oblitérations de Genève (F). — Nous les signalons, malgré le peu de danger des fausses vignettes, parce qu'elles ont été apposées sur des timbres originaux n°s 12 à 16.

Type A. Wolfenbüttel 7/1 ; 8 1/2 · 9 (la barre de la fraction touche le cercle central).

Braunschweig 1/..... (barre éloignée de 2 $^{m/m}$ du cercle central).

Type C. Braunschweig 11 NOV 1865 8-10 A
          Idem. 17 .. 1866 -12 A.

Type G, n° 32. Type H, n° 8.

Oblitération horaire 1-1 1/2 et oblitération française! 1104 grands chiffres dans un losange de points.

Il existe naturellement d'autres cachets faux.

Réimpressions. — Non.

2° *EMISSION* 1853-1863. *FILIGRANE.* N°s 4 à 10.

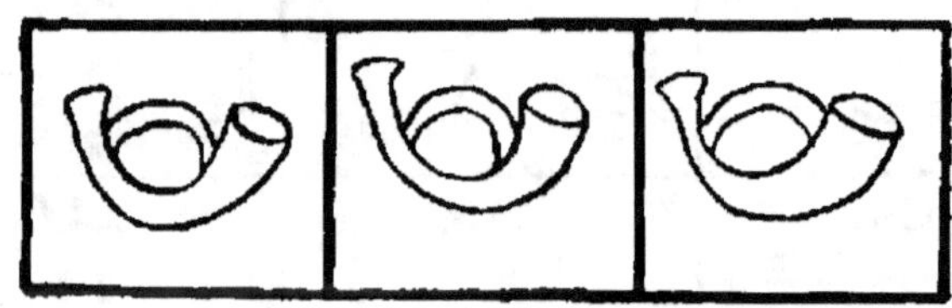

Le 1/2 g. est d'un type nouveau, cheval à courte queue.

1er *Choix.* — 4 marges de 1 $^{m/m}$.

Papier à la main, de diverses épaisseurs ; les extrêmes sont recherchés. N° 4 papier mince : U, 20 ; n° 5 épais : U, 40 ; n° 6 épais : 2 U, n° 7 moyen (60 à 65 mc.) : U, 50 ; n°s 7a et 8 très épais (plus de 100 mc.) : U, 50.

Filigrane. — Cor de poste encadré, divers types, assez difficiles à reconnaître. Le n° 7 se présente indifféremment avec l'embouchure à gauche ou à droite ; les autres, filigrane renversé (embouchure à droite, en regardant le timbre au verso : 2 à 3 U.

Gomme. — N°s 4, 5, 7, 8 et 9 : jaunâtre ; n°s 6, 10 et 11 : blanche.

Variétés. — 1/3 s. avec inscription SII.BR au lieu de SILBR et les deux lignes de la banderole interrompues : rare. 1 s. orange, 1 s. jaune et 2 s. coupés pour moitié : R.R. (le 2 s. sur lettre : 250 fr.), le 3 s. noir sur rose est très recherché en nuance vive et fraîche. Le 3 s. rose sur blanc avec point entre l'S et le C de Braunschweig : rare. Le n° 10 est connu avec double impression : R.R.

Oblitérations. — C'est le règne des oblitérations type G en noir, 48 bureaux, le plus commun est le n° 8 (Brunswick-Ville) ; le n° 9 (Brunswick-Gare) ayant été détérioré fut remplacé en 1863 par le type I à gros chiffre (rare) Même cause, même effet pour le n° 36 (Salder) remplacé par le type H à barres fines (rare).

Type E en bleu : U, 25 ; en noir : rare ; type G eu bleu : U, 50 ; types J, K, etc. : rares. Tout à la fin des émissions avec filigrane, on voit apparaître le type C en noir, avec millésime.

Timbres sur lettres : 2 U ; le n° 5 : 3 U, mais quand ce timbre est seul sur lettre : 6 U.

Paires. — 3 U mais n° 7 : 4 U ; bandes de 3 : 5 U mais n° 7 : 8 U. Blocs de 4 : rares (1/4 s et 3 s. rose sur blanc : 12 U ; 3 s. noir sur rose : 24 U.).

Réimpressions. — Non. La soi-disant réimpression non officielle du 1/3 s. faite en 1856 (sans filigrane) est parfois rangée dans cette catégorie.

Faux. — La plupart des faux sont d'origine allemande mais aucun, qu'il soit lithographié ou typographié, ne mérite de description détaillée.

Pas de filigrane. La queue du cheval touche souvent la première ou la quatrième hachure alors que dans les originaux elle touche la deuxième hachure, excepté dans le 1/2 s. et dans le 2 s. (première hachure formée d'un point) où elle touche la troisième. Ovales et chiffres de formes arbitraires ; format non conforme (le plus souvent trop petit) ; comparez avec les signes distinctifs des originaux (voir illustration).

Fausses oblitérations. — On trouve des oblit. plume lavées et beaucoup d'oblitérations trop jeunes sur le n° 6. (Expertise).

1864. *PERCÉS EN SCIE. N°ˢ 4 à 11.*

Mêmes détails que dans l'émission précédente.

Tous les timbres percés en scie doivent être expertisés pour le perçage. Celui-ci est discontinu dans les originaux et continu dans les mauvaises imitations, mais il y en a de fort bonnes.

Timbres sur lettres. — Le 1/2 g. (n° 6a) : 4 U ; les autres : 2 U.

Paires. — 3 U ; les bandes de 3 sont R.R. (n° 11 : 10 U)

Percés en lignes. — Le 1 s. noir sur jaune n° 7 c vaut environ 400 fr. isolé, mais 2.000 fr. sur lettre. Le 1 s. jaune sur lettre vaut : 2 U ; le 3 silb. n° 10b vaut 1.200 fr., mais sur lettre : 8.000 fr. (grosse rareté).

EMISSION DE 1857. FORMAT OVALE. N°ˢ 12 à 15.

Timbres en feuilles de 100 (10 × 10) ; papier à la machine, gomme brune ou blanche.

Le perçage doit être complet des 4 côtés.

Variétés. — On recherche les nuances carmin du 1 g. et outremer du 2 g. Les n°ˢ 13 et 14 ont été employés coupés pour moitié (R.R.). Le n° 13 se rencontre avec le bas des lettres B R « cassées » ; le n° 15 avec tache blanche entre la couronne et le cou du noble coursier (défaut de planche, 1 par feuille).

Non dentelés. — Doivent avoir au minimum 22 ^m/_m 3/4 de large sur 25 1/3 de haut. La nuance lie de vin du n° 15 est rare.

Paires. — 3 U ; non dentelées : 4 U.   .

Timbres sur lettres. — 2 U ; n° 12 : 3 U, mais seul sur lettre : 5 U.

Oblitérations. — Type G en noir : commune ; en bleu : U, 50, C en noir : 2 U. L'expertise est le plus souvent nécessaire.

Réimpressions. — Non.

Faux. — Les n°s 12 à 15 ont été fort bien imités à Genève (F). Voir signes distinctifs des originaux : queue et crinière. Pas de relief, burelage mal venu, mauvais perçage. N° 12 : 19 ^m/_m 1/2 de large au lieu de 20 (petit axe) ; n° 14 : 20 1/2 au lieu de 19 1/2 à 19 3/4). Le perçage est **continu**.

Fausses oblitérations. — Voir première émission.

1857. N° 16 *ET NON EMIS N*° 17.

Les *marges* doivent avoir environ 3/4 de ^m/_m.

Feuilles de 100 (10 × 10). Le *papier* du n° 16 est le même que celui du n° 4. Le n° 17 était préparé pour remplacer le n° 16, trop foncé, mais se trouva sans emploi, par suite de l'entrée du Brunswick dans la Confédération du Nord.

L'impression du n° 17 est presque toujours défectueuse.

Variétés. — N° 16, papier mince : U, 50 ; petits défauts d'impression : pfonnige ; 8 au lieu de 3, etc.: U, 20.

Paires. — Moitiés et quarts. 1/4 : 2 fr. ; sur lettre : 5 fr. ; mais seul sur lettre : 40 fr. ; 2/4 : 5 fr. ; sur lettre : 10 fr. ; 3/4 : 10 fr. ; sur lettre : 25 fr. ; l'unité (4/4) vaut 2 U sur lettre ; de même le 5/4 ; le 6/4 vaut : U, 50 ; sur lettre : 3 U ; la paire (8/8) vaut 2 U ; sur lettre : 4 U ; les 10/4 : 4 U ; sur lettre, le double.

Oblitération. — A date : U, 50.

Faux anciens. — Des n°s 16 et 17. Sans filigrane et n'ont pas les signes décrits dans l'illustration.

Faux modernes. — Genève. Mêmes caractéristiques ; les barres des fractions touchent les ovales.

Fausses oblitérations. — Nombreuses sur le n° 16 (expertise) ; sur le n° 17, à rejeter sans autre examen.

Truquage. — N° 17 transformé en n° 16 par teinture chimique du papier et oxydation de l'impression. Résultat : brun-noir sur brun plus ou moins moucheté. L'oblitération, dans ce cas, est toujours fausse.

BULGARIE

Les premières émissions jusque vers 1900 sont intéressantes ; ensuite on tombe dans les nouveautés à la série.

1879. *VALEUR EN CAHTNM ET PAH. Nᵒˢ 1 à 5.*

Typographiés. Dentelés 14 1/2 × 15.

Feuilles de 100 en 4 groupes de 25 (5 × 5). Imprimées à Saint-Pétersbourg et émises le 1ᵉʳ mai 1879 à l'exception du 50 cent. émis plus tard, d'où sa rareté.

1ᵉʳ *choix.* — Centrés. Peu de variété dans les nuances.

Variétés. — 25 cent. non dentelé et 5 cent. noir et orange, cadre renversé : R.R.

Faux. — Série très mal imitée à Gênes (I.) sur papier épais sans filigrane ni vergure. Typographiés ; les chiffres et les lettres de l'ovale sont difformes, la patte gauche de devant du lion touche l'ovale ; nombreuses taches blanches dans le fond de l'ovale des inscriptions, dentelure non conforme. La seconde émission a été imitée par la même occasion.

Paires : 3 U ; blocs de 4 : 12 U.

1881. *VALEUR EN CTOTINCKI. Nᵒˢ 6 à 11.*

Feuilles et impression comme l'émission précédente.

Variétés. — Quelques petites variétés de nuances, notamment le 5 ctot. en noir et jaune et en noir et orange. Cette valeur est connue avec double lion noir et jaune, le second renversé : R.R.

Paires : 3 U ; blocs de 4 · 8 U.

Faux. — Voir émission précédente.

1882-1885. *IDEM COULEURS MODIFIÉES. Nᵒˢ 12 à 20.*

Feuilles, impression, etc., comme précédemment. Les 1 et 2 stot. sont de 1885. Tous dentelés 14 1/2 × 15.

Nuances. — Deux par valeur, excepté le 10 st. carmin, écarlate et rose, tous trois avec fond rose pâle.

Variétés. — 5 c. erreur, imprimé dans la nuance du 10 stot. ; plus rare neuf qu'usé. Le 5 c. comprend trois types : I sans points de couleur au-dessus de la langue ; II avec un point ; III avec deux points. Le type III est le moins commun. 5 c. défaut de planche : coquille sur le premier A de Bulgaria.

Paires : 2 U ; blocs de 4 : 6 U.

Truquages. — 10 ct. tripoté pour en faire l'erreur. Aucun succès, une modeste loupe suffit.

1884-85. *SURCHARGES. N°ˢ 24 à 27.*

Les surcharges 3 sur 10 s. et 5 sur 30 mesurant 7 $^{m}/_{m}$ 1/2 de hauteur ; les 15 sur 25 et 50 sur 1 f. 12 1/2 $^{m}/_{m}$.

Les trois premières existent lithographiées ou typographiées, la dernière lithographiée seulement. Les surcharges carminées sont typographiées ; les vermillonnées sont lithographiées. Le 5 sur 30 est imprimé sur les nuances carminées du 10 st. tandis que la nuance rose n'a reçu que la surcharge lithographique. Oblitérés à date : 2 U

Variétés. — On trouve des surcharges renversées et doubles : R.R. Expertise ; il y a des maculatures.

Fausses surcharges. — Aussi nombreuses que les lapins en Australie. La comparaison détaillée est absolument indispensable, néanmoins, il y a des surcharges si bien contrefaites qu'elles sont inexpertisables. (Tirage clandestin?)

EMISSIONS SUIVANTES.

Rien de très interessant à signaler.

1901. *COMMEMORATIFS. TYPE CANON. N°ˢ 48, 49.*

Feuilles de 100 timbres lithographiés (10×10). Dent. 13. Bloc report de 5 timbres en bande horizontale.

Faux de Genève (P). L'illustration renseignera suffisamment. Les imitations ne montrent aucun des défauts de report des cinq types originaux, et le sol, sous le canon, n'est pas pointillé. Dent. 11 1/2.

1902. *COMMEMORATIFS. BATAILLE DE LA CHIPKA. N°ˢ 62 à 64.*

Feuilles de 100 timbres (10×10) lithographiés. Dentelure 11 1/2. Bloc report de 2 timbres en paire horizontale.

Faux de Bruxelles. Extrêmement répandus. Dentelés 11 1/2 comme les originaux. Lithographiés. Voir l'illustration pour les signes distinctifs. Aucun signe distinctif des défauts de report des deux types originaux.

1903. *SURCHARGES. N°ˢ 65 à 68.*

Existent avec surcharge renversée ; avec double surcharge. On trouve des paires avec un seul timbre surchargé.

Surcharges fausses. La plupart des variétés de surcharge ont été imitées, il en est de même pour les émissions de 1892, 1895, etc. Comparaison.

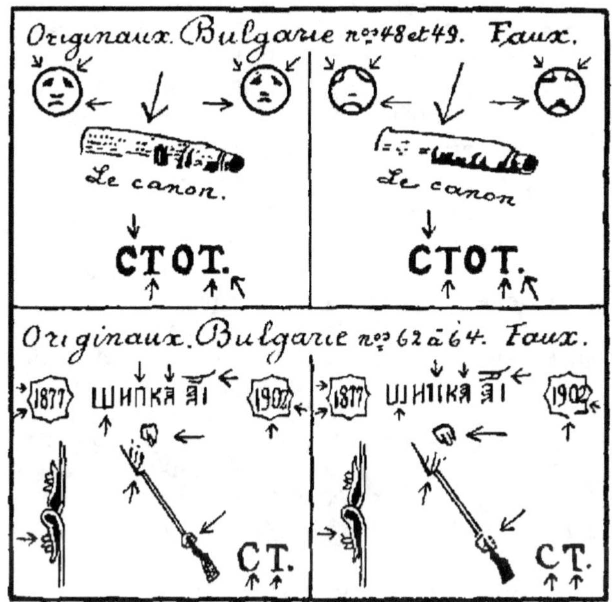

TIMBRES-TAXE

Les trois premières émissions sont lithographiées.

La nuance bleu foncé du 50 stot. est d'une première planche ; le bleu pâle d'une seconde.

Le 25 st. est connu percé en zigzag et dentelé 11 1/2 sur le même timbre.

Le perçage en serpentins demande la comparaison.

BULGARIE DU SUD

Pays à surcharges, ou les faux abondent. Nous conseillons de s'abstenir ou de se spécialiser à fond.

1885. *SURCHARGES NON ENCADRÉES. Nos 1 à 5.*

La surcharge a été apposée, à la main, au moyen de deux clichés différents. Il y a donc beaucoup de surcharges mal imprimées, peu visibles, qu'il est bon de rejeter chaque fois que l'étude en est impossible.

Les *deux types* portent une queue à double trait; dans le type I, le « bras » gauche du lion a 4 griffes, le type II n'en a que 3. Dans le type I le talon des pattes inférieures est bien marqué. Dans le type II la queue du lion est « déplumée ». Type I, hauteur totale 14 $^{m}/_{m}$ 1/2 environ. Type II : 16 $^{m}/_{m}$ environ.

Toutes deux en encres à tampon : bleue ou noire.

Catégories de timbres surchargés. — Roumélie Orientale 1881, dentelés 13 1/2 et 1885 dentelés 11 1/2 et 13 1/2.

Type I. Encre bleue, dent. 13 1/2 (1881) 5, 10, 20 par. 1 piastre.
—   —   — 11 1/2 (1885) 5, 10, 20 paras.
—   Encre noire,   — 13 1/2 (1881) 1 piastre.
—   —   — 11 1/2 (1885) 10 et 20 paras.
Type II. Encre bleue,   — 13 1/2 (1881) 20 par., 1 et 5 piastres.
—   —   — 11 1/2 (1885) 5, 10, 20 paras.·
—   —   — 13 1/2 (1885) 5 paras.
—   Encre noire,   — 13 1/2 (1881) 1 et 5 piastres.
—   —   — 11 1/2 (1885) 20 paras.
—   —   — 13 1/2 (1885) 5 paras.

Le 10 paras, type I est connu avec surcharge bleue renversée : R.R.

Les oblitérations authentiques rares.

Fausses surcharges. — Les mauvaises imitations se reconnaissent par la comparaison du dessin et de l'encre (queue à trait unique, etc.). Les meilleures proviennent du Levant et de Sofia même; toute la série a été imitée à Genève en gris-noir et bleu trop vif. Comparaison.

1885. *SURCHARGES ENCADRÉES. N°ᵃ 6 à 11.*

Surcharges noires sur les mêmes timbres de Roumélie.

Type III. Bout de la queue du lion à double trait.

Type IV. L'extrémité de la queue est moins large et à trait simple, la croix de la couronne est marquée, les chiffres plus hauts. Les types III et IV ont un format sensiblement égal : 15 × 19 $^{m}/_{m}$.

On connaît le n° 6 avec surcharge renversée.

Catégories de timbres surchargés.

Types III et IV, 1881, dent. 13 1/2. Les cinq valeurs.
—   —   1885, dent. 11 1/2. 5, 10 et 20 paras.
—   —   1885, dent. 13 1/2. 5 paras.

Fausses surcharges. — Toujours comparaison du dessin et de l'encre (plus mate que dans la première émission). Même origine des falsifications; dans la série de Genève le type III a 20 $^{m}/_{m}$ de hauteur et le type IV 23 $^{m}/_{m}$.

N. B. — Les surcharges de Genève ont été appliquées non seulement sur timbres rouméliotes originaux, mais aussi sur timbres faux de toutes pièces. (Voir Roumélie orientale).

CARÉLIE

Rien d'intéressant. La série a été imitée lithographiquement ; pointillé irrégulier dans le fond central ; très régulier dans les originaux. Comparer aussi le pointillé des coins.

CARINTHIE

Malgré le peu d'intérêt que présentent les deux émissions surchargées, il faut comparer toutes les surcharges, particulièrement celles des n°ᵃ 20 à 25, différentes pour chaque valeur, car elles ont été imitées... à gros tirages.

CASTELROSSO

Même observation que ci-dessus.

CAUCASE

La surcharge de la première émission a été particulièrement bien imitée sur le 3 roubles 50. Comparaison ou expertise. Il est à présumer que les fausses surcharges sur les 10 K. à 1 rouble ne tarderont pas.

CAVALLE

(Voir Levant, bureaux français).

COLONIES FRANÇAISES
GÉNÉRALES

———

Ces timbres ne font pas partie, régulièrement, de la collection d'Europe, mais le spécialiste a grand intérêt à les connaître afin de ne pas les confondre avec les timbres non dentelés de la métropole, ni avec les réimpressions.

Il n'y a aucune surcharge dans les colonies françaises générales tandis que les colonies proprement dites en sont abondamment pourvues et, naturellement, les fausses surcharges abondent. Le temps n'est plus, malheureusement, ou la simple mention « la surcharge originale mesure X millimètres et la fausse X+1 $^{m}/^{m}$ » pouvait servir à les dépister ; les faussaires ont fait d'énormes progrès et les surcharges, habilement copiées, avec des encres de même nature, des caractères identiques (acquis dans le pays d'origine, ou parfois, caractères originaux tirés clandestinement) et des mensurations très exactes d'intervalles, ne sont plus l'exception. Il est donc sage de ne conseiller cette collection qu'à ceux qui veulent en faire la grande spécialisation.

PREMIERE EMISSION. 1859-65. *TYPE AIGLE.* N°s 1 à 6.

Feuilles de 360 timbres en deux groupes de 180 timbres (18 × 10).

Premier choix. — 4 marges de 1/2 $^{m}/^{m}$. Les neufs peuvent être sans gomme.

Variétés. — Les timbres sur papier blanc sont du premier tirage ; on trouve le 20 cent. sur papier gris-jaunâtre (rare) et le 40 cent. sur papier chamois ; cette coloration qui ne paraît pas due à la gomme peut provenir de ce qu'on a imprimé sur les feuilles de garde qui protègent la livraison. N° 2. Le chiffre 5 de droite est presque toujours entre parenthèses, mais celles-ci ont disparu quelquefois par empâtement ; il en est de même pour la cédille sous la lettre c de français dans toutes les valeurs. Les timbres avec fond ligné ne sont pas communs.

Les n°s 1 à 6 percés en points (Cochinchine) nécessitent l'expertise.

Les doubles impressions sont des maculatures.

Réimpressions (Granet). 1887. — Nuances plus vives, sans gomme, papier plus épais. Toutes sont plus rares que les originaux.

Oblitérations. — Ce chapitre appartient à la spécialisation de chaque colonie.

Paires : 3 unités ; bloc de 4 neufs : 6 N ; usés : 8 à 12 U.

Originaux. — Voir signes distinctifs sur l'illustration.

Faux. — I. Anciens : toute la série sur papier jaunâtre épais ; 114 et 92 perles, 32 hachures, pas de point devant le C de colonies.

II. Idem. Toute la série sur papier épais ; croix trop à droite, 115 et 92 perles ; aucune finesse dans les hachures.

III. Série de Genève (F). Série sur papier blanc ou teinté satiné ; nuances différentes ; pas de point entre le chiffre de la valeur et le C qui suit ; la branche gauche de la lettre M se dirige vers la perle située à droite de la croix au lieu de se diriger entre les deux perles. Le dessin de la partie empennée des ailes est grossier. — N. B. — Ces imitations portent le point (signe secret dans le dessin ornemental du coin de droite en haut).

IV. Série de Bruxelles (S.). Couronne déviée à droite. Fond ligné non conforme. La comparaison du dessin des coins suffit.

Faux pour servir. — Lithographiés sur papier rosé à vergure peu visible. Pas de signe secret. 116 et 92 perles. 36 hachures mal venues et imitant une « gravure usée ». Croix penchée à droite ; l'œil du rapace est formé d'un point blanc, etc. Le premier S de POSTES a la boucle supérieure trop grande ; de plus, la lettre est de la même hauteur que les autres, alors que dans l'original elle est plus haute. Sur lettre expertisée : 100 fr.

2ᵐᵉ *EMISSION. EFFIGIE DE NAPOLEON.* N°ˢ 7 à 10.

Premier choix : 4 marges de 3/4 de ᵐ/ᵐ.

Les 1, 30 et 80 centimes neufs peuvent se confondre avec l'émission de Rothschild (moins rares, excepté le 1 cent.). Comparer les nuances. Le 5 cent. est vert jaune sur vert jaunâtre, il ne supporte pas la comparaison avec le n° 12 de France, toujours plus fin d'impression ; très peu de points distincts entre les hachures du fond central ; les coins burelés, surtout ceux du bas, donnent l'impression d'une planche légèrement usée. Des marges suffisantes et, le cas échéant, l'oblitération empêchent de confondre ce timbre avec le dentelé de France, n° 20... dentelure coupée. Il existe un essai en rose du 30 cent., vérifiez donc toujours les chiffres 8 dans le n° 10.

Même observation qu'à l'émission précédente pour les percés en points (Cochinchine).

Le 1 cent. a été réimprimé (Granet) 1887 non dentelé vert, bronze foncé sur vert (sans gomme) : rare.

Quelques variétés d'impression, notamment des fonds lignés.

Paires : 3 U ; blocs de 4 ; n°ˢ 7 et 10 : 8 U ; les autres : rares.

1871. *CERES. N°ˢ* 11 *à* 13.

Premier choix. — 4 marges de 1/2 ᵐ/ᵐ minimum.

Nuances assez nombreuses ; les n°ˢ 11 à 13 ont été percés en lignes. Réimpressions Granet 1887 : mêmes caractéristiques que pour le type aigle. Le n° 13 avec chiffres 4 retouchés tenant à un normal vaut le double.

On recherche les oblitérations de paquebots.

Paires : 4 U ; blocs de 4 : 8 U.

Faux. — Le n° 11 a été imité à Genève (F.). Papier jaunâtre, impression bistre-jaune, mais ceci a peu d'importance puisque cela peut se modifier. Le signe distinctif principal réside dans le burelage, mal fait, notamment dans le coin de gauche en bas où les traits ondulés sont presque droits, trop gros et autant dire sans points entre eux. Le tête-bêche a été imité par le même. Pour plus de renseignements voir la première émission de France.

Fausses oblitérations sur ces faux. — (En noir ou en bleu). COCHINCHINE SAIGON 6 OCT 76 et ancre trop épaisse dans losange de points trop gros.

Truquage du n° 13. — Le n° 38 de France, dentelure coupée, a été appliqué sur fragment avec son oblitération originale et pourvu d'une fausse oblitération SAINT DENIS DE LA REUNION 7 OCT 79 portant à la fois sur le timbre et le fragment. On trouve d'autres truquages de ce genre pour faire des n°ˢ 14 à 45 des colonies.

1872-77. — *CERES. GRANDS, GROS ET PETITS CHIFFRES.*

GRANDS CHIFFRES. Nᵒˢ 14 à 17.

La comparaison s'impose pour les nᵒˢ 15 à 16.

Le papier du nᵒ 15 est assez semblable à celui du nᵒ 51 de France, tandis que le 2 centimes essai et sur papier blanc au lieu d'être très légèrement jaunâtre. L'essai a été teinté, renforcé au dos et gommé pour en faire un nᵒ 15 neuf.

Le nᵒ 16 a été truqué par apposition d'une oblitération fausse sur l'essai du 4 centimes (gris foncé, papier blanc) ; cette oblitération cache une tache presque imperceptible que Cérès porte à la joue. D'autres fois, c'est le 4 cent. non dentelé de France (gris pâle) qui a servi aux truqueurs.

Le 4 cent. porte toujours l'oblitération de Cochinchine... mais les truquages aussi (encre trop jeune, trop grisâtre).

Paires : 3 U ; blocs de 4 : 6 N ; 8 U.

Premier choix : 4 marges de 3/4 de $^m/_m$ minimum, pour éviter les dentelures coupées. On trouve des fonds lignés.

GROS CHIFFRES. Nᵒˢ 18 à 21.

Paires et blocs comme précédemment. Fonds lignés. 4 marges de 1/2 $^m/_m$.

Les nuances bistre-jaune (nᵒ 19) et brun-pâle (nᵒ 20) sont recherchées ainsi que les fonds lignés.

Réimpressions. — On peut considérer comme tels, le 15 cent. bistre sur blanc non dentelé du nᵒ 55 de France et le 80 cent. rose pâle non dentelé du nᵒ 57 qui sont moins rares que les coloniaux.

Faux. — 10 cent. Même remarque que pour le nᵒ 11 concernant le burelage ; les grands chiffres 1 descendent jusque sur la ligne blanche. Mêmes oblitérations fausses et aussi grille noire de France ! Le 15 cent. se reconnaît comme le précédant au burelage et au manque des signes secrets d'expertise décrits à la première émission de France.

PETITS CHIFFRES. Nᵒˢ 22 et 23.

Le 25 cent. bleu a été réimprimé (Granet) en bleu laiteux.

Le 15 cent. est souvent d'impression empâtée ou défectueuse.

On trouve des fonds lignés. Premier choix : 4 marges de 3/4 de $^m/_m$. Paires et blocs comme précédemment.

1877. *TYPE SAGE. Nᵒˢ 24 à 45.*

Premier choix. — 4 marges de 1 $^m/_m$.

Le nᵒ 35 ne fut en usage qu'à la Guadeloupe et au Sénégal ; le nᵒ 43 à Madagascar (Nossi-Bé, Mayotte, Tahiti) et à la Réunion.

Paires : 3 unités ; blocs de 4 : 8 à 20 unités. Le bloc de 4 du nᵒ 32 est rare neuf.

Réimpressions. — 1° On peut considérer ainsi les non dentelés du type groupe de France des émissions de 1876-77. Comparaison des nuances, teintes suffisamment différentes, le 25 cent. par exemple, est noir sur rose, comme le timbre de France non dentelé, mais il existe un non dentelé noir sur rouge foncé.

2° Réimpressions Granet (1887) du type groupe de France ; peuvent être confondues avec les coloniaux neufs. Comparaison : le 25 cent. a une teinte de fond plus rouge, plus carminée que le colonial qui est plutôt rouge-brun.

Truquages. — On offre parfois des timbres de France avec dentelure coupée et oblitération illisible, pour des coloniaux. Comparaison. C'est d'ailleurs un piège qui s'évite facilement en ne prenant que du premier choix avec marges suffisantes.

EMISSION DE 1881 DENTELÉS. N°ˢ 46 à 57.

Faux. — Toute la série a été imitée à Genève (F.), mais les timbres étant plus chers avec les surcharges des colonies proprement dites, les contrefaçons sont en général faussement surchargées et oblitérées.

L'illustration montre les meilleurs signes distinctifs.

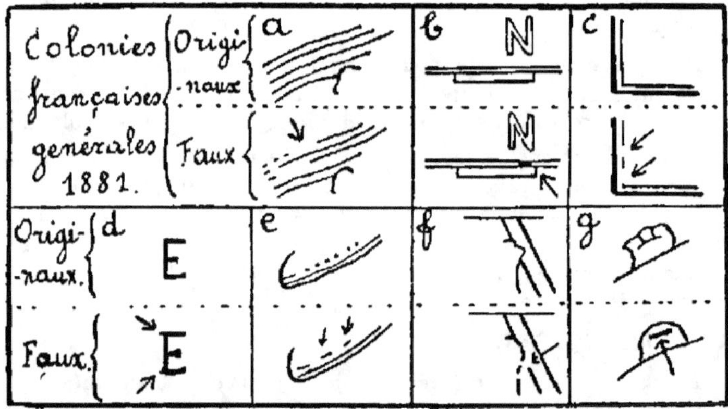

Fausses oblitérations (F.). — Ne rentrent pas dans le cadre de cet ouvrage, étant appliquées en général sur les surchargés des colonies particulières, mais elles sont néanmoins utiles à connaître. (Gravées sur bois), en noir ou en bleu, dates interchangeables.

Bénin. N°ˢ 1 à 13 et taxes 1 à 4.
GRAND POPO 7 NOV 92 BENIN.
Cochinchine. N°ˢ 1, 2, 3, 5
SAIGON 3°/7 NOV 86. COCHINCHINE.
HANOI 3°/27 FEVR 86. TONKIN.
MYTHO 2°/16 AOUT 92. COCHINCHINE.

Diego-Suarez. N⁰ˢ 6 à 9, 10, 13 à 24 et taxes N⁰ˢ 1 et 2, 3
cachets semblables portant l'inscription : DIEGO-SUAREZ MADA-
GASCAR et les dates : 1 SEPT 92 ; 15 MARS 90 ; 28 SEPT 91.

Guadeloupe. N⁰ˢ 14 à 26.
ST LOUIS 2 JUIL 91 GUADELOUPE.
BASSE TERRE 1e/21 JUIL 92 GUADELOUPE.
POINTE A PITRE 2 /21 JANV 91 GUADELOUPE.
Guyane. N⁰ˢ 16 à 28
CAYENNE 2 JUIN 92 GUYANE.
Indo-Chine. N⁰ˢ 1, 1a, 1b, 2
INDO-CHINE (le reste du cachet est illisible).
Nouvelle Calédonie. N⁰ˢ 21 à 34
NOUMEA 19 MAI 92 Nᴇʟʟᴇ CALEDONIE
NOUMEA 2e/3 SEPT 92 Nᴇʟʟᴇ CALEDONIE.
Obock. N⁰ˢ 1 à 11 ; 12 à 20 et taxes 16, 17 et 18
OBOCK 27 MARS 92 COLONIE FRANCsᴇ
OBOCK 26 SEPT 92 COLONIE FRANCsᴇ
Saint-Pierre et Miquelon. N⁰ˢ 18 à 30
St PIERRE ET MIQUELON 12 SEPT 92.
ILE AUX CHIENS 2 AOUT 92 St PIERRE ET MIQ.
Tahïti. N⁰ˢ 7 à 18.
PAPEETE 18 AOUT 9. TAHITI.

TIMBRES-TAXE

1884-1892. *TYPE DES TIMBRES TAXE DE FRANCE. N⁰ˢ
1 à 17.*

1, 2 et 5 francs noirs, format 17 3/4 × 21 1/4 environ. Voir
l'illustration pour les signes distinctifs des originaux n⁰ˢ 1 à 14 ;
l'ornement sous l'E de CHIFFRE est séparé du double trait par
une simple solution de continuité.

Faux anciens. — Quelques imitations dérisoires dont l'une faite
en typographie n'a qu'un seul cadre ; 17 1/2 × 21 3/4 ᵐ/ᵐ, grosses
valeurs et 60 centimes. Dans d'autres, les inscriptions sont enfantines.

Faux modernes. — I. Faux de Genève (F.), 1, 2 et 5 fr. noir et
brun-rouge ; premier cliché. Lithographiés, 17 × 21 1/4 ᵐ/ᵐ. L'ornement sous l'E éloigné d'un 1/4 de ᵐ/ᵐ du double trait. Voir l'illustration, signes b, d, f, h. Papier commun, jaunâtre ou grisâtre
ou blanc. Ces faux, dentelés, ont servi à tromper les collectionneurs
de taxes français.

II. Faux de Genève (F.). — Second cliché Photogravure.
17 4/5 × 21 1/5. L'ornement sous l'E touche le double trait. Voir
illustration, signes a, b, c, d, e. Mêmes valeurs, mêmes papiers.
Ont également été dentelés (taxes de France).

III. Autre série. La plus insidieuse. Lithographiée. Voir illustration, signes b, f et g; la ligne très fine qui surmonte le cartouche du mot taxe est autant dire invisible et se confond avec le cartouche. Bonnes dimensions.

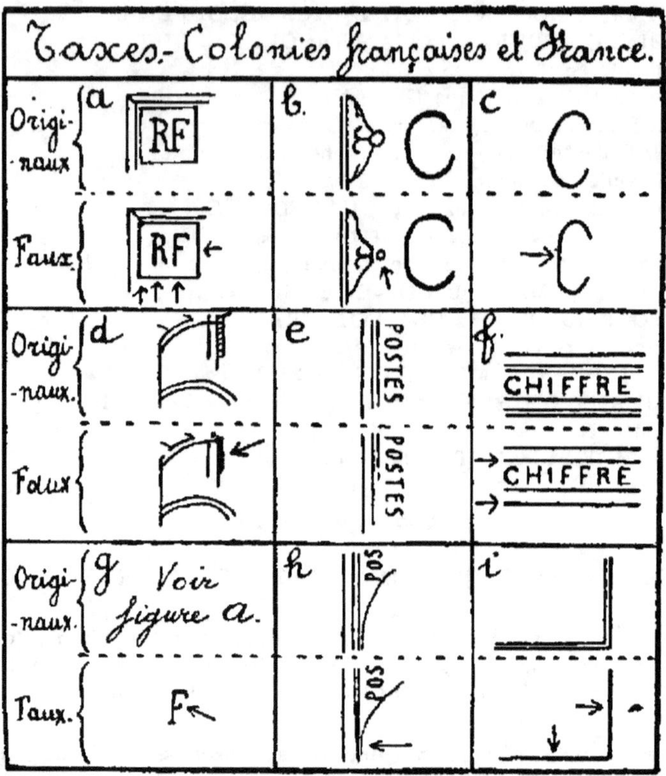

Papier blanc (85 à 95 mc., gomme comprise). Ces imitations ressemblent aux réimpressions des taxes de France, 1882-92.

Le signe le plus caractéristique de tous ces faux est le flou de l'impression, notamment au-dessus et au-dessous de la banderole qui porte la valeur, y compris la volute sous le chiffre. Cela est très loin de la ténuité de l'impression typographique originale qui ressemble à de la gravure.

Voir plus loin les oblit. fausses.

TIMBRES-TAXE. Nᵒˢ 24, 25 et 26.

Les falsifications ont les caractéristiques des précédentes.

Fausses oblitérations en noir ou en bleu sur nᵒˢ 7 à 11 et 12 à 14, aussi sur les petites valeurs nᵒˢ 1 à 8 originales.

DAKAR 11 JUIL, 92 SENEGAL.
CONCENTRA 2e/24 OCT 92 COCHINCHINE.
NOUVELLE CALEDONIE 2e/3 SEPT 92 NOUMEA.
MYTHO 2e/16 AOUT 92 COCHINCHINE.
(Texte et dessins communiqués à l'*Echo de la Timbrologie*, 15-3
1925.)

CORFOU

Occupation italienne. — La différence de prix entre les timbres
italiens non surchargés et les surchargés fait présager qu'on ne res-
tera pas longtemps sans voir de contrefaçons.

La comparaison est toujours une mesure de prudence.

CRÈTE

I. — BUREAUX ANGLAIS

1898. *INSCRIPTION SUR 4 LIGNES. Nº 1.*

Papier blanc, mince ; papier jaunâtre moins commun.

Tirage : 3.000. Ces timbres, imprimés à la main en violet n'ont
servi que pendant deux mois.

Faux. — Quelques faux dont un seul est insidieux ; on reconnaît ce dernier, comme les autres, par la comparaison des inscriptions ; le P grec (première lettre en haut) a bien le côté gauche
du premier jambage parallèle à la bordure du timbre, comme dans
l'original, mais ce jambage est uniformément épais alors qu'il doit
aller en s'amincissant du bas vers le haut.

1898. (Déc.). — *FORMAT CARRE.* Nᵒˢ 2 et 4 et 1899 Nᵒˢ 3 et 5.

Lithographiés. Feuilles de 100 (10 × 10). Bloc report de 10 timbres 2 × 5 (vertical) pour ceux de 1898 et de 5 × 2 (horizontal pour
ceux de 1899). La surcharge est une marque de contrôle. On trouve
le Nº 2 non dentelé verticalement ou entièrement. Les oblit. de
bureaux français sont recherchées (par exemple : à date ronde,
cercle extérieur à tirets, SAN NICOLO, date, millésime et
CRETE).

Faux. — La série a été bien imitée à Genève avec dentelure
conforme (11 1/2). Voir illustration. Les imitations sont fréquemment pourvues d'une fausse surcharge de contrôle.

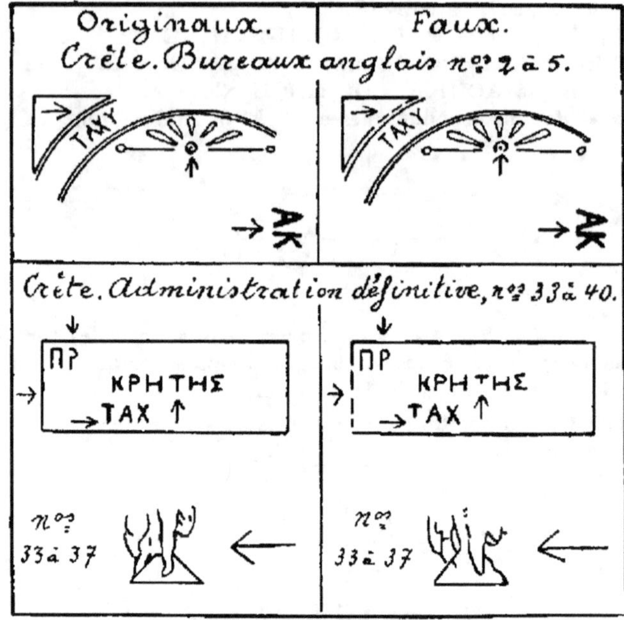

II. — BUREAU RUSSE DE RETHYMNO

1899. CACHET A LA MAIN. TYPE AIGLE. Nᵒˢ 6 à 13.

Ne sont authentiques que les pièces qui portent le cachet de contrôle russe (cachet rond à double cercle aux armes de Russie avec inscription en russe « Corps expéditionnaire dans l'île de Crète ») apposé sur chaque bloc de quatre, en violet sur les 1 met. bleu et 2 met. rose, et en bleu ensuite.

Papier uni, vergé ou quadrillé.

On trouve le 2 m. rose sur papier mince ou épais ; le 2 m. bleu est une erreur de couleur.

Faux de Genève (F.). — Toute la série, mal imitée. Dans le type avec inscriptions franjaises l'Y de RETYMNO forme un V ; le B de TIMBRE, un E ; l'R final de PROVISOIR un P ; l'A de METALIK est trop petit et les lettres E T L sont penchées à droite. Dans le type à inscriptions grecques la barre de l'H dépasse la lettre à droite (inscription supérieure) ; les inscriptions inférieures sont très irrégulières (touchent le bord des cartouches, le haut de l'oméga, le bas du jambage gauche de l'A de TAXYAP et le premier lambda (1) de ΜΕΤΑΛΛΙΚ est prolongé jusqu'au bord et l'ornement au-dessus du chiffre de gauche ressemble à celui de droite. Les imitations sont pourvues d'un faux contrôle sans petits écussons et d'une fausse oblitération PEOYMNON (sur une seule ligne).

Papier uni.

Faux de Paris (A ?). — Dans cette série, le thêta de RETHYMNO est conforme et ne forme pas un simple O comme dans la précédente ; mais l'ornement au-dessus du chiffre gauche forme un angle aigu dont la branche droite n'est pas recourbée. Egalement faux contrôle et fausse oblitération. La comparaison est utile.

1899. *TYPE TRIDENT.* Nᵒˢ 14 à 46.

Dentelure 11 1/2. Papier épais. Feuilles de 20 timbres (4 × 5), lithographiés. Bloc report de 4 types en bande horizontale. L'émission de juin nᵒˢ 14 à 34 est sans étoiles. Petit contrôle en violet, assez souvent omis. Série peu intéresssante.

Les nᵒˢ 26, 36 et 46 se rencontrent avec contrôle en noir.

Série fausse. — Toujours bien centrée sur papier grisâtre non glacé. Dans les originaux on voit généralement des traces de la croix formant repère pour la dentelure ; dans les faux, cela a été jugé inutile. Papier mince transparent, pas de traces de hachures dans le cercle blanc qui entoure les chiffres inférieurs ; l'alvéole du manche de trident est de forme cylindrique alors qu'elle doit être tronconique ; dans le 1 grosion le trait au-dessus de l'inscription inférieure est interrompu au-dessus du gamma (G). Photolithographiés, dentelés 11 3/4, faux contrôle violet noir, transparent au verso ; fausses oblitérations : RETHYMNO 10 JUIN 99 et 8 MAI 99.

III. — ADMINISTRATION CRETOISE DÉFINITIVE

Pas de réimpressions.

1900. 1 *LEPTON à 5 DRACHMES. Nᵒˢ* 1 à 9.

Feuilles de 100 timbres (10 × 10) dentelés 14 1/4.

Tirages. — 1, 2 et 5 drachmes : 50.000 ; 50 l : 300.000 ; 10 et 25 l. · 1 million ; 1, 5 et 20 l. : 500.000 exempl.

Les nᵒˢ 1 à 4 en bistre-olive sont des fiscaux ; les non-dentelés (nᵒˢ 1, 2, 4, 10 et 13) des essais ?

SURCHARGES. Nᵒˢ 10 à 20.

La première surcharge a été faite en vermillon.

Tirages. — 25 l. · 100.000 ; 50 l. : 25.000 ; 1 drachme : 7.500 ; 2 dr. : 5.000 ; 5 dr. : 2.500.

La seconde surcharge (noire) a été exécutée à Londres en deux tirages ; noir et noir gris.

Le 1 dr. existe avec surcharge rouge renversée, R.R. et le 50 l. avec surcharge noire renversée : R.R.

Fausses surcharges. — Peu nombreuses. Comparaison.

1905. *TIMBRES REVOLUTIONNAIRES. Nos 33 à 40.*

Nos 33 à 37. — Double cercle central bien visible, fabriqué au moyen de cachets à main ; nombreuses erreurs (sans contrôle, contrôle renversé, doubles impressions, tête-bêche, etc.) destinées à la bourse des collectionneurs.

Nos 38 à 40 (novembre 1905).

Faux de Genève (F.). — Emis en nombre considérable.

L'illustration précédente renseigne suffisamment sur les caractéristiques des contrefaçons ; en outre, dans les nos 38 à 40, la carte de Crète est arbitrairement dessinée.

Faux cachets sur bois, OEPIZON I ZEN 1905. (Cette oblit. est apposée par moitié sur chaque vignette ; travail en série!)

1905 (Déc.) *CRETE ENCHAINEE OU EFFIGIE. Nos 41 à 46.*

Série tirée à Athènes (dent. 11 1/2) et d'autant moins intéressante qu'après le tirage original, l'imprimeur a retiré clandestinement toutes les valeurs en nombre considérable (sur les pierres originales). Lithographiés.

Ces faux se reconnaissent par comparaison aux nuances, aux rayons ou hachures du cercle central (beaucoup moins nets, usure), enfin aux oblitérations fausses.

L'une d'elle (Genève) est OEPIZON 5 OCT 1905.

1908-10. *DIVERSES EMISSIONS. Nos 49 à 85.*

Fausses surcharges en grand nombre. Comparaison minutieuse particulièrement pour les surcharges renversées, doubles (25 l., 2 dr., 3 dr. Nos 54, 57, 58), quadruples (no 59) et pour les erreurs de lettres.

IV. — BUREAUX AUTRICHIENS

Quelques oblitérations fausses sur nos 4 à 7 ; 10 à 11 ; 13 et 14.

V. — BUREAUX FRANÇAIS

Les nos 13 à 15 ont été retirés clandestinement à Paris. Comparaison des nuances de l'impression. Les surcharges èn piastres ont été falsifiées à Paris (A.) ; lettre R trop large de 1/5e de m/m.

VI. — BUREAUX ITALIENS

La surcharge originale mesure 15 m/m 1/5 sur 1 m/m 9 de haut. Une fausse surcharge de Genève LA CANEA a été appliquée sur les timbres italiens non surchargés n°ˢ 3 à 19 ; elle mesure 14 1/2 × 2 ᵐ/ᵐ et l'on remarque souvent des oblitérations italiennes qui passent dessous. Une autre série d'origine italienne mesure 15 ᵐ/ᵐ 1/2 × 2 ᵐ/ᵐ 1/5.

DANEMARK

I. - **NON DENTELÉS ET P. E. L.**

Papier à la main. *Feuilles* de 100 timbres (10 × 10) portant en filigrane dans les marges : « KGL POST-FRMK » (Kongellig Post Frimaerke. — Timbres de la post royale), ainsi qu'une couronne dans les coins supérieurs et un cor dans les coins inférieurs. En outre, chaque vignette portait une couronne en *filigrane*. La croix qui surmonte cette couronne est plus petite dans les n°ˢ 1 à 6 que dans les n°ˢ 7 à 10. Les 4 sk. se rencontrent avec filigrane renversé.

Burelage de sûreté. — Les non dentelés recevaient d'abord une impression de sûreté formée d'un burelage partant diagonalement du coin supérieur gauche dans les n°ˢ 1 à 3 et du coin inférieur gauche dans les n°ˢ 5 à 10 (dans le n° 4 et dans les n°ˢ 3 et 5 on peut le trouver dans l'un ou l'autre sens). La nuance de ce burelage est jaune-brun, orange et parfois rougeâtre ou jaune ; les autres nuances sont des décolorations dues au temps, à la gomme ou à l'impression consécutive. Dans les n°ˢ 1 et 2 ce burelage est gravé sur cuivre ou typographié ; le gravé, bien visible se reconnaît facilement, tandis qu'il faut parfois un réel effort de vision pour voir le typographié.

Signes de contrôle. — Lettre S au-dessus du cor inférieur droit. En outre, chiffre 2 (souvent semblable au chiffre 1) au-dessus du cor inférieur gauche dans les n°ˢ 3, 4, 5, 6 et 7 ; chiffre 4 dans les n°ˢ 2, 4 (deuxième planche rectifiée), 8 et 10, et chiffre 8 dans le n° 9 (ce dernier parfois déformé en 6 ou 5).

Signes secrets. — Initiale du nom du graveur Ferslew dans le cor du n° 1 et dans la guirlande sous la lettre M de FRI-MAERKE dans le n° 2 ; du graveur Buntzen dans la guirlande, sous le premier jambage de la lettre M dans l'inscription F. R. M.

Oblitérations. — Type A (n°ˢ 1 à 286) et B : communes. A, sans numéro : rare. Oblit. plume : rares.

Les cachets à date (1 cercle) qui servaient en 1850 ont eu les inscriptions diversement transformées par la suite; ils étaient apposés sur les lettres, plus rarement sur les timbres. Le cachet combiné type F n'apparaît que vers 1854 (rare sur les nᵒˢ 1 à 10). Plus

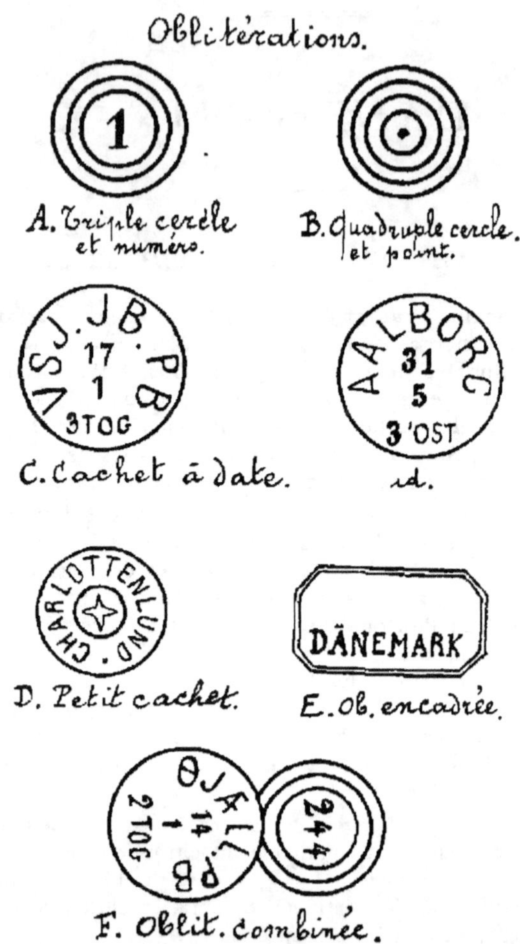

tard, on trouve le type D : recherché; et des cachets rares, par exemple type E ; cachets d'Holstein ; cachets de postes de campagne (Feldpost et similaires).

PREMIÈRE EMISSION. AVRIL 1851. Nᵒˢ 1 et 2.

La numérotation d'Yvert est irrégulière, le 4 R. BS ayant été émis le 1ᵉʳ avril et le 2 rigsbank-schilling seulement le 28 avril.

Le 2 rigsb. était le port pour Copenhague, le 4 R.B.S. pour le reste du royaume.

Premier choix. — Le n° 1 doit avoir 4 marges de 1 ᵐ/ᵐ, le n° 2 : 3/4 de ᵐ/ᵐ.

Le coin en acier du n° 1 a été moulé en plâtre puis on forma des clichés par coulage d'une composition métallique. Dix clichés furent réunis, formant, si l'on peut dire un bloc report vertical (2×5) qui a été reproduit 10 fois par la stéréotypie. Les blocs soudés ensemble et montés sur lit d'acajou, formèrent la planche.

Une observation attentive permet d'identifier les 10 types malgré que les opérations consécutives de formation de la planche ont parfois modifié les signes distinctifs ou amené quelques défauts, notamment dans les 2ᵉ et 10ᵉ blocs de 10 de la planche.

Type I : corps du g de schilling mal formé ; II, faible interruption de la base du chiffre près de la boucle remontante, extrémité gauche de cette base pointue ; III, le G de KGL généralement ouvert en haut ; IV, le premier R de FRIMAERKE est défectueux, le cercle blanc est aminci sous les lettres KE ; V, O de POST ouvert ; VI, lettres AE de FRIMAERKE défectueuses, le trait-base du 2 forme un angle plus petit avec le corps du chiffre , VII, le premier R de FRIMAERKE ressemble à un K, le trait terminal du chiffre 2 est court ; VIII, le trait vertical de la lettre F (signe secret) est épais ; IX, la lettre E de FRIMAERKE est ouverte en haut ; X, la même lettre est ouverte en bas, le signe secret est, en général, bien visible.

Variétés. — N° 1, fond gravé (bleu de Prusse au lieu de bleu foncé) : N, 50 ; U, 25 ; le n° 2 fond gravé ne se rencontre que dans le premier tirage de nuance chocolat ; le n° 2 (fond typographié) de nuance marron est R.R. neuf : 20 U ; le dernier tirage (1853) de nuance gris-brun ou jaune-brunâtre pâle vaut 3 N ; U, 50. N° 2 avec dentelure 12 ou 13 non officielle, sur lettre : 30 U.

Paires et blocs : n° 1 : R.R. ; bloc de 4 : 20 N ; n° 2 : 5 U ; bande de 4 : rare.

Oblitérations. — Sur n° 1, type A, n° 1 (Copenhague), les autres sont anormales et rares ; sur n° 2, types A et B, toutes les autres sont rares y compris un cachet horaire, de Copenhague.

Réimpressions. — 1886, n° 1 avec burelage de sûreté sur papier jaunâtre et sans burelage sur papier jaunâtre ou blanc. Sans filigrane. Réimpression provenant de la planche originale. Le n° 2 avec burelage sur jaunâtre provient d'un cliché reconstitué et montre des différences de dessin (notamment pas de trait d'union derrière POST) 1901. N° 1 sur papier mince avec burelage, sans gomme. Mêmes remarques.

Faux. — Tous anciens, sans filigrane et pas fameux. Comparaison.

I. Bordure bleue à 3/4 de $^{m}/^{m}$ des 4 côtés, couronne aplatie' (5 $^{m}/^{m}$ 1/4 de large, sans contrôle).

II. id., sur papier moyen vergé (original, papier épais 100 mc environ). Cor trop large.

III. Un peu meilleur ; dessin des coins non conforme, chiffre cassé en haut ; inscription centrale : le G porte un trait long et oblique, l'A est trop large, les K ont la branche inférieure droite trop longue. Pas de contrôle. Parfois oblit. A n° 102.

IV. Lithographié ; l'R de RIGSBANK a la même hauteur que l'I, lettres L L trop éloignées, pas de point après schilling.

V. Litho avec faux filigrane non conforme. Premier I de schilling sans traits terminaux.

2me *EMISSION*. 1854 *(MAI) A* 1860. N°s 3 à 6.

Premier choix. — 4 marges de 2/3 de $^{m}/^{m}$.

Le *papier* est mince, moyen ou épais ; une gomme épaisse jaunâtre donne souvent un aspect parcheminé ; le papier mince n'est pas commun ; n° 4 : 2 U ; les autres : U, 50.

Un seul *coin*, sans chiffres dans le bas, servit à établir les quatre matrices secondaires pour les 2, 4, 8 et 16 sk.

Formation des planches comme précédemment, mais par la méthode électrolytique.

Variétés. — Le n° 5 vert bleu : 2 N, 2 U ; les bonnes impressions ne sont pas communes ; très défectueuses n° 4 : 2 U ; n° 7 : rares ; n° 3, sans chiffre de la valeur : rare. Dentelures 12 ou 13 (non officielles) ; n° 4 : 20 U sur lettre. La dentelure 12 a été usitée à Copenhague (firme Ballin) et dent. 13 à Altona (oblit. type A n° 113). Ces dentelures très rares ont été fréquemment falsifiées. On trouve quelques petits défauts d'impression, par exemple : n° 3, coquille dans le fond pointillé au-dessus du cor inférieur gauche ; point après la lettre G ; n° 4 : sans point derrière R ; point de couleur dans le T de POST avec barre terminale droite trop longue ; n° 5, point après F, etc.

Le n° 6a est un non émis. Sa nuance est toujours lilas rose comme la première nuance habituelle du n° 7 (1863), tandis que le n° 6 est gris violacé. Le n° 7 en lilas rose foncé est peu commun, neuf ou usé. Le n° 7 sur lettre vaut : 2 U.

Paires : 4 U ; n° 4 ; blocs de 4 : rares. Les affranchissements de cette émission avec celle de 1864 sont rares.

Réimpressions. — 1886, 2 et 16 sk. sur jaunâtre sans burelage, sans filigrane, sans gomme. Parfois dentelure non officielle. En 1924, les 4 et 8 sk. ont été réimprimés de la même manière.

Truquages. — Au temps ou les catalogues cotaient le non émis n° 6a oblitéré ! plus cher que le n° 7 on a édenté le percé en lignes.

Depuis, on s'est livré parfois à l'opération contraire en muant le 6a neuf (et même le n° 6 neuf ou oblitéré) en percé en lignes. La comparaison de la largeur des 4 marges suffit.

Faux. — Les n°ˢ 6 et 7 ont été contrefaits à Genève mais de manière risible. Pas de filigrane, pas de signes de contrôle, pas de signes secrets. Fausses oblitérations type A n°ˢ 31, 34 et 75. Les faux anciens des n°ˢ 5, 6 et 7, sont grossiers et sans filigrane.

Réparés. — Le papier des premiers timbres danois se prête mieux que d'autres aux réparations de remontage au verso à cause de l'épaisseur et aussi à cause de la gomme épaisse. Se souvenir que les originaux ont toujours un filigrane visible par transparence ; dans les réparés, il est beaucoup moins visible (comparez au besoin dans la benzine) ; dans les réparations partielles, le filigrane est bien moins visible dans les parties restaurées.

3ᵐᵉ *EMIISSION*. 1857. *FOND ONDULE. N°ˢ 8 et 9*.

Nouveau coin avec fond ondulé, sans chiffre de valeur. Le point après la lettre R a été oublié mais le graveur, réparant ses erreurs de l'émission précédente, ajoute les chiffres de contrôle exacts dans les coins de gauche en bas.

Variétés. — On trouve le n° 8 avec filigrane petite ou grande croix. Le 4 sk. brun-noir : 2 N ; 5 U. N° 8 avec fond de sûreté au verso : R.R. ; le papier mince devient plus fréquent. N°ˢ 8 et 9 dentelés 12 ou 13 : R.R. ·

Oblitérations. — Type A : communes ; à date : U, 50. Type A en bleu (n° 122, etc.) : rare.

Paires : comme précédemment.

Réimpressions (1886). — Comme précédemment, sans filigrane. Proviennent des planches originales.

Percés en lignes. — On trouve les n°ˢ 4, 5 et 9 percés en lignes (non officiels) avec la machine qui a servi à percer le n° 10.

4ᵐᵉ *EMISSION*. 1863. *PERCES EN LIGNES. N°ˢ 7 et 10*.

Voir émission 1857 pour signes distinctifs et truquages du n° 7, percé en lignes 11, qui vaut 400 fr. neuf.

II — DENTELÉS

Papier à la machine, plus mince.

EMISSION DE 1864. GRAND FORMAT. N°ˢ 11 à 15.

Coin unique gravé par Batz ne portant pas les chiffres de la valeur ; le cadre était interrompu au milieu des 4 côtés et relié ux filets courbes des coins ; le 4 sk. tiré le premier, fut émis ainsi, ais les autres valeurs furent retouchées avant la confection des matrices secondaires sur lesquelles on grava les chiffres de la valeur, la lettre S et les burelages des coins.

Papier moyen ou mince, parfois si fortement grené qu'il donne l'impression d'un papier vergé. *Feuilles* de 100 (10×10) avec filigranes marginaux comme précédemment.

Variétés. — N° 13, carmin : 3 N; 4 U. N°ˢ 11, 12, 14 et 15 dentelés 12 1/2 au lieu de 12 3/4 à 13 1/4 : 2 N; 2 U.

On recherche les impressions fines : N, 50; 2 U et les impressions très défectueuses. Les timbres avec lettres marginales filigranées : 2 N; 2 U.

On trouve le cadre du 4 sk. mince ou épais; mince il a été retouché par une seconde ligne mince; on trouve également ce timbre avec des traces d'usure soit dans les coins, soit dans le cadre.

Variétés de planche? 8 et 16 sk. avec point entre l'épée et le sceptre; 16 sk. avec coquille devant la lettre K; 4 sk. sans point près de l'ovale à gauche de 4 S.

Non dentelés. — Non émis. On trouve pourtant le 4 sk. oblitéré (R.R.). Ces timbres sont naturellement identiques aux autres et portent le filigrane. A prendre en paires, car on offre des dentelés coupés (ceux des bords de la feuille ont souvent un format plus grand). Valeur : n° 11 : 35 fr.; 12 . 50 fr.; 13 : 25 fr.; 14 . 200 fr.; 15 : 150 fr. Le n° 15 seul est rare en paire : 4 N. Format minimum : 21 1/2 × 25 ᵐ/ᵐ 1/2. Vérifier aussi les isolés au point de vue de la réparation agrandissement des marges!

Oblitérations. — A : communes; C : moins communes; D : 2 U; E : 3 U; A, en rouge : 3 U (on trouve le cachet D avec d'autres noms : Gjentofte, etc.).

Paires : 3 U; blocs : rares.

Réimpressions. 1886. — Papier jaunâtre, sans filigrane, les n°ˢ 11, 12, 14 et 15 en blocs de 12 (2×6) en tête-bêche avec intervalle de 11 ᵐ/ᵐ 3/4.

EMISSION DE 1870-71. N°ˢ 16 à 21.

Filigrane comme dans l'émission précédente.

Valeurs en skilling. Ces timbres doivent être centrés, nuances fraîches et franches particulièrement pour le 48 sk. Feuilles de 100 (10×10) imprimées en deux fois. 2 coins, un pour le cadre, un pour le centre sans indication de valeur; le chiffre de la valeur fut gravé ensuite au centre et dans la bande ovale des coins secondaires qui servirent à créer les planches des centres.

Cadres renversés. — L'examen détaillé du cadre a permis de remarquer quelques petites différences dans le dessin des coins de gauche en haut et de droite en bas et de trouver des exemplaires avec cadre renversé. (Voir illustration).

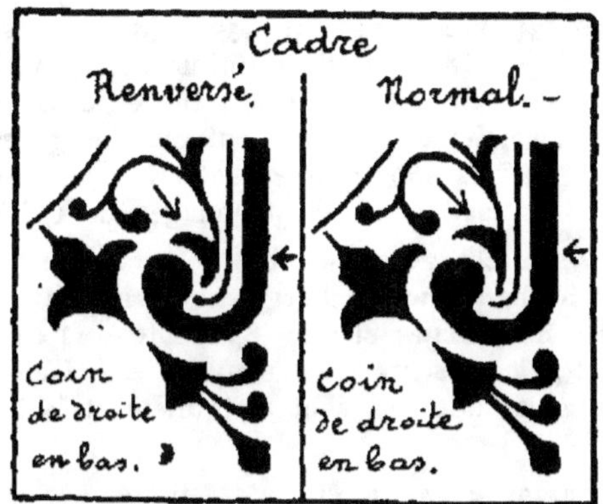

Il ne s'agit pas de feuilles tirées d'abord sur la planche des cadres renversée mais de clichés qui ont été placés par erreur à l'envers dans cette planche. Les recherches effectuées à ce jour semblent établir qu'il y en avait trois par planche? Cette petite erreur est peu facile à distinguer et il est probable que, le temps aidant, elle sera reconnue bien moins rare qu'il n'y parait actuellement. A notre avis, elle est moins intéressante que les fonds renversés de Russie, bien plus visibles et beaucoup moins que les centres renversés du même pays (1873-79 et 1883) ou les inscriptions du cadre montrent tout de suite l'erreur.

Variétés. — On trouve de nombreuses nuances secondaires pour le centre comme pour le cadre.

La variété sans point après POSTFRIM (ou après sk) est connue pour toutes les valeurs et provient d'encrassement de la planche ou d'empâtement de la couleur.

Le 4 sk. se rencontre non dentelé horizontalement (R.R.).

Non dentelés. — Toutes les valeurs : neuves 25 fr., excepté le 4 sk. carmin et le 48 sk. : 30 fr. ; usées : rares.

Réimpressions. 1886. — Sur papier blanc, non dentelées sans filigrane ni gomme.

EMISSIONS SUIVANTES

Toutes les valeurs sont en ore (aussi en kronen à partir de 1912).

1875-79. — Le papier carton est rare dans les 4 et 8 ore; 3 ore : 5 fr.; 12 ore : 3 fr. Toutes les valeurs, excepté les 5 et 20 ore se trouvent non dentelées : rares. Même remarque que précédemment pour les cadres renversés.

On trouve le filigrane renversé et des timbres bord de feuille se rencontrent sans filigrane.

1882. — La comparaison s'impose pour les n°° 32 à 34 (petits chiffres) avec les types communs n°° 35 à 37 (grands chiffres). Ces derniers ont les lettres de l'inscription DANMARK visiblement moins épaisses ; en outre, les extrémités des lettres sont élargies ; les lignes verticales du fond sont plus éloignées ; les cercles entourant les chiffres sont plus espacés. L'examen de ces détails permet d'éviter facilement les truquages de chiffres.

1915. — Fausse surcharge sur timbre de service, n° 86. 80 ore sur 8. Le timbre authentique surchargé est de la dentelure 12 1/2 (service n° 8) les surchargés sur n° 8a dentelé 14 × 13 1/2 sont donc fausses. Jusqu'à présent, elles peuvent être facilement évitées car les ornements latéraux sont irréguliers et la lettre S est renversée.

1918. — La surcharge 27 ore, etc. a été imitée sur les n°° 87 à 100 et 102 usé. Les mensurations des espaces entre le chiffre et les quatre mots est arbitraire. Comparaison.

III. — TIMBRES POUR JOURNAUX

1915. — Il n'y a pas lieu de s'arrêter au maquillage par repeinture des chiffres du 29 ore orange en 38 orange, car ce dernier timbre est suffisamment rare pour valoir un coup de loupe aux chiffres. La nuance du 29 ore est d'ailleurs jaune orange et celle du 38 ore orange ce qui prouve encore qu'une petite comparaison peut être utile.

IV — TIMBRES DE SERVICE

1871. — La première émission est intéressante par ses dentelure et ses non-dentelés, ses filigranes renversés. Les non dentelés seraient des épreuves filigranées n'ayant pas passé par le contrôle ?

Réimpressions. — Non dentelées, non filigranées, non gommées.

1875-1902. — On trouve toutes les valeurs avec filigrane renversé.

DANTZIG

———

Nouveautés à surcharges ; elles font beaucoup parler d'elles car toutes les surcharges et notamment les doubles surcharges ont été bien imitées. Les centres renversés et les erreurs de couleur qui proviennent de véritables erreurs dans les timbres anciens, sont généralement créées à l'usage des collectionneurs, dans la plupart des émissions nouvelles ; ceci ne serait que demi mal si l'on savait exactement à quoi s'en tenir, mais le malheur est que les planches contemporaines permettent toujours de nouveaux tirages, parfois clandestins (voir Russie) et nous croyons devoir conseiller l'abstention si l'on ne s'adonne pas à la grande spécialisation.

On peut composer une splendide collection d'Europe en négligeant tout à fait les pays à surcharges et les émissions tripotées ou spéculatives.

Réimpressions : Non.

Fausses surcharges. — Tout ce qui est catalogué plus cher avec surcharge a été contrefait avec plus ou moins de bonheur. Une mauvaise série de 1920 avec surcharges lithographiées se reconnaît par le manque de foulage typographique, mais les valeurs rares ont été aussi fort bien imitées. A comparer.

———

DEDEAGH

———

(Voir Levant, bureaux français)

———

DEUX SICILES

———

Le royaume des Deux-Siciles comprenait deux parties pourvues d'administrations postales distinctes : 1° tout le territoire sud de la presqu'île italique jusqu'aux Etats pontificaux ; 2° la Sicile (ancienne Trinacrie à cause de la forme triangulaire de cette île terminée par trois caps).

5

1. — **NAPLES**

1858. *TRINACRIES*. Nᵒˢ 1 à 7.

Planches. 200 timbres gravés en deux groupes de 100 (10 × 10).

Papier à la main, blanc, poreux, épais (souvent plus de 100 mc.).

Filigrane. — 40 fleurs de lys dans la feuille, encadrées par deux filets reliés par une ligne ondulée, mais on trouve entre ces filets, des quatre côtés de la feuille, l'inscription : BOLLI POSTALI. Le filigrane renversé est commun.

Marques secrètes. — Dans toutes les valeurs, chaque timbre porte une lettre microscopique du nom de G. MASINI, le graveur ; cette lettre est parfois difficile à voir sur les pièces de nuance pâle ou d'impression légère.

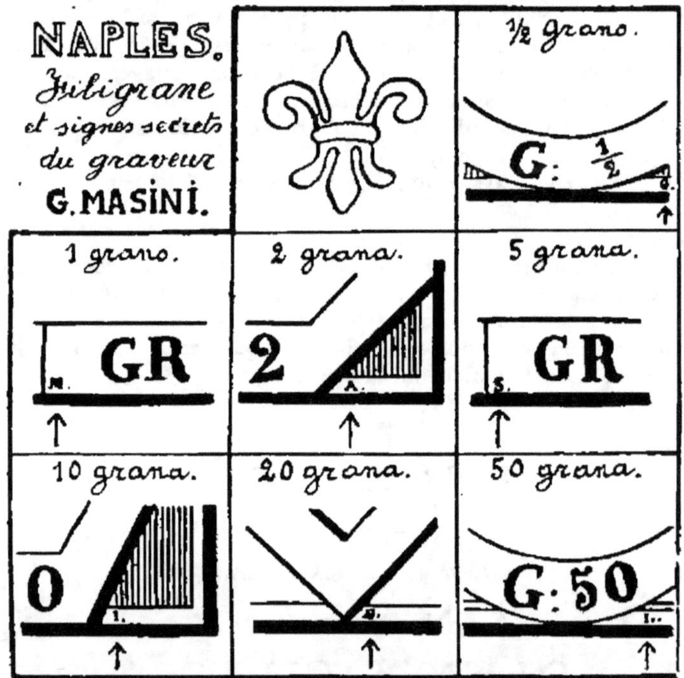

Premier choix. — 4 marges de 1 ᵐ/ᵐ 1/4 environ.

Nuances nombreuses, du rose pâle au carmin foncé ; le rose lilacé et le rose rouge sont recherchés. Il ne faut pas confondre la nuance brun-rose ni le carmin foncé avec les décolorations par oxydation (brun très foncé ou brun-noir). Nᵒˢ 3 et 5, rose-brun : N, 50 ; U, 50 ; dans les nᵒˢ 6 et 7 au contraire, cette nuance est commune. Ne pas la confondre avec la coloration brunâtre du papier, parfois provoquée par la gomme.

Doubles impressions. — Existent sur les 1, 2, 5, 10 et 50 grana ; elles doivent être bien nettes (voir illustration) ; celles qui sont dues au glissement de la feuille ne montrent qu'un halo et sont peu intéressantes. N° 3 : 50 U ; n° 4 : 2 U ; les autres : rares. Le n° 4 se rencontre avec triple et même quadruple impression, mais

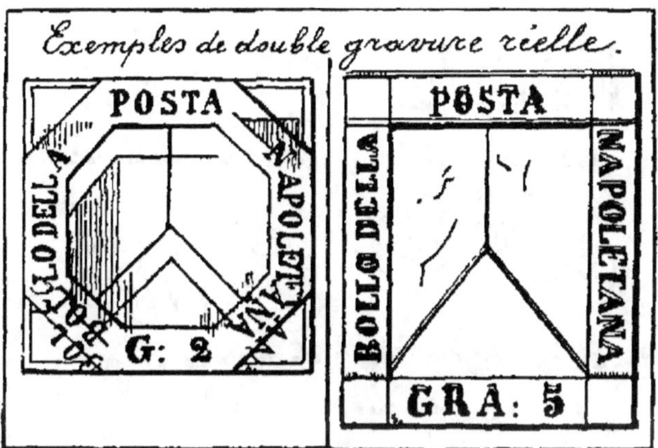

dans ce cas une ou deux de ces impressions sont le plus souvent confuses et dues au jeu du papier. On trouve des timbres partiellement non impressionnés.

Recto-verso. — Les 1, 5 et 10 grana ont été imprimés recto-verso ; le 2 grana avec impression du 1 grano au verso : rares.

Oblitérations (voir illustration). — Les types A et B sont communs, mais les catalogues spéciaux renseignent quelques oblit. serpentines rares. Oblit. rouges et bleues : 3 U ; vertes : 5 U. Les oblit. type C, à date, sont recherchées ; bleues : rares ; on trouve un cachet ovale à double trait, à date (Ufficio etc.) : rare. Type D ; rare : 4 U. Les oblitérations de Sicile sont très rares : n° 2 : 4 U ; n° 3 : 8 U.

Paires. — Neuves : 3 U ; usées : 3 à 4 U. Bande de 4 du n° 3 : 8 U. Les blocs neufs ou usés sont rares. N° 7 sur lettre : R.R.R.

Réimpressions (1898). — Non officielles. Faites à Turin avec les coins originaux. Impression fine sur papier blanc à la main, sans filigrane. On ne peut les confondre avec les originaux à cause des nuances. Ne payer la série qu'une vingtaine de francs et encore à titre de référence ; il ne faut pas favoriser les travaux de ce genre car on trouve ensuite les réimpressions munies de fausses oblitérations rares, etc.

Faux usés poste. — Les 2, 10 et 20 grana ont été falsifiés en taille douce, pour tromper la poste et oblitérés à Naples (en général, avec le cachet type A). Le papier, fait à la main, est de diverses épaisseurs. Pas de filigrane, mais on peut trouver des traces d'une marque de fabrique ; on trouve du papier vergé vertical pour les trois valeurs ; du papier vergé horizontal et du papier grené pour les 10 et 20 grana.

Oblitérations.

Les exemplaires neufs sont évidemment plus rares que les oblitérés, mais ne peuvent avoir, à notre avis, qu'une valeur de référence, vu que c'est l'oblitération postale originale apposée sur un timbre faux qui, seule, lui confère une valeur.

2 grana. — 2 types et 2 types retouchés. Tous ont la bande de droite (APOLET) moins large que celle de gauche (LO DELL).

Pas de contrôle. Le type I (voir illustration) est R.R., nuance rose-carminée; les autres sont violacés et valent 50 fr. Le type II a les lettres et traits renforcés ainsi que les cadres. L'octogone intérieur est ombré sur les 8 pans. Type III. Très mauvais; ébauche; la bande oblique de gauche en haut est trop étroite. Type IV même défaut de la bande; lettres et cadres retracés. La crinière et la queue du cheval, trop abondantes et qui formaient des taches blanches séparées du corps dans le type III ont repris un aspect... chevalin.

10 grana. — 5 types. Imprimés dans une nuance rougeâtre particulière. On les trouve avec double impression. Type I, trop haut, tête du cheval aplatie. C'est le plus rare; les autres, vergés horizontalement : 60 fr.; sur papier vergé vertical, R.R. : 150 fr. Type II, la tête du cheval touche presque le cadre. Type III; la jambe inférieure de la Méduse porte un talon renforcé comme la jambe inférieure, la crinière est séparée de la tête par un gros trait. Type IV. Moins haut que l'original. Le genou de la jambe droite de la méduse est trop gros. Lettres défectueuses. Type V moins haut, le dos du cheval est ombré d'un gros trait.

20 grana. — Bonnes imitations, 8 types dont 2 retouchés. Nuance

rose trop vive. Les lettres et inscriptions sont défectueuses et trop prononcées ; étudiez le dessin par comparaison, notamment dans les coins du timbre. L'un des types, portant le B de BOLLO trop grand et placé trop bas par rapport à l'O est rare sur papier vergé. Valeur sur papier uni : 50 fr.; sur papier vergé vertical : 125 fr. ; sur vergé horizontal ou sur grené : rare.

Faux anciens. — Presque tous lithographiés. Nuances arbitraires. Mauvais dessin (et dessein) qu'on juge facilement par comparaison. — 1/2 grano. — La barre de la fraction est oblique. Ni filigrane, ni marque secrète. Le cheval est du sexe mâle, et c'est fort visible. Les hachures verticales ne sont pas arrêtées par un trait horizontal dans le coin inférieur droit. La méduse a trois pieds plats. Nuance vermillonnée.

1 grano. — Sans marque secrète, sans filigrane. Lettres de POSTA trop grandes, trop larges. 50 grana. — I. Ni filigrane, ni contrôle. Même fabrication que le faux du 1/2 grano; 3 pieds plats, hachures non arrêtées, nuance vermillonnée. II. Papier jaunâtre fait à la main, filigrane marque de fabrique, contrôle imité. Le cheval paraît coupé en deux par les hachures de la cuisse; quatre groupes de hachures sur l'épaule du coursier; tête de méduse non conforme avec traits supplémentaires sur les deux jambes supérieures.

Faux modernes. — Comme les précédents, ils n'ont pas de filigrane et ceci suffit, malgré leur exécution meilleure, pour inviter à rechercher par comparaison les différences notables du dessin et des inscriptions. (Toutes les valeurs, imitées plusieurs fois).

Truquage et falsification. — 1/2 grano. Papier original provenant d'un original de petite valeur (2 grana) décoloré avec fausse réimpression du 1/2 grano. Porte le signe secret falsifié. 17 hachures verticales entre la saignée du genou et le cercle sous L de NAPOLETANA, originaux : 16. L'examen du papier, passé aux réactifs chimiques est un bon élément d'appréciation. Faux insidieux.

II. — **GOUVERNEMENT PROVISOIRE**

1860 (6 *novembre*). 1/2 *TONERESE BLEU. N° 8.*

Emis par suite de la réduction du tarif des imprimés, ce timbre provient de la planche du 1/2 grano n° 1 sur laquelle on a remplacé le G, gratté, par un T. Des traces de la lettre G, remontées au tirage sont visibles sur tous les timbres de la planche et il existe donc 200 variétés.

Timbre éphémère (1 mois) créé sous la dictature de Garibaldi, connu sous le nom de Trinacrie. Plus-value sur fragment ou sur journal.

Truquages très insidieux par impression fausse sur papier original des n°ˢ 1, 2 ou 3 (nuances très pâles) décoloré en respectant l'oblitération. L'étude des différences du dessin (hachures, inscriptions, centre, retouche du G) et du format est donc indispensable pour déjouer l'escroquerie.

Faux anciens ou modernes. — Comparez avec le n° 1 et vérifiez les points suivants : 1° le signe secret (G.) du graveur ; il ne se voit parfois pas dans les nuances très pâles des n°ˢ 1 à 7, mais toujours dans n° 8 ; 2° le filigrane ; 3° la retouche du G (dans la plupart des imitations on n'en retrouve plus de traces, excepté dans un bon faux de Genève sans filigrane) ; 4° la fraction 1/2 (position des chiffres, largeur de la barre) ; 5° les hachures des coins ; elles doivent être bien équidistantes et au nombre de 26 ; dans le coin supérieur gauche, le cadre horizontal doit montrer une faiblesse entre la première et la deuxième hachure ; 6° le dessin des lettres ; 7° le dessin du centre ; 8° l'oblitération (sur faux de Genève F., types A ou D, si mal faits qu'ils sautent généralement aux yeux).

1860 (6 *décembre*). *CROIX DE SAVOIE N° 9.*

Le Gouvernement provisoire s'empresse de faire gratter les armoiries de Naples pour les remplacer par la croix de Savoie. L'ancienne gravure, mal effacée, remonte au tirage : on trouve donc 200 types différents. Toujours même papier, même filigrane, même marque secrète.

Truquages. — Comme pour le précédent, vérifiez le dessin de l'impression nouvelle. Ce timbre a été également refait sur un n° 1 décoloré par peinture artistique de tout le dessin ; la Trinacrie (n° 8) a été pareillement refaite ; mais ce sont fantaisies qu'on ne voit pas souvent ; les différences de dessin permettent de les contrôler avec facilité.

Faux anciens et modernes. — Mêmes remarques que pour la Trinacrie. En outre, les croix sans aucune trace de l'ancien dessin sont fausses ; les hachures des quatre triangles segmentés doivent être plus ou moins tremblées et au nombre de 11 ou 12 en comptant le trait de la croix, tracé à la règle.

Ce timbre a été imité à Genève (F.) en trois clichés différents. 1ᵉʳ cliché : sans filigrane ni marque secrète ; 13 hachures rectilignes dans le cercle, à gauche en haut, au lieu de 11 ; le G est aussi visible que le T. 2ᵉ cliché : (1ᵉʳ cliché retouché) idem. ; point bleu au centre ; points bleus dans l'O de POSTA, entre l'O et l'S et entre le T et l'A. Le gros défaut (coquille) des hachures au-dessus de la lettre A de POSTA a été corrigé ici. 3ᵉ cliché : toujours pas de filigrane, lettre de contrôle imitée. La base du chiffre 2 est plus étroite que la boucle. Cette fois les deux parties hachurées, à droite dans le cercle, ne comportent que 10 hachures. Imitation de gravure remontée. G toujours très visible.

Fausses oblitérations. — Nombreuses. L'une d'elles, rouge à date, un cercle, est bien faite : NAPOLI 6 LUG 61.

1861. *IMPRESSION EN RELIEF* Nᵒˢ 10 à 17.

Ces timbres, faisant partie de la collection de l'Italie unifiée, sont renseignés à Italie.

III. — SICILE

1859 (1ᵉʳ *janv.*). *EFFIGIE DU ROI FERDINAND.* Nᵒˢ 18 à 24.

Les jolis timbres de Sicile, appelés « Ferdinands » sont recherchés par les spécialistes pour la richesse des nuances, des variétés et pour la reconstruction des planches. Mêmes valeurs que dans l'émission de Naples.

Chiffres de tirage :

1/2 grano	2.350 feuilles en	2	planches
1 grano	5.400	—	3	—
2 graua	16.500	—	3	—
5 —	2.000	—	2	—
10 —	1.000	—	1	—
20 —	1.000	—	1	—
50 —	250	—	1	—

Les restes de stock étaient, respectivement de 975, 970, 1.729, 1.046, 211, 580 et 178 feuilles de 100 timbres. Ceci explique la grande rareté du 50 gr. oblitéré.

Disposition d'une collection spécialisée des « Ferdinand » :

Le spécialiste ayant un timbre de chaque planche, timbre de premier choix, mais timbre quelconque sans rareté de retouche ou de variété ni défaut d'impression, le fixera sur une feuille blanche divisée par quartiers de 25 cases de la dimension du timbre (ou un peu plus hautes pour pouvoir faire une annotation sous le timbre ; les cases des bords plus larges ou plus hautes pour y placer les bords ou coins de feuilles). Il aura une feuille pour chaque planche dans chaque valeur, soit 13 feuilles. Comme ces feuilles sont grandes, difficiles à manipuler et à annoter, on se contente le plus souvent de feuilles d'album (feuilles interchangeables) où on peut faire tenir 25 timbres, et on les annote en haut par les mentions 1/2 GR. Planche I. Quartier gauche en haut, etc.

La collection spécialisée pourra tenir ainsi dans un album de 13 × 4 = 52 pages de 25 cases en réservant un grand blanc dans le bas de chaque page (ou une ou deux pages blanches après chaque quatre pages formant planche).

Il suffit alors d'étaler quatre pages pour avoir une planche entière à sa disposition.

Ayant numéroté chaque case, le spécialiste met en réserve les pièces qu'il acquiert et qu'il prend de préférence avec une retouche ou dans une autre teinte que les timbres types qu'il possède déjà. Dès qu'il est fixé sur la planche, le numéro, la retouche, etc., il met le timbre à sa place avec annotations. Bien entendu, il n'est pas nécessaire de prendre les planches au complet, ce qui serait fort onéreux, et cette collection spécialisée peut être complète avec un timbre type par quartier de planche, chaque quartier ayant ce timbre en une teinte différente. Toutes les retouches et variétés intéressantes y prendront ensuite leur place petit à petit.

Planches. — Des clichés de métal mou étaient pris du coin original gravé par T. A. Juvara ; on assemblait les meilleurs soit par 4 groupes de 25 (5 × 5) soit par 100 ; l'ensemble était revêtu d'une

Pour reconnaître les planches.

½ gr. Planche I.	½ gr. Planche II.	1 gr. Planche I.
intervalles 2 m.	intervalles 1 m ½	||| 2 m ¾ ≡ 2 mm.
2 groupes de gauche | 2 groupes de droite.		ST
TA	Pas de points blancs dans le fond du timbre.	Points blancs sur le timbre.

1 gr. Planche II.	1 gr. Planche III.	2 gr. Planche I.
≡ 1 m. ||| 1 m ½	intervalles 1 mm ½	||| 1 mm ½ ≡ 2 mm
Excepté sur les nos 1, 2 et 98.	Pas de points blancs sur le timbre. Pas de trait blanc sous la barbe. Impression nette. Vert-olive.	En haut — Groupe de gauche | Groupe de droite — En bas

2 gr. Planche II.	2 gr. Planche III.	5 gr. Planche I.	5 gr. Planche II.
||| 1 mm ½ ≡ 2 m	||| 1 mm ½ ≡ 2 m.	||| 1 mm ½ ≡ 1 m ¾	||| 1 mm ½ ≡ 2 mm.
Difficile à distinguer de la Pl. I sans reconstruire. Des timbres du groupe inférieur gauche ont quelquefois le point sur le nez.	Impression nette. Pas de points ou traits blancs. Pas de retouches. Un point blanc derrière l'oreille	groupes du haut — groupes du bas à gauche | à droite (comme en haut)	Impression soignée : pas de points blancs. Seule nuance : vermillon.

mince couche de cuivre par le procédé électrolytique et cette couche, délicatement enlevée et renforcée de métal dur formait la planche.

Pendant la fabrication des clichés, de fausses manœuvres de la presse ont fait frapper deux fois de suite le cliché à reproduire sur le coin et cela a provoqué des double-impressions qui sont donc en réalité des re-entries. (Voir ce mot à Belgique).

Retouches. — Beaucoup de retouches, pour renforcement du dessin, ont été faites avant tout tirage ; d'autres après coup, à la suite d'usure.

N.-B. — Les illustrations renseignent les endroits où il faut chercher ces retouches ; le dessin de celles-ci n'est pas toujours fidèlement reproduit surtout dans les planches où elles sont nombreuses.

Variétés. — Il existe un grand nombre de variétés, taches blanches, taches de couleur, etc. Nous avons renseigné les plus marquantes. Leur valeur est la même que celle des bords de feuille N, 25 ; U, 25, excepté pour le 2 grana : N, 50 ; U, 50.

Papier blanc, fabriqué à la machine, sans filigrane, d'épaisseur moyenne, rarement mince. Les premiers tirages sont sur papier blanc jaunâtre et présentent souvent une transparence due à la gomme huileuse.

Paires. — Très recherchées pour la reconstitution : neuves : 3 N ; usées de 3 à 4 unités. Blocs : rares. Nᵒˢ 24 et 24a sur lettre : R.R.R.

Oblitérations. — Se méfier des fausses oblitérations, surtout sur le 1/2 gr., 5 gr. vermillon et 50 gr. Expertise. Les oblitérations bleues : R.R. ; rouges : R.R.R. Expertise.

1/2 *grano* : Jaune-olive, planche I	2.500	1.100
Jaune, jaune clair, planche I	150	180
Jaune-orange, planche I	135	160
Orange-jaune, orange vif, planche II ..	125	180

Feuille de 100 timbres en 4 groupes de 25 (5 × 5). Le signe qui fait reconnaître la planche II (cadre intérieur sous la lettre A) manque souvent dans les numéros 81 à 100.

Essais. — Le 1/2 grano a servi pour les essais de couleur de toutes les valeurs (couleurs vives, papier mince ou papier carton), un essai en bleu de la planche II est connu oblitéré.

Variétés. — Pl. I. Le nᵒ 76 est incomplet dans le coin intérieur gauche en haut. On trouve des exemplaires avec petite corne derrière la tête, d'autres dont le second I de SICILIA est allongé vers le haut comme si cette lettre était pourvue d'un point, etc. Pl. II Impression recto-verso : 1.000 fr. Les pièces avec chiffres romains dans la marge droite, indice de planche : R.R.R.

Retouches (voir illustration). — N° 69 : 2 N 50 ; 2 U, 50 ; n°ˢ 19 et 99 ; N, 75 ; U, 75 ; les autres : N, 50 ; U, 50. La planche II n'a pas de retouches.

Retouches.

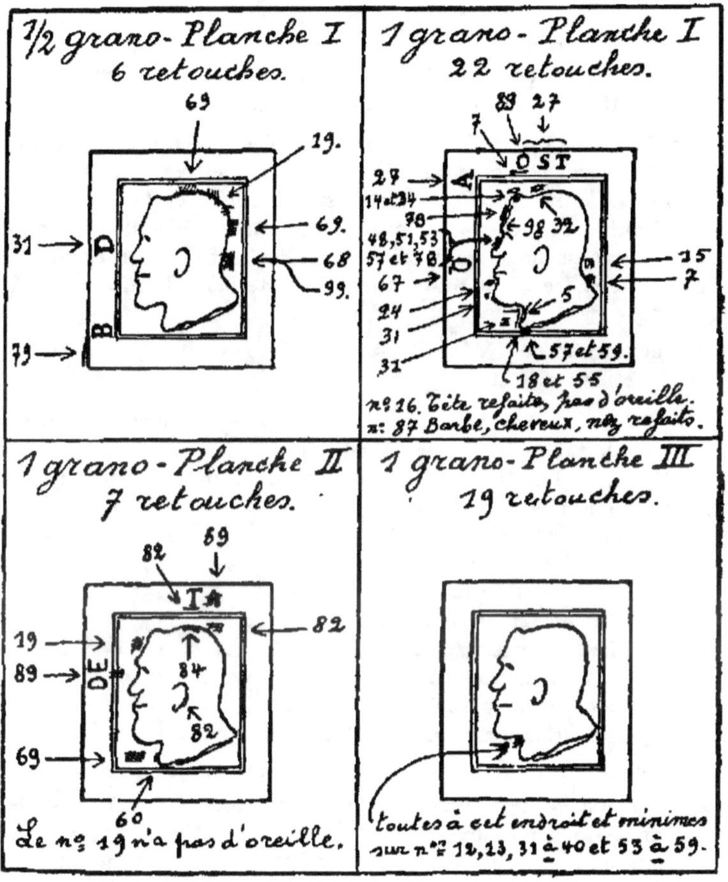

1 grano :			
Brun-roux, planche I	....	1.250	275
Brun-olive, planche I	....	1.000	200
Vert-olive, planche I	....	1.200	750
Brun-olive, planche II	....	125	50
Brun, planche II	....	125	100
Vert-olive, planche II	....	75	35
Vert-olive, planche III	....	35	30

Planche I. — L'S et le T de POSTA ne sont pas toujours reliés dans le haut comme dans la figure ; le n° 8 se trouve avec fond refait au-dessus de la houppe.

Retouches. — N°ˢ 7, 24, 31, 51, 53, 57 et 59 : N, 10 ; U, 25 ; n°ˢ 32, 34 et 78 : N, 25 ; U, 75 ; n°ˢ 5, 18, 24, 27 : 2 N ; 3 U. Le n° 16 : R.R. Les retouches faites après la mise en service de la planche valent : 2 N ; 4 U ; n° 18, presque toute la tête refaite ; n° 34, forts traits quadrillés au-dessus de la houppe ; n° 55, œil refait et traits dans le fond vis-à-vis de celui-ci ; 78, tête entièrement refaite ; 87, œil refait et retouche antérieure renforcée.

Planche II. — Re-entries ; mot POSTA légèrement doublé et plus large, vert olive n°ˢ 30 et 32 : neuf : 125 fr. ; lettres P T A, lettre A de SICILIA et chiffre 1 visiblement doublés, vert-olive : neuf, 200 fr. Double impression, 1 grano brun-olive : R.R.R. ; le cadre inférieur de la seconde impression barre les lettres et le chiffre de la valeur ; le cadre blanc au-dessus de la tête barre le mot POSTA, etc., etc.

Retouches : n° 60 : N, 50 ; U, 50 ; n°ˢ 69, 82 et 89 : N, 75 ; U, 75 ; n°ˢ 19, 59 et 84 : 2 N et 2 U.

Planche III. — Toujours vert-olive. Le n° 85 montre une variété sous forme de tache de couleur sur le cadre intérieur en dessous de l'E de DELLA. Les timbres avec chiffres romains en marge : R.R.

2 grana : Bleu cobalt, planche I	200 »	27 50
Bleu outremer, planche I	200 »	20 »
Bleu (nuances), planche I	15 »	6 50
Bleu cobalt, planche II	125 »	30 »
Bleu outremer, planche II	125 »	20 »
Bleu (nuances), planche II	17 50	8 »
Bleu pâle, planche II	17 50	8 »
Bleu foncé, planche III	400 »	40 »
Bleu (nuances), planche III	12 50	5 »

Le bleu-vert provient d'une réaction chimique de la gomme.

Le 2 grana se rencontre imprimé recto-verso (R.R.) mais les deux impressions n'étant pas de la même planche, il s'agit d'une feuille rebutée dont on s'est servi pour une autre planche ou pour la mise en train de celle-ci ; il s'agirait donc comme pour l'essai du 1/2 grano usé poste, de quelque fantaisie de typo qui aurait vendu ces maculatures ou affranchi des lettres avec elles.

Retouches. — Corrections de la chevelure : N, 50 ; U, 50 ; les autres et retouches de la planche II : 3 N ; 3 U. (Voir illustration).

Variétés. — Pl. I : n° 42, grande tache blanche sous le cou, au-dessus du chiffre. Pl. II : n° 79, tache blanche sur le chiffre. Pl. I et II : n° 25, grande tache blanche au-dessus de la tête, sous

l'A de POSTA ; nº 100, tache blanche sur le G de GR. Ces gros
défauts : N, 25 ; U, 25. On trouve d'autres défauts semblables plus
petits ou insignifiants. Chiffres romains dans la marge : R.R.

Retouches.

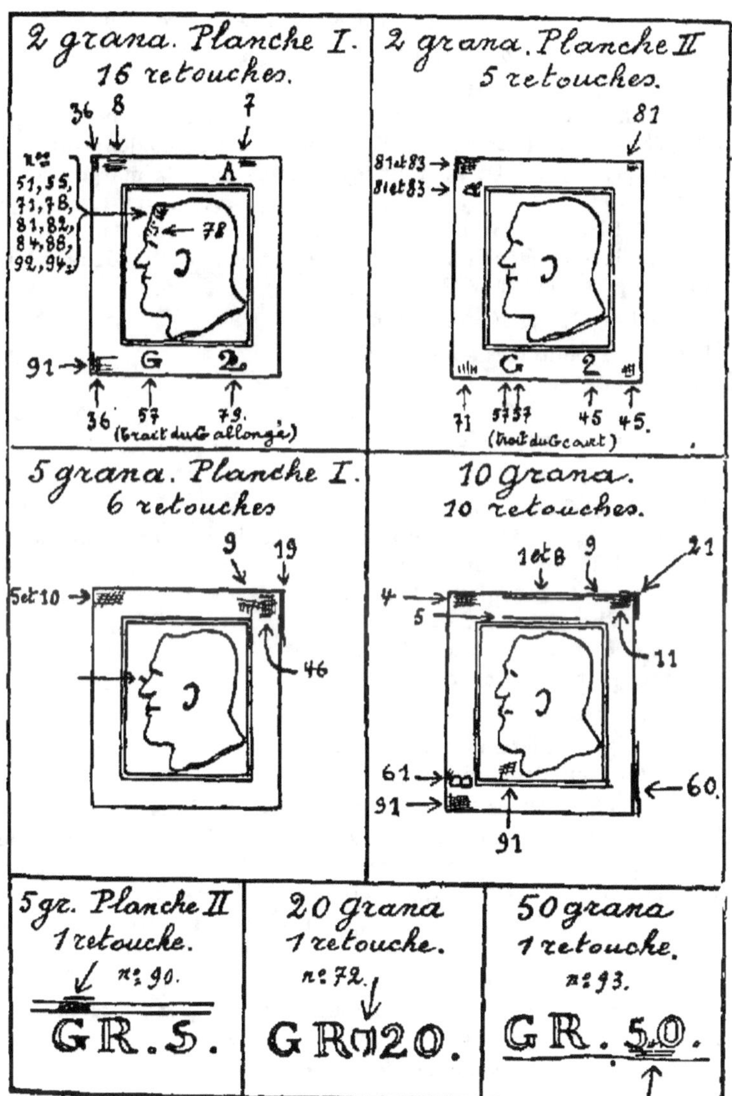

5 *grana* : Carmin foncé, planche I 180 160
        Carmin, planche I 160 120
        Carmin-clair, planche I 135 110
        Rouge-sang, planche I 450 275
        Rouge-brun, planche I 1.500 350
        Vermillon, planche I 100 135
        Vermillon, planche II 80 175

Planche I, n° 62, re-entry : R.R.R. Double impression : R.R.R.

Retouches. — Planche I, n°ˢ 5, 9, 10 et 46 : N, 50 ; U, 50 ; les autres : N, 20 ; U, 20 Planche II : N, 60 ; U, 50.

Variétés. — Pl. I, n° 99, tache de couleur au-dessus de l'œil et sur la tête sous la lettre S. Pl. II, grosse tache de couleur sur C I de SICILIA : N, 25, U, 25. Chiffres romains dans la marge : R.R.

10 *grana* : indigo 120 90
        Bleu très foncé 100 75

Une seule planche ; intervalles : 1 $^m/_m$ 1/2 dans les deux sens. Double impression : R.R.R.

Retouches : N, 50 ; U, 50 ; n° 91 : 2 N ; 2 U.

Les paires oblitérées sont rares :

20 *grana* : noir 300 200
        Gris ardoise 100 120
        Gris foncé violacé 150 135

Une seule planche, intervalles : 1 $^m/_m$ 1/2.

Retouche. — 2 N, 50 ; 3 U.

Le 20 grana de nuance verdâtre a la couleur altérée par exposition à la lumière : moins value.

50 *grana* : brun-rouge foncé 200 800
        Chocolat 275 1.000

Une seule planche ; intervalles : 1 $^m/_m$ 1/2.

Re-entries n°ˢ 43, 62 et 70 : 2 N, 50.

Retouche : 4 N ; U (R.R.R.R.).

Variété. — Papier huileux. Timbre sur lettre : 2 U.

L'oblitération demande toujours l'expertise.

Faux anciens et modernes. — On trouve des séries entières de falsifications anciennes ou modernes faites en lithographie ; ce mode d'impression est si peu comparable à la belle gravure des Ferdinands qu'une seconde d'examen suffit pour écarter toutes ces productions. En cas de doute, la comparaison avec un 2 gr. authentique (inscriptions, fond quadrillé, œil, ombre de la joue, cheveux, etc.) en aura vite raison.

La même comparaison sera toujours suffisante pour les productions meilleures, même gravées, parmi lesquelles il faut citer :

1/2 grana photogravé, copié de la planche II ; nuance orange trop vive, papier trop épais, dessin non conforme. Un 5 grana, vermillon vif, « planche II » montre les mêmes défauts ; on trouve aussi le 5 grana en brun-clair, gravé avec un quadrillage idéal, mais le lobe de l'oreille est fait de points espacés (limite intérieure du lobe), les ombres de la joue et de la tempe sont faites de points régulièrement espacés et le B de BOLLO a la boucle inférieure plus haute que la boucle supérieure ; le point manque derrière Sicilia, etc. (Une production lithographique récente, provenant de Gênes (1) a pris ce faux comme modèle ; un 2 gr. original, neuf, n'eut pourtant pas obéré le budget de cette entreprise). Un 10 grana, mieux réussi a été fait dans la nuance de l'original ; le papier est trop dur, le fond est mal venu ; c'est la copie du timbre n° 61 de la planche (retouché) et cela suffit... pour le faire mettre sur le métier.

Comme faux en série, ayant bon aspect (gravés) il faut citer deux productions italiennes (Gênes V ?) dont la seconde n'est qu'un perfectionnement de la première et qu'on reconnaît aux ombres du cou (devant, sous la barbe) faites de traits équidistants sans aucun contre trait de burelage.

A remarquer que les originaux montrent toujours soit dans le timbre soit dans les marges des traces de liaison du bandeau de la valeur avec le reste du dessin. On ne retrouve ces traces que dans les faux obtenus par la photographie.

ETATS DE L'ÉGLISE

I. — **NON DENTELÉS**

PREMIERE EMISSION. 1852. N°ˢ 1 à 11.

Planches. — Les différents types gravés ont été stéréotypés par 100 en 4 groupes de 25 (5 × 5) excepté les n°ˢ 10 et 11 (feuilles de 50).

Intervalles. Marges. — Les n°ˢ 1, 2, 4, 5 et 9 ont un encadrement simple séparé des voisins par un intervalle de 1/2 $^{m}/^{m}$. C'est dire que ces timbres avec 4 marges sont aussi rares que les Tour et Taxis de même condition ; ceux avec encadrement allant jusqu'aux timbres voisins sont des pièces de surchoix : 2 à 3 unités. Les n°ˢ 3, 6, 7 et 8 ont un encadrement double et des intervalles de 3/4 de mm. environ. Les bords de feuille ne sont pas rares : U, 25 ; les coins de feuille : 2 U.

Papiers. — Grande diversité d'épaisseurs : uni, vergé, grené. On trouve même le 7 baj. vergé et strié (légèrement côtelé) tout à la fois.

Impression. — Les n⁰ˢ 2 à 10 ont été imprimés en 1854 avec une encre grise, parfois si huileuse qu'elle transparaît au recto.

1/2 baj. — La nuance violet-rose est rare : 4 N ; 4 U. Le tête-bêche est du premier tirage. Coupé par moitié pour faire 1/4 baj : R.R.

1 baj. — Nuances : vert gris, vert jaune foncé, vert-bleu. Impression recto-verso : rare ; coupé par moitié (1/2 baj.) 20 fr. Ce timbre comporte deux variétés suivant que l'encadrement horizontal est continu ou non.

2 baj. — On trouve ce timbre en vert pâle papier épais ; coupé par moitié (1 baj.) : 10 fr.

Oblitérations encadrées.

A.- *Grille.*　　　B.-　　　　C.-

Oblit. non encadrées.

D.-　　　　E　　　　F. *Spoleto.*

Oblit. à date.　　　　*Croix de Saint André.*
G.- *1 cercle.*　H.- *2 cercles.*　I.- *Ferrare.*　J.- *Comacchio.*

M.- *Oblit. ovale.*　K.- *Comacchio*　　　L.- *Losange.*

3 *baj.* — Chamois (brunâtre) ; ocre (jaunâtre) ; jaune clair. Sans point derrière baj. (14° timbre de la feuille) : N : 15 fr. ; U : 6 fr. Coupé par tiers (1 baj.) : 75 fr. ; par moitié (1 1/2 baj.) : R R.

Papier épais : peu commun.

Recto-verso · 60 fr.

4 *baj.* — La nuance citron neuve vaut le double du jaune-paille. Coupé par quart (1 baj.) : R.R. ; par moitié : 50 fr. Recto-verso : R.R.

5 *baj.* — La nuance blanc rosé : 3 N ; à vérifier car on a parfois décoloré la nuance rose. Coupé par moitié (2 1/2 baj.) : 200 fr. Recto-verso : R.R.

6 *baj.* — Coupé par tiers (2 baj.) : 100 fr., par moitié (3 baj.) : 75 fr. Recto-verso : R.R.

7 *baj.* — Coupé par moitié (3 1/2 baj.) : R.R.

8 *baj.* — Papier blanc ou blanc jaunâtre. Coupé par moitié : (4 baj.) : 200 fr.

Timbres coupés. — Se trouvent isolés ou avec un exemplaire complet (plus value) ; les coupés horizontalement 25 % de plus. Nombreux truquages : à prendre sur lettre entière, expertisée.

Variétés. — Il existe un grand nombre de variétés secondaires telles que tiares, touffes, lettres et cadres brisés ; etc.

Oblitérations. — On trouve un très grand nombre d'oblitérations différentes ; l'illustration en renseigne un nombre restreint, mais montre à l'amateur que le champ des recherches est loin de se limiter aux oblitérations A ou D, communes, et G, un peu moins commune. Beaucoup d'oblitérations rares atteignent des valeurs de 10 à 100 U. suivant la rareté du cachet oblitérant. Exemples : type E, Acquapendente, Appignano, etc., valent 10 fr. sur les n°ˢ 2 ou 3 (lettre). Type A en bleu : 2 U ; en rouge : 3 U. Petite grille de Bologne : 5 U. Types D ou E en rouge : 3 U ; en bleu : 5 U. Type I : U, 50 ; type J, moins commun. On trouve d'autres oblitérations muettes type K ; peu communes. Le type L a été employé sur la deuxième émission : commun. Type F, rare ; sur n° 4 : 20 fr. Les oblitérations ovoïdes type M, valeur d'après provenance. Assicurata en ligne, en rouge ; P L dans un cercle ; P P, etc., etc. : R.

N. B. — Le 1 scudo n'a été employé qu'à Rome.

Paires : 3 à 4 U ; blocs de 4 neufs : 6 N ; usés : rares (par exemple, n° 3 : 20 fr.). La bande de 4 du 6 baj. est rare.

Timbres sur lettres : U, 25 ; n°ˢ 10, 10a et 11 : 2 U.

Réimpressions : non.

Faux usés poste. — N°ˢ 2, 6 et 9, contrefaits à Bologne en lithographie, ce qui permet de les reconnaître facilement. Papier trop épais. La comparaison du dessin, lettres et attributs apporte la troisième preuve de la contrefaçon. Les oblitérations originales sont rares sur ces pièces, N° 2 : 10 U ; n° 6 : 12 U ; n° 9 : 25 U. A prendre sur lettre et faire expertiser l'oblitération en cas de doute. Des variétés du faux 5 baj. avec lettre A touchant le J et du 8 baj. avec J maigre, valent le double.

Faux anciens et modernes. — Tous les faux sont faciles à dépister par comparaison. L'illustration renseigne sur les imitations de Genève (F.) qui sont particulièrement répandues et relativement bien imitées, le 5 baj. en recto-verso ; les caractéristiques des originaux représentées dans ce tableau pour quelques valeurs, peuvent servir à repérer d'autres indésirables.

A noter parmi les faux insidieux : 1/2 baj. sur brun foncé, le cadre gauche touche presque l'ovale et le gland de passementerie touche la perle au-dessus du B ; ce dernier défaut se retrouve dans une autre imitation, mais à droite. 1 baj. sans points dans les ornements latéraux à la tiare (il est vrai que dans les originaux d'impression lourde ces points ne se voient pas non plus) ; le papier n'a rien du grené original (observer par transparence). 5 baj. (voir illustration). 7 baj. (voir faux de Genève), le 2e et 3e trait ondulé de la tiare se rejoignent ; ce défaut persiste, ainsi que les autres, dans un second cliché où le globe de la couronne, l'espacement de E de POSTALE avec le cadre intérieur et la barre horizontale du chiffre ont été mal corrigés. Papier insuffisamment grené. 8 baj. à simple cadre intérieur gauche non affaibli à hauteur de la boule terminale de la clef, etc., un autre a les poignées des clefs cassées, etc. 50 baj. n° 10. Les originaux ont environ 26 3/4 à 27 $^{m/m}$ de large sur 20 de haut (mesurer au milieu du timbre, de pointe à pointe) ; un faux a 26 $^{m/m}$ 1/2 de largeur, le trait terminal de la branche droite de l'A de BAJ. est double de celui de la branche gauche ; un autre sur papier vergé mesure 26 $^{m/m}$ 1/2, les lettres de FRANCO sont trop hautes, 1 $^{m/m}$ 3/4 au lieu de 1 1/2 ; un faux autrichien n'a pas le dessin conforme à celui de l'original (voir illustration) ; un faux de Breslau, gravé, a les traits terminaux des lettres P et T de POSTALE très courts. Enfin, des faux de Genève n°⁸ 10a (et 10) montrent les caractéristiques renseignées dans l'illustration. 1 scudo ; nombreux faux dont la description serait trop longue. Comparer avec les signes distinctifs des originaux (illustration) ; en outre, les originaux montrent des solutions de continuité ou des interruptions (qu'on peut considérer comme des signes secrets d'expertise) aux endroits suivants : N de FRANCO (point en haut à gauche de la lettre, la branche droite de la lettre interrompue dans le haut ; T de POSTALE (la barre supérieure interrompue des deux côtés de la branche verticale ou d'un seul côté seulement) ; U de SCUDO, interruption dans le bas ; chiffre 1, idem en bas, à droite de la tige ; premier cadre ornemental au-dessus de la lettre A de POSTALE ; même cadre, faiblesse sous le chiffre et interruption à 3 $^{m/m}$ de cet endroit, là où ce cadre remonte. Pour les faux de Genève, n° 11, voir dans l'illustration précédente les caractéristiques des deux clichés, dont le second, amélioré, est peut-être encore plus mauvais que le premier.

Fausses oblitérations diverses sur les faux et sur le 1 scudo faux ou original. Voici les faux cachets fabriqués à Genève, gravés sur bois ; ils ont été appliqués sur des originaux n° 11 : type A, grille mal faite, à coins arrondis ; type D : CALDARO ; type H : ROMA. 17 AUG 56, modifié ensuite en 66 ; RIMINI 17 NOV 59.

Truquages. — Tous les timbres coupés pour 1/2, 1/3 ou 1/4 de leur valeur doivent être examinés de près, qu'ils soient sur lettre ou fragments, car les raccords d'oblitérations faits à une date plutôt postérieure, sont nombreux.

DEUXIEME EMISSION (1867, 21-9). N°⁸ 12 à 18.

Série nécessitée par le changement de valeur en centesimi.

Planches formées comme précédemment mais en 4 groupes de 16 (4 × 4).

2 *cent.* Sans point derrière cent : 3 N ; 2 U ;

5 *cent.* Bleu ou bleu-vert ; cette dernière nuance : N, 50 ; U, 25. Sans point derrière 5 : 4 N ; 2 U.

20 *cent.* Sans point derrière 20 ou cent, neuf : 20 fr. ; usé : 10 fr.

40 *cent.* Jaune ou ocre-jaune, avec ou sans point derrière 40 : pas d'augmentation.

80 *cent.* Cette valeur existe avec petit ou gros point derrière 80 : 6 N ; 20 U. Avec deux points : défaut d'impression.

Les variétés secondaires sont nombreuses.

Les timbres de premier choix doivent avoir le double filet d'encadrement intact.

Réimpressions et faux. → Voir après l'émission suivante.

II. — **DENTELÉS**

1868. *MEME TYPE.* N°⁸ 19 à 25.

Les feuilles sont de 120 timbres (8 × 15), excepté les premiers tirages des 3, 10 et 20 cent., tirés comme dans l'émission précédente par feuille de 64 timbres.

La dentelure est 13 1/4.

2 *cent.* Sans point derrière cent : pas d'augmentation.

5 *cent.* Idem. : 8 N ; 6 U.

10 *cent.* Papier non transparent : 8 N ; U, 50.

20 *cent.* Sans point derrière 20 ou cent., neuf : 60 fr. ; usé : 15 fr.

80 *cent.* Le rose violacé est un non émis ; sans point derrière 80 : 20 fr.

Les 5 et 40 cent sans point derrière le chiffre sont communs. On trouve le 80 cent. sans filet vertical de séparation ; avec gros point : même valeur que sans point ; avec petit point : valeur double.

On trouve aussi les 10, 40 et 80 cent. non dentelés horizont. ; les 2, 5, 10 et 20 cent. non dent. vertic. ; les 2, 3, 10, 20 et 80 avec double dentelure horizont. ; enfin les 5, 10 et 20 cent. non dentelés.

Réimpressions (2ᵉ et 3ᵉ émissions). — Faites sur des planches mal reproduites des planches originales, l'impression est écrasée et montre un grand nombre de défauts. Les nuances, le papier et, le cas échéant, la dentelure diffèrent. Ces réimpressions n'étant pas officielles doivent être considérées comme des faux ; on s'y est repris à quatre fois pour satisfaire tout le monde.

1878-79. Usigli. Non dentelés, papier épais, dentelés 11 1/2 à 12.

1889. Moens. Non dentelés sans gomme ou avec gomme, aussi dentelés 11 1/2 et 13. Papier glacé, les 10, 20, 40 et 80 cent. aussi sur papier mat.

1890. Cohn. Non dentelés, papier légèrement glacé, et dentelé 11 1/2.

1890. Gelli. Non dentelés et dentelés 13.

La spécialisation seule permet de s'en tirer en comparant les dentelures, les nuances, le papier, et surtout l'impression, toujours meilleure dans les originaux non dentelés, un peu meilleure dans les dentelés de 1868. Nuances vives.

Faux. — On connaît, en outre, plusieurs séries d'autres faux (Pise, Gênes, etc.) qu'il faut juger par comparaison du dessin ; ce dernier n'est jamais conforme.

La série de Gênes a un bon aspect général, mais les nuances sont trop vives et l'impression est plus empâtée, plus défectueuse encore que dans les soi-disant réimpressions. Les détails et surtout les lettres sont mal venues ; les cadres ou ovales intérieurs sont trop épais, etc.

Les faux de Pise ont été munis de fausses oblitérations à Genève.

Faux de Pise. — Papier glacé, uni ou grené (10 et 40 cent.) ; mensurations rarement conformes.

2 cent. — Cadre extérieur déformé au coin supérieur droit ; base du 2 oblique par rapport au cadre inférieur ; le gland au-dessus de G forme patte d'oie (un second cliché corrige ce défaut mais le gland est, au contraire, trop étroit).

3 cent. — Cadre interrompu au-dessus de N et déformé à droite de M I (2 clichés).

5 cent. — 1ᵉʳ cliché : très mauvais, nombreuses lettres « cassées », interruptions dans le cadre extérieur. 2ᵉ cliché : la barre du chiffre 5 ne remonte pas comme dans l'original ; l'O de FRANCO est cassé à droite en haut et le B de BOLLO est beaucoup plus grand que l'O. 3ᵉ cliché : mêmes défauts, mais le B a repris des proportions « honnêtes ».

10 cent. — Le cadre intérieur gauche est relié au cadre courbe du haut ; dans un second cliché ce défaut a été corrigé. Le cadre

courbe est interrompu à droite du T, comme dans l'original, mais ici la courbe se raccorde au festonné. Le T se présente à peu près comme dans les « réimpressions » ; dans les originaux, il est moins complet.

20 cent. — Le dessin, passable, est moins fin que dans l'original.

40 cent. — Dans l'original, le chiffre 4 est légèrement remonté par rapport au zéro ; dans les deux clichés faux il est plus grand que le zéro, le pied étant prolongé par un trait. Le point derrière le T est placé trop bas.

80 cent. — Cadre intérieur brisé au-dessus du C de FRANCO. Le gland de gauche en bas forme patte d'oie, comme dans les réimpressions ; il y a quatre franges dans l'original.

Fausses oblitérations sur faux de Pise.

Type A : grille.

Type B : MASSA ; MEDICINA AROL.

Type C : (à date) ROMA 1 AUG 67 et 1 DEC 68 : TERRACINA 4 APR 67 ; VITERBO 6 DEC 67 ; CIVITAVECCHIA 10 NOV 67.

P. D. encadré.

Fausses oblitérations. — D'autres cachets faux, nombreux, ont été apposés sur des originaux ; l'expertise est utile.

EPIRE

Pays peu intéressant.

Les provisoires de 1914 doivent porter, outre la valeur en noir, le cachet bleu de contrôle. Il en existe des faux qu'il faut juger par comparaison des nuances et du dessin (crâne et aigle).

Le 10 l. est connu en tête-bêche.

1914. *DENTELES 14 1/2. PAPIER VERGÉ, PAPIER UNI.*

Les valeurs sur papier uni sont contestées ; la série de celles-ci (types médailles, nᵒˢ 22 à 27) qui se payait 50 francs or en 1916, vaut actuellement 1 franc-or.

1915-16. *TIMBRES DE GRECE SURCHARGES. Nᵒˢ 38 à 64.*

La plupart des valeurs ont été faussement surchargées en Grèce ; la comparaison est donc nécessaire ; l'émission de 1915 n'a été officiellement surchargée qu'en noir.

ESPAGNE

———

L'Espagne est un des pays les plus importants d'Europe au point de vue de la spécialisation. Nombreuses émissions anciennes de types différents ; nuances, variétés et oblitérations à l'infini.

I. — **NON DENTELÉS**

EMISSION DE 1850. N⁰ˢ 1 à 5.

Premier choix. — 4 marges de 1/2 ᵐ/ᵐ.

Planches. — 6 et 12 cuartos : 255 timbres ; 5 reales : 180 t. ; 6 reales : 150 ; 10 reales : 180. Le 6 cuartos a eu deux planches reconnaissables au T rattaché à l'O (Pl. II) ou non (Pl. I).

Reports. — Des reports du coin original ont été formés en groupes de 24, 35, 40, 30, 25 et 30 timbres respectivement pour les 6 cuartos, pl. I et II et les valeurs suivantes. Chaque timbre présente une variété suffisante pour permettre la *reconstruction*. Les signes distinctifs du report ne constituent pas des variétés proprement dites, mais les défauts de transfert, qui ne se présentent qu'une fois par feuille, sont rares.

Variétés. — 6 cuartos pl. I : 2 N ; 2 U ; 12 cuartos lilas foncé : N, 50 ; U, 25 ; 5 reales, rouge pâle (rosé) et rouge foncé brunâtre : 2 N ; U, 50. Papier mince, 6 cuartos pl. II : N, 50 ; 3 U ; les autres valeurs : 2 N ; U, 50. Le 6 cuartos (pl. II) existe aussi sur papier moyen. Nombreux défauts d'impression dans le 6 cuartos : 3 U.

Défauts de transfert (1 par feuille) notamment lettres ou chiffres déformés, attachés ou déplacés, 6 cu. : 5 U. 6 reales : 3 U. 10 reales sans millésime : R.R.R.

Retouches du 6 cuartos : 10 à 25 U.

Paires : 3 à 4 unités ; blocs de 4 : 6 à 8 unités.

Oblitérations. — Type A : usuelle et commune en noir ; rare en bleu. Le type B, à date en rouge, a été apposé sur les timbres en janvier et février 1850 (parfois plus tard) ; sur le 6 cuartos : 2 U. Les types suivant et ceux non renseignés à l'illustration sont rares.

Type C, lettres A (ambulant) ; A S (ambulant) ; O (Saragosse) (le zéro est parfois doublé) ; C A en monogramme (ambulant).

Type D, chiffres 6, 8 (Cuenca) ; 11 (Saragosse), en bleu et en noir, le chiffre est parfois doublé ; 14, 15, etc., chiffres de divers modèles.

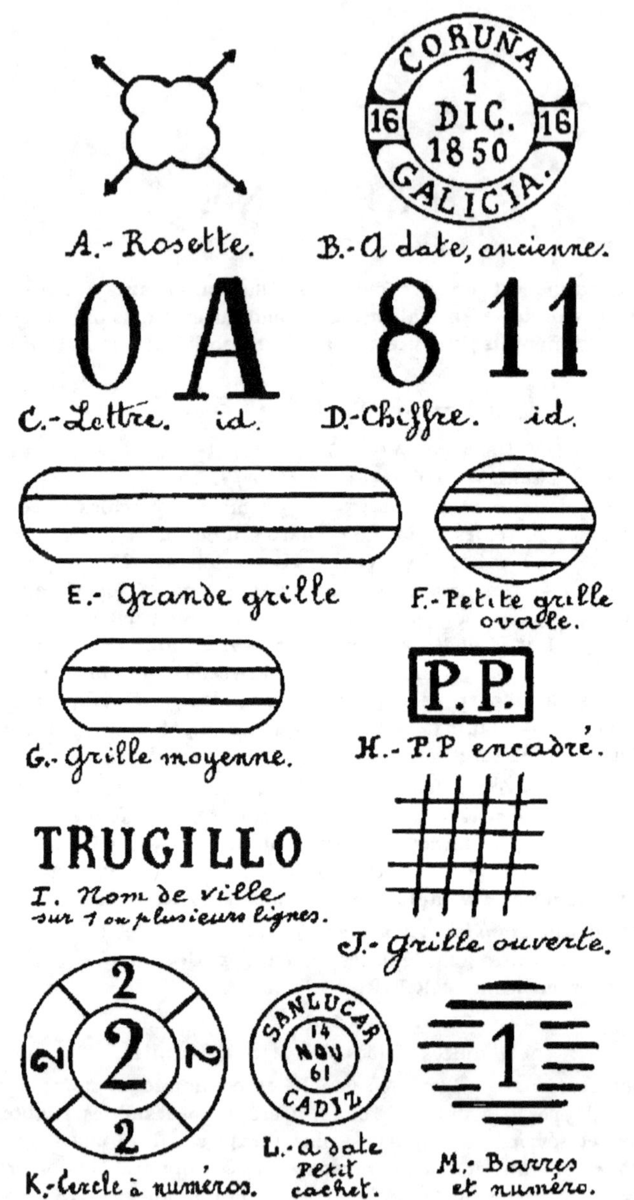

I I (Palma de Mallorca : R.); types E, F, G (Parilla, Madrid). Type J, grilles de divers modèles, 3 barres (Logrono; points noirs ou bleus (Séville); type H, port payé ou P D, port dû à destination, type I sur 1 ligne ; sur deux lignes (par exemple : GALICIA PUEBLA et LUMBIER NAVARRA) : R.R., etc., etc.

Le nom de ville encadré (par exemple : CAZERES dans un ovale genre type E) et la lettre C surmontée d'une couronne sont R.R.

Faux. — Toute la série a été bien imitée à Barcelone (1905). Il existe, en outre, des faux anciens et modernes assez bien faits pour tromper à première vue. Mais tous les faux, quels qu'ils soient, se reconnaissent facilement soit par la comparaison des nuances et du dessin s'ils sont mal faits, soit par le manque des signes de report pour les bonnes imitations (consulter le magnifique travail de M. H. Griebert sur la reconstitution des planches de la première émission). Comme dans tous les lithographiés, la mensuration des originaux est peu probante, car, d'après le type de report, le tirage, le papier et la planche, les mesures varient. Le 6 cuartos 17 1/2 à 18 m/m sur 22 1/4 à 22 1/2. Voici les caractéristiques de quelques faux parmi les meilleurs.

6 *cuartos*. — Faux ancien, gravé. Ornements sur les côtés du millésime, placés symétriquement ; chiffre 1 trop grand, trop mince ; boucle supérieure du 8 trop étroite, etc.

Faux ancien. Les carrés du quadrillage sont trop grands.

Faux moderne (planche II). Mauvais quadrillage derrière le chignon ; pas de ligne derrière le cou ; fort trait descendant à la commissure des lèvres ; O de 1850 ouvert en haut ; œil très mal venu.

12 *cuartos*. — Faux avec inscriptions non conformes : comparaison. C'est particulièrement dans cette valeur que les défauts de report sont les meilleures références car la nuance ne permet pas toujours de bien distinguer le dessin de l'effigie ; en outre, dans le faux de Barcelone, le quadrillage du fond paraît être plus grand, mais dans l'original lilas pâle sur papier mince, il paraît en être de même par rapport au lilas ordinaire, à cause de l'impression plus légère du premier. Mensurations originales : 17 1/2 × 21 ; sur papier mince : 17 1/2 × 20 3/4.

5 *reales*. — 1° faux ancien ; lithog. : papier mince, satiné ; l'extrémité du cou, trop pointue, dépasse à droite le o de 1850 ; l'ornement à gauche du millésime est trop étroit et distant de 1 m/m du chiffre 1 ; les ornements des coins forment des croix de Saint-André, mal venues, avec même croix colorée à l'intérieur.

2° Moderne, lithog. L'extrémité du diadième se dirige vers la partie gauche de l'S de REALES alors que dans les originaux elle est plutôt dirigée vers la partie droite de cette lettre. L'œil, mal venu, est entouré de gros points ; la narine est faite d'un trait droit suivi d'un triangle de couleur et d'un trait vertical. Hauteur 21 1/2. Originaux : 18 m/m × 21 2/3 à 21 7/8.

6 *reales* (Barcelone). — Outremer foncé, gomme brune épaisse. Les deux traits terminaux du second I de CERTIFICADO sont incurvés ; on voit une ligne épaisse et nette devant et derrière le cou et sous le menton. Les lignes et les hachures du bandeau sont plus épaisses que dans l'original ; il en est de même pour les lignes de l'œil, de la narine, de la bouche et pour le pointillé de la face et du cou ; l'ensemble donne une impression dure qui contraste avec l'original. Mensuration 17 1/2×21 au lieu de 17 1/4 ×21 3/4.

Pour les faux anciens, il suffit de comparer les inscriptions.

10 *reales*. — Faux mal fait, lithog. Les lignes de la joue sont grossières ainsi que les lignes des cheveux ; l'œil ne ressemble pas à celui de l'original, la ligne extérieure du bandeau se continue sur le front. Mensurations de l'original : 17 7/8×21 2/3 environ.

EMISSION DE 1851. *N°ᴿ* 6 à 11.

Planches : 170 timbres.

Papier : mince et transparent.

1ᵉʳ *choix :* 4 marges de 3/4 de ᵐ/ᵐ.

Variétés. — 6 cuartos gris, brun ou noir intense : 2 N ; U, 50. 12 cuartos gris : 2 N ; 2 U ; 5 reales rose foncé ou rose vif : N, 50 ; U, 25 ; 6 r. bleu foncé : N, 50 ; 10 r. vert foncé : N, 50. Le 2 reales est rouge orange. 6 cu. sur papier pelure très transparent (30 mc) : rare ; papier moyen (1ᵉʳ tirage, 60 mc) : 5 U.

5 reales rouge-brun (erreur de couleur ?) : 10 N ; 10 U. 6 cu. avec S de SEIS déformé le bas et touchant le fond central : 10 U. On trouve des fonds lignés.

Oblitérations. — A, rosette noire · commune ; en bleu ou en rouge : rare ; B a date rouge : rare ; F, petite grille en bleu, lettre C ou autres et les autres oblit. : rares.

Paires : 3 N ; 3 U ; blocs de 4 : 6 à 8 N ; 8 à 10 U.

Faux. — Il en existe un grand nombre, généralement lithographiés. Une description serait trop longue ; le mieux est de comparer avec un 6 cuartos original, timbre commun ; les autres valeurs sont identiques ; les nᵒˢ 7 à 11 doivent être sur papier mince.

Vérifiez spécialement les parties du dessin original décrites dans l'illustration ; bien entendu, dans l'un ou l'autre faux l'un des signes peut être plus ou moins conforme : c'est pourquoi nous prenons soin, autant que possible, d'en renseigner plusieurs.

Série de Barcelone (S.) (on y trouve l'erreur du 2 reales bleu, en bloc de 4 !) ; le deuxième R de CORREOS a la branche inférieure droite plus oblique (paraissant plus longue) et plus renflée au milieu que la branche du premier R ; les lettres A et R de CUARTOS, A et L de REALES ne sont pas reliées par le bas, etc. Les mensurations sont bonnes : originaux, en moyenne, 18×22 ᵉʳ/ᵐ.

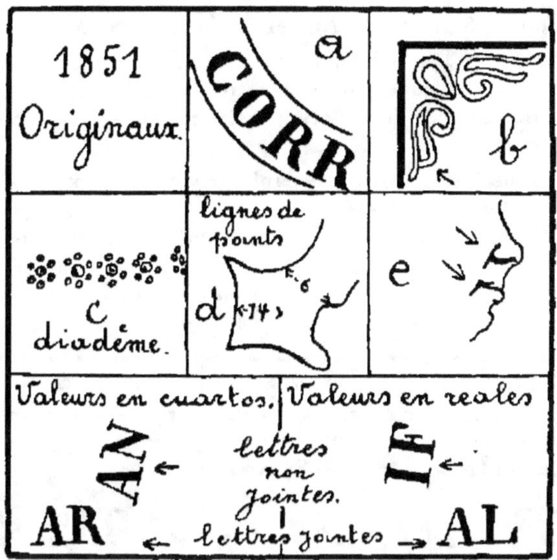

Série de Genève (F.) 17 2/3 × 22 1/3. Beaucoup moins bien exécutée que la précédente. Les branches verticales des lettres R sans traits terminaux, le L de REALES sans trait terminal en haut; l'O DE CORREOS trop renflé à droite, le dessin des cheveux n'est pas comparable. Voir aussi illustration.

Truquage. — 2 reales fabriqué avec un 5 reales rouge replaqué. Nuance non conforme. Le neuf truqué de cette manière est si finement réparé qu'il faut enlever la fausse gomme pour s'assurer du replaquage.

EMISSION DE 1852. N°ᵃ 12 à 16.
Planches : 170 timbres (10 × 17) typographiés.
Premier choix : 4 marges de 3/4 de ᵐ/ᵐ.
Papier : moyen; le 6 cuartos sur papier mince, huileux ou non.
Variétés. — 6 cuartos rose foncé, N, 50; U, 50; carmin vif : 2 N; 2 U; 12 cu. lilas foncé (violacé) : N, 75; 2 U. 5 reales, vert foncé : N, 50; U, 50. 6 r. bleu pâle ou bleu foncé au lieu de vert bleu : N, 25; U, 25. Le 2 reales est rouge brunâtre pâle, terne; quand il est de nuance vive : R.R.R.

Sans point après correos, 6 c.: 3 N; 10 U; 5 r.: 3 N; 4 U; les autres valeurs : 2 N, 2 U.

Défauts de planche : 6 c. A de FRANCO sans tête ou 2 de 1852 avec barre horizontale courte : 2 N; 8 U. 12 cuartos, ombre du cartouche supérieur incomplète à gauche : 2 N; 2 U. 5 reales, chiffre incliné; 6 reales : la lettre S de Rˢ forme un 8; barre supérieure ou centrale de E (CERTdo) défaillante, etc.

Paires : 6 cuartos : 3 N ; 4 U. Autres valeurs : 2 N, 50 ; 2 U, 50.
Blocs de 4 : 6 cu.: 8 N ; 12 U. Autres valeurs : 8 N ; 6 U.

Oblitérations. — Type F en noir : commune ; en bleu : recherchée ; en vert ou en rouge : rare. On trouve cette oblitération en noir, mais oblitérée avec de l'encre à écrire : 2 U. Toutes les autres oblitérations sont rares.

Faux. — Tous les timbres sur papier mince, excepté le 6 cuartos, sont faux. Les mauvaises imitations n'ont pas les lettres alignées ni conformes ; dans les anciennes imitations elles touchent parfois le haut ou le bas du cartouche d'inscription. Comparez avec un 6 cuartos et avec le dessin illustré des originaux.

1852 Originaux.	Faux de Barcelone.	Faux F. de Genève.
Largeur : 18 mm	Largeur : 17 mm ½	

Deux séries sont particulièrement bien faites :

1° Barcelone (S.) (Voir illustration). Format 17 1/2 × 22 environ, alors qu'il faut 18 × 22 1/4 à 22 2/5. Les chiffres de la valeur et le 5 de 1852 ne sont pas conformes.

2° Genève (C.). — Exécutée en blocs de 9 ! Très insidieux, mais 22 1/2 ᵐ/ᵐ de hauteur ; défauts reproduits dans l'illustration et N de FRANCO trop penché à droite ; ornements des coins plus fins que dans les originaux, cartouches des inscriptions trop déviés vers la gauche ; absence de quelques traits blancs vers le milieu de la partie droite du chignon, trait de la narine droit, etc.

Faux pour servir. — Beaucoup moins bien faits que les faux précédents ; la comparaison des inscriptions suffit à les reconnaître. Rares avec oblitération authentique. 6 et 12 cuartos sont connus.

EMISSION DE 1853. Nᵒˢ 17 à 21.

Planches : 170 timbres typographiés.

Premier choix. — Marges latérales 3/4 de ᵐ/ᵐ ; les autres 1/2 ᵐ/ᵐ.

Papier mince, les 6 et 12 cuartos aussi papier moyen.

Variétés. — 6 cu. rose carminé, rose vif : 2 N, 2 U ; papier moyen : 4 N ; 8 U ; 12 cu. gris violacé : 2 N ; 2 U ; papier moyen : 2 N ; 2 U ; 5 reales vert ou vert foncé au lieu de vert-jaune : N, 50 ; 2 U ; 6 r. bleu foncé : N, 50 ; U, 25.

On trouve les 2, 5 et 6 r. sans point sous l'S de Rª: N, 50 ; U, 50. Il existe, en outre, quelques minimes défauts de planches.

Paires : 3 N, 3 U ; blocs de 4, 12 cu.: 8 N ; 8 U ; les autres de 6 à 8 N et U. Le blocs de 4 du 5 r. est rare.

Oblitérations. — F, noire : commune ; id., encre à écrire : U, 50. Toutes les autres, y compris celles de couleur, sont rares.

Truquage. — Le 6 cuartos sur azuré est légèrement bleuté ; on l'a souvent truqué, parfois chimiquement, et il exige toujours l'expertise, si l'on n'a pas l'élément de comparaison.

Faux anciens. — Quelques valeurs en reales n'ont pas le nombre exact de perles de l'un ou de l'autre côté de l'effigie ; de même pour le nombre de gros traits blancs (étant entendu que le nombre de lignes blanches renseignées dans l'illustration comprend le point blanc qui, dans les originaux, forme 10ᵉ ou 11ᵉ ligne, mais ne comprend pas le fin cadre intérieur ; les inscriptions et les chiffres sont défectueux (par exemple, dans un bon faux du 6 c. bleu-noir, le chiffre 3 porte un trait terminal vertical et non oblique) ; les dimensions ne sont pas conformes (originaux : 18 2/5 environ sur 22 à 22 ᵐ/ᵐ 1/2) ; etc.

Faux modernes. — Série de Genève (F.). 18 ᵐ/ᵐ env. × 22. Comparez avec le croquis ou avec les originaux. Les hachures de la tête et du bandeau ainsi que les ornements du diadème ne sont pas

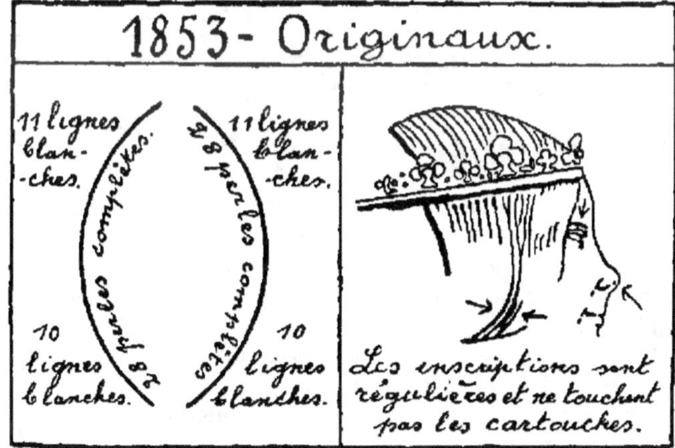

conformes ; toutes les hachures sont à peu près aussi épaisses que la ligne du nez et de la bouche alors qu'elles sont de moitié plus fines dans les originaux.

Dans une autre série, de provenance espagnole, la largeur est également trop petite (18 $^m/_m$) ; les deux longues hachures médianes du bandeau ne sont pas conformes (voir illustration) ainsi que le dessin de l'œil.

Fausses oblitérations. — Comme précédemment, grille ou rosette.

EMISSION DE 1853. POSTE LOCALE (Armes de Madrid. N° 22 et 23).

Feuilles de 170 timbres.

Papier mince, transparent ou non.

Nuance, bronze brillant (cuivre rouge) qu'on n'aperçoit que par endroits dans les exemplaires oxydés.

Un deuxième tirage du 1 cuartos a été fait en juillet 1854.

Variétés. — Quelques défauts de planche : trait blanc interrompu sous Correo ou l'N de FRANCO relié au C par un trait qui fait un E de la lettre C ; 1 cuartos : 3 N, 50 ; 2 U, 50 ; 3 cuartos : 2 N ; U, 50.

Paires neuves : R.R. ; blocs de 4 neufs : R.R.R.

Réimpressions (1870). — Nuance gris bronzé foncé plutôt terne ; papier plus gris que jaunâtre ; le chiffre 3 (3 cuartos) n'a pas de boule en bas. Un deux cuartos a été réimprimé du coin préparé en 1853 et rejeté bientôt à cause de l'apparition du 2 cuartos de 1854 (novembre 1854). La nuance, qui est celle des réimpressions, démontre qu'il ne s'agit pas d'un non émis. Valeur : 1 c.: 35 fr. ; 2 cu.: 35 fr. ; 3 cu.: 100 fr.

Faux. — Le papier est en général plus épais et la nuance est différente. Les faux, assez nombreux, n'ont pas le nombre exact de lignes de couleur dans les coins, ni de points à la couronne. Dans l'un d'eux, le C de CORREO touche presque le cadre à gauche.

Vérifiez si vos exemplaires montrent les caractéristiques originales suivantes :

1° 10 lignes de couleur dans les angles y compris les lignes soulignant ou surlignant les cartouches.

2° L'ours semble porter une couronne à trois pointes ; la plus basse de celle-ci touche généralement l'arbre ; les hachures du dos sont visibles (loupe).

3° Lettres des inscriptions régulières et bien espacées.

4° Les étoiles de l'ovale ont 6 points.

5° Les hachures horiz. de l'ovale sont droites et bien espacées, excepté celle au-dessous de l'étoile de droite en haut.

6° Les drupes du laurier sont bien formés, bien ombrés.

Truquage. — Transformation du 1 en 3. La loupe suffit. L'adjonction du bandeau inférieur de la réimpression du 3 cuartos a été faite par réparation sur le 1 cuartos. Risible.

EMISSION DE 1854. ARMES. FOND COLORÉ. N° 24 à 27.

Premier choix : 4 marges de 1/2 à 3/4 de $^m/_m$.

Variétés. — 6 cuartos carmin pâle : 2N; 2 U; papier épais; 4 N; 4 U; papier azuré (épais) : 100 fr. neuf; 80 fr. usé. 2 reales vermillon foncé au lieu du vermillon commun : N, 50; U, 50; rouge : 3 N; 2 U, 50; rouge pâle terne neuf : R.R.; 4 U; 5 r. vert pâle, vert foncé et 6 r. bleu foncé : N, 50; U, 25. Les 6 c. et 2 r. sur azuré doivent être expertisés.

Le 2 reales de nuance brique foncée et vermillon extra vif foncé sont rares; sans point après correos : 2 N; 2 U.

Restes de stocks. — Sont annulés de 3 barres noires (avec ou sans adjonction d'interlignes plus fines. Valeur très minime, le n° 25a : 10 fr.

Oblitérations : ovale noire avec barres : commune; en bleu : U, 50. Toutes autres : rares.

Paires : 3 N; 3 U; 1 real bleu foncé : rare; blocs de 4 du 6 cu.: 12 U; les autres valeurs : 6 N; 6 U.

Faux. — Existent en assez grand nombre. Les signes distinctifs suivants, qui sont ceux des originaux, permettront de les repérer tous.

Originaux :

1° Perles de la couronne : 5 à droite et à gauche, la plus haute mal formée, puis 7 à droite et à gauche, enfin 3 au milieu.

2° Les lettres des inscriptions ne se touchent pas et les ornements des coins ne touchent pas les cadres.

3° Le milieu du point après 1854 est situé un peu plus bas que l'horizontale du 4. Point après correos (excepté dans l'exception du 2 reales).

4" Hachures de l'écu très fines; celles du quartier dextre du chef n'aboutissent pas dans le haut, tandis que celles du quartier senestre de la pointe aboutissent toutes à la ligne horizontale de séparation des quartiers.

5° Les volutes des armoiries portent, à droite comme à gauche, 3 et 4 traits obliques.

6° Le petit ovale du centre est hachuré d'horizontales.

7° Les ornements du collier de la Toison d'or se terminent tous par trois pointes assez nettes; celui au-dessus et à droite du chiffre de la valeur touche le plus souvent la ligne blanche au-dessous.

8° La barre du 5 de 1854 est visiblement incurvée dans le haut.

9° Le trait terminal de la barre horizontale du 4 ne remonte qu'à environ 1/4 de $^m/_m$ du corps vertical de ce chiffre. (Ce signe permet de reconnaître la meilleure série de faux de cette émission).

EMISSION DE 1854 (1er nov.). — FOND BLANC. Nos 28 à 33.
Les 2 cuartos sont sans millésime.

Variétés. — 2 cuartos vert bleu : N, 50 ; U, 50 ; impression fine,
2 N ; U, 75 ; le *timbre sur azuré* a l'impression fine ; 4 cu. carmin
foncé : 2 N ; 3 U ; papier épais : 4 N ; 5 U ; le timbre sur azuré est
sur papier épais. Le 1 real bleu-noir :   2 N ; U, 50. Le 1 real bleu
pâle est sur papier épais. L'impression fine du n° 28 se reconnaît
aux pointes des étoiles et aux hachures.

Défauts de planches. — 4 cu. sans point après Correos ; 2 et
4 cu. sans point après le chiffre de la valeur ; lettres et chiffres
défectueux, par exemple : 4 cu. avec 1354 ; 1 ε 54 ; chiffre 4 suivi
d'une virgule, le 8 de 1854 ouvert en haut, etc. Prix d'amateur.

Le 2 cu. vert avec filig. boucles est un non émis (rare).

Oblitérations. — Petite grille noire ovale : commune ; en bleu :
U, 50 ; oblit. à date en bleu : 2 U.

Paires : 3 N, 3 U ; blocs de 4 : 6 N ; 6 U.

Annulations barres, valeur minime ; n° 29 : 1 fr.

Originaux. — Voir à l'émission précédente, les caractéristiques
1°, 2°, 3°, 4°, 5° (dans les impressions lourdes on ne voit souvent
que 3 hachures obliques dans la volute gauche des armoiries), 6°,
7° (un faux insidieux montre le dernier chaînon de droite non relié
au suivant ; ce dernier n'a pas la largeur habituelle dans le milieu),
8°, 9°, 10° (la croix sur la couronne ne touche pas la ligne de couleur tracée sous CORREOS (loupe) excepté dans les impressions
lourdes), 11° sous le C du même mot, l'ornementation du coin se
termine par un petit dessin à 4 branches bien visibles.

Pour le 2 cuartos (nos 28 et 32), il y a lieu de noter en outre :
1° le cadre intérieur droit ne touche pas le trait sous Correos ; 2° le
petit S à droite du C est visiblement penché à droite.

Faux. — Les caractéristiques relatées ci-dessus permettent de
reconnaître les meilleurs faux et le faux pour servir du 4 cuartos.

Truquages. — L'annulation barres des 2 nuances du 1 real s'est
fréquemment transformée en oblitération grille ; elle s'est même
parfois volatilisée dans les acides afin de rendre le timbre tout
neuf ; enfin le rapiécement de deux débris de timbres annulés barres a fait obtenir un timbre sans barres, la jonction est masquée
par une des barres d'une oblitération ovale et ce truquage se reconnaît comme toutes les autres réparations de contreplacage.

Quant aux deux cuartos, il a parfois pris un bain chimique et
azuré qui n'a pu, néanmoins, transformer son papier mince (50 mc)
en mi-épais (70 mc), ni son impression (généralement grossière)
en impression fine.

1855. *FILIGRANE BOUCLES. N°⁸ 34 à 37.*

Premier choix : pour cette émission et les deux suivantes, 4 marges de 1/2 ᵐ/ᵐ minimum.

Nuances. — 2 cu. vert jaune : N, 50; U, 50; 1 r. bleu-vert : N, 50; U, 50.

Variétés. — On trouve le n° 35 sur papier moyen, grisâtre.

Le n° 37 sur papier épais : 2 N ; 2 U. Nombreux défauts d'impression ou par détérioration de clichés : CORRIOS ; *PEALES* ; CORRFOS ; CORRECS ; C.. ARTOS ; CORRLOS ; RFAL ; CORKEOS ; COKREOS ; COKKEOS ; KEAL ; CORREO.. ; etc. : valeur d'amateur. On trouve les 4 valeurs sans point après le chiffre de la valeur et le 1 real sans chiffre 1 ou avec chiffre réduit à sa portion inférieure ; des impressions totalement défectueuses.

Oblitérations. — Types F et K : communes ; F en bleu : U, 50 ; à date, cercle simple ou double : U, 50.

Paires : n°⁸ 35 et 36 : 5 N ; 6 U ; n°⁸ 37 et 38 : 3 N ; 2 U, 50 ; n°⁸ 37 et 37a (erreur) vaut 3 fois le prix de l'erreur ; blocs de 4 : n°⁸ 35 et 36 : 12 N ; 20 U ; 37 et 38 : 8 N ; 8 U.

Barrés : n° 36 : 0 fr. 25 ; n° 37 : 0 fr. 40.

Truquage. — Le 2 reales violet a été travaillé chimiquement pour en faire un n° 37a ; la nuance n'est jamais le bleu de l'original. Le même travail a été fait sur le 2 reales de l'émission suivante par des truqueurs peu spécialisés en filigranes.

Faux usés poste. — Plusieurs variétés (papier épais) du 4 cu. 1° pas d'imbriquement entre le cercle et les lignes des cartouches de CORREOS et de CUARTOS (avec ou sans filigrane) ; 2° la rosette de gauche en haut touche presque la ligne inférieure du carré ; celle de droite en haut touche la ligne à droite ; le C de CUARTOS penche à droite, le pied droit du second R de CORREOS est trop long.

Faux. — Quelques faux ; comparez avec un 4 cu. original et ne vous arrêtez pas aux multiples défauts d'impression qui peuvent se présenter.

6

Originaux. — 1º Le point qui précède le chiffre de la valeur est toujours placé plus haut que celui qui suit ce chiffre. (Le 12 cu. n'a qu'un seul point). 2º les rosaces des coins ne sont pas symétriquement placées dans les carrés. 3º les feuilles de laurier (front) se dirigent entre les perles excepté la plus basse des trois (voir figure). 4º les deux R de CORREOS paraissent placés un peu plus haut que les autres lettres et le premier est incliné à gauche; 5º comparez les inscriptions et les points placés devant ou derrière elles.

1856. *FILIGRANE LIGNES CROISÉES. N*ᵒˢ 38 à 41.

Papier blanc ou jaunâtre.

Variétés. — 2 cu. vert pâle : N, 50; U, 50; 4 cu. sur azuré, neuf : 60 fr.; usé : 20 fr.; 1 r. bleu ou bleu foncé au lieu de bleu-vert terne (commun) : N, 50; U, 50; 2 r. marron violacé : N, 50; U, 50. On trouve quelques défauts d'impression.

Oblitérations. — Comme précédemment. L'oblit. à date rouge est rare ainsi que les lignes en losange.

Paires : 2 cuartos : 4 N; 8 U; les autres : 3 N; 3 U; blocs de 4, 2 cu : 12 N; 20 U; les autres : 8 N; 8 U.

Barrés. — Nº 40 : 2 fr.; nº 41 : 0 fr. 75.

Faux usés poste. — 2 et 4 cuartos. Divers types, que les signes décrits à l'émission précédente font reconnaître facilement. Un 4 cu. est sur papier épais avec faux filigrane renforcé; la deuxième feuille de laurier touche une perle, l'U de cuartos est trop rapproché du C; les autres n'ont pas de filigrane.

1856 (*Avril*). *SANS FILIGRANE. N*ᵒˢ 42 à 46.

Papier uni, épais ou mince. Nᵒˢ 43, 45 et 46, papier mince : N, 50; U, 75.

Nuances. — 2 cu. vert-jaune ou vert foncé au lieu de vert pâle, 1 real bleu foncé, 2 r. violet foncé : N, 50; U, 50. 4 cu. papier bleuté, neuf : 40 fr.; usé : 10 fr.

Variétés. — Le 2 cu. a été imprimé au verso. Le 4 cu. piqué en points à Valence (non officiel) : rare sur lettre. On trouve toutes les valeurs sans point après le chiffre de la valeur et des défauts semblables à ceux de l'émission précédente; aussi des fonds lignés.

Oblitérations. — Comme précédemment; l'oblitération à date devient commune, mais elle est rare sur le 2 cuartos.

Paires : 3 N, 3 U; blocs de 4, 2 cu. : 6 N; 12 U; les autres : 6 N; 6 U.

Barrés. — Nº 42 : 0 fr. 25; nᵒˢ 45 et 46 : 0 fr. 50.

Faux pour servir. — Toute la série, excepté le 12 cuartos orange; les caractéristiques renseignées pour les originaux de 1855 trouvent leur emploi dans la recherche de ces falsifications.

EMISSION DE 1860-61. N°s 47 à 52.

Premier choix : 4 marges de 3/4 de ^m/^m.

Papier teinté, épais, moyen ou mince.

Nuances. — 2 cu. vert· jaune pâle ou vert foncé : 2 N ; U, 50 ; 4 cu. orange foncé : 2 N ; 2 U ; sur azuré : 30 fr. neuf ; 4 fr. usé. 12 cu. carmin vif : 2 N ; U, 50 ; papier mince, idem ; papier pelure transparent : 3 N ; 3 U. 19 cu. brun foncé : N, 50 ; U, 25. 1 r. bleu pâle : 2 N ; U, 50 ; 2 r., violet : 2 N ; 2 U ; violet sur azuré : 8 N ; 5 U.

Variétés. — 4 cu. dentelé 15 1/2 neuf : 100 fr. ; usé : 5 fr. On trouve des impressions très défectueuses ; le 12 cu. est parfois décoloré en violet ; les n°s 51 sur papier mince très transparent et 52 sur pelure transparent ou sur papier très épais sont rares.

Défauts de planches. — 4 et 12 cu. avec le O de cuartos détérioré à droite en haut : 4 N ; 6 U.

Oblitérations. — Type K en noir ; commune ; en bleu : 2 U. On recherche l'oblit. à date ; en bleu : 2 U, 50. On trouve des oblitérations françaises.

Barrés. — N°s 51 et 52 : 0 fr. 50 c.

Paires. — 3 N ; usées : 3 U excepté le 2 cu : 6 U ; blocs de 4 : 8 N, usés, 2 cu : 75 U ; 12 cu. : 30 U ; 19 cu. : 10 U ; les autres : 6 U.

Faux usés poste. — Les n°s 48, 49, 51 et 52 se reconnaissent par la comparaison des signes décrits plus loin pour les originaux ; vérifiez les inscriptions, les chiffres et les points. Les faux pour tromper la poste sont nombreux dans cette émission (une demi-douzaine de types différents pour les 4 cuartos et 2 reales !) ; les caractéristiques des originaux, permettront de dénicher toutes les contrefaçons sans pourtant les confondre avec les impressions très défectueuses qui ne sont pas rares dans le 4 cuartos.

Faux. — Quelques faux du 19 cuartos ; celui de Barcelone est assez insidieux pour mériter une petite étude :

1° Les 3 premières hachures à droite de CORREOS vont en diminuant, les 2 suivantes sont plus hautes, la sixième est trop courte.

2° Les hachures du dessus de la tête sont toutes faites de traits pleins.

3° 40 perles à gauche et 41 à droite ; beaucoup forment un U, l'ombre étant faite d'un trait plein.

4° Le chignon est séparé en trois tronçons par le fond central. Les autres falsifications ne soutiennent pas la comparaison.

Originaux. — 1° Dans la banderole de Correos, 4 groupes de 6 hachures ; à droite de l'S de CORREOS 6 hachures, 4 d'égale longueur, la cinquième touche parfois le haut de la banderole, la sixième touche un pli d'icelle.

2° Les hachures du dessus de la tête sont faites alternativement d'un trait plein et d'une ligne pointillée.

3° 44 perles à gauche, 43 à droite. Leurs ombres, en forme de demi-lune, ont la partie convexe tournée à droite dans les cadres latéraux et vers le bas dans les autres ; toutes les perles sont distinctes.

4° Les lettres ne se touchent pas, même les lettres R A du 4 cuartos (forte loupe). Comparer les inscriptions et le dessin avec un original du 4 cu.

5° Dans les 12 et 19 cuartos le point derrière l'S de cuartos est carré.

1862 (1er août). *TOUR OU LION AUX COINS*. N°ᵛ 53 à 58.

Premier choix : 4 marges de 3/4 de ᵐ/ᵐ.

Nuances. — 2 cu. bleu foncé : 2 N ; U, 50 ; bleu-noir : 4 N ; U, 75 ; 4 cu. brun-clair ou brun-noir : 8 N ; 3 U ; sur papier blanc, neuf : 20 fr. ; usé : 5 fr. 12 cu. bleu clair et bleu foncé : 3 N ; 2 U ; papier épais, 6 N ; 3 U ; papier blanc : 20 N ; 6 U ; 19 cu. papier blanc : 3 N ; 2 U. 1 r. brun rouge sur chamois : 4 N ; U, 50 ; 2 r. vert jaune pâle et vert noir : 3 N ; 2 U.

Variétés. — Sans point avant ou après le chiffre de la valeur ou après les mots cuartos ou real ; parfois seulement un embryon de point ; chiffre 4 mal formé ; autre défaut de planche semblable à un manque à l'impression sous la tour ou le lion (en haut), etc. Valeur d'amateur.

Impressions défectueuses, notamment 19 cuartos ; le 4 cu. avec cuartos en lettres minces ; même valeur dentelée 9 1/2, 12 et 15, à prendre sur lettre.

Oblitérations. — Types K, L et M : communes ; F : 2 U ; K et L en bleu : 2 U. Les oblitérations D (grand chiffre) et Madrid FRANCO à date dans un double ovale : R.R.

Paires : 3 N ; 3 U ; le 19 cu. : 5 U. Blocs de 4 : 8 N ; 8 U ; le 19 cu. : R.R.

Barrés : N° 57 : 0 fr. 50 ; n° 58 : 0 fr. 25.

Truquages. — Le papier blanc doit être expertisé, car on l'a obtenu par traitement chimique.

Faux usés poste. — 2, 4 et 12 cuartos. Les signes distinctifs des originaux (voir plus loin) les font reconnaître tout de suite ; dans un 4 cuartos, les lettres de ce mot se touchent, dans un autre type les perles sont très mal venues et le tilde touche le cartouche, etc.

Faux. — Comparez avec ces signes distinctifs des originaux :

1° Les 91 perles portent une ombre en demi-lune dont la partie concave est tournée vers la droite.

2° Les pointes des ornements des coins (entre cadres et ovale) ne forment pas bissectrice de l'angle mais s'incurvent vers l'ovale.

3° Les lettres des inscriptions ne se touchent pas.

4° 13 perles au diadème ; les deux plus grosses dépassent les cheveux à gauche ; les trois de droite se présentent sous forme de points non reliés à la parure.

1864. *ETOILES DANS LES COINS. N°ˢ 59 à 64.*

Premier choix : 4 marges de 1 ᵐ/ᵐ.

Nuances. — 2 cu. bleu foncé : N, 50 ; 4 cu. carmin sur chair : 8 N ; 3 U ; papier blanc : 30 fr. neuf et 8 fr. usé ; 12 cu. vert-jaune pâle : 2 N ; 2 U ; vert foncé : 5 N ; 2 U. 19 cu. papier mince : 2 N ; U, 50. 1 r. brun sur vert foncé : N, 50 ; U, 50. 2 r. bleu foncé : 2 N ; 2 U ; papier blanc : 10 N ; 3 U.

Ne pas confondre entre eux les n°ˢ 59 et 64 de même nuance.

Variétés. — 12, 19 cu. et 2 reales sans point après le chiffre de la valeur. Imp. défectueuses. Le papier mince est rare. Le 4 cu. a été dentelé 12 1/2, 13 et 14.

Oblitérations. — Comme précédemment. Oblit. à date en bleu : 2 U ; en rouge : rare.

Paires : 2 cu. : 4 U ; les autres : 3 N ; 3 U. Blocs de 4 : 6 N ; 2 cu. : 8 U ; 12 cu : 20 U ; 19 cu. : 10 U ; les autres : 6 U.

Barrés. — N° 63 : 1 fr. 50 ; n° 64 : 1 fr.

Faux usés poste. — 4 et 12 cuartos. Dans le 4 cuartos, les deux cercles du haut ne dépassent pas le cadre intérieur ; le signe d'arrêt, après Ctos forme une croix. L'œil est très mal fait. 1864 non conforme ; l'S de cuartos est trop étroit. Pour le reste voir les signes distinctifs des originaux. Les 2 cuartos et reales auraient également servi.

Faux. — Le 19 cu. a été bien imité à Genève. Les perles autour du fond central ne sont pas régulières, plusieurs ne sont pas entières ; le trait terminal du 4 forme une boule au lieu de remonter verticalement ; les cadres et particulièrement le cadre intérieur gauche (épais) sont mal tracés ; papier jaunâtre ou rougeâtre. Fausse oblitération de même provenance, cachet rond à date : SALAS DE LOS INFANTES 7 FEV 65 BURGOS.

Les autres faux se reconnaissent facilement par comparaison avec le 4 cu.

Originaux. — 1° Les deux cercles du haut ne touchent pas le cadre supérieur, excepté dans les impressions lourdes.

2° Le diadème a 10 perles ; les deux premières dépassent les cheveux, la dernière forme un point.

3° 18 lignes d'ombre dans le cou.

4° Dans les ornements des coins, les arcs de cercle sont concentriques et bien équidistants.

1865. *TOUR ET LION EN HAUT SEULEMENT. N°ˢ 65 à 71.*

Premier choix : 4 marges de 1 ᵐ/ᵐ minimum.

Nuances. — 2 cu. carmin et carmin vif : 2 N ; 2 U ; 12 cu. bleu noir et rose carminé : 2 N ; 2 U. 19 cuartos, brun-foncé et rose carminé : N, 25 ; U, 25. Le 2 reales rose est plus rare que le saumon ; le 2 reales lilas rose plus rare que le lilas : N, 50 ; U, 25

Variétés. — Le n° 67a est le 72ᵉ timbre de la feuille de 100 Le n° 66 est toujours du type I et se reconnaît à l'S de cuartos moins haut que dans le type II, on trouve ce dernier, en même temps que le type I dans l'émission suivante (S plus haut). Voir illustration plus loin.

Dans le n° 70 (2 r. saumon) l'S de RS a été retouché dans le haut, où il prend l'apparence d'un S gothique : 10 N ; 5 U ; en paire avec un ordinaire : 15 N ; 10 U.

On trouve des impressions défectueuses dans les n⁰ˢ 65 et 69 Le centre est fréquemment déplacé dans les 12 et 19 cuartos. Le 12 cu. montre un cliché détérioré, avec encadrement ovale de C S déformé à gauche : rare.

Oblitérations. — Types L et M : communes ; K : moins commune ; à date rouge et PD en rouge (dans un ovale) : rares. Grand ovale avec petits losanges (Philippines) : rare. 12 c. avec oblit losange de points 2.240 (Marseille) : 3 U.

Paires : 3 N ; 3 U ; blocs de 4 : 6 N ; 19 cu. : 10 N ; usés : 8 U mais 12 et 19 cuartos : 10 U.

Barrés. — N⁰ˢ 68 : 25 fr. ; 69 : 2 fr. ; 70 et 71 : 1 fr.

Truquages. — 4 cuartos dentelé ayant subi l'extraction de toutes ses dents pour en faire un n° 66 ; si l'S après le C est au type II on est tout de suite fixé ; au type I, il reste à vérifier la largeur des marges. 12 cuartos centre renversé plaqué au recto sur un centre droit ; centre renversé remplaçant un centre droit entièrement enlevé avec contreplacage sur tout le verso du timbre (truquage le plus souvent dentelé, puisque plus cher ainsi). Ces deux tripotages sont révélés par la recherche ordinaire des timbres réparés. Même valeur avec centre original droit enlevé chimiquement et impression consécutive d'un faux centre renversé la vérification soigneuse du dessin suffit.

Faux usés poste. — 12 cuartos, 2 reales et probablement d'autres valeurs : l'S derrière le C ressemble à celui du type II du 4 cuartos ; les hachures du centre sont trop espacées, etc. (Voir aussi l'illustration).

Faux. — C'est probablement la série qui a été imitée avec le plus de succès. Nombreux faux anciens et modernes, séries de Barcelone, Genève (F), Florence, etc.

Comparez avec les caractéristiques des originaux ; aucun de ces faux n'est conforme. Dans tous, les faussaires, soucieux de présenter un dessin parfait, ont fait disparaître les hair-lines dans les cartouches inférieurs.

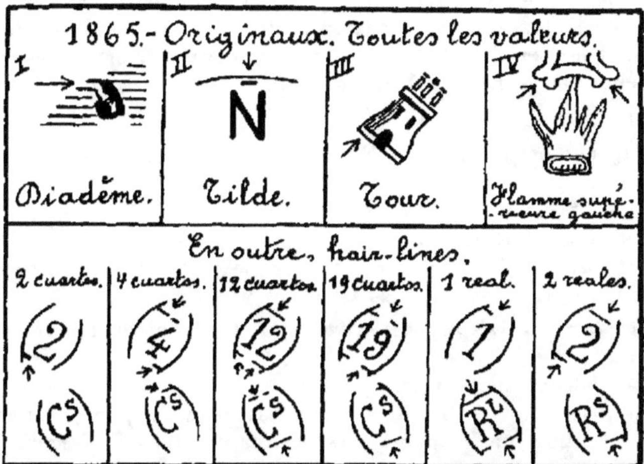

Le 19 cuartos a été fabriqué avec centre renversé à Genève.

Le 4 cuartos (Florence) a des marges superbes et sa présentation est bonne, mais, après ce que nous avons dit, un coup d'œil suffira.

Fausses oblitérations. — Nombreuses sur les faux, celles de Genève sont les mêmes que pour l'émission précédente ; ronde à date : CAMPILLOS 8 OCT 66 MALAGA ; type M, chiffre 2 ; type K, chiffre 1.

II. — DENTELÉS

1865. *MEME TYPE. DENTELÉS* 14. Nᵒˢ 72 à 78.

Nuances. — 2 cu. carmin au lieu de rose : N, 50 ; U, 25 ; carmin vif ou foncé : 2 N, 50 ; U, 50 ; 12 c. bleu foncé et carmin : N, 50 ; U, 50.

Variétés. — 4 cuartos types I et II (voir illustration)! Type II : 2 N ; U, 50.

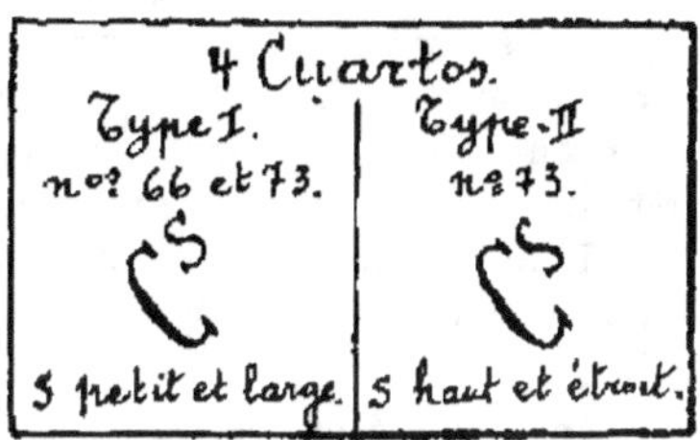

Dans le type I la lettre S est comme dans les 2, 12 et 19 cuartos.

Variétés, oblitération, paires, blocs et faux comme dans l'émission précédente.

Truquages. — N° 74a, évitez les illusions d'optique. Tous les non dentelés (excepté le 4 cuartos) ont été faussement dentelés.

Faux pour servir et faux anciens et modernes. Voir à l'émission précédente et vérifiez la dentelure.

EMISSION DE 1866. *N*°ˢ 79 à 84.

Le 19 cu. brun foncé : 2 N ; 2 U. Le 10 cent. de esc. foncé 2 N ; U, 50.

Paires : 3 N ; 3 U ; blocs de 4 neufs : 6 N ; 6 U, excepté les 2 et 12 cu : 8 U et le 19 cu. : 10 U.

Oblitérations. — Ovale double cercle, PD dans un cercle, oblit. rouge : rares. Oblit. des Canaries : très recherchées

Originaux. — Les signes suivants permettront de repérer tous les faux.

I. — Valeurs en cuartos.

1° L'inscription CORREOS n'est pas régulière ; le premier O paraît descendu par rapport aux lettres voisines, le second est trop éloigné de E et S.

2° Sous ce mot, dix traits blancs de même longueur et régulièrement espacés.

3° Hachures de la joue régulièrement renforcées de l'oreille à l'extrémité du double menton. Les hachures du fond central sont peu fines, mais horizontales et régulièrement espacées.

4° Le haut du diadème touche la quatrième ligne de hachures

5° La dentelure est 14.

6° Les traits terminaux au bas des lettres A, B et T de CUAR-TOS sont plus fins que les hachures du fond central. Ce mot est aussi éloigné du haut que du bas du cartouche.

7° La couronne sur l'écusson de gauche en haut est bien formée ; la deuxième et la quatrième branche montrent deux perles ; la branche centrale, une seule, plus grosse.

II. — Valeurs en cent. de escudo : mêmes signes 1° à 5° et 7°

Faux. — Voir les caractéristiques des originaux. Un bon faux du 19 cuartos (Genève) montre la couronne du coin supérieur gauche avec quatrième branche formée d'une ligne blanche et perles non fermées ; dans la deuxième branche il n'y a qu'une perle, à gauche de cette couronne, la petite boucle située dans le coin du timbre est interrompue et il n'y a plus qu'un petit arc de cercle ; les hachures de la joue ne sont pas renforcées au contour de celle-ci ; le point derrière cuartos est plutôt carré que rond (fausse oblit. Campillos, etc.).

Faux usés poste. — Toute la série ; vérifiez les signes d'authenticité ; pour le 12 cuartos, voir surtout les 4°, 6° et 7°.

1866 (1ᵉʳ août). 20 *CENT. N*° 85.

Ce timbre doit être exactement semblable aux pièces de l'émission de 1864. Nuance foncée, violet au lieu de lilas : 2 N ; U, 50

EMISSION DE 1867-1868-1869. Nᵒˢ 86 à 101.

Nuances rares. — Nᵒ 90; 19 cu., carmin au lieu de rose : 2 N ; 2 U ; nᵒ 92, 20 c. gris au lieu de lilas : 3 N ; 2 U ; nᵒ 95, 25 m. bleu et carmin ou bleu-noir et rose au lieu de bleu et rose : 4 N, 3 U.

Variétés. — Les nᵒˢ 87, 88, 91, 92, 93, 94 et 98 existent non dentelés : tous R.R. Il y a deux types du 4 cuartos nᵒ 87 ; type I avec trait bleu entourant entièrement l'ovale central ; type II, ce trait manque à droite : 10 N ; 10 U.

Retouche des 19 cuartos nᵒˢ 90 et 101. Les lettres U et A de cuartos, refaites dans un cliché, se voient en couleur sur fond blanc, nᵒ 90 : 20 N ; 10 U ; nᵒ 101 : 6 N ; 3 U.

Faux usés poste. — Toute la série de 1867 (nᵒˢ 86 à 92) excepté peut-être les 2 et 19 cuartos, le 50 m. de 1867 (émission de juillet) nᵒ 97 ; enfin toute la série de 1868 (nᵒˢ 98 à 101), excepté le 19 cuartos.

Voici quelques détails sur ces faux : nᵒ 87, dimensions trop petites, dentelé 14 3/4 environ ; nᵒ 88, trop large, lettres R et S de CUARTOS trop peu hautes ; autres lettres de l'inscription non conformes ; nᵒ 91, inscriptions non conformes, 3 hachures sur la tempe au lieu de 5, dentelure 15 1/4 ; nᵒ 97, le tilde touche presque l'ovale, le trait sous la lettre S (MILˢ) est trop rapproché de cette lettre et celle-ci est aplatie dans le bas, la narine est formée d'un trait trop court, l'E de CORREOS est trop étroit, les lettres D des deux mots DE sont trop larges, etc. ; deux autres variétés ont également les inscriptions incorrectes et la dentelure non conforme. Nᵒ 98, très mal venu ; inscriptions non conformes ; les deux M des coquilles de droite se font aimablement remarquer par leurs contorsions, dentelure 14 3/4 ; d'autres variétés se reconnaissent aussi à la dentelure, non conforme ; de même pour le nᵒ 99 aux inscriptions non conformes ; enfin, le nᵒ 100 est complètement raté, le dessin de l'effigie, diadème compris, étant mauvais.

Faux. — Les nᵒˢ 86 à 101 n'ont guère été imités ; comparez pourtant les valeurs rares avec des originaux et examinez surtout les inscriptions, le modelé de la joue, la dentelure (doit être 14 et bien nette). Dans chaque timbre vrai vous trouverez des détails frappants ; par exemple dans le 4 cuartos de 1867 (nᵒ 87), il y a toujours une solution de continuité dans l'ornement au-dessus de l'S de CORREOS et l'ovale de couleur est renforcé à cet endroit ; dans le 10 cent. vert (nᵒ 91), il y a 4 lignes d'ombre sous la tempe et l'embryon d'une cinquième, etc.

Surcharge *HABILITADO POR LA NATION.*

Très nombreuses surcharges fausses, dont beaucoup sont bien faites, il est prudent de bannir tous ces surchargés provisoires si l'on ne désire pas en faire une grande spécialisation ; même dans ce cas, chaque pièce doit subir une comparaison sérieuse (mensurations, encres, foulage, etc.).

1870. *CERES. DENTELES* 14. Nᵒˢ 102 à 104.

Nuances rares : 1 mil. marron sur blanc : neuf R.R. ; 10 U, 10 mil. carmin : 3 N ; 3 U ; 100 mil. rouge : 3 N ; 2 U ; 200 mil sepia : 3 N ; 3 U. Le 50 mil. non dent. est rare.

Paires : 3 U ; blocs de 4 : 6 N ; 8 U, mais 1 esc. 600, 2 esc. et 19 cuartos : 8 N ; 12 U.

Faux anciens. — Quelques mauvais faux anciens se reconnaissent facilement à la dentelure (souvent 13 au lieu de 14 ; au lignage du fond central ; aux inscriptions non conformes et aux initiales E J du graveur. Voir aussi les illustrations a, b, c, d, signes distinctifs des originaux.

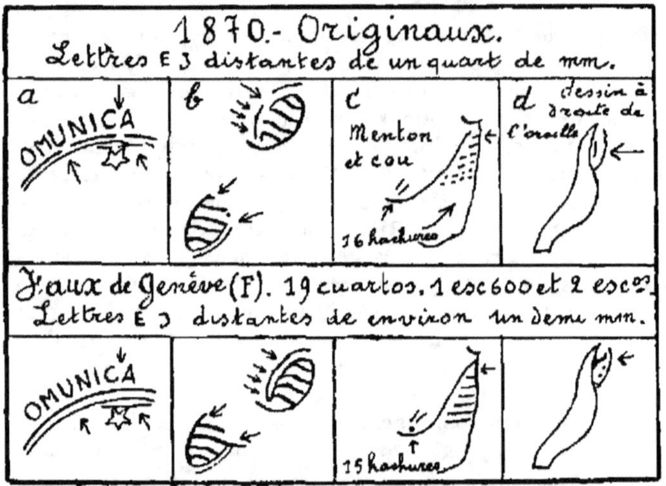

Faux pour servir. — Quelques valeurs, dont 50 mil. bleu, 400 mil. vert et 1 esc. 600. Se repèrent comme les faux anciens et modernes, mais l'oblit. est originale.

Faux modernes. — Les meilleurs sont ceux de Genève (F) (1 esc. 600 ; 2 esc. ; 19 cuar.). Initiales espacées de 4/5 de $^{m/m}$; 15 lignes de hachures dans le cou, leur moitié droite est ininterrompue et les 3ᵉ à 6ᵉ (en comptant du haut) sont faites de traits pleins. Ces faux ont été exécutés par unités non dentelées avec encadrement de couleur à 1 1/2 ou 2 $^{m/m}$ de la figurine ; dentelées 14 1/2 × 14. Du 19 cuartos un cliché retouché est légèrement différent.

1872. 2 et 5 c. *GRANDS CHIFFRES.* N°ˢ 115 et 116.

2 c. gris pâle : 3 N ; 2 U ; gris foncé : 6 N ; 2 U. Non dentelés :
75 fr. 5 c. vert-noir : 2 N ; 2 U.

1872. *EFFIGIE.* N°ˢ 117 à 128.

Nuances. — 5 cent. carmin : 5 N, 10 cent. violet foncé, 50 cent.
vert foncé et le 1 pes. violet valent : 2 N ; 2 U. Les 6, 10, 40, 50 c.
1 et 4 pes. non dentelés : rares. Défaut de planche, 10 pes. cadre
gauche disjoint sous le C de communic. : 2 N ; 2 U.

Paires : 2 U, 50 ; blocs de 4 neufs et usés : 5 unités. A part
quelques exceptions, il en est de même dans les émissions suivantes.

Faux anciens. — Sans nom du graveur ; mauvaise impression
(comparez notamment les hachures avec un 10 c. outremer de
bonne impression) ; dentelure non conforme ; voyez en outre les
signes décrits dans l'illustration.

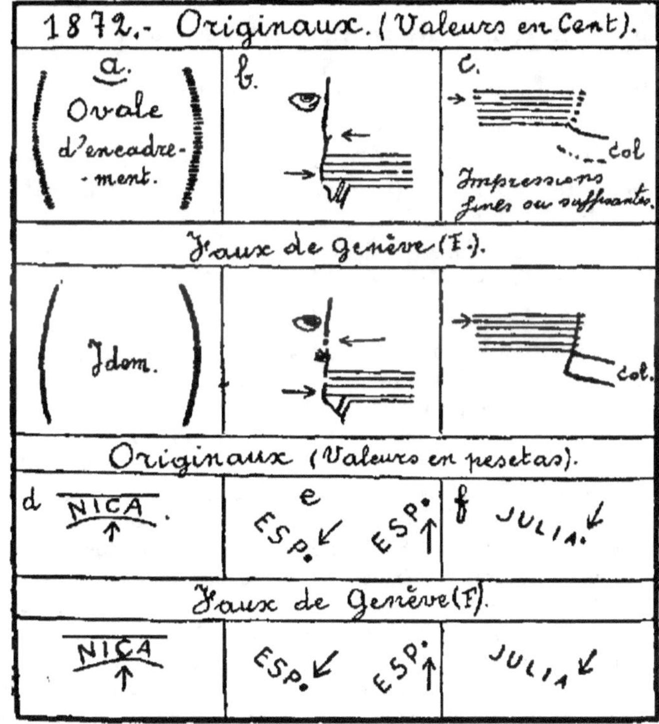

Faux pour servir. — 10, 12, 20, 25, 40 ? et 50 c ?. Se reconnaissent
comme les précédents, mais oblit. originale.

Faux modernes (Genève F.). — Voir les principales caractéristiques dans l'illustration; on peut noter en outre que dans les valeurs en cent. le nom du graveur JULIA n'est pas visible (tout en bas de l'ovale); dans les valeurs en pes. le cadre gauche du cartouche de la valeur ne porte pas (dans le bas) le renforcement qu'on remarque dans les originaux; dentelés 13 1/2 × 14.

Fausses oblit. sur faux de Genève (gravées sur bois) rondes, double cercle : FIGUERAS 1 JUL 72 CATALUNA.
PUYCERDA 21 OCT 72 CATALUNA.
Dates interchangeables.

Truquages. — Les fortes valeurs de cette émission et des suivantes ne sont pas rares avec l'oblitération télégraphes (trou à l'emporte-pièce), mais elles ont été fréquemment réparées et regommées pour faire du neuf; souvent aussi ce tripotage est masqué d'une oblitération losange dans losange de points dont le losange plein est appliqué comme par hasard sur le trou bouché

EMISSIONS SUIVANTES

A moins d'exceptions, les paires valent 2 N, 50; 2 U, 50; les blocs de 4 : 5 N; 5 U.

Les faux deviennent beaucoup moins nombreux.

1873. *LIBERTÉ FACE A GAUCHE.* N°ˢ 130 à 139.

Le 10 cent. non dentelé vaut : 2 fr. neuf; 10 fr. usé. Ce timbre est connu en tête-bêche usé (1 exemplaire). 20 cent. noir, paire 3 N; 3 U; bloc de 4 : 6 N; 6 U.

Originaux. — Le quartier dextre inférieur de l'écu porte 4 groupes de 2 hachures très fines, bien espacées.

1874. *LIBERTÉ FACE A DROITE.* N°ˢ 141 à 150.

10 cent. bleu lilacé : 20 N; 10 U; 50 cent. citron : 5 N, 3 U, 1 pes. vert bleu : 4 N; 4 U; 10 pes. noir intense : N, 50; 10 cent. non dentelé : 2 fr. neuf; 10 fr. usé; les 25, 50 c. 1 et 10 pes. non dentelés : rares. Papier carton, toutes les valeurs (excepté les 25 et 40 cent.) : rares. Le 1 pes. erreur de couleur, en noir, n'est connu que troué télégraphes. 20 cent. paire : 3 N; 3 U; bloc de 4 6 N; 6 U. Les oblit. françaises (2.240) Marseille ne sont pas rares

Originaux. — 1° la pointe de l'épée traverse un double trait horizontal, mais le trait inférieur ne vient pas toucher l'arme à gauche; 2° le point après la lettre D (valeurs en cent) est rectangulaire; 3° les lettres des inscriptions centrales ne se touchent pas et sont régulièrement tracées, les C, D, O, P et même les S sont de forme carrée; 4° derrière la tête il y a un point, détaché de la partie inférieure des cheveux; 5° les doigts du pied droit sont bien marqués dans les bonnes impressions; 6° le cartouche de la valeur à gauche, de forme hexagonale, est interrompu à gauche, à hauteur du trait terminal des chiffres.

Faux pour servir. — 10 cent. bleu. Dessin grossier ; comparez les signes distinctifs décrits ci-dessus. Il existe d'autres valeurs mais comme c'est l'oblitération qui leur donne tout leur prix, il y a lieu d'examiner celle-ci de près, de la faire expertiser au besoin, afin de ne pas acquérir des faux modernes avec oblitération fausse plus ou moins réussie.

Faux. — Presque tous modernes. Les valeurs en pesetas ont surtout été visées. Comparez avec les signes distinctifs des originaux, aussi avec un original commun. Le meilleur faux est un 10 pesetas de fort bon aspect, dont les deux S de PESETAS sont de forme bien ronde (aussi l'S de communicaciones et les autres lettres citées plus haut) ; l'interruption du cartouche de la valeur à gauche manque (signe secret du faussaire ?) ; la poignée de l'épée est trop grosse et, en cherchant bien, on trouverait une cinquantaine de différences sensibles, rien que dans le dessin.

Truquages. — Voir émission précédente.

1874. *ARMOIRIES. N° 151.*

La différence de prix entre le dentelé et le non dentelé avertit suffisamment le spécialiste que ce dernier timbre doit posséder des marges suffisantes et qui lui appartiennent en propre.

1875. *EFFIGIE FACE A DROITE. N°ˢ 153 à 162.*

2, 5 et 10 cent. non dentelés : rares.

Les timbres parfaitement centrés, dont aucune dent n'entame l'impression, sont rares : 2 N ; 2 U ; 4 et 10 pes. : 3 N, 3 U.

Originaux. — 1° Hachures de la face du cou et du fond central très fines ; 2° les étoiles des coins intérieurs sont à pointes fines et bien visibles ; 3° les inscriptions sont régulières.

Faux pour servir ? 20 c. rose et valeurs en pesetas. Voir la remarque faite à l'émission précédente.

1876. *EFFIGIE DE FACE. FILIGRANE TOUR. DENTELÉS 14.*

Les 5, 10, 25, 50 c., 1 et 10 pes. ont eu un second tirage fait à Londres. Type légèrement différent, quelques valeurs retouchées ; chiffres de la valeur un peu plus grands, 1 pes. chiffres minces. Toutes les valeurs du premier tirage sont connues non dentelées : 10 fr. neufs ; 20 fr. usés, 4 et 10 pesetas : 40 fr. neufs ; R.R. usés.

Blocs de 4 : 20 cent., 1, 2 et 4 pes. : 6 U.

Faux usés poste. — 25 cent. Très mal venu à l'impression. Les originaux de cette émission, de la précédente et des suivantes jusqu'en 1900, sont des merveilles de dessin, pratiquement inimitables.

1878, 1879, 1882. *DENTELÉS 14. N°ˢ 173 à 195.*

Faux pour servir. — 25 cent. bleu gris, n° 187. Dentelé 11. Comparer le dessin des ornements, le lignage du fond et de la face suffit.

Faux. — Même observation que pour les 20 c., 4 et 10 pesetas de 1878.

Truquages. — Comme précédemment pour les troués télégraphes. Un essai de tripotage du n° 175 (10 cent. 1878) pour faire un 40 cent. ne peut tromper que les novices.

1889-99. *ALPHONSE XIII ENFANT. DENTELÉS* 14. *N*os 196 à 211.

Faux. — 4 pesetas. Genève (F.) — Le second N de communicaciones penche à droite ; le chiffre 4 et les lettres de PESETAS touchent la ligne du cartouche et le cadre inférieur ; les hachures de l'oreille ne sont pas conformes. Il est à présumer que toute la série suivra.

Les autres faux ne demandent qu'une seconde de comparaison.

Fausse oblitér. sur faux de Genève. Cachet rectangulaire, CERTIFICADO 14 MAY 9 COROGNA qui ne certifie rien de bon.

Faux pour servir. — 15 et 25 cent. Comparaison comme pour les faux ordinaires et expertise de l'oblitération.

1905. *COMMÉMORATIFS. N*os 226 à 235.

Faux. — 10 pesetas (Gênes I.). — Très mauvais dessin, lithographié ; dans le nom du graveur MAURA, la lettre U est presque fermée dans le haut et les autres lettres de ce mot ne sont pas conformes. Dent. 11 1/2. Neuf ou oblit. plutôt grise, cachet rectangulaire : MADRID 5 MAY 1905 (1). Faux chiffre de contrôle A. 008.866. Il est probable que la série suivra.

1909-1917. *EFFIGIE. DENTELÉS* 12 1/2 × 14.

Truquages. — 15 cent. jaune bistre (n° 246) avec le haut du chiffre 5 et le bas de la lettre C grattés. Repeinture consécutive pour en faire un 0 et un P afin d'obtenir un 10 pesetas n° 254 de nuance arbitraire. La loupe suffit pour déceler la fraude, mais encore faut-il penser à s'appliquer ce petit instrument sur l'œil.

1907. *TIMBRES DE L'EXPOSITION DE MADRID.*
Fantaisies à ne pas collectionner.

III. — **TIMBRES de SERVICE**

1854. *FORMAT RECTANGULAIRE. N*os 1 à 4.

Faux. — La meilleure série est ancienne. 22 $^{m}/^{m}$ 1/2 de hauteur au lieu de 22 $^{m}/^{m}$. La croix de la couronne touche le trait horizontal ; les tours de l'écu sont trop grandes (1 $^{m}/^{m}$ 1/4 et 1 $^{m}/^{m}$ au lieu de 1 $^{m}/^{m}$ et 3/4 de $^{m}/^{m}$) ; le cadre intérieur droit, prolongé, passerait à droite du point situé derrière 1854 (plutôt à gauche dans l'original). Comparez également l'écu avec les signes décrits à l'émission poste de 1854 ; aucun faux ne résiste à cet examen.

1855. *FORMAT OVALE. N°s 5 à 8.*

Faux. — Ici c'est la série de Genève (F.) qui est la mieux faite ; lithographiée. Quelques lettres de CORREO sont réunies par le bas (hair-line) ; idem pour O et F de OFICIAL ; la queue du lion de droite en haut touche l'ovale de l'écu, ce lion a une tête informe (jeune moineau?) et un trait noir oblique se voit sous la jambe gauche ; les lettres de la valeur sont mal venues (comparaison), etc. Le cadre ovale intérieur a été tracé au compas par le faussaire et les courbes de son tracé se prolongent au-delà de leurs points d'intersection (visible en haut à droite de la couronne et à gauche en bas sous la première lettre de l'inscription de la valeur). Ici encore, la comparaison fait trouver immédiatement les contrefaçons.

Fausses oblitérations. — Généralement ovale de barres pour les deux émissions.

IV. — TIMBRES IMPOT de GUERRE

Faux pour servir. — Les 5 cent. des premières émissions et le 15 centimes de 1877. Sur lettre seulement.

Erreur 5 cent. bleu (1876). Ne prendre qu'en paire avec un 10 cent. à cause des truquages chimiques de l'isolé commun.

V. — TIMBRES TÉLÉGRAPHES

Se collectionnent généralement en exemplaires neufs.

Truquages. — Les oblitérations, trous à l'emporte-pièce, ont été retapés par réparation (replacage) avec regommage consécutif pour en faire des neufs. Vérifiez sous ce rapport les 20 r. de 1865, non dentelés et dentelés et le 2 es. carmin de 1866.

VI. — INSURRECTION CARLISTE

1873. 1 *REAL. N^{os}* 1 et 1a.

N° 1. *Originaux.* — Sans tilde, n° 1. Gomme brunâtre. Lithographiés. Les traits horizontaux dans tout le fond sont d'épaisseur inégale (mauvais grain de la pierre lithographique) ; au-dessus de la lettre E de FRANQUEO, la hachure se termine par un point ; à gauche les hachures arrivent presque jusqu'à la lettre F et l'une d'elles touche cette lettre à hauteur de la barre centrale. Les yeux sont faits d'un semis de points où il est bien difficile d'apercevoir les initiales M. C. du graveur (à droite du corps de l'œil droit).

Avec tilde, n° 1a, gomme blanche. Cliché retouché du n° 1 afin de placer le tilde, indice d'une bonne prononciation espagnole, et correction des hachures du coin, au-dessus de r 1 1 (elles sont irrégulières dans le n° 1 et régulières dans le n° 1a). Dans les deux types, les chiffres 1 de gauche ont les traits terminaux bien marqués et les dimensions du timbre sont 18 × 24 1/2.

Faux (Paris). — 1° Soi disant réimpressions mal faites ; des deux côtés du nez les yeux forment tache ; la barre médiane de l'E de FRANQUEO est horizontale au lieu d'être oblique ; les lettres de ESPANA sont mal formées, surtout le N, trop peu haut. Les dimensions sont bonnes.

2° Quelques faux anciens dont les dimensions, les nuances et le dessin ne correspondent pas du tout. La comparaison suffit.

3° Faux de Genève (F.). Photolithographiés. Dans un premier cliché (n° 1) la base du nez est trop relevée ; le chiffre 1 de gauche n'a pas de traits terminaux ; la première hachure en haut ne touche pas le cadre gauche ; les hachures de l'ovale central sont trop régulières ; les hachures à gauche de la lettre F sont toutes distantes de cette lettre de 1/4 de $^m/_m$. Hauteur 23 $^m/_m$ 1/2. Le second cliché est moins insidieux (n° 1a) car les hachures au-dessus de r. l. 1 sont restées celles du n° 1 et le tilde est fait d'un simple trait droit. Les fausses oblitérations sur ce faux sont généralement : PUYCERDA ; VALENCIA, déjà décrites.

1874-75. *EFFIGIE. N°⁸ 2 à 4.*

N° 2 *Original.* — 18 × 23 3/4 de $^m/_m$.

Faux de Bruxelles. 23 $^m/_m$ 1/2 de hauteur. Photolithographié. Papier commun, plutôt jaunâtre. Les plus fines hachures du dessin (banderole de Espana ; entre œil et narine ; barbe sur la joue ; lobe de l'oreille ; sur le cou) ne sont pas venues (photo prise un jour de « drache » nationale ?). Le nez se termine par un angle bien marqué ; nuance plate trop foncée ; les chiffres paraissent plus petits, mais ils ont néanmoins la même hauteur. Fausse oblitération, double ovale en rouge : ASTAOSA CORREOS GUIPUSCOA ; nous ignorons si elle est de même provenance.

N°⁸ 2 et 3. — 50 c. et 1 r. Les deux valeurs ont eu des retouches des chiffres et de la lettre qui les suit (erreurs rectifiées) : rares ; on les trouve sur papier mince ou moyen.

Faux Anciens. — Mal exécutés. Dans un faux du 1 real l'N n'a pas de tilde ; les hachures du coin inférieur droit sont presque droites et ne rejoignent pas l'ombre du cercle.

Oblitérations. — Toutes les oblitérations sur les timbres de l'insurrection carliste doivent être dûment expertisées.

CATALOGNE ET VALENCE. N°⁸ 5 et 6.

N° 5. — Le 16 m. rose (Catalogne) a été imprimé typographiquement. Foulage bien visible, les défauts de report sont nombreux. Les fausses oblitérations aussi.

N° 6. — Le 1/2 real (Valence) doit avoir 4 marges de 1 ^m/^m minimum. 2 types lithographiés. Dans le type II la banderole de l'inscription ESPANA VALENCIA est bien achevée à droite et à gauche; dans le type I elle est incomplète, surtout à droite ou elle forme un simple trait courbe se dirigeant vers le coin du timbre. 17 4/5 × 21 ^m/^m.

Faux. — 1° vieux faux de 17 × 20 ^m/^m 1/2. 33 hachures au lieu de 31 dans le fond central; 2° meilleur, 30 hachures; l'S de correos est visiblement plus grand que les autres lettres; 3° Genève (F.) série d'essais! en couleurs (brun, vert, rose, noir, outremer, bleu, etc.), 31 hachures, bonnes dimensions comme le précédent mais toute l'impression est fortement marquée; les lettres de l'inscription du haut ont 1 ^m/^m 1/4 de hauteur au lieu de 1 ^m/^m, le tilde se prolonge jusqu'au dessus du jambage droit de l'N; l'A qui suit cette lettre touche le bas du cartouche; la barbe descend verticalement devant l'oreille, etc.

N. B. — Le n° 7 (1/2 real rouge) et l'erreur 4/2 real (n° 7a) sont de fausses productions fantaisistes.

Un résumé de tout le texte précédent (faux) et les illustrations ont été communiqués à *L'Echo de la Timbrologie* (N°ˢ des 31 mars et 31 mai 1925).

ESTHONIE

1919. *CADRES VARIÉS. N°ˢ 10 à 16.*

Faux. — Trop larges de plus de 1/2 ^m/^m. La lance des 5 guerriers placés sous la voile du drakkar est trop épaisse et touche leur tête (ou leur coiffure?); dans les originaux, les lances sont fines et détachées de la tête excepté pour le premier guerrier vers l'avant.

Toute la série des valeurs en marks a été imitée en Argentine. Les inscriptions (lettres et chiffres) ne sont pas conformes. Dans le faux 15 mk, le chiffre 1 de gauche est visiblement trop épais et le 5 du même côté porte une boucle recourbée à l'intérieur.

1919. *SURCHARGES. N°ˢ 23 à 33.*

Toute la série est rare... mais elle a été fort bien imitée et la comparaison minutieuse est d'autant plus indispensable qu'on ignore si la matrice de la surcharge a été détruite.

1923-24. *POSTE AERIENNE. N°ˢ 62 à 73.*

Ces timbres doivent se prendre sur lettre vérifiée, car il y a quelques faux cachets.

FINLANDE

I. — **NON DENTELÉS**

1856. FORMAT OVALE. PAPIER UNI. N°s 1 et 2.

Feuilles de 10, en deux rangées disposées horizontalement en tête-bêche ; imprimerie du Trésor finnois. Le 5 k. n'a été émis qu'à 120.000 exemplaires environ, en deux tirages ; dans le second, un peu plus rare : N, 20 ; U, 25, les perles des cors sont plus grosses, surtout celle de gauche ; le 10 k. a été émis à 400.000 exemplaires. Typographiés.

Premier choix. — Timbres coupés rectangulairement avec environ 2 ^m/^m de chaque côté.

Oblitérations. — Cachet rectangulaire ou rond avec nom de ville et date ; tous les autres sont rares.

Oblitérations plume. — 5 k. : 50 % ; 10 k. : 40 % du prix ordinaire. Les pièces oblitérées plume et cachet postal valent le plein prix.

Paires : rares.

Réimpressions. — En 1862, 72. Papier blanc, nuances différentes, sans gomme. 1893, lithographiés, mêmes caractéristiques, gomme blanche et mince. Le 5 k. au type grandes perles du deuxième tirage.

Truquages. — Enveloppes coupées. L'enveloppe de 1856 a des perles dans les cors, mais le papier est vergé diagonalement (vergures à 1 ^m/^m 2/3) ; d'autres enveloppes n'ont pas de perles dans les cors ; elles sont sur papier uni comme les timbres originaux et il y a lieu de s'abstenir quand l'oblitération passe sur les deux perles.

On rencontre de beaux tête-bêche fabriqués de deux unités ; ils se jugent comme tous les replaquages du verso.

Faux anciens. — Sur divers papiers (aussi blanc bleuté pour le 5 k.). Mal faits et facilement reconnaissables par comparaison du dessin. La pointe de l'écu ne tombe pas au milieu de l'angle formé par les embouchures ; parfois pas de point derrière le chiffre 10 à droite ; pas de points du tout, ou points ronds au lieu de losangiques ; troisième lettre du mot KOP (à droite du timbre) formée de deux I non reliés dans le haut ; dessins des perles, des cors, de la couronne non conformes, etc., etc. Les faux lithographiés n'ont évidemment aucun foulage. Fausses oblitérations diverses, y compris plume.

Faux modernes. — De diverses provenances, toujours de grosses erreurs dans le dessin ; gueule du lion fermée et formée d'un seul gros trait ; tête simiesque ou ornithologique ; appendice caudal non conforme, etc. Comme exemple on peut citer les faux de Genève (F.) dont l'illustration renseigne quelques défauts ; le

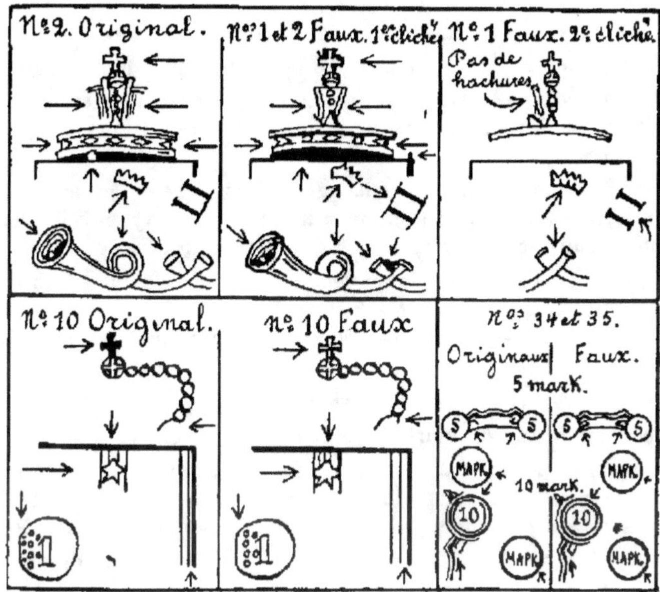

5 k. a eu les honneurs de deux clichés différents. Le premier (5 et 10 k.) montre des petites perles toutes munies d'un point à l'intérieur ou traversées par un trait ; le second cliché (5 k. deuxième tirage) a les grosses perles, bien rondes, mais des défauts renseignés dans l'illustration.

Fausses oblitérations sur faux de Genève : double cercle (9 et 27 ᵐ/ₘ de diamètre) HELSINGFORS, sans millésime au centre ; oblit. rectangulaire (36 × 11) HELSINGFORS sans millés. et même type (23 × 16) WIBORG 11-1 (date plutôt « cafouillée »).

II. — PERCÉS EN SERPENTINS

1860. *TYPOGRAPHIES.* Nᵒˢ 3 et 4.

Papier mince ou moyen. Valeur en kopecks.

Premier choix. — Centrés avec toutes leurs dents.

Perçages.   Deux types : I, profondeur 1 $^{m/m}$ 1/4 env. ; II.
1 $^{m/m}$ 3/4 env. Voir illlustration. 10 k. type II : 2 N ; U, 50.

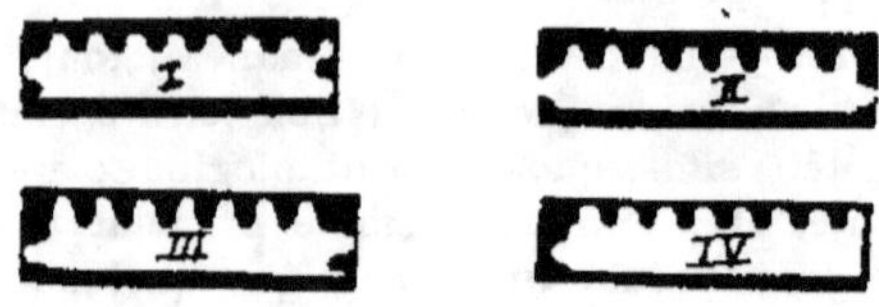

Variétés. — 10 k. papier épais : 3 N ; 3 U ; papier bâtonné à
8 $^{m/m}$: rare ; 5 k. laiteux non dent. verticalement : rare.

Paires : rares en bon état à cause de la fragilité du perçage.

Oblitérations. — Petit et grand cachet à date, un cercle ; rectang. étroit ou large, avec nom de ville et date ; plume ; tous les
autres : rares.

Réimpressions (1893). — Lithographiées. Papier mince, 5 k.
bleu pâle, 10 k. rose vif ; gomme mince ; perçage type I. Légères
différences dans les inscriptions. Valeur : 3 francs.

Truquages. — Papier blanc décoloré chimiquement ; le 10 k.
papier épais original est très peu coloré.

Faux anciens. — Si mauvais qu'ils ne méritent pas une description.

1866-71. *TYPOGRAPHIÉS.* N°s 5 à 12.

Valeur en penni et mark. Premier choix : centrés.

Perçages. — Types I à IV (voir figure) ; le type III a une profondeur de 2 $^{m/m}$ ou plus ; le type IV est de forme spatulée de
1 $^{m/m}$ 5 à 1,7 de profondeur. Une dentelure fine, 10 1/2 est R.R.R.

Valeur des perçages. — 5 *penni.* — T. III : commun ; t. I :
N, 25 ; U, 50 ; t. III : 10 N ; 10 U. Papier vergé, III : commun ;
II : 2 N ; 2 U ; I : 4 N ; 5 U. On trouve des papiers vergés très
épais ; prix ordinaire, excepté le t. III : 2 N ; 2 U. — 8 *penni.* —
III : commun ; II : N, 50 ; usé commun ; I : 3 N ; usé commun ; la
dentelure 10 1/2 est R.R. On trouve les trois types sur papier
cotelé verticalement, II : prix ordinaire ; I : prix doublé ; III :
prix décuplé neuf et triplé usé. — 10 *penni.* — I, II, III, mêmes
prix, le type I, néanmoins, moins commun usé ; papier vergé II :
commun ; I : 3 N ; 4 U. On trouve les trois types sur papier uni
très épais ; II : même valeur ; I : 6 N ; 3 U ; III : 3 N ; 2 U. — 20
penni. — III : commun ; II : idem ; I : 3 N ; 2 U ; IV : R.R. neuf
et 12 U. — 40 *penni.* — II et III : communs ; I : 8 N ; 4 U ; IV :
R.R. neuf ; 50 U. Les papiers cotelés (types I à III) sont communs.
La dentelure 10 1/2 ou 10 1/2×8 est R.R. — 1 *mark.* — III :
commun ; II : N, 25 ; U, 25.

Oblitérations. — Oblit. à date 1 ou 2 cercles, en noir ou en bleu : communes ; grand cachet rect. : moins commun ; cachet rectangulaire étroit : U, 50. FRANKO sur une ligne : rare.

Paires : 4 N ; 4 U ; bandes et blocs : rares.

Réimpressions (1893). — Lithographiées sur papier uni, non strié. Nuances différentes, plus pâles : 5 p. lilas bistré ; 8 p. papier vert-jaune ; 10 p. jaune foncé et non jaune-ocre ; 20 p. bleu ; 40 p. rose-carmin ; 1 m. brun clair. Inscriptions légèrement différentes. Valeurs : 3 fr. ; le 1 mk. : 8 francs.

Faux anciens. — Très mauvais. Un 8 pen. a 27 hachures verticales au lieu de 23 et 64 perles au lieu de 106, etc. Le 10 p. noir sur jaune en photogravure, dessin trop net, dimensions trop grandes.

Faux modernes. — Toute la série y compris l'erreur du 10 p. guère plus fameux que les précédents ; comparez le dessin de la couronne (la croix est à double trait dans les valeurs originales en penni ; le globe porte un trait plein horizontal et un **trait vertical dans le haut** ; ce dernier est absent dans le 20 penni) ; dessin de l'écu, des grecques et des inscriptions Une mention à part est nécessaire pour le :

1 *mark. Faux de Genève* (F.). — Remarquablement photolithographié. L'illustration précédente renseigne sur ses défauts. Fausses oblitérations sur ce faux : 1° rectangulaire, format moyen WIBORG/ ; 2° ronde à date, 1 cercle, petit cachet en noir ou en bleu NYSLOTT 21 10-5 71 ; 3° ronde à date grand cachet, 1 cercle HELSINGFORS 2 1876 I.

III. — **DENTELÉS**

1875. *CHIFFRES AUX 4 COINS.* Nᵒˢ 13 à 20.

Nuances nombreuses ; le n° 14, rouge pâle terne, n° 14 a, rouge vif ; n° 15, brun-jaune ; brun foncé : rare ; n° 15a, toujours brun ou brun foncé ; n° 17, rose ; n° 17a, carmin foncé ; n° 18, toujours nuance foncée ; n° 18a, nuance pâle ; le 8 pen., vert foncé, transparent : rare.

Variétés. — Dent. 13 1/2 sur 3 côtés et 11 à gauche : rare ; 1 mark tête-bêche avec intervalle de 1 1/2 cent. : rare ; on trouve des timbres plus hauts (13a) ; diverses valeurs avec trait vertical en marge latérale ; 32 p. sur papier moyen, épais et mince transparent.

Oblitérations. — Encadrées avec nom de ville et date ; idem avec FR KO : recherchées ; cercle de 6 barres ou de gros points carrés (9 ou 25 carrés) ; cercle avec 12 petits points à l'intérieur ; d'autres cercles de points, etc. En outre des oblitérations à date, ordinaires, etc. Oblit. bleues ; etc.

Réimpressions (1893). — Dentelées 12 1/2 ; 8 p., vert foncé ; 10 p., brun ; 20 p., bleu ; 25 p., carmin ; 32 p., rose et carmin ; nuances différentes des originaux, gomme aussi.

Faux. — 1 mark. Mauvais dessin; comparaison.

Truquages des dentelures rares sur exemplaires originaux de plus grand format ou sur essai du 1 mark de nuance non conforme.

1884. *ID. CHANGEMENT DE COULEUR. N°* 21 à 27.

Dentelés 12 1/2; le 5 pen., émeraude n'est pas commun usé. 25 p., papier vergé : rare; on trouve les 5 et 25 pen. avec lion ombré.

Réimpressions. — Non.

Faux de Gênes (I.). — 1, 5 et 10 mk. L'inscription MARKKA au lieu de MARKKAA fait reconnaître immédiatement les 5 et 10 mk. Pour le 1 mk et les valeurs en penni (tête-bêche des 5 et 20 pen.) la photolithographie est mal venue, l'étoile supérieure droite de l'écu est informe; la queue du lion est unique et se termine par une ganse; le sabre, qui a l'aspect d'un bâton, est parfois tronçonné; le burelage surtout qualifie tout de suite ces productions : il est informe. Dentelure 11 ou 13 1/2 à petits trous.

1889-95. *CHIFFRES EN HAUT SEULEMENT. N°* 28 à 35.

La dentelure 12 1/2 fine est commune; dent. grossière : rare. 20 p. orange non dent. verticalement : rare. Typographiés.

Nuances nombreuses. Les 5 p., olive; 20 p., jaune et 25 p., bleu, sont rares avec la dentelure 12 1/2 : 2 N; 3 U.

Faux. — Voir quelques signes d'expertise des 5 et 10 mk originaux dans l'illustration; les photolithographiés ne sont pas conformes et l'examen du fond burelé suffit. Le sabre est parfois posé sur la couronne au lieu de la traverser, les étoiles sont informes; le fond est composé de points uniformes avec quelques traits verticaux. Comparer avec le 1 mark-authentique et vérifiez aussi les inscriptions, surtout celles du bas.

Oblitérations fausses en allemand, finlandais et russe.

1891. *TYPES DES TIMBRES RUSSES. N°* 36 à 48.

Faux pour servir. — Quelques valeurs courantes et le 1 R. Sans filigrane; dessin enfantin, lignage grossier : rares.

Faux de Genève (F.). — 3 1/2 et 7 roubles; 3 1/2 r. noir et jaune (aussi le 3 1/2 r. noir et gris sur papier vergé vertical, ce dernier peu répandu). Les timbres de Russie (1883) 3 1/2 et 7 roubles sans foudres, n° 36, 36a et 37 et ceux de 1889-1904, n° 50, 50a, 51, 51a ont été également imités.

Imitations très réussies comme aspect général, mais la vergure n'est espacée que de 1 $^{m}/^{m}$ 5 au lieu de 1 $^{m}/^{m}$ 8 environ dans les originaux. Pas de filigrane ligne ondulée. Une vergure par timbre est perpendiculaire aux autres ce qui prouve qu'on s'est servi d'un papier commercial; cette vergure a fait croire qu'il s'agissait de bords de feuilles authentiques, mais l'espacement des vergures détruit cette légende, née d'une observation insuffisante. Quelques-unes de ces faux sont parfois munis d'une fausse ligne ondulée imprimée en gras; trop visible quand le timbre est à sec, elle disparaît presque totalement quand on plonge la contrefaçon dans la benzine.

Le double cadre intérieur des faux de Finlande n'est pas de la même épaisseur, le second est plus gros; les ornements en forme de W, autour de l'ovale central sont moins larges que dans les originaux; les perles et les inscriptions sont baveuses; dans le 3,50 r. la boule des Y est trop éloignée de la tête de la lettre; dent. 13 1/4.

Fausses oblit. sur ces faux. I sur Finlande; oblit. rondes, double cercle, modèle allemand : 1° KUOPIO I IV 83 I KYOIIIO (faute, il faut KYONIO); 2° WIBORG WIIPURI (même faute) II. XI. 87. 9 1 BBIBOPFB; 3° HELSINGFORS HELSINKI 5. III. OO. FEABCNHIOOPCB (3° faute).

Ces trois cachets gravés sur bois ont été appliqués sur les n°ˢ 34 et 35 faux de Bruxelles; il faut s'entr'aider!

II Sur Russes; ronde 1 cercle (26 ᵐ/ᵐ) ATBHBI 7 HOA 18.. 2° ronde, double cercle (25 ᵐ/ᵐ) CMETE PBPFB 21 MAR 1888; 3° ronde 1 cercle (25 ᵐ/ᵐ) MOCKBA 11/12 AEB 1888 HMKOAHC.

1901-16. *VALEUR EN PENNI ET MARK. N°ˢ 49 à 60.*

Faux pour servir. — 10 et 20 p. Mieux faits que les précédents; comparez le dessin, particulièrement le burelage, la dentelure et le format.

Faux. — 10 mark. Le meilleur est celui de Genève (F.) imitation du typographié n° 60 (avec les deux K de MARKKAA ouverts dans le bas). Photolithographiés sur le même papier que les 3, 50 et 7 roubles faux de l'émission précédente; l'absence de filigrane est toute naturelle ici puisqu'il n'y en a pas dans l'original (1); le trait oblique des chiffres 1 est trop court et le trait terminal de ces chiffres est plus ou moins noyé dans la couleur du fond; dent. 13 3/4.

1918. *WASA. N°ˢ 83 à 90.*

Les non dentelés sont des réimpressions.

LOCAUX D'HELSINGFORS.

Les 10 p. en brun et bleu; vert et rouge ont été mal contrefaits, oblit. losange de points.

———

Un résumé portant sur les caractéristiques des faux (avec l'illustration) a été communiqué au *Philatéliste Belge* (15/3/26).

———

(1) Dans un article précédemment paru, nous avions déclaré par lapsus que ce faux se reconnaissait à l'absence de filigrane; espérons que ce renseignement erroné ne fera pas le tour de la presse philatélique !

FIUME

La collection de Fiume comprend de jolis timbres, mais, malheureusement, un grand nombre de surchargés, ce qui oblige le collectionneur moyen de s'abstenir, la grande spécialisation étant nécessaire pour s'y reconnaître.

1919. *TIMBRES DE HONGRIE SURCHARGÉS. Nᵒˢ 1 à 28.*

Toute la série (nᵒˢ 1 à 23 particulièrement) a été plusieurs fois bien imitée, variétés de surcharges comprises. On a vendu quasi ouvertement (offres dans la plupart des journaux philatéliques) des soi-disant réimpressions originales des nᵒˢ 1 à 23 : « réimpressions originales (de la surcharge) avec l'oblitération de la poste (tout le monde vend comme parfaitement authentiques ces timbres) (sic) à 20 lire la série pour un minimum de 5 séries »!! Ceci est du travail gênois (Sestri l'onente); la série faussement surchargée à Génève est bonne, mais l'encre trop grisâtre, etc., etc. Comparaison (1). Pas de réimpressions, pas plus que des émissions suivantes.

1919. *TAXES DE HONGRIE SURCHARGÉS. Nᵒˢ 29 à 31.*

Fausses surcharges. Comparaison nécessaire.

1919. *LÉGENDE FIUME. Nᵒˢ 32 à 48.*

Faux de Trieste. Nᵒˢ 32 à 41 en photogravure par 50.000 séries ; c'est dire que ces timbres communs se trouvent communément faux dans les collections ; quelques différences de dessin mais le papier trop blanc et la gomme blanche (originaux, papier blanc-jaunâtre et gomme épaisse jaunâtre) sont les meilleures indications.

Le 10 corona a été bien imité aussi (et probablement toutes les valeurs au type drapeau nᵒˢ 42 à 48). Photolithographie en petites feuilles de 10 ; hair-line au-dessus du 10 de droite et cadre renforcé au-dessous de ce chiffre (défauts du cliché photographique ?), le trait blanc qui encadre l'écusson n'est visible qu'en haut et à gauche ; manque de hachures dans la bordure gauche du collet du marin ; l'oreille forme une pointe blanche au lieu d'un demi-ovale, etc.

---

(1) La surcharge reproduite par Yvert cat. 1926 est un exemple de mauvaise surcharge : lettres M et E attachées par le bas ; barres médianes des lettres F et E à mi-hauteur, etc.

EMISSIONS SUIVANTES.

Toutes les surcharges rares et les variétés de surcharges ont été imitées avec plus ou moins de bonheur, citons : les PRO FONDA-TIONE STUDIO surcharges renversées 1919; idem les surcharges renversées FRANCO; les n°ˢ 124 à 131 et les variétés de surcharge de cette série de 1920; le 1 lire de 1921 (Governo Provvisorio); n° 158 de 1921; n°ˢ 182 à 193 de 1924; n°ˢ 3 et 4 des timbres pour exprès (les lettres e ne doivent pas avoir la barre horizontale de la surcharge des timbres-poste; timbres-taxe (1ʳᵉ émission) et enfin tous ceux d'Arbe et Véglia. La comparaison minutieuse avec des originaux est indispensable.

FRANCE

I — NON DENTELÉS

EMISSION DE 1849-50. PAPIER TEINTE. N°ˢ 1 à 7.

Feuilles de 300 timbres, typographiés. Cérès.

Premier choix. — 4 marges de 1/2 ᵐ/ᵐ minimum. 4 marges de 1 ᵐ/ᵐ : 2 U.

Nuances. — Les nuances suivantes sont recherchées : 15 cent. vert-jaune sur vert-jaunâtre; 20 cent. noir sur blanc rosé : 5 U; noir sur chamois foncé : U, 50; noir gris à gris : 5 à 10 U. 25 cent. bleu sur blanc; bleu terne; bleu noir; 40 cent. orange vermil-lonné : U, 25, rouge-orange, presque brique : U, 50; 1 franc lie de vin : U, 50; cerise : 2 U.

Variétés. — Petits défauts d'impression dans les lettres, chif-fres, points, etc. et aussi des « manque à l'impression ». Prix suivant l'importance du défaut. Fonds lignés horizontalement ou verticalement. 20 cent. papier pelure : 10 U; le chamois foncé sur papier plus épais; des papiers grisâtres au verso. Le noir intense est recherché : U, 50. 25 cent. papier soyeux, très légère-ment strié, solé, mince : recherché; papier pelure et papier ordi-naire nettement transparent : 10 U.

Retouche du 40 centimes. — Se reconnaît à la barre oblique du chiffre 4 longue de 1 ᵐ/ᵐ 1/3 au lieu de 1 ᵐ/ᵐ 1/4; à l'angle qu'elle forme avec la barre horizontale : 45° au lieu de 70°; enfin à la barre horizontale elle-même qui dépasse la branche verticale d'une longueur de 1/4 de ᵐ/ᵐ en plus que dans le **type** non retouché.

Impressions fines. — On trouve des impressions fines (parti-culièrement dans le 20 cent. noir-intense et dans le 25 cent. bleu

sur jaunâtre : 2 U. Elles se reconnaissent aux ombres du visage
et aux points du burelage, tous fins et bien venus.

Paires : 2 1/3 à 3 unités suivant la rareté du timbre ; blocs de
4 neufs, 5 à 6 unités excepté le 15 c. vert : R.R. ; usés 10 c.: 5 U ;
15 c.: 12 U ; 20 c.: 30 U ; 25 c.: 80 U ; 40 c.: 10 U ; 1 fr.: 12 U.

Timbres sur lettre. — Petite plus-value pour les 20 et 25 c. ;
les autres : U, 25.

Oblitérations. — Les types A, B, C sont communs, excepté le
type B sur 20 cent.: 6 U, et le type C sur 15 cent.: U, 10 et sur
20 cent.: 6 U. Le type C sans chiffres est rare (colonies).

Les oblitérations à date sont rares sur toutes les valeurs ; sur
20 cent., petite oblit.: 3 à 8 U ; moyenne : 5 à 8 U ; grande :
8 à 30 U. Les oblitérations E, F et G sont recherchées ; le type
G sur 20 cent.: 5 U.

Toutes ces oblitérations sont rares en bleu et en rouge, et toutes
les oblitérations d'un autre modèle sont très rares. (Consulter les
catalogues spéciaux).

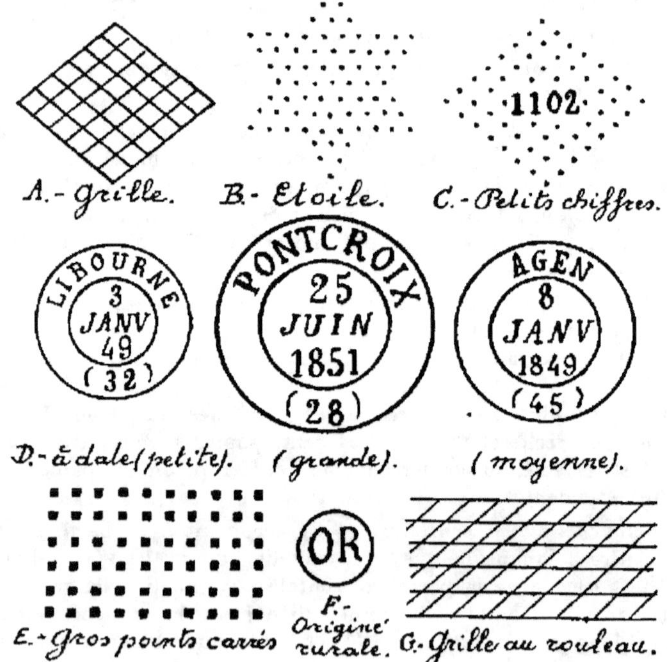

Réimpressions (1862). — 10 *cent.*: nuance bistre (ocre) sans
jaune ni brun visible ; paraît toujours beaucoup plus pâle que les
originaux ; largeur 18 ᵐ/ᵐ 1/4 ; original : 18 ᵐ/ᵐ 1/2. 15 *cent.*:

vert clair vif sur papier moins teinté, ce qui se voit surtout par
la comparaison des coins burelés et des parties blanches du visage ;
hauteur 22 $^m/_m$ ou un peu moins ; originaux : 22 $^m/_m$ 1/4. 20
cent.: papier grisâtre (jamais jaunâtre, ni blanc), papier plus fort ;
hauteur 22 $^m/_m$ 2/5 à 1/2 ; originaux : 22 $^m/_m$ 1/4 à 1/3 suivant
planche. 25 *cent.*: bleu ou bleu assez vif ; hauteur : 22$^m/_m$ 2/5 à
22 $^m/_m$ 1/2 ; original : 22 1/6 à 22 1/4. 40 *cent.*: d'un orange qui
paraît terne à côté de l'orange original ; papier moins teinté (apparence générale d'une planche « usée », détails du burelage des coins
et des ombres de l'œil peu visibles) ; hauteur : 22 1/3 ; original :
22 1/4. 1 *franc* : très près de la nuance originale ; carmin foncé ;
hauteur : 22 2/5 à 1/2 ; original : 22 $^m/_m$ 1/4.

Les réimpressions sont d'impression assez fine, avec gomme
transparente et mince ; dans les originaux, elle est brune et plus
épaisse ; la couleur est bien étalée dans les réimpressions tandis
qu'elle est en général plus épaisse dans les timbres (voir surtout
le fond central). On trouve des maculatures (feuilles de passe) du
20 cent. ; papier mince, de nuance grise au verso.

Originaux. — La finesse du dessin des timbres de bonne impression est grande et permet de reconnaître facilement toutes les
mauvaises falsifications ; il suffit de comparer les coins burelés
(particulièrement le coin de gauche en bas). Dans les originaux,
les lignes ondulées sont fines et forment trois arcs de cercle du
côté des grecques ; les points entre ces lignes sont fins et ne
touchent les lignes que dans les impressions moins bonnes. (Voir
illustration).

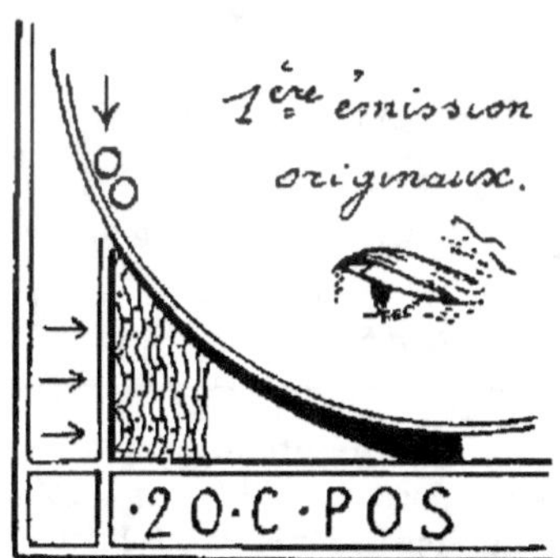

La ligne blanche formant séparation entre le burelage et la
grecque inférieure gauche se dirige vers le milieu d'une perle ;
les perles sont grosses et si rapprochées qu'elles se touchent parfois ; en général un assez grand nombre touchent le cercle blanc.
Les ombres de l'œil sont formées de fines lignes de points ; quatre
lignes et un point sur la tempe, au-dessus des sourcils, trois lignes
sous la commissure droite des paupières.

Si l'on observe le dessin de très près, on remarque que le C
de FRANC est rattaché par un petit trait blanc au bas du cartouche (visible surtout dans les 20, 25 et 40 c., parfois dans le 1 fr.
rarement dans le 15 cent.) quand l'impression n'est pas empatée ;
on voit de même un petit trait curviligne qui part en haut du
pied droit de la lettre R de FRANC et qui se dirige vers le haut
en contournant le bas de la boucle supérieure de la lettre (visible
sur les 25 cent., parfois le 40 c., plus rarement dans les autres
valeurs) ; le cadre intérieur du 20 cent. montre une interruption
au-dessus de la partie droite du 2 de gauche (à retenir pour une
bonne falsification du 20 cent. tête-bêche).

Ces trois signes peuvent être considérés comme des signes
secrets d'expertise. (Voir illustration 1849, originaux).

Enfin, on notera que la cinquième ligne d'ombre du cou s'avance
seule jusqu'à la pomme d'Adam, et qu'elle est courbe ; les deux
lignes situées au-dessous sont composées de points doublés (dans
la partie droite de ces lignes de points, vers les cheveux).

La grappe de raisins a 18 grains de raisin (Bordeaux, 16) et il
y a 97 perles autour du fond central.

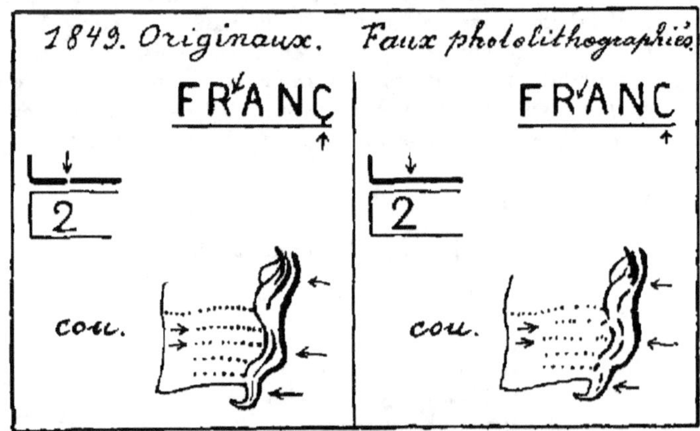

Truquages. — Fausses oblitérations sur réimpressions ; idem
sur 20 cent. originaux (surtout oblit. rares). La réimp. du 15 cent.
a été travaillée de diverses manières et le papier a été légèrement
coloré pour en faire un neuf ; de même le 1 franc carmin a été bruni
pour en faire un n° 6b (carmin brun) ou bien décoloré et repeint
en vermillon. Dans les truquages par réparation, il faut citer les
tête-bêche formés de deux unités.

Sur des originaux peu oblitérés on a gratté les traces du cachet ;
puis on a renforcé le timbre au dos pour empêcher de voir les
amincissements des parties grattées ; ensuite, on a regommé pour
faire du neuf.

Les chiffres du 40 cent... retouché ont été tripotés ; la loupe suffit.

Faux. — Toutes les valeurs ont été falsifiées plusieurs fois en lithographie, y compris les tête-bêche des 10, 15 !, 20 cent. noir, 20 cent. bleu, 40 cent. ! et 1 franc (carmin et vermillon). Le 40 cent. a été imité avec chiffres retouchés. Voir les illustrations précédentes (originaux) pour reconnaître tous ces faux ; les mensurations ne sont pas conformes ; les nuances non plus.

Série fausse lithographiée. — Très insidieuse ; des experts connus y ont été trompés. On reconnaît néanmoins facilement la falsification (bonnes nuances, papier de bonne épaisseur) aux divers signes distinctifs renseignés dans l'illustration, notamment au dessin des lignes du cou (3e et 4e lignes de hachures) et des cheveux. On remarque aussi que, dans la branche de laurier, derrière la tête, la nervure centrale de la feuille placée sous le fruit est sectionnée (petit trait interrompu vers la pointe) ceci ne se présente que rarement dans les originaux ; le C de FRANC n'est pas assez recourbé dans le haut et cette lettre est trop penchée. Enfin l'aspect général du dessin (loupe) est moins net, les points de la joue et du cou sont plus flous et beaucoup de points du burelage touchent les lignes ondulées. Mensuration : largeur : 18 1/2 ; hauteur : 22 3/5 avec très peu de différences suivant les valeurs.

Fausses oblitérations sur les faux. — Grilles non conformes, étoile, petits chiffres et, sur le vermillon oblit. à date, petit cachet, Paris, 23 janvier 49 (60), etc., etc.

Von émis. — 1 franc vermillon pâle, dit « Vervelle », provenant d'une feuille probablement rebutée à cause de sa nuance ou d'un essai de couleur. 20 cent. bleu ou bleu foncé sur papier peu teinté ou bleu sur azuré (mensurations : 18 $^m/_m$ 1/2 de large et 22 1/5 de haut). La réimpression de ce timbre est de la nuance bleue de la réimpression du 25 cent. (18 1/3 de large sur 22 1/4 de haut).

EMISSION DE 1852. PAPIER TEINTÉ. N°s 9 et 10.

Légende : REPUB-FRANC. Lettre B sous le cou.

Feuilles et marges comme précédemment.

Nuances. — 10 c. jaune bistre, bistre-brun, bistre brun foncé.

Variétés. — Fonds lignés : 3 U ; 10 cent. avec ligne d'encadrement dans la marge : 2 U ; 25 cent. : 6 U ; on trouve le 25 cent. avec papier grisâtre ou légèrement verdâtre au lieu de bleuté ; papier mince transparent : 2 U ; 10 cent. papier très épais : rare.

Paires : 3 N ; 3 U ; blocs de 4, 10 cent : R.R.R. ; 25 c., neuf : 300 fr. ; usé : 125 fr. 10 cent. sur lettre : U, 25.

Oblitérations. — Type C : commune ; B et E : recherchées ; A, 10 c. : 2 U ; 25 c. : 10 U ; D, 10 c. : 2 U ; 25 cent. : 20 U ; F, 10 c. : 2 U ; 25 c. : rare. G : 2 U. H (grands chiffres) sur 25 c. : R.R. ;

A, (occupation de Rome) sur 10 cent.: 2 U. (Voir ces types à l'émission suivante).

Toutes oblit. de couleur : rares.

Réimpressions. — Le 10 cent. est bistre franc, sans jaune, ni brun, et paraît plus pâle que toutes les nuances de l'original; largeur 18 ^{m}/^{m} 1/5 au lieu de 18 1/2; le 25 cent. est bleu, plutôt foncé, sur gris-jaunâtre; largeur 18 1/4 au lieu de 18 2/5 à 18 1/2.

Originaux. — La comparaison avec un 25 cent. (commun) notamment celle du burelage, suffit à découvrir les faux du 10 cent., l'original a 88 perles.

Truquages. — Réimpression du 10 cent. avec oblitération grille d'Italie ou autre. Quand le cartouche du haut d'un débris du 10 cent. a été ajouté par réparation sur un timbre de 10 cent. de l'émission suivante, la réparation suffit à faire ouvrir l'œil; il constatera, sans étonnement, que la lettre B manque sous le cou

Faux. — Le 10 cent. a été grossièrement imité (grecques, traits blancs sous le cartouche du haut et au-dessus de celui du bas deux fois trop épais, etc.). Oblitéré faussement par un carré! de gros points avec chiffres moyens : 23. Un faux moderne (Paris) photolitho. se juge facilement par comparaison avec un 25 cent. (ombres de l'œil, de la joue et mensuration).

EMISSION DE 1853-60. *N*^{os} 11 à 18.

Légende : EMPIRE FRANÇAIS.

Feuilles et *marges* comme précédemment.

Nuances. — 1 cent., le vert bronze est la nuance ou le jaune du mélange est le plus accentué; le papier est gris verdâtre tandis que dans les autres nuances il est franchement bleuté. 5 cent., le vert clair (vert bleu sans trace de jaunâtre) est rare : 2 U. 10 cent., une nuance jaune-brun sur jaunâtre est peu commune. 20 cent., le timbre sur verdâtre se présente en deux nuances : bleu sur verdâtre clair (premier tirage) et bleu foncé sur verdâtre plus accentué (deuxième tirage, plus rare). Le 25 cent. est peu commun en bleu foncé; 40 cent., nuances nombreuses; la coloration du papier en chamois provient d'une gomme brune; 80 cent. rose, du pâle (U, 50) au foncé; groseille : 2 U; carmin du pâle au foncé, le carmin pâle (U, 50); le grenat est un carmin foncé d'un ton chaud, vif (2 U); le carmin vermillonné est rare (10 U); le carmin-rose est une nuance vive du rose, mais qui contient du carmin; le papier est celui des tons roses (blanc rosé au lieu de blanc jaunâtre plus épais); la coloration du papier en chamois (80 c. carmin) provient de la gomme. On trouve le 40 cent. décoloré en brun, brun-noir et le 80 cent. en tons violacés. (moins value).

Variétés. — Fonds lignés horizontalement 1 à 80 cent.: 5 fr., verticalement : rares. Quelques valeurs sur papier épais (80 à 90

microns) ; 1 cent.: 3 U ; 20 cent. sur azuré : 10 U ; 80 cent.: 3 U ;
on trouve du papier mince: peu commun ; des impressions défectueuses. Les 5, 10 et 20 cent. sont rares avec trait d'encadrement
dans la marge ; 5 cent.: 10 N ; 2 U ; 10 cent.: 2 N ; 10 U ; 20 cent.:
3 N, usé : 2 francs ; les valeurs supérieures, plus value de 25 à
50 %. 40 cent. papier strié : peu commun.

Timbres sur lettre : 1 cent.: 2 U ; 5 cent. et 1 fr.: U, 50. Les
timbres coupés (20 cent., moitié de 40 et 10 cent., moitié de 20)
ainsi que le 80 cent. imprimé recto-verso ou avec double impression sont de grandes raretés. Le 80 centimes est rare avec contrôle dans le coin en bas de la feuille.

Piquages non officiels. — Voir les catalogues spéciaux.

Paires : neuves : 3 N ; mais 80 cent.: 4 N ; usées : 3 U ; mais
20 cent. sur azuré ou le bleu laiteux : 5 fr. ; 40 cent.: 10 U ; 80 cent.:
5 U. Blocs de 4 : 6 N, excepté les 25 et 80 cent. : 8 à 10 N ; usés :
8 U, excepté 10 cent.: 10 fr. ; 20 cent.: 5 fr. ; 40 et 80 cent.: 100 fr.

Sur lettres : 1 cent.: 2 U ; les 10 et 20 cent. sont communs ; les
autres : U, 25.

Retouche (Delacourcelle). — 25 cent. ; dessins cruciaux du haut
déformés ; légende EMPIRE FRANC en caractères maigres ; jambage oblique remontant de l'M formé de deux traits ; M et I moins
hauts, le jambage droit du R touche la ligne blanche au dessous ;
l'F de FRANC a la barre supérieure diminuée de moitié ; l'A touche la ligne blanche en haut ; l'N est moins large que dans l'original, etc. (Cliché fortement détérioré dans le haut.)

Oblitérations. — Type C : commune (sur 1 cent : U, 25) ; D
(petite), commune sur les 1 et 5 cent. ; B : rare sur le 1 cent. ;
A, E, F, G : rares. H : commune, excepté sur le 1 cent.: U, 50, et
sur le 80 cent. carmin, rare : 10 U. Les grilles R, T et types similaires ; les oblit. étrangères O, P, S, etc. ; les oblit. sardes ; celles
des corps expéditionnaires, des paquebots et du Levant sont recherchées ou rares. Consultez le cat. France et Colonies d'Yvert.

Réimpressions. — 25 cent. en bleu foncé vif sur papier bien
teinté ; largeur 18 $^{m/m}$ 1/4 (original : 18 $^{m/m}$ 1/2). Le 1 fr. est
beaucoup plus près de l'original et on trouve des réimpressions
signées des meilleurs experts ; le moyen le plus facile d'expertiser
est de mesurer la largeur ; original 18 $^{m/m}$ 1/2 ; réimpression 18 1/4 ;
le papier de la réimpression est plus gris, son impression est plus
fine (les points du burelage et le burelage lui-même sont plus marqués, plus visibles ; le trait mince et presque vertical qui longe sur
près d'un millimètre le pavillon de l'oreille, à l'intérieur, est bien
détaché du pavillon (ce qui n'est pas le cas dans les originaux).
Il existe des réimpressions du 80 cent. mais nous n'en avons jamais
vu.

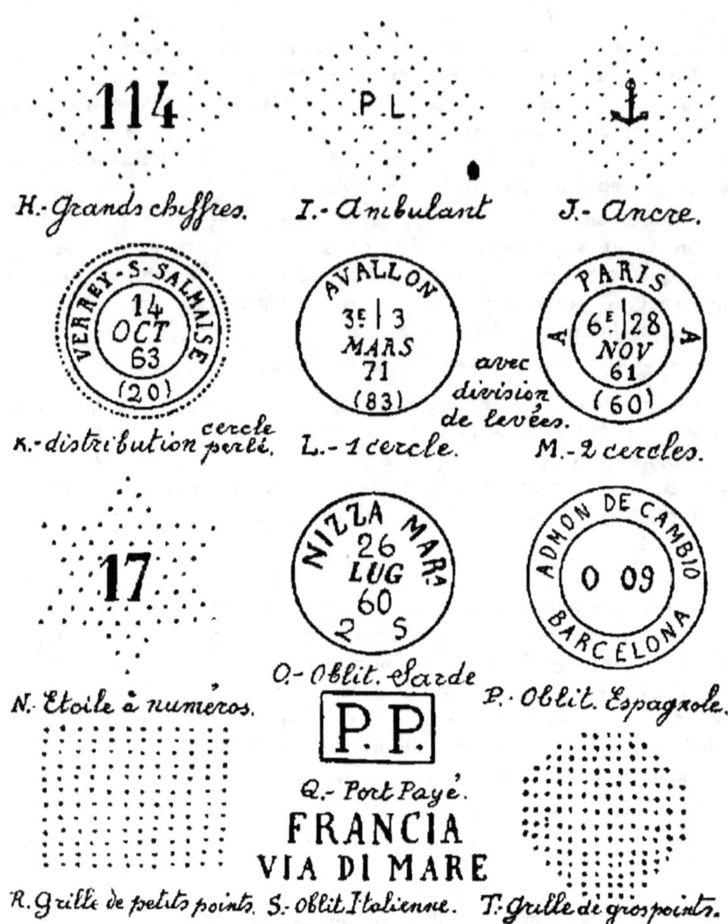

Originaux. — Se reconnaissent comme dans la première émission aux finesses du burelage et des ombres du visage. (Comparez avec un 8o cent. de bonne impression).

Faux usé poste (Bayonne). — 20 cent. 22 2/3 de $^{m/m}$ de haut au lieu de 22 à 22 1/4. Bleu verdâtre ; burelage non conforme, inscriptions non plus ; les points manquent dans le cartouche du bas : R.R. Le 20 cent. a été imité en photolithographie à Toulouse (P.) ; format non conforme ; la comparaison est nécessaire.

Faux du 1 franc. 1° Faux ancien, bien fait mais porte 1 FR (réminiscence d'un travail antérieur sur la première émission ?) au lieu de 1 F.

2° Faux de Genève (F.). 18 × 21 4/5 (original 18 1/2 × 22 1/4). Burelage très mal venu, particulièrement dans le coin supérieur gauche (interruptions des 4e et 5e lignes ondulées, trait du cadre intérieur trop épais et interrompu) ; protubérance du cartouche de la valeur au-dessus du trait vertical du premier F. Un second cliché du même (18 1/2 × 22) corrige ces gros défauts mais laisse subsister tous les autres défauts du dessin (burelage grossier, trait vertical sous l'œil deux fois trop gros, etc.). A été imité en tête-bêche.

3° Faux de Marseille. Bien exécuté en rouge-carmin sur jaunâtre (18 ᵐ/ᵐ 1/4 × 22 1/4). Photolithographié reproduit d'une réimpression. Le trait intérieur du pavillon de l'oreille, trop épais, fait corps avec le trait vertical dont il est question dans la réimpression ; le chiffre 1 de gauche est penché à gauche ; le long poil de la barbiche (à droite) n'est qu'amorcé dans le haut ; le trait inférieur de l'œil proprement dit est gros et plein comme dans les faux de Genève (en pointillé dans les réimpressions et interrompu au milieu dans les originaux) ; enfin, les points sous le cou sont ronds et petits (à peu près comme dans la réimpression) mais ils sont peu visibles dans la moitié gauche. (Dans les originaux ces points sont visibles partout et prennent, surtout vers la droite, la forme d'incisives renversées).

Truquages. — Le papier du 20 cent. a été truqué chimiquement pour obtenir les variétés de papier verdâtre, lilas ou rosé : comparaison de la nuance. Les réimpressions des 15 c. et 1 fr. sont souvent faussement oblitérées ; les faux de Genève sont oblitérés losange de points, petits chiffres 1032 (faux cachet également employé pour les faux des premières émissions de Grèce).

Truquages par assemblages de débris de diverses émissions pour faire un 25 cent., le 1 franc en unité ou en tête-bêche. Se reconnaissent comme les remontages ordinaires. Pour le tête-bêche du 1 fr. on a formé un assemblage de deux 80 cent. carmin de la même émission et de bandes inférieures d'originaux défectueux du 1 fr., ou de bandes provenant de falsifications ; le tête-bêche du 80 cent. est formé de 2 unités, mais il a aussi été fait d'une paire dont on a gratté l'impression d'un timbre puis on a replaqué au recto un original aminci… et renversé. Tout cela est sans aucune valeur et doit faire poursuivre les auteurs pour tromperie sur la qualité de la marchandise vendue.

II. — **DENTELÉS**

Pour être de premier choix tous les dentelés doivent être parfaitement centrés.

Oblitérations. — Très nombreuses et trop longues à détailler ici. Le spécialiste recherche toutes celles qui sortent de l'ordinaire ; il ne soupçonne souvent la rareté de quelques-unes d'entre elles qu'après une longue expérience.

1862. *EMPIRE NON LAURÉ. N°* 19 à 24.

Quelques variétés de *nuances*. Le violacé du 80 cent. est dû à une décoloration. Les timbres bien centrés ne sont pas communs.

Variétés. — Les impressions défectueuses sont recherchées. Les fonds lignés horizontalement valent environ 5 fr.; verticalement : 10 fr. 1 cent. papier très épais (rare). Le 80 cent. est connu avec burelage doublé par double impression en bas à droite. Le 20 cent. existe en paires non dentelées au milieu.

Paires : 3 N ; 3 U ; excepté le 40 cent.: 6 U.

Blocs de quatre : 5 à 6 N ; excepté le 10 cent.: 12 N et le 80 cent. : 8 N ; usés 1, 5 et 10 cent.: 4 fr. ; 20 cent.: 2 fr. ; 40 et 80 cent.: 25 fr.

Timbres sur lettres, 1 et 80 c. : U, 50; les autres : communs.

Truquages. — Les tête-bêche doivent être étudiés car on les rencontre faits de deux unités isolées et cela réduit considérablement leur rareté, leur valeur ! !

Faux usé poste. — 40 cent. employé à Bayeux . R.R. Se reconnaît au dessin du visage, à la dentelure.

1863-71. *EMPIRE LAURÉ. N°* 25 à 33.

Nuances. — Assez nombreuses. Le 4 centimes gris-jaunâtre doit avoir une nuance semblable à celle du 10 cent. bistre-brun de 1849.

Variétés. — Les impressions défectueuses sont recherchées. Le fond ligné, commun dans le 30 cent., est rare sur toutes les autres valeurs. Les 2 et 4 cent. ont subi quelques minimes retouches. On trouve les 2 et 80 centimes sur papier épais (rares) ; le 4 cent. sur papier carton (rare); les 4 et 80 cent. sur papier mince, presque pelure : 2 U. Les timbres avec fond ligné sont rares excepté les 4 et 30 cent.

On trouve des défauts de planche assez amusants : 1° 20 cent. avec corne sur le nez (au début de la dégradation du cliché la corne ne touchait pas le nez : R.R.) : valeur : 5 fr. Rare en paire, en bloc et sur lettre. 2° 20 cent. avec extrémité de la couronne de lauriers formant fer à cheval. 3° 20 cent. avec corne sur le front. 4° 20 cent. avec étoiles blanches dans le fond central. 5° 1 cent. avec tache en forme de cigarette devant la bouche, etc., etc. On trouve quelques valeurs imprimées au dos (Sée fils, etc.) : rares.

5 francs. — Quatre à cinq nuances allant du gris au mauve; autant pour 5 F; trois variétés du chiffre 5 et deux de la lettre F. Les cachets de couleur sont rares sur ce timbre.

Non dentelés (Rothschild). — A prendre avec grandes marges. Valeur de la série : 100 francs. Un 20 cent. d'un bleu laiteux différent du 20 cent. Rothschild est rare (Lebaudy).

Non émis. — 10 cent. avec gros chiffre 10 en bleu, n° 34.

Paires : 3 N ; 3 U ; 30 cent.: 8 U ; 40 c.: 16 U ; blocs de 4 neufs :

6 N ; excepté 30, 40, 80 c. et 5 fr.: 10 N ; usés, 1 et 2 c.: 20 U ; 4 c.: 10 U ; 10 cent.: 3 fr. ; 20 cent.: 1 fr. ; 30 cent.: 25 fr. ; 40 cent.: 40 fr. ; 80 cent.: 25 fr., et 5 fr.: 10 U. Timbres sur lettre, 10 et 20 c.: communs ; les autres : U, 50.

Réimpressions. — 1 cent. (réimpression Granet) non dentelé, vert bronze foncé sur vert.

Faux. — 4 cent. isolé ou en tête-bêche, faux de Toulouse. La comparaison du dessin suffit à le repérer et l'arbitraire de la dentelure et du format ajoutent à la conviction.

5 francs original. — 1° les feuilles des coins intérieurs montrent cinq lobes bien distincts, 2° 64 perles ; 3° la cédille sous le C est fine ; 4° dans le cadre intérieur comme dans le cercle hachuré, les hachures sont beaucoup plus épaisses que les lignes blanches de séparation ; 5° il y a 8 hachures bien tracées et équidistantes sur le nez ; 6° les hachures de la paupière de l'œil sont presque horizontales.

5 francs faux. — Faux anciens et modernes ne sont pas conformes. Un vieux faux lithographié sur papier uni ou vergé n'a que 63 perles et les feuilles sont informes. Un faux de Genève n'est pas conforme (voir surtout 3° cédille aussi épaisse que le corps de la lettre ; 4°, 5° et 6°). De plus, la ligne la plus basse du lignage horizontal à gauche en bas, manque de points. Oblitération fausse sur cette imitation : Versailles 2e/28 AVRIL 71 (72).

1871. 5 *CENT. NON LAURÉ.* N° 35.

Imprimé sur le papier azuré du 1 cent. de 1863-71 mais paraissant légèrement grené ; nuance vert ou vert foncé ; ce dernier : 2 U. Impression défectueuse : 2 U. Blocs de 4 : 6 N ; 20 U.

Le mieux est de le prendre avec oblitération à date en vérifiant s'il ne s'agit pas d'un n° 25 oblitéré de 1862 à 1870 !

1870-71. *SIEGE DE PARIS.* N°ˢ 36 à 38.

Ces timbres ont été tirés sur les planches de l'émission de 1849 ; on y retrouve la retouche du 40 centimes et les tête-bêche des 10 et 20 centimes.

Nuances. — Le 40 cent. jaune et jaune foncé ne sont pas communs. La nuance brune est une décoloration.

Variétés. — Les impressions défectueuses sont rares, surtout le 20 cent. Les 40 cent. avec chiffres retouchés sont le plus souvent sans filet dans le bas ; paire avec les deux types retouchés : 4 U. Les 10 et 20 cent. avec fond ligné : rares. On trouve des formats légèrement différents suivant les planches.

Paires : 3 N ; 3 U ; blocs de 4 : 6 N ; n° 36 : 12 U ; n° 37 : 3 fr. ; n° 38 : 12 fr. Sur lettre, 10 cent.: 2 U ; les autres : U, 25.

Réimpressions. — Non dentelées ; 10 cent. bistre très jaune ; 20 cent. bleu laiteux et bleu foncé. Valeur : 10 fr.

III. — **NON DENTELÉS**

BORDEAUX 1870-71. *N°* 39 à 48.

L'émission dite de Bordeaux est vraiment l'une des plus intéressantes à spécialiser. Les variétés de teintes, de types (20 cent.),
les variétés et défauts de la lithographie, de report et d'impression
sont nombreux. Les impressions nettements défectueuses ; les ombres sous l'œil, la ligne blanche prononcée dessinant le contour de
la tête, etc., etc., permettent de se livrer à de nombreuses recherches.

Ces timbres ne peuvent se confondre avec ceux des émissions de
France de 1849 et colonies 1871-76 qui sont typographiés. En cas
de doute, observez l'extrémité de la couronne d'épis qui a beaucoup
moins de saillie sur le front que dans ces émissions (exception faite
pour le 20 cent., type I, que sa mauvaise impression permet de classer facilement).

Feuilles de 300 timbres obtenues par le transfert de 20 reports
de la planche-mère ; cette dernière obtenue elle-même par le report
de 15 vignettes provenant du dessin sur pierre (20 cent. type I)
ou de la gravure sur pierre (autres valeurs).

Les défauts de report permettent la reconstitution du bloc
report. (Tous les signes distinctifs des reports avec les illustrations
adéquates ont été communiqués à *L'Echo de la Timbrologie* 15-12
1922 à 31-12-1925) (1).

Planches. — 1 cent. Planche I. Ombres de l'œil en pointillé.
Ligne blanche fine au contour des cheveux.

1 cent. Planche II. Ombres de l'œil en traits interrompus. Forte
ligne blanche.

1 cent. Planche III. Ombres idem. Pas de ligne blanche.

2 cent. Planche non retouchée. Report non dépouillé.

2 cent. Planche retouchée. Report dépouillé.

4 cent. Planche non retouchée. Saillant de couleur à l'intérieur
du trait vertical gauche du chiffre de droite.

4 cent. Planche retouchée. Chiffre de droite corrigé.

5 cent. Premier état. Œil très ombré.

5 cent. Second état. Œil mi-ombré.

10 cent. Planche non retouchée. Cadre intérieur normal.

10 cent. Planche retouchée. Cadre intérieur renforcé.

20 cent. Type I. Planche non retouchée. Court trait oblique attaché extérieurement au cadre droit, dans le haut. Gros défauts de
report non corrigés.

------

(1) F. SERRANE : I. Les Timbres-Postes de l'émission de Bordeaux. Historique,
description blocs report, signes distinctifs. Toutes les nuances en couleurs. Oblitérations. Variétés. Faux, etc. 190 pages, 176 figures. 11 planches en couleurs.
40 fr. Chez l'auteur. — II. La reconstitution des planches de Bordeaux. 120 pages,
265 figures. 15 francs. Idem.

..o cent. Type I. Planche retouchée. Cadre droit rectifié, gros
défauts de report corrigés.

20 cent. Type II. Planche I. Sans ligne blanche au contour des
cheveux.

20 cent. Type II. Planche II. Avec ligne blanche.

20 cent. Type III. Planche I. Cadre intérieur normal.

20 cent. Type III. Planche II. Cadre intérieur renforcé.

30 centimes. Une seule planche.

40 centimes. Une seule planche.

80 centimes. Une seule planche.

Valeur des exemplaires provenant des diverses planches. —

1 cent. — Planches I et II : environ 4 fois plus rares que ceux
de la planche III : valeur double.

2 cent. — Les timbres de la planche de report dépouillé sont
rares, mais, les cotes des nuances de ces planches tenant compte
de leur rareté, il n'y a pas lieu de leur attribuer de supplément.

4 cent. — Les timbres de la planche retouchée sont très rares :
3 à 4 fois la valeur ordinaire.

5 et 10 cent. — Pas de supplément.

20 cent. — Type I. Planche retouchée, rare usée : U, 50.

20 cent. — Type II. Pas de supplément.

20 cent. Type III. — Planche I, environ vingt fois plus rare que
la planche II : 3 N ; 5 U.

Nuances rares :

1 centime. — Planche I. Gris-vert sur papier gris-vert : R.R.
Gris-olive pâle : R.

Planche III. Olive très foncé sur papier bleu.

Planche III. Olive noir : R. Vert olivâtre pâle : R.
Le vert-bronze à l'état neuf : R.R. Bronze-
brun : R.

2 centimes. — Report non dépouillé. Brun-rouge chocolaté, nuance intermédiaire : R.R. Rouge vif (brique) :
R.R. Brun-rouge pâle : R.

Report dépouillé : chocolat foncé : R.R.

4 centimes. — Planche non retouchée. Gris foncé lilacé : R. Gris
très foncé : R.R. Gris-noir : R.R.R. Gris-jau-
nâtre sur jaunâtre : R.R.

Planche retouchée : toujours R.R.

5 centimes. — Gris-vert terne (sauge) : R. Vert-émeraude (vert-
bleu très foncé) : R.R. Vert foncé sur bleu : R.

10 centimes. — Planche non retouchée. Bistre très pâle. Brun-
orange : R.R. Brun-clair : R.R.

Planche retouchée. Citron : R.R.R. Jaune-bistre
foncé : R.R. Orange-bistre : R. Jaune-orange
foncé : R.R. Bistre-brun et jaune-brun : R.R.

20 centimes. — Type I. Bleu-terne (verdâtre) sur jaunâtre. Bleu-
noir : R.R.R. Bleu foncé vif.

Dans la planche retouchée les nuances sont moins
variées ; le bleu foncé n'est pas commun ; bleu
très pâle : R.R.

20 centimes. — Type II. Planche I. Bleu vif foncé. Bleu acier :
R.R. Bleu ciel : R.R. Bleu de roi : R.R. Bleu
terne verdâtre · R.R. Intermédiaire outremer :
R.R.R.

20 centimes — Planche II. Bleu laiteux. Bleu sombre (gris ou
verdâtre). Bleu acier : R.R. Intermédiaire outremer : R.R.R.

20 centimes. — Type III. Planche I. Bleu pâle. Bleu foncé verdâtre : R.R. Gris-bleu : R.R. Intermédiaire outre-
mer : 10 fr.

Planche II. Bleu acier : R.R.R. Gris-bleu : R.R.
Bleu de roi : R.R. Bleu de velours : R.R. Bleu
très foncé. Bleu vif foncé (bleu de Chine) :
R.R. Intermédiaire outremer : R.R.

30 centimes. — Le brun très pâle ou le brun-noir très foncé sont
rares.

40 centimes. — Jaune-orange foncé : R. Rouge orange terne. Ver-
millon vif : R.R. Rouge intermédiaire sang :
R.R. Rouge-sang pâle : R.R.R. Rouge-vif :
R.R.R. Citron ? : R.R.R.

80 centimes. — Rose très pâle : R.R. Rose-rouge. Rose-chair : R.R.
Nuances carminées (papier mince transpa-
rent) : R.R.

(Les nuances rares renseignées dans les catalogues généraux et
bien connues des spécialistes ne sont pas citées ici, à moins qu'elles
n'aient une rareté particulière dans une planche.)

La comparaison idéale de la nuance outremer est le 25 cent. bleu
et outremer de l'émission de 1913 de la Côte d'Ivoire.

Variétés. — *Les défauts de report* (une fois par 15 timbres dans
tous les tirages d'une planche) sont recherchés quand ils sont
caractéristiques et visibles. Exemples : 30 cent. (pied droit du R
de REPUB allongé) ; 20 cent. type I (cadre intérieur interrompu au-
dessus du T) ; 80 cent. (branche gauche du T manque), etc.

Les défauts de transfert (une fois dans un seul tirage de la
planche de 300 timbres) sont beaucoup plus rares. Exemples : 20
cent. type II. Planche II (FRANE pour FRANC) ; 30 cent. impression soignée (nez descendu jusque devant la bouche) ; 80 cent.
(BEPUB ou avec 88 à droite), etc.

Les défauts d'impression ne sont intéressants que quand ils
sont bien visibles et étendus. Exemples : coquilles de couleur ; man-

que à l'impression ; id. par pli original (accordéon) ; doubles impressions partielles ou totales.

Retouches. — Celles qui ont été faites sur la planche-mère avant tout tirage n'ont aucune valeur puisqu'elles se retrouvent sur tous les timbres. Exemples : grattage des lignes d'ombres sous l'œil pour en faire des traits interrompus ; renforcement de la ligne blanche au contour des cheveux ; cadre intérieur renforcé. Celles qui n'ont été faites que sur quelques types (ou un seul) de la planche-mère sont de rareté moyenne. Exemples : *très-forte* ligne blanche (dans les 4, 5, 30 cent. et 20 cent type II, planche II) ; retouches de barrettes dans la cinquième ligne d'imbriquement, à droite en haute ; retouches du cadre intérieur gauche (5 cent.). Les retouches raies sont celles qui ont été faites sur la grande pierre et qui montrent des lettres, des cadres visiblement retouchés. Enfin, quelques retouches rarissimes faites sur la même pierre en fin de planche, exemples : 20 cent., type I (imbriquement supérieur gauche entièrement refait) ; 20 cent., type II, planche I (idem ou retouche du cadre intérieur à droite en haut), etc.

Impressions fines. — Il ne faut pas confondre les impressions fines avec les impressions soignées. Les premières montrent tous le traits du dessin finement tracés, elles sont recherchées. Les secondes sont généralement de report dépouillé ce qui a pour effet d'amenuiser le burelage et, par conséquent, de bien faire ressortir la tête de Cérès ; ces impressions gagnent encore en qualité par un tirage fait avec grand soin.

On trouve des impressions fines, toujours rares, dans les valeurs suivantes : 1 cent., planche III ; 2 cent. brun-rouge et 2 cent. rouge-brun (report non dépouillé) ; 4 cent. gris ; 5 cent. vert-jaune et vert (tous les traits interrompus sous l'œil bien visibles, premier état) ; 10 cent. bistre, planche non retouchée ; 20 cent., type II, planche I, bleu ; 80 cent. rose pâle. Une impression mi-fine se rencontre dans le 20 cent., type I, planche non retouchée en bleu ou bleu foncé.

Impressions soignées. — 1 cent. vert olivâtre pâle, planche III, deuxième état, et planche II, dernier état ; 2 cent. (report dépouillé), brun-rouge et chocolat ; 4 cent. gris ; 5 cent. vert-jaune pâle, œil mi-ombré ; 10 cent. bistre ; 30 cent. brun sur papier plus jaunâtre, mais ceci est une impression fine en même temps qu'une impression soignée ; 40 cent. rouge orange.

Planches usées. — Les exemplaires de la fin des planches, avec burelage visiblement usé sont toujours rares. Citons : 1 cent., planche I ; 5 cent vert foncé ; 10 cent. bistre ; 20 cent., type I, planche retouchée (ne pas confondre avec les reports dépouillés) ; 40 cent. orange et 80 cent. rose.

Paires. — Sans rareté spéciale : 3 N ; 3 U ; 5 cent. vert foncé : 4 N ; 4 U ; 20 cent., type I et 30 cent. : 4 U ; 20 cent., type III, pl. I : rares ; planche II : 5 U ; 20 cent., type II : 10 U.

Bandes de trois. — Sans rareté spéciale : 4 N ; 4 U ; 2 et 40 cent.: 5 U ; 5 et 30 cent.: 6 U ; 10 cent.: 10 U ; 20 cent., type I : 6 N ; 12 U ; 20 cent., type II : 6 N ; 30 U ; 20 cent., type III : 5 N ; 30 U.

On remarquera que les bandes de 3, 4, et 5 ont une valeur proportionnelle entre la paire et le bloc de 4.

Bandes de quatre. — Sans rareté spéciale : 5 N ; 6 U ; 2, 4, 30 cent. : 8 U ; 5 et 40 cent. : 10 U ; 20 cent., type I : 8 N ; 24 U ; 20 cent., type II : 10 N ; 60 U ; 20 cent., type III : 8 N ; 60 à 100 U.

Bande de cinq. — Sans rareté spéciale : 6 N ; 7 à 8 U ; 4 cent. : 9 U ; 5 cent. : 12 U ; 10 cent. : 8 N ; 30 U ; 80 cent. : 7 U.

Blocs de quatre. — Sans rareté spéciale : 5 à 6 N ; 8 U ; 2, 4 et 30 cent. : 10 U ; 5 cent. : 10 N ; 15 U ; 40 cent. : 15 U ; 10 cent. : 12 N ; 40 U ; 20 cent., type I : 10 N ; 40 U ; type II : 15 N ; 150 U ; type III : 10 N ; 150 à 200 U.

Timbres sur lettres. — 1 et 2 cent. : 2 U ; 4, 30 et 80 cent. . U, 50. Les autres : U, 20. Les 20 centimes sont communs.

Oblitérations. — Oblit. grands chiffres : commune. A date double cercle : commune dans les basses valeurs ; 10 et 30 cent.: U, 50 ; 40, 80 et 20 cent., type I : 2 U ; type II : 3 U ; type III : 15 U. Petits chiffres : 2 U ; 1, 10 et 20 cent., type II : 3 U ; type III : 10 U. Ambulants (lettres et chiffres) : 2 U ; 10 et 40 cent.: 3 U ; 20 cent., type II : 4 U ; type III : 15 U. Ancre : rare sur les petites valeurs ; peu rare sur les 40 et 80 cent. 20 cent., type I : 2 U ; 10 cent.: 3 U ; 20 c., type II : 4 U ; type III : 6 U.

Petit cachet à date : peu rare sur les petites valeurs ; 10, 30 et 80 cent.: 2 à 3 U ; 20 cent., type II et 40 cent.: 5 U ; type III : 10 U ; 20 cent., type I : R.R. Triple cercle à date, cercle extérieur perlé : rare sur toutes les valeurs 3 à 5 U ; 20 cent., type II : 10 U ; type III : 30 U. Etoile avec ou sans numéro : toujours rare : 3 à 6 U ; types II et III : 12 U. Oblitérations du Levant : gros chiffres : 2 à 3 U ; moins rare sur 40 cent. Toutes les autres oblitérations : OR, ambulants à date, cachets de gare, Monaco, Levant à date, oblitérations étrangères, oblit. de couleur, etc., etc., sont rares.

Timbres dentelés. — On trouve toutes les valeurs percées en lignes et dentelées 13 ; le 20 cent., type III, avec une piqûre longue dite d'Avallon. A prendre sur lettres expertisées. Voir les valeurs dans les catalogues spéciaux.

Timbres coupés. — 10 cent. coupé diagonalement ; 20 cent., type III, coupé en 4 (Limoges) ; 80 centimes coupé en 4 (Clerval).

Réimpressions. — **Non.**

Faux pour servir. — Les 20 cent. types II et III faux ont été usés poste. Le type II, de provenance italienne ? a passé par la poste à Marseille. Lithographié ; type indéfinissable que la forme des lettres C et la distance du cercle perlé au cartouche du haut font classer au type II. Lettres mal alignées, mal conformées (le 2 de droite ressemble à un Z) et un peu plus hautes que dans l'original. Dedsins des coins informes ; grecques sans ombres portées et finissant dans les lignes blanches. Nuance intermédiaire outremer. Papier mince. Valeur sur lettre : 300 U.

Quant au 20 cent., type III, la falsification la plus connue est celle qui donna lieu au procès d'Aix-en-Provence. Les dessins A et B renseigneront suffisamment sur les caractéristiques. Papier mince (55 à 60 microns, gomme comprise) ; mauvaise copie du 20 cent. type III, planche II (cadre intérieur renforcé). Valeur sur lettre : 500 U ; neuf : sans valeur. Oblitéré grands chiffres 2240 (Marseille) du 10 mars 71 au 15 avril ; aussi Lorgues (Var), La Seyne-sur-Mer, etc.

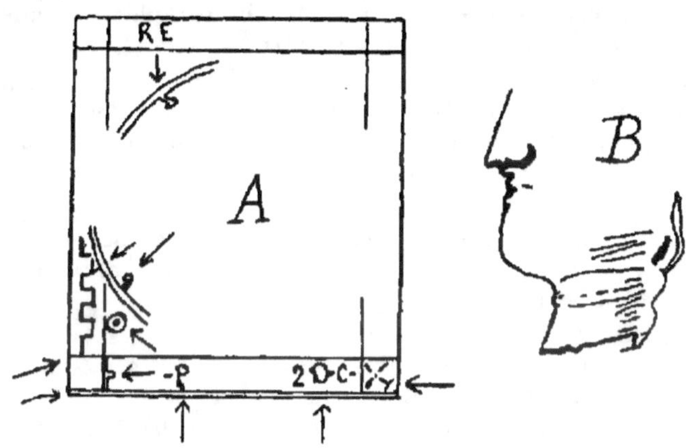

Faux. — Les signes secrets (perles reliées devant le nez ; barrette manquante dans le cinquième imbriquement ne peuvent servir qu'à repérer quelques faux anciens des 2, 20 et 40 centimes.

Ces signes sont inopérants pour les photolithographiés modernes (Toulouse) et les défauts des reports originaux sont indispensables à connaître, car ces faux sont beaucoup plus difficiles à découvrir que les imitations de gravés (1).

Bien entendu, les caractéristiques des reports ne sont pas toujours bien nettes sur les timbres vrais, par suite du travail litho-

---

(1) Il a fallu cinq ans de discussions passionnées et un jugement de tribunal pour départager les amateurs belges au sujet des Croix-Rouge lithographiés 1914 !

graphique, mais avec un peu d'étude on arrive vite à les authentifier ; la nuance, la mensuration et le papier apportent, en outre, leur confirmation.

20 centimes, type I. — Deux faux modernes. Le premier s'apparente au type I par les points du cou, mais au type III par l'inscription du bas. Le C de gauche est visiblement plus grand que le chiffre 20 ; forts traits de couleur dans les grecques. Oblitéré 2240 E, très mauvais papier gris. Le second est sur papier grené laineux avec fils visibles au verso, 85 microns ; 1/2 $^m/_m$ moins haut que l'original et un peu moins large ; nuance outremer ; mauvaise copie du type XII de la planche non retouchée ; le P de REPUB est trop haut, trop épais ; l'A de FRANC est trop petit.

2 centimes. — Il existe un faux ancien avec point de couleur devant le mot REPUB, le faussaire ayant négligé d'éclairer sa lanterne ; le reste du dessin est arbitraire en plusieurs endroits

J'ai découvert à Nice, en février 1923, des faux du 2 cent. (et du 10 cent. Communication du 1er mars 1923 à *L'Echo de la Timbrologie*). Ces contrefaçons, exécutées par photolithographie en paires, bandes et blocs proviennent de Toulouse (P.).

Dessin correctement imité ; on remarque cependant un manque de finesse des ombres de l'arcade sourcillière devant l'œil, et des ombres du cou, sous le menton. Les dimensions sont bonnes, mais le faussaire a laissé 2 millimètres d'intervalle dans tous les sens : toujours la lanterne !

Le papier n'a pas reçu l'impression de sûreté ce qui donne à l'imitation une impression plate, comme celle des timbres originaux trop fortement lavés.

Le papier est parfois rougeâtre sur les deux faces ; c'est un moderne qui a pris dans les formes ou sur les toiles métalliques avant son passage entre les presses coucheuses un faux air de papier grené avec très nombreux points de transparence bien alignés.

La nuance est d'un brun-rouge mat, fondu dans le papier, et Cérès a l'amour-propre de ressortir encore moins que dans les exemplaires honnêtes. On trouve d'autres nuances arbitraires.

Voici quelques indications supplémentaires pouvant servir à identifier les 2 cent. faux de Toulouse :

1° Imitation du type III du report. Le cercle est bien interrompu dans le haut, mais le trait supplémentaire attaché au cadre intérieur au-dessus du chiffre de gauche est mal venu, peu visible, les points de couleur après 2, C, POSTES et C sont blancs à l'intérieur. On trouve un trait mince et vertical dans la marge droite à environ 1 $^m/_m$ du cadre extérieur. Nuance chaudron. Cette falsification comme les deux suivantes est sur papier mince de 60 à 65 mc.

2º Copie du même type de report, ce qui indique qu'on s'est servi uniquement d'un exemplaire authentique du type III pour établir la falsification et qu'on a fait des reports de celle-ci pour arriver à présenter des paires, bandes et blocs. Cette fois, le cercle n'est pas interrompu, mais le trait attaché au cadre gauche est bien visible. Le point après le chiffre de gauche a presque disparu et les points après le C et le mot POSTES sont très faibles. Pas d'ombres sous l'œil, nuance rougeâtre pâle, ton plat.

3º Un troisième faux de Toulouse porte un trait de couleur attaché dans le haut de la boucle inférieure du B, un trait oblique attaché au milieu de la branche oblique du N, au-dessus de cette branche, un autre trait oblique descendant et non attaché à gauche sous le trait de paupière inférieure. Le cadre intérieur gauche est interrompu dans le bas, sous le chiffre gauche et est formé d'un trait oblique au-dessus de la base du chiffre. Les lettres O et S sont attachées dans le haut, le premier S de POSTES est plus épais en haut; les traits du burelage sont plutôt ovales et blancs au milieu. Nuance rouge brunâtre légèrement chaudron, papier grisâtre au verso Oblitérations diverses dont cachet à date TOULOUSE 2e/20 SEPT 71 (30), etc

Le 2 cent. « impression soignée sur jaunâtre » a été imité. Deux types, vraisemblablement d'une autre provenance.

1º La lettre E de REPUB a la barre médiane oblique et descendante; son trait vertical est prolongé jusqu'au cadre supérieur. Les lettres F et R de FRANC sont bien séparées dans le haut; on trouve encore d'autres différences dans le dessin, et notamment un petit trait vertical dans la troisième ligne de burelage du coin supérieur droit un peu à gauche et en-dessous du point qui suit le mot FRANC.

2º La boucle de la lettre R de REPUB. n'est pas rattachée au milieu de la branche verticale; la branche gauche de la lettre U montre un rentrant dans le haut à gauche; le chiffre 2 de gauche porte un saillant de couleur à droite en haut vers le milieu de la ligne extérieure de la boucle de cette lettre; le C qui suit le chiffre se termine en bas par un point de couleur.

Cette falsification n'a pas l'impression lithographique de sûreté et son papier est rugueux; le burelage est formé de points; les nervures des feuilles de la grappe sont formées de points très nets; trace de ligne blanche au contour des cheveux; cadre intérieur droit presque aussi épais dans sa moitié supérieure que le cadre extérieur. J'ai vu les oblitérations grands chiffres 709, 822.

4 centimes. — Un faux de Toulouse est d'impression lourde, sans fond de sûreté. Même papier que le faux similaire du 2 centimes. On le rencontre dans une nuance lilacée extraordinairement vive.

Faux cachets divers dont 3982 gros chiffres, etc.

Le 4 cent. jaunâtre, avec chiffre de droite retouché, a été bien imité mais les dimensions du timbre et le dessin diffèrent.

20 cent. Type II. — Un faux s'apparente au 20 cent. type II par l'inscription du bas, mais les lettres du haut sont trop larges; la distance de la lettre R de REPUB jusqu'au côté gauche du cartouche n'est que de 1 $^m/^m$ ou moins; pas de ligne blanche; quelques points en lignes verticales de l'œil à la narine; toutes les perles ont un aspect rectangulaire, les premières lignes d'imbriquement à gauche sont formées de lignes droites, etc., etc. Oblitération 2240 douteuse. (Cachet authentique... récemment appliqué).

J'ai vu également une pièce bleu foncé du 20 c., type II, avec ligne blanche, impression lourde au recto; avec une impression formée de petites lignes courbes irrégulières en bleu au verso. Pièce isolée, oblitération douteuse. Je suppose qu'il s'agit d'une maculature ou d'une feuille rebutée sur laquelle on a fait des essais d'encrage au verso.

20 centimes. Type III.   Lithographiés sur papier grisâtre non transparent; les dimensions sont bonnes mais le dessin laisse tellement à désirer qu'il peut se juger facilement par comparaison, il ne montre aucun signe des 15 types des reports.

Dans le coin de gauche en bas, la première languette de l'imbriquement n'a que deux divisions horizontales au lieu de quatre; le cadre supérieur est souvent interrompu à droite du carré ornemental gauche et le cadre inférieur ne joint pas le cadre gauche. On trouve ce faux piqué à l'épingle, parfois muni de l'oblitération à points losangiques qu'on rencontre souvent sur les anciennes imitations.

40 centimes. — On trouve un faux assez curieux d'origine inconnue mais probablement ancien, car actuellement on fait mieux.

Photolithographié sur papier satiné blanc, à la machine, 65 microns, sans impression lithographique de sûreté, sa nuance est celle du 40 cent. orange de Bordeaux mais avec une pointe d'ocre suffisante pour lui donner à première vue l'apparence de certains 10 lepta de Grèce.

Le burelage est semé de points; les ombres sous l'œil sont faites de points ainsi que les ombres du cou. (Bordeaux : traits, traits interrompus et traits).

Mensurations : 18 $^m/^m$ 1/2 sur 22 1/2 de haut; trop grandes pour les Bordeaux.

On se trouverait donc en présence d'une falsification du timbre de 1849 ou des Colonies, mais le cartouche du bas est imité du 40 cent. Bordeaux (type 5 du report imité; cela se voit aux chiffres) d'où je conclus que le faussaire, voulant imiter le 40 cent. de 1849 et n'ayant qu'un débris de ce timbre à sa disposition — sans cartouche du bas — a collé sous ce débris un cartouche découpé dans un 40 cent. de Bordeaux. Cela se vérifie non seulement par la reconnaissance du type de report du cartouche, mais aussi parce que la largeur de celui-ci, moins grande que dans l'émission de 1849 ne permet pas aux cadres latéraux de concorder. L'imitateur ne se doutait pas de tout cela quand il a photographié cet ensemble curieux et serait très étonné qu'on lui dise aujourd'hui la manière exacte dont il a procédé !

Ce faux est donc hybride et peut être décrit comme faux des émissions de 1849; des Colonies (1871) et de Bordeaux (1870). Je ne pense pas qu'on ait voulu en faire un faux à toutes fins, car ceci serait encore plus curieux. Il n'a jamais passé par la poste et porte une oblitération fausse faite de points et petites barres avec gros chiffres (le chiffre 3 n'est pas conforme à celui employé à l'époque).

J'ai tenu à le signaler car, malgré qu'il ne résiste pas à un examen sérieux, les collectionneurs y ont été parfois trompés.

Un autre faux, plus insidieux — qui provient probablement de Toulouse — est de nuance ocre rougeâtre. C'est une mauvaise imitation du type XIV du report.

Le petit trait blanc attaché au pied de la lettre R manque, le C derrière le 40 de droite est mince du corps et épais dans le bas alors que c'est le contraire dans l'original; la ligne blanche est forte.

Les lettres de la légende, d'épaisseur bien égale dans les originaux, sont mal venues et trop minces, notamment la lettre F dont la barre supérieure est de moitié trop courte et la barre médiane inexistante, et les deux pieds du R de FRANC. Le P de REPUB est largement ouvert dans le haut et les deux lettres R montrent parfois le même défaut.

La rosette du coin supérieur droit est très faible ainsi que la grecque du même côté; le pied des deux chiffres 4 est parfois prolongé jusqu'au bas du cartouche.

Cette imitation a été tamponnée de cachets divers (dont 532 grands chiffres et étoile sans numéro) etc.; on la trouve sur fragment.

Fausses oblitérations. — En dehors du faux cachet 3982 grands chiffres (Toulouse) et des autres tampons déjà indiqués, on en connaît une quarantaine d'autres rien que sur les faux de Toulouse. Tous les faux cachets de Marseille et de Paris ont dû y passer !

Truquages. — Il est inutile d'insister sur le truquage de dentelés du Siège ou de 1871-75 ayant subi l'ablation des dents pour les muer en non dentelés bordelais ! De même pour les réimpressions Granet non dentelées de 1887 (10 et 20 cent.) et des non dentelés des Colonies françaises générales (émissions de 1871 et 1872-77) parfois offerts comme Bordeaux. Il suffit de voir le pointillé des ombres de l'œil ainsi que la hauteur du mot POSTES (1, 2 et 4 cent.) pour être fixé sur ces typographiés.

IV. — **DENTELÉS** après 1870)

1871-75. *CERES. N°s 50 à 60.*

4 centimes gris-jaunâtre (voir observation au n° 27). On recherche les timbres avec fond ligné ou impr. défectueuse. Le 25 cent. bleu se rencontre avec divers défauts de planche : cartouche supérieur détérioré ; gros trait blanc dans le fond central ; cassure du cliché au-dessus du chiffre gauche ; cadres détériorés, etc. On trouve des retouches du cartouche supérieur dont l'une, peu commune, montre ce cadre entièrement refait ; des retouches de cadres, notamment du cadre supérieur.

Paires : 3 N ; 3 U ; excepté n° 51 : 4 N ; 10 U ; n°s 54 à 60 : 5 U ; blocs de 4 ; n° 53 : 10 N ; usé : 4 fr. ; n°s 54 à 57 : 10 N ; usés : 10 à 15 fr. ; n° 59 : 16 N ; usé : 5 fr. ; n° 60 : 6 N ; usé : 1 fr. ; les autres : 8 N ; 8 U. Les 1 à 4 cent. et 80 cent. sur lettre valent : 2 U.

Non dentelés. — A l'exception des n°s 54 et 55, toute la série est connue non dentelée (rares) en nuances légèrement différentes de celles des colonies.

Réimpression. — 25 cent. bleu, non dentelé.

Faux pour servir. — N°s 55 et 60 : R.R. Le n° 60 oblit. 5051. La comparaison du pointillé de la figure suffit.

Truquages. — L'erreur du 15 cent. brun sur rose a été truquée au moyen d'un n° 54 dont les zéros se sont mués en 5 ; les tête-bêche des 10, 15 et 25 cent. on été fabriqués avec deux isolés comme il a été expliqué précédemment (1853-60).

1876 à 1900. *TYPE GROUPE. N°s 61 à 107.*

Le n° 84, 1 cent. noir sur bleu de Prusse doit avoir la nuance du timbre de Prusse n° 4 de nuance claire. Il existe des truquages chimiques exécutés sur le n° 83c ; comparaison de la nuance et étude du papier truqué qui n'est presque jamais entièrement imbibé.

Paires : 3 N ; 3 U ; excepté numéros 64, 66, 68 à 72, 91 et 104 plus rares usés : 5 U. Les paires du 25 cent. type I et II « se tenant » sont excessivement rares (intervalle).

Bandes. Prix proportionnels entre la paire et le bloc de 4 ; par exemple : n° 62 bande de 5 : 10 U ; n° 68 bande de 4 : 60 U, n° 71, bande de 4 : 30 U ; n° 91, bande de 4 : 80 U ; etc.

Blocs de 4. — Neufs : 6 à 8 N, excepté n° 92 : 20 N.

Usés : 8 U, excepté les timbres de très petite valeur : 1 à 2 fr., et n°s 76 et 95 : 12 U ; n° 81 : 16 U ; n°s 64, 65, 93 et 104 : 20 U ; n° 70 : 30 U ; n°s 66, 69 et 71 : 40 U ; n° 72 : 60 U, et n°s 68 et 91 : 120 U.

Variétés. — On trouve des impressions défectueuses, des timbres avec impression renversée au verso. Quelques numéros sur papier pelure : rares ; n° 101 avec double quadrillage : rare ; n° 103 avec double impression : rare ; n°s 102 et 103, paires verticales avec bandes de séparation types I et II : 5 fr. neufs. Les 20 cent. bleu, types I et II sont des non émis.

Non dentelés. — La plupart des valeurs. Grandes marges nécessaires. Tous rares sur lettre.

Réimpressions (Granet. 1887. Type II). Non dentelés ; nuances différentes des originaux.

Faux usés poste. — Piquages non conformes (originaux 14 × 13 1/2), dimensions non plus (originaux 18 × 22 $^{m}/^{m}$). 25 cent. bleu laiteux, lettres et chiffres non conformes : R.R. 15 cent. bleu 1° dessin grossier, dent. 12 ; 2° un autre faux en bleu très clair dont le dessin est irrégulier (comparaison) et l'inscription J. A. SAGE INV non venue ; enfin 3° le faux de Châlons, plus connu. Bandeau frontal de Mercure formé de deux traits presque droits ; les points avant et après l'inscription du bas sont pleins ; le mot Mouchon est inscrit entre les deux cadres et non à cheval sur le cadre intérieur, etc. Valeur sur lettre : 40 fr.

Truquages. — Fausses oblitérations ancre : faux millésimes en grand nombre, dont beaucoup fort bien exécutés.

EMISSION DE 1900. N°s 107 à 123.

Les valeurs tirées en deux fois, 10, 20, 25 et 30 cent. avec chiffre de la valeur trop clair ou trop foncé doivent avoir ces chiffres fortement tranchés avec le reste de l'impression. On trouve les 10 cent. avec impression en orange et chiffres en carmin.

Les 10 à 30 cent. sans chiffres sont des rebuts d'atelier ; ils n'ont jamais passé au contrôle.

Truquages. — 40 et 50 cent. avec nuance du fond chimiquement ou physiquement réduite. Ces truquages sont ensuite présentés sur fragments (avec étiquette de recommandé) et pourvus d'une fausse oblitération (ronde à date : Verdelais 1-3 19.. Gironde).

Faux. — 5 francs. Provient d'un tirage clandestin (tout comme les faux n°s 24, 25 et 26 des bureaux du Levant français) ; ce n'est donc pas un faux à proprement parler, mais il ne peut prendre place dans les collections n'ayant pas eu d'existence régulière. Il est assez inutile de s'écarquiller les yeux sur les petites différences de hachures ou d'ombrage provenant de la différence de pression pendant ce tirage abusif ; le contrôle du papier n'est pas non plus à la portée de tous ; mais il y a des différences de nuances et la meilleure caractéristique reste la dentelure non conforme, les machines à piquer, appartenant à l'Etat, ayant eu les pieds nickelés !

1902. *TYPE MOUCHON RETOUCHÉ. N°s 124 à 128.*

Faux usé poste. — 15 cent. Dessin grossier. Comparaison. Dentelure non conforme (originaux 14 × 13 1/2 mais aussi des erreurs de piquage).

1903. *SEMEUSES*. N°s 129 à 145.

Les non dentelés n°s 137 à 143 proviennent de feuilles n'ayant pas passé au contrôle et vendus à quelques marchands par un employé de l'atelier du timbre. (Procès parisien de 1910). Il existe un grand nombre de nuances pour la plupart des valeurs ; un exemple, n° 138 : rouge carminé, rouge clair, carmin, sang de bœuf, rouge terne pâle, rose foncé, vermillon, vermillon pâle, rouge ponceau (rare), écarlate, rouge saumoné, jaune-orange (très rare sans truquage). Le lie de vin est un truquage chimique.

Faux pour servir. — 10 cent. rose n° 129 (1907) comparaison du lignage du fond aux endroits ou les rayons du soleil traversent ; piquage 14 × 13 au lieu de 14 × 13 1/2. 10 cent. n° 138 (Turin) bien imité après quelques corrections d'un cliché mal venu (Semeuse à tête de mort, procès de Toulon) ; quelques signes caractéristiques, notamment les 1°, 2° et 3° de la description suivante rappellent les faux du 25 cent. qui sont probablement de même provenance, piqué 13. 25 cent. n° 140. J'ai découvert cette contrefaçon à Nice (communiqué à *L'Echo de la Timbrologie* du 1er mars 1923 en même temps que le faux tête-bêche du 4 cent. empire lauré. Toulouse P.). Principaux signes de reconnaissance : 1° le dernier E de REPU-BLIQUE ne forme pas un F comme dans l'original, mais un E dont la barre inférieure, recourbée, pénètre dans les cheveux ; 2° le pouce de la main droite est formé d'une oblique descendante au lieu d'être légèrement ascendante ; 3° la semeuse originale porte cinq hachures au-dessus du coude gauche ; dans le faux, il n'y en a que quatre, les deux plus hautes formant tache ; 4° l'E de MOUCHON a la barre supérieure trop courte et l'N trop petit, piquage 12 3/4 × 13, etc., etc. Les usés sur lettre sont assez rares malgré que la poste ait été mise en coupe réglée (8 millions d'exemplaires en deux ans environ).

1914. *CROIX-ROUGE*. N° 146.

Fausses surcharges. — La comparaison fait reconnaître celles qui sont mal exécutées, mais il en est ou le mesurage le plus précis, la comparaison de la nuance et de l'étalement de la couleur sont nécessaires.

1917. *ORPHELINS*. N°s 148 à 155.

Truquage du 5 fr. + 5 fr. au moyen du même timbre surchargé 1 fr. n° 169 par réduction chimique de la surcharge ; nuance modifiée ; raccords de peinture aux endroits portant surcharge ; fausse oblitération grand cercle Rochechouart, etc.

TIMBRE DE GUERRE. VALENCIENNES.

Faux (Paris B.). — Comparaison de la nuance, du dessin, du format. Dentelés 13 1/4 au lieu de 11 1/2.

V. — TIMBRES POUR JOURNAUX

Faux. — Toute la série a été imitée à Genève, sur papier jaunâtre ; voir l'illustration pour les signes de reconnaissance.

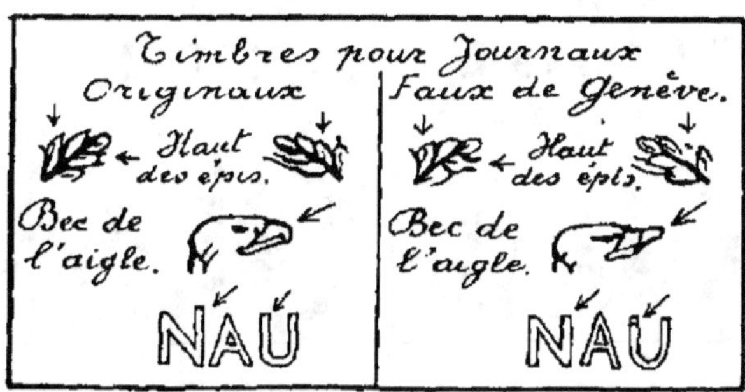

Fausses oblitérations sur ces faux. — 1° 1870 (chiffres de 5 $^{m}/_{m}$ de hauteur) puis une barre horizontale z $^{m/m}$ 1/2 en dessous, enfin à 7 $^{m}/^{m}$ 1/2 plus bas on voit la moitié supérieure des deux lettres E et I (3 centimètres de hauteur totale, la lettre E a 3 $^{m}/^{m}$ 1/2 d'épaisseur, la lettre I, 5 $^{m}/^{m}$ 1/2) ;

2° Même genre : 1870, barre horiz. et moitié supérieure des lettres R O ou B O (3 $^{m}/^{m}$ 1/2 d'épaisseur).

3° Même genre : 1869, barre horiz. et moitié supérieure de la lettre S (4 à 7 $^{m}/^{m}$ d'épaisseur).

N. B. — Les grosses lettres de l'oblitération cachent le plus souvent le petit trait horizontal du second U de JOURNAUX, ce défaut étant trop apparent.

VI. — TIMBRES DE FRANCHISE

Les surcharges F M ont été bien imitées, droites, renversées ou avec variétés. La comparaison fait découvrir les *mauvaises* imitations.

VII. — TIMBRES-TAXE

10 *CENT. N° 1. LITHOGRAPHIE.*

Ce timbre est du 1er janvier 1859 ; on recherche les oblitérations de janvier (sur lettre : 2 U). Pour les différences avec le typographié voir l'illustration. Dimensions : 2 cent. × 2 cent.

Faux. — Ce timbre a été plusieurs fois falsifié. Voir les mensurations du schéma.

10 *CENT. N° 2. TYPOGRAPHIE.*

5 mars 1859. Le papier blanc est recherché. Dimensions 2 × 2 cent. (typographie) ou 1,95 × 1,95 cent. (galvanos). Variétés : erreurs de lettres (usure).

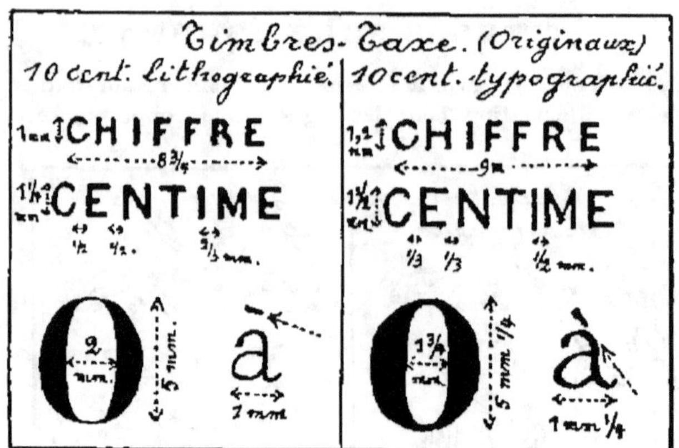

Percés en lignes ou dentelés (non officiels). — A prendre sur lettre. Expertise.

Faux. — Mêmes observations que pour le n° 1.

15 *CENT. N° 3. TYPOGRAPHIE.*

Original. — Dans le chiffre 5 la boucle supérieure est éloignée de la boucle inférieure de $1/2$ $^m/^m$; l'accent sur la lettre a forme une oblique de 45° environ. Défaut de planche : tête du chiffre 5 rompue : R.R.

Piquages. — Pour ce timbre et tous les suivants, même observation que précédemment.

15 *CENT. N° 4. LITHOGRAPHIE.*

Nuance noir intense; la boucle supérieure du 5 n'est éloignée de la boucle inférieure que de $1/4$ de $^m/^m$; l'accent sur l'a n'est incliné que d'environ 30° sur l'horizon et, prolongé, ne toucherait pas la lettre. On trouve, en outre, les signes secrets (points) ren-

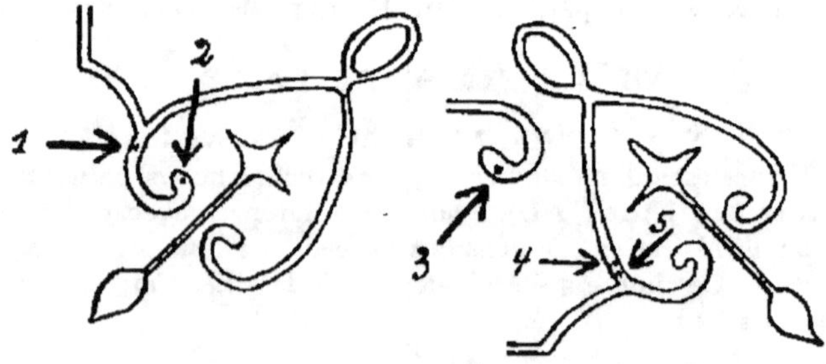

seignés à l'illustration. C'est suffisant pour reconnaître tous les faux grossiers; pour les photolithographiés, comparez le format, le papier et la gomme.

Ce timbre a été exécuté à Bordeaux (1871) d'après une gravure sur bois reportée 10 fois sur une pierre mère qui a servi à composer la feuille de 150 timbres en trois groupes de 50 (5 × 10) séparés par un intervalle.

N⁰ˢ 5 à 9. — *Faux.* — Toutes ces valeurs ont été imitées, particulièrement les nᵒˢ 7, 8 et 9, et revêtues de fausses oblitérations. La forme des lettres, surtout de la lettre a, et la position de l'accent, pareilles dans toutes les valeurs, permettent de reconnaître la plupart des imitations. Pour d'autres, mieux faites, il est nécessaire de comparer, de mesurer, et l'expertise d'oblitération est indispensable pour les nᵒˢ 7 et 8.

TAXES DENTELÉS. Nᵒˢ 10 à 27.

Truquages. — 2 et 5 fr. brun-rouge des colonies munis d'un faux piquage. Vérifiez ce piquage et, le cas échéant... l'oblitération Idem le 1 franc rose sur paille (comparez la nuance).

Faux — Voir les signes distinctifs à l'illustration des timbres similaires des colonies françaises générales. Nᵒˢ 35 et 36, idem.

Fausses oblitérations sur faux de Genève. — Cachets à date :
PARIS 2 ? 82 60
NANTUA 3e/15 JUIL 82 AIN
FIGEAC 1/10 NOV 91 LOT.
UZÈS 2e/1 NOV ? GARD.
et cachet hexagonal (cercle à l'intérieur).
MONS-EN-PUELLE MAI ? NORD.

VIII. — TIMBRES TÉLÉGRAPHE

Faux. — Toute la série a été bien imitée à Genève (F.), malgré que le papier et les nuances de l'impression soient arbitraires.

Signes distinctifs : 1ᵒ la lettre U de OUDINE est moins haute que les autres ; 2ᵒ le pied du T de TÉLÉGRAPHES touche l'ovale blanc ; 3ᵒ la couronne montre un trait simple, et non double, dans le haut, 4ᵒ la première patte de l'abeille de gauche en haut manque (ne pas confondre avec la mandibule), etc.

Dans le 2 fr., le chiffre 2 de droite touche l'ombre de l'ovale.
Fausses oblitérations sur ces faux :
Cachets octogonaux cercle à l'intérieur.
1ᵒ CAEN 12 JUIN 69 (1 étoile)
2ᵒ LE HAVRE 8 FEVR. 68 (1 étoile).
3ᵒ MOLSHEIM 12 JUIN 69 (3 étoiles).
Même cachet mais format plus petit.
4ᵒ METZ 10 FEV. 69 (3 étoiles).

GEORGIE

1919. *TIMBRES DE RUSSIE DE 1918. N°° 1 à 3.*
Le perçage n'est pas officiel. A prendre sur lettres seulement.
Rares.

EMISSIONS SUIVANTES.
Presque tous les surchargés ont été fort bien imités (Russie).
La comparaison est nécessaire. Les n°° 28, 29 et 30 d'Yvert sont
des non émis.
Somme toute, pays peu intéressant.

GIBRALTAR

Font partie de la collection de ce pays les anciens timbres anglais
oblitérés G ; A 26 ; et parfois oblit. à date Gibraltar.

1886. *SURCHARGES. FILIG. C. A. N°° 1 à 7.*
Toutes les *surcharges* doivent être examinées par comparaison,
les fausses surcharges étant nombreuses. Examinez également le
filigrane : le 6 pence n'a servi à Gibraltar qu'avec le filigrane C A
(la variété 6 pence violet foncé des Bermudes 1865-73, filig. C. C.
porte donc une fausse surcharge) ; le 1 sh. des Bermudes est bistre-
olive ; celui qui a servi à Gibraltar est bistre-brun ; mêmes observations pour le 4 p. orange des Bermudes (1880) C. C. et même
pour le 1 pence rose de 1865-73 C. C. L'oblitération est souvent un
bon indice car nombre de fausses surcharges sont appliquées *sur*
des oblitérés des Bermudes.

Faux. — 4 pence (Gênes I.). L'intérieur de l'oreille, la narine et
ses ombres, les ombres sous la lèvre inférieure, etc., forment des
taches de couleur au lieu de montrer le dessin si délié de l'original ;
la surcharge est mal imitée et le filigrane est imprimé au verso
dans un ton rougeâtre. Le 6 pence a été imité sans filigrane, dessin
à peine meilleur et dentelure non conforme. Enfin le 1 schilling a
été faussement réimprimé sur le 1 penny chimiquement décoloré ;
le papier, la dentelure et le filigrane sont donc originaux, la surcharge aussi, mais le travail laisse des traces et la comparaison du
dessin des hachures ne permet aucun doute.

1886. 2ᵉ EMISSION. Nᵒˢ 8 à 14.

Truquage. — 1 peseta de 1898 avec valeur lavée et fausse impression des mots : one shilling en bistre. Comparaison de la nuance du timbre; de celle-ci et de la réimpression.

Le 1 penny a été entièrement décoloré pour recevoir une fausse impression des 4 et 6 p. et 1 shilling. Comparaison du dessin.

1889 (septembre). SURCHARGÉS. Nᵒˢ 15 à 21.

Les surcharges des nᵒˢ 15, 16 et 18 ont été bien falsifiées. Comparaison.

Fausse oblitération. — Gibraltar A P 28 89.

EMISSIONS POSTERIEURES.

Les fortes valeurs sont moins communes usées que neuves; la plupart sont rares sur lettres. Des annulations fiscales ont été lavées pour faire du neuf mais il reste des traces de ce travail; ce truquage a été souvent faussement oblitéré.

GRANDE-BRETAGNE

La Grande-Bretagne, par ses variétés, types, planches, teintes, oblitérations, etc., est l'un des pays d'Europe le plus fréquemment spécialisé.

Les oblitérations des timbres anglais anciens doivent toutes être examinées soigneusement; il en est de fort rares. Cela est si important que nous commencerons par le tableau de celles des colonies anglaises et des bureaux à l'étranger qu'on peut rencontrer sur les timbres anglais. Les oblitérations anglaises intéressantes seront renseignées à la suite de chaque émission.

Tableau des oblitérations (colonies et étranger) qu'on peut rencontrer sur les timbres anglais :

A 01 Jamaïque.	A 15 Grenade.	B 12 S. navale.
A 02 Antigua.	A 18 Antigua.	B 13 Maurice.
A 03 Guyane.	A 25 Malte.	B 27 Côte-d'Or.
A 04 »	A 26 Gibraltar.	B 31 Sierra-Leone.
A 05 Bahamas.	A 27 etc. jusque	B 32 Argentine.
A 06 Honduras.	A 78 (Jamaïque)	B 53 Maurice.
A 07 Dominique.	A 79 etc. jusque	B 54 Côte-d'Or.
A 08 Montserrat.	A 90 (Stations navales).	B 56 »
A 09 Nevis.	A 91 etc. jusque	B 57 Afrique (Station navale).
A 10 Saint-Vincent.	A 99 (Iles Vierges).	
A 11 Sainte-Lucie.	B Station navale.	B 62 Hongkong.
A 12 Christophe.	B 01 Alexandrie.	B 64 Seychelles.
A 13 Tortola (Iles Vierges).	B 02 Suez.	B 65 Maurice.
	B 03 Afrique (Station navale).	C Constantinople.
A 14 Tobago.		C 28 Uruguay.

C 30 Valparaiso.	D 17 Penang, Indes.	G 15 Jamaïque.
C 35 Colombie.	D 22 Venezuela.	G 16 »
C 36 Pérou.	D 26 Saint-Thomas.	H Station navale
C 37 Chili.	D 27 Chine.	L Lagos.
C 38 Pérou.	D 28 »	M Malte.
C 39 Bolivie.	D 29 »	O* O Crimée.
C 40 Chili.	D 30 »	« S » Stamboul.
C 41 Equateur.	D 47 Chypre.	T Iles Turks.
C 42 Pérou.	D 48 »	172 Malacca.
C 43 »	D 74 Pérou.	193 Jamaïque.
C 51 Saint-Thomas.	D 87 »	196-199-201, id.
C 56 Colombie.	E 06 Jamaïque.	247 Fernando-Pô.
C 57 Nicaragua	E 30 »	554 Côte-d'Or.
C 58 Cuba.	E 53 Haïti.	556 »
C 59 Haïti.	E 58 Jamaïque.	582 Porto-Rico.
C 60 Venezuela.	E 88 Colombie.	598 Jamaïque.
C 61 Porto-Rico.	F 69 Colombie	615 »
C 62 Colombie Britannique.	F 80 Jamaïque.	617 »
	F 81 »	622 »
C 63 Mexique.	F 83 Porto-Rico.	631 »
C 64 »	F 84 »	640 »
C 65 Colombie	F 85 »	645 »
C 79 Hongkong.	F 87 Smyrne.	647 »
C 81 Brésil.	F 88 Porto-Rico.	942 Chypre.
C 82 »	F 95 Jamaïque.	969 »
C 83 »	F 96 »	974 »
C 86 République Dominicaine.	F 97 »	975 »
	G Gibraltar.	981 »
C 87 »	G 06 Beyrouth.	982 »
C 88 Cuba.	G 13 Jamaïque.	
D 14 Singapour, Indes.	G 14 »	

Pour connaître la rareté de ces oblitér. sur les diverses valeurs, consultez les catalogues spécialisés.

I. — NON DENTELÉS

1840. 1 *PENNY NOIR ET* 2 *PENCE BLEU.* N°s 1 et 2.

Planches.   240 timbres en 4 groupes de 6 × 10, avec lettres des coins inférieurs arrangées par bandes horizontales de 12 : AA, AB, AC, etc. jusque AL, pour arriver au bas de la feuille par TA, TB, etc., jusque TL. (Il en est de même pour les n°s 3, 4, 8 à 15, 26 et 27.

Premier choix. — Les n°s 1 et 2 doivent avoir 4 marges de 1/2 ^m/^m minimum. Les exemplaires avec marges plus grandes obtiennent des prix d'amateurs.

Nuances. — 1 penny : noir, noir intense, gris noir ; 2 pence bleu, bleu foncé, bleu pâle.

Variétés, 1 *penny.* — 11 planches différentes ; les impressions très fines des premiers tirages : prix d'amateurs ; on recherche les exemplaires de la planche 11 ; ceux avec défauts de transfert, retouches, etc.

Sur papier bleuté : 4 U ; double lettre dans un coin : 5 U ; guide-ligne dans les coins : U, 50 ; guide-ligne à travers la valeur : 2 U ; filigrane renversé : 4 U ; papier mince : U, 50.

2 pence. — Double lettre dans les coins : 10 U ; guide-ligne dans les coins : 2 U ; à travers la valeur : 4 U ; filig. renversé : 4 U.

Les timbres de Grande-Bretagne ont été décrits dans un grand nombre d'ouvrages spécialisés auxquels nous renvoyons le lecteur.

A.- Croix de Malte.

B.- Oblit. à date.

C.- Croix de Malte avec numéro.

D.- Oblitérations diverses avec numéros.

D.-

E.- Oblit. à date (1 cercle).

D.-

F.- Oblitérations de bureaux à l'étranger.

G. PD

H : Poste aux armées.

I : Petit cachet a date.

Oblitérations. — Type A en bleu sur n° 1 : 10 U; n° 2 : 3 U;
orange sur n° 1 : 3 U; violet : 6 U; jaune : 10 U. Type C sur n° 1 :
20 U; n° 2 : 4 U; oblit. à date en noir sur n° 1 : 8 U; n° 2 : 2 U.

Le type A est peu commun en noir sur le n° 1. Nom de ville et
Penny Post en italiques sur 2 lignes : rare.

Paires : 4 U; blocs de 4, n° 1 : 16 U; n° 2 : R.R.R.

Réimpression. — Il n'y a pas de réimpression du n° 1, mais il
y eut une réimpression — dite royale — du n° 26, faite en noir (filigrane renversé grande couronne, 1864).

Truquage du n° 2. — Dans l'original, le burelage du fond n'est
séparé des mots POSTAGE et TWO PENCE que par la ligne bleue
des cartouches de ces mots (1/8ᵉ de ᵐ/ᵐ).

Dans le n° 4 truqué, la ligne bleue a environ 1/2 ᵐ/ᵐ d'épaisseur puisqu'elle comprend la ligne blanche... passée au bleu. Les
nᵒˢ 1 et 2 neufs sont rares : vérifiez s'il n'y a pas de traces... de
lavage.

Faux n° 1. Lithographié, sans filigrane. Pas de point après
penny. N° 1 gravé avec faux filigrane en gras. Facile !

1840. *TIMBRE DE SERVICE. 1 PENNY NOIR. N° 1.*

Ce timbre porte dans les coins du haut les lettres V R (Victoria Regina) et dans ceux du bas, les lettres qui, dans le timbre-
poste, devraient se trouver normalement en haut. C'est un non
émis.

Faux. — Même faux que précédemment, mais avec lettres V R.
On voit des traces des rosaces mal grattées.

Truquage. — Le n°1 original avec rosaces supérieures grattées
et réimpression des lettres V et R.

1841. *1 PENNY ET 2 PENCE. Nᵒˢ 3 et 4.*

• Nuances assez nombreuses du n° 3. On recherche les exemplaires sur papier très bleuté et ceux de planche usée (3 U). Le 2 p.
porte deux lignes blanches.

Variétés. — 1 penny. Filigrane renversé : 20 U; guide-ligne sur
la valeur : 20 fr. Double lettre dans un coin : 30 fr. 2 pence, guide-
ligne dans le coin : 2 U; sur la valeur : 3 U. Filigrane renversé :
10 U.

Le 1 p. percé en lignes 12 (Archer) est R.R.R. (500 fr.) et dentelé 16 (Archer) : 75 fr. neuf et 150 fr. usé. (Sur lettre seulement).

On rencontre le 1 p. avec fils de soie (verticaux), c'est un non
émis (rare).

Paires : 4 U; bandes de 3 : 6 U; blocs de 4 : 16 U.

Oblitérations. — Type A en rouge : R.R. (100 fr.); en noir :
2 U; en bleu : 12 U; en vert ou violet sur 1 p.: 50 fr.; sur 2 p.:
R.R. Type C : 6 U. Oblit. à date, en noir : 5 fr.

1847-54. — *OCTOGONAUX. Nᵒˢ 5 à 7.*

Planches. — 6 pence, 40 timbres (4 × 10); 10 pence, 24 t. (4 × 6);

1 shilling, 20 t. (4 × 5). Les 2 fils Dickinson sont distants de 5 à
5 $^{m/m}$ 1/2 dans chaque timbre des 1 sh. et 10 pence (papier à la
machine). Le 6 p. est sur papier fait à la main et porte le filigrane
V R qu'on trouve dans toutes les positions. Les numéros des
planches se trouvent, précédés des lettres W W, sur la section du
cou.

Nuances. — Le 6 p. violet foncé et le 1 sh. foncé : U, 50.

Variétés. — On trouve les 3 valeurs avec double impression en
relief (R.). Les difficultés de l'estampage avec espaces réguliers sont
cause qu'on rencontre beaucoup de timbres qui se touchent : les
exemplaires avec quatre marges blanches sont recherchés. Les
timbres découpés suivant l'octogone valent 1/20ᵉ de la valeur en
bon état.

Paires : 3 U. Les paires et bandes de 3 du 1 sh. sont assez communes.

Truquages. — Un timbre d'enveloppe avec inscription sur le fond
de couleur (chiffres dans trois petits cercles blancs) est parfois
offert après peinture des inscriptions au recto et au verso comme
étant le timbre transparent. Pas de filigrane. Papier vergé. W W 5.

Réparation. — La réfection des coins est courante. Benzine.
Se souvenir que le papier du 6 p. original est fait à la main.

II. — **DENTELÉS**

Pour être de premier choix les timbres dentelés doivent être
parfaitement centrés ; un décentrage prononcé, avec gravure enta-
mée, diminue la valeur de 60 à 80 %.

1854-55. 1 ET 2 PENCE DENTELES. Nᵒˢ 8 à 11.

Filigrane petite couronne comme précédemment.

Dentelure. — A partir de cette émission on observera que les
timbres anglais ont environ 2 centimètres de largeur et qu'il suffit
de compter les dents, sans avoir besoin de l'odontomètre, pour
connaître la dentelure.

Type II du 1 pence. — Type retouché provenant d'un coin
reproduit du coin original ; l'œil est mieux ombré ; les lignes de
la narine, de la bouche sont plus visibles ainsi que le bandeau du
front. En cas de doute, se référer aux nᵒˢ 12 et 14 qui proviennent de ce coin.

Planches du 2 pence. — On trouve le nᵒ 9 provenant de la planche 4 (petites lettres dans les coins du bas) et de la planche 5
(lettres plus grandes). Planche 5 : 3 N ; 3 U. Même remarque pour
le nᵒ 11, planche 5 : U, 50.

Variétés. — On trouve les nᵒˢ 8 et 10 avec lettre S renversée (R.)
Le nᵒ 8a est connu non dentelé. On recherche les nᵒˢ 8 et 10 sur
papier fortement bleuté.

Paires : 3 U. Blocs de 4 : rares quand ils sont bien centrés.

1855-58. 1 *ET* 2 *PENCE DENTELES.* N°s 12 à 15.

Filigrane grande couronne.

Les n°s 12 et 14 sont au type II précédemment décrit.

Les n°s 13 et 15 sont de la planche 5 (lettres plus grandes) ou de la planche 6 (mêmes lettres mais les lignes blanches sont plus minces); même valeur neufs; usés : U, 25.

Le n° 14 non dentelé est R.R. (250 fr. N ou U); sur papier blanc : 150 fr. usé.

Mêmes observations pour les paires et blocs.

1855-57. *SANS LETTRES DANS LES COINS.* N°s 16 à 20.

Planches de 20 timbres. Les bords de feuille sont donc nombreux et valent 1/3 en moins à cause de leur effet disgracieux dans les albums.

Filigrane. — Fleurs héraldiques excepté le 4 pence : petite, moyenne et grande jarretière.

On confond assez facilement la moyenne et la grande jarretière; se rappeler que la moyenne jarretière n'a qu'un point au lieu d'une barre verticale dans le haut; qu'elle a une barre concentrique aux deux lignes de l'ovale dans la seconde portion de la jarretière à droite à partir de la partie du bas, enfin dans le bas elle a une ligne horizontale qu'on ne trouve pas dans la grande jarretière. L'examen à la benzine montre toujours ces signes distinctifs.

A partir de cette émission, on rencontre des bords de feuille coupés, et redentelés pour obtenir des timbres centrés; les lettres des coins désignent ces timbres à l'attention.

Variétés. — N° 18, papier glacé épais : 10 U; n° 19, sur azuré . 20 N; 30 U; n° 20, sur azuré : 5 U.

1862. *PETITES LETTRES DANS LES. COINS.* N°s 21 à 25.

Même filigrane. Le 4 p. avec grande jarretière.

Nuances. — Nombreuses dans les 3 et 4 p.

Non dentelés. — 4 p. et 1 sh. : R.R.

Variétés. — 3 p. rose avec points blancs avant et après POSTAGE (dans le haut du cartouche de ce mot); 9 p. planche 3 avec traits blancs obliques dans les carrés des coins. Ces deux variétés : R.R.R.R. neufs; usés : 1,500 fr. or. 1 sh. non dentelé, planche n° 2, ou dentelé avec lettre K dans un cercle blanc (coin inférieur gauche) : 200 fr. or. Le 3 p. avec fond burelé est un non émis.

1858-64. — *GRANDES LETTRES DANS LES 4 COINS.* N°s 26 et 27.

Planches. — Comme dans les 1 et 2 fr. des émissions précédentes, mais les lettres AA, AB, AC, etc., jusque TL se trouvent dans les coins du bas et les mêmes lettres mais inversées, AA, BA, CA, etc., jusque LT se trouvent dans les coins du haut.

Remarques. — Planche 70, non émise : R.R.R., 77, idem, quelques exemplaires connus, 75, 126 et 128 n'existent pas.

Variétés. — On trouve le filigrane grande couronne avec couronne portant dans le bas un ovale dont le trait supérieur n'est pas doublé (erreur de filigrane) sur les timbres avec lettres MA ou ML (HA ou IIL si le filigrane est renversé) dans les planches 72, 73, 74, 78, 83, 84, 85, 87, 88, 89, 90, 91, 92, 93, 96. La planche 81 est connue avec S renversé.

Non dentelés. — A prendre en paires. Nᵒˢ 79, 81, 90, 92, 97, 100, 102, 103, 104, 107, 108, 109, 114, 116, 122, 136, 146, 158, 164, 171, 174, 191, R.R.R. (paires usées : 500 fr.).

Truquage. — La planche 225 du 1 p. doit être examinée de près ; il y a quelques tripotages des chiffres.

1865. *GRANDES LETTRES BLANCHES DANS LES 4 COINS.* Nᵒˢ 28 à 32.

Mêmes filigranes que dans l'émission de 1862.

Variétés. — Le 9 p. planche 5 et le 10 p. de l'émission suivante tiré par erreur sur le papier de la présente émission (fil. fleurs héraldiques) sont rarissimes.

1867-69. *IDEM. FILIG. TIGE DE ROSE. Nᵒˢ 33 à 39.*

Nuances assez nombreuses dans le 6 pence. 10 p. brun foncé : N, 50 ; U, 50.

Variétés. — 6 pence avec trait d'union entre six et pence : 3 N ; 2 U, 3 p. non dentelé : R.R.R. ; 6 p. pl. 10 ; 10 p. pl. 2 et 2 sh. bleu pl. 3 : rarissimes. On trouve le 1 sh. pl. 7 en paire non dentelée au milieu : R.R.R.

Faux usé poste. — 1 sh., planche 5. *Sans filig.* Copié d'un exemplaire avec lettres S, K en haut ; K, S en bas. Oblit. ronde du Stock Exchange.

Truquage. — 2 sh. brun faussement réimprimé sur un 3 p. décoloré. La comparaison du dessin avec un 2 sh. bleu suffit.

1872-73. *IDEM. FILIG. IDEM. 6 PENCE. Nᵒˢ 47 et 48.*
Faux ancien. Sans filigrane. Très mauvais.

1867-82. *TIMBRES DE GRAND FORMAT. Nᵒˢ 40 à 46.*
Le 5 sh. filig. croix de Malte planche 2 vaut : 2 U.

Truquages. — Le papier du nᵒ 46 a été traité chimiquement pour lui donner la nuance azurée. Comparaison.

Les 10 sh. fil ancre (nᵒ 44) et le 5 £ ont été faussement imprimés sur les fiscaux-postaux de 1862 chimiquement décolorés. La dentelure 15, arbitraire, et la comparaison du dessin (diadème, cheveux, lignage et ornements) suffisent pour repérer facilement ces tripotages.

Faux. Le 5 £ a été imité lithographiquement. Sans filigrane. La distance entre £ et 5 est trop grande à gauche (dans le bas) et nulle à droite.

1870. 1/2 *PENNY DEMI-FORMAT. N° 49.*

Planches. — 480 timbres en 20 rangées de 24. Lettres AA, AB, etc., à AX (au bas du timbre), puis BA, etc., CA, etc., jusque TX.

Variétés. — Filig. « half penny » renversé : 4 U ; les timbres sans filigrane sont des bords de feuille. On trouve des ex. non dent. des planches 1, 4, 5, 6, 8 et 14 : rares, 50 fr.

Truquages. — Chiffres de planche tripotés pour obtenir la planche 9 ; vérifiez à la loupe par transparence et à la benzine.

1870. 1 1/2 *PENNY. N° 50.*

Le 3/2 mauve sur azuré est un non émis. Le 183° timbre de la feuille de 240 porte l'erreur OP au lieu de CP (en haut).

EMISSIONS SUIVANTES.

1875. — Les numéros de planche 3 et 17 du 2 1/2 p. rose filig. globe ont été obtenus avec d'autres numéros tripotés.

1876-80. — Le n° 58 (4 p. vermillon), pl. 16 et le n° 59 (4 p. vert), planche 17, sont R.R. neufs ; usés : 600 et 500 fr. Un 8 p. brun violacé, filig. grande jarretière est un non émis : 200 fr.

1881. Le n° 73 (1 p. lilas, 16 perles) recto-verso : 400 fr.

1883-84. Truquage. n° 84, 9 p. vert obtenu par fausse impression sur un 2 1/2 pence décoloré. Comparaison du dessin de l'effigie.

Faux. — Photolithographié, sans filigrane, nuance et piquage non conformes.

N.-B. — Les n°° 76 à 85 dentelés 12 et le n° 82 avec un trait sous les lettres D (au lieu d'un point) sont des non émis.

1884. — Grand format. Les 2/6, 5 et 10 sh. ont été chimiquement truqués pour obtenir la variété sur papier bleuté ; comparaison au recto et au verso et comparaison avec la nuance bleutée originale.

1887-1900. — Le 3 p. brun-foncé sur orange vaut 100 fr. neuf et 40 fr. usé.

1902-1904. — 1 £ faux. Exécution grossière, vérifiez le dessin de l'effigie (barbe, cheveux, lignage) et de la couronne ; dentelure non conforme ainsi que le filigrane. Fausse oblit. ronde à date, petit cachet GUERNSEY.

III. — TIMBRES DE SERVICE

Toutes les surcharges ont été plus ou moins bien imitées sur isolés ou en séries comme à Genève (F.) et ailleurs ; de même pour les perforations du Board of Trade.

La circonspection s'impose donc et la comparaison minutieuse avec les surcharges originales est indispensable.

GRÈCE

I. — NON DENT. Grosse tête de Mercure. N⁰ˢ 1 à 54

J'avais établi, il y a quelques années (Cat. du spécialiste d'Europe 1922) un mode empirique de classification en procédant par éliminations successives; j'ai la faiblesse de tenir à cette méthode parce qu'elle permet à l'amateur moyen... et organisé de se débrouiller rapidement.

Voici le résumé de ce *classement provisoire :*

Placer devant soi tous les timbres à grosse tête d'Hermès (n⁰ˢ 1 à 54 d'Yvert) et ranger successivement :

I. — Les timbres sur papier crème; n⁰ˢ 43 à 54.

II. — Ceux sur papier grené. Ce papier montre, par transparence, de très nombreux « points clairs » sous forme de traits interrompus bien alignés; n⁰ˢ 33 à 38.

III. — Les 30 et 60 lepta; n⁰ˢ 39 à 42.

Il reste à classer les n⁰ˢ 1 à 32.

IV. — Enlever les timbres dont l'impression est aussi fine que celle du n⁰ 39, cela se voit aux ombres de la joue et du cou. Vous trouverez ainsi les n⁰ˢ 1 à 6a (impression de Paris) dont les 5, 20, 40 et 80 l. n'ont pas de chiffres au verso et dont le 10 l. porte, au contraire, des grands chiffres.

V. — Sortir ensuite ceux qui ont le même aspect général, mais avec des ombres de la joue et du cou moins fines et qui portent au verso des chiffres de contrôle dont les traits non ombrés sont fort minces, parfois partiellement invisibles alors que les traits ombrés sont prononcés. C'est l'impression soignée d'Athènes; n⁰ˢ 10 à 16.

VI. — Prendre les 5, 10, 20 et 40 l. qui ont l'aspect général —nuances et papier — des timbres des deux émissions précédentes, mais l'impression plus terne, légèrement huileuse, avec les ombres de la joue en traits pleins et des chiffres de contrôle tout à fait semblables à ceux de l'émission précédente. Tirage provisoire d'Athènes, n⁰ˢ 7 à 9.

Il reste à classer les n⁰ˢ 17 à 32.

VII. — Le 20 l. bleu ciel de la nouvelle mise en train a une apparence fort caractéristique et présente de larges places blanches dans les angles burelés; les ombres de la joue et du cou paraissent réduites en largeur. Ce timbre sert lui-même à reconnaître le n⁰ 31 par les ombres susdites.

VIII. — Sortir ensuite les timbres dont les ombres de la joue sont formées de traits pleins mais fins, non empâtés, et dont l'aspect général indique tout de suite qu'on se trouve en présence d'exemplaires provenant de planches bien nettoyées; n°ˢ 24 à 30.

IX. — Tout ce qui reste devant vous doit appartenir aux impressions d'Athènes moins soignées, de 1863 à 1871 (n°ˢ 17 à 23). Les ombres de la joue sont faites de traits pleins, le plus souvent empâtés, et les chiffres de contrôle ont tous les traits plus appuyés que dans les provisoires et soignés d'Athènes. Le contrôle du 5 est à barre verticale à simple trait.

Ce classement provisoire était suivi d'un classement définitif avec étude de chaque timbre pour le papier, la coloration de celui-ci, la nuance de l'impression, la finesse de celle-ci, les chiffres de contrôle au verso, la valeur inscrite au recto, les oblitérations à date, etc., etc.

En procédant lentement (5 minutes en moyenne par timbre, est-ce trop?) on repêchait les variétés, les exceptions, etc.

Il existe, *dans chaque émission*, des timbres très faciles à classer et qui sont les meilleures références :

1861. Paris. N° 6a, 10 l. orange, grands chiffres de contrôle.

1861-62. Provisoires d'Athènes. 5 l. vert avec chiffres de contrôle particuliers.

1862. Soignés d'Athènes. 80 l. avec chiffres de contrôle en vermillon.

1863-68 et 1871. Tirages peu soignés d'Athènes, n° 22b, lie de vin sur gris, nuance unique.

1869-70. Planches nettoyées; n° 25, 2 lepta bistre-clair, nuance unique.

1870. Nouvelle mise en train; n° 32, places blanches dans les angles.

1872-76. Papier mince grené; n°ˢ 37b ou 38b, nuances uniques.

1875-76. 30 et 60 l., facile.

1876-82. Papier crème. n°ˢ 51 à 53, nuances spéciales pour ces valeurs.

Cela me paraissait suffisamment clair, mais des lecteurs m'objectent que le classement des 1 et 2 lepta reste difficile à cause du manque de chiffre de contrôle sur ces valeurs. Cela est parfaitement vrai et je vais tâcher d'y remédier, au moins pour le classement définitif, en serrant de plus près la question de l'impression.

Comme on le sait, tous les timbres de 1861 à 1882 ont été tirés sur les mêmes planches et c'est le plus ou moins de soin consacré aux émissions successives qui a modifié l'aspect général du timbre; cela est surtout visible aux ombres de la joue et du cou dont on peut résumer les caractéristiques à 4 types différents, *a, b, c, d.*

Le classement provisoire ayant été établi comme nous l'avons dit, reprenons les émissions dans leur ordre chronologique.

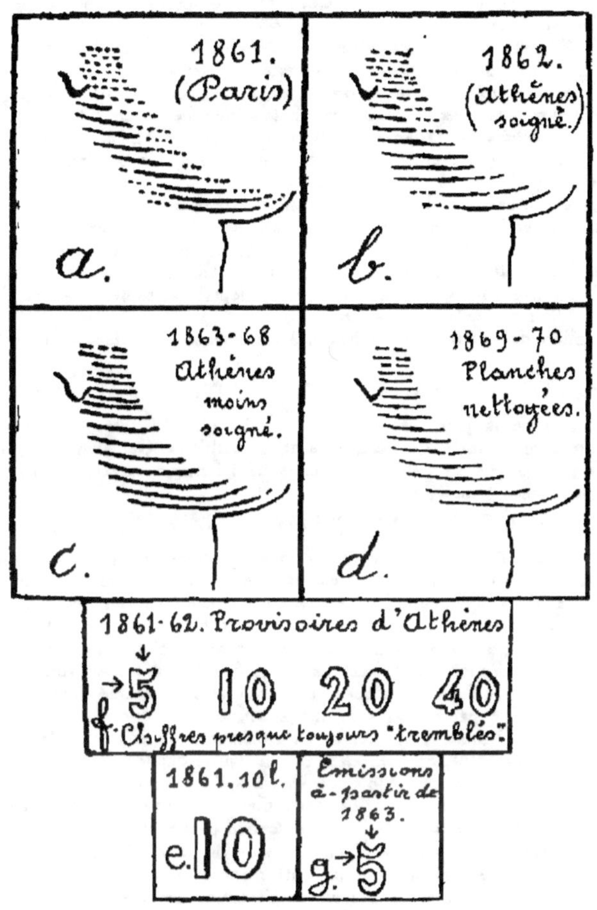

CLASSEMENT DEFINITIF

1861. *TIRAGE DE PARIS, IMPRESSION FINE.*

Voyez la figure *a*, toutes les lignes d'ombre (sous l'oreille) se terminent en points soit à droite seulement, soit des deux côtés ; les traits pleins s'épaississent graduellement sur une assez grande largeur et marquent très artistiquement le modelé de la joue.

Le 1 lepton est brun-marron, plus ou moins foncé ou brun-chocolat. Un timbre par feuille (coin de gauche en bas) est moins fin d'impression ; la nuance, l'aspect général et les lignes d'ombre empêchent de le confondre avec le tirage soigné d'Athènes

Le 2 lepta du premier tirage est bistre, d'impression très fine, avec des points fins et nets dans le burelage et il ressemble beaucoup au n° 1a de France ; les exemplaires du deuxième tirage, bistre-olive, sont plus rares ; ceux du troisième et dernier tirage sont bistre-orange, légèrement fauve, et se rencontrent parfois sur papier très épais (bristol).

Les 5, 20, 40 et 80 lepta n'ont pas de chiffres de contrôle et ceci, avec l'impression, permet de les situer sans conteste.

Le 10 lepta porte un contrôle spécial, de 8 mm. de hauteur. (Voir figure e). Cela est heureux, car c'est le moins fin de la série; beaucoup d'exemplaires sont semblables — ombres de la joue — au tirage soigné d'Athènes et quelques-uns (rares) ne montrent à cet endroit que des traits pleins. Le 5 lepta se rencontre avec cercle brisé à droite à hauteur de l'œil.

Je note en passant que le 5 l. se rencontre également avec 4 points de couleur sur le blanc du cercle, au même endroit, et que dans d'autres exemplaires le cercle blanc est aminci, toujours au même endroit, au quart de sa largeur habituelle (commencement de la détérioration d'un cliché ?). Chose curieuse, j'ai trouvé les 20 et 80 lepta avec un défaut identique. Le 1 lepton se trouve avec cercle brisé sur environ 1/2 mm. devant la bouche.

Ces derniers défauts n'ont été signalés, à ma connaissance, dans aucun catalogue spécialisé.

1861-62. *TIRAGE PROVISOIRE D'ATHÈNES.*

Les ombres de la joue sont formées de traits pleins (quelques rares solutions de continuité); les chiffres de contrôle sont « tremblés » (voir figure *f*); l'aspect général est peu éloigné de celui des timbres de l'émission suivante, mais les tons sont plus mats, plus ternes.

1862. *TIRAGE SOIGNÉ D'ATHÈNES.*

Voyez le dessin *b*. Les ombres de la joue ne comportent pour ainsi dire plus de points, mais des petits traits interrompus; ceci pour les bonnes et très bonnes impressions, car dans la plupart des impressions, beaucoup de traits paraissent pleins d'un bout à l'autre et la loupe est nécessaire pour bien voir le dessin.

Si l'on compare ces timbres avec ceux du tirage de Paris, on remarquera que ces derniers, *vus à distance*, paraissent ne porter que les traits renforcés du modelé de la joue, les points qui terminent ces ombres étant si fins (excepté dans le 10 lepta) qu'on les distingue à peine. Dans le tirage soigné d'Athènes, au contraire, ces points, devenus petits traits, font que, même à distance, on voit toute la largeur de la partie ombrée. De plus, on constatera que la partie épaisse (modelé de la joue) des traits pleins est moins longue que dans le tirage de Paris et qu'immédiatement à droite de cette partie renforcée les traits pleins s'interrompent ou s'amenuisent si fort qu'il en résulte une sorte de ligne de lumière dessinant le contour de la joue.

Ces constatations ont un grand intérêt pour les 1 et 2 l.; pour les autres valeurs, les chiffres de contrôle sont un critère encore plus sûr.

Ces chiffres sont semblables à ceux de l'émission provisoire d'Athènes; leurs traits non ombrés sont si minces qu'ils manquent parfois partiellement (notamment le trait gauche du zéro de 80) : les traits ombrés paraissent d'autant plus épais en proportion.

Les nuances du 1 lepton sont différentes de celles du n° 1, excepté un brun-chocolat foncé (très rare) Le 2 lepta est de nuance intermédiaire entre les nos 2 et 2a; c'est un bistre-brun très légèrement orangé ou fauve, on le trouve également d'un bistre très pâle semblable au 10 cent. de Bordeaux de cette nuance. Le 80 lepta se rencontre sur papier chamois (décoloration due à la gomme ?).

1863-68 et 1871. *TIRAGES D'ATHÈNES MOINS SOIGNÉS.*

La caractéristique de ces tirages est que les ombres de la joue et du cou sont formées de traits pleins. (Voir fig. *c*). Ces traits n'ont aucune finesse, même dans le premier tirage et, si les lignes ne se touchent pas au début, l'encrassement des planches, le manque de soin apporté aux tirages ultérieurs font qu'elles deviennent de plus en plus épaisses, se touchent dans le bas de la joue et donnent parfois au timbre l'impression d'être très fortement ombré. Dans ce cas, une tache colorée forme un angle dont la seconde branche aboutit sous la pomme d'Adam

A noter qu'à partir de cette émission, les chiffres de contrôle, plus ou moins différents, n'ont plus la même finesse dans les traits non ombrés ; les traits ombrés sont suffisamment épais. Plus tard, ces chiffres s'empâtent au point que les traits non ombrés et ombrés ont à peu près la même épaisseur.

Le 1 lepton va du brun-rouge assez clair au brun-rouge foncé (chocolat clair) ; le 2 lepta est assez comparable au bistre pâle de l'émission précédente, mais un peu plus orangé ; on le trouve aussi en bistre-brun. Ces deux nuances du 1 l. se retrouvent dans le dernier tirage de 1871, mais ici le papier est plus jaunâtre et les traits de la joue sont piquetés de points de couleur.

Le 5 lepta prend à partir de cette émission un chiffre de contrôle nouveau (figure *g*).

Le 10 lepta se trouve en rouge orangé terne sur bleu et en orange vif sur verdâtre ; le 20 l. en outremer, aussi en bleu sur verdâtre. Ces 4 nuances avec le 40 l. lie de vin sur gris-rose sont de bonnes références pour les tirages peu soignés d'Athènes.

Le 80 l. est carmin alors que le n° 30 est d'un rose carminé plus ou moins vif.

C'est à dessein que je ne classe pas à part l'émission d'Athènes de 1871 ; dans le cadre de cet article, elle prêterait à confusion. Les aspirants spécialistes pourront en faire une étude séparée et mettre à part, dès à présent, les 1 et 2 lepta sur jaune, le 5 l. émeraude et vert-jaune de même impression, le 10 l. rouge sur verdâtre cité plus haut, le 20 l. indigo, le 40 l. lilas sur azuré et les n°s 22c et 22d d'Yvert.

1869-70. *PLANCHES NETTOYÉES.*

La figure *d* montre que les lignes d'ombre de la joue sont faites de traits pleins mais bien plus fins, plus déliés, que dans les tirages ordinaires d'Athènes. Ces traits sont sans bavures et ne se touchent que très rarement. On y retrouve, au contour de la joue, un léger épaississement, comme dans le tirage soigné d'Athènes ; les chiffres de contrôle empêchent de confondre avec celui-ci.

Le 1 lepton est brun-marron foncé, on le trouve souvent ligné verticalement. Le 2 lepta est bistre-jaune pâle sur jaunâtre, mais la nuance bistre-chair est la meilleure pour servir de référence.

1870. *NOUVELLE MISE EN TRAIN.*

Il est facile de se procurer un 20 lepta bleu-ciel, bleu vif ou bleu vif foncé ayant le burelage des angles raté (plus ou moins blanc) par suite d'un mauvais découpage. On remarquera tout de suite que l'ensemble des lignes de la joue et du cou ressemble au tirage de Paris, mais paraît plus étroit, les points étant moins nombreux aux extrémités des lignes.

Le 1 lepton, qui est marron très clair, donne la même impression d'étroitesse des lignes du cou ; il ne montre pour ainsi dire pas de points à droite des ombres, mais, vers le milieu du cou, il y en a en général un certain nombre, très irrégu-lièrement placés.

1872-76. *IMPRESSION SUR PAPIER MINCE TRANSPARENT GRENÉ.*

Le papier mince et transparent fait reconnaître très facilement la plupart des exemplaires appartenant à cette émission. Mais il faut examiner attentivement par transparence tous les timbres du classement provisoire, car on trouve du papier grené plus épais et non transparent.

Les ombres de la joue sont semblables à celles de la figure *c*, mais comme les clichés ont subi un peu d'usure, les traits sont plus uniformément épais ; l'ensemble du timbre donne une impression assez grossière. Le burelage des coins ne montre autant dire plus de points (excepté dans le n° 37 bleu) et ceux-ci forment souvent des tirets dans les impressions empâtées.

Le 1 lepton est brun, brun-gris ou brun-rouge sur jaunâtre, le 2 lepta est bistre pâle. Ces deux valeurs montrent un grené irrégulier.

Toutes les valeurs se rencontrent avec impression huileuse.

Les nuances des 5, 10, 20 et 40 l. sont nombreuses, parfois curieuses. Le 10 l. se trouve en rouge-brique sur gris bleuté, le 20 l. en indigo sur verdâtre ; le 40 l. olive sur bleu (n° 38b) présente des nuances nombreuses dont quelques-unes proviennent de décolorations ; l'encre employée pour ce numéro le fut également pour les chiffres de contrôle de quelques feuilles des numéros 38 et 38a.

1875-76. *IMPRESSIONS DE PARIS ET D'ATHÈNES.* — 30 et 60 *lepta*.

Le 30 l. brun-olive du tirage de Paris est d'impression très fine ressemblant beaucoup à celle des timbres n°ˢ 1 et 6 ; le 60 lepta *vert-bleu sur verdâtre est* moins fin (ombres du cou et points dans le burelage).

Le 30 l. du tirage d'Athènes ressemble aux tirages peu soignés d'Athènes (ombres du cou) excepté le n° 41c, d'impression plus soignée, qui est *toujours brun-olive et toujours sur le papier légèrement chamois du n° 39.* Les autres sont sur papier plus teinté (jaunâtre ou grisâtre).

Le 60 l. d'Athènes est *vert foncé* ou *vert russe sur papier crème.*

1876-1882. *IMPRESSION LOCALE SUR PAPIER CRÈME.*

La nuance du papier rend le classement facile. Les ombres de la joue sont parfois assez nettes, sans approcher de la finesse de celles des planches nettoyées de 1869 ; d'autres fois la planche encrassée a donné, comme dans le n° 46 et 46b, des impressions grossières dans lesquelles un empâtement compact sépare le cou du masque que paraît former la face.

Les chiffres de contrôle qu'on trouve sur quelques valeurs sont si empâtés qu'on ne peut guère faire de distinction entre leurs traits ombrés ou non ; ils sont fréquemment déformés.

Les nuances et les oblitérations facilitent le classement.

Le 1 lepton (diverses nuances) et le 2 lepta (bistre pâle terne) portent le plus souvent des traits au lieu de points dans le burelage des angles, et ceci rappelle l'imbriquement des timbres de Bordeaux.

Les premiers timbres grecs sont « splendidement » intéressants par les nuances, papiers, impressions, chiffres de contrôle comme par leurs variétés innombrables, sans compter les oblitérations.

(Le texte précédent, avec dessin, a été communiqué à *L'Echo de la Timbrologie*, 15 juillet 1925.)

1861. *EMISSION DE PARIS.* N°ˢ 1 à 6.

Feuille 150 timbres.

Nuances. — 1 lepton : brun, brun-marron, brun chocolat ; 2 lepta : bistre-jaune (nuance du n° 1 de France), 1ᵉʳ tirage ; bistre-olive R. (2ᵉ tirage) ; bistre fauve (rougeâtre) (3ᵉ tir.) ; 5 lepta : vert-clair (1ᵉʳ tirage), vert-jaune (2ᵉ tirage) ; 20 lepta : bleu terne et bleu foncé (impressions très fines) (1ᵉʳ tirage), bleu et bleu foncé (dont bleu foncé sur papier mince transparent. R.), (2ᵉ tirage) ; 40 lepta : mauve (1ᵉʳ tirage), violet (2ᵉ tirage) ; 80 lepta : rose vif (1ᵉʳ tirage), rose carminé, gomme jaunâtre (2ᵉ tirage). Le 10 lepta rouge sur bleu est un non émis.

Premier choix. — Les timbres de cette émission et de toutes celles avec grosse tête de Mercure (n°ˢ 1 à 54) doivent avoir quatre marges de 3/4 de ᵐ/ᵐ minimum.

Variétés. — Papier mince, n°ˢ 3, 4, 6 : 2 U. N° 4, bleu foncé (acier), papier mince ou épais : 3 U. Défauts de planche : cercle

brisé avec boucle blanche pénétrant dans le cartouche de la grecque, 5 lepta : 3 N ; 3 U ; cercle mince, 5, 10, 20 et 80 l. : 3 N ; 3 U ;
tache blanche dans le cartouche de la grecque (voir figure), 20 l. :
3 N ; 3 U.

On trouve aussi le 10 lepta avec deux points blancs au lieu
d'un seul derrière le mot ΓΡΑΜΜ, le 40 lepta avec croix de droite
en haut entièrement blanche, sans point entre les croisillons et le
20 lepta avec filet extérieur droit trop éloigné du filet intérieur : 2 U.

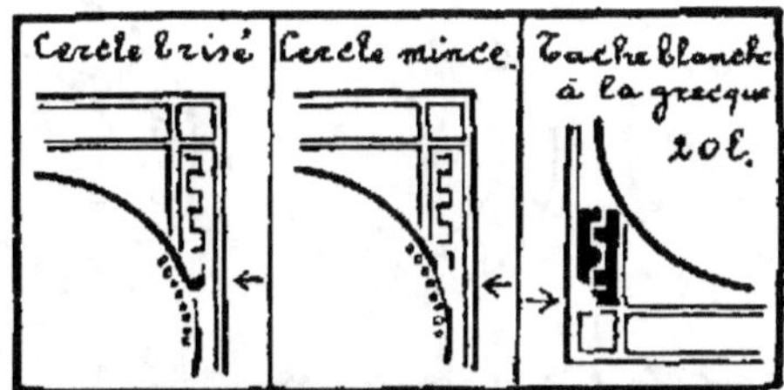

Les grands chiffres de contrôle du 10 lepta sont normalement
ombrés du côté droit (en regardant les chiffres). Chiffre 1 renversé (ombré à gauche) : 3 U ; chiffre 1 renversé (ombré à gauche) :
3 U ; chiffre 0 renversé : 3 U ; les deux chiffres renversés : rarissime ;
sans chiffre de contrôle (133ᵉ timbre de la feuille) : 3 N ; 10 U.

On trouve le 5 lepta avec chiffres épais, la barre verticale est trop
large.

Paires : 3 U. Blocs de 4 : 5 N ; 6 U. Il en est de même pour
toutes les émissions de la grosse tête de Mercure et nous n'y
reviendrons qu'en cas d'exceptions.

Oblitérations. — Les deux premières émissions sont généralement oblitérées avec le cachet B ; les autres : rares. A partir de la
troisième émission on trouve environ autant d'oblitérations A
que B ; plus tard (1873-74) le nombre de cachets A l'emporte et à
partir de l'émission sur papier crème on ne trouve plus guère que
les oblitérations A ou C.

On recherche les cachets de bureaux à l'étranger : Turquie, nᵒˢ
95 à 99, 103, 105, 135 ; Roumanie, nᵒˢ 52, 100, 102, 133 ; Crète, nᵒˢ
9, 10 et 11. 2 à 10 U.

Les oblitérations à date, en couleur, sont rares.

Postérieurement aux timbres à tête de Mercure on trouve les
cachets D, F, G, H, I ou analogues, ainsi que des cachets elliptiques
ou ronds de Compagnies de Bateaux à vapeur ; ou le nom des navi-
res de l'Etat grec écrit sur une ligne, sans encadrement.

Essais. — Un grand nombre d'essais, dont les nuances ne sont
que très légèrement différentes des nuances originales, sont offerts
comme neufs. Papier blanc. Comparaison. Le 10 lepta est sans
chiffres au verso.

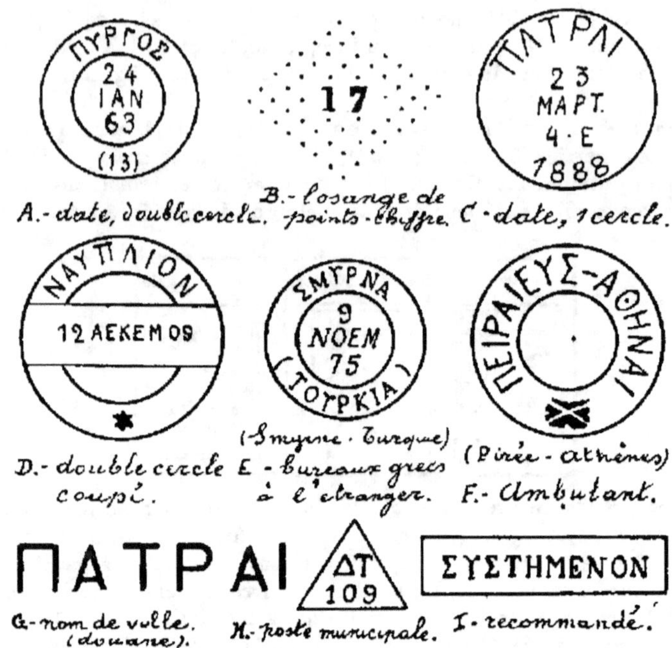

Faux anciens. — Lithographiés. Sans chiffres au verso (pas même le 10 lepta) ou avec chiffres pour copier l'émission soignée d'Athènes. 75 perles, parfois moins encore, au lieu de 88 ; perles mal dessinées ; peu ou pas de points entre les lignes du burelage des coins ; lettres et chiffres mal conformés.

D'autres faux sont si mal faits qu'un instant de comparaison suffit à les reconnaître. Le 20 l. a été contrefait en bleu foncé sur papier mince ; manque de points dans le burelage, pas de narine, etc., etc. ; le 80 l. de même, vérifier aussi les mensurations.

A noter que dans tous les originaux de bons tirages les trois premières lignes ondulées de gauche sont séparées du cadre intérieur par une solution de continuité (en haut et en bas), tandis que dans les faux, ces lignes, plus épaisses, touchent ce cadre.

Faux de Genève. — Toute la série a été imitée sans chiffres de contrôle mais ceux-ci peuvent devenir un perfectionnement de l'avenir ; il y a lieu de signaler que cette série peut servir à falsifier *toutes les émissions de la grosse tête.* Les ombres du cou ne se rapportent à aucune de ces émissions (loupe), mais de loin, elles semblent se rapporter à celles des timbres de planche nettoyée. (Voir illustration).

On peut noter encore que ces faux n'ont pas la finesse des originaux, que les lignes burelées sont presque droites et que les

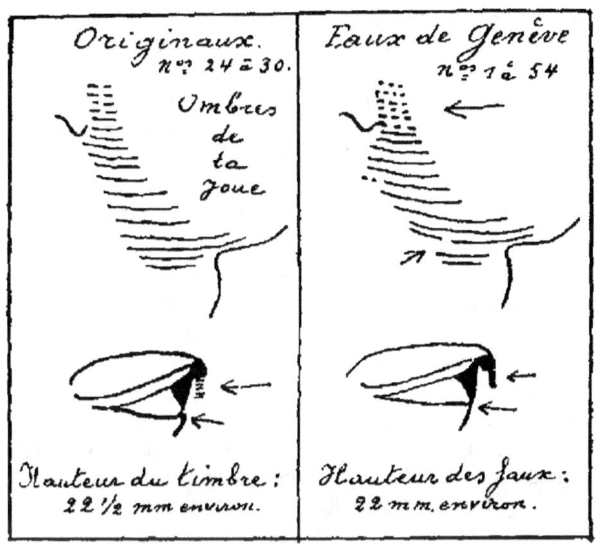

points entre ces lignes sont très mal venus ; dans le coin gauche, en bas, les lignes burelées ne touchent pas l'ombre épaisse du cercle blanc. Le 80 cent. a eu deux clichés dont le premier, fort mauvais, a été retouché ; il subsiste néanmoins dans le second cliché une ligne verticale entre le cartouche de la valeur et le carré inférieur droit.

Fausses oblitérations sur faux de Genève.

Type B. Nᵒˢ 140 ; 1032.

Type A. AOHNAI 6 22 A||P6 10 || 1896

PΓOΣTOΛION 3 IOΥΑ 77 (110).

ΓΛΕΟΙ Ι ΝΟΕΜ   75 et dessin et forme de croix.

Type C. KOPINEOS.

Truquages. — Essais faussement gommés ou oblitérés ; originaux des émissions suivantes avec chiffre de contrôle gratté (parfois aussi les ombres de la joue pour faire des points) ; faux grands chiffres de contrôle imprimés sur le 10 lepta, etc., etc. Une bonne loupe suffit.

1861-62. TIRAGE PROVISOIRE D'ATHENES. Nᵒˢ 7 à 9.

Le premier timbre tiré à Athènes est le 20 lepta sans chiffre de contrôle (nᵒ 8b d'Yvert) bleu très foncé allant jusqu'à l'indigo, sur papier légèrement bleuté ou grisâtre. Papier ordinaire ou mince transparent ; ce dernier plus rare. Ce timbre porte toujours des traces du blanchet (quadrillage du fond) ce qui empêche de le confondre avec le nᵒ 14 sans chiffres de contrôle (erreur).

Les autres valeurs se reconnaissent : 1ᵒ à leur apparence souvent huileuse ; 2° à la tête de Mercure qui paraît plus grosse que dans les autres émissions (ceci provient du tirage tremblé, et l'on aperçoit souvent des taches longeant les cheveux, ce qui accentue l'illusion d'optique) ; 3° on trouve fréquemment d'autres taches blanches dans le fond central ou, au contraire, des empâtements de couleur et ceci provoque parfois, par oxydation, des nuances différentes ou d'aspect métallique ; 4° les chiffres de contrôle montrent presque toujours des empâtements semblables et ces chiffres sont très fins d'un côté et fortement ombrés de l'autre.

Nuances. — 5 lepta, vert-bleu ; vert jaune : N, 50 ; U, 50 ; 10 lepta, orange-jaune sur azuré ou orange-vermillonné sur azuré, mais papier vert jaunâtre au recto : U, 50 (le chiffre de contrôle est souvent visible au recto) ; 20 lepta, bleu foncé (plusieurs tirages), bleu-gris (intermédiaire outremer) : 2 U ; très rare à l'état neuf ; 40 lepta, violet ; mauve : U, 25.

Variétés. — 5 lepta chiffres de contrôle légèrement doublés 3 U ; 10 lepta chiffre de contrôle 1 ou 0 renversé : 5 U ; idem. chiffres plus espacés : 2 U ; 20 lepta avec O renversé : 5 U.

Paires : 5 U ; bandes : R.R.R.

Faux. — Voir émission de Paris (nombre de perles, comparaison· du dessin, de la nuance et du papier).

Truquage. — 5 lepta des émissions suivantes avec faux contrôle 5 du premier type. La comparaison de la nuance et le truquage du contrôle suffisent.

1862. *TIRAGE SOIGNÉ D'ATHENES. N°ˢ 10 à 16.*

Voir l'illustration pour les ombres de la joue et du menton, notamment pour les 1 et 2 lepta. Pour les autres valeurs, on peut dire que quand les timbres donnent, par la nuance et le caractère général, l'impression d'être des tirages de Paris, il faut les ranger dans le tirage soigné d'Athènes quand ils ont des chiffres au verso

Plus d'aspect huileux ni de taches blanches ou de couleur comme dans le tirage provisoire ; chiffres de contrôle bien dessinés sans aplats de couleur et bien ombrés.

La caractéristique de cette émission est que les ombres sur la joue sont le plus souvent formées de petits traits interrompus, surtout dans le haut ; en outre, elles sont renforcées au contour de la joue et, par suite, celui-ci est finement mais visiblement dessiné.

Les exemplaires d'une finesse semblable à celle de l'émission de Paris : valeur double.

Nuances. — 1 lepton, chocolat foncé, semblable au Paris, fond uni : 3 N ; 3 U en partant de la base du brun foncé, fond ligné, qui est le plus commun. Un bistre-brun ambré, fond uni, est assez semblable au 2 lepta et pourrait bien provenir d'un mélange des encres employées pour ces deux valeurs : N, 50 ; 2 U. On trouve enfin deux nuances intermédiaires ; un brunâtre clair à fond ligné avec reflet pourpré et un chocolat très clair, qui ont la valeur du bistre-brun ambré.

2 lepta. — Bistre fauve comme celui de l'émission de Paris et bistre-pâle, un peu moins commun. Un bistre gris ambré (provenant du mélange cité?) est très rare : 20 N; 20 U. C'est le timbre qu'on a parfois cru provenir du tirage provisoire.

5 lepta. — Vert, plus ou moins foncé, souvent avec nuance du papier vert-jaune au recto.

10 lepta. — Orange; orange foncé : N, 25; U, 25; avec papier vert-jaune au recto au lieu de bleuté : 2 N; 2 U.

20 lepta. — Bleu toujours foncé (intermédiaire acier ou bleu foncé vif, ce dernier avec chiffres de contrôle très foncés); le premier ressemble beaucoup au Paris foncé. Papier jauni au recto : N, 25; U, 25.

40 lepta. — Violet comme la nuance violette du Paris, chiffres de contrôle plus foncés que le timbre.

80 lepta. — Rose ou rose carminé avec chiffres de contrôle oranges (1er tirage); le rose carminé est moins commun. J'ai rencontré un rose sur papier jauni (papier du tirage provisoire) avec taches dans le fond central.

On trouve enfin rose-carmin et carmin (n° 16) avec chiffres carmins qui appartiennent plutôt aux tirages définitifs d'Athènes.

Variétés. — 1 lepton papier strié : 2 U. On rencontre aussi cette variété de papier, dans les émissions suivantes. 2 lepta bistre pâle sur papier mince, assez commun. 5 lepta cercle brisé : 3 U; chiffre de contrôle double : 6 U; 10 lepta. 1 ou 0 du contrôle renversé : 2 U, avec 01 : 3 U; avec chiffres espacés de 8 $^m/_m$: 2 U. 20 lepta sans chiffres au verso : 8 U; avec zéro de contrôle renversé : 2 U. 80 lepta, contrôle 8 renversé : 3 U; sans contrôle : 10 U. On trouve les 10 et 40 lepta avec impression double due au jeu du papier.

Les chiffres ne sont pas toujours situés à la même place dans le cartouche du bas. On peut signaler comme une anomalie que l'un des chiffres soit bien placé et l'autre beaucoup trop bas, comme dans le 80 lepta ou le chiffre 80 de droite touche le bas du cartouche.

Paires : 10, 20, 40 et 80 l. : 4 U. Neufs : rares.

Faux. — Voir première émission.

1862 à 1868. *TIRAGES DEFINITIFS D'ATHENES. N°* 17 à 23.

La succession des tirages montre d'abord des exemplaires assez finement tirés, qui se rapprochent des soignés d'Athènes les moins bien venus et parfois des exemplaires de planches nettoyées (1870); mais les ombres de la joue (voir figures b, c et d) faites de lignes pleines — ou à peu près — et uniformément épaisses, empêchent de confondre. Ensuite les planches s'encrassent et les ombres s'épaississent encore jusqu'à l'encrassement total qui finit par donner des ombres formant tache.

Les chiffres de contrôle ne montrent plus le contraste prononcé entre les parties déliées et les ombres des chiffres. Le 5 lepta porte un contrôle nouveau avec trait vertical simple.

En cas de doute, la comparaison avec le 5 lepta sur papier verdâtre, le 10 lepta sur bleu (papier du 40 lepta) et le 40 lepta lie de vin sur gris ou saumon sur verdâtre fournira une référence très sûre.

Yvert a joint cette émission à celle de 1871 et c'est là une confusion regrettable puisque cette dernière vient après les timbres de planche nettoyée et de nouvelle mise en train. L'indication des dates d'émission suffira pour ceux qui veulent collectionner à part cette émission.

Nuances. — 1 lepton, brun (1862); brun-gris rougeâtre (1863), ces deux nuances montrent, dans le fond central, un lignage plus ou moins visible (blanchet); brun-rouge (fin 1864), sans lignage mais avec taches blanches dans le fond central; brun-chocolat ou brun pourpre (juin 1865), dessin brouillé; brun-rouge foncé de très bonne impression (1866) et enfin brun-noir lilacé ou chocolat-noir sur papier grisâtre (fin 1866) dont l'impression est fine, et les ombres de la joue plus courtes, rare : 8 N; 4 U; brun-chocolat sur papier grené transparent, mince (1871).

2 lepta. — Bistre (juin 1863); bistre-brun terne, papier plus coloré, impression lourde (1865); brun-jaune (septembre 1865), nuance très foncée pour un 2 lepta, ce serait une maculature mise en service par erreur, rare : 20 N; 50 U; bistre pâle sur papier commun, non grené (1871), impression lourde ou empâtée.

5 lepta. — Vert sur vert-bleu (1863), vert-jaune (1864) avec contrôle bien ombré; ces deux tirages ont l'impression brouillée, mais on trouve un tirage de très bonne impression : 2 U; vert-émeraude (1871) sur papier réellement vert, grené non transparent; un vert clair plutôt gris-jaunâtre sur papier non grené mais transparent, est d'un deuxième tirage de 1871.

10 lepta. — Orange sur azuré (début de 1863) chiffres de contrôle autant dire sans ombre, on trouve ce timbre employé très tardivement, jusque vers 1880; orange sur bleu (fin 1864); brique sur bleu (fin 1865), rouge sur bleuté (fin 1866), rouge sur verdâtre (1871) sur grené mince, mauvaise impression.

20 lepta. — Outremer (nuances) (1862), contrôle bleu; bleu sur verdâtre (mi 1866), contrôle bleu ou bleu foncé, le premier étant d'un tirage d'impression plus pâle. Tirages suivants : bleu pâle, contrôle bleu; bleu foncé ardoisé allant jusqu'à l'indigo (1867), avec contrôle bleu-noir. On retrouve toutes ces nuances dans les tirages de 1871 soit sur mince soit sur épais grené non transparent.

40 lepta. — Lilas sur azuré (mai 1862), nuances, chiffres de contrôle plus foncés que l'impression du recto et peu ombrés; lilas-

gris terne sur azuré (fin 1865), contrôle de la nuance du précédent ; un autre tirage est lilas gris-rosé ; lie de vin sur gris rosé (1866), contrôle de la nuance du timbre ; lilas-rouge (fin 1868), nuance beaucoup plus foncée que les précédentes, mauvaise impression, on retrouve ensuite du violet plus ou moins foncé sur bleu (1871), papier grené non transparent. ·

40 lepta. — Chair ou saumon sur verdâtre, 3 tirages : 1º rouge saumoné sur bleuté, rare : 2 N ; 6 U (fin de 1868) ; 2º chair (terne) sur verdâtre (1871), souvent décoloré ; 3º bistre pâle terne sur verdâtre clair (fin 1871). Tous les trois ont des chiffres de contrôle carmins.

80 lepta. — Rose, contrôle orange vermillonné (1862) ; rose foncé (rare), carmin (1865), carmin foncé, impression fine (1866) . 3 N, 3 U ; rose et carmin plutôt terne sur papier commun, mauvaise impression (1866).

Variétés. — 1 lepton papier strié : 2 N ; 2 U ; tache blanche sur les perles (sous la pointe du cou) 44ᵉ timbre : 3 U ; tache blanche dans les cheveux (derrière le bas de l'oreille), 55ᵉ timbre : 3 U ; ces deux variétés seulement depuis 1865. Le brun-gris avec impression très défectueuse : N, 50 ; U, 50.

5 lepta, cercle brisé : 4 U ; cercle mince . 2 U ; sans contrôle : 50 U ; contrôle doublé : 20 U ; 19b avec contrôle visible au recto : 5 U.

10 lepta, cercle mince : 2 U ; sans contrôle : 100 U ; chiffres 1 ou o renversés : 2 U ; 10 renversé : 10 U ; chiffres espacés : 3 U ; 01 au verso : 20 U ; 01 au recto seulement : R.R. : 200 U ; chiffres légèrement doublés : 5 U ; double impression au recto : rare.

20 lepta : sans chiffres au verso : 100 U ; o omis : rare ; 80 au lieu de 20 · 300 U ; 02 : 50 U ; o renversé : 2 U ; chiffres doublés : 100 U, chiffres espacés de 9 ᵐ/ᵐ 1/2 : 3 U. On trouve quelques défauts de la planche de contrôle : chiffres brisés, également dans les 10 et 40 lepta : 2 U. Tache blanche à la grecque : 10 U.

40 lepta . sans contrôle : rare ; double impression au recto : rare ; chiffres doublés : 20 U ; chiffres espacés : 5 U ; 2 surchargé d'un 4 pour faire 40 au lieu de 20 au verso : 50 U ; o renversé : 5 U. Avec filet droit distant ou croix supérieure droite sans point central : 2 U.

80 lepta : sans contrôle . 30 U ; chiffres· espacés : 5 U ; 8 ou o omis : 12 U ; 8 ou o renversé : 3 U ; double impression du recto : rare.

On trouve assez fréquemment une tache de couleur à la joue.

Le 10 lepta a servi coupé diagonalement pour 5 l.: R.R.R.

Paires : 3 U ; 40 cent. : 4 U.

Faux. Voir première émission.

1869-70. *PLANCHES NETTOYEES. N°s 24 à 30.*

Le nettoyage a fait disparaître les défauts des tirages précédents. L'impression est nette et propre, mais l'usure se fait sentir et si l'on compare avec le tirage soigné d'Athènes, on constate que les lignes du cou, faites de traits pleins, régulièrement espacés, sont plus épaisses et que par suite le contour de la joue (épaississement des ombres) est moins marqué. (Voir figure d).

En outre, le burelage des coins, assaini des impuretés, paraît moins coloré (plus blanc) que dans les tirages de 1863 à 68. Les chiffres de contrôle sont peu ombrés. Le 2 lepta chair, si semblable au 40 l. de même nuance (1871) est une excellente référence.

N.-B. — L'émission est cataloguée 1869-70, mais le 1 lepton et quelques nuances d'autres valeurs on eu les planches nettoyées avant cette époque ou postérieurement.

Nuances. — 1 lepton, brun-rouge sur gris jaunâtre (1867 ?) ; brun-grisâtre. 2 lepta, bistre pâle (1870) ; bistre-chair (1872). 5 lepta, vert émeraude (1868), contrôle vert-bleu ; vert clair, contrôle vert-jaune ou vert sauge (1870) ; rouge foncé sur bleu et rouge-chair sur verdâtre, tous deux d'impression fine (1869) : 2 N ; 4 U ; orange sur azuré (1870) et vermillon sur azuré tous deux avec chiffres non ombrés. 20 lepta, bleu, chiffres non ombrés ; 40 lepta, mauve, chiffres de même nuance ; 80 rose carminé ; carminé vif : 2 N ; U, 50.

Variétés. — 1 lepta avec fond ligné ; taches blanches (détérioration des clichés n°s 44 et 45 : 3 N ; 3 U ; 5 lepta, cercle brisé : 5 U ; contrôle légèrement double : 10 U ; 15 au lieu de 5 : 10 U ; 10 lepta, 1 ou 0 renversé : 3 U ; 01 : 20 U ; chiffres espacés : 5 U ; 20 lepta, 02 : 30 U ; contrôle légèrement double : 30 U ; sans contrôle : 100 U ; chiffres espacés : 10 U ; 0 renversé : 3 U. 40 lepta, 4 sur 2 : R.R., 80 U ; double impression du recto : R.R. ; impression fine : 2 U ; contrôle doublé : 20 U. 80 lepta : 8 ou 0 renversé : 3 U ; 8 au lieu de 80 ? : R.R.

Faux. — Voir première émission.

1870. *NOUVELLE MISE EN TRAIN. N°s 31 et 32*

Par suite de découpages ratés, les ombres de la joue sont trop réduites dans le 1 lepton, et presque toujours les ombres situées à gauche du contour de la joue sont dépouillées et réduites à quelques points ; dans le 20 lepta les coins intérieurs montrent des taches étendues et réellement blanches dans le burelage.

Nuances. — Brun-marron sur papier légèrement jaunâtre, brun-marron plus pâle ; bleu-ciel ; bleu-ciel vif ; ces deux nuances même valeur ; bleu-ciel foncé : N, 50 ; 2 U.

Variétés. — Quelques clichés du 1 lepton ont les ombres de la joue complètes : N, 50 ; U, 50. 1 lepton avec détérioration de cliché, 2 N ; 2 U ; 20 lepta avec découpage empiétant sur les cartouches extérieurs : 2 U ; o renversé : 3 U ; 20 renversé : 25 U ; 02 : 25 U ; contrôle doublé : 30 U ; papier mince : 3 U.

On trouve dans cette émission comme dans la précédente des chiffres de contrôle qui chevauchent sur deux timbres, soit latéralement, soit en haut et en bas. Toujours rares.

Paires du 20 cent. : 4 U.

1872-76. *PAPIER GRENÉ TRANSPARENT.* N⁰ˢ 33 à 38.

Cette émission se reconnaît au papier qui est mince, transparent et grené.

Nuances. — 1 lepton brun sur paille (1875) ; bistre-gris ; brun-rouge pâle sur papier opaque ; le 2 lepta est sur papier ordinaire non grené ; 5 lepta, vert-gris ou vert sauge très transparent (fin 1872), vert-jaune (1872) dont on trouve un tirage en vert-jaune foncé d'impression lourde, parfois huileuse ; enfin un tirage tardif (1875) est vert émeraude : rare 2 N ; 4 U. 10 lepta, brique sur bleuté (1872) ; orange-rouge vif sur verdâtre (1872) ; orange sur verdâtre (1872) ; brique sur gris-lilacé (1875), rare. 20 lepta, bleu foncé ou bleu-noir sur gris-pâle (1873) ; indigo sur bleu (1874), rare ; bleu de Prusse foncé sur bleu verdâtre (1876) ; les chiffres du verso sont de la nuance des timbres. 40 lepta, lilas sur azuré et violet pâle terne sur azuré (1872) chiffres de contrôle de la nuance du timbre. Les bistres (nuances) sur bleu sont du début de 1872 ; les nuances vont du bistre très pâle, à peine visible, jusqu'au brun-bronze en passant par des olives divers dûs à des décolorations ; les nuances trop pâles proviennent d'encre trop délayées au moyen d'huile. On trouve un violet foncé, rougeâtre, relativement rare.

Variétés. — Les timbres sur papier grené non transparent sont plus rares et valent le double. 1 lepton, défaut de cliché : 3 U. 5 lepta, cercle brisé : 3 U ; chiffre 5 brisé en bas : 6 U ; chiffre transparent au recto : 3 U ; 15 au lieu de 5 : 15 U ; contrôle doublé : 10 U. 10 lepta, sans contrôle, R.R. : 80 U ; 1 ou o renversé : 3 U ; 10 renversé : 10 U ; 1 seulement ou o seulement : 10 U ; chiffres doublés : 20 U, chiffres espacés 8 ᵐ/ᵐ 1/2 : 3 U ; 01 : 15 U ; 110 : R.R. 20 lepta, chiffres doublés : 50 U ; sans chiffres : 80 U ; o renversé : 5 U ; chiffres espacés : 10 U. 40 lepta, contrôle olive très pâle sur timbre de nuance lilas ou lilas foncé : 4 U ; sans contrôle : 10 U ; contrôle doublé : 8 U.

On trouve dans cette émission comme dans les précédentes des chiffres de contrôle dont l'un est déplacé en hauteur par rapport à l'autre ou dont les chiffres (5 ; o de 10 ; 2 et o de 20, 4 et o de 40) sont brisés, valeur : 3 U.

1875. *TIRAGE DE PARIS.* N⁰ˢ 39 et 40.

Exécutés à Paris. Feuilles de 150 timbres.

Nuances. — 30 lepta, 1ᵉʳ tirage, brun olive ; 2ᵉ tirage, brun-olive foncé sur papier ordinaire et brun-olive foncé sur papier épais, ce dernier rare ; 60 lepta, 1ᵉʳ tirage, vert-bleu sur vert ; on trouve du papier huileux ; 2ᵉ tirage, vert sur vert.

On recherche les premiers tirages, d'impression plus fine.

Le 30 lepta brun-jaune est un essai assez rare ; le 30 l. avec double impression, une maculature.

Paires : 30 lepta : 4 U.

Truquage. — Le 30 l. de l'impression d'Athènes avec ombres de la joue travaillées pour en faire une impression de Paris ! La comparaison de la nuance et les traces de grattage (loupe) suffisent

Faux de Genève (F.). — La nuance des papiers et celle de l'impression prouvent qu'on a voulu s'attaquer aux tirages de Paris, mais ces imitations sont mal exécutées ; l'illustration renseignera suffisamment sur les caractéristiques d'impression des clichés

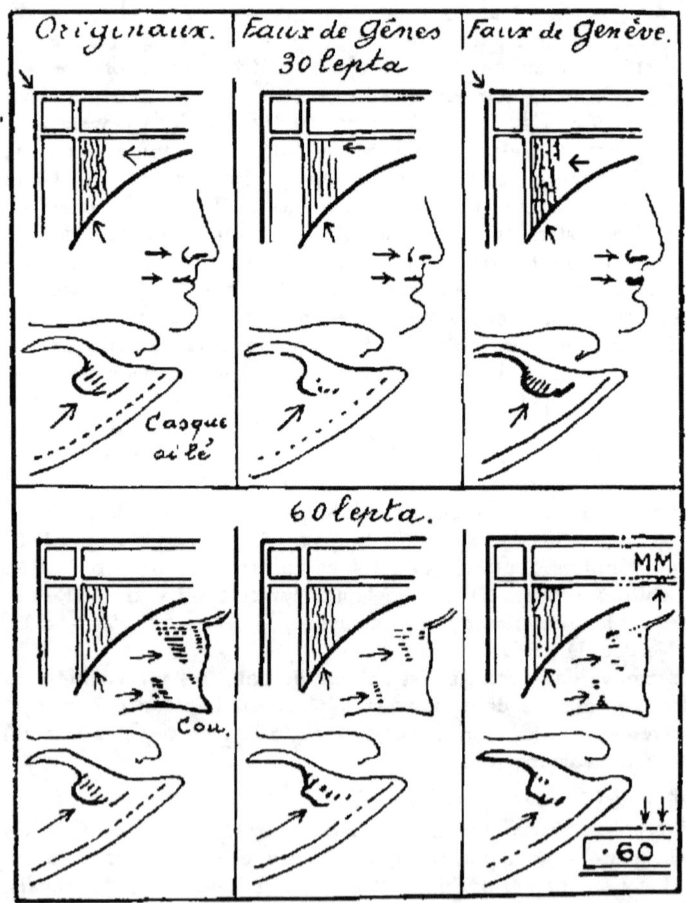

des 30 et 60 lepta. Les dimensions sont de 18 1/2 × 22 $^m/_m$ environ (comme dans les originaux des émissions précédentes) alors que le format des originaux des nouvelles valeurs est 18 4/5 à 19 sur 22 $^m/_m$ 1/2 environ.

Les fausses oblitérations sont les mêmes que sur les faux des émissions précédentes (voir première émission) avec, en plus, le cachet rond à date, double cercle,

(A)   ΓΓΟΣΤΟΛΙΟΝ (l'A manque).

3 ΙΟΥΛ 77 (110).

Faux de Gênes (I.). — Deux productions *très insidieuses*, surtout le 30 lepta ; 99 sur 100 des collectionneurs s'y tromperaient. Les mensurations sont bonnes excepté que le 30 lepta est un rien trop haut (19 $^m/_m$ 1/5) ; la nuance de ce faux est bonne, ainsi que la nuance du papier. La nuance du 60 lepta est trop foncée ou trop grise et celle du papier est par trop vert-bleu mais ceci peut être modifié. Le papier du 30 l. est trop mince, 50 mc. avec gomme, alors que l'original va de 50 à 60 mc. et à 70 avec gomme ; pour le 60 l. papier épais de 75 à 90 avec gomme alors que l'original va de 45 à 55 mc. sans gomme, mais cela aussi peut être modifié.

L'illustration montre les signes distinctifs des deux catégories, étant entendu que les originaux d'impression peu fine (notamment le 60 lepta) peuvent ne pas présenter les ombres du cou aussi fournies que dans le schéma qui montre les ombres complètes des très bonnes impressions. Les faux du 60 lepta se trouvent également avec ombres fournies ou non et il est évident que les imitations des deux valeurs peuvent être présentées après changement des papiers et de la couleur comme étant des nᵒˢ 41 et 42.

1876. *TIRAGE D'ATHÈNES.* Nᵒˢ 41 et 42.

Nuances. — 30 lepta, premier tirage, impression fine, brun-olive sur le papier du tirage de Paris. On trouve des impressions plus ou moins fines, mais la nuance olivâtre de l'impression et le papier mince et transparent désignent ce tirage avec certitude. Deuxième tirage brun sur crème, papier transparent (papier du nᵒ 42) : N, 25 ; U, 50. On trouve ensuite des tirages brun foncé allant jusqu'au brun-noir, avec des impressions défectueuses ou le derrière de la tête a disparu ; papier mince transparent, légèrement huileux en cas d'excès d'encrage. Viennent enfin les brun-rouges sur papier blanc non transparent (un bistre-rouge clair est rare : 2 N ; 12 U) et sur papier mince transparent : N, 50 ; U, 50.

60 lepta vert plus ou moins foncé sur crème (vert russe) parfois huileux. L'excès d'encrage a également fait disparaître parfois le derrière de la tête ou les lettres de la légende.

Variétés. — Brun foncé, double impression : 30 U ; brun-rouge recto-verso : 2 N ; 20 U.

Faux. — Voir émission précédente.

1876 à 1880. *EMISSION SUR PAPIER CREME. N°⁸ 43 à 45.*
Chiffres au verso.

Nuances. — 5 l. vert-jaune; vert-foncé; vert-jaune impression huileuse; 10 l., orange, vermillon, rouge brique (rare); orange et vermillon sur papier huileux; 20 l., outremer foncé; bleu foncé (indigo clair); bleu de Prusse (impression soignée); bleu de roi : 4 N; 6 U; bleu foncé, impr. huileuse; 40 lepta, saumon et saumon impression huileuse : 2 N; 2 U.

Variétés. — On trouve des impressions assez fines (soignées) des 5, 10 et 40 lepta : N, 50; 2 U. 5 lepta, cercle brisé : 3 N; 4 U; double impression : 3 U; contrôle doublé : 5 U. 10 lepta, double impression : 3 N; 8 U; sans contrôle : 20 U; 01; 00; 0; 1 : 10 U; contrôle double : 15 U; 110 : 20 U; chiffres espacés (4 ᵐ/ᵐ) : 6 U; chevauchant : 8 U. 20 lepta, 2; 0; 02; 20 renversé : 60 U; chiffres doublés : 80 U; espacés (3 ᵐ/ᵐ) : 15 U; chevauchant : 20 U; petits chiffres de contrôle : 25 U.

Faux. — Voir les émissions précédentes.

Truquages. — Le 5 et 10 lepta du tirage sans contrôle ont été munis de faux chiffres de contrôle. Comparez les nuances; le n° 44 est plus rouge que le n° 49 orange truqué et le n° 48 vert foncé mesure 18 1/2 × 22 1/3 environ au lieu de 18 2/3 à 19 × 22 1/2 env.

1878-82. *EMISSION SUR PAPIER CREME. N°⁸ 43 à 54.*

Sans contrôle. — Comme dans l'émission précédente, le papier fait reconnaître facilement ces timbres.

Nuances rares. — 1 lepton brun-roux très pâle : 3 N; 4 U; marron foncé sur jaune : 4 N; 5 U; 5 lepta, vert très foncé : 2 N; 2 U; 20 lepta gris-bleu ardoisé : 2 N; 2 U; 30 lepta, bleu-gris pâle laiteux : 2 N; 2 U.

Variétés. — 1 lepton, clichés détériorés : 10 U; fond quadrillé (étamine) : 20 U; 20 l. aniline, impression transparente avec tête d'ivoire : 2 N; 4 U; 30 l. fond quadrillé (étamine) : 10 U.

On trouve du papier cotelé, des doubles impressions, des impressions fines.

Paires : 3 U; n° 54 : 4 U.

Faux pour servir. — 20 lepta, n'a que 60 perles. Quelques exemplaires connus.

Faux. — Voir émissions précédentes.

II. — **NON DENTELÉS**. Petite tête de Mercure

Planches galvanoplastiques de 300 timbres en 6 groupes de 50 (10 × 5). Défauts de planches : 10 lepta, tache blanche sur le milieu du cartouche en haut; chiffre zéro de gauche à double trait à gauche (non coloré entre les deux traits); 25 lepta, tache blanche dans l'angle intérieur de droite en haut; 50 lepta, sans filet en haut. Valeur : 4 N; 10 U.

1886-88. *IMPRESSION DE BELGIQUE*. Nᵒˢ 55 à 63.

Le tirage fait en Belgique (Malines) est caractérisé par sa finesse qui montre un dessin bien net avec ombres de la joue sans empâtements et les ornements des coins supérieurs finement tracés. (Voir illustration, figure a). On y voit presque toujours, à droite en bas, les initiales du graveur A. DOMS.

Nuances. — Pas de variétés en dehors d'un 25 lepta bleu laiteux pâle : 5 N ; 8 U ; les autres nuances ne montrent qu'une légère gradation foncée des 1, 10, 20 (vif) et 40 l. ou pâle du 50 lepta. C'est au point que les faux renseignés plus loin peuvent se reconnaître immédiatement aux nuances non conformes, malgré la bonne exécution du dessin.

Variétés. — 25, 50 l. et 1 dr. à fond ligné.

Paires : 3 N ; 3 U ; *blocs de* 4 : 6 N ; 10 U.

Faux de Genève (F.). — Bien exécutés ; il n'y a pas lieu de s'arrêter aux nuances (légèrement différentes de celles des tirages de Malines) ni au papier jaunâtre qui peuvent être modifiés

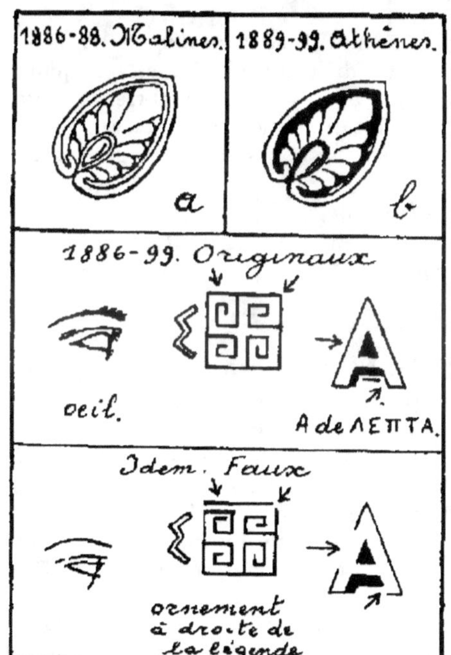

demain. Ces imitations tiennent à la fois de l'impression malinoise par les fines ombres du cou et de l'impression d'Athènes par les ornements des coins supérieurs. (Voir illustration, figures a et b).

La même illustration renseigne sur les signes distinctifs des faux. (A noter que le trait horizontal situé au-dessous de l'ombre, au bas de la lettre A n'est guère visible que dans les originaux du 25 lepta de Malines et d'Athènes).

1889-99. *IMPRESSIONS D'ATHENES*. Nᵒˢ 77 à 100.

Très nombreuses nuances dues aux tirages échelonnés et aux divers papiers.

4 tirages principaux : 1º 1889-90. Toutes les valeurs, excepté le 25 l. bleu et le 1 dr., sur papier mince gris-jaunâtre. Mauvaise impression, mais nette. Le 1 l. brun-noir, le 20 l. rose aniline, le

25 l. outremer et le 40 l. violet n'appartiennent qu'à ce tirage. On recherche le papier satiné, papier pelure : 2 U.

2° 1892-93. Papier blanc jaunâtre, épais et rugueux, mauvaise impression. Toutes les valeurs, excepté le 40 l. violet.

3° 1894-95. Planches nettoyées. Papier mince ou épais, mais très blanc, légèrement glacé, ce qui le différencie du papier précédent légèrement jaunâtre. Toutes les valeurs excepté le 25 l. bleu ou outremer et le 40 l. violet. Très bonne impression qui se rapproche de celle de Malines.

4° 1898-99. Même papier, mais mauvaise impression (parfois très défectueuse) ; mêmes exceptions.

Dentelés. — Toutes les valeurs ont été dentelées 13 1/2, 11 1/2, toute la série excepté le 40 lepta violet est connue dentelée 9 ; le 1 dr. a été dentelé 13. Il y a malheureusement un grand nombre de fausses dentelures et de dentelures... clandestines.

Paires et blocs. — Comme précédemment.

Variétés. — On trouve les 1 et 5 l. avec double impression : rares.

Faux usés poste. — 20 l. aniline (une douzaine de variétés), 25 l. bleu et violet ; 40 l. bleu et 1 dr. gris ; non dentelés ou piqués 11 1/2. Valeur : 20 l. : 10 fr. ; 1 dr. : 30 fr. ; les autres, valeur . 20 fr. Faciles à reconnaître par les dimensions : 19 × 22 2/3 $^{m/m}$ au lieu de 18 1/2 × 22, par l'impression lithographique et par les inscriptions trop maigres.

Faux. — Voir émission précédente.

Fantaisie. — On trouve le 25 l. en rose-rouge, altération de couleur provoquée chimiquement.

III. — DENTELÉS

1896. *JEUX OLYMPIQUES.* N°s 101 à 112.

Variétés. — 60 lepta gris (1er tirage), gris, au lieu de noir : 2 N, 2 U ; 2 lepta sans signature du graveur 2 fois par feuille, sur une paire verticale : 5 N ; 5 U ; 2 dr. paire non dentelée au milieu : rare. Le 1 drachme avec tache blanche (défaut de planche sous le triangle à droite du cartouche de la valeur) : 5 N ; 5 U.

Faux. — Les 40, 60 l. et les 2, 5 et 10 drachmes ont été falsifiés à Gênes (I.) et pourvus de fausses oblitérations à Genève (F.)... et ailleurs !

Imitations photolithographiées qui sont loin de la finesse des timbres originaux ; papier blanc-gris, dentelure 14 1/2 × 14 au lieu de 13 1/2 × 14.

Les originaux du 40 l., 2 et 5 drachmes ont le fond formé de petits carrés bien dessinés portant chacun 2 petits traits parallèles ; les faux ont un fond formé de ronds ou d'ovales blancs plutôt que de carrés et l'on n'y voit que rarement un point ou un trait. Dans le 5 drachmes, l'H de MOUCHON est indistinct et ressemble à un W.

Les originaux des 60 l. et 10 dr. ont le ciel (au-dessus du char romain ou du Parthénon) formé d'un semis de points très régulier, très aligné. Dans les faux, ces points manquent par endroits. Piquages arbitraires.

Fausses oblitérations de Genève.

Rondes à date, 1 cercle :

ОРІΝΟΟΣ (Corynthe) 2 NOEM ₁ 1896 M

АΟΗΝΑΙ (Athènes) 22 ΑΠΡ 10 ‖ 6 1896 6

ΑΡΓΟΣ (Argos) 7 ΦΕΒΤ 1900.

A date, double cercle :

ΑΡΤΑ (Arta) 13 ΜΑΡΤ 99

Truquages. — Les 5 et 10 drachmes surchargés (émission de 1901) ont été tripotés à Athènes pour enlèvement de la surcharge. La loupe et la benzine font reconnaître facilement les traces de cette opération et de la repeinture consécutive.

1900. *SURCHARGES. Nᵒˢ 113 à 145.*

Variétés intéressantes : Nᵒ 113 violet pâle au lieu de violet : N, 50 ; U, 50 ; 114 et 119, 40 lepta sur le nᵒ 25 (planche nettoyée) : 8 N ; 8 U ; 117 et 122, 5 dr. sur le nᵒ 38 papier grené : 2 N ; 2 U. Nᵒ 141 avec erreur Ⴤ au lieu de A : 3 N ; 3 U.

On trouve des doubles surcharges, des erreurs de lettres, etc.

Le 50 l. sur 2 dr. est connu avec double surcharge noire et rouge.

Fausses surcharges. — Très nombreuses ; les lithographiées se reconnaissent aisément au manque de foulage. Les nᵒˢ 115 et 115a ont été faussement surchargés par la maison Z... d'Athènes.

Faux avec fausses surcharges. — Nᵒˢ 144, 145. Voir émission précédente.

1901. *MERCURE DE JEAN DE BOLOGNE. Nᵒˢ 146 à 159.*

Variétés. — Toute la série, excepté les 2, 3 et 5 dr., existe non dentelée ; le 1 dr. aussi non dentelé horizontalement. On trouve des réimpressions clandestines sur papier blanc moyen, 1 à 5 drachmes en nuances brillantes.

Essais en noir. Toute la série, non dentelée, *sans filigrane* ; valeur 5 fr. pièce.

1906. *JEUX OLYMPIQUES. Nᵒˢ 165 à 178.*

On trouve toute la série jusqu'au 1 dr. compris (excepté le 40 l.) non dentelée ; la série : 100 fr.

Emissions suivantes.

Sont suffisamment décrites dans les catalogues généraux.

1912. — Fausses surcharges de bonne exécution ; toute la série en surcharge noire ou rouge lithographiée (manque de foulage) ; comparaison, particulièrement pour les variétés de surcharges.

IV. — TIMBRES-TAXE

Les deux premières émissions montrent un grand nombre de piquages différents. Il en est de rares.

Nuances. — Première émission, deux séries 10 1/2 ; vert et noir et gris-vert et noir : 2 N ; 2 U ; 2ᵉ émission ; vert et noir ; vert jaune et noir.

Variétés. — 1 dr. avec M large (1ʳᵉ émission), 1, 2, 40, 60 l., 1 et 2 dr. avec centre renversé (2ᵉ émission).

Nombreuses variétés d'inscriptions, de centres déplacés, de doubles dentelures, etc.

Faux de Genève (F.). — Les deux premières émissions. Papier plutôt grisâtre ; dentelure 13 1/2 pour la première émission et 12 1/2 × 13 1/2 pour la seconde ; nuance vert-jaune ; hauteurs, respectivement 23 1/2 et 22 1/2 comme les originaux, mais largeur 20 ᵐ/ᵐ

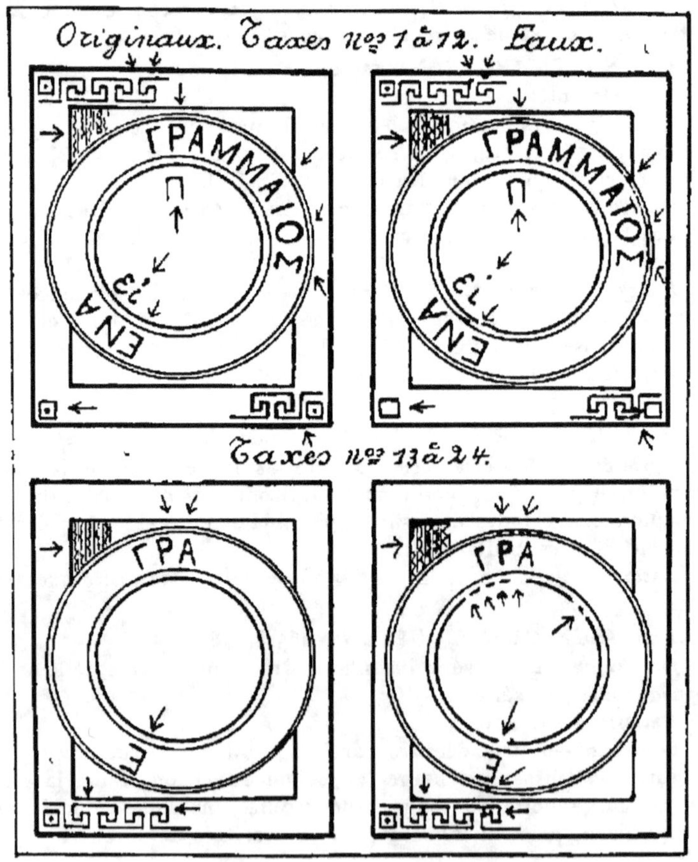

alors que les originaux n'ont que 19 3/4 ᵐ/ᵐ dans les deux émissions. Le P grec de l'inscription centrale mesure environ 1 ᵐ/ᵐ de largeur dans les originaux n°ˢ 1 à 12 ; dans les faux, il se rétrécit dans le bas et a moins de 1 ᵐ/ᵐ. Dans les n°ˢ 13 à 24 il mesure 1 ᵐ/ᵐ 1/5 environ dans les originaux et 1 ᵐ/ᵐ 1/3 dans les faux.

L'illustration renseignera sur les autres défauts de dessin.

N.-B. — On trouve parfois le point dans le carré du coin inférieur gauche (n°ˢ 1 à 12 faux) mais dans ce cas il est très faible.

Fausses oblitérations de Genève.

1° A date 1 cercle : celles renseignées à l'émission de 1896 avec dates interchangeables.

2° A date double cercle : ΑΡΓΟΣΤΟΛΙΟΝ (Argostoli)

3 NOEM 77 (110). (L'A manque, en tête).

3° Oblit. losange de points sans numéro.

Truquages. — Quelques tripotages pour muer les 1 et 2 lepta en 1 et 2 drachmes et dans l'émission suivante pour fabriquer les valeurs chères.

1902. *TAXES. N°ˢ* 25 à 38, etc.

On trouve les n°ˢ 26, 27, 28, 31 et 35 non dentelés. Toute la série a été réimprimée sur papier blanc commun. Les fortes valeurs de 1912 ont été faussement surchargées.

V. — PAYS OCCUPÉS

La plupart des séries ont été surchargées et les fausses surcharges pullulent. La comparaison est indispensable, car il y a des séries presque parfaites.

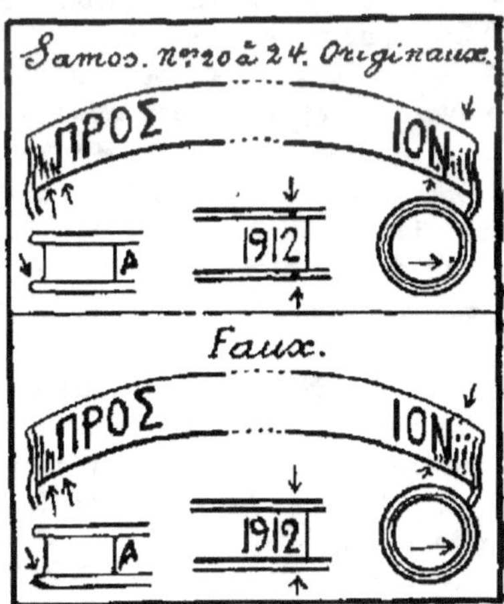

Mitylène. — La surcharge a été imitée à Genève sur toute la série ; sa fausseté se reconnaît au deuxième jambage des N qui est vertical et de même épaisseur sur toute la longueur.

Samos. 1912. — Carte. Plusieurs séries imitées. La mieux faite se reconnaît au zéro de Samos qui est rond au lieu d'être plutôt carré, et à l'E de MEION dont la barre centrale est régulièrement placée alors qu'elle est trop basse dans les timbres vrais.

1912. *Mercure.* — Les nᵒˢ 4 à 8 ont été bien imités (aussi les nᵒˢ 9 à 14 et 15 à 19 avec fausses surcharges) ; les ombres devant l'œil sont courtes et mal venues tandis qu'on voit 6 traits bien espacés et plus larges dans les originaux. D'ailleurs, il suffit de mesurer la largeur du timbre, il doit avoir 21 $^{m}/^{m}$ 1/4 ; les faux ont 21 $^{m}/^{m}$.

1913. *Monument.* — Nᵒˢ 20 à 24 (aussi 25 à 36, avec fausses surcharges). Voir à l'illustration les signes distinctifs de ces faux.

HAMBOURG

I. — **NON DENTELÉS**

1859. *FILIGRANE LIGNE ONDULÉE.* Nᵒˢ 1 à 7.

Feuilles de 120 timbres (12 × 10) typographiés.

Le filigrane est toujours visible (benzine) ; on n'en trouve parfois que des traces ou un fragment de ligne ondulée attaché au trait rectiligne filigrané de bordure ; cela est dû au défaut de repérage.

Signes secrets. — Dans chaque valeur on trouve de petits défauts de dessin ; quelques-uns sont si nets (points) qu'ils donnent à penser que ce sont réellement des signes secrets du graveur. (Voir l'illustration). Employez la loupe pour examiner les timbres.

Premier choix. — 4 marges de : 3/4 de $^{m}/^{m}$ en haut et en bas et 1 $^{m}/^{m}$ 3/4 sur les côtés (jusqu'aux lignes de séparation). Les neufs avec gomme originale (jaune brunâtre) valent le double ; comparez la gomme avec un neuf de bon aloi.

Nuances. — Varient fort peu ; nᵒ 5 vert et vert bleu ; nᵒ 7 orange et jaune-orange.

Variétés. — Les timbres avec numéros dans les marges (bords de feuille) sont très recherchés : 3 N ; 3 U. On trouve le nᵒ 5 avec double impression très nette : 3 N. Le nᵒ 1 coupé a servi pour moitié avec le nᵒ 2 pour faire 1 1/4 sch. (1864) : rare. 9 sch. avec trait de séparation plus épais, défaut de planche : N, 50. On trouve la même valeur en planche usée.

Timbres sur lettres : 1 et 2 sch. : 2 U ; 1/2, 3 et 7 sch. : 3 U ; les autres : 4 U.

Oblitérations. — Type A (22 à 24 $^{m}/^{m}$ de long) : communes ; en bleu : R.R. ; en noir, 40 $^{m}/^{m}$ environ de long : R.R. Type B : 2 U ;

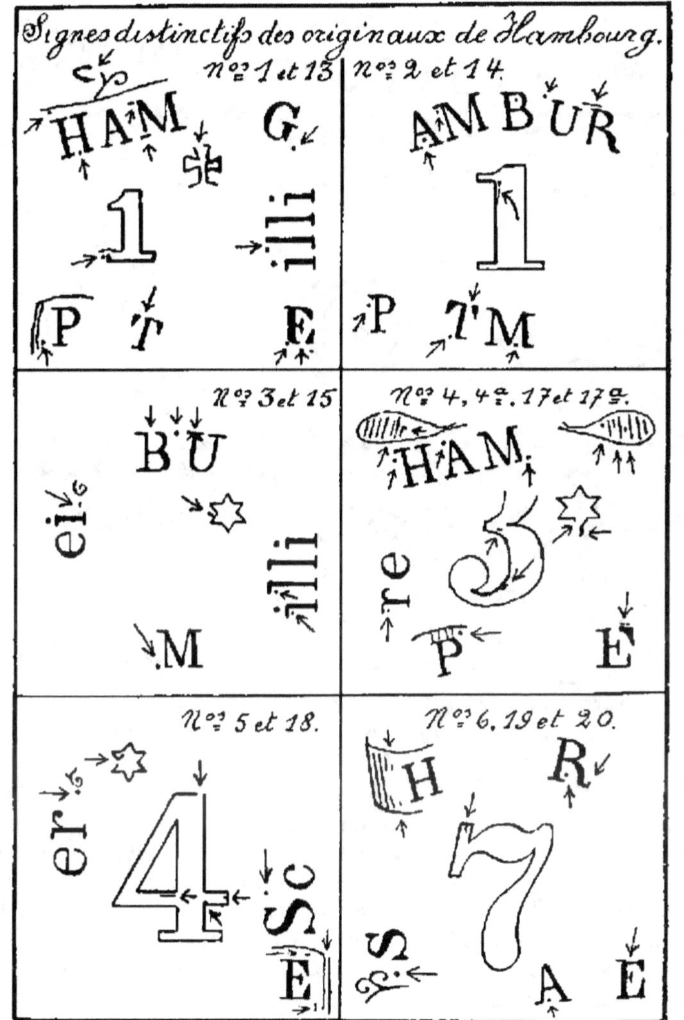

Type C : 2 U ; mais avec autres inscriptions (St P. A. etc.) . R.R.
Type D (toujours en bleu) : U, 50 ; un cachet rectangulaire
encadré avec 2 lignes ondulées sur les côtés est R.R. ; de même pour
un petit cachet à date, en noir ou en bleu ; les cachets étrangers,
les ambulants (sur 3 lignes, non encadrées) et tous les cachets non
renseignés à l'illustration, tels que barres de Bergedorf (1861), etc.

Paires. — Neuves : 3 N ; usées : 4 U. Les bandes et blocs usés :
R.R.R.

A.- *barres*   B.- *parenthèses*.   C.- *Oblit. ovale*.
(Strichstempel). (Schnallenstempel) (Oval stempel)

D.- *Ob de Ritzebüttel*   E.- *Ob. de Tour et Taxis*   F.- *A date, cercle*
(Wellenlinienstempel) (Dreiringstempel)   (Einkreisstempel)

G.- *a date, 2 cercles*. H.- *avec étoiles*   I.- *sur timbres*
(Doppel Kreisstempel. (mit sternen)   *de service*.

Réimpressions. — Il n'y en a pas.

Faux. — Très facilement reconnaissables : 1° *pas de filigrane;* pas de signes secrets. Il est entendu que l'un ou l'autre signe peut manquer ou être mal venu dans les originaux par suite de défauts d'impression ; l'illustration renseigne assez de signes distinctifs pour asseoir une certitude. Les faux, étant lithographiés, ne montrent pas, au verso, le foulage de l'impression typographique, particulièrement dans les neufs avec gomme. Parfois faux filigrane en gras.

Fausses oblitérations. — Le type B a été imité à Genève : HAMBURG.. R·1866. On trouve aussi les types A et D en noir et des cachets à date divers, appliqués non seulement sur les faux mais aussi sur les nᵒˢ 1, 5 et 7, timbres qui demandent toujours l'examen d'oblitération.

Truquages. — Vos non dentelés ne proviendront pas de dentelés coupés si vous avez soin de les prendre avec marges suffisantes en haut et en bas (format minimum de 21 1/2 × 25 1/2 ᵐ/ᵐ).

1864. MÊME FILIGRANE. N°⁸ 8 à 10.

Feuilles de 192 timbres lithographiés, en deux groupes de 12×8; les deux valeurs ont eu deux planches-mères et le 2 1/2 une seule (les timbres de la planche II sont dentelés) formées de 12 reports (4×3). On peut donc reconstituer les blocs reports des planches au moyen des signes distinctifs provenant des défauts de report. On trouve des défauts de transfert (2 fois par feuille) : rares.

Premier choix. — 4 marges de 1 ᵐ/ᵐ allant jusqu'aux lignes de séparation des timbres entre eux; les neufs du 1 1/4 s. gomme jaunâtre, ceux du 2 1/2 s. gomme blanche.

Signes distinctifs des originaux. — Voir l'illustration.

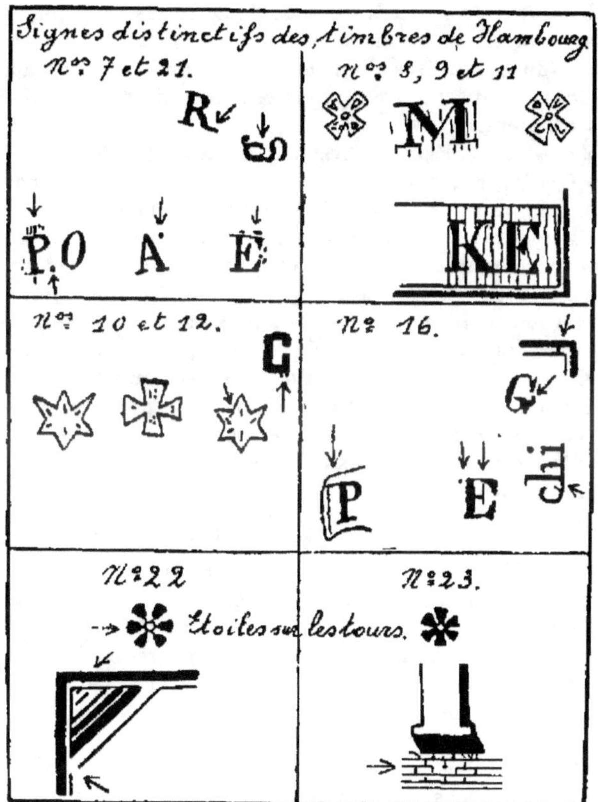

Nuances. — Nombreuses teintes lilacées et violacées (n° 8), une nuance mauve est moins commune; le n° 8a est gris légèrement bleuté; le numéro 8b, qui est rare, est bleu, légèrement verdâtre ; le n° 9 est gris verdâtre terne. Le n° 10 est d'un beau vert foncé mais la fin du tirage montre une nuance plus terne et un peu plus jaunâtre.

Variétés. — Les petits défauts de report se retrouvent une fois par 12 timbres, les défauts de transfert (par exemple tache blanche en forme d'étoile au-dessus de KE de POSTMARKE) une fois par 96 timbres (2 N ; 2 U).

Paires : 3 N ; 4 U. Timbres sur lettres : 2 U ; n°⁸ 9 et 10 : 3 U.

Oblitérations. — Généralement type E. L'oblitération a date est R.R. sur le 2 1/2 sch.

Réimpressions. — (1872) Sans filigrane et (1880) avec filigrane. Les réimpressions filigranées faites au moyen de nouveaux reports ne montrent pas les défauts des premiers reports et ceci démontre l'utilité des reconstructions. Les deux sortes de réimpressions, faites sans soin, sont de mauvaise impression et ne montrent pas les détails du dessin aussi finement que dans les originaux (voir illustration) ; beaucoup sont piquetées de points de couleur. Les nuances diffèrent.

Faux. — Sans filigrane. Les non dentelés (et dentelés) ont été imités à Genève par photolithographie. Le 1 1/4 se reconnaît à l'M de Hambourg dont le trait mince oblique remontant est peu visible ; dans le 2 1/2 s. la croix sous le B vient se confondre avec le blanc du cartouche ou n'est séparée de celui-ci que par un trait très mince. Imité en vert-jaune (par erreur), puis en vert-bleu.

Fausses oblitérations de Genève sur faux et réimpressions. Type D en noir ou en bleu ; type B en noir et type F en bleu ou en noir.

Truquages. — Les dentelés avec marges coupées sont souvent offerts comme non dentelés. Donc *nécessité* de prendre les non dentelés avec 4 grandes marges. La vérification des signes du report permet d'ailleurs de situer exactement ces truquages qui sont des deuxièmes planches.

II. — DENTELÉS

1864. *DENT.* 13 1/2. *FILIGRANE. N°⁸ 11 et 12.*

Mêmes caractéristiques que l'émission précédente, mais timbres de la planche II. Le n° 12 est d'un vert plus clair, plus jaune que le n° 10, il n'a pas de réimpression avec filigrane.

Oblitérations. — Types E, F, G : communs ; le type G, sans millésime ni horaire, ou avec Bahnhof : R.R.

Paires : 3 U, timbres sur lettres : 2 U.

Faux. — Comme précédemment. Bien faits à Genève et Charlottenburg, mais pas de filigrane et signes secrets manquants ou défectueux.

Fausses oblitérations de Genève sur faux et réimpressions : ronde à date, 1 cercle : Hamburg Bahnhof 21-11-66 8-10 1/2 N ; idem Hamburg 5 16 66 6-7 N et types B et D.

Une autre fausse oblitération très fréquente sur les faux et réimpressions des n°s 11 et 12 ainsi que sur les originaux de l'émission suivante est le type H (oblitération non régulière sur les timbres malgré qu'on la trouve sur des lettres arrivées en retard et parfois sur des timbres de service); on la trouve d'ailleurs non conforme à celle de l'illustration avec les lettres H et M trop étroites et trop hautes.

1864-65. *TYPES DE 1859. FILIGRANE. N°s 13 à 21.*

Mêmes caractéristiques que dans la première émission. Dent. 13 1/2.

Nuances. — 2 sch. rouge pâle, rouge, rouge foncé; 2 1/2 sch. vert-olive, vert-jaune foncé; 3 sch. outremer, outremer foncé (rare usé), bleu de Prusse (terne); 4 sch. vert pâle terne, vert-jaune. Le 3 sch. outremer non dentelé vaut le prix ordinaire.

Signes distinctifs. — Voir l'illustration pour le n° 16. Dans cette émission, les signes sont parfois moins nets que dans la première: n° 13 volute au-dessus de H A fermée; barre inférieure du E idem.; n° 14 trait en bas du M rétabli; n° 17, idem. et barre supérieure du E également rétablie, etc.

Variétés. — Bords de feuille avec n^{os} marginaux : 2 N ; 2 U.

Oblitérations. — A en noir ou bleu : commune; C et D : rares; G commune en bleu; étrangères, Heligoland, Schleswig, Tour et Taxis, etc. : R.R. Timbres sur lettres : U, 50; n°s 17, 20 et 21 : 3 U.

Paires : 3 U; n° 17 : 4 U; les 7 et 9 sch. : R.R. Blocs : rares. *Faux* des 1/2, 2 1/2 et 7 s. Tous sans filigrane.

Truquages. — Le 7 sch. non dentelé avec fausse dentelure.

Fausses oblitérations. — Nombreuses sur les 1/2, 2 1/2 et 9 sch. Une fausse oblit. de Genève est du type B, Hamburg 1 mai...

Réimpressions. — Non.

1866. *PERCÉS EN LIGNES. N°s 22 et 23.*

Feuilles de 100 timbres (10 x 10) sans filigrane.

Signes distinctifs. — Voir illustration.

Oblitérations. — Type F en bleu, etc.

Paires : 4 U; t. sur lettres n° 22 : 2 U; 23 : 2 U, 50.

Nuances. — 1 1/4 s. violet; pourpre. Même valeur.

Variété. — Défaut de planche 1 1/4 sch. 3 au lieu de B : 3 N; 3 U.

Réimpressions. — 1 1/4 sch. 19 x 22 4/5 à 23 au lieu de 19 2/5 x 22 1/5; les 4 étoiles du bandeau des inscriptions sont pleines; nuance lilas-rouge plus ou moins brunâtre. 1 1/2 sch. 22 1/5 de hauteur au lieu de 21 4/5; nuance rouge au lieu de rose carminé. Les deux réimpressions ont un foulage très prononcé et sont sur papier jaunâtre.

Faux. — 1 1/4 sch. Photogravé. Nuance ardoise. 19 1/2 × 22 4/5. Les signes distinctifs des originaux manquent.

Enveloppes. — On a contrefait aussi des fragments d'enveloppes de 1866 et 1867 au type du timbre n° 22 (1/2, 1 1/4, 1 1/2, 2, 3, 4 et 7 sch.). Comparaison du dessin et mensuration.

1867. *TIMBRES DE SERVICE. N°ˢ 1 et 2.*
Un seul type p. e. 1. ou dentelé 13 1/2 × 14.
Oblitérations. — Types H ou I en noir.

HANOVRE

Premier choix. — 4 marges de 1 ᵐ/ᵐ minimum.
Feuilles. — 120 timbres (10 × 12).
Numéros marginaux. — Les n°ˢ 3, 4, 5, 11, 12, 13, 13a portent les n°ˢ 1 à 10 en haut et en bas des feuilles ; les n°ˢ 2, 8, 10, 11 et

13 à 26 les n°ˢ 1 à 12 daus les marges latérales. Avec n° daus la marge : valeur double ; les n°ˢ 9 à 13 avec fragments d'inscription « Koniglich Hannoversche Franco-Marken » : valeur triple.

1850. 1 *GR. NOIR SUR BLEU. N° 1.*

Filigrane. — Un rectaugle par timbre, mais on n'en voit souvent que deux côtés ; les bords de feuille valent 2 U.

Papier bleu ou gris-bleu ; ce dernier plus rare ; gomme rose.

Oblitérations. — Type A : R.R. ; B, C, D ou F : communes en noir ; en bleu : U, 25 ; type I (Hambourg ou Brême) et type A avec inscription Franco : rares ; les oblit. plume : 50 %.

Paires : 3 U ; bloc de 4 : 50 U ; timbre sur lettre : U, 50.

Réimpression (1864). — En gris-bleu, sans filigrane ; en petites feuilles de 4 (2×2) sans gomme ou gomme légèrement jaunâtre.

Faux. — Voir émission suivante. (Pour le n° 1, papier bleu).

Truquage. — N° 2, viré chimiquement en bleu. Filigrane différent !

1851. *FILIG. COURONNE DE CHENE. N°ˢ 2 à 5.*

Nuances. — N° 2, vert-jaune ; vert : N, 50 ; U, 50 ; n° 3, vieux rose plus ou moins foncé ; saumon ; n° 5, jaune ; jaune foncé (5a). Cette dernière, peu sensible, doit être jugée par comparaison.

Variétés. — On trouve le n° 3 avec filigrane renversé.

Oblitérations. — Types D, E, F, G et H assez communes en bleu ; plus rares en noir : U, 50. Suivant la provénance et la couleur, il y a des oblitérations à ces divers types bien plus rares (par exemple : type F, Celle, date et horaire en noir, etc.). Types B et C : moins communs. Type I Hambourg en bleu : 2 U ; type G en rouge : R.R. (Voir illustration).

Paires : 3 à 4 U ; bandes de 3 : 8 U ; blocs de 4 : R.R. N° 2 : 200 fr.

Réimpressions. — Pas de réimpressions officielles. Du 1/10 t. il existe une « impression privée », donc un faux, sans filigrane ; nuance et gomme différentes. Les autres valeurs sans filigrane sont des essais.

Faux. — Toute la série a été contrefaite plusieurs fois en lithographie sans *filigrane*. L'illustration ci-après renseigne néanmoins quelques signes distinctifs des originaux et des deux meilleures séries fausses, car ces dernières, munies d'un faux fond burelé, ont servi pour les n°ˢ 10 à 13 non filigranés. La série avec l'inscription FINI au lieu de FINIRE est de Genève (F.).

Fausses oblitérations de Genève (F.), gravées sur bois.

1° Rondes à date, double cercle, en noir ou en bleu.

FREIBURG 17 10 + ; HANNOVER 8 11 4-5 ; HANNOVER 3 11 4 ; HANNOVER 24 11 N 9-10 B ; HAGE 6 2 ; LUNEBOURG (sans inscription centrale) ; OSNABRUECK 21 9 8-9 ; CHUTTORF 16 5 ; (les deux derniers avec barre horizontale dans le cercle central,

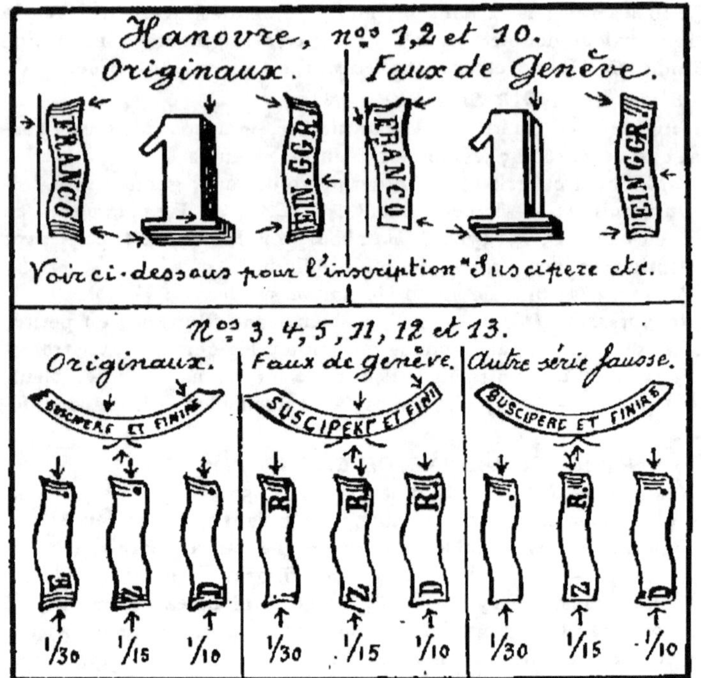

les six premiers sans ; les chiffres de l'obl. HANNOVER sont
interchangeables).

On trouve également le même cachet à date
S.T.P.A. 29 7 BREMEN.

2° Ronde à date, 1 cercle
HANNOVER 8 1 (avec trait horiz.) 1-2.

3° Ambulant sur 3 lignes
EMDEN 10 5 7 HANNOVER.

Ces cachets ont été également apposés sur les faux des émissions suivantes et sur les n⁰ˢ 14, 15, 16, 21, 22 et 23 originaux.

1853. *AVEC FILIGRANE. N° 8.*

Premier choix. — 4 marges de 3/4 de ᵐ/ᵐ. Idem pour n⁰ˢ 9, 14,
15 et 16.

Deux nuances : rose et rose lilacé (plus rare).

Réimpression (1864) sans filigrane, gomme blanche, papier
mince, rose terne au lieu de rose plutôt vif.

Faux (Genève). — Avec faux filigrane imprimé au dos, en gris ;
la mensuration est bonne ; papier blanc jaunâtre. Voir émission suivante pour les signes distinctifs.

1855-1856. *FOND BURELÉ. SANS FILIG. N⁰ˢ 9 à 13.*

Les neufs doivent avoir la gomme rose.

Variétés. — Les timbres avec inscription (lettres) dans la marge
en haut : 3 U ; le 1/30ᵉ a été coupé par moitié pour faire 1/2 gr. :
R.R.R. ; le 1/15 coupé diagonalement ou verticalement par moitié
pour faire 1 gr. : R.R.R.

Burelage large, formé d'hexagones allongés et accolés mesurant
environ 2 ᵐ/ᵐ 1/2 de large sur 1 ᵐ/ᵐ de haut ; une petite séparation existe entre le burelage de chaque timbre et l'ensemble des
burelages de la feuille est entouré de deux traits entre lesquels se
voit une bande burelée (nuance du burelage de chaque valeur) de
5 ᵐ/ᵐ 1/2 de largeur. Les isolés à petites marges, mais qui portent
le premier de ces traits sont donc des timbres bord de feuille.

Burelage serré. — Mêmes caractéristiques mais les hexagones,
plus étirés, ont la forme d'une lentille biconvexe de 1 ᵐ/ᵐ 1/2 de
long pour 5/8ᵉ de ᵐ/ᵐ au petit axe.

Le premier tirage (1855) du 1/10ᵉ th. a le burelage serré de
nuance très pâle (citron) : N, 50 ; 3 U ; le second est ocre-orange.

Oblitérations. — Les plus communes sont les cachets à date et
rectangulaires en bleu, types D, F, G, H. Le type K, ambulant :
2 U On recherche les oblit. de Brême, etc.

Paires : 3 U ; n° 12 : 8 U ; bandes de 3 : 8 U ; blocs de 4 : R.R.,
nᵒˢ 9 et 9a : 10 U ; n° 10 : 250 fr. ; n° 13 : 24 U.

Réimpressions (1864). — Avec gomme blanche au lieu de rose,
ces réimpressions sont à peu près de la rareté du timbre, excepté
celle du n° 9 ; valeur : 1/5ᵉ. Les nuances du burelage sont différentes, n° 9 rose clair, burelage flou, brouillé ; n° 10 vert clair ; n° 11

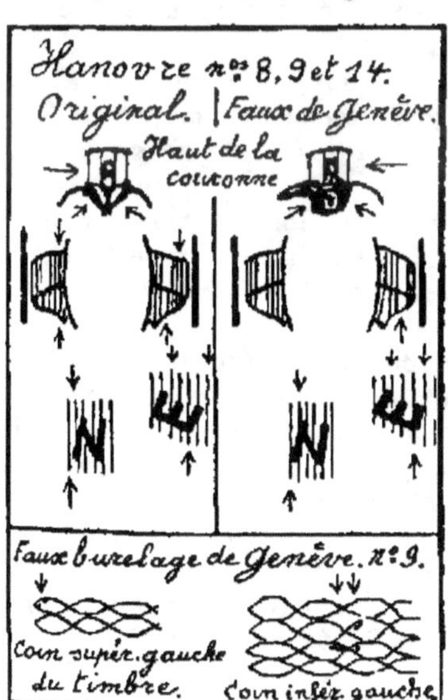

rose très pâle ; n° 12 bleu
terne ; n° 13 orange-clair.
Tous avec large burelage ; les
valeurs avec burelage serré
sont des essais. On trouve
une « impression privée » du
n° 13, semblable à celle du
n° 5. Mêmes caractéristiques,
mêmes taches dans le des-
sin.

Faux. — La série de
Genève (F.) est assez réussie. Il n'y a pas lieu de
s'arrêter au papier trop moderne ni aux nuances du burelage qui peuvent être
changées ultérieurement.

Pour les nᵒˢ 10 à 13, voir
deuxième émission.

Pour le n° 9, les dimensions sont bonnes, mais le dessin et le burelage montrent quelques défauts (voir illustration ci-contre). Le même cliché a servi pour les nᵒˢ 8, 9 et 14.

Fausses oblitérations sur faux. — Voir plus haut.

1859 à 1863. *SANS FILIG. TYPES DIVERS. Nᵒˢ 11 à 21.*

Premier choix. — Les nᵒˢ 17 à 21 doivent avoir 4 marges de 1 ᵐ/ᵐ minimum.

Nuances. — 3 pf. (1859) rose et rose terne, rose carminé, rose lilas : 4 N ; 2 U ; lie de vin : 8 N ; 4 U. 3 pf. (1863) vert ; 1/2 gr. (1860), gomme rose : 2 N ; U, 25, ou gomme blanche ; 1 g. du rose terne ou carmin foncé violacé ; le rose carminé sur papier mince transparent : 2 N ; 2 U ; carmin foncé : 2 N ; 2 U ; carmin foncé violacé sur papier mince transparent : 5 N ; 3 U. 2 gr. outremer et outremer foncé sur papier mince transparent ; 3 gr. jaune ; jaune clair : N, 50 ; U, 50. 3 gr. (1861) brun à brun foncé ; brun-noir : 2 N ; U, 50. 10 gr. (1861) vert et vert jaune.

Variétés. — On recherche les impressions fines ; elles se reconnaissent à la finesse des traits de l'effigie et au lignage du fond dont les coins paraissent plus blancs ; dans les 1 et 2 gr. le lignage touche le chiffre. Les timbres bas de feuille avec indication du millésime 1860, 1861, 1862 sont rares. 1 gr. nᵒ 17 avec hachures de la tempe et du cou interrompues au milieu, défaut de planche qui se retrouve naturellement dans le nᵒ 24 : rare. Une nuance vert olive, premier tirage du 10 gr. est rare. Le 3 gr. brun-foncé, papier très épais avec gomme rose épaisse : rare neuf. Les nᵒˢ 17 et 18 ont été employés coupés pour moitié : R.R.R.

Paires : 3 U ou 4 U (nᵒˢ 15 et 18 à 20) ; blocs de 4 : R.R. (nᵒˢ 14 : 24 U ; nᵒ 17 : 300 fr. ; nᵒ 19 : 50 U ; etc.) ; les timbres sur lettre valent U, 50, excepté nᵒˢ 15, 16 et 21 : 2 U ; le nᵒ 21 seul sur lettre : 3 U.

Oblitérations. — Type D, E, F, communes en bleu ; en noir : U, 50 ; G, H : U, 50 ; Brême et Hambourg en bleu, type I : U, 50 ; en noir : rare. Types J et K : rares. Type G, en vert (Hohnstorf) . R.R., etc. Types B et C : rares.

Réimpressions. — Pas de réimpressions officielles mais des « impressions privées » (G.) des nᵒˢ 14, 15, 16 (y compris un tête-bêche), 19 et 20 ; gomme blanche ou sans gomme, nuances différentes, pas de numéros marginaux, papier moins rugueux, impression moins fine, papier épais. Le 1/2 gr. original (dont on ne peut comparer la nuance et qui a été émis également avec gomme blanche) a une épaisseur de 80 à 85 microns sans gomme, au lieu du papier épais ou d'un papier mince (70 mc.) sur lequel on a imprimé cette réimpression afin de mieux la faire passer pour l'original. L'illustration permettra de reconnaître ce genre de falsifications.

Faux usé poste. — Le n° 17, rose carminé falsifié a passé par la poste : R.R.R. Comparaison du dessin, voir illustration.

Truquages. — N° 22 avec perçage coupé pour faire le n° 15 ; moralité : prendre le 3 p. vert avec des marges suffisantes, avec un minimum de format de 21 1/2 × 24 $^{m}/^{m}$ 1/2. Le n° 15 (gomme brune) est plus foncé que le n° 22.

Du n° 18 on connaît de mauvais tripotages de couleur et de chiffres pour en faire le 10 gr. vert.

Faux. — Quelques faux anciens, ne supportant pas l'examen ; dans les n⁰ˢ 17 à 21, ces contrefaçons n'ont que 51 ou 67 lignes verticales au lieu de 82 ; une série un peu mieux faite n'en a que 71. Les originaux des n⁰ˢ 14 et 15 portent 32 hachures verticales ; le n° 16 porte 17 hachures dans le pavillon du cor.

Un faux du 1/2 gr. a été exécuté sur carton (190 mc.) par reproduction photographique directe ; 18 1/2 × 21 1/2 au lieu de 19 × 22. Un 10 gr. provenant de Hanovre (G.) est bien imité (blocs de 50), mais le grattage de l'indication « fac-simile » le fait reconnaître ; un autre faux de la même valeur est mal exécuté et porte le mot « falsch ».

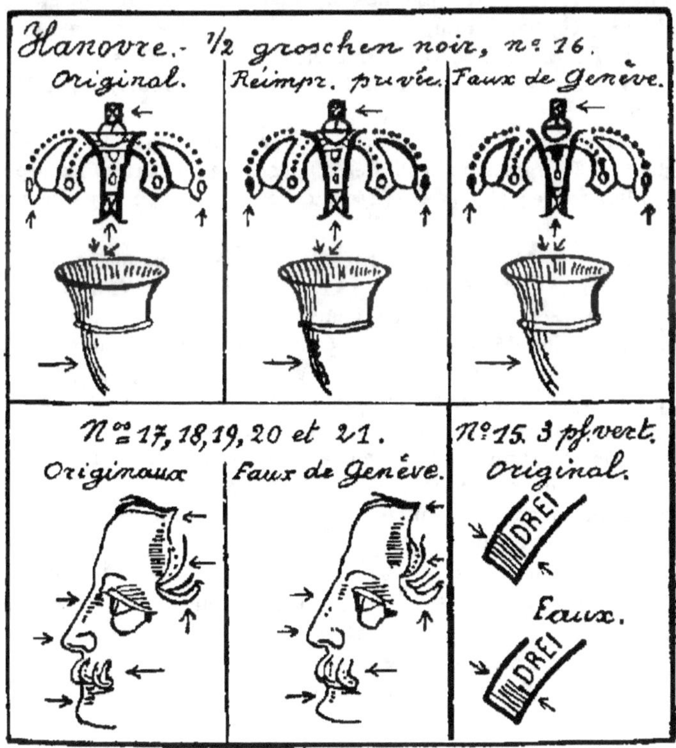

La série de Genève (F.) est bien imitée en lithographie ; le 3 pf.
rose est identique au faux du n° 9 mais sans burelage (voir l'illustration des n⁰ˢ 8, 9 et 14). Voir l'illustration suivante pour les n⁰ˢ
15 à 21. Un premier cliché portait 33 hachures verticales dans les
n⁰ˢ 14 et 15 ; il y a 3 clichés pour le n° 16 (l'illustration renseigne
sur le meilleur) ; le 10 gr. a été exécuté dans les deux nuances avec
gomme blanche ou rose... au choix ; on trouve même des maculatures de ce faux avec double impression.

Fausses oblitérations. — Les n⁰ˢ 15 et 21 exigent l'expertise de
l'oblitération ; les fausses oblit. de Genève ont été renseignées plus
haut.

1864. *MEMES TYPES. PERCÉS EN ARCS. N⁰ˢ 22 à 26.*

Nuances. — 3 pf. vert (juin) et vert-jaune foncé ; 1 g. rose et
rose carminé ; et 3 gr. nuances ordinaires et foncées.

Variétés. — Le 1 gr. rose avec gomme rose vaut : 2 N ; 2 U ; le
2 gr. est rarissime avec gomme rose ; 3 gr. : 2 N ; 2 U. Le 3 pf. sur
papier mince (gomme blanche) : 2 N ; 3 U ; on trouve les 2 et 3 gr.
non dentelés sur un côté : 2 N ; 2 U. On recherche les exemplaires
de planche nettoyée (très bonne impression), le 2 gr. : rare.

Paires : 3 U ; bandes de 3 : 6 U ; blocs de 4 : R.R. (n° 22 : 40 U ;
n° 24 : 150 fr. ; n° 25 : 80 U.). Timbres sur lettres : U, 50.

Oblitérations. — Comme dans l'émission précédente, types H et
K : U, 50.

Réimpressions. — « Impression privée » du 3 gr. Voir émiss.
précédente ; l'impression est défectueuse, le lignage des coins
paraît plus foncé ; 18 4/5 × 21 4/5 au lieu de 19 × 22 1/5. Perçage
non conforme.

Truquages. — Le n° 16, oblitéré, a été faussement percé pour
en faire un n° 23. De même, les 1 et 2 gr. neufs de l'émission précédente. Quelques truquages de gomme rose : comparaison.

Kœhler a signalé un truquage très amusant ; sur un n° 24 de
nuance très pâle (coin de feuille avec numéro marginal 12) on a
collé un n° 25 très aminci ; puis on a peint le n° 12 en bleu et on
a raccordé l'oblitération. Moralité : vérifiez chaque timbre à la loupe,
à la benzine et mesurez l'épaisseur s'il y a lieu : l'ensemble de ces
travaux demande 2 minutes, c'est-à-dire dix fois moins de temps
que celui qu'on passe devant des guichets de banque pour acquérir un titre de 100 francs.

Faux et fausses oblitérations. — Voir émission précédente.

Enveloppes. — Les vignettes au type trèfle et cheval ont été
imitées à Genève sur papier jaunâtre, présentées en carrés « découpés » ! de 3 × 3 cent., avec les fausses oblitérations décrites. La
comparaison des lettres, du cheval et du cor placé sous le trèfle
s'impose.

HELIGOLAND

Feuilles de 50 timbres (10 × 5)

Nuances. — Les nuances des originaux sont souvent si peu différentes de certaines réimpressions qu'il est indispensable de constituer, petit à petit, une référence de ces vignettes ; elle sert, dans le plus grand nombre de cas, à départager immédiatement l'opinion.

Boucle du chignon et pointe du cou. — Trois types différents dont le type III ne se rencontre que dans le 1 sch. dentelé. Le type I a l'effigie de 1/2 $^m/^m$ plus haute que le type II. Voir illustration.

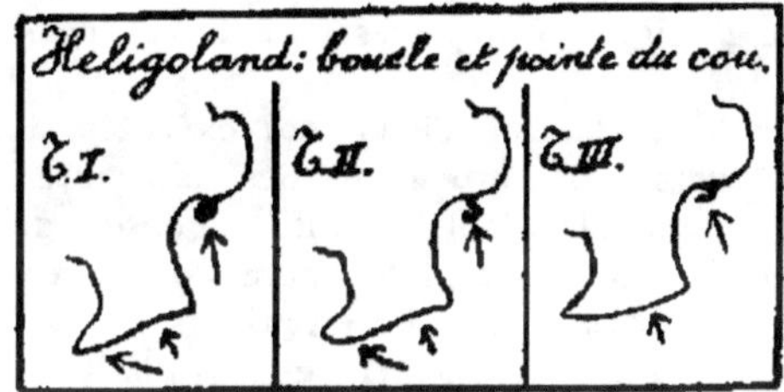

Oblitérations. — L'oblitération habituelle est ronde, à date, avec en haut le mot HELIGOLAND et, en bas, deux arcs de cercle cenceutriques (2 types légèrement différents).

On trouve, en outre, des cachets apposés par erreur, à l'arrivée :

1° En forme de segment avec l'inscription Aus Helgoland ; 2° cachet rectangulaire avec inscription sur deux lignes : Aus Helgoland über Cuxhaven.

Un cachet Heligoland sur une ligne est rare ainsi que toutes les oblit. étrangères.

Paires : 3 U ; timbres sur lettres : 2 U ; pour les trois premières émissions ; le 5 mk : 3 U.

1867 (15 *avril*). *PERCES EN LIGNES. N°ˢ* 1 à 4.

Chiffres de tirage. — 1/2 sch. (t. I) : 20.000 ; (t. II) : 10.000 ; 1 sch. : 40.000 ; 2 sch. : 200.000 ; 6 sch. : 100.000 ; un seul tirage pour chaque valeur, nuances sensiblement pareilles dans chaque tirage.

Papier mince et transparent, surtout dans le n° 3.

Originaux. Type I : 1/2, 1, 2 et 6 sch. Les deux premiers ont été tirés en trois fois ce qui a provoqué des déplacements de l'ovale et du cadre intérieur. Les deux derniers et le 1/2 type II (1868) ont été tirés en deux fois (cadre intérieur et ovale d'une seule pièce) donc pas d'ovale décentré. Le 1/2 s. au type II est très difficile à distinguer de la réimpression et exige la comparaison.

Nuances. — Les cinq tirages (y compris le 1/2 s. type II) ont une nuance rose légèrement carminée (lilacée) et caractéristique ; les nuances vertes sont vert foncé pour les 1/2 et 1 sch., vert bleu moins foncé dans le 1/2 sch. type II ; vert jaune dans le 2 sch. et vert légèrement bleuté dans le 6 sch.

Réimpressions (1875 Berlin). — 1/2 sch. vert foncé et rose ; 1 sch. rouge plutôt vif et vert jaune, tous deux au type II. (1879 Berlin), Les quatre valeurs, non dentelées (rares), percées en lignes et les 2 et 6 sch. dentelés 13 1/2 × 14 1/4. Nuances : 1/2 sch. vert-jaune foncé et rose ; 1 sch. rouge vif et vert jaune ; 2 sch. rose légèrement vermillonné et vert olivâtre ; 6 sch. vert plus gris que l'original et rose sans la pointe de carmin (lilacé) des originaux.

A remarquer que les réimpressions présentent fréquemment un double relief de l'effigie, ce qui n'est pas le cas dans les timbres vrais.

Faux. — Quelques faux anciens mal exécutés. Généralement non dentelés. L'examen des ornements des coins intérieurs (et des barres de fractions pour le 1/2 sch.) suffit. Il en est de même pour quelques faux modernes, non dentelés, percés en lignes ou dentelés La comparaison des nuances corrobore toujours le jugement.

EMISSION DE 1869-74. *DENTELÉS.* Nᵒˢ 5 à 9.

Papiers. — Jusqu'en 1873 les 1/2 et 1 sch. sont tirés sur du papier uni, mais à partir de juin 1873 toutes les valeurs sont tirées sur un papier épais, quadrillé de fines vergures qu'on ne trouve que dans les originaux. Les timbres sur ce papier sont donc des références certaines.

Chiffres de tirage. — 1/4 sch. (1873), 65.000 sur papier quadrillé et (fin 1874), 100.000 sur papier ordinaire non émis ; 1/4 sch. erreur n° 5a (1873) 25.000 ; 1/2 sch. 100.000 de 1869 à 1872 en 6 tirages sur papier ordinaire et 40.000 en 1873 sur papier quadrillé ; 3/4 sch. (1873), 50.000 ; 1 sch. (1871-72), 30.000 sur papier ordinaire, en deux tirages et (1873) 30.000 sur papier quadrillé ; 1 1/2 sch. (1873), 50.000 sur papier quadrillé.

Originaux. — 1/4 sch. (type I), 1ᵉʳ tirage, rare, carminé vif et centre vert muguet ; 2ᵉ tirage, rose terne et vert bleu, tirage de 1874, rose et vert olive. 1/4 sch. erreur (type I), vert jaune centre carmin foncé ; 1/2 sch. (type II), les nuances des timbres sur papier ordinaire sont assez différentes ; vert-bleu clair, coins carmin foncé pour les deux premiers tirages, puis vert foncé terne et rose ; vert jaune clair et rose foncé, enfin vert-olivâtre et carmin. Le vert jaune clair (rare) montre des petits points blancs dans les coins intérieurs, comme dans le tirage précédent. Les derniers tirages sont sur papier quadrillé ; vert muguet coins carmin foncé ; vert bleu pâle, coins carmin foncé. 3/4 sch. (type I), vert-jaune clair et rose foncé. 1 sch. (type II), rose foncé coins verts avec petits points blancs ; rose, coins vert pâle vif (rare) et (1873) rose foncé, coins vert pâle sur papier quadrillé. 1 1/2 sch. (type I) vert-jaune terne ou vert clair et centre carmin.

Réimpressions. — Papier ordinaire.

1/4 sch. (1875) (type II), rose vif, vert-olive ; (1884), rose lilacé, vert olive. 1/4 sch. erreur (1875) (type II), vert foncé olivâtre et rose rouge, (1884) vert foncé et rose lilacé foncé ; 1/2 sch. (1875) (type II), vert foncé et coins roses ; (1879), voir première émission ; 3/4 sch. (1879) (type II). vert et rouge ; (1884), vert foncé et rose foncé. 1 sch. (1875), rouge et vert-jaune ; (1879), voir première émission ; (1884), carminé, coins vert-jaune ; 1 1/2 sch. (1875) type II, vert et rose foncé ; (1879) (types II ou III), vert foncé et rose carminé ; (1884), vert foncé, ovale rose foncé lilacé.

Il y a lieu d'y ajouter la série des réimpressions de Leipzig (1888) qui se reconnaît facilement à la dentelure avec petits trous et aux nuances non conformes ; rouge, généralement vif et gris-vert ou gris-vert foncé. Les nᵒˢ 1 à 4 ont été également réimprimés dans ces nuances (p. e. l.) mais le 6 sch. a le centre rose.

· Les réimprimés de Hambourg (dentelés 14×14) mais aussi nᵒˢ 1 à 4 percés en lignes et 1/2 et 1 sch. non dentelés ont été tirés de 1891 à 1895 avec des nuances vraiment arbitraires qui sautent à l'œil du premier coup ; l'impression est souvent défectueuse et le relief de la tête est insuffisant. Papier uni ordinaire ou épais. A remarquer que les 1/4 sch. de 1891 ont l'effigie au type I et ceux de 1895 au type II.

Toutes les variétés non signalées sont des maculatures.

Faux. — Quelques faux anciens très peu redoutables et des faux de Genève du 1 sch. au type I !

Fausses oblitérations. — Très nombreuses. Expertise.

.1875. *VALEURS EN PFENNING. Nᵒˢ 10 à 15.*

Chiffres de tirage. — 1 pf. : 300.000 ; 2 pf. : 200.000 ; 5 pf. : 120.00 en 3 tirages ; 10 pf. : 490.000 en 6 tirages ; 25 pf. : 100.000, et 50 pf. : 100.000, 2 tirages.

Défaut de planche. — On connaît le 50 pf. avec point derrière le chiffre 6.

Originaux. — Dentelure 13 1/2 × 14 1/2.

1 pf. rouge foncé et vert foncé ; 2 pf. vert ou vert foncé et rouge carminé foncé. Les autres valeurs ont des réimpressions beaucoup plus rares que les originaux.

Réimpressions. — Dentelées 14×14.

1 pf. (1882) rouge clair avec pointe de vermillon, centre vert foncé ; (1883) rouge un peu plus clair que l'original et vert foncé ; (1888) Leipzig, rouge vif et vert foncé ; (1891) Hambourg, non dentelé.

2 pf. (1883) vert-jaune pâle et rouge ; (1888) Leipzig, gris-vert, plus ou moins foncé et rouge vif.

Les 5, 10, 25 et 50 pf. ainsi que le 20 pf. de l'émission suivante ont été réimprimés en 1890. Rares, 4 feuilles de 50 timbres de chaque valeur ; les dentelures comme les originaux ; les nuances seules diffèrent légèrement ; le 5 pf. est très difficile à reconnaître ; le 25 pf., facile, est d'un rose carminé trop foncé.

Fausses oblitérations. — Très nombreuses, règnent surtout sur les réimprimés. Expertise.

1876. *ARMOIRIES. Nºˢ* 16 et 17.

Chiffres de tirage : 3 pf., 80.000 ; 20 pf., 420.000.

Originaux. — Dentelés 13 1/2 × 14 1/2.

3 pf. vert foncé, rouge et jaune, 1ᵉʳ tirage ; vert-jaune rouge vif et abricot, 2ᵉ tirage ; également communs.

20 pf. 1ᵉʳ tirage rose carminé foncé (violacé) vert foncé et jaune, rare nº 16a ; 2ᵉ tirage rouge vif, vert foncé et orange-brun dont la rareté est pareille ; les tirages suivants sont plus communs : rose, vert-noir et jaune ; rouge aniline (vif), vert-gris et jaune-paille ; rouge-chair ou rouge brique, vert-gris et jaune-paille (5ᵉ, 6ᵉ et 7ᵉ tirages) enfin rouge teinte brunâtre, vert clair et serin.

Réimpressions. — Dentelés 14 × 14.

3 pf. (1880) Berlin, vert, rouge vif et abricot ; (1885) vert-gris, rouge brique et paille.

20 pf. (1890) rare. Voir émission précédente.

1879 et 5 *MARK. Nºˢ* 18 et 19.

Chiffres de tirage. — 1 mk. : 15.000 en 2 tirages ; 5 mk. : 10.000.

Originaux. — 1 mk. vert et rouge vermillonné pâle ; vert foncé et carmin ; vert foncé et carmin vif (non émis) ; 10 mk. vert et rouge vermillonné pâle.

Les dentelés 11 1/2 sont de simples épreuves et ce qui le prouve c'est qu'on a corrigé la lettre H de Heligoland avant tout tirage définitif du 1 mk. ; dans le 5 mk. original cette lettre est fermée dans le haut.

Réimpressions : R.R. 25 exemplaires en tout (1890) ; bonne dentelure 13 1/2 × 14 1/2 ; les nuances vertes sont trop claires.

HONGRIE

Premier choix. — Les timbres doivent être suffisamment centrés ; cette qualité est rare dans les deux premières émissions hongroises et les pièces dont aucune dent n'empiète sur le dessin valent le double des prix catalogués.

Oblitérations. — Le cachet habituel (premières émissions) est rond à date, 1 cercle, avec le jour et le mois séparés par une courte barre horizontale ; souvent l'indication de l'année (71, 72, 73, etc.).

Quelques-uns de ces cachets portent le nom de ville en hongrois suivi de sa traduction en allemand. On trouve des oblitérations autrichiennes avec ou sans ornements dans le bas.

Les cachets ovales, rectangulaires ou carrés à pans coupés portant les mêmes indications sont moins communs.

Le cachet rond, de type allemand, avec deux barres horizontales et hachures verticales n'est pas commun sur la seconde émission mais le devient sur la troisième.

Tous les autres cachets sont rares, notamment ceux du Levant, bateaux, postes militaires, etc., ainsi que les cachets de couleur. (Voir Autriche).

1871 (*Mai*). *LITHOGRAPHIÉS. Nᵒˢ 1 à 6.*

Cette série se reconnaît à l'impression, au manque de foulage au verso et aux nuances, sensiblement différentes de celles des gravés en taille-douce. On remarquera que la barbe paraît plus fournie, au point que le menton se présente sous l'aspect d'une petite tache blanche, généralement dépourvue des hachures obliques qu'on voit dans les gravés. Les signes distinctifs (défauts de report) sont utiles à connaître mais ce travail n'est pas encore au point.

Nuances. — 2 kr. ocre-orange plus ou moins terne ; jaune : 4 N ; 3 U. 3 kr. vert-jaune et vert-jaune foncé. 5 kr. rose ; rouge : N, 50 ; U, 50 ; brique : 2 N ; 2 U. 10 kr. du bleu pâle au bleu foncé avec les variétés bleu laiteux, bleu outremer, etc., mêmes prix. 15 kr. brun ; brun-clair : rare neuf : U, 50. 25 kr. lilas-rose, lilas, violet vif : rare neuf ; U, 25.

Papier blanc, mi-épais, 70 à 80 mc. *Gomme* blanche et mince.

Variétés. — Nᵒˢ 2 et 5 recto-verso. R.R.R. On trouve des impressions défectueuses. Les non dentelés (bonne impression) sont des essais.

Paires : rares ; le 5 kr. : 4 U ; blocs de 4 : R.R.R. 12 à 16 U.

Essais. — Nuances légèrement différentes, ce qui, avec la fausse dentelure et parfois la fausse oblit. fait reconnaître ceux qui seraient présentés comme originaux.

Truquages. — Des découpures de bandes, cartes postales ou enveloppes, faussement dentelées sont parfois offertes pour des originaux. Le dessin étant original, ainsi que l'oblitération, ce cas échéant, il y a lieu de s'attacher uniquement au papier et à la nuance de l'impression; la dentelure est le plus souvent arbitraire mais peut néanmoins être conforme.

Le 2 kr. (bande) est sur papier plus mince et visiblement grisâtre; provenant de la carte postale il est jaunâtre et épais mais on en a souvent enlevé une couche pour régler l'épaisseur. Les nuances sont franchement arbitraires : rouge-orange et ocre-orange pâle.

Les 3, 5, 10 et 15 kr. proviennent d'enveloppes découpées, le papier est un peu plus mince (65 à 70 mc.) mais il paraît plus mou, n'ayant pas été gommé. Sa nuance est plus grise (surtout dans le 3 kr.) et ce papier donne à tous ces truquages une apparence ratée avec pointillé sur le visage; le 3 kr. paraît vert gris, le 5 kr. est trop pâle, le 10 kr. (insidieux) a bon aspect, bleu ou bleu laiteux, le 15 kr. est brun pâle.

A remarquer que la dentelure est toujours nette alors que dans les originaux ont trouve généralement des déchets circulaires attachés; en outre, le quadrillage du fond aboutit dans une partie ombrée indistincte (sur les côtés de la couronne) tandis que dans les timbres vrais il vient toucher la couronne.

Faux de Turin. — Lithographiés. La ligne intérieure de l'écusson est partout parallèle à celui-ci au lieu de former une boucle rentrante, dirigée vers la pointe de l'écu intérieur. Nuances très arbitraire. Dent. 11 1/2.

Faux de Paris. — Lithographiés en nuances un peu meilleures mais avec de graves défauts de dessin, notamment le r de kr avec tête bien horizontale dans le haut, sans rentrant à droite du pied vertical de la lettre, etc. Dent. 10 à 12.

Faux de Pest. — Lithographié du 3 kr. Format, dessin et dentelure non conformes.

Faux de Vienne. — Lithographiés. Très insidieux. Format différent. La comparaison minutieuse du dessin est nécessaire.

Faux de Genève (F.). — Photolithographiés bien faits mais provenant d'une copie d'enveloppe, ce qui se reconnaît au trait blanc horizontal qui part du chiffre o (à droite en haut); au trait blanc vertical et pointu qui termine la barre oblique du chiffre 1 et à la joue couverte de points bleus jusque près de l'œil.

Ces signes sont suffisants après ce que nous avons dit plus haut, mais il s'y ajoute de gros défauts de report : crâne ouvert

en haut vers le milieu, par suite de la non fermeture d'une feuille
de laurier; cercle blanc ornemental interrompu sur 2 $^m/_m$ (coin
supérieur gauche, en haut); etc. Dent. 9 1/2 nette. Papier carte
(160 mc.), mais aussi de bonne épaisseur.

1871 (*Juillet*) 1872. *GRAVÉS. N°s 7 à 12.*

Nuances. — Visiblement plus vives et plus nettes que dans les
lithographiés, excepté dans quelques tirages exécutés avec des
encres trop fluides.

2 kr. jaune pâle : 8 N; 2 U; orange foncé, ocre-orange; ocre;
3 kr. vert; vert foncé; vert bleu foncé; vert jaune foncé; 5 kr.
rose carminé, rose carminé vif; rose vermillonné : N, 25; U, 25;
10 kr. bleu, bleu foncé; 15 kr. brun-jaune (papier transparent) :
2 N; 2 U; brun-rouge; brun chocolat; brun-noir : N, 25; 2 U;
brun-rouge cuivré : 5 N; 10 U; 25 kr. violet gris; violet.

Papier moyen (70 à 80 mc.) jusqu'au papier très épais (120 mc.) :
N, 50; 2 U. Le papier jaunâtre, recherché, provient d'une gomme
de même nuance.

Variétés. — 3 kr. recto-verso : R.R.R. Toutes les valeurs sont
connues avec double impression. Impressions défectueuses : recherchées.

Réimpressions (1885). — Sur papier filigrané de la quatrième
émission; dentelées 11 1/2 nuances plus pâles et ternes; la série :
25 fr. (1890), même filigrane et dentelure, nuances anilines vives,
la série : 10 fr.

Paires : 3 U; n° 12 : 4 U; blocs : rares.

Truquages. — Les 2, 3 et 25 kr. ont eu leur teinte chimiquement modifiée.

1874 (*Oct.*). *CHIFF. SUR LETTRE. SANS FIL. N°s 13 à 17.*
Série intéressante par les dentelures, les retouches de gravure et
les nombreuses nuances.

Dentelures. — 12 1/2, 13 et 13 1/2 : communes; 11 1/2, 12 et
composées 11 1/2 × 13 ou 13 × 11 1/2 : rares. Le 3 kr. dentelé 9 1/2 :
R R., et le 5 kr. dentelé 9 × 13 : R.R.

Variétés. — Toutes les valeurs se trouvent avec double impression : R.R.

Les valeurs avec nuances arbitraires sont des essais.

Le 5 kr. a eu deux planches; dans la première le triangle à
gauche en haut est correct; dans la seconde il y a un trait courbe
sous le côté en arc de cercle.

Défauts de planches. — 5 kr. un ou deux points sur le second A
de MAGYAR; second point derrière l'R de KIR, etc. Lettres de
l'inscription en bas à double trait (défaut d'impression). Coquilles
diverses notamment dans les 3 et 5 kr.

Retouches. — Très nombreuses, particulièrement dans les
hachures du fond des 3 et 20 kr. ainsi que dans les 10 kr. n°s 16

et 21. Ces retouches, plus ou moins étendues, valent de 5 à 10 fr sur les nᵒˢ 14 et 16 et de 10 à 20 fr. sur le nᵒ 17, suivant leur importance. On les divise en retouches à la règle et en retouches à la main, ces dernières plus rares.

On peut former une très jolie collection de cette émission dont les timbres sont relativement communs en recherchant les exemplaires avec défauts (places blanches) montrant le défaut constaté et en regard les pièces avec ce défaut corrigé par retouche.

L'illustration renseignera sur quelques-unes de ces retouches afin que le lecteur se familiarise avec elles.

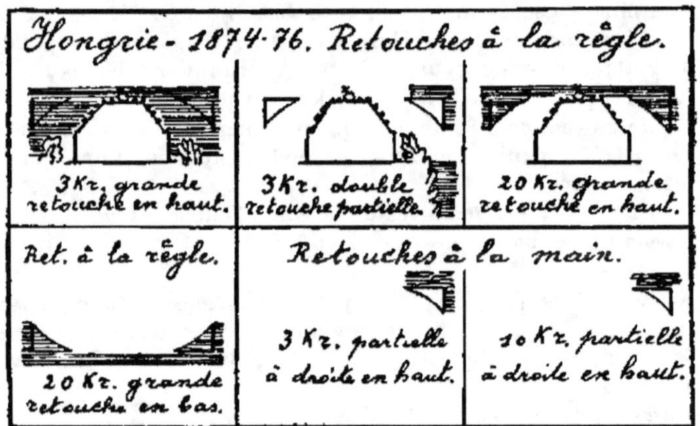

On trouve également des retouches de perles en bordure, notamment le 10 kr. avec perles entièrement refaites en haut, en bas et partiellement sur les côtés.

Quand ces retouches sont elles-mêmes relativement usées, il faut parfois une grande attention pour les découvrir.

Faux usé poste. — 5 kr. carmin. Très mal venu, dessin brouillé; l'enveloppe centrale mesure environ 11 ᵐ/ᵐ au lieu de 10 1/2.

Truquages. — On trouve des exemplaires étroits ou, au contraire, très larges et très hauts. Ce sont ces derniers qu'on offre parfois comme non dentelés après ablation de la dentelure.

1881. *AVEC FILIG. KR. DANS UN OVALE. Nᵒˢ 18 à 22.*

Cette série a été imprimée soit sur les planches de l'émission précédente et dans ce cas on y retrouve des retouches (souvent usées) soit sur de nouvelles planches, reconnaissables aux triangles des coins plus finement tracés.

Mêmes remarques qu'à l'émission précédente.

Toutes les valeurs sont connues avec double impression : rares, le 10 kr. avec recto-verso : R.R.

1888 à 1891. *MÊME FILIGRANE. Nᵒˢ 23 à 36.*

Les nᵒˢ 23 à 26 et 32 non dentelés : rares; prendre en paires.

Nombreuses nuances. Les n°s 24, 25, 26, 28 et 31 sont rares avec ce filigrane (1898). On trouve les chiffres de diverses épaisseurs. Même remarque que précédemment pour les timbres larges et hauts.

1898. *FILIGRANE COURONNE DANS UN CERCLE. N°s 23 à 34. YVERT.*

Le papier mince (presque pelure) et transparent est rare. Nombreuses nuances.

EMISSIONS SUIVANTES

Sont en général suffisamment bien cataloguées dans les catalogues généraux. Les petites valeurs et les timbres des émissions à partir de 1915 (nouveautés) se trouvent au kilog.

L'erreur 99a doit être comparée ; la tonalité doit être exactement celle du n° 100, car il existe des truquages chimiques du n° 99 par décoloration de l'impression et coloration du papier.

Fausses surcharges. — Généralement mal exécutées, mais qu'on trouve néanmoins dans beaucoup de collections, les amateurs ne se méfiant pas assez des « petits timbres ». A surveiller particulièrement . 1 kr. rouge-brun de 1914, 5 kr. lilas rouge de 1915 ; 1 kr. 50 et 4 kr. 50 de la poste aérienne de 1918 ; 5 kr. brun-noir et brun de 1919 (surcharge sur timbre de 1916-17) ; les séries de 1919 surchargées Magyar, etc. et épis. La comparaison avec un original est nécessaire.

Il en est de même pour quelques *timbres-taxe* notamment la série de 1922-23.

Quant aux surcharges de pays occupés *Arad, Bacska, Baranya, Debreczen* et *Szegedin,* la grande spécialisation seule peut donner quelque sécurité, car tout a été si parfaitement imité, de Paris à Budapest, que c'est à se demander si les clichés originaux des surcharges n'ont pas fait l'école buissonnière.

TIMBRES POUR JOURNAUX

1871 (Mai). N° 1 *EMBOUCHURE A DROITE.*
Nuances. — Rouge, rouge vif, rouge brique.
Variétés. — Impression huileuse transparente : 2 U.
Oblitérations. — On recherche les oblitérations sur une ligne et les oblitérations lombardes.
Faux. — Deux sur trois des traits verticaux (à gauche sous la couronne) touchent l'embouchure ; 76 perles au lieu de 77 (dans les lithographiés originaux).
1872. N° 2. *EMBOUCHURE A GAUCHE.*
Nuances. — Rouge terne à rouge vif ; rose et rose carminé.
Oblitérations. — Voir plus haut.

Variétés. — On trouve ce timbre avec double impression : R.R Impression très transparente : 4 U. Recto-verso : R.R.R.

Réimpression. — Sur papier de la troisième émission (poste) avec filigrane Kr.

1874. *N° 3. SANS FILIGRANE.*

Nuances. — Du rouge terne très pâle au rouge vif ; jaune-orange ; jaune foncé : 2 U ; citron : R.R.

1881. *AVEC FILIGRANE KR. N°* 4 et 4a *YVERT.*

Nuances. — Orange, brique et jaune : R.

Variété. — Papier très transparent : R.

1898. *AVEC FILIGRANE COURONNE. N°* 4 *YVERT.*

Rouge à rouge brique. Même variété.

Les autres émissions sont peu intéressantes.

INGERMANLAND

Nouveautés en série.

Truquage habituel du centre découpé et replaqué à l'envers sur le 10 mk. brun et lilas n° 14. Loupe pour l'examen du recto, benzine pour le verso.

ILES IONIENNES

Papier uni n° 1 ; avec filigrane 2, n° 2 ; avec filigrane 1, n° 3.

Originaux. — Finement gravés ; le chignon ne touche pas l'ovale mais en est très rapproché ; l'ornement sur le devant du diadème est une croix de Malte dont on ne voit que deux branches, elle ne touche pas l'ovale ; le troisième ornement est une croix, les deux autres sont des fleurs de lys ; les ombres du visage et du cou sont faites de points en lignes courbes et parallèles ; le fond central est un burelage très fin qui montre des dessins en losanges.

Oblitérations. — Franco dans un ovale ou oblit. double cercle avec nom dans le haut. Toutes les autres sont rares.

L'oblitération demande toujours l'expertise. Les exemplaires sur lettre sont très rares. On trouve des oblitérations plume ; sur isolés, elles ne valent rien.

Faux. — Tous lithographiés, sans filigrane ou avec filigrane risible ; non dentelés ou dentelés (11 à 12) ! Il existe diverses séries dont voici les principaux défauts : le chignon touche l'ovale ; il en est éloigné de près d'un millimètre ; les trois ornements de droite diadème) sont des croix ; le dernier à droite est une perle ; la croix de gauche touche l'ovale ; un trait courbe réunit le haut des lettres NIKON KPAT ; traits d'ombre (au lieu de points) jusque dans le bas du cou (derrière) ; divers endroits de la face et du cou non pointillés ; fond central plein à droite, etc.

Fausses oblitérations. — Losanges de points, oblit. à date, genre anglais ; oblit. 4 cercles avec traits horiz. ou numéro au centre, B 62, oblit. anglaise (Genève F.) ; oblit. encadrée ; etc. On trouve ces fausses oblit. sur des authentiques isolés ou truqués sur lettres anciennes.

IRLANDE

Rien à signaler. La difficulté de trouver des caractères irlandais est cause qu'on ne trouve pas de fausses surcharges ; il est probable que cela viendra et dès à présent l'examen par comparaison est à conseiller, au moins pour les surcharges de la première émission. Gouverner... sa collection, c'est prévoir !

ISLANDE

Pour tous les détails non renseignés ici se référer au chapitre Danemark. *Feuilles* de 100 (10 × 10).

1873-74. *FILIGRANE COURONNE. N°ˢ 1 à 4.*

Chiffres de tirage. — 2 sk. : 40.000 ; 4 sk. : 100.000 ; 8 et 16 sk. : 40.000 ; 3 sk. : 25.000. Valeur en skilling.

Le premier tirage (1873) comprend les 3, 4 et 16 sk. dentelés 12 1/2, le tirage de 1874, les 2, 4, 8 et 16 sk. dentelés 14 × 13 1/2.

Nuances. — Quelques nuances peu différentes ; sensibles surtout entre les mêmes valeurs dentelées 12 1/2 et 14 × 13 1/2.

Variétés. — Non dent. relativement communs, excepté le 3 sk. : rare.

Oblitérations. — L'oblit. à date est commune ; nom de ville sur une ligne, moins commune, les oblitérations de couleur ou étrangères : raretés diverses.

Réimpressions. — Non.

Faux. — Tous lithographiés, sans filigrane. Comparaison des lettres, des points, des hachures verticales des coins ; dans les originaux, les traits verticaux du fond de l'ovale ne touchent ni l'ovale des inscriptions, ni les ornements.

Fausses oblitérations. — Diverses, dont REYKJAVIK JAN 73 qui a été fréquemment apposée sur des originaux. Les oblit. des n°s 1 à 4 doivent être comparées ou expertisées.

1876. *VALEUR EN AUR. N°s 6 à 11.*

Feuilles. — Comme précédemment.

Chiffres de tirage. — N°s 6 à 10 : 90.000 ; n° 11 : 40.000.

Nuances. — Deux à trois nuances de chaque valeur ; le 20 aur lilas (rouge) seul est rare : 2 N ; U, 50.

Variétés. — Toutes les valeurs existent non dentelées.

Réimpressions. — Non.

Faux et fausses oblitérations. — Comme précédemment.

1882-92. *VALEURS EN AUR. N°s 12 à 17.*

Les n°s 12 à 15 sont du 1er juillet 1882, les n°s 16 et 17 d'octobre 1892.

Nuances rares. — 20 aur outremer : 2 N ; 2 U ; ardoise : N, 50, U, 25.

Variétés. — Les n°s 12 à 15 sur papier jaunâtre au lieu de blanc : N, 50.

1897. *SURCHARGÉS 3 ET PRIR. N°s 18 et 19.*

Quatre surcharges différentes dont aucune ne se ressemble ; les chiffres 3 également différents. L'expertise par comparaison est absolument nécessaire car il existe des fausses surcharges typographiques très bien faites.

Originaux. — Les valeurs dentelées 14 × 13 1/2 valent le double de celles dentelées 12 1/2.

Fausses surcharges. — Les surcharges lithographiques ne montrent aucun foulage au verso ; l'i de Prir porte un point au lieu d'un accent, etc.

1897-1902. *FILIGRANE COURONNE. DENT. 12 1/2.*

Cette émission comporte les 3, 5, 6, 10, 16, 20 et 50 aur n°s 12a, 13a, 7a, 8a, 9a, 14a et 16a d'Yvert, dentelés 12 1/2.

Réimpressions. — Toute la série, ainsi que les n°s 15 et 17, les n°s 21 et 22 de l'émission suivante ; toute la série de 1902 surchargée Gildi ; les timbres de service n°s 3 à 9 et toute la série service surchargée Gildi ont été réimprimées en 1904 avec le filigrane grande couronne des valeurs à effigie (1902-1904).

1900-1902. *IDEM. DENTELÉS 12 1/2. N°s 20 à 22.*

Le n° 20 provient d'une nouvelle planche avec chiffre plus grand que dans les n°s 12 et 12a

Réimpressions. — Voir émission précédente.

1902. *VALEURS SURCHARGÉES GILDI. N°s 23 à 32.*

Timbres à surcharges dont la plupart ont été bien imitées avec surcharges renversées ainsi qu'avec les erreurs. Comparaison.

Réimpressions. — Voir émission de 1897-1902. Sont renseignées comme variétés dans le catalogue Yvert.

EMISSIONS SUIVANTES

Sont suffisamment décrites dans les catalogues généraux.

L'ereur service 20 aur bleu (n° 22a Yvert) provient en réalité des feuilles du 20 aur bleu du timbre-poste n° 40. (2 clichés par feuille, en tout 2.000 timbres).

II. — TIMBRES DE SERVICE

1873. *VALEUR EN SKILLING. N°* 1 et 2.

Chiffres de tirage. — N° 1 : 50.000; n° 2 : 30.000.

Variétés. — N° 1 et 2 avec tache blanche derrière ISLAND. Non dentelés, n° 1 : commun (10 fr.); n° 2 (20 fr.).

Les exemplaires sur papier épais sans filigrane sont des essais.

Faux, etc. — Voir première émission de timbres-poste.

EMISSION DE 1876 à 1901. N° 3 à 9.

Variétés. — 3 aur jaune, papier mince (14 × 13 1/2) : 3 N; 3 U; 5 aur non dentelé : 20 fr.; les n° 4 à 7 sur papier épais sans filigrane sont des essais.

Réimpressions. — Voir émission de 1897-1902 Poste.

1902. *EMISSION SURCHARGÉE EN GILDI. N°* 10 à 14.

Mêmes remarques qu'à l'émission similaire poste.

Réimpressions. — Voir émission 1897-1902 Poste.

ITALIE

Nous classons ici l'émission napolitaine de 1861 pour les motifs suivants :

Naples et la Sicile, annexées par l'Italie à la suite de l'Expédition des Mille (Garibaldi) en 1860, font, dès ce moment, partie du royaume et la province napolitaine est régie dès janvier 1861 par le prince Eugène de Savoie, lieutenant du Roi Victor Emmanuel II. Les timbres ne portent plus la Trinacrie ni les fleurs de lys (dessin et filigrane) de la maison de Bourbon, non plus l'effigie du Roi Ferdinand, mais celle du Roi d'Italie et, dans les quatre angles, la croix de Savoie.

Ils doivent donc faire l'objet d'un classement spécial sous la dénomination de :

I. — ITALIE NON UNIFIÉE

1861 (*Févr.*). *EFFIGIE DE VICTOR-EMMANUEL II. N°* 1 à 8.

Lithographiés. Non dent. n° 10 à 17 des Deux Siciles (Yvert).

Feuilles de 50 timbres (5 × 10), se composant de :

1/2 torn. cinq reports de 10 types (5 × 2)
1/2 gr. dix reports de 5 types (5 × 1), 2 planches.
  1 gr. cinq reports de 10 types (5 × 2)
  2 gr. pl. I, cinq reports de 10 types (5 × 2)
      pl. II, trois reports de 15 types (5 × 3) et au bas de la
      feuille, la bande supérieure du report (types I à V).
  5 gr. cinq reports de 10 types (5 × 2)
 10 gr. dix reports de 5 types (5 × 1), 2 planches
 20 gr. cinq reports de 10 types (5 × 2)
 50 gr. dix reports de 5 types (5 × 1), 2 planches.

Premier choix. — 4 marges de 1 $^{m}/^{m}$.

Nuances. — La série est extrêmement riche en nuances, il n'est pas possible de les cataloguer toutes, car il y a des nuances inter-médiaires indéfinissables, parfois très rares lorsqu'elles appartien-nent à de petits tirages. On peut citer comme exemple de gamme le 50 gr. généralement catalogué en deux nuances : gris et gris bleu alors qu'en réalité le gris va de gris pâle (perle) à l'ardoise (ton intermédiaire) et le gris-bleu du gris bleuâtre pâle au bleu acier foncé.

'Voici les principales nuances bien déterminées :

1/2 torn. vert-jaune, vert olive, vert, vert émeraude ; 1/2 gr. gris-brun, brun, bistre-brun ; 1 gr. gris-noir, noir ; 2 gr. bleu, bleu indigo : 2 N ; 2 U ; bleu outremer : 3 N ; 3 U ; 5 gr. vermillon ; rose lilas : 10 N ; 5 U, lilas : 20 N ; 8 U ; lilas foncé : 30 N ; 15 U ; rouge carminé : commun ; 10 gr. jaune foncé, bistre-jaune ; citron : 5 N ; 5 U ; jaune-orange : 20 gr. ; jaune orange ; jaune-pâle ; 50 gr. gris, gris-bleu : N, 50.

Variétés. — Papier à la machine moyen (1er tirage) et mince ; on trouve les 1/2 t. et gr. sur papier épais.

Comme dans tous les lithographiés on trouve de nombreux défauts de report, de transfert et d'impression, par exemple 1/2 gr. GPANO ; 1 gr. O de Bollo ou de FRANCO coupé par un trait obli-que formant 8 ; etc. Impressions très défectueuses, parfois avec usure dans les coins ; 1, 2 et 5 gr. : 2 U. Défauts de planche (transfert) 10 grana BOLIO au lieu de BOLLO, etc.

Effigie. — Toute la série avec effigie renversée (excepté les 10 et 50 gr.) neufs ou usés proviennent de feuilles originales où l'on trouvait un ou deux ? timbres avec effigie renversée ; les usés sont R.R. car on a dû remédier à ces erreurs dès qu'on s'en est aperçu. Par contre, les feuilles entières (ou blocs) avec l'effigie renversée proviennent de feuilles rebutées à l'imprimerie ou au contrôle. Les effigies déplacées ne sont pas rares. Les effigies doubles ou triples sont rares usées ; le 5 gr. lilas a servi ainsi à Bari, le doublage n'est pas aussi visible que dans certaines épreuves rebutées comme pré-cédemment. Les valeurs sans effigie, parfois avec gomme au recto sont des déchets d'imprimerie ; les 1 et 2 grana sont connus ainsi

ayant servi (emploi frauduleux par les imprimeurs-lithographes?)
Il y a lieu de se méfier des fausses oblitérations, particulièrement
sur des variétés semblables.

Recto-verso, 5 gr. : R.R.R.

Timbres coupés pour moitié. — 1/2 gr. pour servir de 1/2 torn.;
2 gr. pour 1 gr. et 5 gr. pour 2 gr. : R.R.

Erreurs de couleurs (?) — 1/2 torn. noir et 2 gr. noir. Valeur,
neufs : 50 fr.; usés : R.R.R. (le 1/2 a fait 1.000 fr. à la vente Ferrari). Ces erreurs n'ayant pas été mises régulièrement en service
doivent être considérées comme des maculatures. Les impressions
en noir sur papier pelure (40 à 45 microns), sont des épreuves d'imprimerie). On trouve également des essais.

Oblitérations. — Le cachet à date de Naples, 1 cercle est commun (voir type I illustration); le cachet à date double cercle (voir
type III) et le type C des oblitérations des Deux Siciles (voir ce
pays) sont moins communes; le type B des Deux Siciles vaut : 2 U.
La petite grille type II est rare; le type IV est recherché.

I.- Oblit. à date, un cercle. II.- Petite grille.

III. à date, double cercle. IV. Ob. ovoïdale.

Les affranchissements composés de timbres italiens avec ceux
des Deux Siciles sont recherchés.

Paires : 3 U; blocs : rares.

Originaux. — Signes distinctifs, voir figures A et B de l'illustration; pour chaque valeur, quelques défauts provenant du report
de la matrice unique. (Il est bien entendu que ces défauts ne sont
pas toujours visibles dans tous les exemplaires par suite d'impr.
défectueuse ou d'usure; les matrices secondaires ont été elles-mêmes
reportées cinq ou dix fois pour former le bloc report — ce qui per-

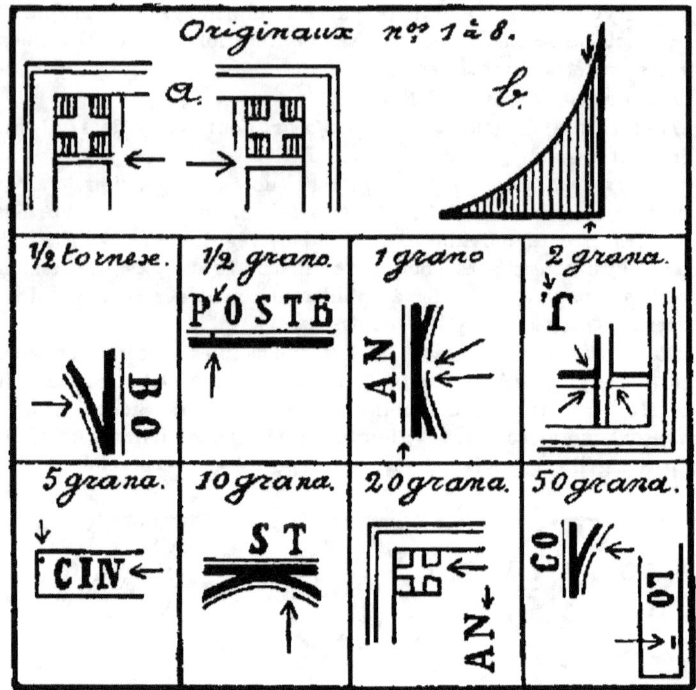

met la reconstitution du report, — enfin ce bloc a été lui-même transféré dix ou cinq fois pour former la feuille). Mensurations : 18 1/2 à 19 sur 20 3/4 à 21 1/4 suivant tirages et valeurs.

Faux anciens. — Grossiers; pas de signes distinctifs a et b; lettres trop hautes (notamment 50 grana) ou trop larges; défauts de dessin, etc.

Faux usés poste. — 2, 5, 10 et 20 grana (2 gr. trop terne : R.R.R., 5 gr. : rare; 10 gr. bistre-jaune : 3 U; 20 gr. jaune : U, 40). Ne portent ni les signes a et b, ni les signes particuliers à chaque valeur; lettres trop larges, notamment les A; G de grana défectueux; E de venti trop haut dans le 20 grana; 3 ou 4 hachures verticales bordent les croix (au lieu de 2), etc. Les neufs sont plus rares que les usés, le faussaire ayant cherché à liquider son stock, mais les premiers ne sont intéressants que comme références d'expert puisque c'est l'oblitération originale qui confère de la valeur aux faux.

Faux modernes. — Deux séries bien imitées en photolithographie.

I. Faux de Gênes (I.). Toutes les valeurs, effigie droite et renversée. Largeur admissible mais quelques valeurs dépassent

19 ^m/^m; hauteur 21 en moyenne (50 gr. 19 1/6 × 21 1/2). Papier blanc de 50 mc. Signes a et b bien reproduits mais les signes d'expertise des diverses valeurs (voir illustration) manquent, quoique les lettres N des 5 et 20 gr. soient passables ; on ne retrouve évidemment pas non plus les défauts d'aucun type du bloc report.

II. Faux de Genève (F.). Toutes les valeurs, effigie droite. Ici également la largeur est admissible mais quelques valeurs dépassent 19 ^m/^m; hauteur trop grande (21 1/3 à 21 1/2). Les signes d'expertise manquent comme précédemment ; papier de 45 à 50 mc ; relief de l'effigie pas assez courbe dans le haut et cheveux trop peu visibles.

Fausses oblitérations. — Nombreuses sur toutes les valeurs, comparaison. Celles de Genève (gravées sur bois) se rencontrent sur les faux et sur des originaux : 1° Annulato encadré (il manque le filet d'encadrement intérieur ; 2° Assicurata en capitales sur une ligne ; 3° six barres espacées de 1 ^m/^m 8 ; 4° oblit. à date type C (voir Deux-Siciles) Napoli 17 nov 1861 ; 5° idem. Napoli 3 GIU 1861 ; 6° oblit. napolitaine à date type I, Napoli 12 Ago 61 3 S ; 7° oblit. à date, double cercle type III (22 ^m/^m) Faenza 20 Dic (sans millésime) ; 8° même oblit. Faenza 5 Sett 61. Dates interchangeables, encre trop grise.

Truquages. — Des déchets d'imprimerie avec centre sans effigie (parfois gommés au recto) ont été revêtus de fausses oblitérations type I, Napoli 29 Ott 61 1 S (Genève) et d'autres faux cachets.

II. — **ITALIE UNIFIÉE**

1862 (1er *Mai*). *TIMBRES POUR JOURNAUX. N° 1.*

2 cent. non dentelé avec chiffre en relief.

Nuances. — Bistre-brun (nuances) et jaune-clair : N, 50 ; U, 50.

Ce timbre avec chiffre renversé n'a pas été usé postalement. Il y a de nombreuses oblitérations fausses (expertise).

Pour les 1 et 2 cent. noir, voir Sardaigne.

1862 (1er *Mars*). *DENTELÉS. N°* 4 à 7.

Feuilles de 50 timbres (10 × 5) non dentelées dans le bas.

Nuances. — Très nombreuses. 10 cent. : du bistre jaune au bistre olivâtre foncé en passant par l'ocre et du brun au brun olivâtre foncé ; 20 cent.: divers bleus ; bleu intermédiaire outremer ; bleu indigo ; 40 cent., nuances rouges ; 80 cent., jaune, jaune terne, jaune vif et jaune orange.

Variétés. — Exemplaires non dentelés dans le bas : N, 50 ; U, 50. 40 c. avec filet extérieur : N, 50 ; U, 50. Les 5, 10 et 20 cent. ont servi coupés pour moitié : rares. Les dentelés . 7 1/2 sont des essais de dentelure.

Oblitérations. — Les plus communes sont les oblitérations italiennes à date (simple ou double cercle). Elles sont plus rares quand elles appartiennent à d'autres États et il existe un assez grand nombre d'oblitérations rares, grille, grands chiffres (France), Via di Mare, etc. Consultez les catalogues spéciaux.

L'expertise de l'oblitération est nécessaire car il existe un grand nombre d'*oblitérations fausses* des n°° 5, 6 et 7.

Paires : 3 U; blocs de 8 à 12 U.

Truquages. — Une quantité de timbres de Sardaigne (valeurs correspondantes) ont été faussement dentelés. La comparaison des nuances est donc utile, sans parler de l'examen de la dentelure et les cachets sardes doivent donc attirer l'attention.

Non émis. — 5 cent. vert et 3 lires dentelés 9 1/2, 10, 12 1/2, 13, 13 1/2 et 14 au lieu de 11 1/2 × 12.

Faux. — Quelques faux d'origine italienne; la comparaison des dessins des coins intérieurs, des inscriptions et de l'effigie en relief suffit. Dentelure non conforme.

1862. *NON EMIS. TYPE PRECEDENT MODIFIÉ.*

Série beaucoup mieux faite que celle de 1855 de Sardaigne; non dentelée, 5 valeurs : 5 c. vert-jaune; 10 c. gris-brun; 20 c. bleu; 40 c. rouge; 80 c. orange.

Les timbres se reconnaissent au dessin beaucoup plus distinct et modifié dans toutes ses parties (voir l'illustration); les lettres C et O beaucoup plus larges et plus hautes que dans la Sardaigne, permettent de les reconnaître aisément. La série ne fut pas émise à cause d'un vol important recélé jusqu'en ces derniers temps. Timbres peu intéressants à notre avis à l'exception de quelques exemplaires usés poste (R.R.) à qui l'oblitération confère une valeur semblable à celle de tous les « faux pour servir ». A cause du vol, tout le stock restant à l'administration a été incinéré.

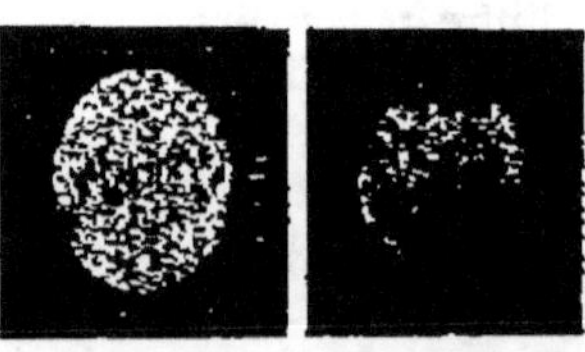

1863. (1ᵉʳ *Janvier*). 15 *CENT. NON DENT.* N° 8.

Lithographié. Diverses nuances d'outremer. Premier choix : 4 marges de 1/2 ᵐ/ᵐ.

Variétés. — Ornement inférieur gauche avec défaut de transfert : 4 N; 5 U. Quelques retouches : rares quand elles sont bien distinctes. Double impression du cadre : rare. Effigie renversée ou sans effigie : R.R.R. usé.

1863 (9 *Février*). *TYPE NOUVEAU. NON DENT.* N° 11.
Premier choix : 4 marges de 1 ᵐ/ᵐ.

Lithographié, report de 5 timbres, transféré ensuite sur pierre de 100 timbres en deux groupes de 50 pour la planche I (C devant Quindici fermé) et sur pierre de 200 timbres en quatre groupes pour la planche II (C ouvert et cadre intérieur brisé sous le Q).

Quelques défauts de transfert assez visibles ; on trouve le C fermé (O) et le cadre non brisé sous le Q dans la planche II. Le dernier I de Quindici est parfois formé de 2 ou 3 points, etc.

Le type a été corrigé dans les coins (cercle blanc et inscriptions C et 15) de la matrice de la planche II.

Les recto-verso sont des essais.

Oblitérations. — Voir la première émission.

Faux pour servir. — Se reconnaissent à la nuance et au dessin (nombreuses variétés). Une première catégorie (usée Rieti et Aquila) est bleu-ardoise ; l'autre (Naples) est bleue. Comparaison.

1863 (1ᵉʳ *Déc.*) à 1877. *FILIG. COURONNE. Nᵒˢ* 12 à 21.

Feuilles de 400 timbres en 4 groupes de 10 × 10.

Le 2 cent. brun nᵒ 13 est de 1865 ; le 10 cent. bleu de 1877. Les surchargés « Saggio » sont des essais.

Nuances. — Peu nombreuses (du pâle au foncé).

Variétés. — Nᵒˢ 12, 13, 14, 17, 18 non dentelés : rares.

1865. *SURCHARGE* 20 *SUR* 15 *C. Nᵒ* 22.

3 types ; I, timbre normal du 15 centimes ; II, type refait avec un point au-dessus et au-dessous des ornements situés entre les inscriptions ; III, même type (II) modifié par ajoute de 2 points blancs aux extrémités des dessins situés dans les coins du timbre.

Variétés. — On trouve le type I non dentelé : rare ; le type III avec surcharge renversée : rare ; en paire avec un non surchargé : rare.

1867 (*Mai*) et 1877 (*Août*). 20 *CENT Nᵒˢ* 23 et 24.

20 cent. bleu et 20 cent. orange. Types à peu près semblables. Rien à signaler.

1878 (*Janv.*). *TIMBRES DE SERVICE SURCH. Nᵒˢ* 33 à 30.

Les surcharges renversées ont été fréquemment falsifiées, parfois en noir au lieu d'indigo ; examinez si l'oblitération ne passe pas sur la surcharge. Comparer suffit. On trouve quelques variétés d'impression de la surcharge.

Le 2 c. avec impression brune des lignes ondulées et impression bleue de la valeur sur l'impression brune est un essai.

1879 (*Août*). *EFFIGIE D'HUMBERT I. Nᵒˢ* 33 à 39.

Diverses nuances.

Variétés. — Nᵒ 35 dentelé 10 1/2 : R.R.

Oblitérations. — Les nᵒˢ 37 et 39 doivent toujours être expertisés et ne devraient être collectionnés que sur lettre entière.

EMISSIONS SUIVANTES

Variétés, oblitérations, etc. — Le 40 cent., n° 41 se rencontre en paires non dentelées au milieu : rare. Le 5 l. n° 45 oblitéré doit être expertisé. Le 5 c. n° 40 a le fond uni et l'inscription en blanc; le n° 57, le fond ligné et l'inscription en noir. Le 5 lire de 1889, n° 45, a été grossièrement falsifié. Comparez l'effigie; sans filigrane; dentelure non conforme. Un truquage par fausse impression sur 5 cent. de 1879 décoloré ne vaut guère mieux. Les n°ˢ 46, 48 et 50 surchargées Valevole per le stampe existent avec surcharge renversée, le premier : 5 fr.; les autres : rares. On trouve le n° 48 sans Cmi : rare. N° 52, 2 c. sur 5 cent. vert avec chiffre à queue maigre : 15 fr. neuf; 5 fr. usé. Quelques fausses surcharges des n°ˢ 51 et 54.

Des vignettes à double effigie avec inscription *Nozze d'Argento* sont des fantaisies (5 c. vert et 20 c. rouge); idem. avec inscription Roma 24-8-96 sont des non émis.

N° 56 non dentelé : rare. Le n° 63 oblitéré doit être expertisé. Les n°ˢ 64 et 65 non dentelés : peu communs; n° 65 avec double impression : 2 fr.

Il existe des essais du n° 66 avec filigrane, en diverses couleurs (non dentelés sans gomme); l'essai en vert faussement dentelé; comparaison de la nuance.

N° 71, 45 c. non dentelé : R. N° 73 erreur; inscription de la valeur (1 lire una) en vert : R.

Les n°ˢ 76 et 77 sont connus non dentelés; avec double impression et avec double impression dont une renversée. La dernière variété, comme un grand nombre de variétés de ce genre, provenant d'autres pays, est une fantaisie à l'usage des collectionneurs comme il en existe tant depuis 1900 environ, époque depuis laquelle la spéculation s'en est donnée à cœur joie. (On peut citer aussi le n° 73 avec cadre fortement déplacé, etc.).

N° 78 non dentelé : 10 fr.; ou en paires non dentelées au milieu.

N°ˢ 79, 80 et 81 non dentelés : 1 fr. Paire du 25 cent. non dentelée verticalement : 2 fr.; 25 cent. recto-verso : rare.

La suite des valeurs montre de nombreuses variétés de ce genre; elles sont si nombreuses parce que voulues; et beaucoup n'ont pas passé par le contrôle.

N° 87, 10 lires falsifié sans filigrane avec dentelure non conforme. Fausses surcharges de l'émission de 1916; de 1922 (Congrès de Trieste; de 1924 (surch. 1 lire).

Faux usés poste. — N°ˢ 66 (Naples) et 67 (Milan) lithographiés; n° 70 (Catane) typographié. Tous trois sans filigrane et avec dentelure non conforme; mêmes défauts dans les suivants.

Le n° 76 en zincographie avec effigie très mal venue (comparaison); le n° 76 id, mieux réussi, tous deux en carmin au lieu de rose. Malgré les endroits ou ces falsifications furent trouvées, elles pourraient bien provenir, ainsi que les suivantes, de l'officine de Gênes, qui a réussi admirablement les 30 et 60 lepta de Grèce (voir ce pays).

Les n°ˢ 77 et 104 (dits de Milan) sont également sans filigrane, sur papiers de 50 à 70 mc. Les traits horizontaux du fond, derrière le cou, ne touchent pas cet organe ni l'ovale; un seul interligne dans le cadre intérieur blanc du haut; narine non recourbée vers l'avant; lettres non équidistantes du bord du cartouche ni entre elles, etc., etc. Nuances carmin et gris foncé. Dentelés 11 1/2.

Croix-Rouge 15 cent. 1915. Sans filigrane, dentelure arbitraire, dessin grossier.

TIMBRES POUR LETTRES PAR EXPRESS.

Le n° 1 existe non dentelé : neuf 2 fr.; usé : 15 fr. N° 8 avec double surcharge dont une renversée : petit caprice à l'usage des collectionneurs. N° 8 non dentelé.

Faux usé poste. — N° 1 (dit de Milan), nuance rouge vermillonné, sans filigrane, dentelure non conforme. Les traits du fond ne touchent ni la tête, ni l'ovale; 5 hachures dans les quartiers de l'écu au lieu de sept.

TIMBRES DE SERVICE.

Rien à signaler.

1921. *TIMBRES POUR ENVELOPPES-RECLAME.*

Le catalogue officiel italien dit avec raison que ces pièces appartiennent à la collection d'entiers plutôt qu'à celle des timbres-poste. Les surcharges ont été imitées à Londres.

TIMBRES POUR COLIS-POSTAUX.

Les n°ˢ 5 et 6 doivent être expertisés pour l'oblitération.

III. — **TIMBRES-TAXE**

1863. *NON DENTELÉ. N° 1.*

Trois *nuances* principales : jaune, brun clair et ocre rouge, ainsi que quelques intermédiaires. Feuilles de 200 timbres.

Ce timbre exige toujours l'expertise de l'oblitération.

On trouve des exemplaires de planche usée.

Faux. — Nombreuses séries en toutes nuances; celle renseignée à l'illustration (faux ancien) est très répandue.

Ce faux a 51 ornements en forme d'U dans le cadre; le lignage sous Tassa n'est pas conforme; la boucle droite du bouclier (à droite de Segna) est à la même auteur que celui de gauche, etc. Un autre faux ancien n'a que 49 ornements au lieu de 50 et le chiffre 1 est placé trop bas, etc.

Un faux mieux réussi (dimensions conformes) provient de Gênes (1.), il a bien les 50 ornements, mais l'N de Segna est

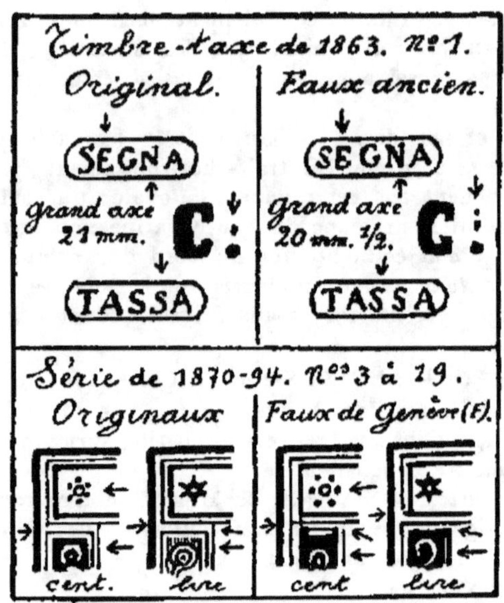

régulier et il a du être copié non sur un original, mais sur le faux ancien, car on y retrouve le défaut (point blanc supplémentaire) au-dessus du point après C. Le papier est trop mince, mais ceci peut être modifié. Je ne parle pas des nuances, généralement arbitraires, pour le même motif.

Fausses oblitérations. — Très nombreuses. On trouve fréquemment un faux cachet rond à date (1 cercle) RIETI 21 LUG 63.

1869. *N° 2.*

Rien à dire. Filigrane, couronne placée verticalement.

1870-94. *MÊME FILIGRANE. Nᵒˢ 3 à 19.*

Variétés. — Nᵒˢ 6 et 18 avec filigrane renversé.

Nᵒˢ 6, 7 et 13 non dentelés ; nᵒ 16 avec chiffre doublé. Les timbres avec chiffres déplacés ne sont pas rares. Mais ceux qui sortent de l'ovale sont moins communs.

Faux. — Toute la série a été mal imitée à Genève ; l'illustration renseigne sur le coin gauche en haut du timbre. Tout est à l'avenant, mais je crois utile de signaler ces faux car, étant de petite valeur, le collectionneur n'y prête pas attention et ne s'aperçoit pas qu'il manque le filigrane.

Truquages. — Fausses impressions renversées sur originaux à centre décoloré.

1890. *SURCHARGES. Nᵒˢ 22 à 24.*

Les nᵒˢ 23 et 24 sont connus avec surcharge renversée : R.R.

IV. — **TIMBRES D'OCCUPATION ÉTRANGÉRE**

Les catalogues généraux renseignent suffisamment sur ces timbres.

Fausses surcharges. — Toute la série du Trentin, 1919 nᵒˢ 1 à 18 avec les erreurs. Très bien imitée à Gênes (I.). Toute la série de Vénétie Julienne, 1919, nᵒˢ 1 à 18, avec les erreurs, mal imitée à Genève (F.) et mieux à Gênes (I.).

Toute la série de Vénétie Julienne, 1919, nᵒˢ 19 à 29 a été bien imitée à Paris (H.) et à Gênes (I.), ainsi que la série taxe, nᵒˢ 1 à 7. Sur la fausse série de Paris, surcharges appliquées sur oblitérés, on trouve dés oblitérations italiennes, parfois de 1904 ! à 1918 et sur quelques-unes, le millésime a été lui-même falsifié par surcharge ; la série poste et taxe de Gênes a été pourvue de faux cachets, etc. La comparaison est nécessaire avec des originaux ; elle fait ressortir des différences de papier (avec ou sans fils de soie) et de nuances entre les non surchargés et surchargés ce qui prouve une fois de plus que la spécialisation est utile.

LETTONIE

Pays à nouveautés. Les séries neuves s'obtiennent à volonté et font la joie de ceux qui font la collection « au nombre » ; le malheur est que les albums valent souvent plus que leur contenu.

Faux. — 1918, 5 k. carmin. Grossiers (dessin central), format et, pour le nᵒ 2, dentelure non conformes. 1920, nᵒˢ 51 et 52 (50 k. et 1 r.) non dentelés. Comparez le dessin des hachures et des ornements sur les côtés. 1920-21, les' surcharges 2 r. sur 10 et 35 k. ont été imitées. Comparaison.

LEVANT

La plupart des émissions du Levant sont surchargées et demandent donc un examen comparatif approfondi, car il existe énormément de fausses surcharges ainsi que des oblitérations fausses soit sur originaux, sur faussement surchargés, sur faux avec fausses surcharges et sur réimpressions.

I. — **BUREAUX ALLEMANDS**

Les émissions de la Confédération du Nord (nᵒˢ 12 à 17 et 23, 24), celles de l'Empire allemand nᵒˢ 1 à 6 (petit écusson), 13 à 19 et 28 (grand écusson), 26 et 27 ; les émissions de 1875, 1880 et

1875-82 (nᵒˢ 30 à 43) ont servi à Constantinople, non surchargées.

Les 1, 2 et 5 gr. ainsi que les 20 pf. sont les plus communs (5 à 20 U.) ; les 1/4 et 1/3 gr. sont rares (20 à 50 U.) ; les timbres rectangulaires : R.R.

1884. *TIMBRES ALLEMANDS DE 1880 SURCH. Nᵒˢ 1 à 5.*

Voici pour cette série les principales caractéristiques ; elles permettent de reléguer aux références les réimpressions et la plupart des fausses surcharges. La comparaison reste nécessaire et aussi l'étude de l'oblitération (exemple : un oblitéré Coeln (Cologne) passera évidemment aux faux).

| | | ORIGINAUX Fond central uni Encre terne | | RÉIMPRESSIONS. Fond non uni. Encre brillante. Perles parfois défectueuses. |
		Type I.	Type II.	
10 Par.	Nuances.	Violet.		Violet-rouge.
	Hauteur des chiffres.	3 mm 1/2.		3 3/5 à 3 2/3 mm.
	Largeur de la surch.	15 mm 3/4.		16 mm.
20 Par.	Nuances.	Rose (rare) : 2 N ; 3 U.	Rose foncé.	Rose.
	Entre 0 et P.	3/4 mm.	1 mm.	1 mm.
	Largeur de la surch.	18 1/2 mm.	18 7/8 mm.	17 mm. Perles déf.
1 P.	Largeur de la surch.	13 1 2 mm.		13 1/2 mm. Perles d.
		Piastre à 1 mm. 2/5 de la base des chiff.		Piastre à 3/4 mm.
1 1/4 P.	Nuances.	Brun.		Brun.
		Rouge-brun (1884-85)	Rouge-brun.	
		Chiffres 4 touchent la barre de fraction.	Chiffres 4 ne touchent pas.	Chiffres 4 ne touchent pas. (Type II).
	Entre P et barre de fr.	1 2 mm.	1/2 mm.	1 mm.
	Largeur de la surch.	15 1/4 mm.	15 mm.	16 3/4 mm.
2 1/2 P.	Nuances.	Gris olive (1884-86).	Gris-olive.	
			Vert bronze (1888).	Vert foncé (noir).
	Entre P et barre de fr.	1/2 mm.	1/3 mm.	1 mm.
	Largeur de la surch.	17 mm.	17 mm.	16 mm Perles déf.
	Le prolongement des barres de fractions	Traverse la boucle du P.	Passe sur la ligne de la boucle du P.	Passe sur la ligne de la boucle du P.

Mesurez les surcharges en partant à gauche du corps du chiffre 1 ou à gauche du chiffre 2 jusqu'à la droite du dernier chiffre ou de la barre de fraction. Quand l'impression de la surcharge est lourde elle peut varier légèrement de largeur.

La série des réimpressions vaut : 5 fr. ; on la trouve faussement oblitérée du grand cachet avec le mot Constantinople précédé et suivi d'une étoile.

EMISSIONS SUIVANTES

Vérifiez les surcharges par comparaison.

Variétés. — Nᵒ 6 avec chiffre 10 trop bas ; le nᵒ 19 se trouve en deux types : piastre trop bas (type II) ; nᵒ 25, idem. ; les nᵒˢ 22 et 28 se trouvent avec double impression de la surcharge : R.R.R. Nᵒ 33 avec chiffre 1 moins haut (défaut de planche) : 6 N ; 10 U.

Oblitérations. — Les nᵒˢ 34, 35, 38, 40, 50 et 54 à 56 doivent être expertisés.

II. — **BUREAUX ANGLAIS**

Les surcharges à surveiller particulièrement sont celles de la première émission ; le nᵒ 4 (40 p. sur 1/2) ; le nᵒ 25 (1 p. sur 2 p. Beyrouth) et les deux modèles de surcharges Levant. Comparaison.

Oblitérations. — Communes : C (Constantinople), S (Stamboul), cachet à date double cercle Beyrout ; cachet à date un seul cercle « Britisch-Post-Office Constantinople », etc. Moins communes : B 01 (Alexandrie) ; B 02 (Suez) ; F 87 (Smyrne) ; G 06 (Beyrouth), et tous autres cachets. L'oblitération égyptienne (bateau) Port-Said est rare. Les timbres anglais avec oblitération du Levant sont particulièrement recherchés. Consulter les catalogues spéciaux.

REMARQUES SUR LES DIVERSES EMISSIONS.

Toutes les valeurs rares ont été faussement surchargées.

1885. — Le nᵒ 1 (40 p. sur 2 1/2 lilas) a été bien imité à Genève, mais la surcharge est un peu trop large : 17 ᵐ/ᵐ au lieu de 16 1/2 à 16 3/4 suivant impression. Le 12 p. sur 2/6 lilas, papier bleuté, est très rare.

1887-96. — Le nᵒ 4 (40 pa. sur 1/2 p. rouge) demande l'expertise par comparaison (encre), car le tampon original à la main a servi à faire des faux ; l'oblitération originale sur lettre ou fragment est d'un grand secours dans ce cas (en usage pendant cinq jours, fin février 1893).

Le nᵒ 5 (40 p. sur 2 1/2) se trouve avec double surcharge : R.R.

1902-05. — Le 24 piastres (nᵒ 24 d'Yvert) appartient à cette série. On trouve les 4 et 12 piastres sur papier crayeux : même valeur.

1905. — Surchargés Levant nᵒˢ 12 à 21. La surcharge a été bien imitée : comparaison de la surcharge, des nuances de l'impression et même du papier. Les nᵒˢ 14, 15 et 21 se trouvent sur papier crayeux.

1906. — On trouve le 2 piastres nᵒ 23 sur crayeux.

1906. — Surch. de Beyrouth nᵒ 25. Comparaison, voire expertise. Quelques mauvaises imitations, dont l'une provient de Beyrouth, se reconnaissent par simple comparaison.

1909-10. — Nᵒ 32, un second type avec chiffre 4 plus fin vaut 5 N ; 5 U.

1911-1914. — Nᵒ 36, 2 types, surcharge de 2 ᵐ/ᵐ 1/2 de hauteur : commune ; surcharge de 3 ᵐ/ᵐ : 2 N ; 4 U. Nᵒ 45, un second type du chiffre 4 (comme dans nᵒ 32) vaut 20 francs neuf et usé.

1916. — Emission spéciale pour Salonique. Nᵒˢ 49 à 56. Cette émission est rare, en usage pendant 15 jours, avec cachets militaires. Il existe des doubles surcharges et des paires avec un timbre sans surcharge (fantaisies spéculatives du bureau militaire chargé de l'impression). Faux redoutables. Expertise. En principe, prendre sur lettre seulement.

1921. — N°ˢ 57 à 74. Rien à dire.

III. — **BUREAUX AUTRICHIENS**

Les timbres de Lombardie, type aigle 1863-64, n°ˢ 18 à 27 sont très recherchés avec oblitérations du Levant, dont il existe un grand nombre, allant d'Alexandrie par ordre alphabétique jusque Volo. (Voir Lombardie, oblitérations).

1867. *EFFIGIE. VALEUR EN SOLDI. N°ˢ 1 à 7.*

On peut établir une fort jolie collection rien qu'avec les nuances, les dentelures, les types et les oblitérations de cette émission.

Oblitérations. — Tous les bureaux turcs ; quelques cachets sont très rares suivant le bureau dont ils proviennent et la couleur employée. Ceux des agences du Lloyd et des compagnies de navigation sont toujours rares : 10 U à 100 U.

Types. — Toutes les valeurs en deux types suivant que la barbe est d'impression fine ou grossière ; mêmes prix excepté pour le 50 s. dentelé 10 1/2 qui vaut 1 fr. 50 neuf avec barbe grossière, mais qui est R.R.R. usé ; avec barbe fine, même dentelure il vaut 10 fr. neuf et 5 fr. usé.

Dentelures. — 9 1/2 : commune ; dent. 9, 5 et 10 soldi : rares neufs ; 25 fr. usé (barbe fine) ; 50 soldi : 30 fr. neuf et 15 fr. usé (barbe grossière) ; d. 10 1/2×9, 10 soldi R.R. neuf, 40 fr. usé ; 50 soldi : R.R. ; d. 10 1/2, 10 et 15 soldi : rares neufs ; 10 s. : commun usé ; 15 soldi : 15 fr. ; d. 12 : 5 N ; U, 50.

Variétés. — On trouve toute la série excepté les 3 et 50 soldi avec impression très transparente : 30 N ; 20 U, excepté 25 soldi : 3 U.

50 soldi en paire non dentelée au milieu : rare.

Le 25 soldi nuance gris-noir ardoisé est rare.

Réimpression. — 10 soldi bleu foncé dent. 10 1/2 sur papier grisâtre.

Truquage. — Découpure d'enveloppe du 25 soldi faussement dentelée. Papier trop blanc et foulage prononcé.

Faux. — Le 25 soldi a été bien imité à Genève (F.) ; la comparaison des cheveux sur la tempe, dans le bas du cou, et celle de la barbe suffisent à repérer l'imitation ; papier légèrement transparent ; dentelé 11 1/2 ; presque toujours oblitéré à date 1 cercle..... OTIN 5/7.

Fausses oblitérations. — Très nombreuses ; vérifier par comparaison (surtout pour les oblitérations rares) avec oblitérations d'une grosse collection spécialisée de cette émission.

1883-86. *CHIFFRE NOIR. VALEUR EN SOLDI. N°ˢ 8 à 14.*

Feuilles avec filigrane Briefmarken dans la feuille. (Voir Autriche). Les exemplaires avec parties de ce filigrane sont recherchés.

Dentelures. — 9 1/2 : toutes les valeurs ; d. 10 ; 3 s. vert·surcharge de Vienne ; 5 sol. : 20 fr. neuf ; 5 fr. usé ; d. 10 1/2, 10 sol. : R.R. neuf ; 30 fr. usé.

Variétés. — On peut établir deux types suivant la largeur de la lettre d de sld ; et plusieurs types d'après les différences du chiffre 5.

N° 14. *Surchargé.* — Type I (Vienne). 15 $^m/_m$ 1/4 à 1/2 ; le P à 1 $^m/_m$ 1/2 du zéro ; les chiffres et les lettres sont alignés par le bas ; type II (Constantinople), 15 $^m/_m$ 3/4 à 16 ; le P à 2 $^m/_m$; le mot Para placé trop haut.

On trouve des surcharges déplacées (par exemple dans le haut du timbre), ce qui est cause qu'on peut trouver des paires verticales dont un exemplaire n'est pas surchargé.

Fausses surcharges. — Nombreuses au **type II**. Comparaison.

1888. *TIMBRES D'AUTRICHE (Kr.) SURCH. N°s 15 à 19.*

Variétés. — Le 1 piaster se rencontre dentelé 13 1/2 : rare. Le 10 para. avec surch. déplacée. Il n'y a pas de surch. renversées ou doubles.

1890-92. *TIMBRES D'AUTRICHE SURCH. N°s 20 à 27.*

Nombreuses *dentelures ;* sont rares, n°s 20, 26 et 27 dent 9 1/4 ; n°s 21, 22, 23 dent. 10 1/2 × 12 1/2 ; n°s 21, 23, 24, 26 et 27 dent. 11 et n° 20 dent. 12 1/2.

Variétés. — N° 23 PIAS ; n° 23 sans chiffres à droite ; surch. déplacées.

Truquages. — Les non dent. sont des dentelés sortant de chez le dentiste.

Fausses surcharges des n°s 24 à 27. Comparaison nécessaire.

1891-96. *IDEM. N°s 28 à 31.*

Dentelures nombreuses sont peu communes : n°s 28 et 29 dent. 12 1/2 × 13 1/2. N° 31 dent. 12 1/2 et n° 30 dent. 11 1/2. Sont rares : n°s 28 dent. 9 1/4 ; n°s 28 et 31 dent. 11 ; n° 29 dent. 12 1/2 × 10 1/2 et n° 30 dent. 12 1/2.

Variétés. — Les n°s 28 et 29 avec surch. déplacée (rares).

Fausses surcharges. — Sur n° 30 usé (oblit. autrichienne dessous) et sur n° 31. Comparaison.

1899-1900. *IDEM. N°s 32 à 38.*

Très nombreuses dentelures ; les n°s 36 à 38 sont rares avec les dentelures 9 1/4 ou 10 1/2 ; les n°s 33 et 36 à 38 avec les composées 10 1/2 × 12 1/2 ou inverses ; le n° 36 se trouve en paires non dentelées au milieu : rares.

1903. *IDEM. N°s 39 à 42.*

Les timbres sans lignes brillantes sont rares avec les dentelures 9 1/4 ; 9 1/4 × 12 1/2 ou inverse ; 10 1/2 et 12 1/2 × 10 1/2.

1906-07. *IDEM. N*ᵒˢ 43 et 44.

Mêmes remarques que pour l'émission 1903 concernant les dentelures.

1908. *IDEM. N*ᵒˢ 45 à 53.

Les dentelés 9 1/4 sont des non émis.

TAXES

En 1879 on apposait des timbres dentelés 8 1/2 avec la mention Taxe de distribution 20 paras : S O sur 5 lignes. 20 par. noir sur violet ou noir sur blanc. Sur lettre : R.R.

1902. *TAXES D'AUTRICHE SURCH. Nᵒˢ* 1 à 5.

Les dentelures 10 1/2 × 12 1/2 et inverse, et 12 1/2 × 9 1/2 sont rares.

IV. — BUREAUX FRANÇAIS

Les timbres français avec cachets du Levant, petits chiffres 3704 à 3709 ; 3766 à 3773 ; 4008 à 4019 ; grands chiffres 5079 à 5107 et 5 119, 21, 29, 39, 53, 54 à 5156 et cachets à date depuis 1876 sont très recherchés. Il en est de très rares ; le bureau le plus ancien (1840) est celui de Beyrouth.

1885. *TIMBRES FRANÇAIS SURCH. N*ᵒˢ 1 à 3.

Les nᵒˢ 2 et 3 sont au type II.

1886-1900. *IDEM. N*ᵒˢ 4 à 8.

Deux types de surcharges du nᵒ 8 ; largeur 15, 7 ᵐ/ᵐ et 16,2 ᵐ/ᵐ. Un peu plus larges en cas d'impression forte. On trouve des surcharges chevauchant sur 2 timbres (1 et 2 piastres).

Nᵒ 6 avec PIASTRFS ; rare, variété d'impression.

Nᵒ 6 coupé pour moitié : R.R.

Nᵒ 7 3 PIASTRES 8 : rare, variété d'impression.

Fausses surcharges. — Nombreuses sur nᵒˢ 8 et 9. Comparaison.

1902-1906. *LEVANT. N*ᵒˢ 9 à 22.

Quelques variétés de position des lettres par rapport aux chiffres. Fausses surch. sur nᵒˢ 21 à 23 originaux et sur le 5 fr. tiré clandestinement. (Voir France).

1906. *SANS SURCHARGE. N*ᵒˢ 24 à 26.

Il existe des impressions clandestines de ces timbres ; quelques petites différences dans l'impression et la nuance. Cette série est donc à prendre sur lettre entière.

1905. *SURCHARGE DE BEYROUTH. N*ᵒ 27.

L'émission n'a duré que 11 jours (17 à 28 janvier 1905). Surcharge en vert très foncé. Bonnes imitations. Comparaison.

1921 à 23. *TIMBRES DE FRANCE SURCH. N*ᵒˢ 28 à 40.

Le tirage des cachets à la main, nᵒˢ 38 à 40 est de 2.500 ex. pour le nᵒ 38 et de 7.500 pour les nᵒˢ 39 et 40.

CAVALLE, DEDEAGH ET PORT LAGOS.

1893-1900. — Impressions clandestines de la surcharge faites avec les matrices originales de celles-ci (Paris). Il en est de même pour Vathy. Comparaison, nuance de l'encre légèrement différente. A prendre sur lettres seulement.

1902-1903. — Impressions clandestines des n°ˢ 14 à 16 de Cavalle et Dedeagh. Quelques minimes différences dans le dessin et la nuance. Ces impressions fausses entrent très facilement dans les collections et permettent de servir toutes les demandes. Lettres.

V. — BUREAUX ITALIENS

Les timbres italiens non surchargés sont recherchés avec les oblitérations du Levant (Tunisie, Egypte (Alexandrie), Tripoli et Mer Rouge).

Oblitérations. — Chiffres dans un octogone de petits losanges ou dans un cercle de barres : n°ˢ 234 (Alexandrie); 235 (Tunis); 3336 (La Goulette); 3364 (Sousse); 3051 (Tripoli); 3840 et 3862 (Assab et Massaua, Mer Rouge). Les n°ˢ 234 et 235 sont les plus communs.

Oblit. Piroscafi postali italiani dans un rectangle : U, 50.

Plus rares sont les oblit. avec indication de provenance sur une ou deux lignes : Tripoli; Da Tunisi; Da Montevideo (ou Buenos-Aires) coi Postali Italiani; Baja di Assab, etc., ou des cachets spéciaux (par exemple : cachet rectangulaire Massaua servizio italiano del Mar Rosso avec date et année à gauche de cette inscription), etc.

1874. *CHIFFRES OU EFFIGIE. SURCH. ESTERO. N°ˢ 1 à 11.*

Feuilles. — 200 timbres en deux groupes de 10 × 10. Le 2 lire feuilles de 100.

Types des timbres italiens similaires, avec ornements des coins modifiés (blancs dans les 4 coins, le 2 lire avec fleurs à pétales blancs).

Surcharge. — Est d'un noir généralement intense; à l'extérieur, courbe de 6 ᵐ/ᵐ de rayon; à l'intérieur : 4 ᵐ/ᵐ 1/4.

Variétés. — Oublis ou défauts dans la modification des coins : 1 cent. (2 ou 3 points à droite en haut); 5 cent. (non touché à droite en bas); 10 cent. (examinez les quatre coins) on trouve des exemplaires sans aucune modification de même que dans le 30 cent. (pour cette dernière, aussi non touché à gauche en haut et à droite en bas. Tous rares.

Sans surcharge : 1 et 2 cent. (non émis).

Double surcharge : 30 cent.

Faux. — 2 lire sur papier original filigrané. Comparaison du lignage et des fleurettes des coins.

Fausses surcharges. — Sur timbres italiens avec coins tripoté (grattés) et sur timbres italiens à angles non modifiés ; elles sor donc risibles, excepté pour les rares variétés des 10 et 30 cent. ave angles non modifiés qui doivent subir une comparaison sérieuse.

Truquages. — Variétés de coins non modifiés obtenues par répr ration en ajoutant un ou plusieurs coins de timbres italiens d même nuance à un timbre du Levant.

Fausses oblitérations. — Très nombreuses sur les 1, 2, 30, 4(60 c. et 2 lire. Encre trop jeunes, dessin et espaces non conforme: numéros arbitraires, etc. Comparaison nécessaire.

1881-1883. *EFFIGIE D'HUMBERT I*[er]. N°ˢ 12 à 17. Même surcharge, angles modifiés.

Variétés. — 5 cent. angle inférieur droit mal retouché ; 20 cen double surcharge. Le 2 lire est en réalité un non émis.

Oblitérations fausses. — Nombreuses. N°ˢ, 15 et 16, expertis(N° 17, oblit. de complaisance de Tunis.

EMISSIONS SUIVANTES. — Toutes les surcharges de Cor stantinople ont été faites uniquement pour toucher la poche d collectionneur. S'abstenir. Les fausses surcharges abondent.

Toutes les émissions suivantes ont été faussement surchargée chaque fois que la falsification en valait la peine (par exemple, pou l'émission de 1909-11, tous les 20 piastres sur 5 lire) et on peut dir que la moitié des surcharges des n°ˢ 18 jusqu'à fin demand l'expertise par comparaison, spécialement les n°ˢ 24 à 38 ave variétés.

VI. — **BUREAUX POLONAIS**

1919. Les valeurs en penni ont été faussement surchargées.
1921. Toute la série, mauvaise surcharge, la comparaison suffit

VII. — **BUREAUX ROUMAINS**

Surcharges noires sur 5 bani bleu dent. 13 1/2 et 13 1/2 × 11 1/2 sur 10 b. vert mêmes dentelures et sur 25 b. violet mêmes dentelure et dent. 11 1/2. N. B. Les surch. noires ou violettes sur timbre dentelés 11 1/2 et composés sont rares.

Surcharges violettes sur 5 bani bleu dent. 13 1/2 ; 11 1/2 e 13 1/2 × 11 1/2 ; 10 bani dent. 13 1/2 et 25 bani (comme 5 bani).

Nombreuses surcharges doubles, renversées et erreurs de sur charges. Les n°ˢ 1 double surcharge noire et 2 avec surcharge 1(paras noire se trouve en paires verticales non dentelées au milieu

Fausses surcharges. — Très nombreuses. Comparaison.

VIII. — **BUREAUX RUSSES**

I. — **NON DENTELÉS**

Parmi les timbres du Levant, les bureaux russes occupent un situation à part, du fait que les premières émissions sont compos de timbres non dentelés, presque tous rares, et d'un modèle fait spécialement pour cet usage. La recherche des divers types vient encore ajouter à l'intérêt de ces beaux timbres.

1864. *TIMBRE DE GRAND FORMAT. N° 1.*

Premier choix. — 4 marges de 2 millimètres environ.

Typographiés en feuilles de 4 timbres.

Premier tirage (1863 Saint-Pétersbourg) en bande verticale de 4 timbres au type normal, sur papier mince. Mise en service par la Compagnie Russe de Navigation et Commerce, le 6 janvier 1864. Second tirage (1864) en bleu foncé, feuilles de 4 timbres en bloc de 4 dont les défauts de report (voir illustration) permettent de situer les types (types I et II paire du haut; types III et IV, paire du bas). Papier plus épais.

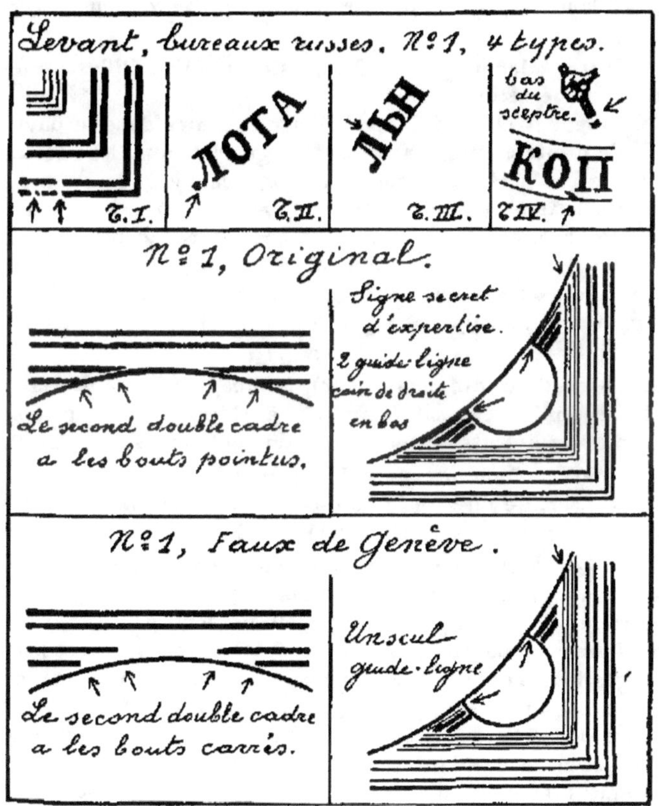

Nuances. — Bleu pâle terne; bleu foncé et indigo (1865 ?). Les deux dernières nuances sont celles des timbres non émis.

Oblitérations. — Ronde à date, 1 cercle, Constantinople (en russe) et date (1er semestre 64). (Cette oblitération est très rare sur timbres russes). Oblit. Franco encadrée (double cadre) (20 × 12 $^{m/m}$), petit cachet bleu de 1865, également très rare sur timbres russes.

Sur les émissions suivantes on trouve soit un losange de points noirs (14 $^{m/m}$ de côté) : R.R. en bleu ; une oblitération consulaire, double cercle (30 $^{m/m}$) qui est R.R., soit une oblitération à date.

Ces oblitérations sont excessivement rares sur timbres russes ainsi qu'un Franco encadré (rectangle à pans coupés de 35 × 12 $^{m/m}$ 1/2) en noir.

Faux. — Faux anciens mal contrefaits, lithographiés dont l'un (S) n'est pas sur papier crayeux ; demi lunes autour du cercle central non burelées ; l'autre porte le mot « facsimile » parfois effacé.

A noter que ces faux ni le suivant ne portent de points dans les espaces blancs au-dessus des demi-lunes qui entourent le cercle central.

Faux moderne (Genève F.). — Plus insidieux. Voir l'illustration pour les signes de reconnaissance.

Dans un premier cliché il y avait deux hachures dans le pavillon du cor de droite et trois dans celui de gauche, un cliché retouché régularise ces hachures (trois à droite, deux à gauche), mais au-dessus des lettres O T les deux hachures médianes du groupe de 4 hachures horizontales viennent toucher le cercle bleu ; enfin dans un cliché de seconde correction ces hachures ne touchent plus. Les deux nuances ont été imitées.

1865. *TYPE BATEAUX. N°s 2 et 3.*

Premier choix. — 4 marges de 1 $^{m/m}$ 1/2.

Feuilles. — 28 types différents (7 × 4). Compagnie Russe de Navigation et de Commerce. Lithographiés à Odessa. Les types se reconnaissent aux défauts de report (notamment cadres et sceptre).

Oblitérations. — Voir première émission.

Paires. — La paire du 2 piastres est excessivement rare (1 paire collection Tapling, 1 Ferrari et 1 bande de 4 Mavrogordato).

Faux. — Les deux valeurs ont été relativement bien imitées, mais les imitations montrent les défauts suivants, 10 paras : les points derrière les lettres de l'inscription ne sont pas carrés ; le dessin en forme de boucle à droite sous le bateau montre deux protubérances blanches (à l'intérieur de la boucle) ; le burelage est loin d'être aussi fin que dans l'original. 2 piastres : le cadre du bateau (sous les lettres P et O) est beaucoup plus réduit que dans les originaux et la plupart des petites hachures obliques de ce cadre manquent ou sont mal venues. Dans les deux valeurs, le bateau lui-même, les mâts, les oriflammes, les cordages et la cheminée ne sont pas conformes au type original. Il existe d'autres faux, très mal exécutés. Comparer suffit.

Réimpressions. — Ces timbres ont eu une réimpression non officielle en feuilles de 10 exemplaires (5 × 2) avec un intervalle de 9 $^m/^m$ entre les deux rangées de 5 et un intervalle latéral de 22 $^m/^m$ entre les timbres. Chaque vignette est encadrée d'un trait à 1 $^m/^m$ 1/2 de distance. Le papier est jaunâtre ; les nuances diffèrent ; pas de gomme.

1866. *TYPES SEMBLABLES, BURELAGE DE LOSANGES.* N°s 4 et 5.

Feuilles de 28 types (7 × 4), comme dans l'émission précédente. Le burelage est formé de losanges dont le grand axe est horizontal ; les losanges ont approximativement 1 $^m/^m$ 2 et 0,5 $^m/^m$ de longueur d'axes et il en est de même dans l'émission suivante.

Pour un motif ignoré, le burelage de losanges se termine dans la troisième rangée horizontale de la planche, mais reprend immédiatement plus bas (à 1/4 de $^m/^m$ de distance) ; il est possible que ceci ne se présente que dans le deuxième tirage de ces timbres, planche de burelage partiellement refaite ?

On trouve des exemplaires avec double lignage marginal sur un ou deux côtés, ce qui provient de reports mal juxtaposés.

Les premiers tirages portent des hachures dans les cartouches supérieurs des inscriptions (n°s 4 et 5 Yvert) ; hachures différentes suivant les types.

Dans le dernier tirage (fin 1866 ?), ces hachures ont disparu (n°s 4a et 5a). On peut noter que le bleu et le rose des n°s 4a et 5a sont plus ternes que ceux des n°s 4 et 5. S'il s'agit d'une planche corrigée par retouche des hachures des n°s 4a et 5a, la désignation de planche retouchée est suffisante, mais si c'est la matrice qui a été retouchée et qu'une planche nouvelle a été faite pour chaque valeur il faudrait ranger les n°s 4a et 5a sous la dénomination d'une émission nouvelle, type modifié, en date de fin 1866 ou début de 1867.

Oblitérations. — Voir première émission ; obl. consulaires : R.R.

Réimpressions (1867). — Les deux valeurs, réimpressions non officielles, sans gomme.

Faux. — Quelques faux mal faits qu'on découvre tout de suite par la comparaison en examinant les détails du bateau ou des vagues. Ce sont, d'ailleurs, les timbres avec burelage vertical de l'émission suivante (plus chers) qu'on trouve le plus fréquemment falsifiés. (Voir cette émission).

Originaux. — Largeur 16 $^m/^m$, hauteur 21 2/5 à 21 3/5.

1868. *MEME TYPE, MAIS BURELAGE VERTIC.* N°s 6 et 7.

Le burelage est identique à celui des n°s 4 et 5, mais placé verticalement, c'est-à-dire que les losanges ont le grand axe vertical ; même mensuration pour les losanges que dans l'émission précédente.

Oblitérations. — Le nº 6 oblitéré est très rare et vaut de 15 à 20 fois le timbre neuf.

Faux. — Le burelage n'a pas la mensuration conforme ; les dimensions dépassent généralement celles des originaux qui ont 16 $^m/_m$ environ sur 21 1/2 environ. En outre, il suffit d'examiner les détails du navire et des vagues par comparaison avec des timbres de l'émission antérieure (nᵒˢ 4 et 5) moins chers pour reconnaître les imitations. Un faux assez commun du nº 6 porte un trait rouge, horizontal, sous le P ; un autre, du nº 7 porte sous le O un trait qui fait ressembler cette lettre à un Q. Tous deux sur papier jaunâtre mince.

1868 (Mai). GRANDS CHIFFRES AU CENTRE. Nᵒˢ 8 à 11.

Cette émission et les suivantes ont été faites sur le papier de l'Etat russe avec filigrane ligne ondulée et émises par celui-ci.

Nuances. — Les quatre valeurs ont la nuance indiquée dans les catalogues et cette nuance en foncé ; le 5 kop a le burelage bleu ou bleu pâle ; le 10 k. vert ou vert foncé.

Dentelure. — 11 1/2. Ce qui empêche de confondre avec l'émission suivante dentelée 14 1/2 × 15. Les nᵒˢ 9 et 11 sont connus non dentelés : R.R.

Oblitérations. — Noires ou bleues, à date ou chiffres et losange de points ; vertes plus rares : U, 50.

Paires : 4 U. Blocs rares.

1872. MÊME TYPE. DENTELÉS 15. Nᵒˢ 12 à 15.

Papier vergé horizontalement ou verticalement.

Nuances. — Tous ordinaires ou foncés.

Variétés. — On trouve des paires du nº 13 non dentelées au milieu : rares.

1876-79. SURCHARGES. Nᵒˢ 16 à 18.

Surchargés en bleu ou noir ; le chiffre 7 en deux types, gros ou maigre ; le chiffre 8, un seul type, sur timbres de l'émission précédente seulement.

Les surchargés sur papier vergé verticalement (en noir sur nº 17, en bleu sur nº 16 et en noir ou bleu sur nᵒˢ 18 ou 18a) sont rares et valent le double.

Fausses surcharges. — Nombreuses. Examen par comparaison. On a même surchargé le 10 k. de l'émission de 1868 (dent. 11 1/2).

1879 (JUIN) à 1884. MÊME TYPE. Nᵒˢ 19 à 25.

Quelques variétés de nuances.

Les nᵒˢ 22 à 25 non dentelés sont des non émis.

EMISSIONS SUIVANTES

Rien à signaler, à part quelques fausses surcharges sur nᵒˢ 34 et 35 (les timbres étant originaux, ou faux surchargés, voir Russie), la surcharge renversée de Beyrouth et le 50 piastres Romanoff qu'on reconnaît au mot PIASTRES dont les lettres extrêmes ne dépassent pas le cadre (à gauche ou à droite) comme c'est le cas pour les surcharges originales. Les valeurs d'après-guerre n'ont plus de chiffres de tirage connus, l'inflation étant de règle jusqu'à concurrence du chiffre de demandes. Il en est de même pour l'inflation des erreurs diverses tout comme dans les timbres russes de ces dernières années.

S'abstenir si l'on ne désire pas prendre des vessies pour des lanternes. Toutes les valeurs des timbres de l'armée Wranger ont été faussement surchargées.

LIECHTENSTEIN

Séries si peu intéressantes qu'on les trouve au kilo à partir de la deuxième émission.

Faux. — Les trois premières émissions (1912 à 1918) ont été contrefaites non dentelées ou avec dent. non conforme; comparez les hachures centrales et le format.

Fausses surcharges de la série de 1920. La comparaison suffit à les reconnaître.

LITHUANIE

Ce pays n'est guère plus intéressant que le précédent et il en est de même de la Lithuanie centrale dont les émissions non surchargées de 1920 rivaliseraient difficilement avec des étiquettes à bouteilles.

LOMBARDO-VÉNÉTIE

I. — NON DENTELÉS

1850 (1er *Juin*). *VALEUR EN CENTES. N°s 1 à 5.*

Feuilles de 240 timbres en 4 groupes de 64 (8 × 8), les 4 derniers timbres de chaque groupe remplacés par des croix de Saint André (à droite ou à gauche dans la dernière rangée). (Voir aussi Autriche).

Types. — Voir l'illustration.

Dans le 5 cent. le type II n'est pas commun; le 10 cent. type I

<table>
<tr><td>5 centes nº 1.

T. I

T. II</td><td>10 Centes nº 2.

↓ T. I
10 CENTES
(O fermé ou ouvert)

↓ T. II
10 CENTES
↑</td><td>15 centes nº 3.

↓↓ T. I ↓
15 C   **S**
KV←

↓↓ T. II ↓
15 C   **S**
KK←</td></tr>
<tr><td>30 Centes nº 4.

↓
3   T. I.

↓
3   T. II.</td><td>45 centes nº 5

↓
→**45**C← T. I.
↓ 2/5 mm.
→**45** C← T. II.
3/5 mm</td><td>Émission de 1858.

T. I
Tête   Nuque

T. II</td></tr>
</table>

se trouve avec le chiffre o ouvert ou fermé ; dans le type II (papier épais), le chiffre zéro fermé est rare.

Papier. — Le papier à la main (à la cuve) est employé le premier, 1850 à 1853 ; le papier à la main est rugueux, raviné et, quand on le regarde par transparence, il y a des clairs plus ou moins étendus dûs à la texture (grené par endroits), ce papier est souple comme le chiffon dont il est fait, son épaisseur va de 60 à 100 microns en moyenne ; on trouve pourtant des épaisseurs de plus de 100 mc. mais elles sont rares.

Le papier à la machine, employé depuis 1854, est plus fortement travaillé, son épaisseur est régulière ; on n'y voit par transparence que de très petits points clairs et ce papier est visiblement plus uni, plus lisse, ce qui se voit surtout au verso ; son épaisseur va de 50 jusqu'à 150 mc. maximum. Ce genre de papier n'existe pas dans le 5 cent.

Bien entendu les mesurages doivent se faire sur des exemplaires bien dégommés à l'eau chaude.

La classification internationalisée des épaisseurs de papiers (voir Belgique) aurait l'avantage d'unifier les appellations des catalogues ; cette question a de l'importance si l'on considère que dans les émissions de certains pays le papier pelure et le papier carte ou carton prennent parfois une grande rareté.

Filigrane. — Lettres K, K, H, M en grandes majuscules anglaises au milieu de la feuille et portant sur 16 timbres (4 de chaque groupe). Les timbres avec fragments de filigrane sont recherchés :

2 U; on ne trouve de filigrane que dans le papier à la main (y compris le papier cotelé et vergé) ; il se trouve droit, renversé ou inverti.

Premier choix. — 4 marges de plus de 1 $^m/_m$. Le premier tirage de chaque valeur avait des espaces légèrement plus petits que les tirages suivants.

Nuances. — 5 cent., jaune-orange et jaune-ocre clair (toujours orangé) : communs ; jaune, sans trace d'orange : rare ; jaune clair (citron) : R.R.R. 10 cent., gris-noir et noir ; le noir intense est moins commun ; 15 cent., du rose-rouge pâle au rouge vermillonné vif. 30 cent., du brun-rouge clair au brun foncé en passant par le chocolat ; 45 cent., du bleu pâle (parfois laiteux) au bleu foncé.

Les nuances sont très nombreuses dans toutes les valeurs et permettent de constituer de jolies gammes.

Variétés. — On recherche les impressions fines du premier tirage. On trouve des impr. très défectueuses : 2 U. 5 cent. ocre-orange très pâle : 2 U. Recto-verso : 5 N ; 5 U ; avec impr. tête-bêche au verso : R.R.R. Imp. transparente : 2 U. 10 cent. papier à la machine (1857) : N, 50 ; U, 50. Imp. transp. : 2 U. 15 cent. papier vergé : R.R.R. (vergures verticales espacées d'environ 1 $^m/_m$ 1/2 avec vergure horizontale isolée) ; imp. transp. : 4 U ; papier côtelé : rare. On trouve des impressions partiellement « aveugles ». 30 cent. papier côtelé : rare ; impr. transp. : 10 U ; le 30 cent. a été coupé pour moitié à Tolmezzo : R.R. 45 cent. papier côtelé : rare ; impr. transparente : 8 U.

N. B. — Les timbres sans indication de valeur sont des essais. Le 12 cent. bleu est un non émis (rare).

Croix de Saint-André. — Isolées : 5 à 20 fr. ; tenant à un timbre : R.R. quand elles sont complètes.

Paires : 4 U, excepté le 15 c. : 3 U ; les bandes de trois (en bande horizontale ou en bloc de 4 avec 1 timbre manquant) sont rares : 6 à 8 U, excepté dans le 15 cent. ; la bande de 5 du 15 c. est rare ; les blocs de 4 sont rarissimes. Les affranchissements de timbres non dentelés avec ceux de l'émission de 1858 sont rares.

Oblitérations. — Voir l'illustration pour les principaux types ; les oblitérations autrichiennes sont recherchées et rares, ainsi que les oblit. de couleur.

Pour connaître la rareté des divers cachets, il est indispensable de consulter les ouvrages spéciaux sur cette question. Voici quelques indications sur les oblitérations de la première émission :

Type A, sans date : R.R., avec date : raretés diverses (Milan, Lodi et Pavie sont les plus communs : 3 U).

Type B, en caractères droits ou inclinés, de même hauteur, ou inclinés avec initiale en majuscule plus haute : raretés diverses.

Type C, 2, 3, 4 cercles rapprochés : peu communs ; 1 ou 2 cer-

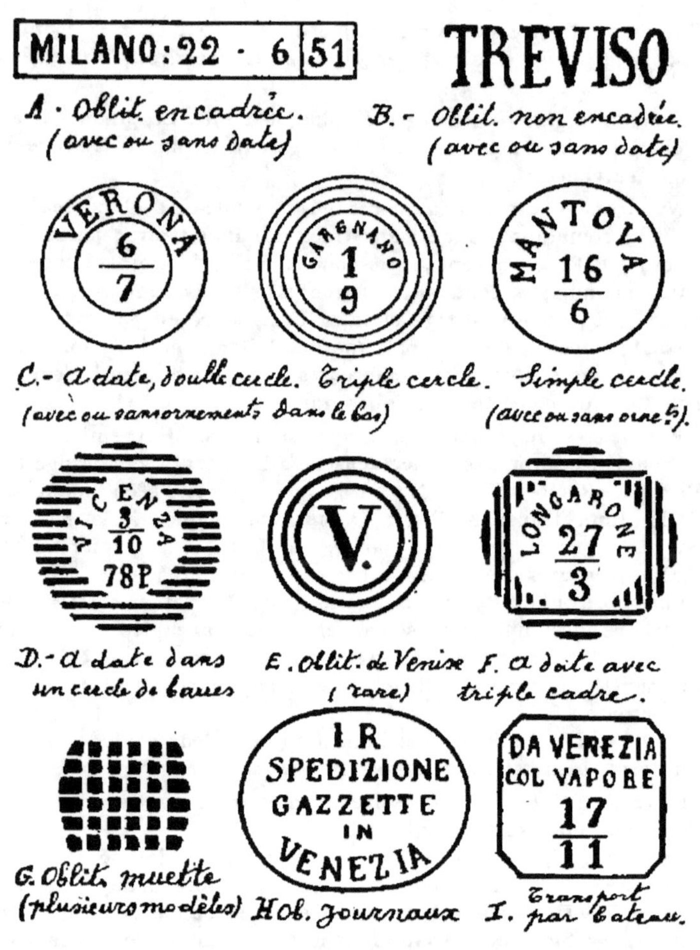

cles (cachet ordinaire à date) : raretés diverses. On trouve des cachets de ce genre d'un modèle plus grand (2 cercles, cercle extérieur, 27 $^{m/m}$ diam.) : rare ; ou deux cercles rapprochés avec roue dentée à l'extérieur (30 $^{m/m}$), Bergame, Côme et Venise : rares. Les cachets à date (1 cercle) avec inscription des postes militaires (Feldpost, etc.) sont toujours R.R.

Type D et F : raretés diverses ; type E : 4 U.

Type G., toutes les oblitérations muettes sont R.R. : 10 à 100 U.

Type H, on trouve d'autres modèles.

Type I, divers modèles de raretés diverses.

Les oblitérations occasionnelles (Raccomandata, Distribuzione, lettre D, etc., sont toujours rares).

Sur les émissions suivantes, le cachet rond à date est le plus commun ainsi que le type B ; tous les autres sont plus ou moins rares.

A partir de 1863 jusque 1869, il y a lieu d'examiner les oblitérations provenant de bureaux autrichiens en Turquie ; elles sont toutes rares sur les timbres de Lombardie.

Réimpressions. — Toutes les valeurs en 1866, 1870 et 1884, le 5 cent. en 1887 et le 10 cent. en 1892. Papier à la machine, nuances différentes ; 5 cent. soufre, jaune-orange ; 10 c. noir ; 15 cent. vermillon ou rouge ; 30 cent. brun-jaune, brun-gris ; 45 cent. bleu violacé, bleu foncé, gris-bleu ; les 10, 15, 30 et 45 cent. sont au type II. L'impression est généralement meilleure que celle des originaux. Les réimpressions de 1866 sont rares (gomme blanche au lieu de jaune).

Truquages. — Réimpressions faussement oblitérées. Le 30 cent. a été faussement imprimé au verso. Oblit. plume lavées pour faire du neuf.

Faux usés poste. — 1° Vérone, 1853, R R. Gravés sur métal, papier épais à la machine ; 15 c. rouge-brun, lettres N et S trop trapues ; 30 cent. lettres E N T trop larges. 2° Milan, 1857, R.R. Typographiés sur papier semblable au précédent, mais le dessin est plus grossier ; plusieurs types pour chaque valeur, nuances non conformes ; 15 c. avec mot CENTES trop large, 30 c. les banderoles posées sur l'écu ne sont pas recourbées vers le bas ; 45 c. la lettre S de CENTES est plus haute que les autres lettres. La comparaison avec les illustrations des signes originaux fait voir encore d'autres différences.

Faux modernes. L'illustration renseignera sur les meilleurs faux de cette série.

1° Faux italiens. — 5 et 10 centes, papier à la main, plus rugueux (plus raviné) que le papier original ; un peu moins transparent, et d'une épaisseur de 85 à 95 mc. Le 5 cent. est jaune ou jaune foncé ; le 10 c. mesure 17 1/2 de large au lieu de 17 3/4. Les oblitérations fausses sur ce faux sont : Busto Arsizio sur une ligne, à date 1 cercle Goiz 31/5 ; cachet type A, etc., etc.

2° Faux de Gênes (I.). — 5 et 10 centes. Mauvais photolithos d'impression brouillée, les détails de l'écu sont flous et les cadres se joignent en de nombreux points. Le 5 c. est jaune clair.

3° Faux de Genève (F.). — 15, 30 et 40 centes, généralement neufs. Très insidieusement imités. Les clichés ont servi pour falsifier les valeurs d'Autriche de la même émission. Papier à la machine, mince ou très épais (bristol). Les 30 et 45 cent. faux n'ont pas le cadre intérieur gauche brisé en deux endroits, comme dans les 30 cent. et 45 cent. du type I, originaux ; on trouve du papier faussement côtelé. Une fausse oblitération en rouge PAVIA 27 APR. (type B, caractères inclinés) ; on la trouve sur fragment muni d'un faux cachet rond à date (noir) Genève 26 AVRI 59 4 S. Il est probable que toutes les oblitérations rarissimes y passeront. Expertise.

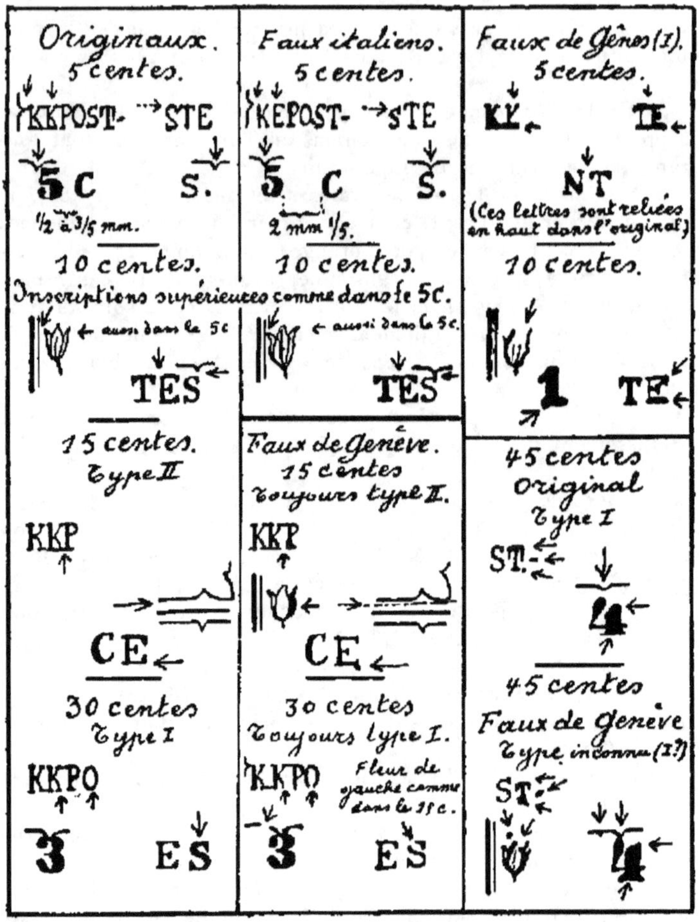

Il existe d'autres faux, notamment une série sur vergé ; la comparaison les dépiste tous, très facilement : examinez surtout les lettres et chiffres par comparaison.

II. — DENTELÉS

1858 (1er *Nov.*). *EFFIGIE DE FRANÇOIS-JOSEPH. DENT.* 15.
Type I, nos 6 et 9. (Voir illustration précédente pour les types et l'émission correspondante d'Autriche pour divers détails).
Feuilles. — Comme les non dentelés, mais les croix de Saint-

André sont blanches. Les timbres de premier choix doivent être centrés.

Nuances. — Peu sensibles, le ton est plus ou moins vif.

Variétés. — On recherche les impressions fines dans lesquelles les hachures sont bien visibles. 15 soldi recto-verso : 100 U. Les 2, 3, 5, 10 et 15 soldi se trouvent avec impression transparente : rares ; le 15 soldi avec double impression estampée : rare. 3 soldi dentelé 15 × 16 ; inverse ou 16 : R.

Oblitérations. — Voir première émission. On recherche toutes les oblitérations autrichiennes.

Paires : 4 U ; blocs : R.R.

1859 (20 *Février*). *TYPE II. N⁰ˢ 10 à 15.*

Voir l'illustration pour la distinction de ce type ; à noter que les 3 soldi noir et vert portent un point blanc minuscule derrière le mot soldi en haut ; ce point n'est pas toujours visible à cause de l'impression, surtout dans le 3 s. vert original dont la couleur est trop fluide, mais il est bien visible dans les réimpressions.

Feuilles, etc., comme précédemment. Le 3 soldi vert est le 1862.

Nuances. — Comme précédemment.

Variétés. — 3 soldi planche usée : rare ; avec ligne de cadre usée : U, 50. Impr. transparente : R.

Paires et blocs comme précédemment ; la bande de 3 du 2 soldi est RR. dans les 2 types.

Truquages. — Réimpressions faussement oblitérées ; réimpressions avec dentelure coupée et redentelées 15.

Faux de Brünn (T.). — 2 soldi au type I. Grossier, nuance et dentelure non conformes.

Réimpressions. — Toujours au type II. Papier épais, gomme moins épaisse.

1866. — Les 6 valeurs, dent. 12 (11 3/4 × 12) : rare.

1870. — Les 6 valeurs, dent. 10 1/2 (10 1/4 × 11).

1884. — Les 6 valeurs, dent. 13 (et non dentelées).

1887. — 2 s. (jaune et orange), 3 s. (noir et vert), dent. 12 (11 3/4 ×, 12 1/4 ou 12 1/2).

1892. — 2 s. (jaune vif et orange), même dentelure. Il existe en outre des essais.

Faux. — Les 2 et 3 soldi ont été falsifiés à Genève. La comparaison suffit.

1861-62. *IMPR. EN RELIEF FACE A DROITE. N⁰ˢ 16 et 17.*

Feuilles de 400 en 4 groupes de 100. Le 10 soldi est de 1862.

Variétés. — On trouve les deux valeurs avec impression transparente.

Réimpressions. — Papier épais. Nombreuses au type de 1861-62 avec valeur de 2, 3, 5, 10, 15 soldi. Il existe, en outre, un essai sans valeur.

Les 5 et 10 soldi ont été réimprimés en nuances dissemblables en 1866 d. 12, 1870 d. 8 3/4 à 11 et 1884, dent. 14.

Non émis. — 2, 3 et 15 soldi.

Faux. — 5 et 10 s. lithographiés ; effigie non conforme et sans relief, non dentelés ou dentelure arbitraire.

1863. *ARMES EN RELIEF. DENT.* 14. *Nᵒˢ* 18 à 22.

Feuilles. — Comme l'émission précédente.

Variétés. — On trouve les 2, 5 et 10 soldi avec impression transparente : R.

Oblitérations. — Ces timbres et les suivants ont servi jusqu'en 1869 dans le Levant, dont les oblitérations sont recherchées et souvent rares.

Paires : 3 unités. Blocs : rares.

Réimpressions. — Voir après l'émission suivante.

Truquages. — Réimpressions faussement dentelées 14.

1864. *MEME TYPE. DENT.* 9 1/2. *Nᵒˢ* 23 à 27.

Feuilles. — Id. mais avec « Brief-Marken » en grandes capitales doubles au milieu des deux groupes de 100 de droite et de gauche.

Variétés. — 3, 5 et 10 s. avec impression transparente : R.

Oblitérations. — Id. Le nᵒ 23 demande toujours l'expertise d'oblitération.

Paires : 3 unités ; blocs : rares.

Réimpressions. — Papier épais.

1884. Les cinq valeurs dent. 13 et non dentelées ; 1887, les 2 et 3 soldi, dent. 10 1/2 (10 1/4 à 11).

III. — FISCAUX-POSTAUX

Des fiscaux ont été usés postalement dans quelques bureaux de Vénétie ; ils n'ont de valeur que sur lettre entière ; expertise de l'oblitération. On en trouve sur des feuilles d'envoi de colis-postaux : sans valeur philatélique.

IV. — TAXE POUR JOURNAUX

1853. 2 *KREUZ VERT (Voir Autriche).*

1858. *ARMES,* 1, 2 *et* 4 *Kr. Nᵒˢ* 1, 2 et 3.

Les types sont renseignés dans les catalogues généraux. (Voir Autriche).

Les 1 et 4 k. sont au type I ; le 2 k. rouge au type II ; papier épais, relativement blanc.

Le 2 kr. se rencontre en vermillon et en rouge terne.

Oblitérations. — Divers types mais on trouve aussi des oblitérations ordinaires avec nom de ville (ronds à date, 1 cercle, etc.).

Le nᵒ 1 doit être expertisé pour l'oblitération.

Réimpressions. 1873. — Toutes au type II. Papier dur, jaunâtre, mince ; le 4 kr. est rouge. Le 2 k. vaut 50 % du timbre usé.

Faux de Genève (F.). — Les 1 et 4 kr. ont été bien imités mais le papier, les nuances et les dimensions diffèrent. En outre : la circonférence extérieure des cercles des 4 coins est mal venue, celle de gauche en haut n'est pas fermée en haut (1 point et 1 trait) ; celle de droite (4 petits traits en haut) et celles du bas ne sont pas fermées.

Autre faux. — Un bon faux avec filigrane (4 k.) mesure 21 1/2 de haut sur 21 de large. La comparaison du dessin suffit.

Fausses oblitérations. — Le n° 1 est toujours à vérifier sous ce rapport. Les faux cachets de Genève sont le cachet rond avec : ZEITUNGS MARKEN et un cachet sur 2 lignes.... GEN.

LUBECK

Feuilles de 100 timbres (10 × 10) ; cachet ovale de contrôle dans le bas ; le 4 s. porte l'inscription : Druckerei H. G. Raghtens in Lubeck » dans les 4 marges et un contrôle « Stadt-Post-Amt-Lubeck » dans le haut.

Oblitérations. — (Voir l'illustration).

Le type B est commun sur la première émission, et le cachet à date type A, sur les autres ; cachet à date sur première émission : U, 25 (le cachet de Travemunde est du type A petit format ou du type E, grand format, tous deux avec un ornement au lieu d'inscriptions dans le bas) ; type C ou D (lettre L) sur première émission : U, 50, mais type D (lettre T) : 2 U, type E sur deuxième émission : U, 25 ; même valeur sur cette émission pour le type D (lettre T), type F sur deuxième émission : 2 U ; le type G est assez commun ; le type H est rare ainsi que les cachets étrangers (Tour et Taxis, lettres F. Th. u. Th. ou cachet quadruple cercle, Danemark, lettres K. D. O. P. A., etc., et les cachets du Schlesvig-Holstein).

Timbres sur lettres : 3 U.

I. — NON DENTELÉS

Premier choix. — 4 marges de 1/2 ᵐ/ᵐ minimum.

1859. *FILIGRANE FLEURETTES. N°ˢ 1 à 5.*

Lithographiés sur papier blanc à petits grains.

Filigrane formé de fleurettes à cinq pétales (environ 12 fleurettes par timbre).

Chiffres de tirage. — N° 1, 40.000 ; n° 2, 20.000 ; n° 3, 138.600 dont 2.772 erreurs n° 3a ; n° 4, 50.000 ; n° 5, 150.000.

Erreurs. — Les 96ᵉ et 97ᵉ timbrees (à droite en bas) de la

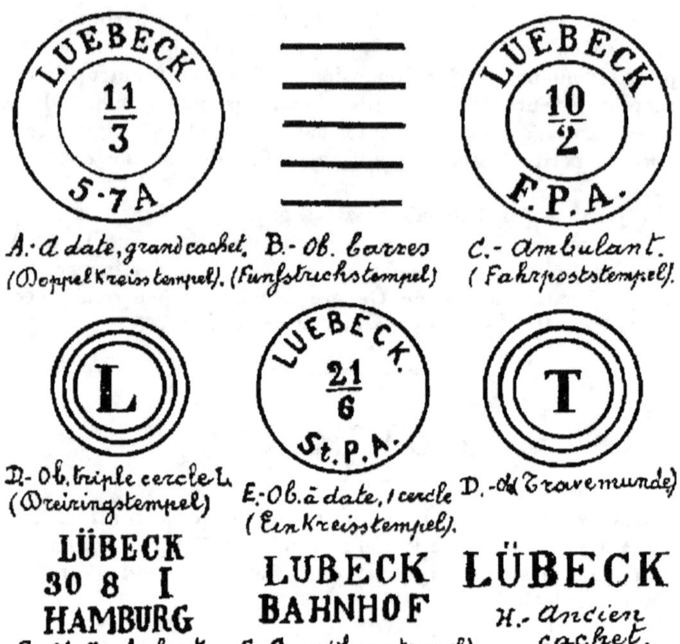

A.- à date, grand cachet.   B.- Ob. barres   C.- Ambulant.
(Doppel Kreis tempel). (Funfstrichstempel)   (Fahrpoststempel).

D.- Ob. triple cercle L   E.- Ob. à date, 1 cercle   D.- Ob (Travemunde)
(Dreiringstempel)   (Ein Kreisstempel).

F.- Ob. Ambulant.   G.- Gare (Langstempel).   H.- Ancien cachet.

feuille du 2 s. portent l'inscription Zwei ein halb au lieu de
Zwei par suite d'une erreur de report, mais les chiffres 2 1/2 ont
été effacés sur la pierre avant tout tirage et remplacés par des
chiffres 2 non conformes.

Papier mince, 40 à 50 mc.

Nuances. — 1/2 s. lilas foncé, lilas et lilas pâle (R.R.); 1 s.
orange et orange foncé; 2 s. et 2 1/2 s. (erreur) brun-rouge foncé;
2 1/2 s. rose et rose vif; 4 s. vert, vert bleu; vert jaune : 2 N; 2 U,
cette variété vaut 10 U au lieu de 3 U sur lettre entière.

Variété. — On trouve le n° 4 avec impr. transparente.

Gomme. — Les timbres des deux premières émissions valent
50 % de plus que les prix catalogués lorsqu'ils portent la gomme
originale.

Réimpressions (1872). — Les 5 valeurs sur papier mince, uni,
sans gomme ni filigrane; 10 feuilles de 25 (5 × 5) pour chaque valeur.
Rares : 20 fr. pièce. Nuances trop vives.

Truquages. — Nos 6 et 7 munis d'un faux filigrane pour faire
les nos 1 et 2; la comparaison du filigrane et même des nuances
suffit. Les fausses oblitérations et regommages ne se comptent
pas : comparaison.

Signes secrets du graveur : points de couleur au-dessus et au-dessous du trait situé au milieu dans le bas des timbres ; d'autres signes distinctifs du dessin de chaque valeur originale peuvent être considérés comme « signes secrets » d'expertise. (Voir illustration).

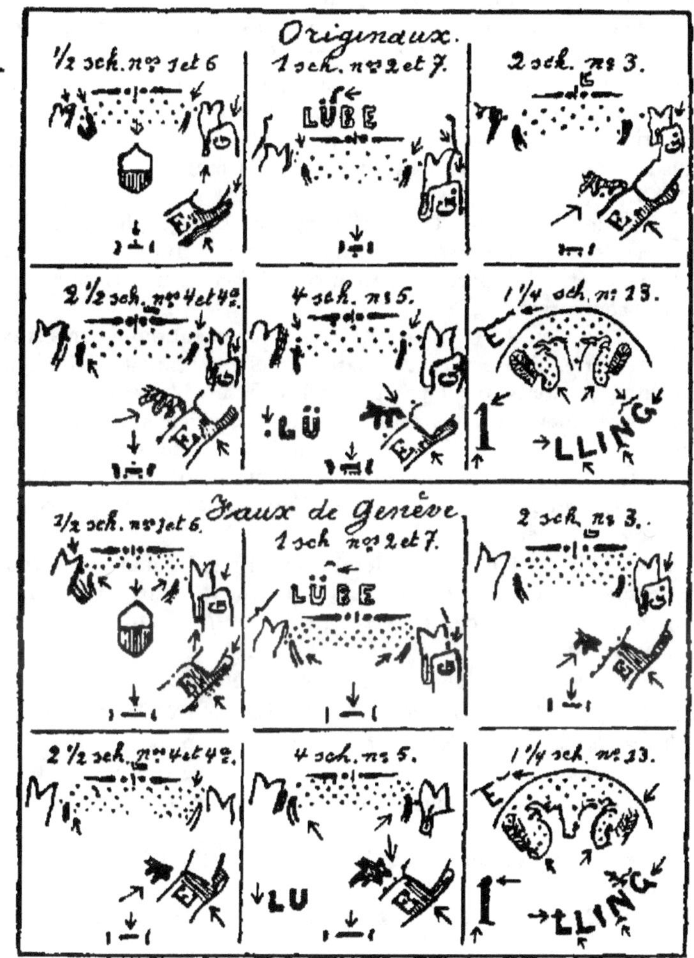

Faux. — Imitations très nombreuses dont 6 séries entières. Aucune ne peut échapper à un examen détaillé du dessin, du papier et du filigrane ; à noter que dans les originaux seuls les n°⁵ 2, 3, 5 et 7 ont un point derrière schilling (le n° 4a n'en a pas) ; les n°⁵ 4 et 4a seuls n'ont pas de point derrière Postmarke ; les n°⁵ 1, 2,

4, 6 et 7 ont 7 hachures dans le bas de l'écu ; les n⁰ˢ 3 et 5, cinq hachures seulement ; la queue de l'aigle ne doit pas toucher la banderole, etc.

1º Série ancienne. — Toutes les valeurs ont trois points sous le trait placé dans le bas du timbre et le bec de l'aigle droit touche le bandeau de schilling. Sans filigrane.

2º Série de Hambourg. — Exécution grossière, comparaison ; les 1/2 et 2 1/2 s. ont un point derrière schilling ; sans filigrane.

3º Série de Londres. — Pas meilleure ; sans filig. ; comparez les aigles et les points situés entre leurs têtes, etc.

4º Série de Dresde. — Aigles trop grands, faux filigrane, pointillé du fond et lettres non conformes. Parfois munie de la mention « Falsch ».

5º Série de Vienne. — Obtenus par photolithographie avec les signes secrets du graveur mais nuances fort arbitraires excepté le 4 s. qui peut être comparé à la nuance originale rare. Dessin non conforme, comparaison.

6º Faux de Genève (F.). — Il y a lieu de mentionner spécialement cette série, non seulement parce qu'elle est mieux faite que ses devancières, mais aussi parce que les nuances jurent moins et que par conséquent des collectionneurs... superficiels risquent de classer ces étiquettes de fantaisie. L'illustration renseignera tout de suite sur les principaux défauts, la même étude faite sur d'autres faux fait repérer encore plus de défauts et constitue un excellent exercice d'expertise.

Fausses oblitérations. — Généralement type B, mais non conformes comme largeur et espacement ; on trouve pourtant aussi le triple cercle à numéro et un rectangle de 1 ᵐ/ᵐ 8 × 10 ᵐ/ᵐ contenant trois I à double trait.

Les faux de Genève portent des faux cachets types A et C.

1861 (*Sept.*). *MÊME TYPE. SANS FILIGRANE. N⁰ˢ 6 et 7.*

Chiffres de tirage. — N⁰ 6 : 110.000 ; n⁰ 7 : 50.000.

Sans filigrane ; nuances plus claires, le n⁰ 7 se trouve en jaune et en jaune-foncé mais jamais en jaune orange foncé comme le n⁰ 2.

Gomme. — Avec gomme : 2 N ; la nuance jaunâtre du papier provient de la gomme.

Réimpressions. — Rares. Voir première émission. Le 2 sch. est orange.

Faux. — Voir première émission et illustration précédente.

1863 (*Juill.*). *TYPE OVALE, IMPR. EN RELIEF. N⁰ˢ 8 à 12.*

Chiffres de tirage. — 1/2 sch., 120.000 ; 1 s., 80.000 ; 2 s., 120.000 ; 2 1/2 s., 50.000 ; 4 s., 80.000.

Feuilles. — 100 timbres (10 × 10) typographiés.

Perçages. — 11 1/2, mais 200 feuilles du 1 s. percées 10 (rare).

Nuances. — 1/2 s. vert-bleu, vert jaune ; 1 s. rouge orange, rouge orange foncé, orange ; 2 s. rose carminé ; 2 1/2 s. outremer ; 4 s. bistre.

Variétés. — Les bords de feuille avec nᵒˢ 1 à 10 : 2 N ; 2 U.

Oblitérations. — Type A, commune ; les autres : rares.

Découpures d'enveloppes. — Les 2 rose et 2 1/2 sch. bleu : R.R.R.

Truquages. — Découpures d'enveloppes (par exemple 1/2 vert, etc.) neuves ou avec fausse oblitération et grattage de l'inscription oblique «...... schilling post couvert..... ». Faux perçages et nuances non conformes.

Réimpressions (1872). — Relief à peine visible ; non dentelées. Aussi rares que les précédentes (250 pièces de chaque) ; impression plus grossière que celle des originaux ; gomme grise au lieu de transparente, on trouve le 1 sch. sur papier moyen ou épais.

Nuances différentes : 1 s. orange ; 2 s. rouge violacé, 2 1/2 s. bleu de Prusse ; 4 s. bistre-brun foncé.

Faux. — Mauvaise série ancienne ; comparez le papier, l'aigle (sans relief), non dent., dent. 13 ou avec faux perçage.

1864 (1ᵉʳ *Avril*). *MEME TYPE.* 1 1/4 *SCH.* Nᵒ 13.

Lithographié non dentelé. 104.200 timbres en 2 tirages égaux ; encadrement extérieur de lignes très fines.

Nuances. — Brun-pâle, brun-rouge (marron), brun foncé.

Papier : uni, moyen.

Variétés. — Perçage en lignes non officiel. Sur lettre.

Réimpression. — Non.

Faux. — Un vieux faux sur papier pelure montre 7 hachures verticales dans l'écu au lieu de 6. Un faux de Genève est mal fait, mais se présente relativement bien et de ce fait a trouvé beaucoup d'amateurs. Papier grené mince (voir illustration). Dans l'original, la queue de l'aigle ne touche pas le cadre mais s'en approche très près (loupe).

1865 (23 *Nov.*). *MEME TYPE, OCTOGONAL* 1 1/2 *SCH.* Nᵒ 14.

Typographié, 2 tirages égaux, le 2ᵉ en mai 67. Percés 11 1/2. Premier tirage, lilas rouge violacé ; deuxième tirage, lilas rouge.

La découpure d'enveloppe a servi comme adhésif : R.R.R.

Réimpression (1872). — Comme les précédentes. Rare. Nuance violet, non dentelé, sans relief.

LUXEMBOURG

Pays extrêmement intéressant pour la grande spécialisation.

I. — **NON DENTELÉS**

1852 (10 *Sept.*). *FILIGRANE W. N*os 1 et 2.
Gravure en taille douce. Gomme jaunâtre.

C'est surtout dans le 10 cent. qu'on peut suivre le travail d'impression par la netteté de la taille.

Le premier tirage, noir intense dit noir velours est d'impression extra-fine ; les timbres prennent un aspect particulier dû au relief de la couleur ; les tirages suivants (1853, 1854, 1855) sont toujours noirs, mais les deux premiers seulement sont d'impression fine (1853-54, noir verdâtre, noir intense). Cette impression se reconnaît au contour des lettres, toujours bien visible (loupe) et aux détails des ornements et de l'effigie, tous bien venus.

Le dernier tirage en noir (1855?) est d'impression moins bonne ; les traits les plus grêles sont toujours visibles, mais déjà moins nets. Pratiquement, on peut dire que tous les tirages en noir montrent le pointillé de la pointe du cou.

On arrive ensuite à une succession de tirages en gris (fin 1855 à septembre 1858) avec les variétés secondaires de noir-gris ; gris-noir et gris foncé. Dès le début des tirages en gris les traits les plus minces s'estompent ou s'effacent ; on ne trouve plus que quelques vestiges du pointillé de la pointe du cou et le contour du premier S de Postes (corps de la lettre) n'est plus guère visible ; plus tard ces défauts s'étendent à tous les détails et notamment aux contours des lettres O S T et aux hachures entre ces lettres. Dans ce stade de la planche les ombres de la pointe du cou ont disparu.

On peut remarquer encore que les impresssions fines et les bonnes impressions montrent les deux hachures curvilignes sous le cou sans aucune interruption. (Voir plus loin quelques signes distinctifs des originaux nos 1 et 2).

Chiffres de tirage. — 10 cent. : 2.122.200 (11 tirages) ; 1 sgr. : 716.800 (9 tirages).

Papier. — En général épais ou très épais (premier tirage) et moyen et mince, légèrement transparent (derniers tirages). On trouve pourtant le 10 c. gris-noir sur papier très épais (125 mc.).

Nuances. — 10 cent. (voir plus haut, gravure) ; 1 sgr., 1er tirage

(1852), rouge-brunâtre, impression fine (courbe de la narine et les 7 points d'ombre en arc de cercle à droite de cette courbe, bien visibles) ; 2º tirage (1853) vermillon ; 3º, 4º et 5º tirages (1854-55), brun-rouge ; la narine et les 7 points s'estompent ou sont incomplets ; 6º tirage (1856?), rose pâle terne (chair) ; enfin les trois (?) derniers tirages (1857 à 1858) contiennent du carmin et vont du rose-carminé pâle jusqu'au carmin foncé ; dans ces derniers tirages l'usure est bien moins visible que dans les 10 cent. de la même époque et ne se manifeste que dans le pointillé des ombres notamment sur la tempe et sur la nuque.

On trouve de nombreuses nuances secondaires qui permettent de constituer des gammes du plus joli effet dont quelques-unes très rares, par exemple le rouge-cerise assez semblable à la nuance similaire du 1 fr. de France (1849).

Quand le papier est jaunâtre, cela est dû à la gomme.

Filigrane. — Lettre W à double trait ; filigrane régulier (avec double trait à gauche en regardant le timbre au verso) ; inversé (trait simple à gauche) : rare ; renversé (tête en bas) sur le 10 c. seulement : R.R.

Variétés. — On trouve le 10 cent. avec un trait horizontal de 2 $^{m/m}$ de long, partant au-dessus du zéro de gauche pour s'arrêter au-dessus du P (défaut de planche ou re-entry ?)

Essais. — 10 cent. noir sur carton jaunâtre, noir bleuté sur blanc. Il faut y ajouter un noir verdâtre sur papier vergé horizontalement, également sans filigrane, dont on a trouvé un exemplaire oblitéré ; il est pourtant possible que ce timbre provienne d'une feuille de maculature glissée par erreur dans les feuilles destinées au contrôle. 1 sgr. noir sur carton jaunâtre.

Oblitérations. — 1º muettes :

Type A (1852) en noir : commune ; verte : 2 U. On trouve aussi ce type sur le 10 cent., en bleu et en rouge : 3 U.

Type B (Remich) : 2 U ; C (Ettelbruck) : 3 U ; (F (Frisange), 10 cent. : 4 U.

Type D (1853) : commune avec 9 barres ; moins commune avec 7 barres (Kap) et 6 barres (Merch, type E).

Type G. Divers modèles : commune (Vianden, 10 barres) ; barres bleues : 4 U.

Type J. Sur 10 cent. : 4 U.

Type I. Les cachets PP et PD appliqués sur les timbres sont dûs à des erreurs de tamponnage.

2º Oblitérations à date.

Type H (fin 1854) puis un modèle plus réduit en 1860. Sur 10 cent. : 2 U ; sur 1 sgr. : U, 25. Rouge ou bleu : R.R.

Paires. 3 U ; bandes de 3 : 5 U ; blocs de 4 : 12 U.

Truquages. — Réimpressions faussement oblitérées.

Réimpressions. — Il n'y a rien d'officiel sous ce rapport. Fouré a exécuté un tirage des planches originales sur papier non filigrané (le 10 cent. noir-verdâtre).

Un autre tirage (1906) a été fait à Stuttgart avec quelques

clichés originaux sur papier filigrané. L'exécution est mauvaise :
filigranes déplacés, renversés ; gomme blanche au lieu de jaunâtre,
etc., etc.

Examinez à la loupe le quadrillage du fond, la moitié des carrés
sont bouchés par empâtement tandis que dans l'original les traits
du quadrillage sont bien visibles partout. Le cadre extérieur montre des bavures. On trouve aussi des traits verticaux dans les marges latérales. Le 1 sgr. est toujours de nuance rouge pâle terne
très peu brunâtre. Les deux valeurs sont piquées de petits points
de couleur.

Faux. — Les deux valeurs par F. de Genève. Lithographiés sans
filigrane, mauvaise impression sur jaunâtre. Voir l'illustration pour
les défauts du dessin.

Le 10 cent. est noir, le 1 sgr. rouge vermillonné pâle ; tous deux
ont été reproduits d'un 10 cent. gris-noir, ce qui se vérifie par l'interruption des curvilignes sous le cou (non interrompues dans le
n° 2 original) et par le mauvais dessin des lettres de « Un Silbergros ».

Dans les deux valeurs on trouve trois mauvais traits dans le
coin de gauche en haut au lieu de quatre hachures verticales bien
visibles dans les originaux. On connaît, en outre, deux faux
anciens, si mauvais qu'un débutant ne pourrait s'y tromper.

Fausses oblitérations sur ces faux : barres de Lubeck ! et grille
ovale d'Espagne !!

On trouve un grand nombre d'oblitérations fausses sur les soidisant réimpressions.

1859-64. *ARMOIRIES. IMPR. DE FRANCFORT. N°* 3 à 11.
Papier blanc, non filigrané. Typographiés.

Premier choix. — Les timbres ont très peu d'intervalle, 1 $^{m/m}$
à 1 $^{m/m}$ 1/2, et on peut les considérer comme étant de premier choix
lorsqu'ils ont quatre marges de 1/2 $^{m/m}$.

Nuances. — Le n° 3 (1863) est bistre (il paraît jaune brun à
côté du n° 16 brun-rouge et du n° 12) ; le n° 4 (1860) est noir (toujours plus clair que le n° 40) ; le n° 5 est jaune clair (canari) (1860),
et jaune ocre (1864) : 2 U ; (le n° 14 est d'un jaune plus vif, qui
paraît orangé à côté du 4 cent. de 1860) ; n° 6 (1859) bleu, bleu
pâle, bleu foncé (1861) : U ; 50 ; n° 7 (1859) rose carminé plus ou
moins vif ; n° 8 (1859) marron ; n° 9 (1859) rouge violacé (moins
vif que le n° 21) ; n° 10 (1859) vert ; n° 11 (1859) orange pâle
(terne), rouge orange et rouge orange vermillonné (le n° 23 est
rouge vermillonné ; le n° 25 orange terne, plus ou moins pâle avec
impression floue.

Variétés. — 30 cent. avec double impression : R.R. 12 1/2 cent.
avec lettres ntim brisées dans le bas (7 festons), le mot centimes
se lisant ceniimes ou cemites : 2 U (dans le 10 cent. l'inscription

est toujours centimes). 37 1/2 cent. avec centimes, défaut de planche : 2 U, 50. On trouve aussi le 12 1/2 c. avec centimes : défaut d'impression et avec le c incomplet. Les valeurs avec impression recto-verso sont des maculatures. Défaut de planche, 1 centime avec lettre finale trop haute : rare (aussi dans les émissions suivantes).

Oblitérations. — Type H, commun sur toutes les valeurs ; A, D et G, moins communes : U, 25 à 2 U ; K : 2 U ; toutes les autres : rares.

Paires : 3 U ; n°s 9, 10 et 11 : 4 U ; bandes de 3 : 5 U ; blocs : rares.

Truquages. — Il n'existe guère d'émission qui ait été plus truquée que celle-là par enlèvement du perçage ou de la dentelure des émissions suivantes ; aussi par décoloration du perçage de couleur. Avec un peu d'attention on dépistera néanmoins tous les indésirables ; on considérera surtout les points suivants :

1° La nuance (voir plus haut nuances et comparez) ;

2° L'oblitération ; de 1859 à 1864 le timbre n'est pas truqué quand l'oblitération porte l'un de ces millésimes... et quand elle est originale ! car on trouve de fausses oblitérations sur des neufs des émissions suivantes avec dentelure coupée. On peut évidemment rencontrer les n°s 3 à 11 avec des oblitérations de 1865, etc., mais elles doivent attirer l'attention ;

3° Le papier est d'épaisseur moyenne (65 à 70 mc.) relativement dur et non transparent ; les percés en lignes colorées ont le papier moins dur, un peu moins épais (60 mc. avec, pourtant, des exceptions) et, en général, légèrement transparent par rapport aux non dentelés ;

4° Impression. Les non dentelés ont une très bonne impression, le quadrillage du fond est net, bien visible ainsi que tous les détails de l'écu ; on voit bien toutes les hachures du lion et ceci peut servir à différencier les émissions, particulièrement pour les 12 1/2 et 40 cent. Les tirets extérieurs de l'encadrement ne donnent pas, à distance, l'impression de former une ligne continue, comme c'est le cas dans les percés en lignes colorées.

Dans les petites valeurs il y a lieu de considérer les ombres sous les cartouches d'inscription et sous le fond central ; elles sont très fines dans les non dentelés, moins fines dans les émissions suivantes et arrivent à ne former qu'une ligne épaisse et continue dans l'impression de Haarlem (soit-disant soignée !). Ceci est surtout visible dans le 2 cent. noir ; moins dans les 1 et 4 centimes jaune et vert à cause de la couleur employée. (Voir illustration).

Essais. — 10 cent. lilas sur blanc avec filigrane et 10 cent. lilas sur jaunâtre, sans filigrane. Non dentelés.

Réimpressions. — Non.

Faux anciens. — Deux séries bien faites (dont la meilleure est photolithographiée ; voir illustration). Le papier est trop mince,

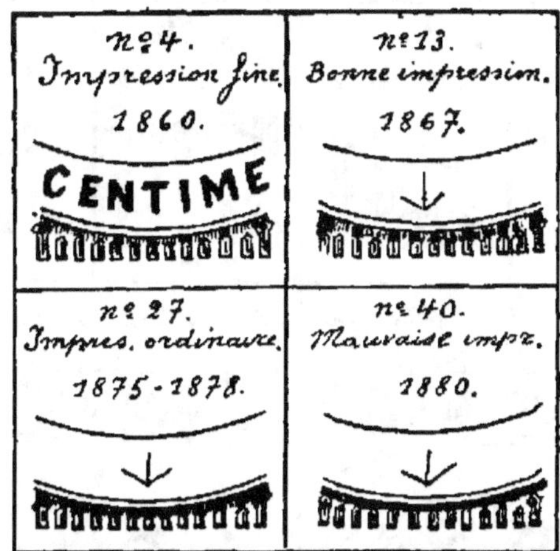

c'est pourquoi on trouve souvent ces imitations collées sur des bouts de vieux papier à lettres ; un encadrement rectiligne entoure les vignettes à environ 3/4 de $^m/_m$. Dans la série la moins bonne le mot Luxembourg est placé trop haut dans le cartouche, les lettres X E M sont trop grandes, les lettres U X E et M B en bas à droite par le bas, les lettres U R par en haut, le trait du G en bas à droite se recourbe vers la droite. Dans les deux séries le mot centimes est régulier, ce qui fait reconnaître tout de suite le 10 centimes. Vieux tampons faux quadruple cercle, PD non encadré, barres et des cachets divers.

Faux modernes (Genève F.). — Cette série (photolitho) est bien mieux réussie que les précédentes quant au dessin. Le papier est souvent trop mince, légèrement transparent et les nuances sont arbitraires. Voir l'illustration pour les signes distinctifs ; voir aussi le schéma des lignes ovales entourant le mot G.D. de Luxembourg ; il n'est pas conforme dans les faux de Genève ; la croix sur la couronne est mal venue et prend la forme d'une vierge... ou d'un pion de jeu d'échecs ; le lion n'est pas entièrement pourvu de hachures verticales bien visibles comme dans l'original et son pied gauche arrière est difforme.

Fausses oblitérations sur faux de Genève :

1° Cachet triple cercle avec Lettre L, en noir ou en bleu. (Voir Lubeck !)

2° Cachet type D de 8 à 9 barres, d'épaisseur moyenne (entre les types D et E), en noir ou en bleu.

3° Cachet type A avec point central trop gros.

4° Petit cachet à date, double cercle, 20 $^m/_m$ 1/2 (noir ou bleu). Luxembourg, 10 DEC 62 (les chiffres du millésime, trop grands,

touchent le cercle intérieur), id. 7 DECEMBRE 63 ; Remich 8 MAI 61 ; Wiltz 8 MAI 61. Dates interchangeables.

Voir les autres cachets faux après les émissions suivantes.

On trouve également ces cachets ainsi que d'autres oblitérations fausses sur les n°ˢ 3 et 4 originaux.

N. B. — Il est bon de se référer aux dates d'émission des différentes valeurs. De même dans les émissions suivantes.

II. — PERCÉS EN LIGNES

1865-1874. *PERCES EN LIGNES BLANCHES. N°ˢ 12 à 15.*

Nuances. — 1 cent. (1865) rouge-brun, nuance peu différente de celle du n° 16 ; 2 cent. (1867) noir ; 4 cent. jaune orange (plus vif que le n° 5 et jaune citron (1867) ; 4 cent. vert foncé et vert (légèrement jaunâtre) 1871.

Variétés. — 1 cent. non dentelé (nuance identique) ; à prendre en paire seulement : rare ; 2 cent. double impression : 4 N ; 4 U.

Oblitérations. — Les types H, L et M sont communs ; H en bleu : U, 50. On recherche le type N. Toutes les autres oblitérations sont rares.

Paires, bandes et blocs sont rares à cause de la fragilité du perçage.

Truquages. — On a coupé la dentelure du n° 28 et on l'a remplacée par un vague perçage en lignes pour en faire un n° 15 vert foncé ; dans ce cas, le dessin est grossier (ombres du bas des cartouches d'inscription et la ligne gauche des ornements de gauche est souvent empâtée.

Faux. — Les 1 à 4 cent. (jaune ou vert) ont été bien imités à Genève mais les marges des 2 et 4 cent., toujours étroites dans les percés en lignes blanches ont environ 1 ^{m}/^{m} 1/2 des quatre côtés ! Pour les signes distinctifs, voir l'illustration des mêmes valeurs de l'émission précédente.

Fausses oblitérations de Genève. — Mêmes cachets que les précédents, avec date et millésime modifiés : Luxembourg 6 DEC 66, 8 DEC 72, 6 DEC ; aussi Echternach 12 AVRIL 66, comme les chiffres sont interchangeables on peut trouver d'autres dates.

1864-74. *PERCÉS EN LIGNES COLORÉES. N°^{s} 16 à 24.*

Les marges des percés en lignes colorées ont de 1/2 à 1 ^{m}/^{m} de largeur ; pour être de premier choix le perçage doit être entièrement visible.

Nuances. — Premier tirage (1867) brun-orange ; deuxième tirage (1868) rouge pâle (rare, vaut environ le double du brun-orange) ; troisième tirage (1869) jaune orange ; tirages suivants, brun-rouge (1871) du foncé au pâle.

10 centimes : nombreux tirages, trois nuances principales : mauve (1865) (lilas rougeâtre, terne et pâle) : 2 U ; rouge-lilas (1868) ; ardoise (lilas bleu) (1871) ; l'ardoise foncé : 2 U.

12 1/2 cent. carmin vif (1873) : 2 U ; rose carminé (1865), rose carmin pâle (1868) : U, 50.

20 cent. brun (1869) ; brun-jaune clair (1867), brun-gris (1872).

25 cent. outremer foncé vif (1865) ; outremer pâle (1866) ; bleu terne (1872).

30 cent rouge lilas vif (1864) ; 37 cent. 1/2 bistre (1866), et bistre foncé (1871), tirage total de cette valeur : 24.100.

40 cent. rouge vermillonné n° 23 (1866), rouge orange terne n° 25 (1874) et rouge orange terne très pâle (chair) n° 25 (1874).

37 1/2 cent. surchargé UN FRANC. Tirage : 75.800 (1873).

Variétés. — On trouve des impressions défectueuses par empâtement ; elles sont intéressantes quand la nuance est modifiée : 20

cent. brun foncé grisâtre; 10 cent. mauve foncé; 40 cent. (n° 23) rouge vermillon vif. Valeur : 2 à 3 U.

N. B. — Le n° 25 est toujours d'impression médiocre, avec quadrillage flou. On trouve des exemplaires avec des traits horizontaux dans les marges du haut et du bas (entre la vignette et le perçage) : U, 50.

La surcharge du n° 24 est fréquemment déplacée en sens divers; le point final est rond ou carré.

Le 37 1/2 existe avec le défaut de planche « centines » : R.R.

Le 10 cent. a toujours le défaut originel ceniimes; le 12 1/2 cent. est rare avec ce défaut.

Oblitérations. — A date noire, types H, L, M : communes; N : recherchée; à date bleue : moins commune (Remich, Grevenmacher, Hosingen, Mamer, Kap. Echternach, etc.). Les anciens cachets sont tous rares, par exemple types G, I, K, et valent 3 U sur les timbres les plus communs et 2 U sur les rares (U, 50 sur le n° 22).

Paires : 3 U; n°ˢ 20a, 21, 22, 23, 24 et 25 : 4 U; blocs de 4 rares; n°ˢ 16 à 19 : 16 U. Timbres sur lettres : 2 U.

Réimpressions. — Non.

Faux. — Toute la série a été falsifiée à Genève avec les clichés employés pour la série de 1859-64. Voir illustration précédente. On trouve également une contrefaçon du 37 1/2 bistre dont les lettres X et E sont un peu éloignées dans le bas que dans les originaux, ces lettres ayant les traits terminaux trop courts; le petit losange du burelage sous la lettre i de centimes ne touche pas le bandeau de l'inscription. Ce faux a été faussement surchargé Un Franc (sans point derrière Franc).

Fausses oblitérations de Genève. — Celles déjà citées et en plus, oblit. type L (un cercle) : Luxembourg 8/11 77 7-8 N; et Luxembourg 16/12 76 5-6 N.

Truquages. — Les n°ˢ 18, 21, 23 et même 25 ! ont eu le perçage coupé ou décoloré pour en faire des non dentelés ! En outre des lavages plutôt visibles de la surcharge du n° 24 pour refaire un n° 22 vierge. Comparaison des nuances et de l'impression.

III. — DENTELÉS

1874-79. *IMPR. LOCALE, DENT.* 13. *N°ˢ* 26 à 39.

Premier choix. — Timbres parfaitement centrés; mais ils sont rares en cette qualité et valent 50 % de plus que les prix cotés dans les catalogues.

Nuances. — 1 cent. (1878) brun, brun foncé, brun foncé, impression huileuse : 3 U; 2 cent. gris-noir (1875), noir (1878); 4 cent. vert-bleu, non dentelé (1874, n° 36b Yvert); même nuance dentelée 1875; vert foncé (1876) : U, 50; 5 cent. citron non dentelé (1876, n° 37 Yvert), citron, dentelé (1876), jaune vif (1877-78), ocre (1878) : 4 N; 4 U; 10 cent. gris non dentelé (1875, n° 38 Yvert); gris den-

telé (1875-76) ; gris-bleu et gris-bleu foncé ardoisé (30a Yvert) : 2 N ;
5 U (1876) ; gris pâle rosé (1878) : 2 N ; 3 U ; 12 1/2 cent. rose lilas
pâle (1877), rose lilas rougeâtre (1876), rose carminé vif et rose
carminé clair (1879) ; 25 cent. bleu foncé (1877), de Prusse : 2 N ;
2 U (1879) ; 30 cent. rouge lilacé terne (1878). 40 cent. ocre-orange
(1879) ; 37 cent. 1/2 bistre non dentelé (1879, non émis, n° 39
Yvert) ; bistre dentelé (1879, non émis, n° 34 Yvert) ; surchargé, Un
FRANC, bistre (1879, fin) ; ce timbre surchargé est toujours bien
centré avec Franc aussi bien qu'avec Pranc.

Variétés. — Papier mince, papier épais notamment 5 cent.
Impressions défectueuses notamment 10 cent. (n° 31a) avec taches
blanches dans le quadrillage, lion informe, etc. Erreur Un Pranc
sur 37 1/2 : R.R.R. 2 par feuille au début du tirage. 25 cent. bleu
dentelé 11 1/2 en haut : R.R. Le 4 cent. non dentelé existe avec
trait de séparation entre les timbres ; on le trouve recto-verso ainsi
que le 12 1/2 cent. dentelé.

Paires : 3 U ; blocs usés : rares.

Oblitérations. — Type L (un cercle) : commune ; H et M moins
communes. Oblit. bleues : U, 50. Un cachet rectangulaire Luxembourg est peu commun. Tous autres : rares.

Essais. — 1873, 10 c. noir (parfois non dentelé) ; 1874, 4 cent.
noir, vert (clair ou foncé) sur carton ou épais ; 1875, 2 cent. noir
(parfois dentelé) ; 4 cent. noir ; 10 c. violet lilas ou lilas foncé sur
papier blanc moyen, épais, papier chamois ou papier jaunâtre. Pas
de réimpressions.

Truquages. — Les non dentelés (n°⁸ 36b, 37, 38, 39) sont parfois
des dentelés de cette émission ou (pour les 5 et 10 cent.) de l'émission suivante ; la comparaison des nuances pour les 5 et 10 cent.
de 1880 et le manque de marges pour les truqués de l'impression
locale sont des repères suffisants. Vérifiez aussi s'il ne s'agit pas
de faux. Surcharge Un Franc grattée sur le n° 36 pour faire le
n° 34 ; ou F gratté pour faire l'erreur rare Un *Pranc* ; enfin fausse
surcharge appliquée sur un original n° 34 (non émis) avec fausse
oblitération pour masquer le tripotage.

Faux de Genève (F.). — Toute la série, dent. 13 1/2, mêmes
signes de reconnaissance que dans les faux des séries précédentes ;
le 37 1/2 c. bistre aussi avec fausse surcharge (n éloigné de F de
2 ᵐ/ᵐ 1/6 au lieu de 2 1/4). Les nuances ne sont pas toujours bien
venues mais on trouve les 1, 2, 25 et 37 1/2 c. très insidieusement
imités.

Fausses oblitérations de Genève. — Type H : Hosinger 21 juin
75 ; type L (un cercle) ; Luxembourg 30/1 82 7-8 N ;
Diekirch 25/2 82 ; Diekirch 7/9 76 ; Luxembourg 2/6 80 2-3 S ;
Grevenmacher 25/8 80 4-5 S ; Echternach 2/6 80 7¼-3 S ; Wiltz 3/6
83 2-3 S (la lettre S, en réalité est un 2 renversé). Tous en noir.

1880-81. *IMPR. DE HAARLEM. N°ˢ* 39a à 46.

Ces timbres se reconnaissent à l'impression plus soignée, aux marges plus larges (1 ᵐ/ᵐ et plus, surtout en haut et en bas, parfois moins sur les côtés).

Nuances peu sensibles

Dentelures. — 13 1/2. Toutes les valeurs, excepté le 30 cent. : communes ; 12 1/2 × 12, toutes les valeurs, excepté le 5 cent. : communes ; le 12 1/2 cent. : 2 N, 2 U ; le timbre de gauche de chaque rangée de la feuille de dentelés 12 1/2 × 12 est dentelé 11 1/2 × 12 : 2 N ; 2U, 12 1/2 × 12 1/2, toutes les valeurs, excepté les 1 et 2 cent. : N, 50, 2 U.

Oblitérations. — Comme précédemment, mais on trouve de grands cachets à date type M de 28 ᵐ/ᵐ de diamètre.

Variétés. — Le 10 centimes porte toujours *Centimes* comme précédemment, on trouve des défauts d'impression ou de planche, par exemple : 12 1/2 c. sans point sur l'I et avec t non barré ; 30 cent. lettres C et S interrompues, etc.

Réimpressions. Non.

Faux. — Toute la série (Genève F.), dentelés 13 1/4. Voir émission précédente et illustration.

Fausses oblit. de Genève. (Voir émission précédente).

1882. *GROUPE ALLEGORIQUE. N°ˢ* 47 à 58.

Dentelures. — Comme dans l'émission précédente. Typographiés. Mais on trouve le 12 1/2 × 12 1/2 avec trous ordinaires ou petits trous.

Même remarque pour le premier timbre de gauche des rangées dentelées 12 1/2 × 12.

Dentelures peu communes : 1, 2 et 10 dent. 13 1/2 ; tous les dentelés 11 1/2 × 12 : 2 N, 2 U.

Nuances : diverses.

Réimpressions. — Non.

Faux du 5 francs. Papier jaunâtre ou blanc cotonneux, nuances possibles ; dentelé 12 1/2 ou 14 pour le faux de Genève et 12 1/2 × 12 3/4 pour l'autre. Ces contrefaçons ont un aspect fort insidieux mais la comparaison à la loupe dépare bien vite le geai de ses plumes de paon ! (Voir illustration).

Fausses oblitérations. — A partir de cette émission on trouve, particulièrement sur les timbres de service faussement surchargés, des oblitérations rondes à date type L (à un cercle) de Luxembourg, Echternach, Rumelange, Ettelbruck Mersch, etc. et (à double cercle) de Luxembourg-Ville, de Rodange et d'Esch sur Alzette. Date, millésime et horaire interchangeables, encre grisâtre.

1891-92. *EFFIGIE DU PRINCE ADOLPHE. N°ˢ* 59 à 68.

Gravés. Dentelure 11, 11 1/2, 12 1/2 et 11 1/2 × 11. Le n° 61a (erreur de couleur) doit être dentelé 11 1/2 × 11 1/2.

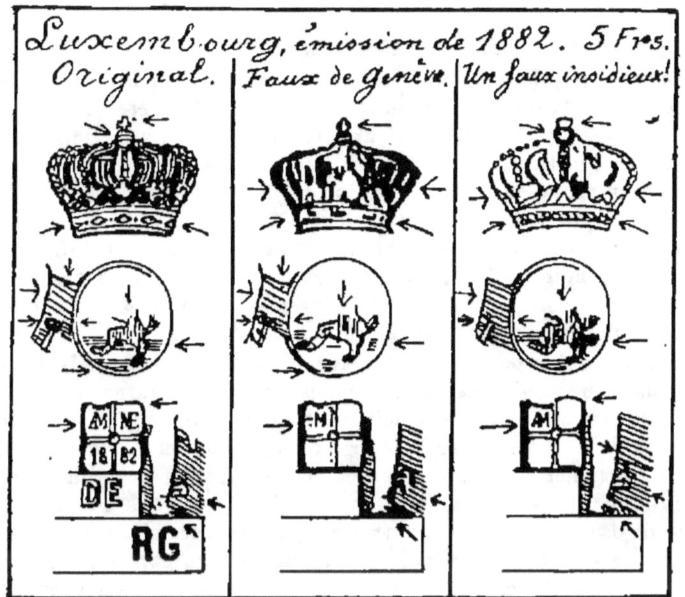

Truquages chimiques de cette erreur; comparaison, le ton n'est jamais celui de l'original.

Faux. — 2 1/2 fr. noir violacé. Lithographié, dentelé 12 × 11; la comparaison avec un original suffit.

EMISSIONS SUIVANTES

S'obtiennent facilement en séries complètes.

1895. Papier mince et moyen.

1921. Le 10 francs vert doit être catalogué dans les erreurs de couleur.

10 francs vert faux (Paris C.).

La hauteur totale de l'original (filets d'encadrement compris) est de 24 $^m/_m$; la largeur 37 1/2 à 37 3/5. Impression très fine, y compris le burelage des coins; le zéro de 10, vu à distance, paraît cassé en haut et en bas. Les fenêtres des maisons sont formées de deux traits.

Les falsifications n'ont rien de ces finesses et la mensuration n'est pas conforme. Jusqu'à présent, elles n'ont pas été répandues sur le marché, mais il est possible qu'il y ait des infiltrations plus tard, comme le cas s'est produit pour les faux Bordeaux (France 1870), malgré l'arrestation du faussaire (P.) et de son matériel.

IV. — **TIMBRES DE SERVICE**

1875-81. *P. e. l. SURCH. OFFICIEL. N°s 1 à 9.*

1° Surch. régulières (haut des lettres tourné vers le coin supérieur gauche : toutes les valeurs; 2° surch. irrégulière (haut des lettres tourné vers le coin supérieur droit, n° 9 : 3 N; 3 U; 3° surch. renversées régulières (haut tourné vers le coin inférieur droit), 1 cent. brun-rouge et orange : N, 50; U, 50; 2 c., 12 c. 1/2, 20 c., 25 c. (bleu terne), 30, 40 c. (n° 25) et 1 fr. sur 37 c. 1/2; 4° surcharge renversée irrégulière (haut tourné vers le coin inférieur gauche), 2 c. noir : 3 N; 3 U. Les inclinaisons différentes des surcharges sont du ressort de la grande spécialisation. Les doubles et triples surcharges sont des maculatures

Fausses surcharges. — Imitées sur toutes les valeurs; il serait vain de donner des détails sur toutes les fausses surcharges connues car, à côté de mauvaises productions, tout de suite repérées par le connaisseur, il en est d'autres, fort bien venues et le mieux est donc de conseiller la comparaison et la mensuration avec un original commun; de plus il est inutile de collectionner les timbres de service de Luxembourg si on ne veut pas les spécialiser sérieusement car ce serait s'exposer à des mécomptes, aujourd'hui et surtout demain, l'art de la fausse surcharge faisant de réels progrès.

On connaît deux séries assez bien imitées; Nuremberg, lettres non conformes, et Genève, lettre L interrompue sur 1/4 de ^m/m tout près du trait terminal remontant de cette lettre. Les fausses surcharges ont été appliquées, droites ou renversées, sur originaux, et celle de Genève se rencontre sur les faux avec toutes les fausses oblitérations précédemment décrites.

IDEM. SUR T. DE 1874 (IMPR. LOCALE). N°s 10 à 17.

1° Surcharge régulière : toutes les valeurs de 1874 excepté les n°s 33, 34 et 35; les n°s 33 et 35 ont pu être surchargés pour essai. Le 5 cent. jaune et ocre : 2 N; 2 U; le 10 cent. gris et gris rosé pâle : 2 N; 2 U; le 12 1/2 cent. les deux nuances.

2° Surcharge renversée régulièrement; les mêmes valeurs excepté le 5 cent.; 10 cent. gris et gris rosé pâle : 2 N; 2 U; le 12 1/2 cent. les deux nuances.

Variétés. — Même remarque que plus haut pour les doubles et triples surcharges; aussi pour les surcharges incomplètes.

Fausses surcharges. — Nombreuses. On en trouve même sur des valeurs de l'impression de Haarlem (autres que le 25 c.). Comparaison et vérification de la dentelure 13.

IDEM. SUR 25 CENT. (IMPR. DE HAARLEM 1880). N° 18.

25 c. bleu dent. 13 1/2, 12 1/2 × 12, 11 1/2 × 12.

1878-80. *SURCH. « OFFICIEL » EN CAPITALES ETROITES. N°s 19 à 30.*

1° *Sur percés en lignes colorées.* Surch. régulière : 1, 20 (brun-gris), 30, 40 (n° 25) et 1 fr. sur 37 1/2. Surch. renversée : idem.

2° *Sur timbres de* 1874 (impr. locale, dent. 13). Surch. régulière : 1, 2 et 4 c. (vert-bleu et vert) : 5 c. et 10 cent. (gris et gris rosé) ; 12 1/2 et 25 c. Surch. renversée : mêmes valeurs, excepté le 5 cent. et 10 cent. gris (le gris rosé seulement).

Fausses surcharges. — Ce que nous avons dit pour la première surcharge est de mise pour toutes les suivantes et c'est toujours la comparaison, la mensuration, la comparaison de l'encre, du foulage, de la dentelure et des nuances, parfois aussi de la transparence des surcharges originales qui permettront de se débrouiller.

1881-82. *SURCHARGE S.P. (PETITES LETTRES).* N°ˢ 31 à 43.

1° Sur 40 cent. n° 23. Surcharge droite et renversée.

2° Sur timbres de 1874 (impr. locale dentelée 13), 1, 4, 5 c. et 1 fr. sur 37 1/2 c.

3° Sur timbres de 1880 (Haarlem), 1, 2, 5 cent., 10, 12 1/2, 20, 25 et 30 cent. Le 5 cent. aussi avec surcharge renversée comme les 10 à 30 c.

Fausses surcharges. — Nombreuses. Comparaison comme précédemment.

1882. *SURCHARGE S.P. (LETTRES GRASSES).* N°ˢ 44 à 66.

1° Sur 40 cent. n° 25.

2° Sur 2, 4, 5, 12 1/2 et 1 fr. sur 37 1/2 c. de l'émission locale dentelée 13. La dernière aussi avec surcharge renversée.

3° Sur émission de Haarlem : 1, 2, 5, 10, 12 1/2, 20 et 30 cent.

4° Sur groupe allégorique, toutes les valeurs.

Pour le 4° même observation que précédemment pour les surcharges renversées, doubles, etc. Il y a des défauts de planche, points manquants, etc. On trouve aussi avec lettre S plus grande (n°ˢ 54 à 60) ; 1 par feuille : 4 N ; 4 U ; d'après le tirage les valeurs ont la surcharge plus ou moins brillante, etc.

5° Sur 5 fr. allégorique surcharge grasse inclinée : n° 66.

Fausses surcharges. — Nombreuses. Comparaison. On trouve aussi la fausse surcharge en lettres grasses sur le faux 5 fr. de Genève.

1892-95. *EMISSIONS DE 1891 ET' 92 SURCH S.P. (LETTRES HAUTES).* N°ˢ 67 à 81.

Toutes les valeurs. Nombreuses surcharges fausses.

EMISSIONS SUIVANTES

Peuvent s'obtenir en séries. Presque toutes les surcharges et perforations ont été imitées.

MALTE

Oblitérations. — Sur les premières émissions on trouve généralement les cachets bien connus : A 25 dans un cercle de barres ; grande lettre M dans un ovale de barres et parfois le petit cachet à date A MALTA (20 $^{m/m}$) tamponné par erreur sur le timbre.

Puis viennent les cachets à date Malta F, Victoria, Valetti, etc., ainsi que le cachet barres horizontales portant le mot Malta au milieu.

Enfin, plus tard on trouve le cachet rond à croix de Malte et le grand cachet à date double cercle (30 $^{m/m}$).

1860-63. *SANS FILIGRANE. DENTELES 14. N° 1.*

1/2 p. papier bleuté (1860), bistre chamois, n° 1a.

1/2 p. papier blanc (1861 à fin 1863), bistre rosé pâle : commun ; bistre gris : 2 N ; 2 U ; bistre rosé : 2 N ; 2 U.

Faux. — Grossiers Dentelure non conforme. La comparaison suffit.

Truquages. — Le papier blanc du n° 1 a été truqué chimiquement pour faire le n° 1a. Examinez le papier au recto, au verso par comparaison et examinez le timbre sur champ.

1868-71. *FILIGRANE C.C. DENTELES 12 1/2. N° 2.*

1/2 p. bistre orangé (1868) ; on trouve des paires non dentelées au milieu : R.R. Bistre-jaune (1871).

Faux. — Grossiers. Sans filigrane. Pour le reste, voir n° 1.

Truquages. — Les n°s 3 avec dentelure tripotée pour en faire un n° 2a.

1863-71. *FILIGRANE C.C. DENTELES 14. N° 3.*

Une dizaine de tirages du 1/2 p. de 1863 à 1881.

Communs (n° 3 Yvert) : jaune (1881) ; jaune orangé (1879) ; moins communs : jaune orange (1864) : 2 N ; U, 50 ; puis bistrejaune et bistre (1875-76) : 2 N ; 2 U.

Rares : brun-rouge (n° 3b Yvert) (1867) : 4 N ; 3 U ; puis orange (1870) ; orange bistre (1873) et chamois-rose (1863) qui ont à peu près la même valeur : 3 N ; 3 U.

Le plus rare est le jaune d'or, parfois appelé jaune safran dont la couleur aniline a fréquemment teinté le verso (n° 3a Yvert) : 5 N ; 4 U.

Le 1/2 p. bistre jaune, dentelé 14 × 12 1/2 est de 1878 : 3 N ; 3 U. Surveiller les truquages de la dentelure en vérifiant la largeur du timbre.

1882. *FILIGRANE C A. DENTELES* 14. N° 4.

1/2 p. bistre chamois : commun ; orange rouge : 5 N ; 5 U.

1885. *TYPE DIVERS. C A. DENT.* 14. N°ˢ 5 à 11.

2 1/2 bleu : 2 N et outremer : commun.

On trouve le 4 p. brun en paires non dentelées au milieu : R.R.
Le 5 sh. rose porte le filigrane C. C.

Quelques feuilles du 6 pence lilas de Grande-Bretagne (1865)
sans filigrane (?) ont servi à Valette et on peut les ranger dans la
collection de Malte comme les autres timbres anglais qui ont servi
dans cette colonie.

Se rappeler aussi que les timbres « Specimen » sont du premier
tirage de chaque valeur, à part quelques exceptions et qu'ils permettent un classement chronologique plus sûr.

Faux. — Très mal exécutés du 5 sh. Comparer le dessin suffit.
Pas de filigrane. Dentelure non conforme.

1899-1900. *FIL. C A. DENTELES* 14. N°ˢ 12 à 16.

Timbres sans histoire.

1902. 2 1/2 P. DE 1885 *SURCHARGÉ « ONE PENNY »*. N° 17.

Surcharge qui n'est intéressante que par l'erreur « One Penny »
1 par feuille de 60 timbres ; tirage : 12.000 ; elle est recherchée en
paire ou en bloc avec la surcharge normale.

Se rencontre dans les trois tirages de cette valeur, mais est plus
rare dans le tirage outremer vif avec gomme blanche.

Fausse surcharge. — La surch. originale est noir intense ; la
fausse surcharge (du moins celle contrefaite par quantités) est gris-
noir et manque de foulage (on la trouve parfois apposée sur l'oblitération) ; ce sont les seuls indices, car la mensuration des caractères est bien conforme.

EMISSIONS SUIVANTES

1921. Le 10 sh. a été truqué par lavage d'oblitération fiscale
et adjonction consécutive d'une fausse oblitération. La première
opération laisse des traces visibles.

1922. — Self-Government. Quelques fausses surcharges sur le
2 sh. et sur le 10 sh. n° 16.

1925. — Surcharges Postage contrefaites, particulièrement sur
les 4 p, 2 sh. et 2 sh. 6 p. Mensurations exactes. On reconnaît
pourtant les imitations, faites avec un tampon à la main, au foulage trop prononcé des dernières lettres de la surcharge alors que
dans les originaux le foulage est partout pareil ; la lettre G est légèrement différente. En outre, dans les blocs toutes les surcharges
sont bien symétriques ce qui n'est pas le cas pour les falsifications.

TIMBRES-TAXE

1925. — Typographiés. Imitations de toute la série en unités et tête-bêche. La comparaison et le mesurage suffisent; originaux : solution de continuité dans les quatre angles, papier moyen, le point après la valeur est de forme irrégulière; faux : angles sans coupure, papier épais, point très régulier.

MARIENWERDER

Encore une mine à fausses surcharges, avec cette aggravation qu'il y a des contrefaçons clandestines fabriquées avec le matériel original. Evidemment on arrive à reconnaître celles-ci mais seulement si l'on fait la grande spécialisation. Il est donc utile de dire au collectionneur moyen que l'abstention est de rigueur.

Il existe des fausses surcharges, faites en séries, de diverses provenances. Les surcharges de couleur sont des essais.

MECKLEMBOURG-SCHWERIN

Oblitérations. — Cachet à date, types A : communs; moins communs s'il s'agit de bureaux de moindre importance : Sulze, Waren, Malchin, Wismar, Bruel, Stavenhagen, etc., etc.

Les mêmes avec inscription Bahnhof dans le bas sont plus rares : Scherin et Rostock Bahnhof, Friedrich Franzbahn, etc. Les noms de ville sur une ou deux lignes, types C et D : U, 25. Tessin est rare. Cachet type E avec nom de ville encadré : 2 U. L'oblitération bleue de Rostock, type B : 2 U.

1856. *TETE DE BUFFLE ET INSCR. NON DENT. Nᵒˢ 1 à 3.*
Feuilles de 100 avec numéros marginaux de 1 à 10.
Premier choix. — 4 marges de 3/4 de ᵐ/ᵐ minimum.
Nuances. — Nº 1 (fond pointillé) rouge et rouge foncé; nº 2, jaune et jaune orangé; nº 3 bleu; bleu foncé : rare.
Variétés. — Le nº 1 en 1/4; 2/4; 3/4 doit être sur lettre expertisée; le 1/4 seul sur lettre : R.R. Les 5/4, 6/4, 7/4 sont recherchés. Les timbres avec gomme originale : N, 50; une teinte brune au recto provient d'une gomme brune. Timbres avec numéros marginaux : 2 N; 3 U.
Paires : 4 U.
Réimpressions. — Non.
Faux. — Voir plus loin. Fausses oblitérations : idem.

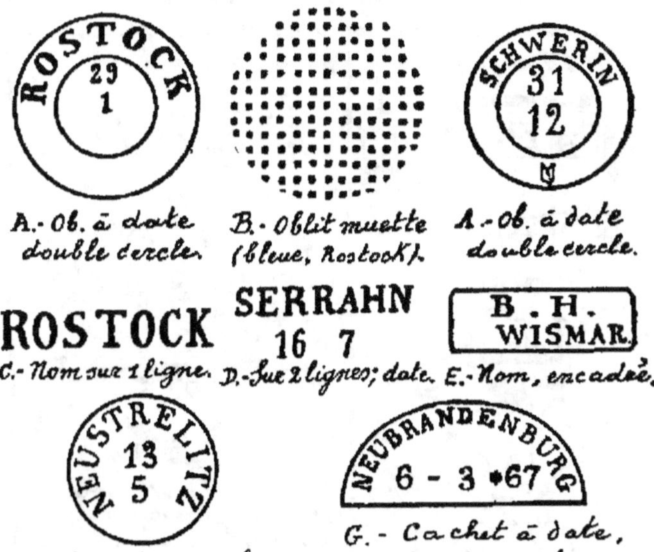

1864-67. *PERCÉS EN LIGNES* 11 1/2. Nᵒˢ 4 à 8.

Nuances. — 4/4 sc. rouge (fond pointillé), papier légèrement vergé (1864) ; 2 sch. violet rouge (oct. 1866) ; gris-lilas (sept. 1867) et lilas bleu (fin 1867) : N, 30 par rapport au gris-lilas ; 3 sc. jaune, marges de 2 $^{m/m}$ environ (juin 1867) : commun ; jaune, marges de 1 $^{m/m}$ environ (sept. 1865) ; 4 N, mais plus commun usé que le timbre à larges marges ; 5 sc. brun (1864), brun chevreuil et brun-gris ; on trouve cette valeur sur papier mince ou épais ; 4/4 sc. rouge (fond blanc) 1864, rouge et vieux rose.

Variétés. — On trouve le 2 sch. sans boule terminale au chiffre 2 de droite en haut (gris lilas) ; aussi avec cadre intérieur interrompu sous la lettre R de Freimarke. Le 5 sch. avec cadre droit piqué de points blancs. Les découpures d'enveloppes 2 sc. bleu et 3 sc. brun ayant servi sur lettre : R.R.R. Numéros marginaux : 2 N ; 3 U.

Paires : 4 U ; la bande de 4 du nᵒ 8 est rare. Fragments de neufs, nᵒˢ 4 et 8 : valeur proportionnelle.

Réimpressions. — Non.

Faux. — Beaucoup de faux anciens et modernes (notamment du nᵒ 4) ; la série de Genève (F.) comporte deux clichés différents pour chaque valeur. Ce serait perdre son temps que de donner tous les détails de ces faux. Il suffira de s'armer d'une bonne loupe et de vérifier si les timbres examinés sont tout à fait conformes aux dessins de l'illustration des originaux. Comptez surtout les perles,

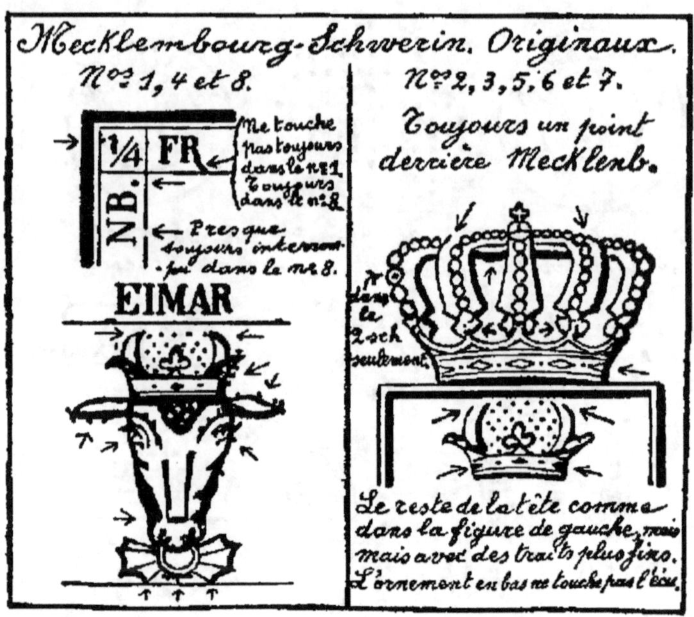

vérifiez le pointillé qui est toujours régulier et aligné diagonalement, enfin, vérifiez les points marqués d'une flèche dans l'illustration. On peut naturellement trouver un ou deux endroits d'un original où ces signes ne sont pas identiques (défauts d'impression) mais les faux montrent de telles différences qu'on sera tout de suite fixé.

A noter encore que l'impression des timbres vrais, non dentelés, est toujours plus fine que celle des percés en lignes; le 5 sch. bleu et le 2 sch. violet rouge ainsi que le n° 1 sont les meilleurs pour comparer.

Fausses oblitérations sur faux de Genève. Type A. Rostock 24/1; Wismar 13/11; Gustiow 22/10; Schwerin 24/11; Schwerin 1/8 Bahnhof. Ces cachets imités ont été appliqués sur des originaux nos 5a, 6, 7 et 8 ainsi que sur toute la série de Strelitz! Les numéros susdits doivent être comparés pour expertise de l'oblitération, car il existe un certain nombre d'autres cachets faux.

Truquages. — Nos 1 et 2 avec faux perçage en lignes. Dans ce cas, les marges sont trop étroites, le papier du truqué n° 4 obtenu ainsi, n'est pas vergé et la nuance du truqué n° 6 est orange (toujours plus foncé que le jaune orangé du n° 3).

MECKLEMBOURG-STRELITZ

1864. IMPR. EN RELIEF P. E. L. 11 1/2. *N^{os}* 1 à 6.

Nuances. — Rouge vermillonné; rouge vermillonné pâle; orange : 2 N; 2 U; 1/3 sgr. vert et vert foncé : 2 N; U, 50; 1 sch. violet; violet pâle : R.R. usé.

Les 1, 2 et 3 sgr. carmin, outremer et bistre n'ont guère de nuances différentes.

Variétés. — N°s 3 à 6 avec numéros marginaux 1 à 10 : 2 N; 3 U. Timbres sans gomme : 50 %. Pas de réimpressions.

Oblitérations. — Types F et G; toutes autres : rarissimes. Toute la série exige l'expertise de l'oblitération.

Faux N°s 4 à 6. — Anciens, lithographiés, relief peu accentué, pas de lignes verticales en relief entre la couronne et l'écu (presque toujours bien visibles dans les originaux neufs). La croix, la couronne et la pointe de l'écu ne doivent pas toucher l'ovale intérieur. Lettres des inscriptions mal conformées; 1 sgr. le R de Strelitz ressemble à un B; 2 Sgr. point entre l'E et l'I de ZWEI.

Fausses oblitérations. — Il y en a de très insidieuses et l'expertise est indispensable.

MEMEL

En dehors de l'émission de 1923, Memel ne comporte que des séries surchargées. 18 émissions furent pondues en 4 ans avec des variétés et erreurs voulues, et en tous genres.

On nous a parfois critiqué, sous prétexte que nous déconseillons certaines nouveautés; le reproche est immérité en ce qui concerne les timbres nouveaux de bon aloi, non accaparés, qui ont, certes, le droit d'entrer dans les collections, tout comme leurs aînés. Mais une pareille avalanche de surcharges sans intérêt — sans intérêt pour le collectionneur, s'entend — c'est vraiment trop; que le lecteur juge, d'ailleurs par lui-même si ce n'est pas son véritable intérêt de dire : « Vous avez fabriqué toutes ces variétés, ces surcharges renversées, etc., uniquement pour soulager mon portefeuille; eh bien! gardez-les pour vous! »

A Memel même, un marchand contrefit, presque à la perfection, pour plusieurs millions de marks-or de surcharges renversées de l'émission Flugpost de 1921 (n°ˢ 45, 46, 49, 50 et 51), et 1922 (n°ˢ 77, 78 et 82). Les surcharges renversées régulières sont elles-mêmes de fabrication complaisante... pour la spéculation.

On a vendu, en outre, autant dire partout, les n°ˢ 29, 30, 31a (type II); 33, 38 (surch. renversée) et 44 (surcharge renversée) si bien contrefaits que ce n'est que quand les faussaires ont sorti les n°ˢ 42 et 43 avec surcharges renversées (une simple erreur de leur part, ces surcharges n'ayant jamais existé) que les experts ont pu repérer les autres faux lancés et vendus partout, particulièrement en Suisse, en France et en Allemagne.

Les n°ˢ 209 à 212 avec chiffres larges ont été pareillement bien . imités et les contrefaçons moins bien faites, sur un tas de valeurs, ne se comptent plus.

Alors? Alors! Alors?!!

MODÈNE

Pays extrêmement intéressant pour le spécialiste à cause du nombre de variétés, d'erreurs et d'oblitérations.

Premier choix. — Les timbres de Modène doivent avoir 4 marges d'environ 1 ᵐ/ᵐ minimum, allant jusqu'aux filets séparatifs.

1852 (1ᵉʳ *Juin*). *AIGLE ET COURONNE. NOIR SUR COULEUR. NOIR SUR BLANC POUR LE 1 LIRE (FILIG. A.). NON DENTELES.* N°ˢ 1 à 6.

Feuilles de 240 timbres en 4 groupes de 60. Typographiés.

Papier à la main, mince ou moyen, paraissant légèrement grené. Le 25 cent. aussi sur papier épais, premier tirage : 3 U.

Point après le chiffre de la valeur. — On trouve les 5, 10 et 40 cent. avec point après le chiffre de la valeur.

Nuances. — 5 cent., 1ᵉʳ tirage, sans point, vert-bleu ; avec point vert-bleu, vert : communs ; vert-olive : 8 N ; 4 U ; 10 cent. rose ; rose vif ; dernier tirage, avec point : rose terne ; 15 c. jaune clair (serin) ; jaune foncé ; citron : rare ; 25 c. chamois, plus ou moins clair ; 40 c. bleu ciel : R.R. (1ᵉʳ tirage) ; bleu foncé ; dernier tirage, avec point : bleu foncé.

Variétés. — Cliché cassé : trait non imprimé traversant horizontalement le timbre en son milieu, n° 1 : 3 U (timbre n° 174). On trouve des défauts d'impression divers (feuillage partiellement manquant, etc.); l'espace entre la lettre T et le chiffre est plus ou moins grand, particulièrement dans le 5 cent. (2 1/2 à 3 1/2 ᵐ/ᵐ);

des lettres ou des chiffres sont mal alignés, des chiffres ne touchent
pas la ligne de cadre inférieur (le plus souvent dans les derniers
tirages des 10 et 40 cent. et dans le 5 cent olive); tous ces défauts
constituent de petites erreurs auxquelles on n'attribue une valeur
que dans le cas où le défaut est très visible et particulièrement en
paire avec un normal.

On peut ranger dans la même catégorie les points de diverses
grosseurs situés devant ou derrière les chiffres. On en trouve qui
sont microscopiques (1/8 de $^m/_m$ de diamètre); ordinaires (1/4 de
$^m/_m$); moyens (1/3 de $^m/_m$); gros (1/2 $^m/_m$) et très gros (2/3 de
$^m/_m$). Les gros points sont rares : 2 unités; les très gros points
(5 cent.) : 3 unités. On trouve également des virgules, mais ce
sont peut-être des défauts d'impression.

Les points sont parfois déplacés; celui derrière le mot CENT
placé tout près du chiffre 5; ou du 4 de 40; ce même point déplacé
à gauche et placé entre N et T, cette lettre étant elle-même déviée
à droite près du chiffre 4. Le point derrière les chiffres est remonté
vers le haut du chiffre 5 et 10 c., ou déplacé à gauche, entre Lira
et 1 (R.R.); ces erreurs, bien visibles, valent 4 à 5 fois la valeur
du timbre. Il en est de même des lettres ou chiffres rapprochés
T5; ou espacés, N. T 4 déja cité : 10 N; 10 U; ou remontés (10 c.).
Le point derrière le chiffre manque parfois dans le 5 c. vert-olive;
dans les 10 et 40 cent.; derrière le T dans les 10, 15, 25 et 40 c. y
compris le bleu-ciel. Le 1 lire se rencontre avec chiffre 1 court
(sans trait en bas).

Tous ces signes et d'autres pris dans le dessin, ainsi que les
erreurs ci-après, permettent de reconstituer les planches.

Erreurs. — On considère surtout comme erreurs les erreurs
réelles dans les lettres de la valeur, ou les chiffres intervertis.

On trouve, n° 1 : ENT; CENT (E couché); CNET; CEN1; n° 2 :
EENT; CE6T; CENE; CNET; CENT 10 (1 renversé); n° 3 :
CETN; n° 4 : CENT 49; CENE; CNET; CE6T; CENT 4C; C.....
(3 lettres omises) et toute la valeur omise dans le 5 cent. (R.R.).

La valeur de ces erreurs est renseignée dans les catalogues généraux.

Les défauts d'impression? CCNT 5; CENL 5 et avec absence
du chiffre 5 se rangent dans la même catégorie; aussi CEBT 10;
CENT 8; CEZT 10; CCNT 15; CINT 15; CLNT 15; CNET 15; dans
le 25 cent. : CENT 1; CENT 2; CE T 25; C   25; CENT ..;
dans le 40 cent. : CEBT; CENT ..

Oblitérations. — Type A; commune en noir; moins commune
en bleu : U, 25; rare en rouge : 3 U. Type B : rare (divers modèles,
mot abrégé ou en entier). L'oblitération ASSICURATO ainsi que
la mention DOPO LA PARTENZA sur 2 lignes sont rares, appliquées sur le timbre.

Type C : 2 à 5 U ; en bleu (Guastalla, etc.) · rare. Type D en bleu, est commun appliqué sur la lettre, rare sur le timbre. On trouve pour tous les bureaux le cachet à date ordinaire (26 à 28 $^{m/m}$) à double cercle. Type E : 3 U. Types F, G, I (plusieurs modèles) et J (plusieurs modèles) : rares.

Type H en noir : 2 U ; non encadré : 3 U ; en bleu : rare.

On trouve parfois la date seule, sur une ligne : rare. Le 1 lire demande toujours l'expertise d'oblitération.

Paires : 4 U ; les blocs de 4 neufs : 6 N ; usés : R.R.

Réimpressions. — Non.

Truquages. — Le 40 cent. bleu ciel doit être expertisé, surtout à l'état neuf ; on a fait des truquages chimiques au moyen d'un 40 c. bleu foncé. L'attention est nécessaire pour les petites erreurs de points déplacés, etc., qui ont parfois été ajoutés après coup ; aussi pour les gros et très gros points.

Le 25 cent. vert et le 5 cent. jaune qu'on trouve parfois oblitérés sont des essais (sur vergé). Le 1 lire papier blanc vergé est une épreuve d'imprimerie. Les 10 et 15 cent. blancs, le 15 cent. brun sont des truquages chimiques.

Faux. — Nombreux. Généralement lithographiés, mais aussi typographiés ; ces derniers au moyen d'un seul cliché avec lettres et chiffres du bas appliqués après coup et différents de forme.

Des faux anciens à grand format 19 à 20 1/2 $^{m}/_{m}$ de large sur 22 à 24 $^{m}/_{m}$ de haut ne sont à citer que pour mémoire ; marges à

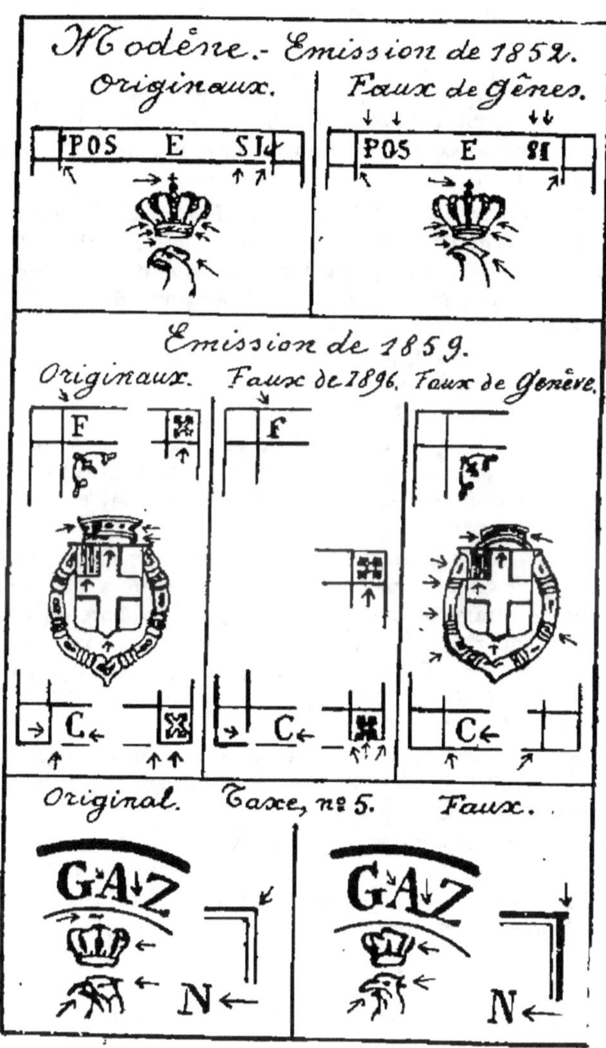

l'avenant et filets séparatifs à 1 1/2 et jusqu'à 2 1/2 $^{m/m}$! du timbre;
la hauteur du cartouche de la valeur est parfois de 3 $^{m/m}$! Pour
d'autres faux anciens, mieux faits, il suffit d'examiner la tête de
l'aigle (voir illustration, originaux), les lettres du cartouche supérieur, la couronne, la tête et les pattes de l'aigle (4, 5 ou 6 serres!),
le gros point qui termine le feuillage de droite (sous la lettre N)
manque le plus souvent; si l'on veut s'en tenir au verso seulement,
examiner le papier (parfois vergé et greué, le plus souvent mince
et fait à la machine) pour être fixé. La comparaison des nuances
donne également des indications sûres, comme le manque de filigrane dans le 1 lire.

L'illustration montre quelques détails d'une série faite à Gênes
(1.); elle est souvent pourvue d'un faux tampon Modène (cachet
rond à date). Une fausse série florentine porte le mot SAGGIO dans
le cartouche inférieur.

1859 (15 *OCT.*). *ARMES DE SAVOIE. NON DENT. N°ˢ 7 à 11.*
A noter qu'avant l'apparition de cette série les timbres de Sardaigne n°ˢ 10a, 11 b, 12a, 13 et 14a ont servi dans le duché de
Modène et sont recherchés avec les oblitérations de cet Etat; le
80 cent. : R.R.

· *Feuilles* 120 timbres typographiés, en 4 groupes de 30. Traits
séparatifs entre les timbres.

Papier blanc, mince, à la machine.

Nuances. — 5 cent. vert, vert-bleu, vert foncé; 15 cent. brun,
gris-brun et gris; 20 cent. lilas (rougeâtre) et violet (bléu) en diverses nuances; 40 cent. rose-rouge; rouge vénitien vif et brunâtre;
80 cent. bistre orangé.

Variétés. — Le premier tirage de chaque valeur est de bonne
impression et ne montre pas de défauts, en dehors des erreurs.
Dans le second tirage on note un assez grand nombre de défauts
qui peuvent doubler le prix du timbre quand ils sont bien visibles,
par exemple 15 cent. : CENT 5; CEST; CENI; CENT 14; CENI
16; etc.; 20 cent. CENI; CENT 2; etc.; 80 cent. CENT 8; CENT
0; CONT; CENI; CREY; etc.

Le défaut de planche, sans point après le chiffre de la valeur
(dans toutes les valeurs) : 2 N. Les 5 et 40 cent. se rencontrent
avec point devant le C : 3 N.

On trouve des impressions défectueuses.

Erreurs. — 20 cent, ECNT : 8 N; 5 U; 40 cent. : 5 CENT. 40 :
rarissime. Les 20 et 80 centimes se trouvent avec lettre N renversée et descendue d'environ 1/2 $^{m/m}$ par rapport aux autres
lettres de CENT : 5 N.

Paires : 4 U.

Oblitérations. — On retrouve la plupart des cachets précédents
types A, B, mot en entier avec cadre en forme de rognon, parfois

simplement la lettre R; C : R.R.; F : R.R.; H et J. Quelques types sont modifiés, le type E(Reggio) devient un cachet rond à date double cercle et le type J porte un double cadre (Reggiolo, etc.). Le type G est en usage. Toutes les oblitérations doivent être comparées ou expertisées.

Il y a lieu de mentionner tout spécialement deux cachets rares; l'un portant l'écu de Savoie avec couronne au centre d'un rectangle de 9 barres de 32 $^m/_m$; l'autre avec les mêmes attributs, mais avec l'inscription POSTA LETTERE REGGIO, cachet rond à double cercle (en noir ou en bleu).

Réimpressions. — Non. Voir faux modernes.

Faux anciens. — Il n'y a pas lieu de s'arrêter à divers faux mal faits avec écu à quartiers pleins, ou avec 6 lignes verticales dans les quartiers du haut (au lieu de 5) et 5 lignes dans ceux du bas (au lieu de 6); le trait sous la valeur joint généralement les carrés des coins et l'I de Modonesi ne forme pas une sorte de T comme dans les originaux. Un vieux faux porte un second encadrement extérieur de 21 1/2 sur 24 $^m/_m$!

Faux modernes. — I. Soi-disant réimpression de 1896 (Gênes I.?); fabriquée en feuilles de 24, sans point après le chiffre de la valeur; les lettres de cent. sont moins grasses; les chiffres plus petits (1 $^m/_m$ 1/4, au lieu de 1 $^m/_m$ 1/2). Les nuances sont relativement bien imitées; le chiffres o sont fermés (généralement ouverts dans les vrais); le papier est mince, la gomme moins épaisse. (Voir l'illustration précédente pour d'autres détails). II. Faux de Genève (F.); papier jaunâtre trop épais, sans point après Cent, nuances arbitraires (voir illustration). Oblit. barres rapprochées ou losange de points.

Fausses oblit. — Très nombreuses sur originaux. Comparaison.

1853-59. *TAXES POUR JOURNAUX. N°s 1 à 5.*

Feuilles de 240 timbres. Papier moyen ou mince fortement grené, au point de paraître vergé (n°s 1, 2 et 5) ou papier mince avec fils de soie bleus et quelques fils roses incorporés dans la pâte. (Examiner par transparence).

Nuances. — N°s 1 et 2, noir sur lilas rose; n° 3, lilas brunâtre et lilas foncé; n° 4 violet (bleuté) et violet légèrement rosé; n° 5 noir sur blanc jaunâtre.

Caractéristiques et variétés. — N° 1 (avril 53), grandes lettres B. G. (1 $^m/_m$ 1/2); lettres de CENT (1 $^m/_m$); pas de point après le chiffre. N° 2, petites lettres B.G. (1 $^m/_m$ 1/4); lettres de CENT (3/4 de $^m/_m$); point après le 9. Même cassure de cliché que pour le timbre-poste n° 1 (voir première émission). N° 3 (sept. 55) sans lettres .B.G., point après le chiffre; non émis N° 4 (1er nov. 57) chiffre 10, sans point après le chiffre. N° 5 (fév. 59) modèle nouveau. N° 2, sans point après le chiffre : 3 U; très gros point

(2/3 de $^m/_m$) après le chiffre 9 : 2 U ; lettre B descendue d'environ 1 $^m/_m$ par rapport au G : 4 U. N° 3, sans point derrière le chiffre . 3 N ; sans point au-dessus du feuillage de droite : 2 U. N° 4, erreur CENI 10. : 15 N ; 10 U (2 fois par feuille).

Réimpressions. — N°ˢ 5 seulement, en gris-noir ; cercle interrompu sous le C de CENT. On trouve des épreuves sur blanc vergé des n°ˢ 1, 2 et 3.

Oblitérations. — Avant l'émission de la série n°ˢ 1 à 5 on faisait usage, pour les timbres provenant de l'étranger, d'un cachet à double cercle (24 $^m/_m$ 1/2) portant l'inscription SPATI ESTENSI entre cercles ; GAZZETTE ESTERE sur deux lignes dans le centre et CENT 9 dans le bas, entre cercles.

Sur n° 1, type A ; oblit. à date double cercle MODENA R.R.R. Aussi oblitéré plume. N° 2, les oblit. en usage à l'époque ; en bleu : 2 U. N° 4, A et F en noir ; D, en bleu et en noir. N° 5 ; type D en noir : R.R.R.

Fausses oblitérations. — Sur le n° 3, non émis ! Sur les n°ˢ 4 et 5 qui doivent toujours être comparés pour l'oblitération.

Faux. — On trouve un faux insidieux du n° 1, obtenu par photolithographie. Il a été imprimé sur le papier original (bord de feuille) du n° 3 dont la nuance est trop brune par rapport au n° 1 et qui contient des fils de soie. On le trouve également sur papier gris-brun ; comparaison des lettres et du dessin de l'aigle.

Un faux moderne (Genève F.) du n° 1 se reconnaît aux différences de dessin (voir illustration de l'émission de 1852, originaux) ; il n'y a pas de trait sous l'inscription du bas.

Quelques faux du n° 2, que la nuance du papier et les différences de dessin font repérer facilement.

N° 5 sur papier grené mince (voir illustration) ; les lettres sont trop hautes, barres du A de Gazette idem ; la patte droite a 4 serres ; l'N de Cent est étroit. Dans un autre faux, de format non conforme, le fin trait horizontal qui surmonte la couronne dans l'original est trop long et trop haut.

MONACO

La collection des timbres de Monaco ne débute qu'en 1885, mais le spécialiste la commence par deux groupes de timbres étrangers portant les oblitérations de cette Principauté.

I. *Cachets sardes* (rond à date, double cercle) Monaco et Mentone : R.R.

II. *Cachets français.* — Losange à petits chiffres 4222 (1860) : R.R. Losange à grands chiffres 2387 (1862) : rare. Losange à petits chiffres 2.387 (1870) : R.R. Cachets à date français de divers modèles (Monaco), 1860 à 1885, très recherchés. On trouve, en outre, le cachet à date de Monte-Carlo (1884) ; des cachets ambulants Monte-Carlo Vintimille ; Monte-Carlo Monaco Menton et le cachet télégraphique de Monaco.

On trouve des oblitérations fausses (pour profiter de la plus-value) sur des timbres français, communs à l'état de neuf.

EMISSION DE 1885. DENT. 14 × 13 1/2. N°⁸ 1 à 10.

Feuilles de 150 timbres en 6 groupes de 25. (Le 75 cent. a été tiré en 4 groupes de 25). Effigie du prince Charles III. Premier tirage, 1-7-1885 pour les 5, 15 et 25 c. ; septembre 85 pour les autres.

Nuances. — 1 cent. : vert-bronze, olive brun ; 2 c. : diverses nuances violettes, ardoise N, 50 ; U, 50. 5 c. : bleu ; 10 cent. : brun sur jaune ; sur jaune clair N, 25 ; U, 25 ; 15 c. : rose, carmin-rose : 6 N ; U, 50 ; 25 cent., vert ; 40 et 75 cent., bleu ou noir sur rose ; bleu ou noir sur lilas : N, 25 ; 1 fr. noir sur jaune vif ; noir sur jaune : N, 25, U, 25 ; 5 fr. : carmin vif sur vert-bleu : N, 25 ; U, 25 ; carmin sur vert.

Variétés. — On recherche les neufs avec gomme brune (1ᵉʳ tirage). Quelques variétés par défaut d'impression (2 cent. joue, etc.). Les neufs des 15 et 25 cent. sont beaucoup plus rares que les usés (notamment le 15 cent. carmin), mais les usés des 75 c., 1 et 5 francs sont plus rares que les neufs. Le 5 fr. sur fragment ou sur lettre : R.R.R.

Oblitérations. — Cachets habituels de Monaco et Monte-Carlo.

Valeur réelle des timbres et blocs de la première émission. — Les timbres de la principauté ayant subi un accaparement intense à partir de 1919 (orphelins), les cours des émissions précédentes ont suivi le mouvement et les prix catalogués ou demandés ne signifient plus grand'chose. Voici les cours réels pratiqués en vente publique à Nice (qui est le grand marché de ces timbres) en 1926, avec la valeur or de chacun :

N°⁸	N.	U.	Blocs de 4 N.	U.
1	0 20	0 25	1 25	1 50
2	1 »	1 »	5 »	3 »
3	2 »	1 50	10 »	7 »
4	4 »	3 50	25 »	20 »
5	6 »	1 50	35 »	20 »
6	15 »	5 »	150 »	
7	5 »	4 »	25 »	
8	8 »	8 »	40 »	
9	60 »	50 »	(600 »)	
10	500 »	425 »	(6.000 »)	

Réimpressions : non. Essais, toute la série, non dentelée sur papier carton (230 à 240 microns).

Faux. — Les grosses valeurs de la série (du 40 c. au 5 fr.) ont été souvent imitées en lithographie et photolithographie. Contrefaçons plus ou moins réussies et qui deviennent insidieuses quand la nuance, le papier et la dentelure se rapprochent du timbre vrai. Aucune imitation ne peut se comparer aux originaux et il suffit de fouiller le dessin avec celui des timbres ou de l'illustration pour s'en convaincre ; la nuance, le format et la dentelure permettent, d'ailleurs, de rejeter tout de suite la plupart des productions falsifiées en Italie, en Belgique, à Paris, en Suisse, à Marseille, etc., etc...

Une description de tous les faux serait trop longue, mais la question intéresse tant de collectionneurs que le détail de quelques séries imitées peut leur apporter du secours et avancer leurs études de comparaison. Le papier fournit de bons indices, surtout si l'on peut disposer d'un microscope (objectif et oculaire moyens, 50/1 est suffisant).

Les faux Monacos sont si nombreux qu'on peut dire que les albums contiennent un vrai pour deux faux des 1 et 5 francs.

I. Faux de Genève (M.). — Ce sont ceux qui ont la moins bonne apparence générale : 40 cent. bleu gris sur rose terne ; 75 cent. bonne nuance ; 1 fr. bonne nuance ; 5 fr. rouge carminé sur blanc légèrement verdâtre. Dessin grossier (voir illustration) ; si l'on compare on trouve d'autres signes — dans les cheveux et la barbiche — aussi dissemblables que ceux renseignés. Quelques corrections de clichés ont été ensuite faites à Turin, sans guère les rendre meilleurs.

Mensuration : 18 1/4 × 22 1/5 ; épaisseur 65 mc. ; dentelures : 14 × 13 1/2 ; 14 × 14 ; 13 × 13. Papier laineux non transparent.

Fausses oblitérations sur ces faux, rondes à date double cercle : MONACO 27 DEC 89 PRINCIPAUTÉ. MONACO 3e/17 MARS 91 PRINCIPAUTÉ. MONTE CARLO 12 OCT ... MONACO. MONACO 16 MAI 89 PRINCIPAUTÉ. N. B. — Les dates sont interchangeables.

II. Faux de Florence. — La nuance du 75 est bonne quant au papier ; dans le 5 francs elle est blanc jaunâtre avec très peu de vert, mais ceci peut être modifié. Par contre, les nuances ne sont pas conformes et le 5 francs est trop rouge ; dans les 75 c. et 1 fr. l'impression noire paraît plus foncée que dans les originaux du fait qu'elle est plus grossière. Le dessin peut se comparer à celui des faux de Genève (voir illustration) surtout pour l'ombre opaque de l'œil. Il y a deux clichés dont un pour le 5 fr. L'E de PRINCI-PAUTÉ a le trait supérieur plus mince que la barre du T. Mensurations : 18 m/m × 22 1/8 ou 21 3/4 (5 fr.). Epaisseur : 60, 70 mc.

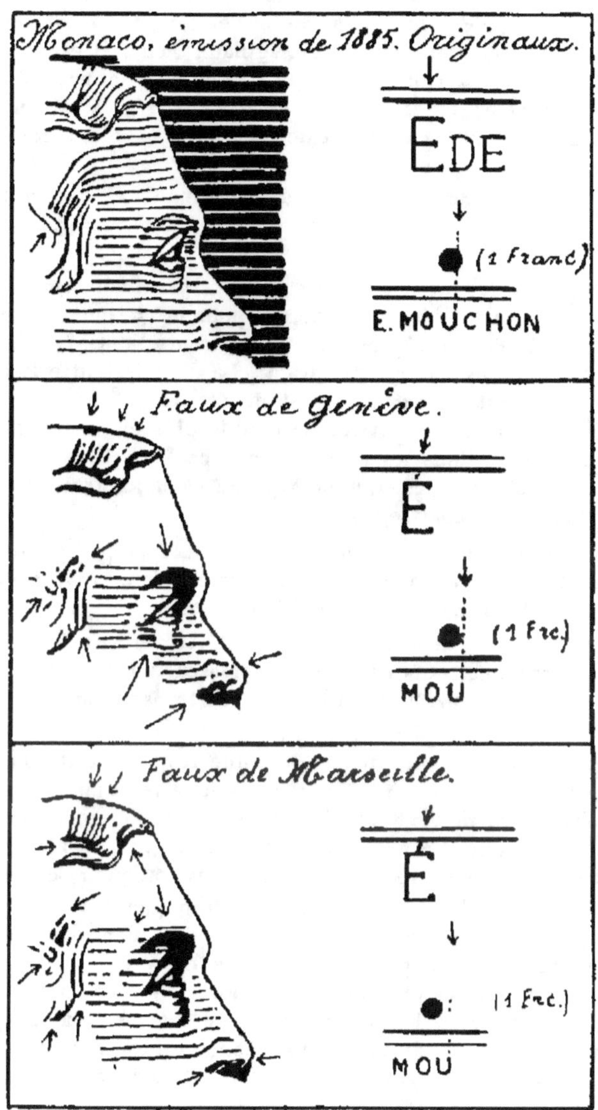

Dentelure : 13 1/4 × 14 ; 14 ou non dentelés, papier non transparent.
Les noms D. DUPUIS et E. MOUCHON sont séparés du cadre
inférieur par une distance de 1/3 de $^{m/m}$ (1/4 environ dans les
originaux et les autres faux).

III. Faux de Marseille. — 1 et 5 fr. Voir illustration pour les

signes principaux. Exécutés en blocs de 4 non dentelés ; dentelés
ensuite en 6 fois ; dentelure non conforme. Le papier est légèrement transparent comme celui des originaux, mais il est un peu
plus mince (50 mc. environ) ; celui du 1 franc trop jaune ; celui du
5 fr. vert jaunâtre ; mensuration : 17 2/3 × 21 2/3. Ces faux se
vendent parfois comme « réimpressions » à des prix exhorbitants.
Valeur réelle : 0 fr. 10 c. pièce.

(Un résumé des caractéristiques des originaux et des faux de
Genève et de Marseille a été communiqué à *L'Echo de la Timbrologie*, 15/11/1925).

Originaux. — 17 4/5 à 18 et 21 3/4 à 4/5 suivant tirage. On
trouve pourtant 22 $^{m}/^{m}$ de haut environ pour le 15 cent. carmin et
pour le 40 cent. Papier légèrement transparent ; dent. 13 1/2 × 14.
Impression très déliée (voir illustration). La distance entre le cadre
supérieur et le haut du cartouche est de 1/3 de $^{m}/^{m}$ environ et la
ligne de ce cartouche est environ le double plus épaisse que celle
du cadre extérieur ; dans les faux (excepté ceux de Florence et de
Bruxelles) la distance n'est que de 1/5 de $^{m}/^{m}$ et les traits ne sont
pas très différents d'épaisseur.

Fausses oblitérations. — Outre celles citées pour les faux de
Genève on trouve 2 ou 3 cachets entièrement faux (par exemple
MONACO 16 MAI 89 (PRINCIPAUTÉ), etc.).

Truquages. — Les essais sur carton ont été amincis (parfois au
moyen du microtome) puis dentelés. L'épaisseur n'est généralement
pas conforme et la benzine montre moins de transparence que dans
les originaux.

La nuance du 1 fr. sur carton est jaune trop vif, celle du 5 fr.
est généralement carmin pâle sur vert-jaunâtre, mais cet essai
existe aussi en carmin vif et c'est plus particulièrement ce dernier qui a été truqué. Le 1 fr. mesure 18 × 22 ; le 5 fr. 18 1/6 × 22 1/4
pour le carmin pâle et 18 1/10 × 22 1/10 environ pour le vif.

On a aussi truqué le 5 fr. en effaçant chimiquement les chiffres
du 15 c. carmin ; impression consécutive des mentions 5 F et
coloration chimique du papier. Les blocs de 4 du 5 fr. sont à
examiner minutieusement sous ce rapport. Ne pas oublier que
les formats du 5 fr. et du 15 centimes rose sont semblables, mais
que le truquage avec ce dernier timbre donne un ton non conforme ;
le 15 cent. carmin est parfait comme ton, mais son format est
légèrement trop grand (18 1/6 × 22 environ).

1891-98. *DENT. ID. EFFIGIE PRINCE ALBERT*. N°s 11 à 21.

Feuilles de 150 timbres en 6 groupes de 25 ; à partir du 2e tirage,
chiffres du millésime entre les groupes au milieu de la feuille. Les
premiers tirages sont de 1891 excepté pour les 40 et 75 c. (1894).

Nuances. — Trois à quatre nuances par valeur.

Valeur réelle des unités et blocs de 4 en 1926 (valeur or) :

	N.	U.	Blocs de 4	
N^{os}			N.	U.
11			0 10	0 10
12			0 10	0 10
13	1 25	0 50	6 »	
14	2 50	1 50	8 »	6 25
15	1 75	0 25	12 »	
16	7 50	1 75	(120 »)	
17	0 25	0 20	1 50	1 »
18	0 50	0 30	3 »	1 50
18a	1 50	1 »	9 »	3 »
19	1 »	1 »	6 »	
19a	2 »	2 »	10 »	
20	0 75	0 60	5 »	
20a	2 50	2 50	15 »	
21	6 »	4 »	35 »	30 »
21a	20 »	12 »	100 »	

Variétés. — On trouve des impressions défectueuses. 40 cent.
avec impression transparente : 2 N; 2 U. Le 15 cent. avec double
impression est un essai. Les 1 et 5 fr. non dentelés, papier épais,
couleur du timbre sont des essais.

Oblitérations. — Divers cachets de Monaco; Monte-Carlo.

EMISSION DE 1901-1903. *MEME TYPE. N°s 22 à 25.*
Quelques nuances; le 5 c. vert-jaune foncé est de 1903.
Valeur réelle :

	N.	U.	Blocs de 4	
N^{os}			N.	U.
22			0 25	0 15
23	0 25	0 10	1 25	0 50
24	0 20	0 15	1 25	1 »
25	0 60	0 15	3 »	2 50

1914. *CROIX-ROUGE. N° 26.*
Valeur de l'unité : 0 fr. 60. Bloc de 4 : 3 fr.

Millésimes. — Pour les millésimes à partir de la deuxième émission, consulter les catalogues spéciaux.

EMISSIONS POSTERIEURES

Presque tous les timbres sont accaparés et les prix sont tenus
malgré le chiffre de tirage parfois considérable. Abstention con-
seillée.

1919. Orphelins non surchargés. Tirage de 25.000 à 48.000. Le
50 cent.: 12.000; le 1 fr.: 9.000; le 5 fr.: 3.500. Par comparaison,
voyez les prix des n°s 47 et 48 du Gabon tirés à 3.000 exempl.

1920. Orphelins surchargés : tirage environ 15.000 pour toutes les valeurs, excepté le 15+10 (25.000), le 25+15 (34.000) et le 5 fr.+5 fr. (1.050) ; ce dernier est donc réellement rare, mais la surcharge a été supérieurement imitée. Comparaison (boucles supérieures des chiffres 2, etc.). Pour comparaison de valeur, voyez le prix du Madagascar n° 1 tiré à 1.000 exemplaires.

1921. Type Albert. Nuances modifiées. Nos 44 à 47. Le 5 fr. mauve est peu commun.

1921. Types anciens surchargés. Nos 48 à 50. N° 48 (300.000) ; n° 49 (100.000) ; n° 50 (42.000).

1922. Surchargés sur t. de 1891-1901. Nos 51 à 53. Rien d'intéressant à signaler.

1922-23. Série Monuments. Taille-douce. Nos 54 à 61. Tirages : n° 54 (72.000, voir pour comparaison des prix le Réunion n° 76, même chiffre de tirage) ; n° 55 (95.000, voir Dahomey n° 2, id.) ; n° 57 (200.000, voir Nouvelle Calédonie, n° 110, id) ; n° 58 (76.000, voir Réunion, n° 76, id.) ; n° 59 (550.000) ; n° 60 (1.000.000) ; n° 62 (240.000, voir Grande-Comore n° 22, id.) ; nos 62 et 64 (48.000, voir Saint-Pierre-et-Miquelon, n° 37) ; n° 63 (67.000, voir Gabon, n° 39).

Quelques nuances, comme dans les timbres de toutes les émissions du monde, sans plus. Quelques valeurs portent en filigrane la marque de fabrique B. F. K. R. (Blanchet frères et Kléber à Rives-Isère). Cela n'est pas plus intéressant que pour les émissions d'autres pays où l'on trouve de semblables marques de fabrique dans le papier.

Toute la série existe non dentelée (erreurs voulues à l'usage de la poche du collectionneur).

EMISSIONS SUIVANTES

Les catalogues généraux renseignent suffisamment sur ces émissions et sur les taxes trop souvent spéculatifs.

La série du prince Louis comporte les chiffres de tirage suivants : n° 65 (850.000) ; n° 66 (650.000) ; n° 67 (500.000) ; n° 68 (1.600.000) ; n° 69 (750.000).

MONTÉNÉGRO

Feuilles de 100 timbres avec filigrane « Zeitungs Marken » au milieu de la feuille ; lettres de 23 $^m/^m$ de hauteur.

1874 *(Mai)*. *DENTELES* 10 1/4, 10 3/4. N°⁸ 1 à 7.

Papier épais non transparent ; timbres typographiés.

Dentelure à grands trous, ayant un diamètre d'environ 1 $^m/^m$ 1/2 à 1 $^m/^m$ 3/4. Ceci est la cause que les extrémités se terminent en pointe alors que la dentelure des émissions suivantes est formée de trous moyens, de 1 $^m/^m$ 1/4 environ de diamètre dont les extrémités sont arrondies ou droites.

Chiffre de tirage. — 10.000 ex., excepté les n°⁸ 1 et 3 (20.000) et le 25 n. (5.000). Pas de réimpressions.

Nuances. — 2 n. jaune, généralement de mauvaise impression qui ressemble à de la lithographie ; 3 n. vert-jaune, souvent de même impression et vert-bleu, d'impression bien meilleure ; plus rare neuf : 2 N ; 5 n. rouge-rose terne et rouge rose ; 7 n. lilas pâle ; 10 n. bleu et bleu clair ; 15 n. bistre-brun plus ou moins vif ; 25 n. gris-lilacé (ton pierre). Premier tirage : gomme brunâtre.

Oblitérations. — Le cachet commun, habituel, est rond à date, un cercle (petit cachet, 20 $^m/^m$ 1/2 environ). Toutes les autres oblitérations sont rares.

Paires : 4 U. Blocs de 4 : R.R.

Signes secrets. — L'illustration renseigne les signes secrets et quelques signes d'expertise des timbres au type de 1874.

La recherche de ces signes est intéessante au point de vue du classement des émissions ; dans le 3 n. la cassure du filet d'encadrement au-dessus du « tché » russe n'est plus visible après la première émission, chaque fois que l'impression est forte ; 5 n., dans la première émission, il y a un point à gauche du petit trait oblique situé sous l'ornement en forme de feuille de lys du coin supérieur gauche ; dans les émissions suivantes, ce point est rarement visible, formant corps avec le trait ; 7 n. un point est parfois visible dans la première émission vers le milieu du même ornement de gauche (coin inférieur gauche) ; 10 n., les deux points situés dans le coin supérieur gauche sont rarement visibles à partir de la deuxième émission ; 15 n. les deux hachures verticales qui relient le cadre supérieur et le cadre de l'inscription ne se voient que dans la première émission ; ce défaut a été rectifié par retouche (grattage) ce qui se voit dans le n° 13 où l'espace entre cadre et cartouche est plus grand à cet endroit.

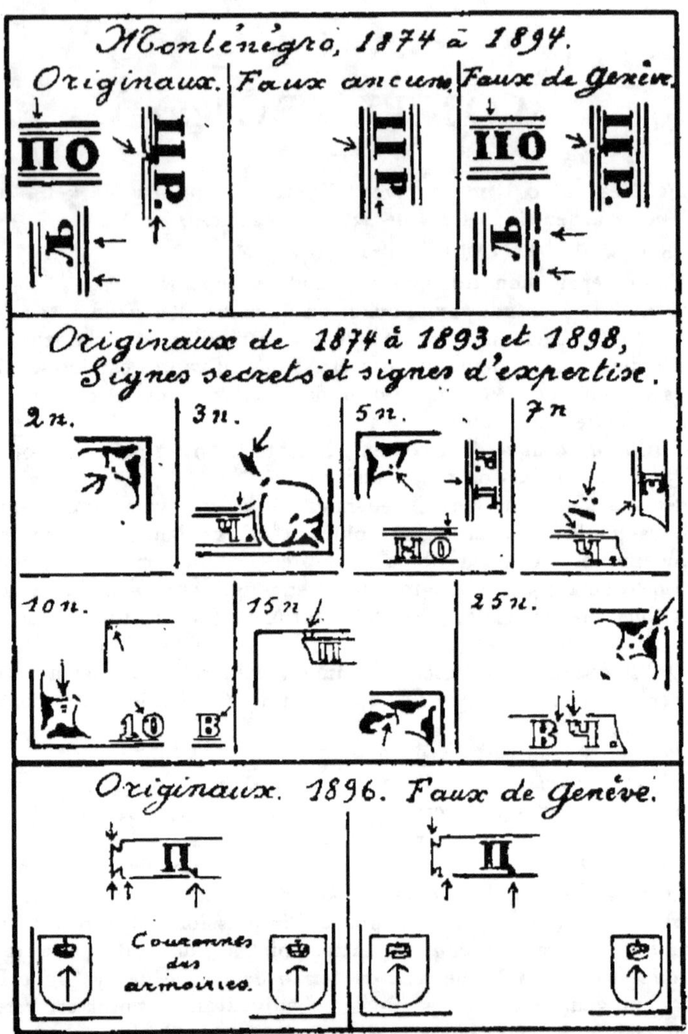

Dans l'émission de 1894 (changements de valeurs) on retrouve des signes semblables; le 1 florin porte les deux points du 25 n. dans l'ornement du coin supérieur droit; le 30 n. ne porte qu'un seul point au même endroit, etc. Il est curieux de constater que les auteurs sont restés muets à cet égard.

Faux. — I. Vieux faux très mal imités; un coup d'œil par comparaison avec un original suffit pour remarquer la fraude: effigie fantaisiste, première lettre de l'inscription de droite formant un H ; inscription de gauche renversée (la lettre A finale ayant le sommet à droite, vers l'effigie, etc.).

II. Série ancienne lithographiée ; dessin passable, papier moyen transparent. On la trouve non dentelée, avec perçage irrégulier en lignes ou dentelée 12 1/2. Voir l'illustration pour un signe distinctif caractéristique. A noter que dans l'original du 3 n. la barre supérieure de la première lettre de l'inscription de droite réunit les traits verticaux (seule exception à la règle pour toutes les autres valeurs), tandis que dans cette série cette lettre se présente dans le 3 n. comme dans l'illustration.

Les oblitérations fausses sur cette série sont : cercle de barres rapprochées ; gros points en losanges et oblit. à date double cercle.

III. Faux de Genève (voir illustration). C'est surtout l'émission de 1894 qui a été imitée en grand, mais les clichés ont servi pour contrefaire les émissions précédentes (fausse oblitération ronde à date).

EMISSIONS DE 1875-1880 ET 1893. MEME TYPE. N°ˢ 8 à 14

1875-80 (n°ˢ 8b à 14b Yvert). Dentelés 12, 12 1/2, 13, sur divers papiers épais, dentelures à trous moyens. Les dentelures composées sont rares ; la dentelure 12 irrégulière est très rare neuve. Tous avec dents se terminant par une section plus large que dans la première émission.

1893 (n°ˢ 8a à 14a Yvert). Dent. 10 1/2 et 11 1/2 sur papier épais. Sur papier mince (n°ˢ 8 à 14 Yvert).

Nuances. — Assez nombreuses ; il est bon de s'y référer pour le classement des divers tirages et émissions.

Oblitérations. — Voir première émission. On trouve aussi des oblitérations à date, un cercle, d'un diamètre de 25 ᵐ/ᵐ.

Variétés. — On recherche les impressions défectueuses ; le n° 8a existe avec double impression.

Paires : recherchées car elles permettent de constater de visu la largeur des marges.

Faux. — Voir première émission.

1893. *TIMBRES DE 1893 SURCHARGÉS.* N°ˢ 15 à 23.

Dentelures, 10 1/2 et 11 1/2.

On peut former une jolie collection comprenant les dentelures (marges étroites ou larges) ; les papiers (mince ou moyen et transparent), et les variétés de surcharges (droites, renversées, doubles), ainsi qu'avec les erreurs 1495, 893, 18 3, 1493, 14 3, 149 , 493, etc. ; aussi sans l'un ou l'autre millésime.

Réimpressions (1898). — Dentelés 10 1/2 excepté le 15 n. dent. 11 1/2. Surcharges carminées.

1897. *MEME TYPE. NOUVELLES VALEURS.* N°ˢ 24 à 29.

Dentelures 10 1/2, 11 1/2 et 11 (rare). On trouve des non dentelés (rares).

Faux. — Toute la série a été bien imitée à Genève (F.) en photolithographie, dent. 11 1/4. Voir l'illustration précédente pour
les signes distinctifs.

Fausse oblitération de Genève. — Oblit. à date un cercle
(Cettigne) 10/7. (26 $^{m/m}$ de diam.) (les 5ᵉ et 6ᵉ lettres russes
sont reliées par le haut. Faute.)

1896. *VUE PANORAMIQUE*. Nᵒˢ 30 à 41.

Dentelés 10 1/2 × 10 1/2 et 11 1/2 × 11 1/2. Les timbres régulière-
rement oblitérés valent 3 fois le prix des neufs; 1 et 2 fl. : 5 U. Les
fausses oblitérations abondent.

On trouve les 3, 5, 10, 20, 30, 50 n. et 1 fl. non dentelés : rares;
les 3, 5, 10 et 20 n. partiellement dentelés : rares.

Variétés. — Les centres renversés, double impression du centre
ou du cadre et les recto-verso sont des maculatures.

Faux de Genève. — Toute la série dentelée ou non. Format
33 $^{m/m}$ de large sur 21 1/5 de haut (au lieu de 33 1/5 à 33 2/5 sur
21 1/2 dans les originaux); les dentelés, 11 1/2 × 11 1/2 comme les
originaux. Lithographiés en nuances parfois semblables. Voir l'illustration pour les signes distinctifs; les arbres du premier plan,
à gauche en bas sont informes (distincts dans les originaux).
Même oblit. fausse que précédemment.

1898. *ANCIEN TYPE*. Nᵒˢ 42 à 48.

Dentelés 10 1/2, 11 1/2.

Variétés. — Le 15 n. non dentelé, le 15 n. avec double impression et les 3 et 7 n. imprimés au verso sont des épreuves d'imprimerie. On trouve le 3 n. avec impr. très transparente : 10 N; 20 U.
Mais il y a des truquages de cette variété.

EMISSIONS SUIVANTES

Suffisamment décrites dans les catalogues généraux.

1902. Toute la série existe non dentelée (épreuve d'imprimerie)
avec impression simple ou double, excepté les nᵒˢ 55 et 56.

1905. On trouve un nombre énorme de variétés faites à plaisir,
à l'usage des collectionneurs.

NORVÈGE

1855 (1ᵉʳ *Janv*.). *TYPE LION. NON DENT*. Nᵒ 1.

Feuilles de 200 timbres en deux groupes de 100 (10 × 10). Typographiés, filigrane lion. On trouve sept types de report reconnaissables aux hachures verticales.

Papier : moyen rugueux ou papier mince : 2 U.

Premier choix. — 4 marges de 1 $^{m/m}$ 1/2 minimum.

Nuances. — Bleu, bleu foncé : 2 N ; U, 50 ; gris bleu ; bleu verdâtre : U, 50, et bleu outremer : rare.

Variétés. — Un grand nombre de variétés de planche permettent la reconstruction. La principale variété est celle du lion avec double patte droite arrière : 12 U, qui fut corrigée après le deuxième tirage ; les autres se trouvent généralement dans les ornements des coins sous forme de taches blanches ou de défauts dans le dessin (lettres, fond bleu, etc.). Voir illustration pour quelques exemples.

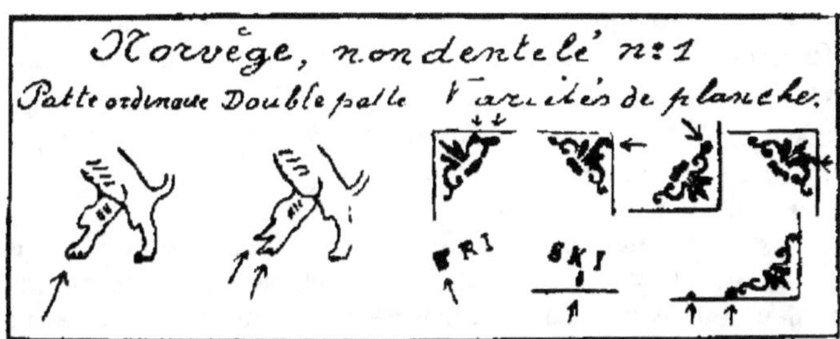

Le neuf avec gomme est excessivement rare.

Oblitérations. — Type A, cercle de barres (11 à 13 barres) : commun ; en bleu : 2 U ; type B, à date, moins commun ; en bleu : 2 U, 50 ; type C, 3 cercles concentriques et numéro, un peu plus rare : U, 25 (nos 1 à 354 ; 1 à 382 après le 30 juin 1859) ; en bleu (no 333, etc.) : 2 U.

Toutes les autres sont rares. On trouve notamment un cercle noir avec la fraction L/S en blanc au milieu et des points noirs parsemés autour du cercle noir : R.R. On trouve des oblit. plume rares.

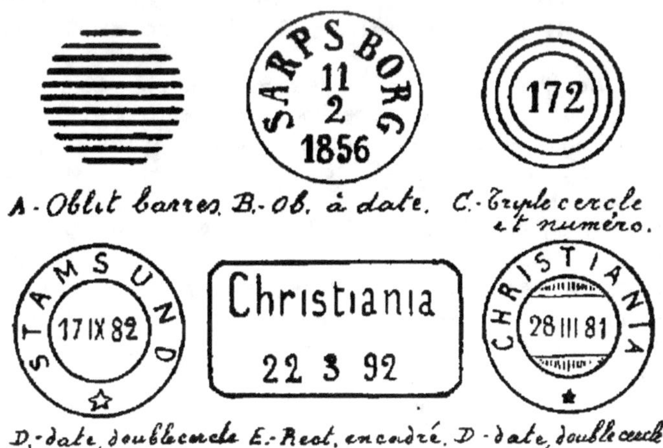

Paires : 5 U; bande de 3 : 10 U; bande de 4 : 20 U. Bloc de 4 : R.R.R.

Réimpression. — (1924) une réimpression en bleu foncé sans filigrane et non dentelée, pour l'ouvrage sur les timbres de Norvège de MM. Anderssen et Dethloff.

Faux. — I. Mauvais dessin, couronne trop large; 37 lignes horizontales au lieu de 39 et 21 hachures verticales dans l'écu au lieu de 24. Toutes les hachures sont trop épaisses, au point que les espaces blancs sont moins larges qu'elles. Lithographié.

II. Dessin semblable, lithographié, faux moderne, papier jaunâtre, bouche du lion ouverte, chiffre 4 fermé; 35 hachures horizontales; 22 verticales.

1856-57. *EFFIGIE D'OSCAR I*er*. DENT.* 13 1/2. N°s 2 à 5.

Feuilles de 100 t. en 4 groupes de 25 (5 × 5).

Papier moyen rugueux, parfois transparent.

Nuances. — 2 sk. jaune orangé clair; jaune orange; jaune orange foncé : U, 50; 3 sk. lilas-gris : U, 50; lilas; 4 sk. bleu pâle à bleu foncé; 8 sk. rose carminé pâle à foncé; rose carminé vif : N rare; 2 U.

Variétés. — On trouve le 4 sk. non dentelé : rare; avec raie de lumière dans le cou plus ou moins large; 4 sk. coupé pour moitié : R.R.; 8 sk. coupé pour moitié : R.R.; ces deux derniers à prendre sur lettre ou grand fragment. Le n° 5 avec impression très transparent : 2 U. Le 3 sk. jaune et bleu sur vergé est un essai : rare. Le 3 sk. gris lilas est de nuance ardoise pâle; décoloré par la lumière il est gris net; de même quand il a été truqué chimiquement; bain chimique trop violent : gris-vert sale. 8 sk. non dentelé : rare.

Réimpressions. — (1924). Toute la série sur papier blanc uni, dent. 10 1/4; le 3 sk. gris perle; 4 sk. bleu foncé; 8 sk. rouge carminé.

Oblitérations. — Type B, à date : commune; en bleu : 2 U. (le cachet usuel porte une barre horizontale entre le chiffre du jour et du mois et tous les chiffres sont plus petits. Type A, barres : 2 U; type C : U, 25. Oblitérations autres et cachets étrangers : rares.

Paires : 3 U; bloc de 4 : 16 U. Les bandes ne sont pas communes.

1863-66. *CHIFFRE A GAUCHE SEULEMENT.* N°s 6 à 10.

Feuilles de 100 timbres en 4 groupes de 25. Lithographiés.

Papier moins rugueux que le précédent.

Dentelure 14 1/2 × 13 1/2.

Nuances. — 2 sk. jaune; 3 sk. lilas foncé; 4 sk. bleu, bleu pâle; 8 s. rose très pâle; rose rouge : 2 U; 24 sk. brun, brun jaunâtre, brun rougeâtre.

Variétés. — Le coin initial comprenait quatre types; ils sont reconnaissables aux chiffres. Le 4 sk. a eu deux planches. Il y a des retouches du 4 sk.

Impressions défectueuses : U, 50.

On trouve les nᵒˢ 6 à 9 avec spécimen en bleu.

Oblitérations. — A date, commune; en bleu : 2 U; type C : 2 U. Toutes les autres : rares, notamment les oblitérations de bateaux (Alto schiffs, etc., ovale). Timbres sur lettre : U, 50.

Paires : 3 U; les bandes et blocs sont rares.

Faux grossier du 3 sk. Ne mérite pas une description.

Faux de Gênes (I.). — Faux moderne typographié. 16 3/4 × 20 1/5 ᵐ/ᵐ (au lieu de 16 1/2 à 16 3/4 × 20 1/4 à 20 2/5).

Papier très blanc grené, à grandes marges de 1 ᵐ/ᵐ 1/2 minimum; foulage prononcé; dent. 14 × 14.

Les traits formant les joyaux du bandeau de la couronne sont trop minces et les traits curvilignes situés au-dessus de ces joyaux coupent le deuxième et troisième ornement (en comptant de la droite). A remarquer aussi qu'aucune hachure ne dépasse le cadre intérieur. Nuances grise, légèrement lilacée. Impression fine.

1867-68. CHIFFRE REPETE. Nᵒˢ 11 à 15.

Feuilles de 100 timbres (10 × 10), dentelés 14 1/2 × 13 1/2. Typographiés. Fond de hachures verticales et non quadrillées comme précédemment.

Papier de diverses épaisseurs.

Nuances. — 1 sk. gris-noir; noir intense : N, 50; U, 50; 2 sk. orange; 3 sk. lilas foncé; gris-lilas : U, 50; 4 sk. bleu (diverses nuances); 8 sk. rose carminé; rose pâle (nuance du nᵒ 9) : U, 50.

Variétés. — 1 sk. dent. 13 × 13 1/2 : rare. 2 sk. coupé ayant servi pour moitié : R.R. Impressions défectueuses (généralement foncées) : U, 50. Quelques petites retouches de taches blanches; d'ombres de la couronne (3 sk.); couronne (8 sk.), etc.

Paires : 3 U; blocs usés : 12 U.

Oblitérations. — A date, commune; type C : 3 U. Toutes les autres rares, y compris l'oblit. bateau Hammerfest-Hambourg, etc.

Réimpression (1924). — 8 sk. en carmin vif, dentelé 15, sur papier très blanc (pour l'ouvrage de MM. Anderssen et Dethloff comme les réimpressions de l'émission précédente).

1872-76. CHIFFRE DANS UN COR. FILIG. COR. Nᵒˢ 16 à 21.

Feuilles de 100 timbres. Valeur en skilling. Dent. 14 1/2 × 13 1/2.

Nuances. — 1 sk. vert-jaune; vert foncé; vert émeraude : 20 N; 3 U, 2 sk. bleu-gris terne; outremer foncé; outremer pâle; 3 sk. rose carminé à carminé vif; 4 sk. mauve; violet foncé : 10 N; U, 50; 6 sk. brun rouge; 7 sk. brun. Quelques nuances secondaires.

Variétés. — Les 1 à 4 sk. ont 12 types différents; le 6 sk., 15 types, le 7 sk. 10 types pour la planche I et 22 types pour la planche II. Les types se reconnaissent aux lettres de la valeur. 1 sk. transparent : U, 50. Le vert foncé est toujours transparent. 1 sk. E.EN : 20 N ; 10 U.

Paires : 3 U ; blocs de 4 : 10 U.

Oblitérations. — Ronde à date, commune.

1877-78. *IDEM. VALEUR EN ORE. COR OMBRÉ.* Nᵒˢ 22 à 31.

Cette série se reconnaît au cor ombré et aux lettres de NORGE sans traits terminaux. — *Nuances.* — Très nombreuses.

Variétés. — Toutes les valeurs ont 6 types différents (excepté les 3, 5, 10 et 20 ore qui en ont 12) reconnaissables aux chiffres de la valeur. On trouve les 5, 10, 20, 35 et 60 ore sans point après POSTFRIM : 2 N ; 2 U ; le 60 ore avec double point derrière ce mot : rare.

Oblitérations. — A date, types B et D : communes ; oblit. de couleur : 2 U. Les autres rares.

Paires : 3 U ; blocs de 4 : 8 U.

1878. *IDEM. EFFIGIE DU ROI OSCAR II.* Nᵒˢ 32 à 34.

Ces trois valeurs appartiennent à l'émission précédente. Pas de types différents. On les trouve souvent oblitérées au type E qu'on retrouve fréquemment sur les émissions suivantes.

1882-93. *TYPE DE 1877-78. COR NON OMBRE.* Nᵒˢ 37 à 45.

Se reconnaissent au cor non ombré. Les lettres de NORGE comme précédemment.

Cette série comprend, en réalité, deux émissions différentes :

1ᵒ 1882-84. Nᵒˢ 37b ; 37c ; 38, 39, 40, 41, 42 et 44a d'Yvert. Clichés de 21 ᵐ/ᵐ de hauteur. Le 20 ore toujours sans point après POSTFRIM.

2ᵒ 1886-93. Nᵒˢ 35a (planche I) ; nᵒ 35 (planche II) ; nᵒ 36 (8 types) ; nᵘ 37a rouge-orange (planche I) ; nᵒ 37, jaune orange (planche II) ; nᵒ 37 orange (planche III), 4 types dans chaque planche ; nᵒ 38 (4 planches : 4 types, 4, 8 et 1 types) ; nᵒ 39 (6 planches, les 3 premières 4 types, les dernières 1 type) ; nᵒ 43 (5 planches, les trois premières 4 types, les deux dernières 1 seul) ; nᵒ 44 (4 types de chacune des deux variétés de petit et grand chiffre en bas).

Les types se reconnaissent aux chiffres de l'inscription du bas.

Les 5, 10, 20 et 25 ore se rencontrent sans point après POST-FRIM.

1893-1905. *MEME TYPE, MAIS LETTRES DE NORGE AVEC TRAITS TERMINAUX.* Nᵒˢ 46 à 57.

Nombreuses nuances. On peut former deux séries d'après les chiffres du bas (I. Imprimerie Centrale ; II. Imprimerie Knudsen). Un trait oblique traverse le cor sous la couronne. On ne le retrouve pas dans l'émission de 1910-20.

Oblitérations. — Types **D** : commune ; **E** : moins commune ; un type triangulaire PAKKEPOST avec nom et date : 2 U.

EMISSIONS SUIVANTES

Voir les catalogues généraux.

Pour les trois émissions à effigie, 1907, 1909, 1911, voir l'illustration qui donne le moyen de les reconnaître facilement. (Le 2 **kr.** n° 86 est d'un format un peu plus grand que les autres.)

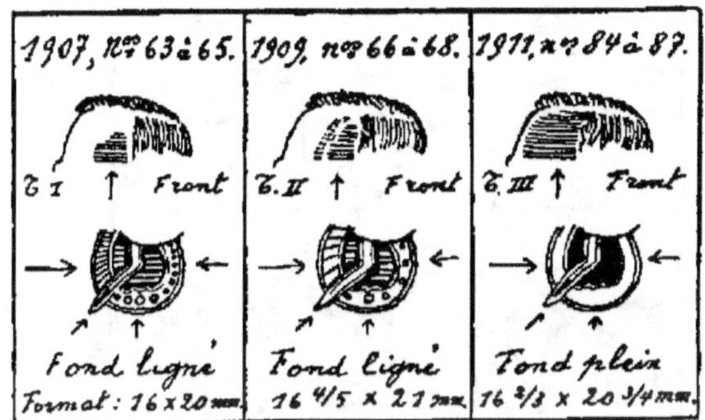

1905-08. Surch. fausses 1, 1,50 et 2 krone. Comparaison.

OLDENBOURG

I. — **NON DENTELÉS**

Premier choix. — 4 marges. de 1 $^{m/m}$ minimum.

1852-55. *NOIR SUR COULEUR. LITHOGR.* N°ˢ 1 à 4.

Noir sur papier de couleur.

Papier moyen et mince ; ce dernier : U, 25.

Types. — Le 1/30 th. a trois types ; le type II : 2 N ; 2 U ; le 1/15 également trois types, les types II et III : N, 50 ; U, 50 ; le 1/10 deux types, le type II retouché : 2 N ; 2 U. (Voir l'illustration).

Nuances. — 1/3 s.g. noir sur vert ; 1/30 th. noir sur bleu foncé ; bleu clair : U, 25 ; 1/15 th. noir sur rose ; rose pâle ; 1/10 th. noir sur jaune ; sur citron (papier mince) : U, 50.

Variétés. — 1/30 th., les trois types réunis en bande : R.R.R. On trouve des impressions fines : rares ; et des impressions défectueuses : U, 25. On trouve des exemplaires de planche usée : rares.

Oblitérations. — Types A et B en bleu : communes ; en noir :

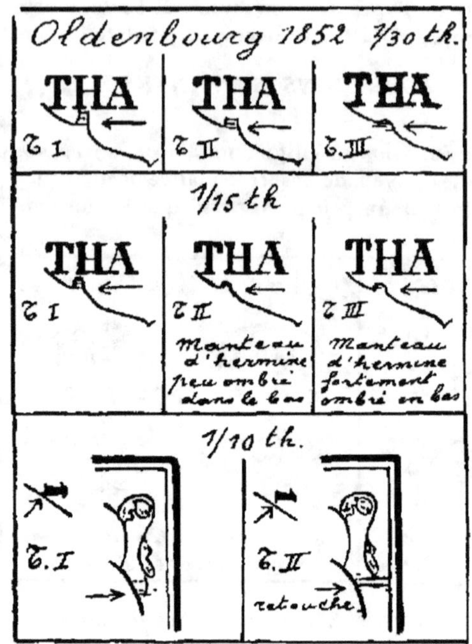

U, 25 ; type D : U, 50 ; les oblit. de bureaux auxiliaires (postablage) Kleinsiel, Sengwarden, Fedderwarden, etc., sont rares ; A en rouge (Dedesdorf) : R.R. Oblit. ronde à date : R.R.

On trouve également des oblitérations plume (rouge) : R.R. Oblitération ovale de Delmenhorster Hauschen : R.R. Enfin, les oblit. étrangères, Brême, Brunswick, etc., sont très recherchées.

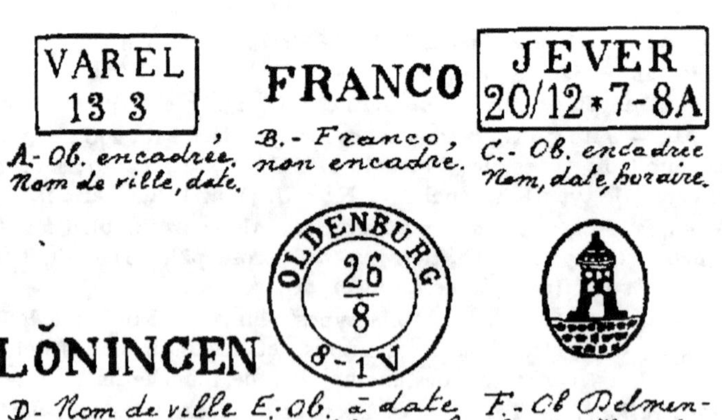

Les 1/5 et 1/30 portent parfois un cachet 2 2/5 appliqué sur le timbre (Abbehausen) : R.R. (hauteur du chiffre et de la fraction : environ 16 ᵐ/ᵐ.)

Paires : 4 unités ; n° 2 bande de 3, les trois types réunis : 12 U.

Réimpressions : Non.

Originaux. — Le chiffre 1 de la fraction centrale ne touche pas le pointillé du manteau d'hermine, excepté dans le 1/30. Ce chiffre porte un trait terminal, à droite en haut, dans le 1/15. La pointe de l'écu touche le haut du cartouche de Oldenburg vers le jambage gauche ou le milieu de la lettre N. Pas de point après Oldenburg excepté dans le 1/10. Les inscriptions latérales ne touchent pas les cartouches. Les lettres A et L de Thaler ne sont reliées au pied que dans le 1/30 type III et dans le 1/15 ; les lettres de ce mot ont toujours des traits terminaux.

Dans le 1/3 la ligne supérieure de la croix du petit écusson ne touche pas le trait oblique de gauche ; l'L et le D d'Oldenburg sont reliés au pied et le trait terminal du G touche le bord du cartouche.

Faux anciens et modernes. — Le détail de toutes les falsifications formerait un petit volume (une quinzaine de contrefaçons différentes dont la moitié en séries entières !)

Il suffit de vérifier tous les points décrits ci-dessus pour les originaux ainsi que les détails des types dans l'illustration pour trouver tous les faux dont la plupart, qu'ils soient lithographiés ou typographiés, sont mal venus, avec hachures trop épaisses. La comparaison des nuances du papier et de l'épaisseur de celui-ci rendra également service.

1858. *FORMAT PLUS GRAND. NOIR SUR COUL.* Nᵒˢ 5 à 8.

Lithographiés, non dentelés. Valeur en groschen.

Nuances. — 1 g. bleu et bleu pâle ; 2 g. rose et rose pâle.

Variétés. — N° 8 avec défaut de transfert OLBENBURG : 2 N ; 2 U. On peut trouver quelques retouches du 1 g., par exemple : réfection d'un défaut de report (tache blanche) dans le coin supérieur droit ; réfection du coin supérieur gauche du cadre, etc. On trouve le 1 gr avec simple ou double trait sous le chiffre de gauche.

Oblitérations. — Type A en bleu : commune ; types B, D ou E, sur 1 gr. : U, 50 ; sur les autres valeurs : U, 25. Toutes autres oblit. : R.R.

Paires : 4 U. Il n'y a pas de réimpressions.

Originaux. Les quatre valeurs montrent des points diversement situés dans les ovales latéraux (voir illustration).

La série a été abondamment falsifiée, le plus souvent en lithographie ; il serait trop long de décrire les imitations en détail, le dessin des fines hachures du cartouche supérieur est suffisant pour dépister tous les faux (voir illustration).

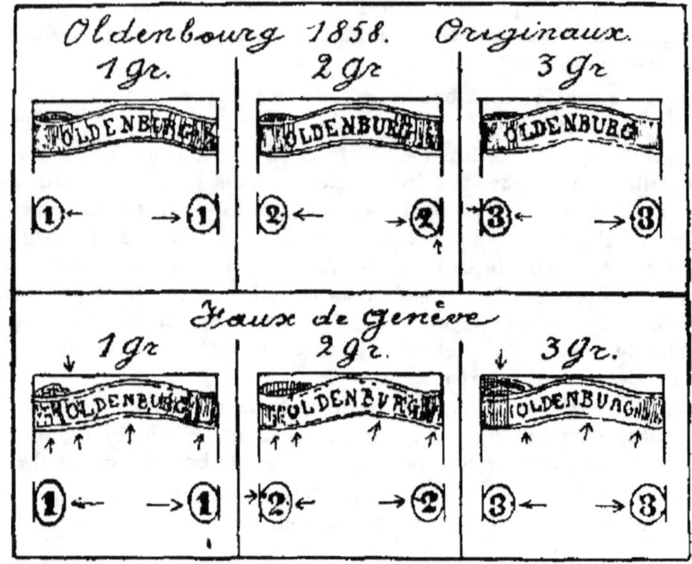

Voici le nombre de hachures situées à gauche de la lettre O de OLDENBURG et à droite du G :

1/3 g. 13 hachures à gauche, la 13° touche la lettre O ; 12 hachures à droite, la dernière touche le trait terminal du G.

  1 g. 12 à gauche, la dernière touche l'O ; 10 à droite, la dernière touche le trait terminal.

  2 g. 12 à gauche, la dernière ne touche pas l'O ; 10 à droite, la dernière est très près ou touche le trait terminal.

  3 g. 13 à gauche (les 3 premières mal venues), la dernière ne touche pas l'O ; 11 à droite, la dernière touche le G.

Faux. — La série a été falsifiée à peu près aussi souvent que la première. La comparaison du dessin montre toujours une exécution grossière et les nuances du dessin ne sont pas conformes.

Voici la nomenclature du nombre de hachures à gauche et à droite du mot OLDENBURG dans les faux les plus connus ; il est à remarquer qu'il n'y a autant dire jamais de hachures qui traversent les lettres de ce mot (voir l'illustration des originaux).

1/3 gr. 10 lignes à gauche, la dernière touche l'O ; 7 à droite, la dernière touche le G. 11 lignes à gauche (ne touche pas) ; 9 à droite (pas) ; 6 lignes à gauche (ne touche pas), 9 à droite (ne touche pas, typographié.)

  1 gr. 6 lignes à gauche et 8 à droite, celles vers le mot sont embryonnaires et les dernières sont loin des lettres. Lignes incomptables, très mauvais faux divers.

2 gr. 10 et 9 lignes, les dernières touchent ; 15 et 11 lignes, les
dernières touchent ; 11 et 9 lignes, les dernières touchent ; 5
et 7 lignes, les dernières ne touchent pas ; 14 et 7 lignes (à
droite ne touche pas).

3 gr. 3 et 4 lignes incomplètes (ne touchent pas) ; 6 et 9 lignes,
les dernières ne touchent pas ; 14 et 8 lignes (à droite ne
touche pas).

Il y a lieu de mentionner à part la série moderne des *faux de
Genève* (F.) n°ˢ 6 à 8, parce que le dessin est, en général, un peu
meilleur, et que les points noirs sont reproduits dans les ovales.
(Voir illustration). Le papier est loin de la coloration exacte, mais
ceci peut être modifié.

Fausses oblitérations. — Barres et types A et B sur les faux
anciens.

Sur faux de Genève : type A VAREL, 16/6 ; type B ; type E :
OLDENBURG 16/10.

1860. *MEME TYPE. COULEUR SUR BLANC.* N°ˢ 9 à 14.

Nuances. — 1/4 gr. jaune orange, jaune orange foncé ; 1/3 gr.
vert-bleu pâle ; vert-terne ; vert mousse (ton vif) : 2 N ; U, 50 ; 1/2 gr.
brun-rouge ; brun foncé ; 1 gr. bleu, bleu terne, bleu foncé (acier) :
2 U ; bleu outremer ; 2 gr. rouge, rouge terne ; 3 gr. jaune ; citron :
N, 50 ; U, 50.

Le vert mousse est un vert jaune relativement foncé et toujours
vif. L'impression est, en général, bien plus nette et ce timbre
mesure 17 ᵐ/ᵐ 3/4 de large au lieu de 18 ᵐ/ᵐ. Mêmes différences
dans le 1/2 g. brun foncé.

Variétés. — Les impressions défectueuses sont assez nombreuses, particulièrement dans le n° 14. Quelques variétés de transfert
(1 par feuille) : n° 10 (vert bleu ou vert terne) OLDE*I*BURG ;
DRITT*D* ; DRITT*O* ; DRITT*E* ; OLDE*F*BURG, tous : 4 N ; 2 U ;
n° 12, E*I*R ; n° 14, OLDE*I*BURG ; 8 au lieu de 3 ; tous : 3 N ; 3 U.
Les n°ˢ 12 et 14 recto-verso : R.R.R. Le n° 10 (vert bleu ou vert
terne) se rencontre avec le cadre interrompu vers le milieu en bas
(défaut de transfert) : R.R. et quelques autres défauts de ce genre.
L'affranchissement de deux pièces de 1/4 gr. sur une lettre est
R.R.R. N° 10 avec point entre L et G : U, 25.

Truquages. — Quelques tripotages sur les n°ˢ 10 et 11 pour obtenir les défauts de transfert 10b à 10d et 14a. Examinez à la loupe,
par transparence.

Paires : R.R. Il n'y a pas de réimpressions.

Oblitérations. — Type A : commune ; B : rare. Le cachet à date
E devient moins rare. Les autres R.R. Les oblitérations des n°ˢ
9, 10, 10a et 11 doivent être expertisées, car il existe des cachets
faux bien imités.

Originaux. — Les 1/3, 1, 2 et 3 gr. ont les mêmes caractéristiques que dans l'émission précédente (hachures du cartouche supérieur et points dans les ovales, voir l'illustration).

Le 1/4 gr. montre 8 hachures à droite et à gauche du mot OLDENBURG, elles ne touchent pas les lettres O et G ; les lettres O, B, U, R et G sont coupées en leur milieu par une hachure.

Le 1/2 gr. montre 6 hachures à gauche et 7 à droite, la septième de droite touche le trait terminal du G.

Faux. — La plupart des faux sont lithographiés, et ne portent pas les signes secrets dans les ovales des chiffres. (Voir illustration). Le 1/3 ne porte pas non plus le point à droite de la boucle supérieure du chiffre 3 de gauche, ni le point qui se trouve dans l'ovale à gauche en haut du chiffre 3 de droite.

Tous les faux de l'émission précédente ont été naturellement refaits en couleur sur blanc, y compris les faux modernes de Genève (voir illustration).

Voici les caractéristiques d'autres faux exécutés spécialement pour l'émission de 1860 :

1/4 gr.	9 hachures à gauche et		7 à droite		(la 7e touche le G)
	5	—	—	7 —	(GROSCHEU)
	10	—	—	6 —	
1/3 gr.	8	—	—	6 —	
1/2 gr.	4	—	—	7 —	
1 gr.	10		—	9 —	(les dern. touchent)
2 gr.	10	—	—	6 —	
	14	—	—	8 —	(typographié)
	13	—	—	11 —	
3 gr.	Pas de	—	—	6 —	(typographié)
	10	—	—	3 ou 4 —	(point après le G)

On trouve, en outre, des faux qui n'ont pas de hachures de l'un ou l'autre côté ou même pas du tout ; elles sont parfois incomptables ; très souvent incomplètes, et les lettres des inscriptions ne sont pas conformes.

Fausses oblitérations sur faux de Genève. On peut les trouver également sur les faux de l'émission précédente et sur des originaux de l'émission suivante : type A : RASTEDE 18/11 ; VAREL 16/6 ; ABBEHAUSEN 11/VI ; type E : OLDENBURG 16/10 1-2 N.

II. — PERCÉS EN LIGNES

1862. OVALE TYPOGR. IMP. EN RELIEF. N° 15 à 19.

Feuilles : 100 timbres 10 × 10.

Perçage 11 1/2 ; rares neufs : 4 N. Perçage 10 ; communs neufs (prix indiqués dans les catalogues généraux) ; usés, ces timbres valent le double des prix indiqués aux catalogues et le 1 gr. : 4 U. Vérifiez le perçage par comparaison, car il existe des tripotages de perçage.

Nuances. — 1/3 gr. vert, vert jaune ; 1/2 orange et orange vif ;
1 gr. rose (du pâle au foncé) ; 2 gr. bleu et outremer (ce dernier
percé 10) ; 3 gr. bistre.

Variétés. — Les bords de feuille portent les numéros 1 à 10 (sur
les 4 côtés de la feuille) : 2 N ; 3 U. Le 1 gr. a été coupé pour servir
de moitié. Les non dentelés sont des essais ; 1 gr. rouge orange,
vert, bleu, bistre et brun.

Paires : rares en raison de la fragilité du perçage : 4 U ; la
bande de 3 du 1 gr. vaut 8 U. Les blocs neufs se raréfient.

Oblitérations. — Types A et E en bleu ou en noir, communes ;
type C en noir, commune ; toutes autres : rares. Les oblitérations
étrangères BREMEN (type A), etc., sont recherchées. Toutes les
oblitérations doivent être expertisées.

Découpures d'enveloppes coupées rondes ou rectangulaires : sont
rares sur lettre ; le 3 gr. : R.R.R. On les trouve collées sur lettres
de l'époque avec oblitérations fausses.

PARME

1852 (1ᵉʳ *Juin*). *NOIR SUR COULEUR. NON DENT.* Nᵒˢ 1 à 5.
Fleur de lys, dans un cercle surmonté de la couronne de Parme.
Feuilles de 80 timbres, typographiés, en 4 groupes de 20 (4 × 5).
Papier à la machine, moyen (60 à 70 mc.) ou épais (90 mc.)
(derniers tirages).

Premier choix. — 4 marges de 1/2 ᵐ/ᵐ.

Nuances. — 5 cent. jaune plus ou moins foncé ; on trouve un
jaune très vif : N, 50 ; U, 50, et un jaune verdâtre (1855) : 2 N ; 2 U ;
10 cent. blanc ; 15 cent. vieux rose plus ou moins terne ; 25 cent.
violet plus ou moins foncé ; 40 cent. bleu clair : 4 N ; U, 50, et bleu.
La nuance de l'impression est noir ou gris-noir (surtout visible
dans les 5 et 10 cent.).

Variétés. — Papier épais 5 et 10 cent. (1855) : U, 50. 15 cent.
tête-bêche : R.R.R. ; 15 cent. double impression : R.R. ; 15 cent.
papier mince transparent (55 mc.) : 2 N ; 2 U.

Les grecques ont en général 1/4 de ᵐ/ᵐ d'épaisseur, mais on
trouve des exemplaires avec la grecque plus large de l'un ou l'autre
côté ou même des deux côtés (1/3 de ᵐ/ᵐ) : 2 à 3 N et U.

On trouve des impressions défectueuses dans toutes les valeurs ;
très défectueuses avec inscriptions déformées, par exemple Centes
16, 18 (15 cent.) ou P RM au lieu de PARM (40 cent.) : 2 N ; 2 U.

Point bien visible entre R et M de PARM : U, 25.

Les essais des 10 et 15 cent. en noir sur blanc ont été usés poste :
R.R.R. (à expertiser, papier épais, à la main).

Oblitérations. — Type B, petit cachet : commune, ainsi que le type C ; type A : U, 50 ; en rouge : 3 U ; type E : 2 U ; type F : rare. (Voir illustration). L'oblit. à date sur une ligne, sans nom de ville est rare.

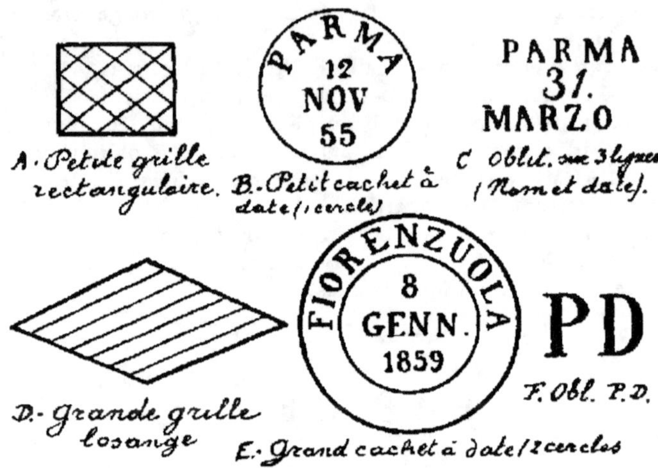

Paires neuves : assez communes ; usées : 4 U ; n°s 4 et 5 : rares. Blocs de 4 usés : R.R. Pas de réimpressions.

Truquages. — 40 cent. bleu chimiquement teinté pour obtenir du bleu clair ; de même les 15 et 25 cent. décolorés en blanc pour obtenir des essais usés poste ! Pour ces derniers, examinez le papier et pour le 40 c. la nuance au verso.

Originaux. — L'illustration renseigne sur les principaux détails ; dans le bas, la fleur de lys touche la troisième hachure.

Faux. — Les faux de Parme, comme, d'ailleurs, les faux de tous les anciens états italiens, sont particulièrement nombreux ; la description détaillée de chaque pièce serait longue, fastidieuse, et n'aurait d'intérêt que pour les collectionneurs de faux. L'illustration renseigne sur un mauvais faux ancien qu'on trouve pourtant dans beaucoup de collections ; sur quelques détails des faux de Genève, particulièrement bien faits, et sur d'autres faux, afin de montrer par l'image qu'il n'est besoin d'aucun secret de sorcier pour retrouver les imitations ; il suffit de regarder.

Voici, en outre, quelques détails sur lesquels il faut porter l'attention ; il feront repérer toutes les contrefaçons, dont il existe une vingtaine de différentes, presque toutes lithographiées, la plupart en séries complètes :

7 éléments complets de grecque au lieu de 8 ; les deux grecques d'épaisseur différente (ceci notamment dans un faux d'origine italienne imprimé par 25 (5 × 5) avec un tête-bêche) ; lettres des ins-

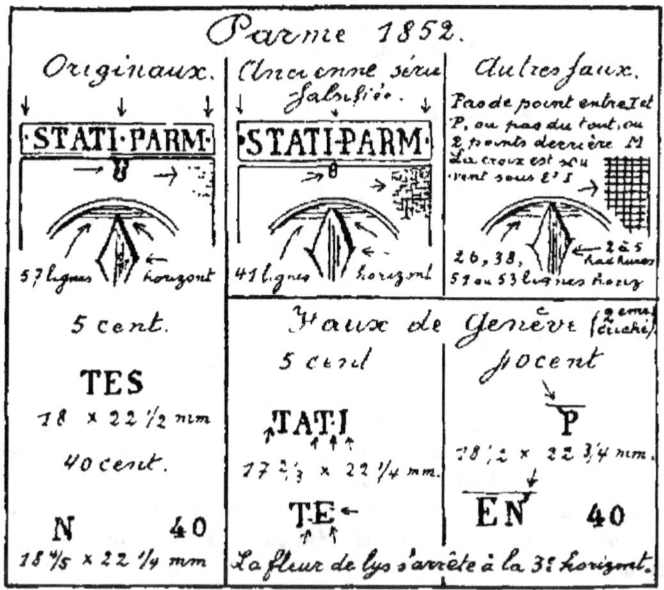

eriptions non alignées, trop larges, trop peu hautes ; manque de
points devant et derrière les mots du cartouche supérieur (aussi
dans les originaux de mauvaise impression, mais il en existe très
souvent des traces, exactement situées puisqu'il s'agit d'authentiques) ; les deux grecques sont anémiques ; le fond, derrière les
armoiries est fait de traits de couleur ou d'un pointillé atteint de
pelade ; parfois aussi formé d'un semis de points avec quelques
lignes verticales ; le haut et le bas de la fleur de lys ne touchent
pas les hachures horizontales aux endroits indiqués ; ces hachures
ne sont pas en nombre exact ; les hachures dans la feuille du haut
non plus (2 à 5) ; de même dans la feuille médiane en bas (1 ou 3) ;
la couronne est fermée par un trait blanc dans le bas à gauche ;
le cercle n'est pas régulier (aplati dans le bas) ; la croix est mal
formée et mal située, notamment dans un faux de Hambourg,
qu'on trouve imprimé en feuilles de 25 (5 × 5) ; le papier est trop
mince ; les chiffres ne sont pas conformes (souvent chiffre 4 mal
formé) ; filets séparatifs, etc.

Les faux de Genève ont été exécutés en deux clichés ; le premier est mauvais (pas de point devant STATI, mais il y en a deux
derrière PARM ; la fleur de lys touche la première horizontale du
haut) ; le second cliché provient d'une reproduction photographique assez réussie, mais les inscriptions montrent des défauts (voir
l'illustration, notamment pour les 5 et 40 c.).

Enfin, on trouve des reproductions en noir, provenant d'un cliché original oxydé. Les tête-bêche autres que le 15 c. sont faux ainsi que les recto-verso.

Fausses oblitérations. — Types A, B, C (parfois sur 2 lignes); D, toutes non conformes, mais aussi ovale de barres et barres espacées.

Sur les faux de Genève on rencontre :

Type A, cachet trop grand, les losanges sont..... carrés. Type D, lignes trop rapprochées. Type B, PARMA 15 MAG 1854 et 9 MARS 1858; COLORNO 4 MARZ 1852; BORGO 6 FEBR. 59. Cachet barres de Modène, etc.

1854 *(Janvier). MÊME TYPE, COUL. SUR BLANC.* N°⁸ 6 à 8.

Comme précédemment; l'impression est le plus souvent légèrement huileuse; papier glacé sur les deux faces.

Nuances. — 5 c. orange; jaune : N, 50; U, 50; 15 c. rouge vermillon vif; rouge vermillon; rouge pâle : 2 N; 2 U; 25 c. brun-rouge; brun-rouge foncé : N, 25.

Premier choix. — 4 marges de 1/2 ᵐ/ᵐ. Pas de réimpressions.

Variétés. — Les impressions défectueuses sont communes; on recherche, au contraire, les bonnes impressions. On trouve des doubles impressions des 5 et 25 cent. Grecques plus larges (une seule ou les deux) dans les 15 et 25 cent.

Oblitérations. — Types B, C et E : communes; E en rouge : 2 U.

Paires : 4 U; les bandes de 3 du 5 c. sont R.R.

Faux. — La plupart des faux de la première émission ont été tirés en couleur sur blanc, notamment la série ancienne avec fond informe (voir illustration) et les faux avec fond quadrillé.

Le 5 cent. a été bien imité à Genève (F.) sur du papier qui n'est guère plus mince que l'original, mais qui n'a pas la même consistance (voir illustration pour quelques signes, mais l'examen de l'impression est difficile car originaux et faux sont pareillement mal venus dans le jaune-orange). Ces faux sont le plus souvent pourvus de faux cachets précédemment décrits (dont 1852 !).

Un faux qui mérite une mention toute spéciale est moderne; son impression est d'un chocolat déterminé qui contraste avec les tons des originaux. Les grecques et les lignes blanches d'encadrement ainsi que le cercle blanc sont trop minces; ils peuvent être moins larges dans les originaux par suite d'empâtement, mais on aperçoit toujours la largeur réelle de ces lignes en quelques endroits. Largeur un peu plus grande : 18 1/2 au lieu de 18 à 18 1/4 pour l'original suivant impression.

On peut remarquer encore dans ce faux que les deux premières lignes blanches situées dans le haut de la couronne sous les lettres T et PA ne sont pas rattachées aux lignes blanches quasi verti-

cales qui partent sous l'I et un peu à gauche du P. La fausse oblitération est parfois grille rouge.

1857-59. *INSCRIPTION DUC. DI PARMA.* N°s 9 à 11.

Feuilles de 64 timbres, non dentelés, typographiés.

Premier choix : 4 marges de 1 $^m/_m$ minimum.

Papier moyen : 65 à 70 mc. ; le 15 c. (1859) un peu plus épais.
Papier légèrement grené, blanc ou légèrement jaunâtre ; les n°s 9
et 11 ont parfois le papier strié.

Nuances. — 15 c. rouge, rouge pâle ; 25 cent. brun lilacé pâle,
brun lilacé et brun foncé. 40 cent. bleu, plus ou moins foncé. Le
15 cent. bleu foncé et le 25 cent. vert sont des essais.

Variétés. — 15 cent., impression huileuse : 2 N ; 2 U. Les petites
variétés d'impression sont nombreuses ; on trouve le 40 cent. avec
O étroit (20 fois par feuille) : N, 50 ; U, 75 (1 $^m/_m$ 1/4 de largeur
au lieu de 1 $^m/_m$ 1/2).

Oblitérations. — Types D et E : communes ; toutes autres rares ;
il en est de très rares, par exemple : POSTA MIL. SARDA, etc.
L'expertise de toutes les oblit. est indispensable.

Paires : 4 U. Pas de réimpressions.

Originaux. — Voir détails dans l'illustration ; à noter que la
croix de la couronne est située au milieu et entre les mots DI et
PARMA, au-dessus de la branche médiane de la couronne ; les trois
feuilles sous les lettres CC se terminent à peu près sur la même
horizontale.

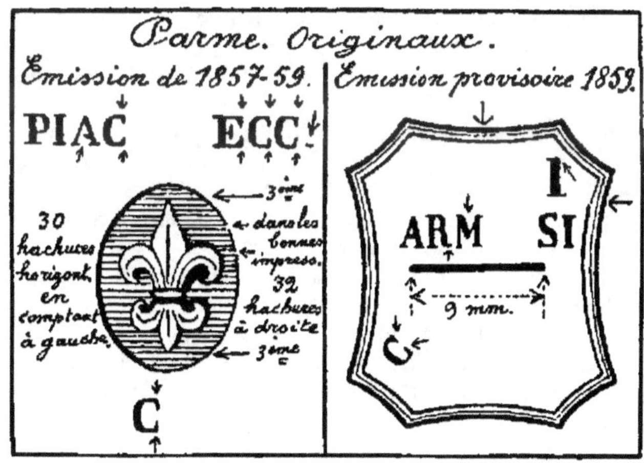

Faux. — Très nombreux, la plupart en séries ; tous lithographiés ; 25, 27, 31 et 32 hachures dans l'ovale ; chiffres et lettres
non conformes ; glands et feuilles non conformes (dans un faux
allemand par 25, 5×5, le gland inférieur gauche est presque hori-

zontal) ; la feuille de lys touche la 2°, 4° ou 5° hachure en haut, la 2° ou 4° en bas ; deux faux ont des traits séparatifs entre les timbres ; on trouve le 25 cent. en tête-bêche avec lignage indéterminable et pétale de droite en haut (fleur de lys) moins haut que celui de gauche et sans nervure.

Fausses oblitérations. — Nombreuses sur originaux ; la comparaison est nécessaire. Sur les faux, mêmes oblitérations qu'à la première émission, excepté types A et C, mais aussi cercle de barres, etc.

1859. *GOUVERNEMENT PROVISOIRE.* N°s 12 à 16.

N. B. — Les timbres sardes de l'émission 1855-61 ont eu cours en 1859 et sont fort recherchés avec oblitérations parmesanes.

Inscription : STATI PARMENSI et valeur dans un triple cadre octogonal à lignes concaves.

Feuilles de 60 timbres (6 × 10), typographiés, non dentelés. Deux planches pour chaque valeur, excepté le 80 cent.

Papier 70 et 65 mc. environ d'après le tirage.

Premier choix. — 4 marges de 1 $^m/_m$ 1/2 environ.

Nuances. — 5 cent. vert jaune, vert bleu (1er tirage); 10 cent. brun, plus ou moins foncé; 20 cent. bleu à bleu foncé; 40 cent. rouge vermillonné; brun-rouge (1er tirage) : 10 N; 80 cent. bistre olivâtre; bistre orange : N, 50.

Variétés. — Zéros larges (près de 2 $^m/_m$ au lieu de 1 1/2), n°s 13 à 16; sept fois dans la planche I et six fois dans la planche II : 2 N; 2 U; un zéro moins haut (2 $^m/_m$ au lieu de 2 1/2) ne se rencontre qu'une fois dans la planche I des n°s 13 et 14 : 3 N; 3 U; le n° 13 avec chiffre 1 renversé, une seule fois dans la planche II : 3 N; 4 U.

On trouve, en outre, des défauts d'usure qui méritent un supplément de 25 % quand ils sont bien visibles : CFNTESIMI, CENTFSIMI; CFNTFSIMI; CENTESINI; CENIESIMI; diverses lettres (dont les A) détruites dans le haut ou détériorées dans le bas ainsi que les zéros (10 et 20 centimes), etc.

Ces petits défauts et ceux des cadres permettent la reconstruction des planches.

Oblitérations. — Types B ou E; les autres rares. Toutes les oblitérations de cette série doivent être expertisées. Le 80 c. n'est connu qu'à 3 exemplaires dûment oblitérés. Les affranchissements avec timbres de Sardaigne sont très rares.

Paires : 3 N; 4 U; blocs de 4 neufs : 6 à 8 N; usés : excessivement rares. Pas de réimpressions.

Originaux. — Voir illustration précédente.

Faux. — Une vingtaine, tant anciens que modernes, la plupart en séries complètes et tous lithographiés à l'exception d'une série typographiée. Voici quelques détails suffisants pour les reconnaître tous :

Lettres des inscriptions non conformes et ne montrant aucun foulage (trop hautes, trop éloignées, P touche le cadre, A pointus en haut, R à queue droite ou trop épaisse, M et I réunis, par le pied ou en haut; lettres de Parm réunies à la base; I de STATI avec trait terminal en haut à gauche; S de PARMENSI aplati dans le bas; C de CENTESIMI sans trait terminal dans le bas (plusieurs fois, notamment dans le typographié); nuances arbitraires; chif-fres non conformes, larges, hauts, étroits, trop petits, 4 de 40 fermé en haut ou avec trait oblique rectiligne; filets séparatifs entre les timbres; barres sous PARMENSI trop longue, trop courte, trop étroite (dans un faux qui a bu l'obstacle, il n'y a pas de barre du tout); cadres non conformes avec ligne médiane le plus souvent équidistante ou pans coupés rectilignes; formats différents; papier aussi, notamment papier mince, papier pelure, papier vergé (typo); le mot PARMENSI doit mesurer 12 1/2 à 12 3/5 de $^{m}/_{m}$ (mesurer vers le milieu des lettres); dans la série de Genève la barre sous PARMENSI ne mesure que 8 $^{m}/_{m}$ 1/2 de long; etc., etc.

On trouve des faux imprimés par 6 (2 × 3), les deux rangées en tête-bêche; par 25 (5 × 5) et par 100 (10 × 10), ce qui est plus fort que chez Nicolet ou à l'Imprimerie Officielle; on trouve même des valeurs imprimées en noir sur blanc (maculatures d'atelier... de faussaire?), et un 60 c. qui serait fort rare s'il était authentique.

Fausses oblitérations. — Le plus souvent carré ou cercle de points, grille, diverses oblitérations rondes à date dont PARMA 13 AGO 58; BORGO 6 FEVR. 59 déjà citées et PARMA 18 AGO 59, etc...

Truquages. 40 c. rouge, neuf, peinturluré en brun-rouge.

TIMBRES-TAXE POUR JOURNAUX

On trouve d'abord, comme pour Modène, un cachet à la main du genre des oblitérations à double cercle (24 $^{m}/_{m}$ 1/2 PARMA et 23 $^{m}/_{m}$ 1/2 PIACENTA) portant ces noms de villes dans le bas, et GAZZETTE ESTERI dans le haut. Au milieu un cercle simple ou double surmonté d'une couronne et renfermant une fleur de lys; au-dessous du cercle, l'inscription CENT. 9.

Ce cachet doit donc être considéré comme une oblitération à l'arrivée, portant taxe.

1853-57. TYPE PRECEDENT. TAXE POUR JOURN. N°ˢ 1 et 2.
Feuilles et dessin comme précédemment.

Papier. 6 cent. n° 2, papier mince pour le rose terne (50 mc.).

Nuances. 6 cent (1857), rose, rose terne; 9 cent. (1853), bleu, bleu pâle, bleu grisâtre.

Variétés. — Quelques défauts de lettres comme dans l'émis-sion précédente : F pour E; A coupé en haut; etc. Pas de réim-pressions.

Oblitérations. — Doivent toujours être vérifiées. La plus fréquente est le cachet E (très souvent PARMA avec les deux dessins en forme de boule devant et derrière ce mot). Le 9 cent. est rarissime.

Faux. — Voir ce qui a été dit à l'émission précédente et comparez avec l'illustration des originaux de cette émission. Chiffres non conformes, papiers et nuances non plus.

PAYS - BAS

I. — **NON DENTELÉS**

1852. *EFFIGIE DE GUILLAUME III.* Nᵒˢ 1 à 3.

Feuilles de 100 timbres en 4 groupes de 25, séparés par un intervalle de 1 centimètre.

Premier choix. — 4 marges de 1 ᵐ/ᵐ environ. Les marges sont indispensables pour la reconstruction.

Filigrane. — Cor postal, 1 par timbre.

Papier très épais uni, à la main (135 à 155 mc.), mais on trouve pour les 5 et 10 cent. un papier moins épais (85 à 120 mc.) qui paraît mince par comparaison.

Essais. — Noir, sans filigrane, sur carton blanc, impression très fine (5 c.). On trouve aussi des essais filigranés sur papier teinté (bleu) mais sans gomme; 4 tons du 5 cent., 6 tons du 10 cent.; 1 essai filigrané du 5 cent. en noir.

Planches. — Les signes distinctifs des planches comportent des exceptions dont le détail serait trop long; il faut consulter les ouvrages spéciaux. Voir l'illustration pour différencier les exemplaires des différentes planches.

Planches et nuances. — 5 cent. planche I (1852), bleu foncé et bleu d'acier : premier tirage bleu foncé sur crême : R.R.; pl. II (1853-54) bleu d'acier moins tranché (ton ardoisé) et bleu intermédiaire acier; pl. III (1856-57) bleu très foncé (bleu-noir ou indigo); bleu foncé assez vif; cobalt; bleu et bleu pâle (dans tous les foncés le papier est fortement teinté au recto par l'impression); pl. IV (1859-61), bleu pâle verdâtre (waterblauw); bleu laiteux (melkblauw) et bleus divers; pl. V (1861?), bleu verdâtre et cobalt; pl. VI (1862), bleu vert foncé (donker groen blauw) sur papier habituel et dernier tirage bleu et bleu pâle sur papier plus mince. La planche I, la planche V et la planche VI (papier mince) sont les moins communes.

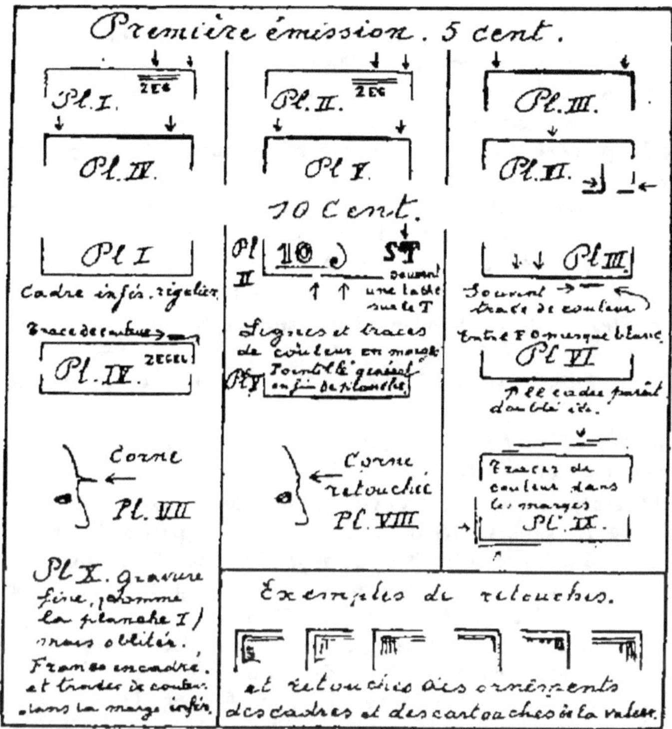

10 cent. — Planche I (1852), bonne impression; nuances vives dans les premiers tirages, ensuite tons plus plats; pl. II (sept. 1853), nuances vives; pl. III (oct. 1854), nuances carminées vives et foncées; aussi brunâtres par oxydation (gomme); pl. IV (avril 1856), mêmes nuances, mais aussi rose-rouge et rose carminé vif; pl. V (août 1857), rouge carminé sur jaunâtre; nuances carminées et rouges, aussi rose carminé clair sur crème ou blanc, rose terne, rose pâle; pl. VI (oct. 1860), rose carminé clair, id. vif; id. foncé; pl. VII (mai 1861), corne sur le front; carminé vif, carminé et rose carminé; semis de points sur toute la surface dans le dernier tirage; pl. VIII (août 61), corne retouchée; carminé foncé et rose carminé; souvent semis de points, mais moins prononcé que dans la pl. VII; pl. IX (janvier 1862), rose rouge et rose rouge pâle relativement terne; pl. X (juin 1862), rose clair et rose terne. Le rose carminé vif et le rose rougeâtre vif sont rares.

Les timbres des planches I, II, VI, VII, VIII, IX et la planche X (papier mince seulement) sont les moins communs; ceux des planches V et X (papier habituel) sont les plus communs. La planche IX est R.R. à l'état neuf et peu commune usée.

15 cent. — Une seule planche : orange foncé ; orange, jaune orange et jaune orange pâle. On trouve diverses retouches par raccords des cadres (en haut et en bas).

Valeur des nuances. — Quelques nuances sont très rares suivant la planche à laquelle elles appartiennent ; la spécialisation seule apprend à les connaître.

5 cent., bleu laiteux : 2 N ; 3 U ; bleu acier : 4 N ; 4 U ; bleunoir : N, 50 ; U, 50. Intermédiaire acier (pl. II) : 3 N ; 2 U.

10 cent., rouge terne (pl. V) : N, 50 ; 2 U ; carminé vif : N, 50.

15 cent., les tons safranés sont recherchés.

Variétés. — Les retouches bien visibles : N, 50 ; 2 U ; il en est de rares ; sur 10 cent. : N, 50 ; 3 U.

Papier mince : U, 50. Planche usée : N, 50 ; 2 U. N° 1, double impression : R.R.

Paires : 4 U ; blocs de 4, 5 cent. : 8 N ; 60 U ; 10 cent : 8 N ; 80 U, 15 cent. : 6 N ; 25 U.

Oblitérations. — On trouve d'abord le vieux cachet hollandais type A, sans millésime : U, 50 ; puis, à partir du début de 1852 le type B, avec millésime. Ce type a été modifié en 1854 (caractères égyptiens et FRANCO plus grand). En 1860, le type E FRANCO encadré ; rare sur planche III du 5 cent. Un modèle de format plus petit a servi expérimentalement depuis 1856 (?). On trouve, en outre, des types C, de divers modèles, rares : 3 U ; type D, petit FRANCO non encadré : 3 U ; en bleu : 5 U ; oblit. à date, type B en rouge ou en bleu : 5 U ; oblit. de chemins de fer, N. R SPOORWEG ou H. SPOORWEG : rares ; 6 à 8 U.

Truquages. — Des timbres peu oblitérés sont lavés au moyen de solutions dont il est bien inutile d'exposer le détail, et regommés. On voit toujours des traces (parfois aurifiées) de l'opération. Loupe ou microscope.

Réimpressions. — Moesman (1895). Planche IV du 10 cent. Imp. peu nette, papier blanc épais sans filigrane. Diverses nuances. D'autres réimpressions tirées d'une reproduction lithographiée d'un bloc de 25 timbres de la planche IV portent au dos le mot « NADRUCK ».

II. — DENTELÉS

1864. *INSCRIPT. POSTZEGEL. DENT.* 12 1/2 × 12. N°ˢ 4 à 6.

Feuilles de 200 timbres en 2 groupes de 10 × 10.

Premier choix. — Timbres centrés ; les exemplaires avec cadre non entamé par la dentelure sont exceptionnels.

Papiers. — 1° à la main, dur, épais, uni. Impression d'Utrecht (1864 juillet, 5 c. ; mai 64, 10 c. ; janv. 65, 15 cent). 2° à la machine, uni, mince. Impression de Haarlem (1866 déc.).

A.- Ob à date, sans millésime. B.- id. avec millésime

APELDOORN HOOG·SOEREN

c.- Nom de ville sur une ligne

FRANCO FRANCO FRANCO

D.- Franco, non encadré. *E.- Franco encadré* *F.- id. non encadré, grandes lettres*

G.- Chiffres et points. *H.- Nom de ville encadré* *I.- Petit cachet à date, 2 cercles.*

J.- grand cachet à date. *K.- à date, avec Franco. L.- Cachet moderne.*

Nuances. — 5 cent., Utrecht : bleu, bleu vif, bleu foncé, bleu verdâtre ; Haarlem : bleu indigo et bleu très foncé. 10 cent., Utrecht : les roses plus ou moins carminés ; Haarlem : les carmins jusqu'au carmin foncé. 15 cent., Utrecht : orange, orange vif, orange foncé ; Haarlem : jaune orange ; jaune safrané.

Variétés. — Les principales variétés sont les défauts de gravure et les retouches de ces défauts. Elles résident surtout dans le cadre gauche pour le 5 cent. : 3 à 5 U ; parfois aussi dans le cadre droit · rare ; tout le cadre extérieur refait : R.R. 10 cent., cadre gauche . 2 à 5 U ; autres : rares. 15 cent., quelques défauts de raccord des cadres. Nᵒˢ 4 et 6, double impression : R.R.

La coloration parfois brunâtre du papier provient de la gomme.

Oblitérations. — Type E : communes ; type I : R.R. 20 U ; 15 c.: 10 U ; type C en rouge : 8 U. Toutes autres : R.R.

Paires : 4 U ; les bandes de 4 sont R.R. ; blocs de 4, 5 cent : 12 N ; 80 U ; 10 cent. : 10 N ; 120 U ; 15 cent. : 12 N ; 30 U.

Réimpressions. — Non. On trouve des essais sur carton de la série d'Utrecht (rares).

1867 (1er *Oct.*). *EFFIGIE FACE A GAUCHE.* Nos 7 à 12.

Feuilles de 200 timbres en deux groupes de 10 × 10.

Planches. — Reconnaissables aux chiffres de la valeur ; impression de Voorschoten (firme J. W. Van Kempen), type I ou planche I ; impression de Haarlem (firme Enschede), types II ou planche II. (Voir illustration).

Les 20, 25 et 50 cent. furent émis le 1er octobre 67, les autres valeurs après épuisement des valeurs de l'émission précédente.

On remarquera que dans la planche I les traits supérieurs des chiffre 1 ou 5 ne sont pas bien raccordés (voir l'illustration), (loupe).

Dentelures. — 12 1/2 × 12 ; 10 1/2 × 10 1/4 ; 13 1/2 ; 14 ; 13 1/2 × 14. Ces dentelures sont plus ou moins rares et leur rareté varie non seulement avec les valeurs, mais aussi avec la planche. Voici une échelle sur laquelle on peut se baser pour les types rares ; les autres valeurs comme dans les catalogues généraux. Dent. 12 1/2 × 12 : planche I, 5 cent. : neuf, 7 florins ; usés, 7 florins ; 10 cent. : usé, 0 fl. 50 ; planche II, 10 cent., neuf : 12 fl. Dent. 10 1/2 × 10 1/4, planche I, 10 cent., neuf : 250 fl. ; usé : 75 fl. Dent. 13 1/2, planche I, 5 cent. usé : 3 fl. ; 25 cent. : R.R. Dent. 14, planche I, 5 cent., neuf : R.R. ; usé : 35 fl. ; 25 cent. : R.R. neuf ou usé. Dent. 13 1/2 × 14, planche I, 5 cent., neuf : rare ; usé : 2 fl.

Variétés. — On trouve du papier blanc, jaunâtre ou bleuté dans les planches II des 5 à 20 cent. dentelés 14 et 13 1/2 × 14. Mêmes prix.

Toutes les valeurs existent non dentelées (type II). A prendre en paires, car il y a des timbres de format plus grand ; la série en paires : 200 florins. Quelques défauts de planches (principalement des points de couleurs dans les lettres ou le reste du dessin) : U, 25.

Oblitérations. — Types G et E : communes ; à date : recherchées ; type D : rare ; type H : 3 U. Les autres : rares.

Réimpressions : Non.

Le 5 cent. noir dentelé est un essai du type I ; le 25 cent. rouge un essai du type II.

Paires : 3 U. Blocs de 4 : 5 cent. neuf : 15 fl. ; usé : 6 fl. 10 cent. neuf : 20 fl. ; usé : 12 fl. 15 cent. : R.R.R. neuf et usé. 20 cent. neuf : 200 fl. ; usé : 150 fl. 25 cent. R.R. neuf et usé. 50 cent. neuf : 100 fl. ; usé : 75 fl.

Faux. — Le 50 cent. a été bien imité à Bruxelles (G. de S.). Le quadrillage des coins intérieurs et du fond central est trop visible (lignes verticales peu visibles dans l'original) ; les lignes de points allant de la tempe à l'oreille ne sont ni parallèles ni régulières ; il en est de même dans le bas du cou où l'on voit une partie non ombrée qu'on ne retrouve pas dans le timbre vrai. La bordure gauche des lettres est moins fine que dans les originaux. Dentelé 12 1/2 × 12. Souvent oblitéré type C, chiffre 91. Toute la série a été contrefaite très insidieusement en typographie au moyen de clichés assez semblables à celui du faux de Bruxelles ; les lignes verticales du quadrillage sont trop visibles dans les coins et autour du cercle (comparez avec un original). Format non conforme ; bonnes nuances, dentelures possibles. Fabriqués en blocs ; on offre dentelé ou non dentelé.

1869-1871. *ARMES.* Nᵒˢ 13 à 18.

Feuilles comme précédemment.

Timbres pour imprimés, typographiés.

Nuances. — 1/2 cent. brun ; brun foncé : 2 N ; 2 U ; 1 cent. noir ; 1 cent. vert ; vert pâle ; 1 1/2 cent. rose ; rose vif ; 2 1/2 c. lilas ; lilas foncé : U, 50.

Variétés. — Nombreux défauts de planche, la plupart peu intéressants ; à retenir 1 cent. noir avec point après CENT : 2 N ; 2 U ; sans point dans le coin inférieur gauche : même valeur. 1 cent. vert ; mêmes défauts : 5 N ; 5 U.

Papier bleuté (dent. 13 1/4) : valeur double.

Les 1/2, 1 et 2 cent. se trouvent sur papier strié ; le 2 1/2 sur papier mince. Le 1/2 cent. noir et le 1 cent. sur papier très épais sont des essais. On trouve toutes les valeurs non dentelées, à prendre en paires, valeur : 4 florins N. et U.

Dentelures. — 13 1/4 et 13 1/2 × 13 1/4 ; valeur ordinaire. Dentelés 14 : 1/2 cent. brun : rare neuf ; 20 florins usé ; 1 cent. vert : 10 N ; 10 U ; 1 1/2 cent. : 2 N ; 2 U ; 2 cent. : 2 N ; 2 U ; 2 1/2 cent. : R.R. : 50 N ; 30 U.

Oblitérations. — Type K : commune; type C : assez commune; types B, I, H : 2 U; type D : 3 U; les autres et les oblitérations de couleur : rares.

Paires : 3 U; blocs de 4 neufs : 10 N; usés : 10 U pour les nos 14, 16 et 18; 20 U pour les autres.

1872-1888. *EFFIGIE FACE A GAUCHE.* Nos 19 à 29.

Feuilles de 200 timbres (10 × 20); le 2 1/2 g. feuilles de 50 (10 × 5). Typographiés.

Nuances : nombreuses

Dentelures. — 14; 13 1/4; 13 1/4 × 14; 12 1/2 × 12, 11 1/2 × 12, toutes à petits trous. 5 et 20 c. dent. 14 : R.R.

Dentelure à grands trous : 14; 13 1/2 × 13 1/4; 12 1 2 × 12, 11 1/2 × 12; 12 1/2; 20 et 50 cent. dent. 14 : R.R.

Variétés. — Quelques défauts de planches sous forme de taches blanches dans les cheveux, les cadres, etc.

On trouve les 5, 20, 25 et 50 c. sur papier mince. Les non dentelés sont des essais.

Blocs de 4 : 6 N; 8 U.

Oblitérations. - Types I, G : communes.

1876. *GRANDS CHIFFRES DANS UN CERCLE.* Nos 30 à 33

Feuilles de 200 timbres (10 × 20), typographiés provenant d'une gravure sur bois. Timbres pour imprimés.

Dentelures diverses. Le 1/2 cent. dent. 14 : R.R.

Variétés. — On trouve le 1/2 cent. en deux types, trait de la fraction épais (8 1/4 m/m) type I; idem mince (9 m/m) type II. Ce dernier est rare dans toutes les dentelures. Quelques défauts de planches, taches, traits ou points noirs ou blancs.

1891-97. *EFFIGIE SANS DIADEME.* Nos 35 à 48.

Feuilles comme émiss. de 1872; les valeurs en gulden, feuilles de 50 (10 × 5); nombreuses nuances.

Dentelures : 12 1/2; 50 cent. et 1 g. dent. 11 et 11 × 11 1/2, le 2 g. 50 dent. 11, 11 1/2 et 11 × 11 1/2; 5 g. dent. 11.

Variétés. — Quelques défauts de planche. L'essai du 5 cent (orange) est connu oblitéré : rare; le 5 cent. bleu et le 20 cent. vert sur papier rugueux jaunâtre sont des essais.

Oblitérations. — Type J . commune.

Faux pour servir. — 5 cent. bleu, lithographié. Grossier si on le compare aux finesses de dessin et de lignage de l'original; mot cent. et format non conformes.

Faux (Genève F.). — 5 gulden olive et rouge; non dentelé ou avec dentelure non conforme. Cercle de perles vert-olive. Premier D de Nederland trop haut; trait de la narine trop court, etc.

1898-1907. *EFFIGIE AVEC DIADEME.* Nos 49 à 64.

Feuilles de 200 timbres (10 × 20), mais celles des timbres bi-colorés, 100 timbres (10 × 10).

Variétés. — Nombreux défauts de planche.

EMISSIONS SUIVANTES

Suffisamment décrites dans les catalogues généraux.

1913. *Faux de Paris* (C.). — 10 gulden orange sur jaune, gravé sur cuivre. Le fond quadrillé de l'original est très net et montre des carrés bien formés tandis que le faux porte des points de diverses dimensions plus souvent ronds que carrés ; l'œil est formé d'un gros trait plein et toutes les hachures du visage et du cou sont à peu près aussi grosses que les gros traits intérieurs de l'oreille (de moitié plus fins dans les timbres vrais). Les perles du collier portent des gros points qui touchent le bord des perles, alors que ces points sont extra-minces (loupe) et ne touchent pas, excepté parfois dans la quatrième perle en comptant de la gauche Les narines du lion de droite sont formées d'un trait oblique (narine droite) trop distant du point qui forme la narine gauche (originaux 2 traits obliques très rapprochés) ; la dentelle qui borde tout le timbre est à pans bien rectilignes dans l'authentique ; ceci est fort mal venu dans la contrefaçon. Enfin, on peut noter que si les largeurs sont pratiquement pareilles, le faux a environ 1/3 de $^{m}/_{m}$ de hauteur en plus.

1919. *Truquage.* — 5 gulden n° 97 avec surcharge lavée, il reste toujours des traces de cette forfaiture... acidulée.

III. — **TIMBRES-TAXE**

1871. *5 C. ET 10 C. N°ˢ 1 et 2.*

5 cent. brun sur orange et 10 c. violet sur bleu. Le n° 1 brun sur jaune vaut 30 N et 20 U, la nuance est jaune clair Le n° 2 dentelé 12 1/2 × 12 vaut 4 N ; 4 U.

Les non dentelés sont des essais.

Faux. — Lithographiés sur papier épais. Dessin non conforme, particulièrement les anneaux et les inscriptions.

1881. *MÊME TYPE. BLEU SUR BLANC. N°ˢ 3 à 11.*

4 types :

Type I : 34 anneaux. T de BETALEN au milieu d'un anneau.

Type II : 33 anneaux. T de BETALEN entre deux anneaux.

Type III : 32 anneaux. T de BETALEN sur la gauche d'un anneau.

Type IV : 37 anneaux moins larges. PORT plus épais.

Faux. — 1 gulden n° 12. Lithographié, dent 11 × 11. Différences dans les lettres des inscriptions (trait central du E de TE aussi long que le trait du bas ; trait supérieur du premier E de TE aussi long que le trait inférieur, lettres de GULDEN beaucoup trop grosses) ; traits blancs du cadre trop minces, etc.

Toute la série a été falsifiée à Genève (F.) spécialement pour les Indes, Curaçao, Suriname, mais aussi pour la Hollande, au type III. Les anneaux ni les lignes blanches d'encadrement ainsi que les cercles blancs n'ont l'épaisseur uniforme des originaux. Dentelures non conformes. La comparaison des lettres et notamment des E décèle rapidement la fraude. Largeur 18 à 18 1/4 au lieu de 17 3/4 à 18 et hauteur 22 à 22 1/4 au lieu de 21 4/5 à 22. Papier légèrement teinté en gris-jaunâtre.

Truquages. — Centre découpé et remplacé par celui d'une valeur plus forte!

EMISSIONS SUIVANTES

Faux du 6 1/2 cent. outremer n° 18. Comparer suffit.

Fausses surcharges des n°s 26 et 40. Quelques contrefaçons des surcharges n°s 27 à 39. Comparaison nécessaire.

Les timbres télégraphes, timbres pour coffre-forts flottants et pour mandats sont peu recherchés.

POLOGNE

1860 (16 *Mars*). *FIL. LIGNE ONDULEE. N° 1.*

Type des timbres russes de l'émission de 1859.

Nuances. — Bleu pâle et rose pâle ; bleu ou bleu vert et rose ; bleu foncé et rose foncé : N, 50 ; U, 25. Ce timbre est moins finement exécuté que les timbres russes ; les exemplaires centrés sont rares.

Oblitérations. — Triple cercle à numéro : commune ; losange de points et chiffre : recherchée. Toutes autres : rares, notamment les oblitérations russes.

Truquage. — Oblit. plume lavée.

Faux. — Divers, tous sans filigrane. Comparer suffit.

NOUVEAUTÉS

Que dire des nouveautés de Pologne? La plupart des séries non surchargées se trouvent à bas prix ; les séries surchargées ont été fort imitées et il est difficile de conseiller l'achat des séries spéculatives : 21 émissions de 1918 à 1925 dont 12 en 1918 et 1919!

Faux 1919 (Varsovie). — N°s 206 à 212. Grossiers. La comparaison du dessin de l'effigie et des inscriptions suffit.

Faux pour servir 1920 (Varsovie). — 20 marks vert foncé au lieu de vert olive ; trop haut (près de 23 $^{m}/^{m}$ au lieu de 22) ; la comparaison du dessin, cheval et lignage suffit. Le chiffre 0 est de 1/2 $^{m}/^{m}$ trop petit.

Fausses surcharges. — Autant dire innombrables; s'abstenir si l'on ne veut spécialiser en grand.

Le détail des fausses surcharges serait long et fastidieux car les meilleures contrefaçons doivent être comparées avec des originaux. Quelques tromperies sont manifestes et ridicules.

1919. Timbres d'Autriche nᵒˢ 74 à 107 (tous plus ou moins bien imités); les 2 et 10 kr. (nᵒˢ 90 à 93) sur papier avec fils de soie sont toujours faux.

1919. Idem. Surcharge de Lublin. Une bonne imitation de Genève mais par suite d'un défaut de cliché, il y a toujours un petit accent noir au-dessus et à environ 2 ᵐ/ᵐ du P de Poczta, ainsi qu'un petit « aéroplane » sous l'ornement extérieur gauche.

Poste locale (Varsovie). — Tripotages du nᵒ 1 en 1a et fausses surcharges des nᵒˢ 8 à 11 et variétés.

PORT LAGOS

1893. TIMBRES DE FRANCE SURCH. PORT LAGOS.
Fausses surcharges très nombreuses; la comparaison est nécessaire. (Voir Cavalle et Dedeagh).

PORTUGAL

On recherche les timbres du Portugal de 1853 à 1869 oblitérés barres avec numéros des Açores : 48 (Angra); 49 (Horta); 50 (Ponta Delgada); 51 (Funchal). Après 1869 les mêmes cachets (ovales, barres épaisses) avec les numéros 42 (Angra); 43 (Horta); 44 (Ponta Delgada) et 45 (Funchal). Les premiers sont rares, les seconds très rares.

I — NON DENTELÉS

1853. IMPRESSION EN RELIEF. Nᵒˢ 1 à 4.

Nuances. — 5 reis brun-orange; brun-jaune; 25 reis bleu pâle à bleu foncé; le bleu est le plus commun; 50 reis vert-jaune; vert-bleu : N, 25; U, 25; 50 r. lilas clair; lilas mauve : N, rare; U, 25.

Variétés. — On trouve les 5, 25 et 50 reis sur papier mince; mêmes prix excepté 5 reis : N, 50; U, 25. 5 cent., type retouché, boucle moins forte, pomme d'Adam saillante, etc.

Premier choix. — 4 marges de 2 ᵐ/ᵐ minimum.

Oblitérations.   Type A (15 et 20 barres) ; nom de ville sur une ligne : R. ; type A en bleu : U, 25.

Paires : 4 U ; blocs de 4 : R.R

Truquages. — On trouve dans cette émission comme dans les suivantes, des réimpressions faussement oblitérées. Surveillez aussi la réparation des effigies décollées.

Réimpressions :

1864. Toute la série. Gomme blanche et non brune Papier blanc et non légèrement gris-jaunâtre. Papier mince. N° 1, toujours au type retouché ; brun-rouge vermillonné. N° 2 une seule nuance : bleu ; encre mieux étalée (cadre) ; initiales du graveur souvent bien visibles. N° 3 vert-jaune, cadre brisé au-dessus du second O de CORREIO ; initiales du graveur peu visibles. N° 4 lilas très pâle ; initiales peu visibles.

1885. Papier trop épais, très blanc, sans gomme. Absence complète de boucle sous le chignon. On trouve les 4 valeurs barrées plume. 25 r. bleu-ciel ; 100 reis rouge-violacé.

1903. Papier mince satiné glacé, absence complète de boucle sous le chignon, gomme claire. Surchargés du mot PROVA en noir.

Faux. — Les timbres du Portugal ont été peu falsifiés à cause de l'impression à sec, mais les réimpressions sont souvent offertes comme originaux neufs ou faussement oblitérées lorsqu'il s'agit de timbres usés rares.

1855. *EFFIGIE DE DON PEDRO V FACE A DROITE. CHE-VEUX LISSES. N°* 5 à 8.

Premier choix.   4 marges de 2 $^{m/m}$ minimum.

Nuances. — 5 r. marron-rougeâtre. Les autres comme dans la première émission.

Types. — 5 cent. type I, 75 perles ; II, 76 perles et les RR de CORREIO éloignés du cercle ; III, 76 perles, les lettres RR touchent le cercle ; IV 81 perles, lettres et ornements inférieurs distants du cercle ; V 81 perles, mais lettres et ornements rapprochés, VI 89 perles. Ce dernier vaut : N, 25 ; U, 25.

25 cent. t. I, perles éloignées de l'ovale ; t. II, perles touchant l'ovale ; ce dernier : 5 N.

On trouve des impressions défectueuses.

Paires : 4 U. Blocs : rares.

Oblitérations. — Types A (15-20+11 barres, etc.), et type B. Les autres : rares.

Réimpressions. Papier blanc (1885). 5 reis, brun-noir. Les dessins des angles sont remplacés par des traits ; lettres plus minces. 25 reis, bleu-clair ; point de couleur dans l'oreille. Les 50 et 100 reis se reconnaissent au papier et aux nuances légèrement différentes. Comparaison.

Truquage. Tête d'un n° 6 découpée et réajustée par réparation sur un n° 13. Parfois sur lettre, après raccord d'oblitération

1856-57. *MÊME TYPE. CHEVEUX BOUCLÉS. N°* 10 à 12.

Premier choix. 4 marges de 2 $^{m/m}$ minimum.

25 reis bleu, 2 types : I. burelage serré (à simple trait), II. large burelage (à double trait). 25 reis rose, type II.

Nuances. 5 reis brun foncé ; marron : 2 N ; brun-jaune 2 N ; brun-rouge : N, 50 ; la nuance semblable à celle du n° 5. 2 N ; U, 50. 25 r. type I : bleu, bleu-noir : U, 50 ; type II, bleu pâle à bleu foncé ; 25 r. rose carminé à carmin.

Variétés. — Papier épais 5 r. brun-rouge foncé : N, 50 ; U, 50. 25 reis, types I et II : mêmes prix que le papier ordinaire.

Oblitérations. Types A (div. modèles) et B. Les autres · rares Paires : 4 unités. Blocs : rares.

Réimpressions. — 1885, 5 r. brun foncé, papier blanc. 25 reis bleu plus ou moins outremer, papier blanc. 25 reis rose avec burelage type I.

1906. Sur papier crème, gomme brillante Surcharge PROVA en noir.

1862-64. *EFFIGIE DE DON LUIS I. N°* 13 à 17.

Premier choix. — 4 marges de plus de 2 $^{m/m}$.

Papier mince ou épais ; ce dernier un peu moins commun.

Nuances. — Comme dans les émissions précédentes ; le 10 reis orange et jaune-orange ; le 5 reis brun et brun foncé.

Variétés. — 5 reis, deux types. Type I, le chiffre 5 touche presque l'ornement situé à sa gauche. Type II, le chiffre est distant de cet ornement de 1 $^{m/m}$. Le 25 cent. montre 8 variétés peu importantes.

Oblitérations. — Comme précédemment. On trouve le type B avec chiffres moyens ou gros chiffres (notamment n° 52 Porto).

Paires : 4 U. Blocs usés : 12 U.

Réimpressions. — (1885). Le papier blanc, la gomme et les nuances diffèrent ; 10 reis orange, 50 r. vert-jaune, un point blanc touche le bas du chiffre 5 à droite.

(1906). Toute la série excepté le 25 reis ; surcharge PROVA On trouve des essais du n° 17 en diverses couleurs.

1866. *FORMAT RECTANGULAIRE. N°* 18 à 25.

Lettres C W sous le cou.

Premier choix. — 4 marges de 1 ^m/_m 1/2 minimum.

Nuances. — Peu nombreuses; 10 reis jaune et jaune-orange; 25 reis rose et rose carminé; 120 reis bleu et bleu foncé.

Variétés. — 5 reis, deux types, et 25 reis, trois types reconnaissables aux chiffres 5 des inscriptions en haut et en bas. On trouve les n°s 18, 19, 21 et 25 percés en lignes (à prendre sur lettre) : rares.

Toutes les valeurs, excepté les 20 et 50 reis, ont été perforées d'une croix en losanges.

Oblitérations. — Comme précédemment.

Paires : 3 à 4 U. Blocs de 4 : 10 U.

Réimpressions. — (1885). Toute la série sur papier trop blanc; 5 reis noir intense; 10 reis bonne nuance; les autres valeurs se reconnaissent aux nuances et à l'impression. Comparaison. 50 reis, angle inférieur droit légèrement coupé.

(1906). Toute la série avec surcharge PROVA.

Truquages. — Des têtes décollées ont été enlevées et remplacées (avec parfois une partie du fond jusqu'à l'ovale) par des têtes de l'émission suivante. Le cas s'est produit, notamment, quand une oblitération faible ne portait que sur la tête, qu'on remplaçait par une autre, pour faire un timbre neuf. Si vous voulez éviter les dentelés avec dents coupées, ne prenez que des non dentelés à grandes marges.

Faux. — Quelques bons faux de cette émission, reconnaissables aux chiffres (par exemple 20 reis, chiffre 2 de droite et zéros trop étroits); aux lettres; à la disposition du fond pointillé, trop éloigné des banderoles (de ce fait une seule ligne de points au lieu de deux sur les côtés des banderoles et 3 ou 4 au bas du timbre au lieu de 4 et 5).

II. — DENTELÉS

1867-70. *MEME TYPE. DENT.* 12 1/2. N°s 26 à 34.

Lettres C W dans le cou.

Premier choix. — Timbres parfaitement centrés.

Nuances. — Mêmes nuances que pour l'émission précédente; le 100 reis lilas clair et lilas grisâtre; le 240 r. violet et mauve.

Variétés. — 5 reis deux types. T. I, chiffre supérieur de droite mince et éloigné du bord et du bas de la banderole; t. II, ce chiffre est plus épais dans le bas, plus rapproché du bas et du bord de la banderole. 25 reis deux types : t. I, chiffre du haut moins épais, le 2 de gauche éloigné du bord de la banderole; t. II, chiffres épais, le 5 avec boule supérieure prononcée et chiffre de gauche rapproché de la banderole. 100 reis, deux types : t. I, lilas grisâtre, zéro de droite en bas éloigné de la banderole; t. II, lilas clair, zéro de droite en bas très près de l'extrémité de la banderole. Les types II des 5 et 25 r. sont moins communs.

Oblitérations. — Comme précédemment, mais on voit apparaître d'autres types barres avec chiffres (type A) avec 8 barres; types A et B : communs.

Paires : 3 U. Blocs de 4 : 8 à 10 U.

Réimpressions. — (1885). Toute la série sur papier blanc, dentelée 13 1/2 au lieu de 12 1/2; la dentelure est plus nette, les trous sont plus grands. (1906), toute la série, surchargée PROVA.

1870-79. *MEME TYPE, SANS LETTRES SOUS LE COU.* N°s 35 à 49.

Premier choix. — Timbres bien centrés.

Nuances. — Nombreuses.

Dentelure. — 12 1/2 commune, excepté pour le 25 reis neuf : 2 N; le 80 r. vermillon : 5 N et le 150 reis sur papier ordinaire : 3 N. Dent. 13 1/2 : les neufs valent 2 N sur papier ordinaire, excepté les 5, 10, 50 (vert) qui valent le triple; le 150 reis (bleu) : 8 N et le 120 reis : rare. Les 50 reis (bleu), 100, 120 et 150 reis (bleu) valent usés : 2 U. Les dentelés 11 et 14 sont rares ainsi que le papier épais rayé horizontalement.

On trouve du papier dit « porcelaine » dans les dentelures 12 1/2 et 13 1/2. Prix divers.

Variétés. — Les 15, 20, 25 et 80 reis en deux types, se reconnaissant aux chiffres supérieurs droits, rapprochés ou éloignés l'un de l'autre.

On trouve du papier fin, épais, lisse et très blanc appelé papier « porcelaine ».

Les 5 r., 10 reis jaune; 15 r. type II (chiffres espacés, marron clair) et le 25 reis sont connus non dentelés.

Paires : 3 U; blocs de 4 : 8 U.

Oblitérations. — Le type A à 8 barres devient fréquent; on trouve ce type à 9 barres et de forme ovale; les cachets types C à date, ronds ou ovales font leur apparition. On trouve aussi un cachet à date moderne, double cercle, avec date dans un rectangle placé au milieu du cachet.

Réimpressions. — (1885). Toute la série, reconnaissable au papier très blanc, à la dentelure 13 1/2 et aux nuances non conformes. Comparaison. (1906), comme précédemment.

Faux. — Toute la série; 57 perles dont quelques-unes touchent les ovales au lieu de 61, bien détachées.

Les hachures dans les coins sont au nombre de 24 à gauche en haut et de 25 à droite en haut alors que dans les originaux il y a 28 hachures verticales dans les 4 coins (les dernières sont faites de points et parfois aveugles : loupe).

Le bas de la banderole inférieure n'est pas aussi rapproché du cadre que dans l'original, et les hachures paraissent se continuer au milieu.

Le papier est blanc, trop mince, la dentelure 11 1/2.

EMISSIONS SUIVANTES

Voir les catalogues généraux.

1876. N° 50. — Les réimpressions de 1885 sont dentelées 12 1/2 ou 13 1/2.

1880. N°ˢ 51 à 54. — 5 reis noir, 2 types reconnaissables à la narine. Type II, narine faite d'un trait épais ; pointillé de la tempe non interrompu : 2 N ; 4 U.

Réimprimés en 1885, dentelés 13 1/2 et en 1906 (réimpression royale comme les précédentes).

1882-87 et 1884. N°ˢ 55 à 65.

Les n°ˢ 55, 56, 57, 59, 61 et 62 ont été réimprimés en 1885 et en 1906, les autres en 1906 seulement. Les n°ˢ 59 et 62 ont été falsifiés. Comparaison. Dentelure non conforme. Noir et non noir gris Papier épais.

1892. N°ˢ 66 à 77. — Réimprimés en 1906. Les 5, 20, 25, 50 et 80 reis sur papier ordinaire blanc dentelés 13 1/2, les autres ressemblent beaucoup aux originaux.

1892-93. — Surchargés. Tous ont été réimprimés en 1906. Il existe beaucoup de fausses surcharges. Comparaison.

1894. N°ˢ 96 à 108. — Non réimprimés. Cachet spécial 1394 CENTENARIO 1894.

1895. Saint Antoine. n°ˢ 110 à 123. Non réimprimés.

Faux. — Les fortes valeurs ont été plusieurs fois imitées, la comparaison du dessin les fera reconnaître.

1° Du 50 au 100 reis. Mauvais dessin.

2° Du 100 reis au 1.000 reis (Genève F.). Voir les mains, les hachures (socle de la colonne de gauche). Dans la prière au verso le mot nunc est écrit nunc. Cette série a été faussement surchargée AÇORES et autres colonies.

3° Du 150 au 1.000 reis, quelques différences dans le dessin, format trop grand de plus d'un millimètre.

1898. Vasco de Gama. Falsifications risibles. La comparaison du dessin suffit. Avec fausses surcharges pour les colonies.

Taxe 1898. — Deux séries fausses. Lithographiés, Londres Comparer le dessin suffit, nuances arbitraires. Paris : dessin du fond, inscriptions et format non conformes.

PRUSSE

1850-56. *FOND QUADRILLE. FILIG. LAURIERS* N°s 1 à 5

Feuilles de 150 timbres (10×15); les n°s 2 à 5 avec numéros marginaux 1 à 10 en haut et 1 à 15 à gauche.

Premier choix. — 4 marges de 1/2 ᵐ/ᵐ minimum

Papier. — Moyen ou mince; parfois légèrement strié.

Nuances. — 4 pf. (1856), vert-jaune, vert foncé : N, 50, U, 25, 6 pf. rouge vermillonné; rouge-orange pâle, moins commun; 1 sgr. noir sur rose pâle; sur rose vif · 2 N; U, 50; 2 sgr. noir sur bleu, 3 sgr. noir sur jaune; sur jaune vif; sur ocre (maïsgelb) : 2 N; 2 U

Variétés. — Bords de feuille avec numéro : 3 N; 5 U; sans numéro : 2 N, 3 U. 1 sgr. sur papier rouge feu (feuerrot) : rare 3 sgr. sur papier épais : moins commun; on trouve cette valeur avec l'inscription « Plat » (de Platte) en marge : R.R. Le 1 sgr. est connu avec filigrane renversé : R.R.; le 2 sgr. et 3 sgr. avec même variété. R.R.R. Le 6 pf. est connu avec l'inscription « Platte n° 7 » dans la marge droite : R.R.R. Le 2 sgr. est connu coupé pour moitié : R.R.R. Quelques retouches : rares. La réimpression du 6 pf. a été oblitérée sur lettre.

Oblitérations. — Types A et B : communes; le type A avec inscription sur 3 lignes (Bahnhof) est recherché. Type B, rare en rouge; sur n°s 3 à 5 : 10 U (n°s 107, 1748, etc.); en bleu : même valeur. Type D : 2 à 4 U, excepté sur n° 1. Toutes autres oblit (par exemple nom de ville sur une ligne et oblitérations étrangères) sont rares.

Paires : 4 U; le n° 3 : 3 U; n° 4 : 8 U; les bandes sont rares et les blocs de 4 y compris celui du 1 gr. très rare.

Réimpressions. — (1864). Sans filigrane. Le 6 pf. (rare) n'a pas le burelage de sûreté; ceci se vérifie en le plongeant dans une solution soufrée. Ces réimpressions tirées à 1.500 ex. sont peu communes.

(1873). Avec filigrane, en nuances moins vives pour les n°s 1 et 2 et en nuances du papier modifiées pour les n°s 3 à 5. Gomme blanche mince (émission Goldner); mauvais aspect. La nuance du papier des n°s 3 à 5 est rose pâle terne; bleu pâle terne et jaune sale. La réimpression du n° 1 mesure 18 ᵐ/ᵐ sur 21 1/3 (à 1/10 de ᵐ/ᵐ près) au lieu de 18 1/3 à 18 1/2 sur 21 1/2, 21 2/3; le papier est moins teinté; la réimpression du n° 2 a 18 ᵐ/ᵐ de large au lieu de 18 1/3 à 18 1/2 et 21 1/3 de haut au lieu de 21 1/2 à 21 2/3.

A.- Nom de ville et date sur 2 lignes. *B.- 4 cercles et numéro.* *C.- Obl. ambulant sur 3 lignes.*

D.- Obl. à date double cercle. *E. Cachet de Gare.* *F. Obl. à date un cercle.*

Le 3 silb. noir sur gris est un essai.

Truquages. — Les réimpressions ont parfois reçu une nouvelle coloration chimique pour en faire des neufs. De même des essais et maculatures filigranées.

Se rappeler que les dimensions des réimpressions sont plus petites ; le n° 4 a 18 1/4 de large alors que l'original a 18 1/2.

Des réimpressions filigranées ont été faussement oblitérées (type B, 1190, etc., etc.).

Faux anciens, sans filigrane ; format, dessin et inscriptions arbitraires ; les valeurs en silb. ont été aussi typographiées en couleur sur blanc !

1857. *MEME TYPE, SANS FILIG. FOND UNI. N°ˢ 6 à 8.*

Feuilles comme précédemment (150 timbres 10 × 15), mais avec numéros marginaux sur les 4 côtés.

Premier choix. — 4 marges de 3/4 de ᵐ/ᵐ.

Nuances. — 1 sgr. rose ; rose vif : N, 50 ; 2 sgr. bleu outremer ; bleu outremer foncé : N, 25 ; U, 25 ; 3 sgr. jaune-orange ; jaune : N, 25 ; jaune-citron : rare.

Variétés. — Les timbres n°ˢ 6 à 13 ont été pourvus d'un burelage vertical incolore sur toute leur surface. On le distingue parfois à la loupe, en gris pâle. Ceci était un contrôle pour éviter la fraude. Ce burelage ne devient très visible — en brun ou noir — que sur les exemplaires qui ont été soumis (pour vérification) à une manipulation chimique à base de soufre. C'est évidemment une garantie de l'authenticité du timbre. (Sans plus-value).

On trouve des retouches peu visibles (hachures verticales des coins) ; petits traits verticaux autour des inscriptions ; hachures curvilignes du milieu du cou, etc.). Dans le 2 sgr. des défauts de planche (cadre droit doublement interrompu dans le haut : SILBE*P*.GR. etc.).

On rencontre aussi des défauts d'impression.

Timbres avec numéros marginaux : 2 N ; 4 U ; le 3 sgr. est connu avec dentelure (non officielle) : R.R.

Oblitérations. — Généralement types A, B et D ; types C, E et F : 2 U. Oblit. étrangères : rares.

Paires : n° 6 : 4 U ; n°⁸ 7 et 8 : 5 U. Blocs de 4 : R.R.

Truquages. — Les timbres de l'émission suivante (fond quadrillé) ont été truqués par apposition de couleur sur le quadrillage. Un œil exercé ne s'y trompe pas, surtout s'il est garni d'une bonne loupe. Vérifiez aussi les neufs, particulièrement les 1 et 2 silb., car des oblit. légères ou plume ont pu être lavées.

Réimpressions. — Non.

Faux. — 1° Une série de soi-disant réimpressions vit le jour en 1864 (les planches et les coins étaient détruits) ; en bandes de 3 contenant les 3 valeurs ; nuances : carmin, outremer et jaune foncé ; le mauvais dessin des inscriptions et le manque d'un point sur deux derrière SILBERGR suffit à les reconnaître. Sans gomme.

2° Une seconde série de cette émission fantaisiste vit le jour en 1876 ; même disposition, mais l'indication de la valeur manque. Nuances : rouge carminé ; bleu foncé ; jaune-brun et noir. Sans gomme.

3° Série de soi-disants « essais » — après la lettre ! — de Berlin (F...) ; 3 et 4 pf. ; 2 et 3 sg. et 6 kr. en noir sur blanc, non dentelés. Sans gomme.

Fausses oblitérations diverses sur les faux et sur les réimpressions.

1858-60. *MEME TYPE. SANS FIL. FOND QUADR.* N°⁸ 9 à 13.

Feuilles comme dans l'émission de 1856, avec n°⁸ marginaux.

Premier choix. — 4 marges de 3/4 de ᵐ/ᵐ minimum.

Papier moyen ; mince (moins commun) ; 4 p. très mince : U, 50.

Nuances. — 4 p. vert ; vert pâle (jaunâtre) ; 6 p. vermillon vif et rouge vermillon ; 1 sgr. du rose pâle au rose carminé vif ; 2 sgr. bleu et bleu indigo ; 3 sgr. jaune orange clair et jaune orange.

Variétés. — Le n° 10 est parfois décoloré en brun. Moins value. Divers petits défauts de planches.

Oblitérations. — Types A (sur 2 ou 3 lignes), commune en noir ; en rouge : 3 U ; type B : 2 U ; type C : 2 U ; en rouge : 5 U ; type D : commune ; types E et F : rares.

On recherche les oblitérations de Hambourg, les oblit. saxonnes (grille) ; et toutes les oblit. étrangères (Swinemunde per Dampfsch), Lubeck, etc.

Paires : 1 sg. : 3 U ; les autres : 4 U ; le 2 sg. : 5 U. Les blocs de 4 : rares ; le 4 sg. neuf avec gomme : 12 N.

Réimpressions. — Non.

Ne pas confondre la première réimpression du n° 2 avec le n° 10 neuf. (Le n° 10 original mesure 18 3/4 $^{m}/^{m}$ de large sur 21 3/4 à 22 de haut).

Ne pas confondre non plus cette réimpression faussement oblitérée avec le n° 10 usé.

1861-65. *PERCES EN LIGNES. IMP. EN RELIEF.* N°ˢ 14 à 20.

Feuilles comme précédemment, avec numéros marginaux.

Nuances. — Assez nombreuses. Sont rares : 3 pf. lilas carminé 2 N ; 2 U ; 1 sgr. rose carminé vif : 2 N, 2 U, 2 sg. bleu de Prusse.

Variétés. — Timbres avec numéros marginaux : 3 N ; 3 à 5 U. Les non dentelés sont des essais, quelques-uns ont passé par la poste ; les timbres avec inscriptions au verso sont également des essais.

Oblitérations. — Type A commune ; en bleu : 2 U ; Bremen Bahnhof en bleu : 3 U ; on trouve assez souvent le type A avec ligne de séparation intérieure (inscription sur 3 lignes). Type B . 3 U Type D : commune en noir et en bleu ; type F : commune en noir et en bleu.

Oblit. Hambourg à date : 2 U ; Bergedorf en demi-cercle (1861 à 1864) : R.R. ; Lubeck : rare.

Paires : 3 U ; blocs de 4 N . 6 N ; usés : 8 U excepté le n° 18 . R.R. et le 1 sgr. : rare. Cette dernière valeur n'est pas commune en bande de 3. La bande de 5 du n° 18 est rare.

Réimpressions. — Non.

Faux usés poste. — N°ˢ 19 et 20. Comparaison. Dessin de l'angle, du burelage et des inscriptions : R.R.

1866. *GRANDS CHIFFRES.* N°ˢ 21 et 22.

Ne pas mettre ces timbres dans l'eau.

Premier choix. — 4 marges de 1/2 $^{m}/^{m}$ minimum et toutes les inscriptions visibles.

Les pièces oblitérées et bien conservées sont rares et valent plus que le prix des catalogues, surtout sur lettre.

Faux anciens. — Les originaux sont finement imprimés et la loupe permet de voir le détail fort régulier des cadres, ornements, inscriptions et les inscriptions dans le corps des chiffres. Il y a 20 lignes d'inscriptions dans le fond (zehnsilbergroschen ou dreissigsilbergroschen).

Les faux de ces deux valeurs sont mal venus ; notamment l'inscription Preussen ; les inscriptions du fond sont illisibles (19 lignes seulement) ; les inscriptions dans les chiffres sont irrégulières, etc.

Fausses oblitérations sur originaux (expertise).

Truquages. — Oblit. plume lavées et fausse oblit. (expertise).

1867. *TYPE OCTOGONAL. P. E. L. N*^{os} 23 à 27.

Feuilles de 150 (10×15) ; n^{os} marginaux 1 à 10 et 1 à 15 dans les marges.

Nuances. — Deux nuances pour chaque valeur ; nuance ordinaire et nuance foncée ou vive. Le 2 kr. orange foncé : U, 50.

Oblitérations. — Comme dans l'émission de 1861 ; nom de ville encadré sur une ligne : 2 U ; le type C : 2 U (caractères plus maigres), etc.

Essais avec inscription au verso.

DECOUPURES D'ENVELOPPES.

Ont servi comme adhésifs, mais n'ont de valeur que sur grand fragment ou sur lettre entière.

1851-52. Effigie dans un ovale ou un octogone avec fil de soie. 1 à 7 sg. Tous rares, surtout les 6 et 7 sg.

1853-54. 1, 2, 3 et 4 sgr. sans fil de soie. Le 4 sgr. seul est rare.

1861. Au type de la série des timbres-poste avec une inscription oblique à droite en haut. 1, 2 et 3 sg. : assez communs.

1863-65. Même type avec double inscription en travers de la vignette. 1, 2, 3 sg. : communs ; 3 et 6 pf. : assez rares.

1867. Même type, valeur en kreuzer. 1, 2, 3, 6 et 9 k. : assez communs.

TIMBRES-TÉLÉGRAPHE

On trouve la série en deux nuances : gris-noir et bistre-foncé. Toute la série est rare. Pas de réimpressions.

Oblitération, à l'emporte-pièce, en forme de T ; elle enlève une bonne partie de la gravure et il faut donc conseiller l'acquisition des neufs.

ROMAGNE

1859 (1er *Sept.*). *VALEUR EN BAJADOZ. N*^{os} 1 à 9.

Feuilles de 120 timbres en 2 groupes de 60 (12×5). Non dentelés, typographiés. Papier à la machine (60 à 70 mc.), excepté le 8 baj. (85 mc.) ; la gomme, brunâtre, a parfois modifié le ton du papier.

Premier choix. — 4 marges jusqu'aux filets séparatifs (1 ^m/^m).

Timbres coupés. — 1, 2, 4, 5, 6 et 8 baj. pour moitié de leur valeur et 1/2 baj. pour 1 centes. N° 3 coupé pour moitié : 3 U, n° 5 : 10 U. Tous à prendre sur lettre après comparaison de l'oblitération.

Oblitérations. — Losange de 8 barres : commune ; ronde à date : U, 25 ; toutes les autres : rares.

Paires : 2 N, 50 ; 3 U ; le 4 baj. : 4 U ; les valeurs supérieures : R.R. ; blocs de 4 neufs, la série : 500 fr. ; usés : R.R. Les affranchissements de timbres de Romagne et sardes : R.R.

Essais sur papiers de diverses épaisseurs, les diverses valeurs non dans la nuance originale.

Réimpressions (Bruxelles, Moens 1892). Non officielles, faites avec des clichés originaux mal conservés ce qui a provoqué des empâtements, des cassures de lettres, des corrections. Les lettres R et A de Franco sont reliées par le bas ; souvent aussi les lettres TA de Postale ; les ornements des coins sont empâtés et le cercle central du coin supérieur droit est fermé. Format non conforme, sans gomme. Nuances différentes ; dans l'ordre : bistre-jaune ; gris foncé ; bistre-brun ; vert-foncé (moins bleuâtre que l'original) ; brun-rougeâtre ; lilas vif ; vert pâle ; rose ; bleu sombre.

Originaux. — Largeur : 18 3/5 à 18 3/4 suivant valeurs ; les 8 et 20 baj. un peu moins larges (18 1/2 environ) ; hauteur : 21 3/5 à 21 3/4 ; les 6 et 20 baj. 21 1/2 environ. Pour les signes distinctifs, voir l'illustration. Les lettres des inscriptions ne se touchent pas, mais, par suite du peu de distance entre les traits terminaux de R et A de FRANCO, ces lettres se touchent parfois par le pied dans les impressions lourdes.

Bien entendu les signes marqués d'une flèche ne sont pas toujours tous visibles, particulièrement les petites cassures des traits terminaux, dès que l'impression est moins bonne. On trouve, en outre, dans chaque valeur un ou deux signes constants qui peuvent également servir de signes d'expertise (1/2 baj. le point situé dans le coin supérieur droit est rarement visible ; 1, 2 et 3 baj. forme particulière du chiffre ; 4 baj. le trait terminal du second L de Bollo est souvent interrompu au pied, comme dans le premier et le cadre intérieur est fréquemment coupé à droite et au-dessus du dernier O de Bollo ; 5 baj., la branche gauche de l'N de Franco est très faible ou interrompue ; le petit cercle du coin supérieur gauche est interrompu là où il touche le cercle central ; 6 baj. un point non impressionné en noir dans le cadre supérieur au-dessus de la branche droite du premier O de Bollo ; 8 baj. coupure du cadre intérieur au-dessus de la lettre E de POSTALE ; 20 baj. trait de couleur joignant les deux cadres sous le pied droit de la lettre R de ROMAGNE et point noir au-dessus de la barre horizontale de l'A de FRANCO, etc.

Faux. — Cinq séries de faux anciens, lithographiés ; il suffit de les comparer avec l'illustration pour s'apercevoir que le cercle central de l'ornement supérieur droit est généralement complet et qu'il y a de tels défauts secondaires qu'ils n'offrent aucun danger. Les lettres R, A et N de FRANCO se touchent ; les points derrière BAI sont ronds ou bien sont placés trop haut ou trop bas ; les A sont pointus en haut ; Romagne est écrit en capitales ordinaires ;

les inscriptions ne sont pas alignées et ne montrent pas les signes indiqués dans l'illustration; les chiffres et le format ne sont pas conformes; les nuances sont arbitraires; etc., etc. Il en est de même pour quelques faux isolés. Ces faux sont généralement de provenance italienne, une des séries vient de Hambourg.

Faux de Gênes (I.). — Cette série moderne est certainement la mieux faite et la plus répandue ; un cliché a été fabriqué pour les neuf valeurs. Il ne montre pas le cercle central de l'ornement supérieur droit interrompu (signe secret du graveur car un simple défaut du dessin — glissement de la pointe du compas — n'expliquerait pas l'interruption des deux cercles). Le cliché falsifié a été ensuite retouché dans l'espoir de rendre ce signe comme dans l'original, mais l'illustration fait voir cette mauvaise retouche et renseigne sur les autres défauts de ces contrefaçons.

Fausses oblitérations. — Elles sont extrêmement nombreuses aussi bien sur les originaux que sur les soi-disant réimpressions et les faux. Celles des originaux doivent être expertisées par comparaison et il ne faut acquérir, en pièces isolées, que celles couvertes par une grande partie de l'oblitération.

Fausses oblitérations de Genève. — Très répandues sur originaux et sur les faux de Gênes. Les faussaires se mettent actuellement à plusieurs pour arriver à montrer quelque chose de présentable ; espérons que cet ouvrage les convaincra de l'inanité de leurs efforts.

Oblit. rondes à date : FAENZA 20 DIC, RAVENNA 5 APR 59 ; TORINO 6 JUIL, 59 ; RIMINI 7 NOV 59 ; PISANI... ; oblit. losange à 6 barres intérieures ; oblit. barres (4 grosses barres de 15 $^{m}/^{m}$ de long espacées de 3 $^{m}/^{m}$!), oblitér. en capitales sur une ligne : MEDICINA, CESANA, ASSICURATO ; dates interchangeables. N. B. Quelques-uns de ces faux cachets ont servi aussi pour les timbres des Etats de l'Eglise.

ROUMANIE

La collection de Roumanie spécialisée est l'une des plus intéressantes par sa grande richesse en raretés, en coloris, en variétés

I. — MOLDAVIE

1858 (15-7). *INSCRIPT. DANS UN CERCLE. N*^{os} *1 à 4.*

Tête d'auroch surmontée d'une étoile à 5 branches.

Feuilles de 16 timbres (8 × 2), imprimées à la main au moyen de 4 cachets différents (un par valeur).

Papier moyen, coloré. Faible vergure (sauf pour le 81 p.).

Chiffres de tirage. — 6.000 pour les 27 et 108 parales, 10.000 pour le 54 p. et 2.000 pour le 81 p., plus, pour chaque valeur, une feuille soumise aux autorités. D'après « Die Postmarke » on aurait vendu 3.691 pièces du 27 p., 4.772 du 54 p., 709 du 81 p. et 2.584 du 108 p.

Ceci explique la rareté du 81 parales dont il n'existe probablement plus une seule pièce oblitérée à l'état parfait (impeccable). Le reste du stock a été perdu.

Variétés. — Le 27 p. est connu tête-bêche; les timbres étaient parfois coupés ronds par les fonctionnaires des postes (au lieu de carrés) et ces pièces ne sont donc pas dégradées si le dessin n'est pas touché; valeur : 30 %.

Essais sur papier blanc : R.R.R. 3 séries connues.

Réimpressions. — Non.

Oblitérations. — Le cachet habituel est du type A, en bleu. (Voir illustration).

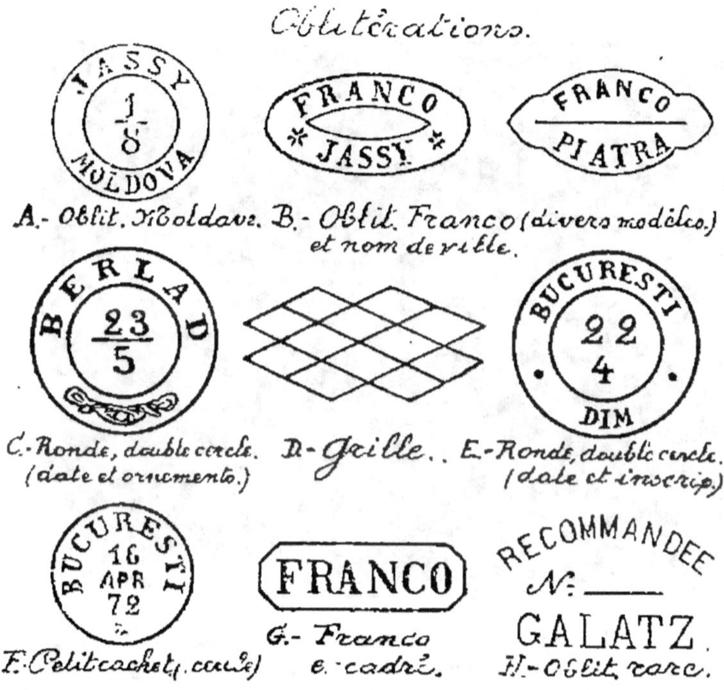

Originaux. — Le meilleur moyen de les reconnaître est de comparer en détail avec les deux clichés de l'illustration; étoile, tête d'auroch (forme, ombres et direction des cornes, des oreilles, des yeux, du nez et de la bouche), chiffres et cor. Voici, en outre, quelques détails pour chaque valeur :

27 par. — Petit arc de cercle non impressionné dans l'embouchure du cor; le 2e O est très fin en haut; la dernière lettre est trop éloignée et plus large que la 4e lettre du second mot; deux lignes

d'ombres à gauche et trois à droite, touchant la ligne de la joue ; le bas du mufle ne touche pas le cor ; cercle : 19 ᵐ/ᵐ 1/2. 54 par. oreille gauche partielle, et beaucoup plus haute que la droite ; les lignes du nez sont parallèles ; la corne droite (à gauche du timbre) est plus incurvée que l'autre ; cercle : 19 ᵐ/ᵐ 1/2. 81 par., point de couleur entre la pointe de l'étoile et la corne gauche (à droite du timbre) ; le trait extérieur de cette corne est plus mince que celui tourné vers l'étoile ; un point non impressionné dans l'embouchure du cor ; cercle : 19 ᵐ/ᵐ 2/3. 108 par., le cercle est aminci ou interrompu à droite de la dernière lettre de l'inscription ; le cor est beaucoup plus mal ombré que dans les autres valeurs ; cercle : 20 ᵐ/ᵐ environ.

Faux. — Il existe un grand nombre d'imitations dont quelques-unes assez insidieuses. Faux anciens, presque tous grossiers et facilement repérables au moyen des données ci-dessus ; citons : 27 par. typographié ; pap. épais non vergé ; lettres défectueuses ; base du 2 courbe ; pas de point après le 7 ; la bouche touche le cor, etc. 54 par. : 1° lithographié sur vergé ; pointe supérieure de l'étoile dirigée vers le milieu du K ; corne droite vers la lettre C ; 2° lithogr. vergé vertical, pointe de l'étoile dirigée vers le pied droit du K ; 3° pap. mince, non vergé, inscription trop éloignée du cercle, corne gauche dirigée entre les lettres P et N ; 4° typog. sur vergé ; corne gauche dirigée vers la lettre N ; 5° typog. sur pap. épais, non vergé, vert foncé ; corne droite dirigée vers le second O ; oreille droite vers le P. 81 par. : 1° typog., corne droite dirigée vers le corps du C; pointe de l'étoile vers le milieu du K; corne gauche entre P et N; 2° un autre faux présente les mêmes caractéristiques en même temps qu'un tas d'autres; 3° lithog.; oreille droite dirigée entre T et O; oreille gauche vers la lettre N; 4° lithog.; les chiffres 81 sont placés dans la moitié gauche de l'ovale formé par le cor. 108 par. tous sur pap. non vergé; 1° lithog.; corne gauche dirigée vers le P; inscriptions beaucoup trop fines; 2° typog.; les oreilles forment des triangles noirs; 3° typog.; la pointe de l'étoile est dirigée entre le C et le K; etc.

Ces faux sont oblitérés plume; grand cercle; gros points carrés fantaisistes; parfois non oblitérés; des faux ont été aussi faussement tamponnés avec un cachet authentique de Jassy.

Faux modernes. — Si les faux anciens sont assez risibles, trois séries modernes sont, par contre, assez insidieuses; deux de ces dernières sont photolithog. (dans l'une le 81 p. manque); on trouve des différences de format, de papier, de dessin, de nuances. Il est indispensable de comparer avec des originaux. Nous n'avons pas eu l'occasion de voir la troisième série présentée comme « réimpressions rares »; le 27 p. est sur papier épais, le 54 p. aussi; vert foncé; le 81 aussi, et le 108 p. sur papier rose lilacé avec cercle interrompu de la lettre O jusqu'à l'embouchure du cor. Il s'agit probablement de faux provenant d'un tirage clandestin avec les cachets originaux usagés et détériorés plutôt que de faux de toutes pièces.

1858 (1-11). *MÊME TYPE. FORMAT RECTANG.* Nᵒˢ 5 à 7.

Chiffres de tirages. — Sur papier azuré, 960; 7.040 et 2.816 ex., respectivement pour les nᵒˢ 5 à 7; sur papier blanc (1859), 7.136; 21.472 et 11.264 ex.

Premier choix. — 4 marges de 2 ᵐ/ᵐ 1/2 minimum.

Papier pelure (20 à 30 mc.); gomme blanche ou légèrement brunâtre, mais aussi gomme jaunâtre qui a donné sa nuance, parfois prononcée, au papier. On trouve les 40 et 80 p. sur papier légèrement jaunâtre, gomme blanche.

Feuilles de 32 timbres (8 × 4). Au milieu, 8 tête-bêche. Les timbres, imprimés au moyen de cachets à la main, comme dans l'émission précédente, sont généralement d'impression défectueuse.

Nuances. — Quelques nuances des 40 et 80 p.

Variétés. — 5 parales, deux types : I. Cadre inférieur non interrompu; II. Cadre inférieur brisé en-dessous de l'A de IIAP', souvent taches de couleur sur les côtés de la tête. Le 5 p. sur bleuté est toujours du type I; oblitéré, ce timbre est probablement plus rare que le 81 p. de la première émission; le 5 p. type I sur papier blanc (1ᵉʳ tirage sur blanc) est rare usé et rarissime neuf, le 5 p. au type II est un reste de stock qu'on ne trouve pas oblitéré. Le premier tirage sur blanc du 40 p. est bleu-vert, gomme jaunâtre et d'impression défectueuse.

Oblitérations. — Généralement types B (on trouve deux cachets franco de Galatz, le second est comme celui de Jassy, mais avec double ovale (dont un perlé) et inscription n° 2 dans le milieu, rare) ; le cachet à date A se trouve sur la lettre. On trouve les oblit type B en bleu, rouge, violet et noir.

Paires : 4 U. Timbres sur lettres : 2 U.

Originaux. — Dans aucune valeur, le museau ne touche le cor. 5 par. 15 1/4 à 15 1/2 sur 18 1/4 à 18 1/2 (nous avons pourtant trouvé 15 × 18 $^{m/m}$ sur type I. L'étoile est ouverte dans le bas et sa branche supérieure est moins effilée que les autres. 40 par., étoile ouverte en haut ; le zéro du 40 en haut est un peu plus large que celui d'en bas ; ces chiffres sont ouverts dans le haut, excepté dans les impressions appuyées ; le chiffre 4 en bas est placé un rien trop bas par rapport au zéro et il est d'une hauteur moindre ; format 16 1/2 à 17 sur 19 à 19 1/2 $^{m/m}$ suivant tirages. 80 par., le P de l'inscription en haut est plus éloigné que dans le bas, par contre, 80 HA sont penchés à droite dans l'inscription du bas ; les deux chiffres sont de même hauteur excepté en haut où le 8 est un peu plus grand ; la pointe supérieure de l'étoile est entr'ouverte ; format 17 × 19 1/4 à 19 $^{m/m}$ 1/2. Les trois valeurs montrent parfois des taches de couleur sur les côtés de la tête d'auroch (dans le 80 cent., aussi sur les côtés de l'inscription inférieure).

Les 3 valeurs montrent les caractéristiques des timbres impressionnés par un cachet à main (c'est aussi une caractéristique des surcharges à la main), sous forme de double impression ou d'impression déviée de l'un ou l'autre cadre chaque fois que le cachet n'était pas tenu bien verticalement et souvent un halo de tout le cadre quand le cachet n'était pas appliqué d'un coup sec ; pour ces motifs, les impressions défectueuses sont fréquentes.

Faux. — La comparaison minutieuse avec les clichés de l'illustration et les détails relatés ci-dessus feront retrouver très vite tous les faux dont on connaît une douzaine pour chaque valeur. En donner le détail serait fastidieux et inutile, car l'étoile n'a souvent que 5 branches, ou bien six, mais toutes bien fermées ; l'auroch a des oreilles qui écoutent bien mal les bruits venus des plaines moldaves ; ses yeux sont d'un torve outré ; le museau, dégénéré, a tout du groin ; la pointe supérieure de l'étoile est mal dirigée, de même que les cornes et les oreilles ; le museau touche le plus souvent le cor ; les chiffres ne sont pas conformes (chiffres 4 parfois fermés dans le haut) ; les lettres non plus ; enfin un coup d'œil aux dimensions trop petites (5 p. de 15 1/2 à 16 $^{m/m}$ de largeur !) ou trop grandes (80 p. de 20 1/2 de hauteur !), et des papiers moyens ou épais permettront de repêcher encore quelques contrefaçons. Une série parisienne, de bonne apparence, mais de formats et avec lettres des inscriptions non conformes, se trouve en paires, en bandes, en blocs ! sur papier azuré ou blanc et parfois sur lettres

avec faux cachets relativement bien imités : comparaison. Du 5 p.
on trouve également une soi-disant réimpression (voir émission précédente : comparaison minutieuse. Il existe des essais rares des
40 et 80 par. (octogone régulier ; étoile à 5 pointes ; museau touchant
le cor ; etc.).

Faux usés poste. — Guère meilleurs ; dimensions non conformes ; 5 par. la première lettre de l'inscription supérieure est formée de deux I ; 40 par., le mot scrisorei, trop convexe, ne suit pas
exactement la légère courbure du cadre droit ; 80 par., les chiffres
80 n'ont que 1 $^m/_m$ 1/2 au lieu de 1 $^m/_m$ 3/4 et 2 $^m/_m$ de hauteur, etc.

Fausses oblitérations. Nombreuses sur faux et originaux. Ces
derniers doivent toujours être comparés pour l'oblitération. La série
fausse de Genève (grossière) est pourvue d'un cachet rond de 30 $^m/_m$
de diamètre avec inscription circulaire KASSA CLOWNA POCE-
YOWA sur deux lignes.

Truquages. — Le papier blanc n'est que rarement truqué en
bleuté ; comparaison. Se souvenir que le 40 p. outremer et les 80 p.
rouge vif (écarlate) et brun (nuance très rare) n'existent pas sur
le papier bleuté. Le truquage du 5 par. type II en type I est plus
fréquent ; la comparaison du papier, du format et de la gomme
déjouent la fraude.

II. — **MOLDO-VALACHIE**

1862 (*Juin*). *AIGLE ET AUROCH.* N⁰ˢ 8 à 10.

Premier choix. — 4 marges de 1 $^m/_m$ 1/2 minimum.

Feuilles. — Premier tirage à la main ; comme précédemment,
32 t. (8×4) ; intervalles irréguliers, 8 tête-bêche dans le milieu de
la feuille. Ce tirage se reconnaît à l'impression (notamment celle
des cadres, voir émission précédente) ; on trouve parfois des exemplaires sans aucun intervalle sur un côté ; on trouve, parfois dans
la même feuille, de très bonnes impressions et, tout à côté, des
impressions réellement défectueuses où l'aigle, l'auroch et le cor
forment tache et où les 2 cadres sont réunis en un seul (notamment
6 par. rouge vermillonné, n° 9b). Deuxième tirage (mars 53),
typographié en feuilles de 40 (8×5), les timbres de la troisième
rangée horizontale sont couchés par rapport aux autres ; un seul
tête-bêche, au milieu de la feuille. Les timbres du premier tirage
sont beaucoup plus rares que ceux du second : 3 par. : 3 N ; 6 par.
(voir prix des variétés de nuances 9a et 9b) ; 30 par. blanc : 5 N ; 2 U.

Papier. — Premier tirage, pelure (depuis 25 mc.) jusqu'à épais
(3 et 30 par., 40 à 55 mc.), uni ou vergé horizontal. Deuxième tirage,
pelure uni (épais, 6 par.), vergé horiz. et uni bleuté (30 par.).

Nuances. — Le 3 p. jaune vif appartient au premier tirage,
ainsi que les nuances citron et jaune olive (rares) ; de même les 6 p.
rouge vermillonné ou carmin vif et foncé. Le deuxième tirage des

6 par. montre des nuances claires du lilas rose, du rose et du rose
carminé. Les deux tirages montrent le 3 p. orange et le 30 p.
bleu clair, bleu et bleu foncé.

Variétés. — Les nᵒˢ 9a et 9b sont connus coupés pour moitié
(affranchissement d'imprimés) : R.R. Les 3 et 6 par. deuxième
tirage sont connus avec gomme jaunâtre épaisse qui a jauni le
papier. Les tête-bêche sur papier vergé valent trois fois les tête-
bêche sur papier uni. Le 30 par. sur papier bleuté existe dans les
deux tirages ; R.R. dans le second. Petits défauts dans les lettres :
N, 50 ; U, 50 ; E de Scrisorei cassé dans le bas, 30 par., E et I du
même mot se touchant par le bas ; lettre R de PAR avec boucle
cassée en haut (fréquent dans le 6 p. moins dans le 30) ; gros point

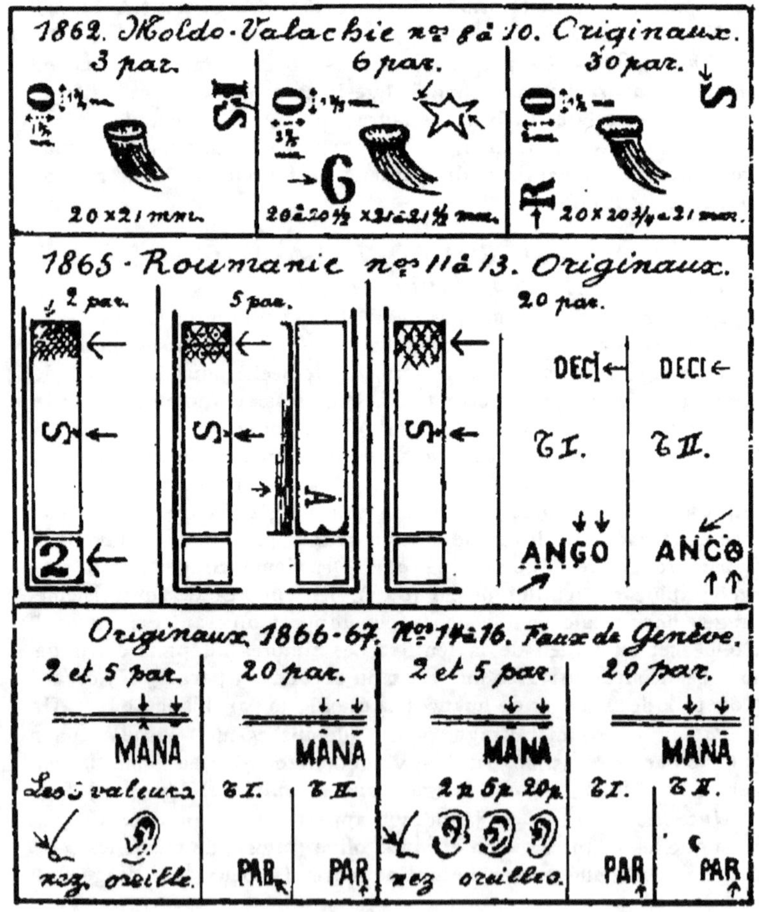

de couleur sous l'O de FRANCO; idem. sur le R de PAR (6 p.),
etc., etc. Le 6 par. est connu avec double impression : rare.

Paires : 3 U; voir le catal. pour les paires avec un t. couché.

Oblitérations. — Généralement B ou C, en rouge, en bleu, en
noir; toutes autres : rares.

Originaux. — Voir les signes distinctifs dans l'illustration.

Faux. — Assez nombreux, typographiés ou lithographiés; le
3 par. a été imité sur papier uni en citron, en jaune d'or et en
orange, les deux cadres n'en formant qu'un seul, ou bien avec le
O de Franco ayant 2 $^m/_m$ 1/2 de haut sur 1 1/4 de large. Pour les
6 et 30 p. les faux anciens n'ont, le plus souvent, pas de points
derrière les chiffres; le mot PAR touche le cor, ou les étoiles sont
à six pointes; dans un faux vermillon du 6 par. le cor porte des
hachures verticales! Les faux modernes, notamment la série de
Genève, sont mieux venus, mais les détails de l'illustration des
authentiques sont suffisants pour les repérer.

Fausses oblitérations. — Très nombreuses, la comparaison est
nécessaire pour toutes les valeurs. Le 3 par. papier vergé et le 3 par.
du deuxième tirage ne sont pas connus usés; le 6 par., deuxième
tirage (lilas-rose sur blanc épais, lilas carminé sur papier mince
et rose carminé sur pelure) est en réalité un non émis. Les faux de
Genève portent une oblit. type B (Jassy) non conforme.

III. — ROUMANIE

1865 (1ᵉʳ *Janv.*). *EFFIGIE DU PRINCE COUZA.* Nᵒˢ 11 à 13.

Feuilles de 192 t lithographiés; le 20 par. 200 timbres.

Premier choix : 4 marges de 1 $^m/_m$ 1/2 minimum.

Papier moyen; épais (2 et 20 p.); vergé vertic. (2 et 5 p.); sur
azuré et sur bleuté (20 par.), ce dernier : R.R.

Variétés. — Il y a deux types du 20 par. (Voir l'illustration).
Dans le type I le bas de l'ovale est à 2/5 de $^m/_m$ de l'encadrement;
dans le type II, l'ovale touche le cadre ou bien il y a une faible
solution de continuité. Les chiffres diffèrent suivant les défauts de
report. 2 et 5 par. sur papier mince : 3 N; 20 par. sur papier
azuré : 20 N, 5 U; 5 par. sur papier jaunâtre : 3 N; 20 par. sur le
même papier : 50 N; 30 U. Les 5 et 20 par. sont connus avec
double impression · rares. Le 20 par. a été coupé pour moitié : R.R.

Paires et blocs neufs : communs; paires : 3 U; blocs : rares.

Oblitérations. — Types C, D et F : communs; type C en bleu :
moins commun; B : peu commun; G : rare.

Essais. — (Duloz). Même effigie dans un cercle; grecques sur les
côtés.

Originaux. — Voir l'illustration pour les signes distinctifs.

Faux. — Nombreux faux anciens... et dérisoires. 2 p. avec
chiffre inférieur gauche bien au milieu du fond blanc; 20 par. avec

chiffres de plus de 2 $^{m}/^{m}$ de hauteur; en outre, le faussaire pour corser (ou le corsaire pour fausser) son aventure infligea à ces contrefaçons les erreurs « doua deci parale » pour le 2 par. et « doua parale » pour le 20 par. ! (Déjà cités dans le catal. du spécialiste 1922). Les autres faux anciens ne valent guère mieux; pour les repérer, examinez le burelage en résille et les signes distinctifs renseignés dans l'illustration. La série a été mieux contrefaite à Genève (F.) en lithographie au moyen de deux clichés différents pour chaque valeur (pour le 20 p. le premier cliché est au type I et le second au type II); aucun ne montre le point de couleur sous l'S de POSTA. La série des premiers clichés est grossière (dimensions respectives : 18 1/2 × 21; 18 1/2 × 21 1/2; 18 1/2 × 21 1/4; la série des seconds clichés est bien meilleure mais la comparaison fera retrouver les défauts du dessin; les nuances ne sont pas conformes (dimensions respectives : 18 3/4 × 21; 19 × 21; 18 1/2 × 20 3/4. Les originaux mesurent : 2 par. 18 1/2 × 21; 5 par. 18 3/5 × 21; 20 par. type I 18 1/3; type II 18 1/2 à 2/3, tous deux sur 21 1/4 environ.

Fausses oblitérations. — Fréquentes sur les originaux des 2 et 5 parales. Comparaison ou expertise. Les cachets faux de Genève sont : type C, GALATI 4/9 et BUCURESTI; type F, JASSY FRANCA.

1866-67. *EFFIGIE DE CHARLES Ier.* N°s 14 à 16.

Premier choix. — 4 marges de 1 $^{m}/^{m}$ minimum. A partir de cette émission, les non dentelés roumains portent une gomme très adhérente qui part difficilement, même dans l'eau chaude; si l'on ne veut pas les abimer, il y a lieu, parfois, de ne pas insister.

Chiffres de tirages. — 2 par., 130.000; 5 par., 160.000; 20 par., 250.000. Timbres lithographiés.

Feuilles. — 240 timbres, aussi 200 timbres (12 × 17, mais bloc de 4 du coin supérieur droit non impressionné) pour le 20 par. de 2° et 3°? planche.

Blocs report. — La matrice report comportait 6 timbres (3 × 2); on peut la reconstituer facilement au moyen des défauts de report, en outre, les feuilles contiennent un assez grand nombre de défauts de transfert (plus rares, puisqu'on ne les trouve qu'une seule fois dans les feuilles provenant de la même planche) on les appelle aussi défauts de planche.

Types du 20 par. — Deux types : I, la grecque droite commence sous le 2; II, la grecque droite commence sous le zéro; etc., etc. Dans les planches de 200 timbres, il y a 67 types I et 133 types II.

Nuances. — Papier mince, 2 par., jaune; le jaune très pâle et citron : 3 N; 5 par., bleu clair, bleu foncé, indigo : N, 50; U, 50; 20 par. rose pâle et rose. Papier épais, jaune foncé (orangé) : 3 N; jaune vif; bleu foncé; 20 p. lie de vin et lie de vin lilacé. On trouve aussi le 2 par. sur papier moyen.

Point dans la grecque.   Les catalogues ont fait un joli sort au 20 parales (papier mince et épais) portant un point à l'intérieur et tout en haut de la grecque droite (type II) ; c'est un défaut de transfert qui se trouve dans la première planche de cette valeur (on ne le trouve pas sur la feuille de 2ᵉ et 3ᵉ planche) ; il n'est pas plus intéressant ni important que le cercle « brisé » au-dessus du D (2 par.) ; le cadre « brisé » en bas à gauche (5 par.) ; ni le fond central traversé à hauteur du cou par un trait blanc (20 p.). La double impression du 20 par. est beaucoup plus rare.

Paires. — Les paires et blocs neufs ne sont pas rares, mais les blocs de 6 (bloc-report complet) sont très recherchés. Paires : 4 U ; blocs usés : R.R.

Oblitérations. — Type C : commun en noir ; moins commun en bleu ; rare en violet ; E, recherché ; D : 2 U.

Originaux. — Voir signes distinctifs dans l'illustration.

Faux anciens. — Grossiers ; les accents sur les A de Romana sont absents, ou bien ces lettres, coupées dans le haut, sont plus petites que les autres ; la lèvre est formée de deux gros traits ; grecques beaucoup trop épaisses ou, au contraire, trop minces ; les lettres des inscriptions, mal venues, n'ont pas 1 $^{m/m}$ 4/5 de hauteur comme dans les originaux, et tout le dessin est arbitraire.

Faux de Genève (F.). — Mieux exécutés, mais l'illustration fera toucher du doigt quelques défauts. Les mensurations sont : 2 p., 19 1/4 × 24 1/2 ; 5 p., 18 3/4 × 23 3/4 ; 20 p., type I, 19 × 24 ; type II, 19 1/4 × 24. Il y a deux clichés différents pour le 20 p. (les 2 types) ; ils diffèrent par l'œil, la bouche et l'oreille. (Les originaux mesurent 19 × 24 1/4 environ ; mais nous avons trouvé 18 2/3 × 24 pour le 5 par. indigo).

Fausses oblitérations. — Nombreuses sur le 2 et surtout le 5 par. Cette valeur oblitérée est très rare : comparaison. Fausses oblit. de Genève, voir émission précédente, aussi type B, Jassy.

1868-70. *MÊME TYPE.* Nᵒˢ 17 à 20.

Premier choix. — 4 marges de 1 $^{m/m}$ 1/4 environ.

Chiffres de tirage. — 2 b., 120.000 (planche I), 48.000 (pl. II) et 48.000 ? (pl. II retouchée, 1870) ; 3 b. (1870), 100.000 ; 4 b., 30.000 (pl. I) et   ?   (pl. II) ; 18 b., 170.000 (pl. I) et 120.000 (pl. II).

Feuilles de 96 timbres (12 reports de 8).

Bloc report, 8 timbres (4 × 2). On peut le reconstituer, pour chaque planche, au moyen des défauts de report ; la reconstruction des planches par unités est quasi impossible, malgré que les défauts de transfert (1 fois par feuille d'une planche) permettent de situer un certain nombre d'exemplaires ; elle est faisable en n'employant que des blocs, les feuilles n'étant que de 96 timbres. La matrice report du 4 bani (chiffres grattés) a servi pour former le report du

3 bani ; dans cette dernière valeur, les chiffres ayant été gravés un par un sur la pierre matrice, sont tous différents et peuvent servir, en même temps que les défauts de report du 4 bani, à reconstituer le bloc-report.

Planches. — Deux planches du 2 b. Pl. I, nuances jaunes. Pl. II, nuances oranges (vives) ; 18 b. Pl. I, nuances roses et roses carminées. Pl. II, nuances rouges et vermillonnées. 3 bani, plusieurs planches (5?) ; cette question n'est pas encore suffisamment étudiée, il s'agit, bien entendu, de simples tirages sur planche refaite avec la même matrice-report.

Papier blanc, mince, moyen, épais ou jaunâtre (rare).

Nuances. — 2 b. du jaune-ocre terne à l'orange vif ; l'ocre foncé et le rouge orange foncé sont rares ; 3 b. diverses nuances mauves et violettes, le gris lilas pâle et le violet terne foncé (rougeâtre) sont rares ; 4 b. bleu foncé et bleu pâle, le bleu ciel est rare neuf : 2 N, 50 ; un bleu très foncé, proche de l'indigo est recherché : N, 50 ; U, 50 ; 18 b., on trouve un grand nombre de nuances allant du vieux rose pâle au carmin vif (rare) et du rouge pâle et terne au vermillon et au rouge vif (rare).

Variétés. — 2 b. papier vergé : R.R. On attribue quelque valeur à certains défauts de transfert bien visibles (par ex. FOSTA au lieu de POSTA dans le 2 b.), ils ne sont pas plus rares que des défauts de même importance dans le dessin. Les 3 et 4 b. ont été coupés pour moitié : R.R. Le 18 b. a été percé en lignes ; non officiel. Le 4 bani a été retouché sous le chiffre 4 de droite ; le 2 bani a été retouché dans les cheveux et la barbe. Le 2 b. de planche usée est rare. Le n° 19 sur papier carton, essai ?

Oblitérations. — C en bleu, E en noir : communes ; C en noir : moins commune ; on trouve aussi le petit cachet à date double cercle, qui est ordinairement frappé sur la lettre (22 $^{m/m}$ de diamètre, Graïova, etc.) : moins commun. Le petit cachet type F est recherché. Grille type D : 2 U, en noir ou en bleu. Type G (FRANCO ou Recommandé encadrés) : 3 U. Toutes autres : rares.

Paires et blocs très recherchés pour la reconstruction ; paires 2 b. : 4 U ; 3 et 4 b. : 5 U ; 18 b. : 6 U. Les paires et blocs neufs du 3 b. ne sont pas rares ; paire neuve du 4 b. : 4 N ; blocs de 4 usés rares ; 2 bani : 16 U ; 18 bani : R.R.

Originaux. — L'illustration renseigne les principales caractéristiques ; on remarquera que le front forme un champignon bien fait.

Faux anciens. — Une série, où le contour des cheveux est marqué d'une forte ligne blanche n'a ni points ni accents sous l'S de POSTA ni sur les A de ROMANA ; les lettres de ces mots n'ont que 1 $^{m/m}$ 1/2 de hauteur au lieu de 2 $^{m/m}$. Pas de point sur l'I de BANI. Oreille non conforme.

Faux modernes. — I. Série de Genève. Voir l'illustration pour les principales caractéristiques ; chaque valeur en deux clichés, dans

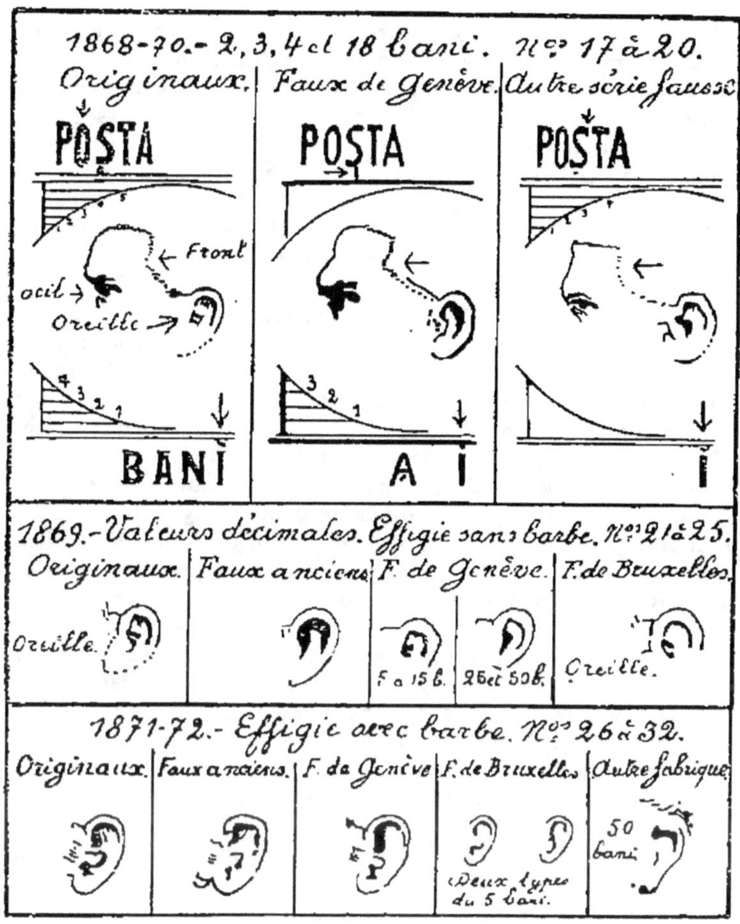

le second il y a 4 hachures au-dessus du chiffre et deux traits fins sous POSTA ; le P de ce mot est plus rapproché du bord gauche que dans le premier cliché. Dans les deux clichés le champignon formé par le front est trop allongé à gauche et l'oreille est mal faite (voir illustration). On trouve les oblit. renseignées précédemment et en outre : carré ou losange de gros points carrés ; cercle de barres fines ; type D, grille à losanges irréguliers.

II. Série dite au « champignon pointu » (voir illustration). Trait blanc au contour des cheveux, toutes les valeurs sur papier mince, le 4 bani aussi sur jaunâtre. L'apparence générale et les nuances sont bonnes, aussi la série est entrée dans beaucoup de collections. Oblit. fausse : type F, BUCURESTI 18 JUN 71.

III. Série photolithographiée, très insidieuse, mais le contour de la tête est trop arrondi, les nuances sont arbitraires (2 b. jaune brunâtre, etc.), le papier est jaunâtre (55 mc.) et le format non conforme (17 3/4 × 23 au lieu de 18 × 23 3/4 à 24). Oblit. fausse; **type C, IASSY.** et date en hiéroglyphes.

1869. *VALEUR DECIMALES.* N°s 21 à 25.

Premier choix. — 4 marges de 1 ^{m/m} minimum.

Feuilles de 100 (10 × 10) soit 25 fois le bloc-report de 4 (2 × 2). Effigie sans barbe; avec favoris seulement.

Nuances rares. — 5 b. orange foncé (1870) : 2 N; 2 U; orange rouge foncé: 3 N; 3 U; orange terne sur jaunâtre: 3 N; 10 b bleu ciel: N, 50; U, 25; indigo: 2 N; U, 50; indigo sur jaunâtre: 3 N; 3 U; 15 b. rose terne : 2 N; U, 50; rouge sang : 2 N; 2 U; rouge vermillonné ou rouge sang sur jaunâtre : 3 N, 3 U; 25 b. rouge orange et indigo : N, 50; U, 50; 50 b. centre carmin foncé : U, 50.

Papier blanc ou jaunâtre (voir ci-dessus).

Variétés. — Jolies gammes de nuances, notamment en suivant les tons dégradés du centre et du cadre dans les 25 et 50 bani. Le 15 b. a été coupé par tiers pour 5 b. (R. R.) 50 bani, double impres. du centre : R. R. (mauvais ponçage d'un tirage précédent). 10 et 25 bani retouchés: 3 à 5 N et U (corrections de traits blancs au contour des cheveux-occipital et nuque). On trouve comme dans les autres émissions lithographiées, des défauts de report ou de transfert bien visibles (par ex.: 15 b. avec gros point devant l'R de ROMANA, type 4 du report; 15 b. avec N détérioré CIIICI; 25 bani avec I long dans DOUEDECI, etc.). On connaît le 15 b. avec dentelure non officielle; cette valeur sur vergé est un reste de stock. Le 50 b. est connu coupé pour moitié : R. R. 10 b. double impression: R. R.

Oblitérations. — Types C, E et F : communs en noir ou en bleu; type C (ou A) petit cachet 22 ^{m/m} : moins commun; D : 2 U; G en noir ou en bleu : 3 U; H : 3 U.

Paires : 4 U, mais 5 b. : 5 U; 15 b. sur jaunâtre : 5 U; les blocs sont assez rares : 12 U; 50 b : 16 U.

Originaux. — Toutes valeurs, excepté le 5 b., portent un faible point sur l'I de BANI (attaché au cadre du cartouche); les inscriptions sont nettes (tenant compte toutefois qu'il s'agit de lithographiés); les mots POSTA et ROMANA sont à égale distance des bords de leurs cartouches. Voir aussi l'illustration précédente pour les détails de l'oreille.

Faux anciens. — Une mauvaise série où les lettres de POSTA sont beaucoup trop près du côté gauche du cartouche; grandes marges; oreille non conforme. Pas de point sur l'I de BANI. Fausse oblitération à date ou barres.

Faux modernes. — I. Genève (F.). Lithographies relativement grossières; pas de point sur l'I de BANI, tous sur papier jaunâtre ; les cheveux sont insuffisamment venus sur la tempe et derrière l'oreille. Voir aussi l'illustration. Fausses oblitérations comme précédemment.

II. Bruxelles. Photolithographiés, série insidieuse, mais tous sur jaunâtre ; oreille non conforme ; points de couleur dans les inscriptions ; formats non conformes. Le 15 b. (format conforme) est une copie du type 3 du report, mais la contrefaçon a l'ornement à gauche du C de CINCIS fortement détérioré (presque blanc) ; dans le 50 b. le premier C de CINCI porte une cédille (hauteur 24 $^m/m$ au lieu de 23 $^m/m$ 3/4), etc. Fausse oblit., type F : ROMAN 20 SEP ; type C : BRAILA, cercles éloignés de 6 $^m/m$, etc.

1871. *EFFIGIE AVEC BARBE.* N°s 26 à 30.

Feuilles de 100 t. Bloc report de 10 t. (2 × 5). La matrice report du 10 b. jaune a servi pour le 10 bani bleu (déc. 1871). 15 bani report de 8 (4 × 2).

Premier choix. — 4 marges de 1 $^m/m$ minimum.

Nuances rares. — 5 b. rose pâle : 2 N ; 2 U ; géranium : 4 N ; U, 50 ; sur rosé (rare) ; 10 b. orange foncé : U, 50 ; jaune sur jaunâtre : 2 N ; 2 U ; 10 b. outremer : 2 N ; 15 b. rouge pâle : U, 50 ; 25 b. brun clair : 2 N ; U, 50.

Variétés. — Le 15 bani avec CIN6I est un défaut de report (1 timbre sur 8) ; on trouve le 10 b. jaune foncé avec impression défectueuse ; les impressions fines des 10 b. outremer et 25 b. sépia très foncé sont recherchées. 10 b. jaune coupé pour moitié : R.R. Les bords de feuille oblitérés sont très rares. Le 10 bani jaune sur papier vergé : R.R.

Oblitérations. — Type F, en noir ou en bleu : très commun ; type E, en noir ou en bleu, moins commun.

Paires : 4 U, mais 10 b. bleu : 5 U ; blocs : rares.

Originaux. — On s'est servi, pour cette série de reproductions des matrices de l'émission précédente (cadres et inscriptions) ; le 5 b. n'a donc pas de point sur l'I de BANI ; l'effigie a été entièrement refaite, cheveux bouclés, nez, œil, oreille, barbe et ombres de la nuque en lignes parallèles (le 15 bani est parfois retouché dans la nuque — lignes verticales — rare). Pour l'oreille, voir l'illustration précédente.

Truquages. — Quelques barbes peintes sur les 10 et 15 bani de l'émission précédente. Enfantin, la comparaison du reste de l'effigie suffit ; celle-ci n'a pas la même forme et n'occupe pas le même emplacement dans l'ovale central.

Faux anciens. — Grandes marges ; POSTA est beaucoup trop rapproché du côté gauche de son cartouche ; dans le 30 b. la grecque gauche touche le cadre intérieur, œil .... « persan » ; voir l'illustration pour l'oreille ; etc. Oblit. barres.

Faux modernes. — I. Genève (F.). Toute la série sur blanc jaunâtre ou rosé! y compris les deux 10 bani sur vergé vertical. Assez grossiers, comparez les cheveux, la barbe, l'oreille, les hachures de la nuque, cela suffit. Le 50 bani est pareil aux autres timbres de la série (3 traits entre les chiffres et l'inscription bani). Nuances non conformes. Oblit. comme précédemment avec adjonction d'un petite cachet type F, JASSY 10/8 de 17 $^m/_m$ de diamètre.

II. Bruxelles. Deux types différents du 5 bani (le reste de la série a dû suivre ou suivra). Les banderolles du haut ne montrent aucun quadrillage; l'S de POSTA forme un trait plein dans le bas alors que dans les originaux ce trait est interrompu (excepté dans le type 9 du report ou dans les impressions empâtées), cheveux mal venus, lettres de l'inscription supérieure non conformes, etc.

III. Autre fabrique. 50 bani. Le C de CINCI touche le cartouche en bas et l'N de ce mot est beaucoup trop large; les cadres extérieurs se prolongent dans les marges; le menton est droit; voir l'illustration pour l'oreille; le chiffre 5 de droite est loin du trait situé à sa gauche; la grecque de gauche n'a que 5 éléments au lieu de 6, etc.

IV. Les 10 et 50 bani ont été imités par photolithographie, avec dimensions non conformes (originaux 19 1/2 × 23 3/4); la comparaison est nécessaire; voir surtout l'oreille.

1872 (*Fin Août*). 10 *ET* 50 *B*. N°s 31 et 32.

Les 10 et 50 bani de 1872 doivent être catalogués à part car il s'agit d'une émission bien distincte. En effet, pour établir les matrices de ces deux timbres on a reproduit le cadre du 10 bani bleu de 1871 et celui du 50 bani de 1869 mais, dans les deux valeurs on a ajouté un trait vertical à droite du chiffre de droite et à gauche du chiffre de gauche. Le 10 bani montre, en outre, un trait bleu qui part de la grecque droite, entre les lettres A et N et relie le sommet de cette dernière lettre et du second A de Romana; dans le 50 bani on trouve un court trait bleu au-dessus de la branche gauche de l'N du même mot. L'effigie est la même que celle de l'émission de 1871, mais on a malheureusement reproduit celle-ci d'une mauvaise impression avec hachures de la nuque empâtées ce qui a réduit la largeur du cou dans le bas; de plus, cette effigie a été chavirée vers la droite, dans l'ovale, et le derrière de la tête est à 1 $^m/_m$ du cartouche sous les lettres R O au lieu d'être à 1 $^m/_m$ 1/2 comme dans l'émission précédente.

Papier. — 10 b. blanc, jaunâtre et vergé vertical; 50 b., blanc.

Nuances. — Outremer du pâle au foncé; ce dernier (Paris) est de bonne impression et rare; on trouve des intermédiaires outremer allant jusqu'au bleu laiteux; bleu clair sur jaunâtre : 3 N; 2 U; du bleu foncé (plus verdâtre que le n° 28 bleu) : peu commun. Le 50 bani est très commun neuf (tout est relatif!) avec centre rouge, mais très rare, au contraire, avec oblitération originale (95 % des oblit. sont fausses); par contre, cette valeur, avec centre carmin foncé ne se rencontre presque jamais neuve : 3 N. Le 10 bani sur vergé est rare avec oblit. authentique; les paires usées valent : 5 U.

Variétés. — Le 10 b. avec trait de couleur dans la marge gauche (à 1 ᵐ/ᵐ) : 2 N; 2 U. 50 bani avec double impression du cadre : R.R. Le 50 bani sans effigie est une maculature.

Faux. — Voir émission précédente.

IV. — **DENTELÉS**

1872 (*Janv*.). *MÊME TYPE. DENT*. 12 1/2. Nᵒˢ 33 à 35.

Feuilles et blocs report comme dans l'émission de 1871 (100 timbres; 12 × 8 plus 4 à droite en haut pour le 25 b. etc.).

Nuances. — 5 b. carmin ou carmin rose : commun, géranium : 5 N; 3 U; rouge (brique) : R.R.; un rose pâle est encore plus rare; 25 b. chocolat : N, 50; U, 25.

Variétés. — 10 b. On trouve des paires non dentelées au milieu; le 10 b. a été coupé pour moitié : rare.

Truquages. — On trouve des exemplaires très larges et très hauts (10 b. bleu et 25 b.) qui ont été coupés pour faire des non dentelés de l'émission précédente. Moralité : prenez les non dentelés cités avec l'impression fine des premières impressions (outremer et sépia foncé). Les nuances rares du 5 bani doivent subir une sérieuse vérification de la dentelure pour voir s'il ne s'agit pas de non dentelés... munis d'un ratelier.

Oblitérations. — Comme précédemment.

1872 (*Oct*.). *INSCRIPTION ROMANIA*. Nᵒˢ 36 à 42.

Impression de Paris. Dentelés 14 × 13 1/2.

Feuilles de 150 timbres (15 × 10), typographiés. Contrôle français.

Nuances. — Assez nombreuses dans chaque valeur; le 5 bani jaune olive est rare; le nᵒ 45a est en réalité bleu-noir, on trouve deux tons du bleu ordinaire sans compter les nuances outremer; le 3 b. sur papier bleuté : 8 N; 4 U; le 25 bani soufre est rare.

Variétés — Le 15 b. est connu recto-verso. Toute la série est connue non dentelée (reste de stock). On trouve deux types du 50 b. I. Chifire 5 de gauche avec barre longue; II. Id. avec barre courte. Le 3 et le 10 b. sont connus coupés pour moitié : rares. Les non dentelés non gommés proviennent de soustractions d'atelier.

Essais. — Non gommés de toutes les valeurs; dans la nuance des originaux il faut citer : 1 1/2 bani sur verdâtre; 5 bani non dent. 13 haut et en bas (surcharge ANULLATA); 5 b. vert; 10, 15 et 50 b.

Oblitérations. — Comme sur l'émission précédente, mais on trouve des oblit. rares sur cette émission et les suivantes, par exemple : type D en noir ou en bleu; F, petit cachet Ismaïl en bleu; Cahul en bleu, Pitesti en bleu foncé; Botosani en rouge, etc., etc.; aussi type E (petit cachet rond) en noir ou en bleu; RECOMMANDÉ; etc.

1876-78. *ID. IMPRESSION DEFECTUEUSE.* N°s 43 à 47.

Tirage de Bucarest. Dent. 13 1/2; 11 1/2 et composés. On trouve un assez grand nombre de piquages composés et de variétés diverses provenant de la mauvaise impression; on recherche le 15 bani avec effigie dite « au masque ».

Nuances. — Le 1 1/2 b. neuf en gris olive n'est pas commun.

Variétés. — 5 bani erreur en bleu. Un exemplaire par feuille du 10 b. Beaucoup d'erreurs ont été enlevées des feuilles et surchargées ANULLATA. Le 5 bani est connu non dentelé oblitéré et quelques valeurs sont non dentelées sur un côté. 5 et 30 bani recto-verso, 5 et 15 b. et double impression : rares. Le 30 bani est de 1878.

Réimpression de l'erreur en feuilles entières; dent. 11 1/2.

Truquages. — 1° réimpression offerte comme étant l'erreur originale (l'impression de la réimpression est meilleure, bleu foncé, vérifiez la dentelure); 2° altération chimique du 5 bani vert de l'émission suivante (inutile, n'est-ce pas, de renseigner ici le produit chimique en question); 3° par grattage de la surcharge ANULLATA. Moralité : prenez l'erreur en paire avec un ordinaire.

Faux usé poste. — Inscriptions irrégulières; dentelés 10.

1879. *CHANGEMENT DE NUANCES.* N°s 48 à 54.

Dent. 11, 11 1/2, 13 1/2 et 11 1/2 × 13 1/2 et 13 1/2 × 11 1/2. Les dentelures composées sont rares. Nuances nombreuses.

Variétés — 15 bani planche I (type I), chiffre 1 sans trait terminal oblique; planche II (type II), chiffre 1 ordinaire; type III, chiffre 1 plus court : 2 U. Le type I neuf : 2 N; R.R. en rouge brique, neuf ou usé. Les 1 1/2, 5 et 10 b. sont connus non dentelés. Le 10 bani ayant été tiré sur la planche de l'émission précédente, on trouve l'erreur 5 b. en rose et en carmin; quelques exemplaires sont connus usés : R.R.R. On retrouve de même les deux types du 50 bani. Le 3 bani a été coupé pour moitié : rare. On trouve des variétés de non dentelure, notamment le 5 b. en paire non dent au milieu.

Réimpression de l'erreur en feuilles, carmin foncé et rose; papier satiné comme la précédente; impression meilleure que celle de l'original. A prendre en paire avec un ordinaire. Les exemplaires surchargés ANULLATA proviennent des feuilles originales. Le 50 b. jaune non dentelé est un essai.

Truquages. — Comme dans l'émission précédente.

EMISSIONS SUIVANTES

Emissions de 1885 et 1887. N°s 57 à 69.

Faux de Genève (F.). Les deux séries, dentelées 11 1/2 ou 13 1/2. L'apparence est fort bonne si les nuances de l'impression et du papier ne sont pas toujours conformes; ce sont de ces petits

timbres dont on ne se méfie pas et qui entrent d'autant plus facilement dans les collections. (Article d'exportation outre-Atlantique).
La queue de l'aigle a la forme d'un gobelet; le format est de
18 1/2 × 22 environ au lieu de 18 1/2 × 22 1/4 à 22 1/2. L'illustration
montre quelques différences de dessin. Tous sans filigrane, la série
de 1889 n'est donc pas en cause.

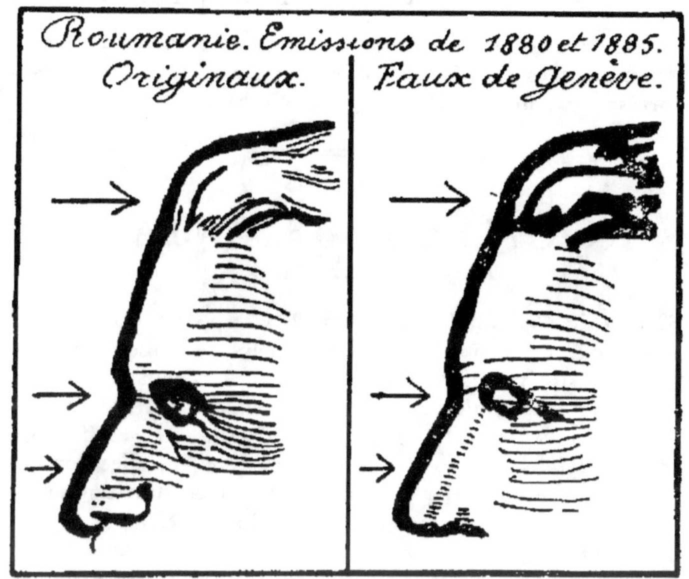

Emission de 1891. N°ˢ 90 à 94.

Faux de Genève (F.). Egalement bien reproduits; la comparaison avec un original montrera néanmoins des différences de dessin, principalement dans les ornements sur fond blanc à droite et
à gauche de Romania; dans les chiffres et dans le chiffre 25 de
l'inscription, etc. Dentelés 10 1/2 sur jaunâtre. Oblit. fausses : ronde
à date, double cercle, 20 ᵐ/ᵐ, BUCURESCI 23 MAI, 91, aussi 22
mai 91 (le cercle extérieur est brisé entre la lettre I et l'ornement
situé entre les cercles).

Emission de 1903. N°ˢ 137 à 151.

Toute la série imitée en photolitho, format et dentelure non conformes, papier trop épais; une série de Bucarest est beaucoup moins
bonne, comparez, comme pour la précédente, le dessin des chevaux
(n°ˢ 137 à 144) et l'effigie (n°ˢ 145 à 151); cette dernière est empâtée; gomme craquelée.

1906 *Bienfaisance.* N°ˢ 156 à 167.

Faux de Genève (Pa.). Bien photolithographiés, dent. 11 1/2.

La comparaison fait retrouver les défauts de dessin, quenouille marquée d'un trait trop mince (n°ˢ 156 à 159) ; feuillage entourant la valeur et bottine gauche (n°ˢ 160 à 163) ; le tissu (n°ˢ 164 à 167).

1919-25. — Faux usés poste. 1 lei rose et 2 lei bleu. Nuances non conformes, rose carminé et bleu foncé ; format trop grand, papier épais.

V. — OCCUPATION ALLEMANDE

Fausses surcharges. — Le n° 3 (40 b. sur 30 p.) et les trois séries surchargées par la 9ᵉ armée allemande ont été imités. La comparaison est nécessaire.

ROUMÉLIE-ORIENTALE

1880. *TIMBRES TURCS SURCHARGÉS.* N°ˢ 1 à 6.

Encore une émission dont il vaut mieux se passer entièrement si l'on ne désire pas la spécialiser à fond. Les fausses surcharges sont si nombreuses qu'on se demande comment il reste encore des timbres turcs neufs de l'émission de 1876-80 ! Il serait vain de donner des détails sur les surcharges contrefaites, elles sont trop ! et la comparaison minutieuse permet seule de se tirer d'affaire.

Types. — Il y a deux types de la surcharge R.O. ; I, type ordinaire ; II, lettres plus espacées.

Variétés. — Surcharges renversées : N, 50 ; U, 50 ; le n° 2 avec les surcharges a et b (Yvert) existe avec ces deux surcharges doublées : 25 fr. ; les timbres non catalogués dans Yvert ne peuvent porter qu'une surcharge fausse. Les 10 paras noir sur lilas ; 1 piastre noir et bleu, 2 piastres orange, tous trois avec surcharge R.O sont des non émis. Le 10 paras noir avec la surcharge Roumélie Orientale (sans R.O) est un essai.

1881. *INSCR. ROUMELIE ORIENTALE.* N°ˢ 7 à 11.

Les dentelés 11 1/2 sont des non émis ; les non dentelés doivent être pris avec grandes marges. On trouve des tête-bêche dont un exemplaire porte l'impression colorée du fond renversée par rapport à l'impression noire

Truquages. — Le fond coloré du 10 paras a été chimiquement truqué pour faire du rose (erreur rare). La comparaison avec un 20 paras suffit. Comme d'habitude, on a fabriqué des tête-bêche avec deux unités ; ici, la benzine est dispensatrice de lumière.

Faux. — Toute la série a été remarquablement imitée à Genève (F.) en photolithographie au moyen de cinq clichés plus un cliché pour la teinte de fond. Ces clichés ont servi pour contrefaire également les cinq valeurs de 1885. Formats 19 ou 19 1/4 × 22 1/2 ou 23 $^{m/m}$. (originaux 19 à 19 1/5 × 22 1/2 à 22 3/4) ; dentelure 11 1/2 (la série de 1880 le plus souvent oblitérée : c'est jeune et ça ne sait pas !) ; papier mince transparent, très semblable à l'original ou épais. L'illustration renseignera sur les défauts généraux à la série (à noter que dans les faux du 20 paras les lettres HA sont reliées par le bas et que dans les faux du 10 paras l'inscription ANATOΛI est à peu près conforme ; on peut noter encore que dans les originaux, les lettres AL de ORIENTALE sont reliées par le bas et qu'elles sont bien séparées dans les faux excepté dans le 20 paras). Le faux cliché de la teinte de fond est trop large et trop haut et va jusqu'au cadre extérieur de l'impression noire ; dans les authentiques, le format est un peu plus réduit. (Voir aussi Turquie).

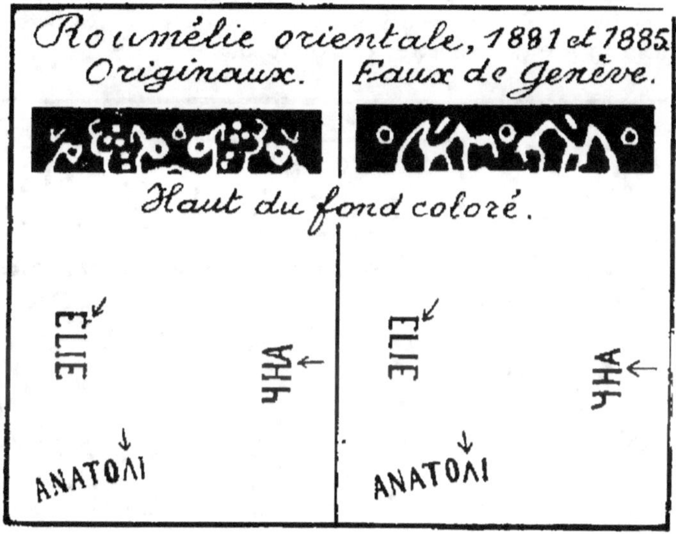

Ces falsifications ont fait plusieurs fois le tour du monde et c'est probablement le motif pour lequel les originaux ont constamment baissé de valeur (en or) depuis une dizaine d'années !

1885. *MÊME TYPE. DENTELÉS* 11 1/2.

Les 20 paras, 1 et 5 piastres sont des non émis.

Variétés. — 10 paras dentelé 11 1/2 × 13 1/2 : rare ; les non émis existent non dentelés.

Faux. — Voir émission précédente. Les nuances sont bien réussies.

RUSSIE

—

1857. *FILIGRANE CHIFFRE.* N° 1.
Non dent. Typogr. Premier choix : 4 marges de 1 $^{m/m}$.
Paires : 4 U.
Oblitérations. — Généralement type A, B ou oblit. ronde à date ;
plusieurs modèles du type A (rond, rectangulaire, ovale, losangique,
etc.) ; du type B (inscriptions sur 1 ligne encadrée, sur une ou deux
lignes non encadrées ; petits, moyens et gros caractères, etc.). Le
cachet rond à date également en plusieurs modèles, depuis le
type ordinaire des émissions suivantes jusqu'à des cachets très
grands : 35 $^{m/m}$ de diamètre ; etc. Oblit. plume : 50 %.

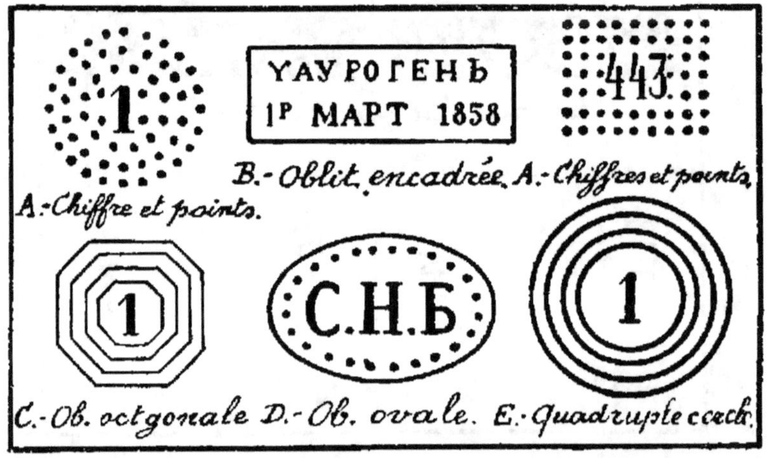

Truquages. — L'oblitération plume est souvent lavée pour faire
du neuf ; gomme non conforme ; les neufs originaux avec gomme
sont rares.
Faux anciens. — Lithographie grossière ; le fond est formé uniquement de traits verticaux, mals faits, sans les fines lignes alter-
natives de traits courts (points) qu'on voit dans les originaux ;
pas de filigrane.

1858. *MEME TYPE,* 14 1/2 × 15. N°ˢ 2 à 4.
Filigrane. — Chiffre des dizaines (grands chiffres de 14 à 15 $^{m/m}$
de hauteur qui se lisent à l'envers en regardant le timbre au

verso) ; ce filigrane est produit non par un amincissement du papier,
mais, au contraire, par un épaississement.

Variétés. — 30 k. sur papier très épais : 2 N ; 2 U ; les neufs
sans gomme : 50 %. Paires : 4 U ; blocs : rares.

Oblitérations. — Type A : commune ; B : moins commune ; B,
non encadrée et E : recherchées. A date : peu commune sur le
10 kop.

Faux. — Voir émission précédente. Sans filigrane. Un vieux
faux du 30 k. est carmin vif ; les ornements des coins sont confon-
dus avec le fond ; les cors n'ont ni embouchure ni enroulement ;
parfois non dentelé.

1859. *ID. SANS FILIG. DENT.* 12 1/2. Nᵒˢ 5 à 7.

Nuances. — 10 k. pâle : U, 50 ; 20 k. bleu foncé : 2 N.

Variétés. — 10 k. sur papier épais : rare.

Oblitérations. — Types A, et rondes à date : communes ; C et
E : recherchées (on trouve aussi le type E avec lettres D P) ; oblit.
de couleur et type B : rares.

Faux. — Voir première émission. Dentelure non conforme.

1864. *MEME TYPE.* 1, 3 ET 5 K. DENT. 12 1/2.

Le 1 k. jaune orange au lieu de jaune vaut : N, 50 ; U, 25. On
trouve cette valeur en impression huileuse. Les oblit. rouges sont
recherchées.

1865. *MEME TYPE, SANS FILIG.* Nᵒˢ 11 à 16.

La dentelure est 14 1/2 × 15 ; papier uni.

Variétés. — 1 kr. noir sur orange au lieu de jaune : N, 50 ; on
recherche le 10 k. en rouge-brun et aussi cette valeur sur papier très
épais, le 20 k. sur ce papier est rare. Les centres renversés sont des
essais. On recherche les oblit. rouges à date et le type D.

1866. *ID. FILIG. LIGNE ONDULÉE.* Nᵒˢ 17 à 23.

Papier vergé. Le 1 k. en noir et orange vaut : 5 N ; U, 50 ; il est
rare sur papier épais ; le 5 k. noir et gris-bleu : 5 N ; 3 U ; 10 k.
papier épais : rare. On trouve les 1 à 10 k. non dentelés : rares.
Les 1 et 2 k. avec fond renversé et le 10 k. avec centre renversé
sont très rares.

1875-79. *ID. INSCRIP. DU BAS HORIZONT.* Nᵒˢ 24 à 27.

Dentelés 14 1/2 × 15. Le 2 kr. noir et rouge (nᵒ 18 Yvert) fait
partie de cette émission (1875) ; les 10 et 20 k. avec centre renversé
sont rarissimes ; les 2, 7 et 8 k. se trouvent non dentelés. Le 7 k.
est de 1879 ; il vaut 2 N en gris et rose au lieu de gris et
carmin ; cette valeur a eu un tirage à Perm, sur papier filigrané
de petits hexagones.

Faux usés poste. — Le 7 k. faux de Moscou n'a pas de filigrane,
la dentelure est arbitraire. Ces signes distinctifs sont suffisants,
mais la comparaison du dessin fait remarquer de nombreux défauts
et des différences de format. Il en est de même pour les autres
faux pour servir.

1883. *NUANCES MODIFIÉES*. N°s 28 à 35.

Filig. ligne ondulée. Papier vergé horizontalement

Le 14 k. avec centre renversé : R.R. Le 2 k. est connu sans chiffres à gauche ; les 1, 2, 3, 7 et 14 k. sont connus non dentelés.

1884. 3 1/2 *ET 7 ROUBLES*. N°s 36 et 37.

Cors sans foudres. Papier vergé verticalement. Le 3 1/3 r. est connu sur vergé horiz.

Truquages. — Disparition des foudres par contre estampage et repeinture consécutive ; mesurez la largeur des cors ; elle doit être de 6 $^{m/m}$ environ (3 1/2 dans l'émission de 1889-1904).

Faux de Genève (F.). — Pour le détail de ces faux voir Finlande ; les faux clichés ont un milieu interchangeable permettant de donner à volonté du Finlande ou du Russe. Dans les premiers clichés du 3 et 7 r. le cadre extérieur était aussi épais que le cadre intérieur, des seconds clichés de ces valeurs portent un cadre extérieur correct. Formats : 25 à 25 1/2 de largeur sur 28 1/2 à 29 $^{m/m}$ 1/2 suivant cadres (originaux : 24 3/4 pour le 3 1/2 r., un peu moins de 25 $^{m/m}$ pour le 7 r. × 29 $^{m/m}$ de hauteur). Le papier est faux. Le 7 rouble a été tiré en 3 nuances : jaune citron, jaune et jaune orange. On trouve des exemplaires avec faux filigrane ligne ondulée ; il disparaît dans la benzine.

Fausses oblitérations de Genève. — Cachets sur bois
Ronde, 1 cercle, 26 $^{m/m}$, ATBHBI 7 IIOA 18..
Ronde, 1 cercle, 25 $^{m/m}$, MOCKBA 11/12 DEB 1888 HMKOAHC.
Ronde double cercle, CMETEPBPFB 21 MAR 1888.
(Communiqué le 15 mars 1926 au *Philatéliste Belge*).

1889-1904. *FOUDRES DANS LES CORS*. N°s 38 à 51.

Le 1 r. existe dentelé 11 1/2 : raie ; aussi 11 1/2 × 13 1/2 et 13 1/2 × 11 1/2 : R.R. Les 2, 3, 5, 7 et 10 k. sans teinte de fond : rares. Le 1 rouble est connu sur papier uni ; les 2, 5 et 7 k. non dentelés : rares ; le 3 k. est connu avec double impression. Les 14 k. et les valeurs en roubles existent avec centre renversé ainsi que les 15 et 25 k. de 1904 : R.R.

Faux usés poste. — 70 k., 1 et 3 r. 1/2. Sans filigrane. Défauts de dessin ; comparez comme pour l'émission de 1875. Il en est de même pour le n° 67 (10 k. de 1909).

EMISSIONS SUIVANTES

La plus grande circonspection est nécessaire pour toutes les erreurs et variétés des émissions à partir de 1909-17, car le gouvernement russe actuel n'a rien négligé pour aider les filoutélistes. Les matrices, planches, etc., ont servi un peu à tout le monde pour en tirer le maximum ; la plupart des chiffres de tirage sont inconnus ; ils sont fréquemment astronomiques, etc., etc.

Le comble est que des faussaires ont encore jugé bon de copier ces très petits choses. Citons : 1921 (nᵒˢ 139, 140; nᵒˢ 144 à 149 et 150 à 152 d'Yvert); 1922 (nᵒˢ 153 à 156, et 176 à 179); 1924 (Lenine 266 à 269). Pour tous, la comparaison du dessin, du papier (trop blanc) est suffisante. La série de 1917, épées croisées, etc., est sortie de l'imagination d'un nommé T, venu d'Odessa après la Révolution russe pour se mettre à la disposition des grandes ducs résidant sur la Riviera, ceci a donné un parfum « officiel » à ces élucubrations.

La série de poste aérienne (1922) a été faussement surchargée. Comparaison minutieuse nécessaire.

Quant aux émissions d'armées, y compris l'émission de l'occupation finlandaise (Aunus) presque toutes les surcharges ont été bien... et mal imitées. S'abstenir totalement si l'on ne spécialise pas.

SAINT-MARIN

Les timbres sardes nᵒˢ 10, 11, 13, 14 et 16 (Yvert) et les timbres italiens des premières émissions nᵒˢ 5, 8, 11, 12, 14, 15 et 17 avec le cachet type A sur le timbre (type B sur la lettre) sont recherchés : 15 fr. environ.

Le type C sur les timbres italiens de 1863-77 est à peu près aussi rare et le type D vaut sur ces timbres : 5 fr. Quelques valeurs sont très rares. (Voir illustration).

1877-91. *FILIGRANE COURONNE.* Nᵒˢ 1 à 7.

Dentelés 14. Les 5 et 25 cent. sont de 1891.

Feuilles de 400 timbres lithogr. en 4 groupes de 100 (10 × 10). Le filigrane est couché.

Variétés. — Les 2 et 10 c. ont été usés pour moitié. On peut trouver quelques nuances suivant les tirages, par ex. 5 cent. jaune foncé (premier tirage), jaune orange (deuxième tirage), etc.

Oblitérations. — Type C : rare; D et E : communs; le type E se trouve aussi avec SERRAVALLE dans le bas ou avec une simple étoile à cet endroit. Les affranchissements de timbres de Saint-Marin avec ceux d'Italie sont rares.

Faux. — I. Quelques valeurs ont été faussement imprimées sur des timbres italiens communs de l'émission de 1879 après disparition chimique de l'ancienne impression. Inscriptions non conformes; voir aussi les signes distinctifs de l'illustration suivante (originaux).

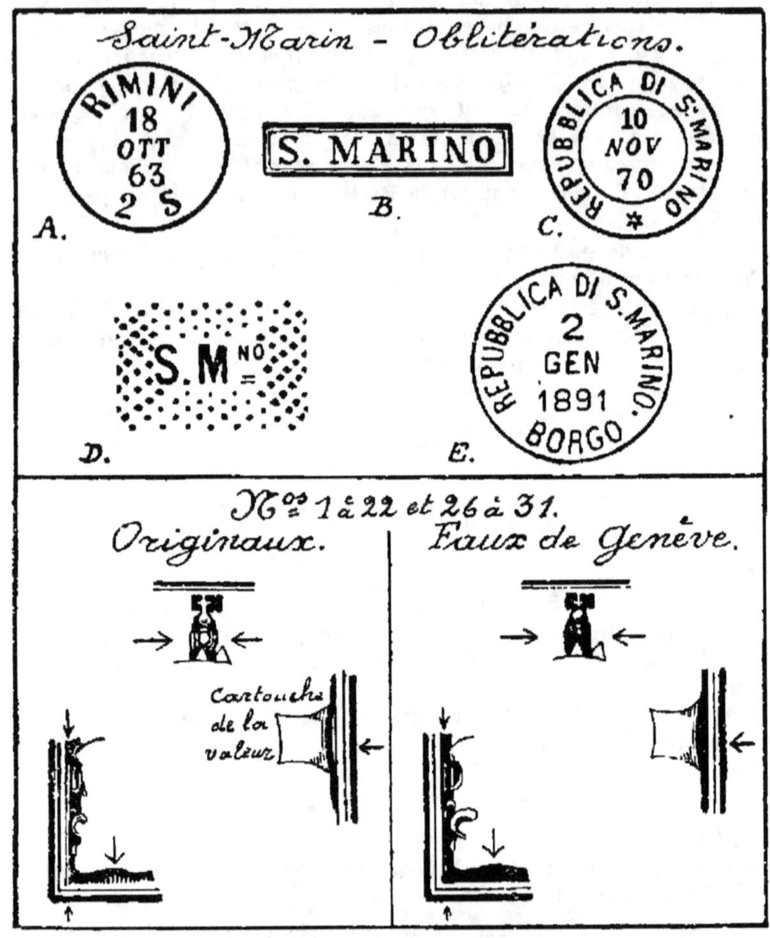

II. **Mauvaise série de Gênes (I.).** Dentelés 11 1/2; sans filigrane ou avec faux filigrane par impression de corps gras gris-
jaunâtre. Nuances criardes; quelques lettres des inscriptions touchent les traits fins (EP de REP, en bas; E de POSTALE, en
haut; R de LIBERTAS, en bas); les lettres TAL sont reliées
par le bas, etc. Le faux filigrane mis dans la benzine disparaît à
la vue. Papier épais : 70 à 75 mc. Fausse oblitération : carré de
gros points.

III. **Faux de Genève (F.).** Toute la série en photolithographie
très réussie; les nuances sont légèrement arbitraires, mais ceci
est du domaine du spécialiste; la dentelure est conforme; le papier
est de bonne épaisseur (45 à 50 mc. comme les originaux), mais il

est trop transparent. Les dimensions sont bonnes (22 1/2 à 22 2/3 × 18 1/2 à 18 3/4). Sans filigrane ou avec faux filigrane qui disparaît dans la benzine. Dans les originaux, le filigrane n'est pas toujours facilement visible et c'est pourquoi nous croyons bon de noter quelques différences du dessin. (Voir illustration).

Fausses oblitérations de Genève. — Type D, un seul trait épais sous NO; type E : REPUBBLICA DI S. MARINO BORGO 7 JUN 1890.

1892. *SURCHARGES*. N°s 8 à 11.

Cette série est une des premières « combinaisons d'Etat », à l'usage de la bourse des collectionneurs. Saint-Marin n'y a pas gagné grand'chose; le marchand, inspirateur de l'affaire, y a gagné beaucoup et les collectionneurs y ont perdu autant. Toutes les surcharges ont été imitées et demandent la comparaison; les faux ont été non moins faussement surchargés. S'abstenir si on ne spécialise pas ce pays.

Fausses oblitérations. — Voir émission suivante.

1892-94. *TYPE DE 1877*. N°s 12 à 22.

Feuilles comme précédemment. Les 5, 30, 40, 45 c. et 1 lira sont de 1892, les autres de 1894.

Papier moyen gomme jaune, ou papier mince gomme blanche suivant tirage. On recherche les exemplaires du premier tirage (2 l. brun foncé : N, 50; U, 50, et 5 l. brun violacé et vert : 2 N; 2 U; au lieu de carminé-brun sur verdâtre).

Faux. — Toute la série a été bien imitée à Genève, le 5 lire dans la nuance du deuxième tirage. Les valeurs en lire généralement avec faux filigrane. (Faux cachets type E, 5 APR 1892 BORGO; 7 MAR 1892 BORGO; 4 FEB 1892 BORGO, et 7 DEC 1892 avec étoile dans le bas). Voir première émission. La série a été également imitée à Gênes, comme la première émission. Enfin on trouve des fausses impressions sur papier original, avec filigrane, provenant de timbres décolorés. Dessin non conforme et nuances arbitraires : la comparaison s'impose.

1894. *COMMEMORATIFS*. N°s 23 à 25.

Filigrane, écusson à croix de Savoie.

1894 (*Déc.*) *et* 1899. *TYPE DE 1877*. N°s 26 à 31.

Feuilles, etc., comme précédemment. Les 2, 20 cent. et 1 lira sont de 1894, les autres de 1899. On recherche les nuances les plus foncées, provenant des premiers tirages; les autres sont communes.

Faux. — De Genève, de Gênes. Voir première et troisième émissions. On trouve de très bons faux du 1 lira sur papier original. Voir émissions précédentes.

1903. *GRAND FORMAT*. N°s 34 à 45.

Feuilles de 200 timbres en 4 groupes de 25 (5 × 5).

Filigrane couronne.

Faux. — Toute la série, bien imitée en photolithog. sur papier original; l'impression manque de finesse, particulièrement dans le lignage horizontal; on observe encore dans les valeurs en lires que les trois hachures situées dans le nœud du ruban (sous la lettre S) ne sont pas de même longueur.

EMISSIONS SUIVANTES

1905. — L'erreur du chiffre 5 dans 1905 se rencontre une fois par feuille.

1907. Le 15 cent. non dentelé est un essai.

1911. — Les deux valeurs de 1907 ont été retirées (format plus large, 19 $^{m}/^{m}$), impression moins bonne.

1917 à 1925. — 11 émissions en huit ans! L'appétit vient en mangeant! Versez, versez, philatélistes, si cette philatélie à grand rendement continue à vous intéresser.

TIMBRES-TAXES

La série de 1897-1919 a été bien imitée, mais la comparaison du dessin (ornements des coins, inscriptions et chiffre central) suffit. Il est probable que les séries de 1924 et celle de 1925 — dont le besoin ne se faisait pas du tout sentir — suivront.

Truquages. — Chiffre 1 effacé chimiquement et remplacé par un 5, caractère non conforme comme ton et dessin. Il est à présumer que le 10 lire n° 18 subira le même sort.

SARDAIGNE

La collection de Sardaigne est des plus attachantes par ses oblitérations et la richesse des gammes de coloris de l'émission de 1855.

I. — CAVALLINI

La spécialisation de Sardaigne fait une place à part aux anciennes marques postales appelées « Cavallini ». Trois valeurs : 15 c. (rond), 25 c. (ovale), 50 c. (octogonal) appliquées par cachet à la main (1819) ou estampées 1820). Valeur des neufs : 30, 60 et 80 fr.; usés de l'époque 15, 50 et 60 fr.; usés après 1836 : 10, 25 et 15 fr. Les neufs de 1820 valent un peu moins. Feuilles pliées en deux avec divers filigranes; les demi feuilles ou fragments valent beaucoup moins.

Faux — Se reconnaissent généralement au coursier insexué qui les orne ; la comparaison est nécessaire pour le dessin et le papier ; ce dernier est non conforme ou bien il s'agit de faux sur fragments de papier original.

II. — **NON DENTELÉS**

1851 (*Janv.*). *Lithographiés.* N°ˢ 1 à 3.

Premier choix. — 4 marges de 1/2 ᵐ/ᵐ.

Le travail de reconstruction des planches, fort difficile, n'est pas terminé. Papier blanc, épais, à la machine. Pas de réimpressions.

Papier blanc épais (80 mc. et plus).

Nuances. — 5 c. noir, gris-noir ; 20 c. bleu, bleu foncé ; bleu pâle : N, 50 ; 40 c. rose ; rose carminé ; le rose violacé vaut : N, 50 ; U, 50.

Variétés. — On recherche les bonnes impr. du premier tirage. Le 20 c. se trouve avec le défaut de transfert 8 ollo. Le 5 c. montre quelques retouches de l'ovale central (déjà signalées dans le catal. du spécialiste, 1922) ; elles sont rares, ayant été faites en fin de planche.

Paires : 4 U, les blocs sont rares.

Oblitérations. — Type A (plusieurs modèles) : communes ; B et C, oblit. d'essai, rare : 2 U sur le n° 2. L'oblit. à date est rare. Les oblit. de couleur sont rares. Oblit. plume : 50 %.

Réimpressions. — Non.

Originaux. — Format, 5 c. 19 1/4 × 22 ; 20 c. 19 à 19 1/2 × 21 3/4 à 22 ; 40 c. 19 à 19 1/4 × 21 3/4 ᵐ/ᵐ.

Truquages. — Oblit. plume lavées.

Faux pour servir. Les trois valeurs montrent des lettres de forme arbitraire ; comparez avec un 20 cent. les lettres, les cheveux, la barbe. Format non conforme. Rares avec une oblit. authentique.

Faux. — 1° anciens. Série lithographiée sans point après Poste ; lettres différentes, notamment les C et les O qui sont ronds ; la barbe est trop droite et trop courte ; 2° des faux du 5 et du 40 c., assez réussis, se reconnaissent comme les faux pour servir ; nuances non conformes ; 3° série de Gênes (I.). Voir l'illustration pour quelques signes distinctifs ; format 19 × 21 1/2 ; papier blanc de 70 mc. ; le 5 c. est noir intense ; le 20 c. bleu indigo ; 40 c. rose et rose vif. Le pointillé du cou est très visible ; le trait de l'œil descend jusqu'à hauteur de la narine, etc. Fausse oblit. type A. 4° série de Genève (F.). Format 19 1/4 × 21 1/2, papier de 75 mc. jaunâtre et dur ; les nuances sont trop pâles et ternes. La barbe, trop courte, s'arrête au-dessus de l'O de Bollo. Pas de pomme

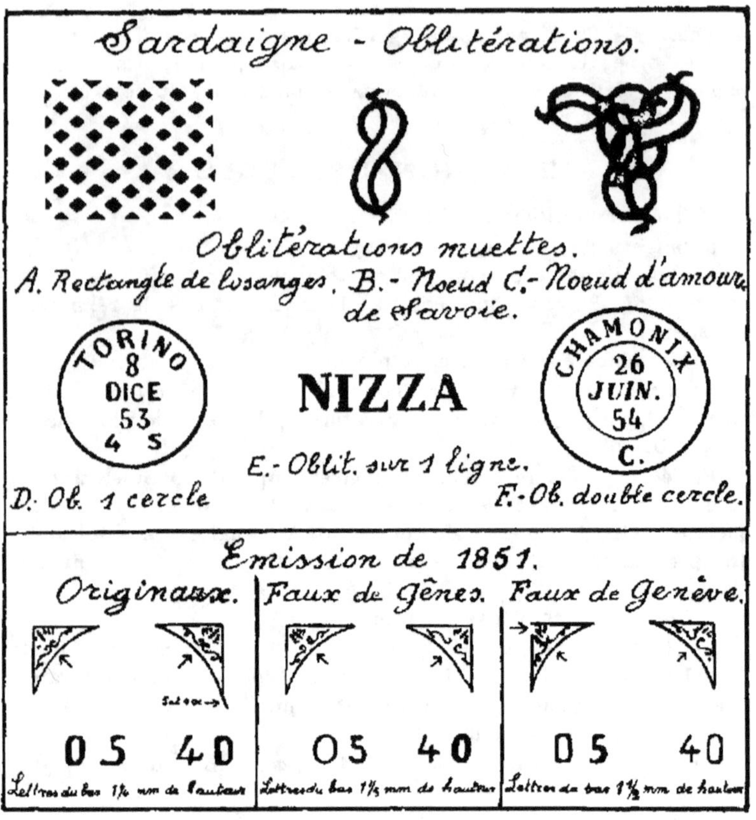

d'Adam. Fausses oblit. TORINO 13. GEN (sur deux lignes); une grande oblitération napolitaine NAPOLI 17 NOV 185.; type F, AIX-LES-BAINS 24 NOV. 51.

1853 (1-10). *IMPRESSION A SEC.* N°s 4 à 6.

Premier choix. — 4 marges de 1 $^{m}/_{m}$ minimum.

Feuilles de 50 timbres (10 × 5).

Nuances. — 5 c. vert-bleuté; 20 c. bleu clair, 40 c. rose terne. Impression à sec en relief sur papier de couleur.

Paires : 4 U; blocs : rares.

Oblitérations. — Presque toujours types D et F; on recherche particulièrement les oblitérations de la Savoie et du Comté de Nice; leur rareté varie suivant que les communes de départ étaient plus ou moins peuplées (NIZZA MARITTA est commun). Quelques-unes sont très rares. Tous les autres types d'oblit. sont rares.

Originaux. — Format 19 × 21 1/4 à 21 1/2 (mesurer entre dépressions, à l'extérieur des perles); papier de 50 mc. environ.

Faux de Gênes (I.). — 19 1/4 de large. Le papier montre un grené horizontal produit par les presses coucheuses ; aussi papier uni de 80 mc. Aucune valeur n'a le trait derrière le mot POSTES, le 5 c. n'a pas de point derrière le chiffre (un premier cliché du 5 c. portait une ligne verticale en relief devant 05 et derrière le premier C en bas). Nuances non conformes : vert, bleu, rose lilacé, etc. On trouve l'erreur ! 05 sur bleu ! Etc.

Cette série a tenté les faussaires à cause de la difficulté d'étude de ce genre d'impression ; mais ces faux sont mal réussis, les perles du cadre extérieur, les inscriptions et les ornements des coins sont le plus souvent peu visibles ; de même pour la ligne de contour de la tête (dans les originaux tout est bien visible).

Fausses oblitérations. — Voici une liste de fausses oblit. sur faux de Gênes :

PINEROLO ; GENOVA ; faux cachet type A à grands losanges ; TORINO 28 OCT 53 10 M ; BIELLA 13 MAR 53 10 M ; BIELLA 15 FEBR 53 ..S ; NOVARA 26 DIC 53 ..S ; PALLANZA 13 AGO 53 ; VERCELLI 14 GIU 53 1 M ; les dates sont interchangeables (on trouve, par exemple, TORINO 2 AGO 53 etc.). Les faux cachets renseignés à l'émission suivante ont également servi ici.

Réimpressions privées faites par l'imprimeur ; papier grené ou papier trop épais. Pour ces faux comme pour ceux d'autres origines les nuances arbitraires sont le meilleur critérium pour l'émission de 1853. Ces soi-disant réimpressions ont été faussement oblitérées avec divers cachets. On reconnaîtra de la même manière et au manque de relief les faux de Florence (U.) et de Berlin (C.).

1854 (*Mi-Avril*). *CENTRE BLANC.* N°s 7 à 9.

Imp. à sec en relief sur papier blanc. Encadrement lithogr. Les marges doivent avoir 3/4 de ^m/^m minimum.

Nuances. — Le 5 c. vert olive est rare neuf ; 20 c. bleu clair : 3 N ; 3 U ; l'indigo et le bleu verdâtre sont moins communs que les bleus ordinaires ; le 40 c. rose pâle terne est le plus commun, neuf ou usé ; rose carminé et rose brunâtre : N, 50.

Oblitérations. — Voir émission précédente. Paire : 4 U.

Originaux. — Le relief est presque toujours bien visible partout, tête comprise, au point qu'on voit bien les détails des cheveux, de l'oreille et de la barbe ; dans les meilleures impressions à sec on distingue le trait horizontal situé derrière le mot POSTE. Nous conseillons spécialement les exemplaires qui montrent cette première garantie d'authenticité ; la seconde garantie réside dans l'oblitération... quand elle est bonne. Le papier est blanc et a 55 à 75 mc. en moyenne. Format : 5 c., 19 × 21 1/2 ^m/^m ; 20 c., 19 1/2 × 21 1/2 à 22 ; 40 c., 19 1/4 × 21 1/2.

Restes de stock. — Papier plus gris, format plus petit : 5 c., 18 3/4 × 21 1/4 ; 20 c., 18 3/4 × 21 ; 40 c., 18 3/5 × 21 1/8. Les prix indiqués dans les catalogues sont ceux pour les neuf restes de stock (nuances ternes), à relief moins accentué; les autres sont beaucoup plus rares.

Réimpressions privées par l'imprimeur lui-même; la comparaison des nuances est nécessaire, elles sont à peu près conformes mais plus vives, le papier est plus grisâtre. D'autres « réimpressions » ont été faites plus tard à Florence et à Berlin; papiers différents et souvent papier grené comme dans l'émission précédente; formats 5 c., 19×21 1/4; 20 c., 19×21 1/2, 40 c., 19 1/2×21 1/2. Relief peu visible.

Faux de Gênes (I.). — Cette série est si répandue qu'en dehors des faux exécutés à Gènes sur des papiers trop mous, mais d'épaisseurs conformes, il doit y avoir un grand nombre de soi-disant « deuxièmes réimpressions » qui ont pris le chemin de Gênes pour y recevoir une fausse oblitération. Tous ces indésirables sont souvent collés sur des fragments de papier de l'époque ne dépassant pas le timbre. On trouve des « erreurs » de valeur très amusantes : 5 et 40 c. bleus; 20 et 40 c. verts; 5 et 20 c. roses. L'impression à sec est absolument insuffisante et la comparaison de cette impression suffit; nombreuses nuances dont beaucoup sont arbitraires. Formats divers; 5 c. 19×21 à 21 1/2; 20 c. 19 1/5×21 1/2; 40 c. 19 à 19 1/2×21 1/4 à 21 3/4.

Fausses oblitérations. — Nombreuses sur les restes de stocks, les soi-disant réimpressions et les faux. Se méfier des timbres sur lettres. Voici une liste des faux cachets de Gênes, à dates interchangeables (les inscriptions intérieures sont beaucoup trop rapprochées) : ALESSANDRIA 3 OTT 54 10 M; CASALE 17 GIU 54 4 S; CHIAVARI 24 LUG 54 10 M; GENOVA 23 LUG 54 7 S; MONTE ROTONDO 14 DIC; NIZZA MAR 54 7 S et 15 AGO 54 10 M; NOVARA 14 FEB 54 10 S; PINEROLO 18 FEB..., SALUZZO 25 AGO 54 4 M; SAVONA 3 OTT 54 3 M; SUSA (avec date 61 à l'envers), SUSA 13 SET 54 7 S, TORINO 12 SET 54 7 S; TORTONA 14 AGO.....; VERCELLI 29 LUG 54 7 M. On trouve aussi P D non encadré en rouge, en bleu, en noir.

N. B. — Des originaux ont été munis de ces cachets faux.

1855-1858 (*Juin*). *EFFIGIE SEULE EN RELIEF.* Nos 10 à 14.

Cette série contient, pour chaque valeur, un grand nombre de teintes dont beaucoup sont rares. On peut trouver une gamme de dix nuances différentes rien que pour le 80 cent. Cette valeur et le 10 cent. sont de 1858; les autres de 1855. *Feuilles* comme précédemment; papiers de diverses épaisseurs; timbres typographiés.

Premier choix. — 4 marges de 3/4 de $^m/_m$ minimum

Nuances rares. — 5 c. vert jaune, premier tirage : 60 fr. neuf; 4 fr usé, vert noir (myrte) : 100 fr neuf; 10 fr. usé; vert émeraude : 80 fr. neuf; 10 fr. usé; 10 c. brun violacé et brun noir :

12 fr. neufs ; 6 fr. usés ; terre d'ombre (premier tirage) : 25 fr. neuf ;
3 fr. usé ; brun olive : 3 fr. neuf ; 1 fr. usé ; 20 c., les bleus cobalt
et ciel des premiers tirages valent 80 fr. neufs ; 5 fr. usés ; le bleu
laiteux : 100 fr. neuf ; 40 c. les vermillons valent de 25 à 50 fr. neufs
et de 3 à 5 fr. usés ; le rose terne : 15 fr. neuf ; 3 fr. usé ; le rose : 2 fr.
neuf ; 1 fr. 50 usé ; le rose lilacé vaut 25 fr. usé ; neuf : R.R. ; 80 c.
les oranges valent 10 fr. neufs et 20 fr. usés ; l'ocre jaune : 8 fr.
neuf et 10 fr. usé ; le jaune orange et le jaune vif sont communs
neufs ; usés : 8 fr.

Variétés. — 20 et 40 c. avec trait extérieur d'encadrement : 2 à
3 U. On trouve divers défauts de planche dans les lettres et chiffres,
effigies déplacées. Aussi des double et triple impressions de l'effigie.
Les timbres avec effigie renversée sont tous rares oblitérés ; on
trouve, naturellement, beaucoup de fausses oblitérations. On trouve
le 20 c. sans effigie ; les 5, 10 et 40 c. avec double effigie dont une
renversée. Les 10, 20, 40 et 80 c. ont été coupés pour moitié de
leur valeur : rares ; le 80 c. pour un quart : R.R.

Paires. — Recherchées parce que la lecture des oblit. y est
souvent facilitée ; blocs : rares.

Oblitérations. — Les variétés d'oblitérations sont aussi nombreuses que celles de nuances.

Les types D et F sont communs ; rares en rouge ou bleu. A, oblit.
muette ronde : rare ; E (SICILIA ; NIZZA en rouge, etc.) : rare ; on
recherche les oblitérations de Parme, Modène (barres), Lombardie,
la petite grille d'Italie (1861) ; les oblitérations napolitaines
(ANNULATA sur une parenthèse et dans un cercle ; ANNULATA
encadré ; oblit. à date de Sicile-Messina, etc.) ; celles de Saint-
Marin : 5 U ; celles de la Savoie, du comté de Nice et de Monaco ;
les ambulants (Italie Marseille cachet type E à date) ; les oblit. de
vapeurs (PIROSCAFI POSTALE FRANCESI en bleu ; COL VA-
PORE, etc.) et il en est de même pour les timbres des émissions
précédentes usés tardivement. Les oblit. étrangères (poste italienne
à Tunis, en Egypte, etc.) sont rares ; Tunis en bleu aussi ; on
trouve des oblit. françaises d'arrivée (généralement gros chiffres
2.240 Marseille). Beaucoup sont très rares ; consultez les spécialistes
avant de vendre.

Réimpressions non officielles, lithographiées ; les détails du relief
des cheveux, de l'oreille et de la barbe sont mal venus ; on trouve
les 5, 20 et 40 cent. non dentelés ou dentelés 11 1/2.

Originaux. — Quelques défauts des matrices de reproduction
peuvent être considérés comme des signes secrets d'expertise. (Voir
illustration). La lettre S de POSTES est chavirée à gauche ; les lettres O sont de forme octogonale.

Faux. — On trouve beaucoup d'oblitérations fausses sur les
restes de stocks ; les timbres neufs de ces derniers sont si peu chers
qu'il est étonnant de voir cette émission imitée de toutes pièces.

1° Faux de Genève (F.). — Ne montrent pas les signes d'expertise des originaux ; l'illustration renseignera, en outre, sur les principaux défauts. Fausses oblitérations sur ces faux ; type D, PIAC... 6 OTT 57 ; type E (sur deux lignes), ANNE... MAR ; TORINO 13 GEN ; type F, BOLOGNA 21 GEN 59.

2° Faux de Gênes (I.). — Ne montrent pas non plus les signes d'expertise ; l'S de POSTES est droit ; l'impression en relief est plus visible que dans les faux précédents, mais le nez est plus arrondi du fait que le creux au-dessus du nez est situé trop bas et que le bout du nez dépasse la moustache. On trouve la série avec effigie renversée. Fausse oblitération : type D, NAPOLI 19 MAGG 61 12 M.

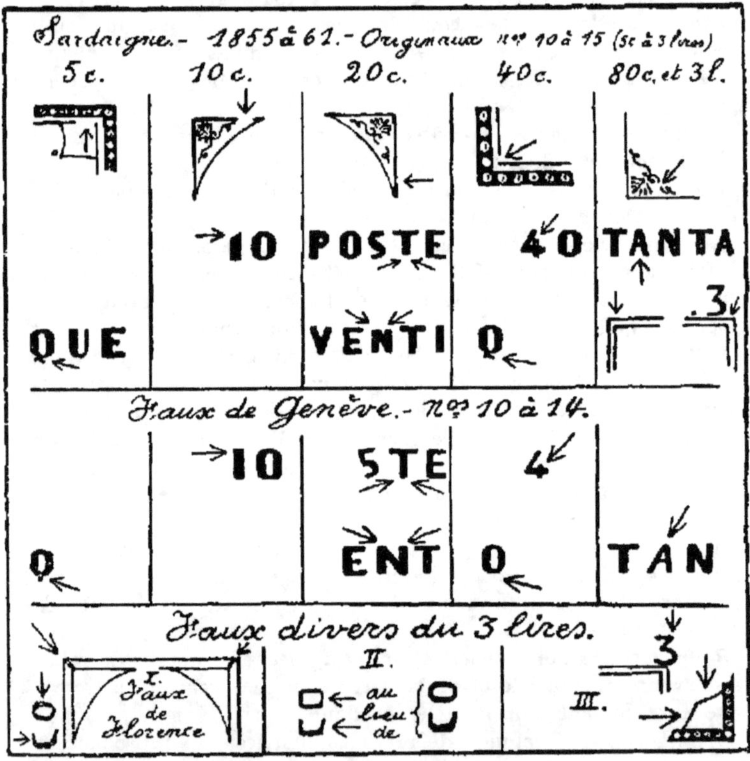

Truquages. — Quelques tripotages chimiques pour obtenir des nuances rares ; l'aspect et la comparaison les font remarquer.

1861 (1er *Janv.*). *MÊME TYPE. 3 LIRES. N° 15.*

Voir émission précédente pour marges, feuilles, oblitérations, etc. On trouve deux nuances peu différentes ; les neufs sur papier épais, peu transparent : 2 N ; le 3 lire avec effigie renversée est une épreuve. On trouve des exemplaires dentelés, ce sont des restes de stock.

Faux. — Trois espèces différentes dont on trouvera les signes distinctifs dans l'illustration. Le faux de Florence, avec S de POS-TES droit, est le plus répandu.

Fausses oblitérations. — Extrêmement nombreuses ; comparaison de l'oblitération, ou expertise.

1861 (1er *Janv.*). *TIMBRES POUR IMPRIMES.* Nos 16 et 17.

Chiffres en relief ; inscriptions latérales : Giornali ; stampa (journaux, imprimés)'; feuilles de 100 (10 x 10).

Nuances nombreuses ; les marges doivent avoir 1 $^{m}/^{m}$. L'erreur d'estampage chiffre 2 avec cadre du n° 16 (uno) est R.R. oblitérée.

Truquages. — Nombreux par applatissement du chiffre en relief avec réestampage consécutif de ce chiffre renversé ou du chiffre erroné. Dans le cas, le centre... est chiffonné et on retrouve des traces de la première opération.

Fausses oblitérations., — Abondent. Comparaison.

(Résumé des caractéristiques des faux et tableau des fausses oblit. communiqués à *L'Echangiste Universel*, 1-5-1925.)

SARRE

Encore une contrée philatélique peu intéressante ; l'émission non surchargée de 1921 et l'émission surchargée de 1920 (Saargebiet) se trouvent facilement par séries entières.

Quant aux surchargés des deux premières émissions, on peut dire qu'on trouve neuf fausses surcharges pour une bonne ; il faut bannir ces émissions de l'album si l'on n'est pas décidé à les spécialiser à fond. Les fausses surcharges sont fort bien faites ; beaucoup se jugent même difficilement par comparaison ; il est donc probable qu'il y eût des impressions clandestines, car un bon nombre de ces falsifications ont été vendues à la poste même.

Les nos 51 et 52 ont été falsifiés de même, mais peuvent se juger par comparaison.

La surcharge renversée du n° 76 vient d'être imitée, mais la distance entre le chiffre et les barres est de 1/4 de $^{m}/^{m}$ trop courte. Comparaison.

SAXE

I. — NON DENTELÉS

1850 (1-7) *TIMBRE POUR IMPRIMES. N° 1.*

Feuilles de 20 timbres (5×4) typographiés ; filets dans les intervalles ; marges minimum : 3/4 de ᵐ/ᵐ.

Chiffre de tirage. — 500.000 dout 36.922 brûlés (reste de stock), ce timbre est donc 10 fois plus rare que les n°ˢ 1 et 2 de Belgique, mais cette proportion est fortement accrue du fait que les imprimés sont bien plus souvent détruits que les lettres. Les neufs avec gomme : N, 50.

Nuances : rouge ; rouge brique ; rouge brunâtre.

Paires : 3 U ; blocs de 4 ? (Deux paires verticales accolées — timbres n°ˢ 13 et 18 ; 4 et 9 de la feuille — formant bloc de 4 sur fragment ont été payées 15 U. Ferrari).

Oblitérations. — Généralement type D (aussi avec millésime au centre) et type B (aussi non encadré, sur 1 ou 2 lignes, en noir ou bleu) Le type A est R.R.

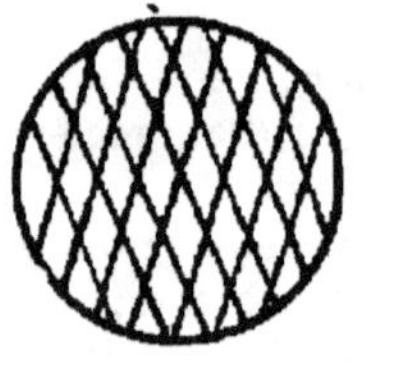

A. - *Grille pleine.* B. - *Ob. encadrée* C. - *Grille à numéro.*

D. - *2 cercles (horaire)* E. - *Ob. un cercle* F. - *Ob. double cercle.*

Originaux. — Le papier est blanc, mi-épais, uni. Foulage typographique des inscriptions bien visible. Voir l'illustration pour les principaux signes distinctifs.

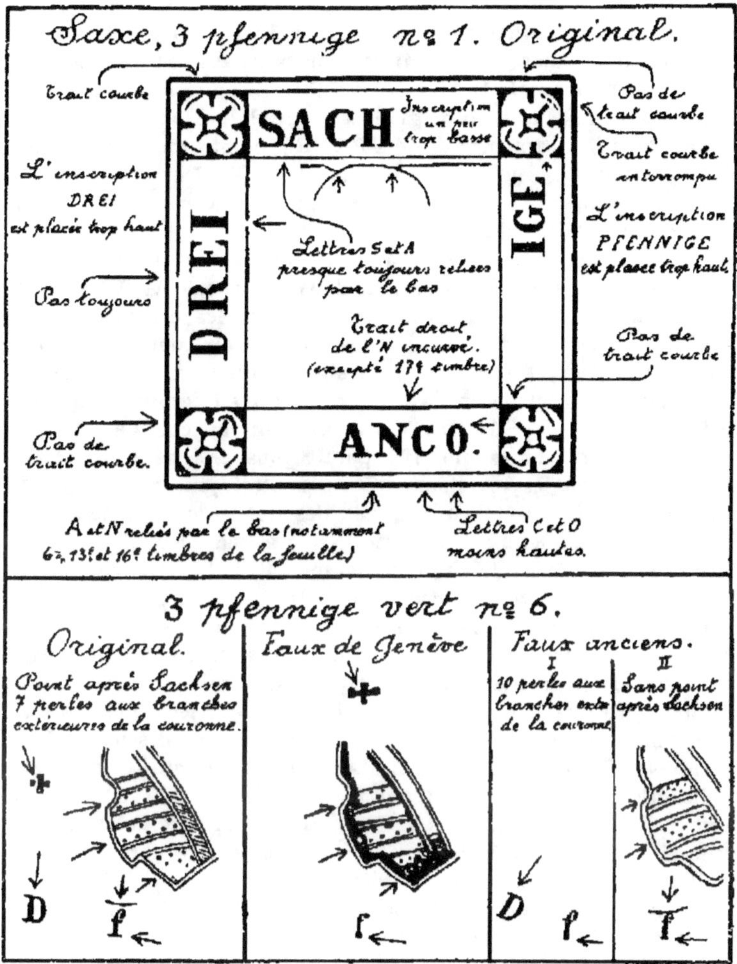

Faux. — Ce timbre a particulièrement tenté les faussaires et on
en connaît plus de 20 contrefaçons. Ceci ne veut pas dire qu'il soit
plus difficile à expertiser que d'autres; ce qui manque le plus
souvent, c'est la pièce de comparaison.

Tous les faux sont lithographiés (à l'exception d'un seul, en
taille-douce), c'est dire que le seul examen de l'impression est généralement suffisant pour les rejeter (manque de foulage). L'examen
du papier montre également des différences; la plupart des vieux
faux sont sur jaunâtre. Enfin, la comparaison du dessin est si
probante qu'on peut rejeter, à première vue, 18 spécimens sur 20.

Citons parmi les meilleurs : I. R et A de FRANCO reliés par le bas ; NNI par le haut ; pas de traits courbes dans les ornements ; papier vergé horizontal. II. C et O de FRANCO aussi grands que les autres lettres ; fausse oblit. grille type A. III. SACHSEN dévié à gauche dans le cartouche ; A de FRANCO pointu en haut ; petits chiffres 3 (dans le grand chiffre) minuscules. IV. N et I de PFEN-NIGE reliés en haut ; 4 traits courbes dans les 4 ornements. V. un type gravé en taille douce (relief au lieu de foulage !) ; O de FRANCO légèrement penché à gauche, comme le 17e timbre de la feuille originale ; pas de traits courbes dans les ornements. VI à XII, divers types ayant tous 4 traits courbes dans les ornements des coins. XIII à XVII, divers types sans aucun trait courbe dans les ornements. XVIII, Hugo Griebert a signalé un faux ancien, plus insidieux, qui eut son heure... de succès ; le trait terminal gauche supérieur de l'N de SACHSEN et inférieur gauche de l'N de FRANCO sont si courts que l'N paraît plus éloigné des lettres voisines que dans les originaux. Cette contrefaçon, copiée du 3e timbre de la feuille a été tirée en feuilles de 18 dont 3 tête-bêche (Dresde F.). Parmi les faux modernes, il y a lieu de citer les faux de Genève (F.) ; cliché I, cadre brisé sous l'I ; les lettres G et E de PFENNIGE sont reliées par le bas ; le cadre du cartouche est doublement interrompu au-dessus de cette dernière lettre ; le filet d'encadrement se trouve à 1 $^m/m$ du cadre extérieur, etc. Cliché II, même disposition du filet d'encadrement, cette fois beaucoup trop épais ; le cadre intérieur n'est plus brisé sous l'I ; les hachures du fond ne touchent pas l'ombre du grand chiffre 3 au-dessus de l'F de PFENNIGE, etc. Enfin, une imitation assez récente (Chemnitz) photolithographiée se reconnaît au manque de foulage et au trait supérieur du cartouche de FRANCO qui montre une solution de continuité au-dessus de la lettre O comme dans le timbre n° 9 de la feuille ; la comparaison est utile ici.

Fausses oblitérations. — Types A et B (Bautzen, Anneberg, Freiburg pour Freiberg, Herrnhuth, Lobau, Leipzig, Dresden, Ma-rienberg, Meissen, Reichenbach, Riesa, Zwickau, etc.) ; type E sur faux de Genève (Sebnitz 1/8 15-3. 52. 5-3 V.)

Truquages. — Regommage des neufs trouvés non oblitérés sur bandes d'imprimés ou des usés plume lavés. Comme pour tous les timbres rares la réparation a fortement sévi, et les plus mauvais débris ont ainsi usurpé une belle place dans maints albums.

1851. 3 *PFENNIGE. ARMOIRIES.* N° 7.

Premier choix. — 4 marges de 1/2 $^m/m$ minimum. Typographiés.

Nuances. — Vert bleuté, vert foncé ; le vert jaune vaut : N, 50 ; U, 25. Le papier est mince, 50 à 70 mc., transparent ou non, mais on trouve le vert bleu sur papier très mince (40 mc.) et très transparent : U, 50. On recherche les premiers tirages, de fort bonne impression, avec cadres très nets.

Paires : 3 U; bandes de 3 : 4 U; blocs de 4 : rares.

Oblitérations, généralement types D, A, C et F.

Faux. — 1° Genève (F.). Papier blanc, à la machine, 55 mc., impression vert-jaune très pâle et terne, mais ceci peut être modifié. Mauvaise copie d'un exemplaire d'impression défectueuse; fausse oblit. type F, LEIPZIG II MAI 53. 2° et 3° faux d'origine allemande. Voir illustration.

1851 (*Fin juillet*). *EFFIGIE FACE A DROITE.* N°s 2 à 5.

Gravés. 4 marges de 3/4 de ^m/^m minimum.

Variétés. — L'erreur du 1/2 ng. sur bleu pâle doit être expertisée par comparaison du papier. On recherche les nuances vives des 1 et 3 ng. On trouve des impressions légèrement usées (coin inférieur gauche). Le 2 ng. bleu foncé est de 1852.

Paires : rares, 5 U; bandes de 3 : 8 U excepté 1/2 et 3 ng. : 10 U. Blocs : R.R. Timbres sur lettres : 2 U.

Oblitérations. — Type C : commune; 133 numéros en tout, les n°s 1 et 2 très communs; les autres, recherchés ou rares. Type A, recherché. D, commun sur le 2 ng. bleu pâle. E : U, 25 mais 3 U sur 2 ng. bleu foncé; en bleu : U, 50. Les grilles de couleur, le type B et l'oblit. triple cercle de Chemnitz sont rares; etc.

Truquages. — 1/2 ng. avec papier d'un bleu... erroné. Le 2 ng. bleu pâle avec les trois chiffres 2 grattés et remplacés par des fractions 1/2... aussi erronées.

Faux. — Mauvaise série allemande dont un enfant moderne ne voudrait pas.

1855 (1er *juin*). *EFFIGIE FACE A GAUCHE.* N°s 7 à 10.

Gravés comme les précédents. Mêmes marges.

Nuances. — 1/2 n. gris, gris-bleu; 1 n. rose, vieux rose et rose foncé; 2 n. bleu, bleu-vert; bleu foncé : 2 N; 3 n. jaune, jaune vif, jaune terne; ocre-jaune : 2 U.

Variétés. — 1/2 n. les chiffres 1 de la fraction de gauche se trouvent soit au-dessus du milieu du chiffre 2, soit déviés à gauche; 1 n. les chiffres 1 ont le trait oblique long et incurvé ou très court (2 planches?). On trouve les 1/2 et 2 ng. avec cadre intérieur gauche simple ou double et le cadre a été parfois renforcé par retouche à la règle. Le 1/2 ng. est connu avec double impression.

Paires : 3 U, mais 2 et 3 ng. : 4 U; bandes de 3 : 10 U; blocs de 4 du 1/2 n. : 150 fr.; du 1 n. : 50 fr.; les autres : rares. Timbres sur lettres : U, 50.

Oblitérations. — C : commune (n°s 1 à 212; quelques numéros sont rares, 205, 212, etc.); F : moins commune; en bleu : U, 50. Les ambulants, les autres types et oblit. de couleur : rares.

Faux. — Mauvaise série comme précédemment.

1856 (*Avril*). *MEME TYPE SUR BLANC.* N°s 11 et 12.

Gravure, marges et oblit. comme précédemment.

Nuances et papiers. — 5 n. rouge pâle, papier moyen, dernier tirage, gravure souvent légèrement usée : 2 N ; U, 50 ; rouge assez vif sur papier mince ; idem sur papier très transparent : 2 U ; rouge carminé ; rouge brun : 3 N ; 3 U. On trouve des tons intermédiaires. 10 n. bleu et bleu foncé sur papier moyen ; bleu sur papier mince : commun neuf : U, 25.

Variétés. — Les deux valeurs avec double impression : rares.

Paires : 3 U. Timbres sur lettres : 2 U, mais n° 12 : 2 U, 50.

Faux. — Les originaux sont de dessin si fin qu'une seconde de comparaison avec un n° 7 ou 8 (communs) suffit pour dépister les contrefaçons. Dans une imitation ancienne, la bouche est faite d'un trait plein et le feuillage est vraiment mauvais ; les faux modernes de Genève ne valent guère mieux ; dans le 5 ng. il y a cinq grosses hachures dans la banderole de droite en haut (au lieu de 6) ; dans le 10 ng. un premier cliché montre un fond quasiment plein à gauche de l'effigie et un second cliché ne vaut pas mieux. Tous deux ont des hachures informes dans la banderole précitée. Lithographiés. Oblit. type A. Enfin, des faux d'origine allemande montrent des défauts aussi sérieux, par exemple 5 ng. lettres des inscriptions non conformes ; les 3 hachures derrière Grosch sont au nombre de 4 ; le point situé entre la deuxième et la troisième hachure manque, etc. ; 10 ng., mêmes défauts ; chiffres 10 trop grands, etc., etc. Un vieux faux lithographié est de nuance outremer ; l'ombre à l'intérieur de l'oreille forme un point d'interrogation, le chiffre 10 du bas est penché, le trait de la paupière supérieure est droit ! etc. En cas de doute comparez les nuances et auparavant, voyez si vous n'avez pas devant vous un vulgaire lithographié sans aucun relief de couleur comme c'est presque toujours le cas.

Truquages. — Quelques baignades acides du n° 11 pour faire le 11a.

II. — DENTELÉS

1862-63. *ARMOIRIES EN RELIEF.* N°s 13 à 19.

Typographiés. Dentelés 13.

Nuances rares. 3 pf. vert jaune, neuf : 8 fr. : U, 50 ; 1/2 n. rouge, neuf : 8 fr. ; 3 ng. jaune brun, neuf : 8 fr. Le 1/2 citron et le 1 n. carmin sont des essais.

Variétés. — Paires du n° 15 non dent. au milieu : rares.

Paires : 3 U ; timbres sur lettres : U, 50.

Oblitérations. — Comme précédemment ; le type B (rectangulaire) devient commun ; les ambulants : assez communs. On recherche les cachets militaires (Feld-Post) : rares. Les fausses oblitérations sont nombreuses.

Enveloppes. — Les découpures d'enveloppes (effigie) ayant servi comme adhésifs sont rares. On a mal imité le 10 ng. vert.

SCHLESWIG-HOLSTEIN

Oblitérations. — Le type A est habituel sur les n°ˢ 1 et 2 (42 numéros, plus ou moins rares suivant les localités). L'oblit. danoise de Copenhague (triple cercle n° 1) est R.R. sur ces timbres. Sur les émissions suivantes on trouve le type B sur diverses valeurs (divers n°ˢ de 6 à 206; il y en a de rares; n° 2, Hambourg, et 3, Lubeck, sont recherchés). Le type C est rare; on le trouve comme

le type B sans point au milieu; le type C aussi avec point deux fois plus gros et avec cinq cercles et point. Le type D est usuel sur ces émissions; les types E et F sont moins communs. Les oblit. d'États étrangers sont rares, par exemple, l'L encerclé de Lubeck. Les inscriptions sur une ligne (Postablage, etc.) sont toujours rares. Les affranchissements formés de timbres de Holstein et de Schleswig sont rares. Les oblit. de couleur sont recherchées.

Gare aux fausses oblitérations sur n°ˢ 1, 2, 3, 5, 6 et 7 de Schleswig-Holstein; 6 et 7 de Schleswig.

I. — SCHLESWIG-HOLSTEIN

1850. *ARMES EN RELIEF.* N°s 1 et 2.

Non dentelés ; typographiés ; 4 marges de 1/2 $^{m/m}$; fil de soie bleu, incorporé dans la pâte du papier.

Chiffres de tirage : n° 1, 1.300.000 ; n° 2, 700.000.

Nuances. — Bleu foncé, bleu et bleu de Prusse ; rose et rose pâle. Les pièces sans gomme : moins value. On recherche les exemplaires avec relief accentué.

Paires : 3 à 4 U ; timbres sur lettre entière : 3 à 4 U.

Originaux. — Le lignage horizontal est fin et régulier ; les plumes des aigles sont finement dessinées et ne s'approchent pas des cadres latéraux à plus de 1 $^{m/m}$; l'ombre portée du S de Schilling touche le C et les lettres H et I sont reliées par le haut.

Faux. — Ces timbres rares ont été souvent imités, mais sans aucun succès ; aucune contrefaçon n'est insidieuse. Examinez d'abord le fil de soie, ensuite l'impression en relief, enfin le dessin.

1° Faux anciens ; l'S de Schilling est à environ 1 $^{m/m}$ du C, les lettres H et I sont séparées dans le haut, il n'y a que 3 hachures horiz. au-dessus de la tête des aigles.

2° Idem. Papier épais, grisâtre, de mauvaise qualité ; aucun relief, traces de traits marginaux.

3° Faux de Hambourg. Le fil de soie dessiné à l'encre rouge et les inscriptions non conformes dispensent d'un plus ample examen.

4° Faux de Paris. Même observation, pas de fil de soie.

5° Faux de Genève. Sur papier uni ou vergé (à 1/2 $^{m/m}$) ; fil de soie bleu collé au dos ou entre le papier doublé ; la couronne des armoiries est placée à plat sur l'écu, 7 et 8 traits horiz. au-dessus de la tête des aigles ; l'S de Schilling ne touche pas la plume au-dessus ; ovales bordés d'un trait, etc. Voir illustration. Quatre fausses oblitérations ; rectangles de 16, 19, 20 ou 24 barres trop fines avec un cercle ou un ovale blanc au milieu.

6° Faux d'origine allemande (2 sch.). Immédiatement reconnaissable aux ovales des lettres S et H, placés beaucoup trop bas ; les plumes de l'aigle de gauche touchent le cadre extérieur, l'H et l'I de Schilling ne se touchent pas, etc.

7° Réimpressions privées (1894) ; impression en relief non conforme ; pas de fil de soie.

1865. *OVALE. IMPR. EN RELIEF.* N°s 3 à 7.

Perçage 11 1/2. Numéros marginaux de 1 à 10 (aussi Holstein et Schleswig) : 2 N ; 3 U ; le 1 1/3 s. est connu non dentelé et en paires non percées au milieu. Le 1 1/4 coupé diagonalement pour 1/2 : R.R.

Paires : 3 U ; timbres sur lettres : 2 U, mais 4 s. : 4 U.

Fausses oblitérations sur originaux, en unités ou paires, notamment sur le 4 s. où l'on trouve le type B (n° 191) en même temps qu'un petit cachet danois à un cercle D.P.S.K 10, également faux et tous les faux cachets cités plus loin

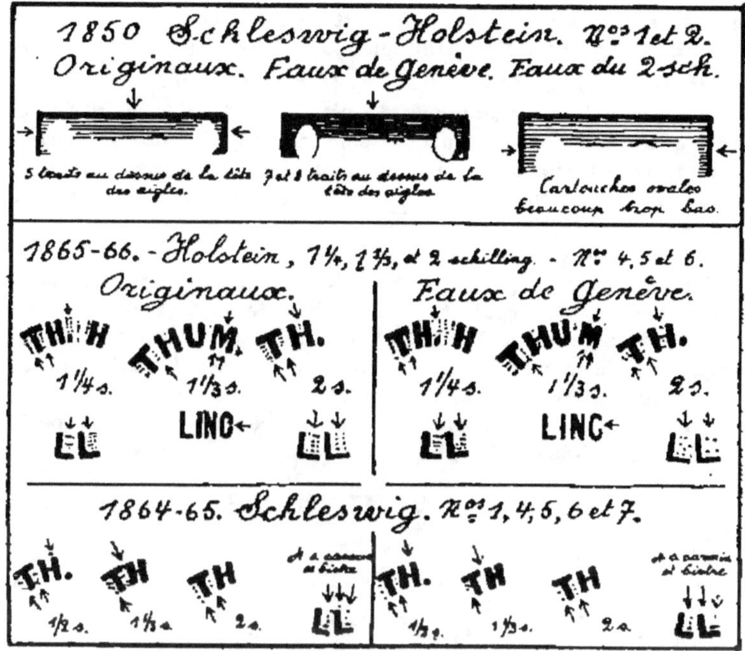

II. — HOLSTEIN

N. B. — Les timbres de Holstein eurent cours à Bergedorf à partir de 1864 ; rares avec oblit. Bergedorf.

1864. *TIMBRES CARRES.* Nos 1 à 3.

Nos 1 et 1a. — Lettres maigres ; inscriptions latérales éloignées des ornements ; points sur les I de Schilling ; burelage gris avec lettre P en blanc, au milieu. Type I (no 1), lignes ondulées des coins rapprochées ; type II, idem. écartées. Non dentelés ; premier choix, 4 marges de 1 m/m. Le no 1 coupé pour moitié : 20 U. Timbres sur lettres ; no 1 : 2 U ; no 1a : 4 U.

No 2. — Lettres grasses ; pas de points sur les I ; même burelage ; pas de point après F.R. Sur lettre : 2 U. Coupé pour moitié, sur lettre : 15 U. Le perçage 9 1/2 n'est pas officiel.

Faux ancien (no 2). — Grossier. Sans burelage ; les lettres CHILLIN se touchent par le pied ; points sur les I de schilling ; les lettres R et T se touchent.

Un *faux moderne* du même timbre ne vaut guère mieux, la comparaison des ornements, de la guirlande, des cors et des lignes ondulées suffit.

Nº 3. — Percé en lignes 8 ; burelage rose , coupé pour moitié sur lettre : 12 U. Paire : 3 U. Sur lettre : 2 U.

N. B. — L'oblitération habituelle sur les nᵒˢ 1 à 3 est le type B.

1865-66. *OVALE. IMPR. EN RELIEF.* Nᵒˢ 4 à 10.

Les nᵒˢ 4 à 7 (encadrements unis) sont de 1865 à 1866 ; les nᵒˢ 8 à 10 (encadrements perlés) sont de 1865 (1ᵉʳ nov.). Inscription : Herzogth-Holstein. Perçage : 8. Il existe des essais des 1, 2 et 3 s. en diverses couleurs. Le 1 1/4 s. nº 4 coupé pour moitié vaut, sur lettre : 200 fr. Timbres sur lettre : 2 U.

Paires : 3 U, excepté nº 8 : 4 U.

Faux de Genève (F.). — Nᵒˢ 4, 5 et 6. Lithographiés ; aucun foulage. Papier trop épais (75 mc. au lieu de 40 à 55 mc.) qui n'a pas la transparence de l'original ; le 1 1/4 est violet vif ; le 1 1/3 rouge terne brunâtre ; le 2 s. est un peu trop foncé. L'illustration précédente renseignera suffisamment sur les défauts de dessin.

Fausses oblit. de Genève. — Type B (3 cercles) nº 191 ; type F, BRANST 27 6 1865 et WESSELBUREN 24 11 ....

III. — **SCHLESWIG**

1864-65-67. *MÊME TYPE* Nᵒˢ 1 à 7.

Les 1 1/4 vert et 4 s. carmin sont de 1864, les autres de 1865, excepté le 1 1/4 gris (1867).

Nuances. — 1 1/4 s. du vert jaune au vert foncé ; le 1 1/4 lilas va du lilas pâle au lilas bleu ; le 1 1/4 gris lilas vaut 150 fr. neuf ; le gris, neuf, la moitié ; par contre le gris oblitéré vaut : 2 U ; ces deux timbres sont percés 10, les autres 11 1/2.

Paires : 3 U ; excepté le 2 s. : 4 U ; les timbres sur lettres valent 2 U, excepté le 1/2 s. : 3 U.

Faux de Genève (F.). — 1/2, 1 1/3, 2 et 4 s. carmin et bistre, exécutés comme les précédents, même papier. Les nuances sont arbitraires, 1/2 s. vert pâle, 1 1/3 et 4 s. de la nuance du 1 1/3 faux de Holstein ; 2 s. bleu foncé et 4 s. brun clair au lieu de bistre.

Fausses oblit. de Genève. — Type B, 3 cercles, nº 23 ; même type avec L (Lubeck) ; type D, HUSUM 19 6 12-1N ; type E, FLENSBERG 10/1 U... et ELMSHORN 26-5-67.

1920. *PLEBISCITE.* — Nouveautés en série.

1920. *IDEM.* — Les nᵒˢ 33 à 35 ont été faussement surchargés ; la comparaison est nécessaire.

TIMBRES DE SERVICE. 1920. — Surcharges fausses, comparaison minutieuse indispensable.

SERBIE

1866 (13 *Mai*). *ARMES DE SERBIE.* N⁰ˢ 1 à 3.

Provisoires pour imprimés. Feuilles de 12 timbres (4 × 3) avec traits séparatifs. Typographiés, non dentelés ; les marges doivent avoir 1 ᵐ/ᵐ 1/2 minimum. Reproduction mal venue permettant d'établir 12 types de chaque valeur et de reconstruire les feuilles.

Chiffres de tirage. — 1 para, 170 feuilles, et 2 paras, 162 feuilles pour le premier tirage. R.R. ; pour le deuxième tirage : 1.530 feuilles de chaque valeur.

Variétés. — 1 p. vert foncé sur rose violacé : 2 N ; 2 p. rouge-brun sur lilas-gris (papier épais) : 2 N ; on recherche les impressions ayant un bon relief (foulage au recto). Le 2 p. existe sur papier mince, plus commun. Le 2 p. vert foncé sur rose violacé (erreur) est R.R. ; le 2 p. vert sur rose, papier coloré au verso est un non émis ; on le trouve sur papier épais ou moyen, ce dernier : N, 25.

Oblitérations. — 3 bureaux ont été approvisionnés des n⁰ˢ 1 et 2 : Belgrade, Alexinatz et Kladowa. Tous les oblitérés sont rarissimes, le cachet est généralement rectangulaire : NAPLATCHEVO (Franco).

Originaux. — 11 traits horizontaux dans les coins du haut et 13 en bas ; 77 perles ; léger relief au recto.

Faux. — N⁰ˢ 1 et 2 sur papiers de nuances trop pâles ; lithographiés sans relief ni foulage ; 72 perles ; 12 traits horiz. en haut et en bas ; nuances arbitraires. Une autre série que nous n'avons pas eu l'occasion de voir comprend les trois valeurs ; elle est également lithographiée ce qui permet de la reconnaître facilement.

1866 (*Juillet*). *EFFIGIE DE MICHEL III.* N⁰ˢ 8 à 10.

10, 20 et 40 p. dentelés 12. Impression de Vienne. Typographiés ; 10 p. orange ; 20 p. rose pâle et rose ; 40 p. bleu foncé. Dans le 20 p. et dans le 40 p. on voit parfois 2 points sous le chiffre des dizaines. 40 p. coupé pour moitié : R.R.

Oblitérations. — Même cachet que précédemment ou nom sur une ligne, non encadré (3 ᵐ/ᵐ 1/2 de haut.).

Faux anciens. — Toute la série, y compris les 1 et 2 p. On ne voit pas la raie des cheveux ; la barbe a l'aspect d'un éventail japonais. 10 p. orange vif ; 20 p. carmin ou carmin vif ; 40 p. bleu outremer. Dentelure irrégulière ou non dentelés. (Voir illustration). Oblit. cercles de barres, barres... de Lubeck ou cachet à date, un cercle.

1866 (*Nov.*). *MÊME TYPE.* Nos 6, 7 et 11 à 13.

I. Nos 6 et 7. 20 p. rose, rose carminé et rose sur jaunâtre (gomme jaunâtre) ; ce dernier : 3 N ; 4 U ; 40 p. outremer. Dentelés 9 1/2, papier moyen ou épais ; tirage de Belgrade. On trouve le 20 p. avec les lettres CK « brisées » (défaut de planche) et en paire non dentelée au milieu. Le 40 p. est connu coupé pour moitié : R.R.

II. Nos 11 à 13. Mêmes valeurs, plus un 10 p. orange, même dentelure, mais papier pelure. Le 10 p. se trouve en orange et rouge orange ; les 20 et 40 p. sont connus en paires non dent. au milieu. Les nos 11 à 13 sont d'un second tirage de Belgrade.

Oblitérations. — Comme précédemment et aussi oblit. à date.

Faux. — Mêmes faux que pour les nos 8 à 10.

1867 (*Mars*). *MÊME TYPE.* Nos 4 et 5.

1 et 2 p. dentelés 9 1/2. Timbres pour imprimés. 1 p. vert jaune clair et vert-jaune olivâtre ; 2 p. brun et brun foncé. Rarement oblitérés. Quelques défauts de planche 2 p, NAPF au lieu de NAPE : 3 N ; en paire avec un ordinaire : 5 N.

Faux anciens. — Voir nos 8 à 10 et voir illustration. Le 1 p. est vert... pré ou vert jaune foncé ; le 2 p. brun foncé.

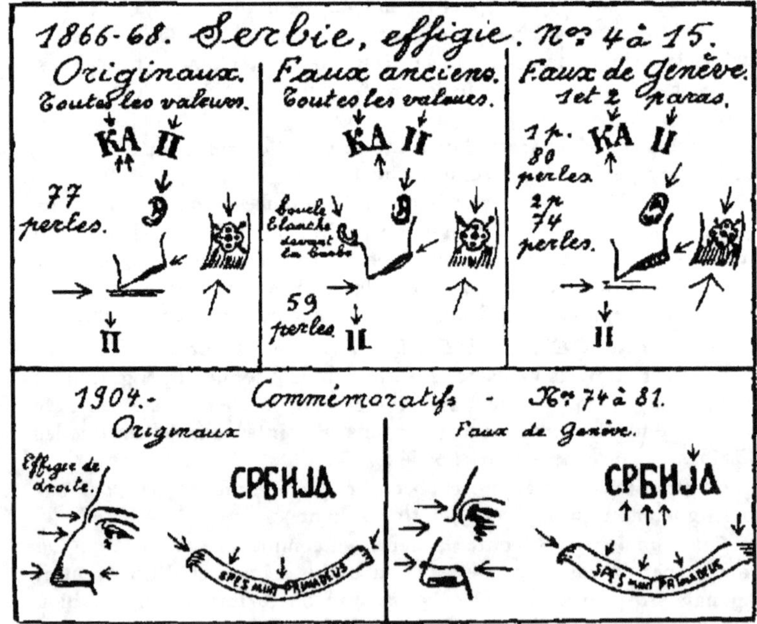

Faux de Genève (F.). — Deux clichés un peu différents, pour les deux valeurs ; 1 par. 4 hachures blanches coupent les hachures horizontales près des perles, devant le nez ; 2 par. 3 hachures horizontales sous le cou ; l'oreille a l'aspect d'un loup (masque de carnaval) ; la lettre И (pé russe) en bas, est souvent devenue un H. Dent. 11 1/2 et non dent. Papier mince ou pelure transparent ; 1 p. vert, vert bleu ; 2 p. bistre ; brun-rouge.

1868. *IDEM. NON DENTELES.* N⁰ˢ 14 et 15.

Suite du tirage précédent pour imprimés. 1 p. vert foncé et vert pâle ; vert olive : rare ; 2 p. brun-rouge ; brun sur jaunâtre : 2 N. Même défaut ИAPF que dans l'émission précédente ; même valeur. Les oblitérations sont : R.R. Il y en a beaucoup de fausses : comparaison nécessaire.

Faux. — Voir émission précédente.

1869. *IDEM. FORMAT ORDINAIRE.* N⁰ˢ 16 à 24.

1ᵉʳˢ *tirages.* — La plupart des détails de la tête (cheveux et hachures de la joue et du cou) assez fins. Généralement, les hachures de la joue et du cou sont assez visibles. Timbres espacés du 2 ᵐ/ᵐ dentelure comprise, donc marges courtes. Typographiés.

2ᵉˢ *tirages.* — Impression empâtée, souvent défectueuse, dans laquelle le derrière de la tête se confond très souvent avec le fond. (Une exception doit être faite pourtant pour le deuxième tirage du 25 cent. bleu, papier épais qui est bien moins empâté.) Les timbres du second tirage sont espacés de 3 à 4 ᵐ/ᵐ, dentelure comprise, donc marges larges. Le 20 cent. a eu plusieurs tirages, mais à part celui indiqué plus haut, ils se valent à peu près comme impression.

Piquages. — Très nombreux : ils vont de 9 1/2 à 13, et peuvent d'ailleurs se ramener aux trois types que nous indiquons, bien suffisants même pour un classement spécialisé.

Nuances. — Très nombreuses. Pour ne pas compliquer, nous ne citons que les principales. L'amateur peut en composer de jolies gammes.

Papiers. — Le plus souvent ordinaires ou minces, parfois épais. Les papiers jaunâtres sont dus à la gomme. On trouve des papiers glacés, des impressions transparentes, huileuses ou non.

						N	U
16	1 p. jaune		1ᵉʳ tirage.	dent	12.	10.—	10.—
A	»		»	»	9½ × 12	4.—	10.—
B	»		11	»	»	12	5.—	(rare)
17 10	brun, bistre-brun,	1ᵉʳ	»	»	9½	12.—	4.—
A	» »		»	»	12	6.—	4.—
B	» »		»	»	9½ × 12.	6 —	4.—
C	brun-rouge, brun.	IIᵉ	»	»	9½.	6.—	4.—
D	» »		»	»	12.	4.—	3.—
18 10	orange foncé	11	»	»	12.	0 50	0 60
19 15	orange	1ᵉʳ	»	»	9½.	20.—	15.—
A	»		»	»	9½ × 12.	20.—	15.-
20 20	bleu (nuances).	1ᵉʳ	»	»	9½.	5.—	2.—
A	»		»	»	12.	2 —	1.—
B	»		»	»	9½ × 12.	2.—	0.50
C	»	IIᵉ	»	»	9½.	1.—	0.50
D	»		»	»	12.	0.30	0.50
E	»		»	'	9½ × 12	(rare)	1.—

21	25	rose, rose carminé	1er tirage.	dent	9½		N.	15.—	U	8.—
A	»	»	»	»	»	12.		8.—		4.—
B	»	»	»	»	»	9½ × 12		2.—		1.—
C	»	»	IIᵃ	»	»	9½.		0 50		1.—
D	»	»	»	»	»	12		1.—		3.—
E	»	»	»	»	»	9½ × 12		0.50		1.—
22	35	vert, bleu-vert.	1er	»	»	12.		15.—		10.
A	»	»	»	»	»	9½ × 12.		0.50		1.—
23	40	violet, violet terne	»	»	»	9½		8.—		0 50
A	»	»	»	»	»	12		0.50		0 60
B	»	»	»	»	»	9½ × 12		0 80		0.60
24	50	vert, vert foncé	»	»	»	9½		3.—		1.—
A	»	»	»	»	»	12		1.—		1.50
B	»	»	»	»	»	9½ × 12		5.—		1.50

On trouve aussi toutes les valeurs (excepté le 1 p.) dentelées
12 × 9 1/2 : rares ; et des dentelures composées avec 11 1/2 et 13
qui valent beaucoup plus que les prix or cités. Les nᵒˢ 17 et 20
existent non dentelés ; on trouve des paires des nᵒˢ 16, 17, 18, 20 et
21 non dentelées entre deux timbres. Les variétés dues aux défauts
d'impression sont nombreuses ; nᵒ 23 avec chiffre doublé ; nᵒ 24
avec 56 au lieu de 50, etc.

Oblitérations. — Rectangulaire déjà citée en noir ou en bleu :
U, 50 ; en bleu : 2 U, oblitération sur une ligne, non encadrée : 2 à
3 U. L'oblitération ronde à date, double cercle, est commune en
noir ou en bleu ; en violet ou en rouge : U, 50.

Paires : 3 U ; nᵒ 19 : 4 U ; blocs : rares.

Faux anciens. — Toute la série ; bonne imitation en lithographie.
Dentelure 12 1/2. Le derrière du cou est toujours limité par une
ligne blanche ; 13 traits ornementaux dans le bas du timbre au
lieu de 14.

EMISSIONS SUIVANTES

1872. 1 *p. jaune,* non dentelé. On trouve des paires dentelées
horizontalement.

1873. 2 *p. noir.* Avec T non coupé, neuf : 1 fr. ; usé : 3 fr.

1880. *Roi Milan IV.* Nuances rares, neuves, 5 p. gris-vert ; 10 p.
lilas-rose ; 20 p. jaune ; 25 p. bleu foncé ; 50 p. brun violacé ; brun
gris ; 1 d. lilas.

1890. *Roi Alexandre.* Le 15 p. lilas rouge vaut : 3 N ; on trouve
toute la série non dentelée : rare.

1894. *Idem.* La dentelure composée 13, 13 1/2, 11 1/2 est rare
(5, 10, 15 et 25 p.).

1900-02. *Inscription horiz. en haut.* Nᵒˢ 51 à 59.

Faux. — Série de Genève (F.). Les 3 et 5 dinars ont surtout
été visés. Lithographiés. Bonne dentelure et bonne largeur, mais
24 ᵐ/ᵐ de haut au lieu de 23 1/2. Il suffit de comparer le pointillé
du fond central, les hachures du front, celles sous l'œil et celles du

collet. L'oreille est informe. Papier jaunâtre d'épaisseur à peu près pareille, mais sans aucune transparence. Nuances arbitraires. Oblit. voir 1904.

1903. *Provisoires avec surcharge.* N°s 60 à 69. — Surcharges lithographiées, 12 ^m/^m de large sur les 1, 5, 10, 15, 20, 25 et 50 p.; typographiées, 10 ^m/^m de large sur les 1, 5, 10, 25, 50 p., 1, 3 et 5 d.

1904. *Commémoratifs du Centenaire.* N°s 74 à 81.

Faux de Genève (F.). — Lithographiés, papier de 55 mc. non transparent au lieu de 45 à 55 mc. transparent. Les n°s 74 à 78 imités en 2 nuances. Hachures de la joue et du cou non conformes. Autres signes, voir illustration. Oblit. ronde à date, un cercle, rectangle au milieu :

BEOF PAA 34 04 34 B BELGRADE.

1911. *Série à casquette.* N°s 93 à 104.

Faux de Gênes (I.). — Photolithog. Bonne dentelure mais 19 4/5 × 24 1/4 au lieu de 19 1/2 × 24 à 24 1/5. Papier 70 mc. au lieu de 60. Petits traits blancs de la tunique, longs traits du haut de la manche et traits de la décoration irréguliers ou défaillants. La barbiche a l'aspect d'un... héron attendant sa proie. 1 à 5 d. y compris l'erreur ! du 3 d. en jaune.

1912. *Avec écusson.* — Les pièces sans écusson en surcharge, non officielles, n'ont jamais franchi les guichets de la poste.

1915. Toute la série aurait été imitée ?

Timbre-taxe — Les catalogues renseignent suffisamment.

Occupation autrichienne. — Fausses surcharges plus nombreuses que les étoiles dans le ciel. Spécialiser ou abandonner : pas de milieu

---

SILÉSIE

Pays à surcharges. C'est rendre service aux collectionneurs et particulièrement aux débutants de dire sans fard ce qu'il en est :

Haute-Silésie : séries de 1920 et séries du Plébiscite de 1920 : 60 % de mauvaises fausses surcharges, 30 % de passables et 8 à 9 % de fort bonnes... fausses surcharges ; reste 1 à 2 % de surcharges originales. Spécialiser à fond ou s'abstenir totalement est donc le conseil le plus judicieux.

En Silésie Orientale, le signal de détresse S.O.S. est également de rigueur car les surcharges SO ont été bien imitées.

SUÈDE

Les premières émissions de Suède sont des plus intéressantes par leur raretés et la variété des nuances.

Oblitérations. — L'illustration renseigne sur les cachets communément employés sur ces émissions; tous les autres sont rares. Plus tard on arrive aux tampons modernes, suffisamment connus. Le petit cachet, type A est recherché, on le trouve en divers modèles, de 18 à 21 $^{m/m}$; le type B est moins commun : U, 25 et rare la deuxième émission : 2 U; les types A et C sont les plus communs sur cette émission; D et E valent 2 U sur les timbres communs de la troisième émission; D est peu commun sur locaux de Stockholm; le type F est commun sur les timbres de la poste locale de Stockholm (les lettres portent un cachet type B avec inscription LOCAL-BREF, etc.).

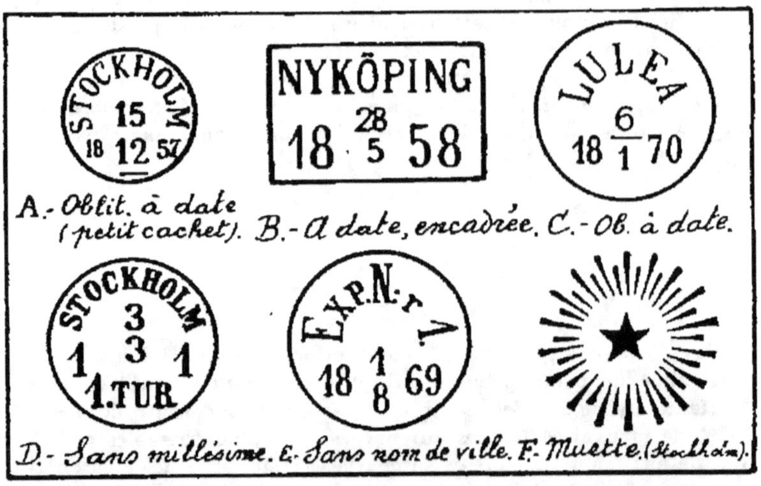

Les oblit. étrangères sont rares ainsi que beaucoup d'autres cachets dont la description serait trop longue, par ex. : cachet type B à double cadre (pans coupés) avec l'inscription AUS SCHWEDEN, etc.; cachets à triple cercle avec numéros, etc., etc.

1855 (*Juin*). *VALEUR EN SKILLING. Nos 1 à 5.*

Dentelés 13 3/4 × 13 1/2 ; 13 3/4 ; 14. Feuilles de 100 timbres, filigranes dans les coins (marges). Les nuances sont, 3 sk. vert pâle ;

vert, vert-bleu · U, 25; 4 sk., bleu (nuances), bleu-gris (outremer pâle) : 20 U; 6 sk., gris, gris foncé avec intermédiaires de brun; 8 sk., jaune pâle, jaune, orange; 24 sk. rouge et rouge pâle. Papier mince rugueux, 50 à 60 mc. environ et papier épais, 80 mc. environ, ce dernier rare dans les neufs.

Premier choix. — Timbres centrés; peu communs en cet état.

Variétés. — 3 sk. jaune (erreur), une pièce connue; on trouve des 8 sk. d'impression défectueuse dont les chiffres paraissent être des 5 ou des 3. Le 3 sk. est connu avec V court dans Sverige; le 4 s . avec défauts : FYBA; PYRA, etc.; 8 sk. avec ATEE, etc.; cette valeur est connue sur papier très transparent.

Paires : 3 U; 24 sk. : R.R. Blocs de 4 : rares.

Réimpressions. — (1865). Dent. 13 1/2 × 14; 13 1/2; papier rugueux; 3 sk. vert-jaune; 4 sk. bleu foncé; 6 sk. gris-brun lilacé, 8 sk. jaune-orange; 24 sk. rouge vif (1871), papier mince glacé; dent. 14, nuances à peu près semblables. Ces deux séries ont environ la même valeur. (1885) dent. 13, papier glacé, nuances différentes des nuances originales, excepté les 4 et 8 sk.; cette série est beaucoup plus rare. N. B : on trouve des oblitérations originales sur les trois séries.

Faux. — Grossiers; la comparaison du mot SVERIGE avec un original du 4 sk. suffit. Piquages non conformes.

1858. *MEME TYPE. VALEUR EN ORE.* Nos 6 à 11.

Dentelés 14. — *Nuances :* 5 o., vert-jaune; vert (légèrement vert-bleu) : 2 N; U, 50; vert foncé : 4 N; 2 U; 9 o. lilas; lilas foncé; 12 o. bleu; bleu de Prusse : rare; outremer : 10 N; 4 U; 24 o. du jaune au rouge-orange : N, 50; U, 50; 30 o. du brun pâle au brun foncé; brun-rouge : U, 50; 50 o. vieux rose; rose carminé; carmin vif : 2 N; 2 U.

Variétés. — 50 ore avec impression transparente : 2 U; 30 ore non dentelé : rare. On trouve des impressions défectueuses particulièrement dans le haut (Sverige; chiffre o de droite dans le 30 ore) et dans le bas, 24 et 50 ORF (rares).

Paires : 4 U; blocs de 4 rares.

Réimpressions (1885). — Dentelées 13, les 12, 24 et 30 ore sur papier mince et épais. Valeur de la série : 200 francs.

1862-66. *TYPE DIVERS.* Nos 12 à 15.

Dentelés 14. Nuances, 30 o. brun, brun pâle, brun-jaune; 17 ore gris (légèrement ardoisé); gris foncé, nuance franche : N, 25; U, 25; 17 ore lilas rouge (no 14) du pâle au foncé; lilas-gris : N, 50; U, 50; 20 ore, rouge et rouge pâle; rouge vif (brique) : N, 50; U, 50; brun-rouge : 2 N; 3 U.

Variétés. — Le 20 ore est connu non dentelé; le 3 ore avec impression recto-verso et double impression.

Paires et blocs : rares.

Réimpressions (1885). — 3 ore brun, 17 ore gris et 20 ore rouge clair ; toutes trois dentelées 13 ; série : 100 fr.

Truquages. — Quelques tripotages de la couleur du n° 14 pour le muer en gris ; résultat fort médiocre et perte sèche sur le n° 14.

Faux. — 17 ore, dans les deux nuances, contrefaçons enfantines, un coup d'œil et l'odontomètre suffisent.

1872-78. *CHIFFRE AU CENTRE.* N°⁸ 16 à 27.

Dentelés 13 ; 14 ; les 3, 12 et 20 ore aussi 13 1/2 : rares.

Nuances nombreuses. Sont rares neufs, les 5 ore émeraude : 2 U ; 6 ore en tons gris ou ardoisés . 3 U, 24 ore citron · 2 N ; 2 U ; 30 ore rouge brun : 2 U ; tous dentelés 14.

Variétés. — 3, 12 et 30 ore non dentelés. On trouve le 20 ore rouge imprimé une seconde fois sur le 20 ore orange pâle ; R R. neuf.

Paires : 3 U ; blocs : rares ; 3 et 6 ore . 12 U.

Réimpression (1885). — 1 riksdaler brun-jaune, dent. 13.

Truquages. — Tripotages du 20 ore pour obtenir l'erreur TRETIO ; comparez les lettres avec un 30 ore, la benzine fait voir de l'amincissement. On a aussi enlevé chimiquement l'inscription non erronée avec réimpression consécutive du mot TRETIO ; le lavage a laissé des traces ; les lettres contrefaites, les distances à l'F de FRIMARKE et à l'O de ORE ainsi que les distances aux deux cercles fins ne sont pas conformes.

Faux de l'erreur 20 TRETIO (Gênes I.). 17 1/4 × 19 2/5 au lieu de 17 1/2 × 20. Le tréma sur l'A de FRIMARKE touche le cercle mince ; les lettres RI et MAR se touchent par le pied ; pas de point derrière ce mot. Burelage très mal venu, encadrement des lettres de SVERIGE trop éloigné et parfois mitoyen entre les lettres ; papier trop blanc, nuance rouge terne (ocrée), dentelure 13 1/2 (aspirant à passer tout à la fois pour le dentelé 13 et le dentelé 14 !). Personne ne se trompera à une production aussi criarde.

EMISSIONS SUIVANTES

Les catalogues généraux renseignent suffisamment.

1889. *Fausse surcharge* bien imitée à Genève (F.), droite et renversée sur les deux valeurs n°⁸ 39 et 40 ; la comparaison est nécessaire.

1891. Le 50 ore existe en brun. Erreur de couleur ?

1918-19. *Truquages* sur n°⁸ 109 et 111 (55 et 80 ore surchargés) pour en faire les n°⁸ 101 et 103 non surchargés. On remarque des traces du lavage chimique aux endroits surchargés et l'examen microscopique en donne la preuve.

1889. Timbres de service. Les 12 et 24 ore surchargés 10 ore n°⁸ 13, 14) sont R.R. avec la dentelure 14.

LOCAUX DE STOCKHOLM

Ces timbres ont servi par extension pour le service intérieur et le 3 ore bistre a parfois servi sur lettres pour l'étranger : R.R. sur lettre.

1856. *Localbref. Dentelés* 14. Nᵒˢ 1 et 2.

(1 sk.) noir ou gris-noir. On trouve une correction du cadre inférieur (à l'extrémité droite) : R.R. Le non dentelé est un essai.

(3 ore) bistre, bistre-olive.

Réimpressions. — (1868) 1 sk. gris-noir dent. 14, papier blanc uni. (1871) 1 sk. gris-noir et 3 ore, dent. 14. Ces réimpressions valent : 20 fr. pièce. (1885) 1 sk. et 3 ore dent. 13, papier épais ou mince : 35 fr. pièce. Les réimpressions dentelées 14 se reconnaissent par comparaison aux nuances légèrement différentes et au papier ; on trouve souvent des oblitérations fausses sur ces dernières.

SUISSE

Ce pays est l'un de ceux qui se prêtent le mieux à la grande spécialisation ; il comporte un bon nombre de raretés mondiales, permet la reconstitution des planches lithographiées et ses oblitérations ne se comptent plus.

Oblitérations. — Il existe environ 1.000 cachets différents ; si l'on tient compte de la différence de leur valeur suivant les timbres sur lesquels ils ont été appliqués ainsi que de leur nuance, on peut arriver à former une collection de plusieurs milliers d'oblitérations.

L'illustration ci-après montre simplement la division des grandes catégories, l'étude détaillée n'étant pas du ressort de cet ouvrage. Voici néanmoins quelques détails propres à guider le lecteur :

Type A, cinq modèles différents, sur timbres de Genève ; commun en rouge, rare dans les autres nuances ; B, commun en rouge sur le timbre de Zurich, moins commun en noir et rare en bleu ; sur les valeurs en rayons, ce type est assez commun en noir, mais rare en rouge. Le type C se trouve en plusieurs modèles ; aussi non encadré ; le type D comprend divers types de points plus ou moins gros, carrés, losangiques ou rectangulaires dont l'ensemble forme un octogone, un carré, un losange, aussi un cercle encadré ; et l'on trouve des dessins ornementaux divers (y compris une pie ou un canard ?) Le type E comprend une trentaine de modèles, de divers formats, carrés, rectangulaires, ronds ou losangiques ; parmi ces derniers le type F occupe une situation à part, car il comprend

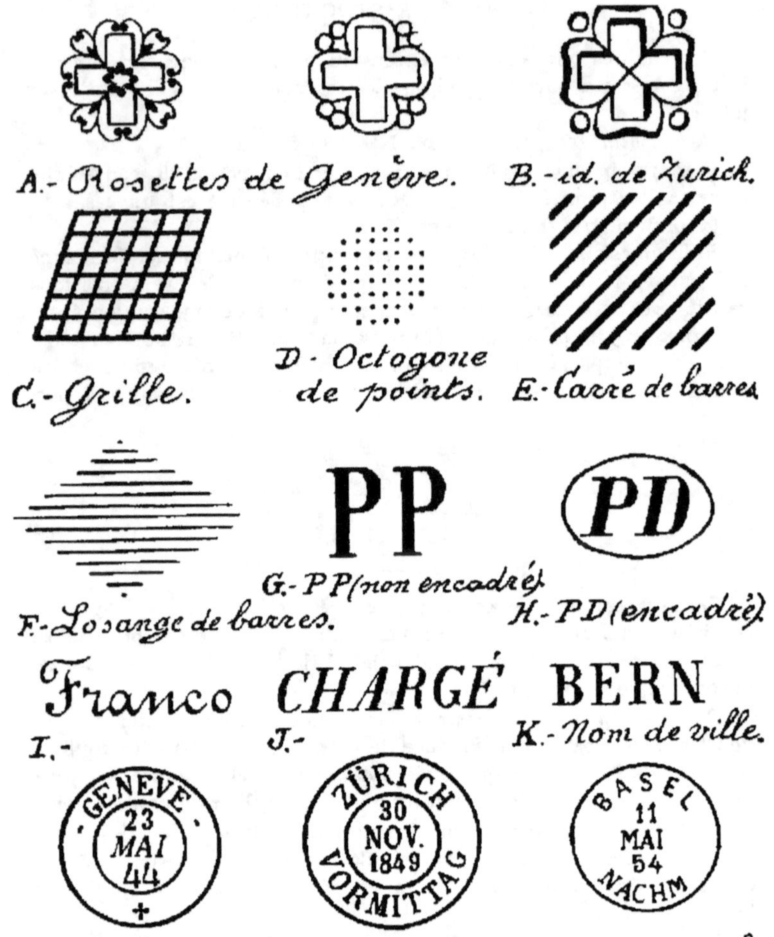

lui-même une quinzaine de types de 7 à 15 barres plus ou moins grosses. Les types G et H se trouvent avec lettres de diverses grandeurs, avec ou sans points derrière les lettres, non encadrés ou dans un rectangle, un cercle ou un ovale, parfois doublé (le type G aussi avec un seul P) ; il en est de même pour les types I, J (aussi Recommandé), et K (aussi avec nom de ville sur deux lignes avec date, cachet encadré ou non).

Les types L et M sont de modèles divers et on recherche particulièrement les grands cachets anciens, de 25 à 30 $^{m/m}$ de diamètre, avec ornements dans le bas. Enfin, il y a des cachets modernes, bien connus.

Fausses oblitérations. — Sont rares sur les timbres anciens qui sont plus rares usés que neufs, mais on en trouve pourtant sur des pièces lavées d'une oblitération plume et, naturellement, sur les faux.

Timbres sur lettres : U, 10 à U, 25 (Bâle) ; le Winterthur . 2 U.

Originaux et faux. — Les raretés suisses ont été si fréquemment falsifiées qu'il faudrait un volume pour détailler cette question ; celle-ci se complique encore des petites différences dues aux défauts de report dans les originaux.

Bien entendu, pas plus ici que dans d'autres pays, il n'est pas de contrefaçon dont on ne vienne facilement à bout par la comparaison minutieuse ; la difficulté provient, le plus souvent... du manque de termes de comparaison.

Nous avons donc jugé utile de renseigner des agrandissements des diverses valeurs ; cela permettra d'écarter *ab ovo* les imitations ; l'amateur agira sagement, néanmoins, en comparant encore avec une pièce originale appartenant à quelque collègue : on n'achète pas des œuvres d'art de 1.000 à 10.000 francs sans garanties sérieuses et le dicton suivant est éternel : « Il y a plus de sagesse dans plusieurs têtes que dans une seule. »

Nous indiquerons, d'ailleurs, les endroits où il faut porter l'attention, ainsi que quelques caractéristiques des meilleures contrefaçons. Parmi ces dernières les photolithographies demandent une grande attention si l'on se réfère au dessin, mais le format, la nuance et spécialement le papier ont des caractéristiques suffisantes pour reconnaître toutes les imitations du passé... et de l'avenir.

Une place à part doit être faite aux pièces provenant de découpures des planches de l'admirable ouvrage de MM. de Reuterskiold et Mirabaud sur les timbres suisses, comme à celles du remarquable catalogue de Zumstein (Suisse spécialisée). Le papier de Hollande ou le bristol (trop blancs) sur lesquels ces reproductions ont été faites en lithographie, et d'autres détails, empêchent de les confondre avec les authentiques.

I. — POSTES LOCALES ET CANTONALES

Premier choix. — 4 marges allant jusqu'aux filets séparatifs entre les timbres ; il n'est toutefois pas indispensable qu'on voie les quatre filets, car les pièces de cette qualité sont fort rares. Le petit aigle doit avoir quatre marges visibles et le grand aigle des marges verticales de 1/2 $^m/_m$ environ ; les marges horizontales doivent être visibles..

GENEVE

1843. *DOUBLE DE GENEVE.* Nos 1 et 1a.

Feuilles de 50 timbres (5 × 10). Report de 5 en rangée horizontale. Tirage : 1.200.000 exemplaires.

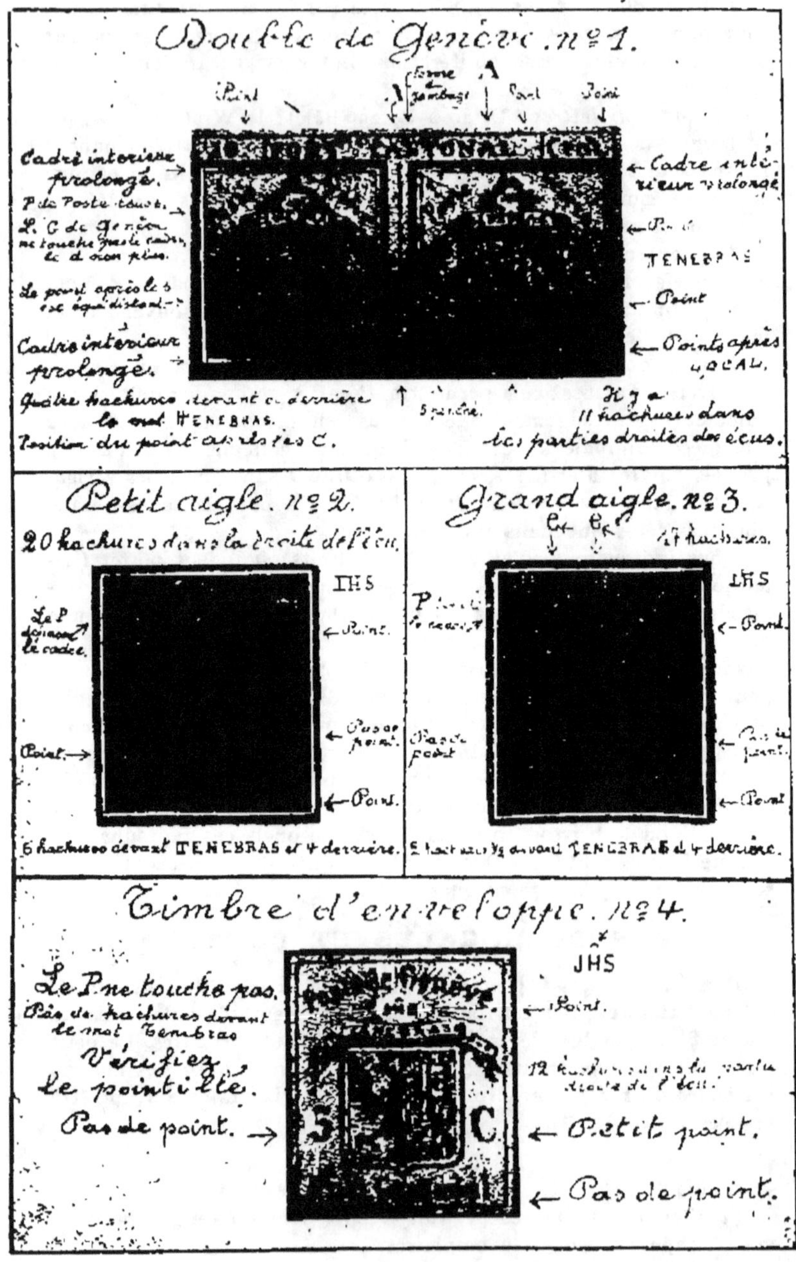
Double de Genève. n° 1.
Cadre intérieur prolongé.
P de Poste touche.
L. C de Genève ne touche pas le cadre, le d non plus.
Le point après le 1.e équidistant.
Cadre intérieur prolongé.
Quatre hachures devant et derrière le mot TENEBRAS.
Position du point après les 2 C.
Cadre intérieur prolongé.
P de Poste
TENEBRAS
Point
Points après LOCAL.
Il y a 11 hachures dans les parties droites des écus.
Petit aigle. n° 2.
20 hachures dans la droite de l'écu.
Le P dépasse le cadre.
Point.
Point.
Pas de point.
Point.
IHS
6 hachures devant TENEBRAS et 4 derrière.
Grand aigle. n° 3.
17 hachures.
P dépasse le cadre.
Pas de point.
Point.
Pas de point.
Point.
IHS
5 hachures devant TENEBRAS et 4 derrière.
Timbre d'enveloppe. n° 4.
Le P ne touche pas.
Pas de hachures devant le mot Tenebras
Vérifiez le pointillé.
Pas de point.
JHS
Point.
12 hachures dans la partie droite de l'écu.
Petit point.
Pas de point.
5 C

Nuances   Vert-jaune, vert-jaune pâle et foncé. Ce timbre, en bon état, vaut 5.000 francs usé; mais, quand les moitiés sont interverties : N, 50; U, 50 et la paire verticale, formée de deux moitiés de droite ou de gauche (en réalité paire du n° 1a) vaut 2 N; 2 U. Le demi double (port pour la ville de Genève) vaut 1.000 fr. usé; deux moitiés accolées sur lettre (formant double) valent beaucoup plus : 3 à 4 U suivant état.

Originaux. — Moitié gauche 14 1/2 l. × 15 2 3 h., moitié droite 15 1/2 × 15 3/4 avec de légères différences suivant les types. (Bande portant les mots PORT CANTONAL, non comptée). Pour les signes, voir l'illustration.

Faux. — Formats, nuances (parfois vert-bleu, vert sauge ou vert franc) et papier non conformes. Cadres intérieurs non reliés au cadre extérieur aux endroits indiqués ; 5, 6, 7 ou 8 lignes derrière Tenebras, ou bien 4, mais non conformes; pas de points après Genève ou points mal placés après ce mot ou après les chiffres ou les lettres C; de 12 à 16 hachures verticales dans la partie droite des écus au lieu de 11, etc. Deux contrefaçons portent le mot fac simile au verso, et une au recto; cette inscription, faut-il le dire, est le plus souvent grattée. Le fac simile fabriqué pour l'Exposition Philatélique de Genève porte également cette mention au dos en grandes capitales droites; elle était bien inutile vu la nuance verte, les 6 et 5 hachures qu'on trouve derrière Tenebras et le parallélisme de la première hachure du demi écu dans le timbre de gauche.

Les réimpressions Reuterskiold mesurent 14 1 3 à 14 1/2 × 15 2/5 à 15 1 2 pour la moitié de gauche et 15 1,4 à 15 1/3 × 15 1/2 pour celle de droite; la réimpression Zumstein 14 1/5 × 15 et 15 × 15.

Fausses oblitérations. — Rosettes non conformes.

Truquages. — 2 moitiés défectueuses retapées et accolées pour faire un double; ce truquage est fréquent sur lettres ou imprimés de l'époque.

1845. *PETIT AIGLE*. N° 2.

Feuilles de 100 timbres (10 × 10); bloc report de 5 timbres en rangée horizontale. La nuance est vert-jaune, les plumes de l'aigle ne touchent pas le cadre intérieur de l'écusson.

Les pièces avec 4 marges de 1/2 $^{m}/^{m}$ valent le double; paires : 3 N; 4 U. Quelques défauts de transfert (1 par planche), TNNE-BRAS, etc. : U, 25.

Originaux. — 17 $^{m}/^{m}$ × 19 1/2 environ. Voir illustration.

Faux. — Nuances vert sauge, vert, vert foncé, vert olive, vert bleu, mais aussi du vert jaune arbitraire. Formats non conformes (jusque 20 et 21 $^{m}/^{m}$ de haut !). Le trait terminal du P de POSTE touche le cadre intérieur mais ne le traverse pas ou ne le touche même pas, l'inscription JHS (IHS en réalité) est devenue INS et POST est devenu FIST, etc.; la dernière hachure verticale de droite touche la ligne limitant la partie droite de l'écu; pas de point après le 5, après Genève ou après Cantonal; inscription facsimile en violet sous l'écu (grattée); 13 hachures bien droites dans la partie droite de l'écu. Une ancienne imitation en a 18, l'aigle est couronné et les dimensions sont 14 1/2 × 15 $^m/^m$! (réduction pour bébés); une autre, également ancienne porte le même nombre de hachures. Ces hachures et celles qui entourent le mot Ténébras sont caractéristiques et font remarquer toutes les photolithographies de timbres de Genève. Réimpression Reuterskiold 16 1/2 × 19; Zumstein · 16 1/2 × 18 1/2.

Fausses oblitérations. Types A, B! E! etc., non conformes, en rouge ou en noir; aussi sur fragment avec faux cachet type L, GENÈVE 13 AOUT 45.

1846 *(Fin)*. *GRAND AIGLE.* Nᵒˢ 3 et 3a.

Le nᵒ 3a (même planche) est d'août 1848.

Feuilles de 100 timbres (10 × 10), bloc report de 5 timbres en bande horizontale. Les plumes de l'aigle touchent le cadre intérieur de l'écu; *nuances* vert-jaune, vert-jaune foncé, vert bleu (nᵒ 3a). *Paires* : 3 N; 3 U.

On trouve des défauts de transfert dans les lettres et des défauts accidentels de la planche survenus comme dans tous les lithographiés par des traces d'outils, etc. (grandes lignes noires obliques).

Originaux. — 16 1/2 à 16 3/5 × 19 1/2 environ. Voir illustration.

Faux. — Formats et nuances non conformes (vert-jaune grisâtre, vert terne, vert bleu trop foncé, etc. On trouve des faux de 20 $^m/^m$ de haut avec fac simile au dos, d'autres avec fac simile en violet, au recto; en vert sur blanc, comme pour l'enveloppe, mais du type grand aigle; pas de point après Genève; 20 hachures verticales à droite dans l'écu, pas d'accent sur l'E de Genève, lettres non conformes, etc., etc., (Voir illustration).

Réimpressions Reuterskiold 16 à 16 1/4 × 19; Zumstein 16 1/4 × 19.

1849 *(Juin)*. *TYPE SEMBLABLE.* Nᵒ 4.

Timbre d'enveloppe coupée ayant servi comme adhésif. L'enveloppe neuve est assez commune, valeur : 25 fr., la découpure sur fragment : 500 fr.; idem sur lettre : 1.500 fr. (3 U). L'oblitération noire est rare. Les fausses oblitérations (rosettes, etc.) sont fort nombreuses, il en est de très réussies sur fragment ou lettres et ce timbre doit toujours subir un examen très sérieux sous ce rapport. Il y avait trois formats différents d'enveloppes.

Originaux. — Vert-jaune sur blanc jaunâtre 17 1/2 × 20 1/2. Voir illustration.

Faux. — Très nombreux; impression en diverses nuances du vert-jaune, vert, vert foncé, vert bleu. 11 à 16 hachures verticales dans la partie droite de l'écu. Pas de point après Genève ou point trop petit, ou point touchant l'e; pas d'accent circonflexe sur l'H de JIHS. L'aigle ne touche pas du tout le cadre intérieur de l'écu, point après cantonal, ou après le 5; pas de hachures derrière Tenebras; trait terminal en haut du J de JHS; le mot «de» se trouve au-dessus de cette inscription; formats non conformes; PEST au lieu de POST; inscription en violet du mot fac-simile au-dessus de l'écu (ce mot est le plus souvent gratté); enfin, de 3 à 9 points entre le bec de l'aigle et l'aile au lieu de 12; ces points ne sont pas toujours bien visibles dans les originaux, mais leur position est à examiner. Quelques faux ont été exécutés sur le papier des enveloppes originales et collés ensuite sur fragment ou lettres avec des fausses oblitérations très bien faites. Examen détaillé et, parfois, agrandissement photographique nécessaire. Réimpression Reuterskiold : 17 2/5 × 20 1/4 ; Zumstein : 17 × 20.

1849 (*Fin*). *CROIX BLANCHE DANS UN CERCLE*. N°s 5 et 6.

Emis pendant la période de transition entre les émissions cantonales et les émissions fédérales; eurent cours dans le canton de Genève et le district de Nyon (Vaud). On les appelle timbres de Vaud du fait que la croix dans un cercle fait partie des armes de Nyon.

Feuilles de 100 timbres (10 × 10). Report par unités. Pour exécuter le 5 cent. on a gratté tous les chiffres 4 sur la planche et redessiné des chiffres 5, un peu différents les uns des autres (100 types). Cette valeur est de fin janvier 1850.

Nuances. — Noir et gris-noir; cercle en rouge carminé et en rouge, ce dernier moins commun.

Variétés. — Cercle déplacé; tache blanche à droite, vers le milieu du timbre n° 26 de la planche (défaut de planche) : U, 10; on trouve également des défauts plus petits. Le 5 c. avec point rouge dans la croix : U, 25; mêmes défauts que dans le 4 c. et quelques retouches des hachures horizontales sur les côtés du timbre. Le 5 c. est connu avec double impression : R.R.

Paires : 3 N; 3 U; bloc de 4 : 8 N; 5 c. : 16 U.

Oblitérations. — Généralement types A et F : rare. Les affranchissements avec d'autres timbres sont très rares.

Truquages. — Des tripoteurs ont exécuté pour leur propre compte l'opération inverse de celle faite par le lithographe et le 5, gratté, est redevenu un 4. Examinez par transparence, l'amincissement à cet endroit est un indice de la probabilité du truquage; cette probabilité se mue souvent en certitude par l'examen du chiffre 4, de sa position exacte et de son impression.

Originaux. — 21 1/4 × 15 3/4. Voir illustration.

Faux. — Très nombreux pour les deux valeurs. Plusieurs n'ont pas de point après LOCALE ou bien le point est remplacé par une

virgule couchée ; 12, 13, 14 (plusieurs), 15 et 16 lignes d'enroulement autour du cor ; 3 gros points au lieu de 4 soit à gauche soit à droite de l'inscription de la valeur (dans une imitation, il n'y en a pas du tout à droite) ; barre horizontale du 4 aussi épaisse que la barre verticale ; inscription facsimile grattée au dos ; pas de ligne de cadre extérieur soit en haut, soit en bas ; coin supérieur droit en arc de cercle ; lettres déformées, trop grandes, trop petites ; croix blanche encadrée d'un trait noir ! ; cercle rouge encadré de la même manière ; etc. Tous ces faux sont lithographiés, mais on trouve une contrefaçon très finement gravée en taille douce (relief des lettres

très prononcé ; pas de point après LOCALE) dans laquelle le nombre des hachures horizontales et verticales et des hachures du cor
est double des lignes de l'original : beaucoup de travail... pour
rien. Réimpression Reuterskiold 4 c., 20 3/4 × 15 1/2 ; 5 c., 21 ×
15 1/2 ; Zumstein 4 c., 20 2/3 × 15 1/2 ; 5 c. 20 7/8 × 15 2/5.

1851. *CROIX DANS UN ECUSSON. N° 7.*

Croix blanche sur fond d'écusson rouge ; timbre dit de Neu-
châtel ; noir et gris noir, lithographié en feuilles de 100 timbres
(10 × 10).

Paires : 5 N ; 4 U ; les affranchissements avec des timbres des
postes fédérales : U, 50.

Oblitérations. — Souvent type F ; les autres : rares.

Originaux. — 18 1/5 × 23 2/5 environ. Voir illustration.

Faux. — Nombreux, de toutes provenances ; les mots POSTE
LOCALE sont déviés à droite ou les lettres sont de dimensions
arbitraires, 1, 1 1/4, 1 1/2, 1 3/4 $^{m}/_{m}$; l'O de LOCALE est de la
même hauteur que les autres lettres ; l'écusson mesure 6 1/4 × 9 ;
6 3/4 × 9 1/2 ; 7 × 9 ; 7 × 10 ; 7 2/5 × 10 ; 7 1/2 × 9 1/4 ; 7 1/2 × 9 1/2,
7 2/3 × 9 1/2, 7 3/4 × 9 1/2 ; 7 3/4 × 10, etc. ; pas de point après CEN-
TIMES ou point trop faible, touchant parfois le bord du cartouche ;
les ornements en feuille de lierre, à droite et à gauche du cartouche
de CENTIMES touchent le cadre intérieur ou bien portent des ornements informes ; le cadre intérieur est parfois aussi épais que le
cadre extérieur ou bien les deux cadres se réduisent à une seule
ligne épaisse, le cadre intérieur gauche vient buter en haut contre
le cadre extérieur ou bien ne le touche pas en bas à droite ; l'ornement en forme de 8 situé au-dessus du I de LOCALE n'est pas
venu ou mal venu ; le point sur l'I touche le cartouche ; un des faux
précités porte ou portait les mots fac-simile en caractères microscopiques violets, dans le haut. Réimpression Reuterskiold 17 9/10 × 23,
Zumstein : 17 4/5 × 22 3/4.

BALE

1845 (1er *Juil.*). *COLOMBE DE BALE. N° 8.*

La colombe est en relief ; les nuances sont noir sur bleu verdâtre
et carmin foncé, ou bleu pâle et carmin (1er tirage) : N, 25 ; U, 25,
le timbre en vert et rouge brique est un essai, assez commun. On
trouve quelques défauts de planche, taches blanches dans le fond
rouge, « cassures » de clichés, et point noir dans la partie inférieure
de l'S de BASEL. *Feuilles* de 40 timbres (5 × 8) ; ces timbres sont si
rapprochés dans la feuille (2/3 de $^{m}/_{m}$) que le premier choix comporte simplement 4 marges visibles.

Paires : 3 N ; 4 U. Oblit. : en général rondes à date en rouge ou
FRANCO doublement encadré. Type C : rare.

Originaux. — 18 2/3 × 20 $^{m}/_{m}$ environ ; papier épais ; relief bien

visible (colombe) ; dans les coins, burelage de lignes blanches courbes sur fond bleu ; le prolongement à gauche de la lettre I, abou-
tirait entre l'S et le T de Stadt ; aucune lettre ne touche le filet
intérieur du cartouche ; le cadre rouge est un peu plus épais que les
gros traits noirs d'encadrement et il est souvent dévié. (Voir illustration).

Truquage. — L'essai a été tripoté par peinture en bleu des
parties vertes des coins et en carmin du fond autour du volatile.

Faux nombreux. Voici les divers défauts qui les font tous reconnaître :

Coins non burelés, ou tracé fait de lignes blanches obliques sur
fond blanc ; parfois simplement des points blancs ; d'autres fois
un semis de points bleus sur fond blanc ; quand le burelage est
passable c'est la nuance qui est arbitraire, vert-bleu au lieu de
bleu légèrement verdâtre ; on trouve même du vert-jaune franc, car
ces messieurs de la contrefaçon ayant manqué d'authentiques ont
imité l'essai ; les cadres sont de même épaisseur partout ou placés
à contre sens (épais en place de fin et vice-versa, voir illustration),
le cadre rouge est absent, trop épais ou trop mince, rarement
déplacé ; les traits courts entre les mots sont devenus des points
ronds ; ils sont parfois trop longs ou manquent ; les chiffres et lettres de la valeur touchent le cadre intérieur ; le grand chiffre 2 et
le petit 1 touchent parfois le filet courbe de l'inscription ; le bas de
la crosse d'évêque est trop éloigné de la pointe du petit écu ; l'O
de POST est trop penché à droite ; l'L est trop droit ; un ou les
deux ornements du haut touchent le cadre intérieur ; la colombe
n'a pas de relief suffisant, n'a pas de relief du tout ou est encadrée
d'un trait bleu ! un faux portait l'inscription fac simile en violet
dans le haut ; le format n'est pas conforme, la plupart ont des
marges trop grandes allant jusqu'à 3 $^{m/m}$! La falsification faite à
Genève (F.) a eu les honneurs de deux clichés ; dans le premier le
burelage des coins est assez réussi mais les 4 cadres latéraux sont
de même épaisseur (ce cliché a aussi servi à contrefaire l'essai) ;
dans le second, ces cadres sont conformes mais les coins sont mou-
chetés de points bleus sur fond blanc. Oblitérations fausses diverses. Sur les faux de Genève (F.), oblit. ronde à date, double cercle
en rouge BASEL .. SEPT 1848.

Réimpressions Reuterskiold · 18 1/2 × 19 4/5 ; Zumstein :
18 1/4 × 19 3/4.

ZURICH

1843 (*Mars*). *GRANDS CHIFFRES.* N°⁸ 9 et 10.

Feuilles de 100 (10 × 10) ; bloc report de 5 en rangée horizontale.
Papier moyen 50 à 60 mc.

Variétés. — 6 r. grande tache blanche dans le quadrillage sous
ZUR (type IV) : 5 U ; retouche du groupe de 4 hachures sous le Z

(type I) : 2 N ; 5 U ; mauvaise retouche de deux groupes de hachures sous ZU (type III), rare, fin de planche : 8 N ; 8 U. Le 4 r. a été coupé par moitié pour faire 6 r. avec un autre timbre du 4 r. : R.R.R. On recherche les très bonnes impressions du premier tirage avec lignage rouge bien visible. Les neufs sans gomme subissent une moins-value.

Oblitérations. — Généralement type B en rouge ou en noir ; rare en bleu. Les deux valeurs ont été utilisées en 1850 et 51 après leur suppression officielle. Les affranchissements avec timbres de 1850 sont rares.

Paires : 3 N ; 3 U, mais 4 r. : 5 U.

Originaux. — 4 r. 17 3/4 à 18 × 22 1/4 à 22 1/2 ; 6 r. 18 1/8 à 18 1/4 × 22 1/2 suivant les types ; on observe également quelques différences dans les chiffres. Chaque type comporte un quadrillage du fond disposé par groupes de 4 hachures obliques ; l'illustration renseigne le nombre de hachures qu'on doit trouver dans les quatre coins intérieurs. Les coins, quadrillés, montrent cinq gros points noirs ; on trouve une figure foliacée à trois traits dans les demi-lunes latérales et un dessin semblable part de l'intersection de ces demi-lunes. Observez la disposition des hachures dans les espaces compris à l'intérieur des chiffres ; c'est l'un des meilleurs signes d'authentification. Il y a sept lignes horizontales noires dans le cartouche du mot ZURICH (4 rappen) ; c'est par erreur que M. de Reuterskiold n'en renseigne que 6 dans les types II et III et on retrouve cette erreur dans tous les écrits servilement recopiés de son œuvre ; dans le cartouche du bas il y a 8 lignes excepté dans le type IV où il y en a 9 et dans le type V où il y en a 10 ; pour le 6 rappen il y en a 8 en haut et 8 en bas, excepté dans le type V où il y en a 9 en bas. Dans les impressions moins bonnes l'un ou l'autre de ces traits se confond parfois avec les lignes de cadre.

Lignage rouge. — Se compose de traits simples exactement distancés de 2/3 de $^{m}/^{m}$ (4 traits sur 2 $^{m}/^{m}$ en y comprenant le trait de départ) ; entre ces traits et bien au milieu on trouve chaque fois deux traits de même finesse, distancés de 1/8 de $^{m}/^{m}$. Ceci encore est un signe qui fait repérer un grand nombre de faux. On trouve néanmoins des exemplaires originaux dont une partie du lignage est irrégulière, par défauts de la planche de fond ou retouche.

Faux. — Très nombreux. Voici leurs principales caractéristiques :

Les faux anciens portaient les chiffres 1, 8, 4 et 3 du millésime dans les coins ; parfois grattés et remplacés par des points noirs.

Hachures diagonales, horizontales ou lignage non conformes ; le lignage rouge passe parfois sur l'impression noire ! Pas de tréma sur l'U ; pas de trait d'union devant le mot TAXE ; deux points après Zurich ou 1 point dans un type inconnu ; idem après TAXE

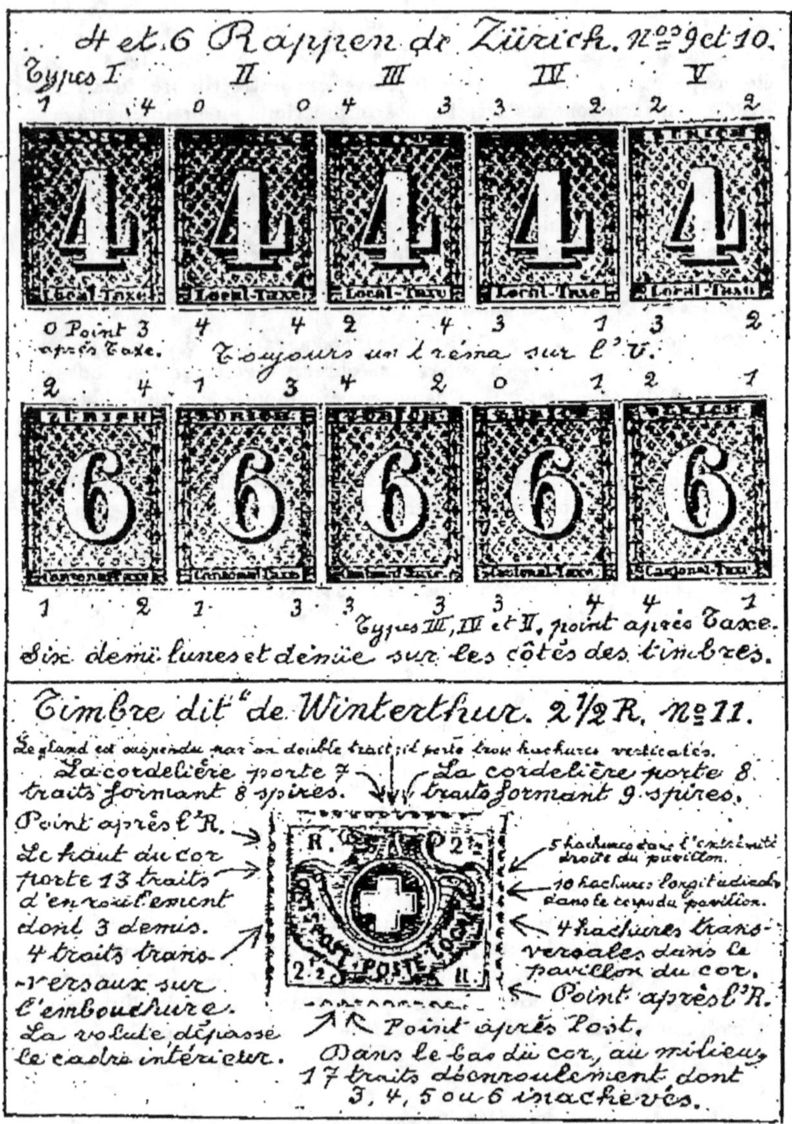

dans le 4 rappen; le nombre des demi-lunes est arbitraire; elles sont trop aplaties ou trop hautes; leurs ornements ne sont pas conformes; un 4 r. porte le mot Cantonal-Taxe dans le bas!; tous ces faux sont lithographiés, excepté deux gravés dont l'un est sur papier épais et l'autre sans lignage rouge.

Les photolithographiés de Turin (U.) sont bien venus, mais se reconnaissent au flou de ce genre de contrefaçons, au format, au papier et au lignage non conforme. Fausses oblitérations type B en rouge ou noir et type G en noir ou bleu, etc.

Réimpressions Reuterskiold 4 r. 17 2/3 à 18×22 à 22 1/4; 6 r., 17 1/2 à 18×22 1/2 à 22 3/4; Zumstein, 17 1/2 à 18×22 et 17 1/2 à 18×22 à 22 1/2.

Réimpressions. — Papier mince, sans lignage rouge.

1850 (*Mars*). *CROIX DANS UN COR.* N° 11.

Feuilles de 50 (5×10), report de 5 en rangée horizontale.

Variétés. — Lettres ou cadres interrompus; quelques retouches du cadre (coin inférieur droit) : U, 25.

Oblitérations. — Type B, rouge ou noir; en bleu : U, 25; type G; les types E et F sont moins communs.

Paires : 2 U, 50; bloc de 4 : 10 U.

Originaux. — 19 3/4×15 4/5 environ. La croix est encadrée d'un double cadre noir, le cadre extérieur plus épais est renforcé sur certains côtés (voir oblitération type B); le lignage rouge montre 32 traits horizontaux entre le haut du timbre et la pointe entre l'embouchure et le tube du cor; 39 traits depuis le bas du timbre jusque sous les inscriptions du haut; ce lignage, est trop petit en largeur et en hauteur d'environ 1/3 de $^m/_m$ et laisse voir des espaces blancs sur les côtés. Le cercle central est d'un rouge légèrement brunâtre. Les flèches formant traits séparatifs portent un enroulement de 9 spirales.

Faux. — Traits séparatifs avec 5 à 12 spirales, flèche noire ! ou pas de flèche du tout; 9 cercles au lieu de spirales. Cordelières de suspension avec 5, 6 ou 7 traits à droite ou à gauche; un point noir dans la branche supérieure de la croix; pas de point après Ortspost; point mal placé ou point trop petit; un point après Locale. 2 ou 3 traits transversaux sur le tube d'embouchure; l'embouchure elle-même trop grosse ou trop plate; sur le tube du cor, en haut, au milieu, 8, 12, 17 traits noirs d'enroulement ou pas du tout; dans le bas, 6, 11, 15, 17, 18, 20 ou 31 traits d'enroulement. A l'extrémité· du pavillon 6, 8 ou 10 hachures au lieu de 5; sur le corps du pavillon 9 ou 11 longitudinales et 5 ou 6 transversales; lettres trop hautes ou non conformes, format arbitraire; inscription fac simile en violet au recto; 29, 31, 32, etc., lignes rouges horizontales du bas du timbre jusque sous la lettre R.; le lignage rouge passe parfois *sur* l'impression noire ! etc. Les fausses oblitérations sont du type B en noir, en rouge, en bleu, du type G en noir ou bleu et du type C.

Réimpression Reuterskiold : 19 3/5×15 1/4; Zumstein : 19 2/5× 15 1/5.

II — **POSTES FÉDÉRALES**

1850 *(Avril). POSTE LOCALE ET ORTS-POST.*
1850 *(Octobre). RAYON I ET II.* Nᵒˢ 12 à 19.

A partir de ces émissions, l'abondance des matières nous oblige à renvoyer le lecteur aux catalogues spécialisés pour tout ce qui concerne les variétés, les types et tous les détails secondaires ; nous ne renseignerons que les choses indispensables à connaître pour ne pas se tromper dans les évaluations.

Feuilles de 160 (16 × 10) en 4 reports de 40 (8 × 5).

Variétés. — Poste Locale, nᵒ 16, impression fine : N, 50 ; U, 50. Orts-Post nᵒ 13 : petites retouches du cadre droit et de la croix : U, 25 ; Rayon I, nᵒ 14, nuances nombreuses ; papier mince ; fond marbré (aussi nᵒ 18) : U, 25 ; double impression nᵒ 14 : 5 U ; nᵒ 18 : 4 U ; Rayon II nᵒ 15, brun orangé : 2 N ; 2 U ; brun (tabac) : 3 N ; 3 U ; papier mince ou papier carton : 3 N ; 3 U ; fond marbré : 2 N ; 3 U ; double impression : 30 U ; le nᵒ 19 avec encadrement incomplet de la croix vaut de 20 à 100 fr. usé.

On trouve dans les blocs de timbres Ortsposts des types qui ne sont pas à leur place dans le report (R.R.) soit que le papier à report se soit déchiré, soit que le report soit mal venu ; ceci n'a rien d'étonnant car les premiers timbres suisses ont été tirés avec un soin exemplaire. On trouve, en outre, des défauts de report ou de transfert : lettres interrompues ; cadres idem, taches, etc., sans compter des défauts d'impression. Les pièces de planche usée : 2 à 3 U.

Oblitérations. — Nombreuses et intéressantes ; types B, C, D, E, F, G, H, I, J, K, L et M de couleur ou noires et de modèles divers donnant plus ou moins de rareté aux timbres. Voir catal. spéciaux.

Paires : 2 N, 50 ; 2 U, 50 ; blocs de 4 : 8 U, excepté nᵒˢ 18 : 12 U ; 14 : 20 U ; 15 : 30 U. Timbres sur lettres : U, 25, excepté nᵒˢ 13, 16 et 17 : U, 50. Les reports entièrement reconstruits (40 types) en exemplaires de *premier choix* valent 60 U.

Originaux. — Poste locale 18 1/4 × 22 3/5 ; Orts-Post 18 × 23 ; Rayon I 18 2/5 × 22 3/4 à 23 ; Rayon II 18 1/4 à 18 1/2 × 22 3/5 à 23 ; quelques différences de dimensions suivant les types. Les 40 types étant différents, il faut s'en tenir aux reproductions de reports complets pour les situer exactement ; néanmoins, chaque valeur montre quelques signes génériques renseignés dans l'illustration. En dehors des questions de papier, de format, de nuances et d'impression, ces signes permettront d'écarter les faux.

Faux. — *Poste Locale.* — Vieux faux misérablement lithographiés sur jaunâtre ; sur le corps du cor un trait à gauche puis trois fois deux traits ; les hachures au bas de l'écu sont informes. Un autre montre une embouchure en forme de canule ; le cercle du cor est à double trait à gauche, mais les traits sont trop espacés et il

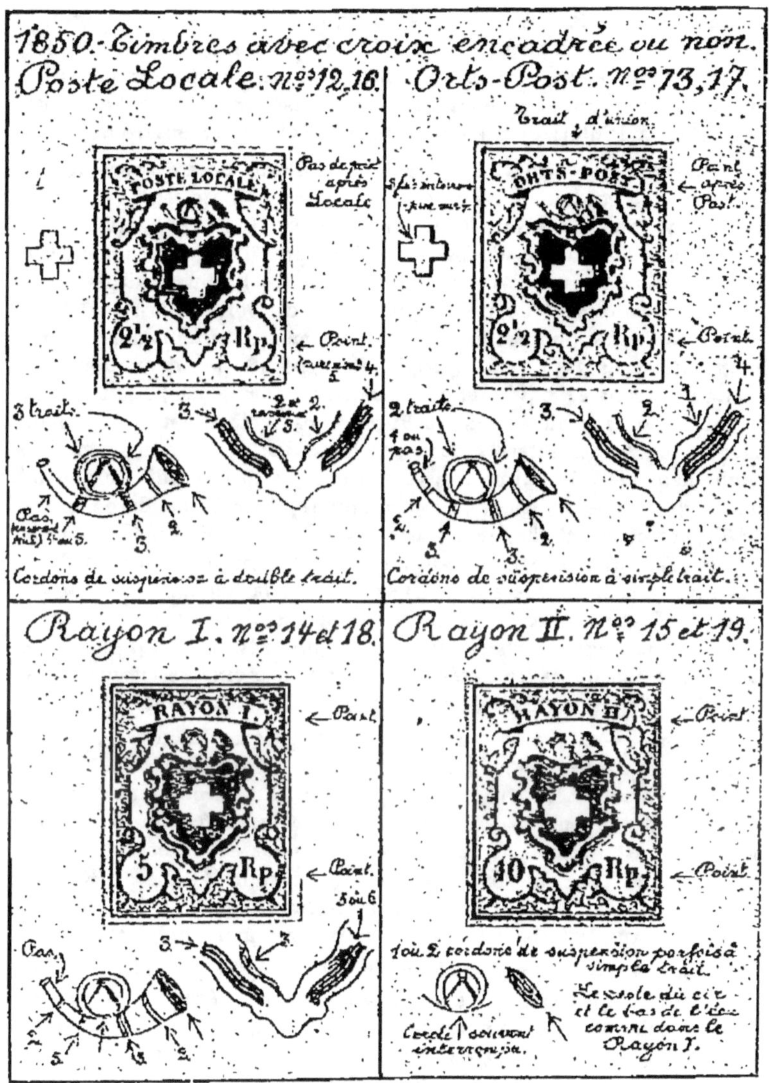

y a quatre traits verticaux au bas du cercle, ce qui lui donne l'aspect d'une bouée de sauvetage; 3 grosses hachures à droite sous l'écu; aucun trait dans le pavillon; pas de point après Rp. Parmi les faux plus récents, citons : faux gravé en bleu noir, sinon bonne imitation du type 33; 18×22 3/5. Un faux lithographié montre un cor non conforme à pavillon étroit ; l'encadrement de grosses hachures autour de l'écu et la longue cordelière d'encadrement sont formés d'un seul gros trait plein. Les photolithographiés de Genève (F.) sont de bonnes copies du type 7, tirées sur papier jaunâtre, mais il n'y a que 2 grosses hachures sous l'écu, à gauche, et un seul trait à l'intérieur du pavillon ; 18 2/5 × 22 1/2 environ.

Orts-Post. — Même faux que pour le Poste Locale avec grosses hachures et cordelière d'encadrement formée d'un seul gros trait noir, pavillon trop étroit, lettres trop hautes, R et T de Orts réunis par le haut ; un autre n'a pas de point après Post et l'embouchure du cor est noire jusqu'à sa rencontre avec les hachures situées dessous ; l'encadrement de grosses hachures est formé d'un seul trait épais. Les faux photolithographiés de Genève sont insidieux ; premier cliché 18 3/5 × 22 3/4, copie du type 18 (les deux hachures courbes, avant le pavillon, trop courtes dans le bas) ; sous l'écu, à gauche, il y a bien deux hachures fines (voir illustration), mais la plus haute est interrompue vers le milieu et le tronçon gauche vient heurter celle qui se trouve dessous ; le mince trait de gauche de la cordelière n'aboutit pas jusqu'au repli de la banderole (sous le T) ; le second cliché, 18 2/5 × 22 4/5 est une copie du type 14 ; la ligne qui limite le cor dans le bas est interrompue entre les deux hachures courbes situées avant le pavillon ; la hachure médiane du trio placé sous le cordon gauche de suspension est interrompue, le cadre intérieur du bas se termine par deux traits obliques dirigés vers les coins du cadre extérieur. Quand la croix est encadrée elle manque d'épaisseur dans le trait inférieur de la branche gauche.

Rayon I. — Mauvais faux moderne dont le cor montre 1, 2, 2 et 2 hachures transversales sur le cor ; pas de point après I ; bleu clair et carmin vif. Un faux de Genève (F.) (croix encadrée) ne correspond à aucun type du report ; les grosses hachures de l'écu forment trait unique ; le cercle d'enroulement est interrompu dans le bas et la ligne du cor l'est aussi à cet endroit ; l'R de Rp. est interrompu dans le haut, au milieu. Ce faux a parfois été retouché à l'encre dans le fallacieux espoir de trouver meilleure fortune.

Rayon II. — Vieux faux souvent oblitéré des barres de Bergedorf ; une seule hachure fine à gauche sous l'écu ; les hachures transversales du cor sont au nombre de 2, 2, 2 et 2. Un moderne photolithographié 18 2/5 × 22 3/4, papier glacé, quoique possible, paraît fort insidieux mais... les chiffres romains ne sont réunis ni en haut ni en bas, le p de Rp a la boucle interrompue dans le bas et cette pâle copie du type 30 montre dans le coin inférieur gauche un trèfle à trois feuilles ! presque parfait. Le faux photolithographié de Genève (F.) 18 1/6 × 22 1/2 environ est une bonne copie du type 18 ; papier présentable, bonnes nuances ; cependant, le report est mal venu et chaque groupe de hachures transversales du cor n'en forme plus qu'une seule ; il en est de même pour les grosses hachures autour de l'écu et pour la cordelière qui est interrompue sous la première boucle qu'elle forme à droite.

Réimpressions Reuterskiold, Locale 18 à 18 1/4 × 22 3/5 à 3/4 ; Orts, 18 à 18 1/4 × 22 3/4 à 23 ; Rayon I 17 3/5 à 18 × 22 1/2 à 23 ; Rayon II 18 à 18 1/4 × 23 environ. Zumstein, dans l'ordre, Locale et Orts 17 1/2 à 17 3/4 × 22 1/4 à 1/2 ; Rayon I 17 1/2 × 22 1/4 à 1/2 ; Rayon II 18 × 22 1/2.

Fausses oblitérations diverses. Sur les faux de Genève on peut noter : type B, noir ou rouge ; F ; G, grand PP non encadré ; moyen PP encadré et en bleu ; petit PP en capitales penchées ; type I en capitales droites ; L, WINTERTHUR 2. MARS 1850 NACH M, en bleu ; enfin le type canard ? en noir.

Truquages de l'encadrement et même de traces d'encadrement de la croix ; comparaison par mensuration, nuance de l'encre et forme de la croix d'après le type du timbre ; vérifiez également si la croix ne passe pas sur l'oblitération et si elle ne montre pas de foulage.

1851 (*Février*). *MÊME TYPE*. N°s 20 et 21.

5 rappen bleu et rouge sur blanc. Rayon I.

Feuilles, etc., comme précédemment.

Variétés. — Outremer : U, 50 ; papier mince (40 mc.) : 2 U ; tous deux rares : N ; double impression : 20 U ; partielle : 5 U. On trouve divers défauts de planche. La plupart des exemplaires montrent des traces d'encadrement de la croix. Timbre coupé pour moitié sur lettre : 150 francs.

Oblitérations. — Généralement type F, en noir ; en bleu : U, 50 ; en rouge : 3 U ; type E : 2 U. Les autres types et les cachets à date sont de raretés diverses.

Paire : 3 N ; 3 U ; bloc de 4 : 8 N ; 16 U. Report reconstitué de 40 types : 50 U.

Originaux. — 18 à 18 1/4 × 22 1/2 à 23. Types pareils à ceux du Rayon I n°s 14 à 18.

Faux photolithographiés de Genève (F.), 17 3/4 × 22 1/2, papier jaunâtre ; copie du type 25. Le bord supérieur du cartouche est largement interrompu au-dessus de I, la boule du 5 est trop petite, croix bien encadrée.

Réimpressions Reuterskiold : 17 3/5 à 18 × 22 1/2 à 22 3/4, Zumstein : 17 1/2 environ × 22 1/4 à 22 1/2.

Truquages. — Tripotages inévitables de l'encadrement de la croix. Voir émission précédente.

1852. *RAYON III.* N°s 22 à 24.

Le petit chiffre n° 22 et le type avec Cts (n° 24) sont du 1er janvier ; le type grand chiffre est de mai, c'est donc ce dernier qui devrait porter régulièrement le n° 24. Les trois valeurs ont été tirées d'un report de 10 (2 × 5) de la planche des Orts-Post (types 2, 3,

10, 11, 18, 19, 26, 27, 34 et 35) ce qui se reconnaît au burelage, mais les inscriptions ont été modifiées et l'écu a été ligné ton sur ton.

Feuilles comme précédemment. Nuance rouge ou rouge foncé. Quelques défauts de planche : U, 25.

Variétés. — On range dans cette catégorie les gros défauts de transfert (1 par feuille, dans un seul tirage) : chiffre 1 épais dans le n° 22 (type 3) ; chiffre 1 avec grands crochets à gauche, en haut et en bas (le chiffre ressemble à un 7 penché à gauche) également dans le n° 22 (type 6), etc. ; n° 23 papier mince : U, 50 ; retouches du cadre droit en haut, dans les 3 valeurs, et retouches des hachures verticales dans le n° 23 : 2 à 3 U. Le n° 23 coupé pour moitié est rare.

Oblitérations. — Généralement type F en noir ou en bleu ; toutes autres sont moins communes ou rares.

Paires : 2 U, 50 ; blocs de 4 : 24 U ; report de 10 reconstruit : 12 U. Timbres sur lettres : U, 25. Les affranchissements avec timbres de l'émission suivante ou les Rappen avec Cents. sont rares.

Originaux. — 18 × 22 1/2 ; le type grands chiffres parfois 17 4/5 de large ou jusque 23 de haut. Les types petits et grands chiffres ont toujours un point derrière Rp. ; dans le type en Cts. le point manque au type 4, et il y en a deux au type 9 : U, 25. Il y a 18 hachures verticales dans les types petits chiffres et Cts, excepté dans leurs types 6 du report ; dans les grands chiffres, il y a 18 hachures excepté types 5, 7, 9 et 10. Les hachures sont correctement tracées à la règle.

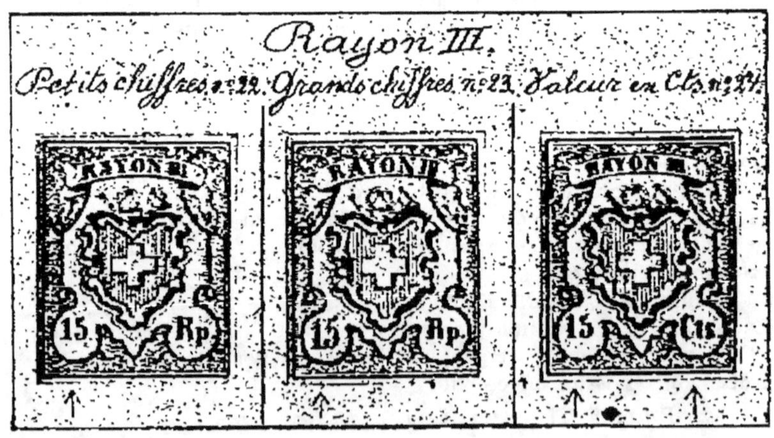

Faux de Genève (F.). — Petits chiffres ; 23 hachures verticales ; les extrémités de la cordelière qui se dirigent vers les coins inférieurs manquent et sont tracées à l'encre rouge. Valeur en Cts ; 21 hachures ; 2 points espacés derrière Cts. Grands chiffres ; ce fauxci a quelques prétentions au type 5 ; 18 hachures dont les 6ᵉ et 7ᵉ sont trop longues dans le bas, la bordure de l'écu manque à cet endroit. 2 hachures transversales au lieu de 3 sur le cor, en direction du cordon gauche de suspension ; la lettre R de Rayon touche le cartouche en haut. Fausses oblitérations : type L en rouge, BERN 7 APRIL 52 (croix dans le bas) ; I, encadré ; F, en noir ou en bleu ; type M, MORGINS 27 MARS 51.

Réimpressions Reuterskiold 18×22 1/2 à 22 3/4 ; Zumstein 18×22 1/4 à 22 1/2 ; le type grands chiffres un peu plus étroit : 17 1/2 à 17 3/4.

1854. *HELVETIA ASSISE. NON DENTELES.* Nᵒˢ 25 à 32.

Non dentelés, typographiés, impression en relief, fils de soie en diverses nuances. Imprimés à Munich et à Berne. L'impression de Munich est sur papier mince, bon relief, bonne impression, fil de soie vert émeraude ; celle de Berne est moins bonne et se reconnaît aux taches colorées des lignages du fond ; papier mince, moyen ou épais ; fils de soie de diverses nuances.

Feuilles de 100 (10×10). Le 5 r. brun-rouge a été tiré à 100.000 exemplaires ; le 40 r. vert-jaune sur·mince (Munich) à 150.000, et le 2 r. (Berne) à 400.000.

Premier choix. — 4 marges allant jusqu'aux filets séparatifs.

Variétés. — L'émission de 1854 à 62 permet à elle seule (même aux petites bourses) de constituer une belle collection spécialisée en nuances, fils de soie, oblitérations, papiers, défauts de planches, retouches, paires et blocs.

Le spécialiste remarquera bien vite que la teinte du timbre varie avec la teinte du fil de soie dont il est muni. Il apprendra ainsi à reconnaître les fils de soie dont la couleur serait truquée.

Pour toutes ces variétés et pour les oblitérations, consulter les catalogues spécialisés. Les 2, 5, 10, 20 et 40 r. ont été coupés pour moitié : 8 U, excepté le 10 r. : 20 U et le 40 r. : rare.

Paires : 3 N ; 3 U ; blocs de 4 : 10 N ; 2 r. et 1 fr. : 12 U ; 40 r. : 16 U (mais le Munich vert-jaune R.R.) ; 5 r. : 50 U ; les autres : 30 U. Les timbres sur lettres valent : U, 25.

Oblitérations. — Les plus communes sont des types L et M, et le type F en noir. Type F en bleu, moins commune, etc.

Faux. — Vieux faux d'origine suisse 2 c., 40 c. et 1 fr. Mauvais dessin (comparez surtout le lignage du fond), mauvais relief (dans le 1 fr., relief au verso), mauvais papier, et fils de soie tracés au verso.

Faux de Genève (F.), 2 r. et 1 fr. Cadre intérieur pas plus épais que les hachures du fond et ces dernières sont irrégulières par endroits ; l'ovale de l'écu montre 21 hachures au lieu de 17. Un second cliché, mieux fait, a le cadre intérieur régulier et 17 hachures, mais celles-ci sont trop serrées, celle de gauche est séparée et la dernière touche la croix à droite, laissant un espace de plus de 1/2 $^{m}/^{m}$ entre elle et l'ovale. Fil de soie dessiné à l'encre ou fil de soie véritable intercalé entre 2 papiers minces. Fausses oblitérations type F ou type M : BERN 14 DEC 9 VOR M. avec 1862 par moitié près du cercle, à hauteur du mois.

Truquages chimiques et peinturlurages pour obtenir le n° 27 et l'erreur 26 d. Vérifiez la nuance, jamais exacte, le fil de soie et l'impression.

III. — **DENTELÉS**

Les catalogues généraux renseignent suffisamment sur les émissions dentelées.

1862. Faux de Genève (F.). Premier cliché, 2, 3, 30, 40, 60 c. et 1 fr. Avec écu de 2 $^{m}/^{m}$ 3/4 de large au lieu de 3 $^{m}/^{m}$ 1/4, et divers défauts du dessin des hachures du fond et de celles situées sur la Suisse assise ; mauvaise impression générale qui fait reconnaître facilement ces imitations. Lithographiés, sans filigrane ou avec faux filigrane frappé à sec en relief ; le 30 c. mesure 22 $^{m}/^{m}$ 1/3 de haut au lieu de 22 $^{m}/^{m}$. Dentelés 11 1/2, 11 3/4. Second cliché 2, 3, 40, 60 c. et 1 franc (or ou bronze) ; beaucoup meilleur et réellement insidieux ; typographiés ; cette fois l'ovale a la largeur voulue, mais il n'est que partiellement dessiné et manque à gauche en bas et à gauche en haut ; de plus la croix ne porte pas de traits horizontaux dans les essais non dentelés de ces contrefaçons ou en porte de trop gros dans les faux é...mis sur le marché. Les nuances sont parfois légèrement arbitraires ; le faux filigrane reste frappé à sec en relief, comme précédemment. Fausses oblitérations : voir émission de 1881.

Truquage. — Peinturlurage du 2 c. olive en brun-rouge. La place de cette œuvre d'art est au Musée de Peinture.

1867-78. — Faux tête-bêche du 15 cent. jaune ; cette nuance a été choisie parce que les défauts du dessin sont plus difficiles à reconnaître ; ils sont nombreux et le filigrane manque.

1881. — Cette émission est si peu chère neuve qu'on s'est attaqué uniquement aux oblitérations, toujours rares sur cette série. Voici la liste des cachets contrefaits à Genève ; on les trouve partiellement (à cause des dates) sur les faux de l'émission de 1862. A date, double cercle avec 2 barres horizontales au milieu (type allemand) : BERN 30 III 2 8 .. et croix de Genève encerclée dans le bas ; BASEL 18 IX ..... et BASEL .. VII 21 2, tous deux avec croix dans le bas et BRF EXP ; CHUR 15 III 81 II, croix ; GENEVE 13 .. 81 VIII croix et EXP LET dans le bas ; LUZERN... III 82 V croix et EXP LET ; MORGES 4 XI 81 8 croix et EXP LET ; MORGES 9 IX 82 XII avec croix encerclée seulement ; ZURICH 18 IX 81 II croix et BRF EXP ; enfin AMBULANT XI III 81 et dans le bas n° 5 et petite croix.

1904. — 40 c. gris avec double impression ; la seconde impression est fausse (Paris) et se reconnaît à la nuance et à la déviation trop forte (1 à 2 ᵐ/ᵐ) le faussaire ayant voulu faire bonne mesure. Le 25 c. n° 107 a subi le même sort.

1907-20. — Fausses surcharges de poste aérienne. Comparaison.

Timbres de service. — Fausses surcharges. Circonspection, circonspection !

Timbres de franchise. — Plusieurs fois imités, parfois en feuilles de 16 avec l'erreur Gretis. Lilas rose terne ; rose foncé, jaune, etc. Comparaison.

Timbres-taxe 1883. — Altérations chimiques de l'émission suivante en vert-bleu de nuance arbitraire.

Timbres télégraphes. — 3 fr. n° 6a (sans fils de soie) peinturluré pour en faire le n° 8 or et carmin. Risible.

TCHÉCOSLOVAQUIE

—

Pays à nouveautés dont les vignettes sont, en général, mieux tirées que celles des autres jeunes Etats. Beaucoup d'émissions à grand tirage, ce qui en fait des timbres à la série ne demandant aucune étude ni recherche et des surcharges dont beaucoup ont été bien imitées et le seront encore mieux dans l'avenir. Pour celles-ci, le conseil de s'abstenir, si l'on ne spécialise pas à fond, est toujours de rigueur.

Série surchargée Posta...... 1919. — Cataloguée 310 francs environ en 1921, cette série, n°ˢ 43 à 61, a été payée environ 150 francs papier ce qui à 45 francs la livre sterling, faisait 80 francs-or. Elle vaut aujourd'hui 350 francs environ dans les catalogues et 150 francs en réalité, soit 26 à 27 francs-or. Perte sèche : 50 francs-or.

1919. *Poste aérienne.* — Série cataloguée 1.250 francs-or en 1921 et exactement autant aujourd'hui ; la perte est donc de 200 francs-or si on l'a payée 300 francs-or en 1921.

1919. *Surcharge sur Hongrois.* — Un calcul semblable montre que les raretés n°ˢ 65, 71, 80 et 94 qui cotaient 5.550 francs en 1921 ne sont plus estimées aujourd'hui qu'à 5.325 fr. et que la perte réelle en or est donc des deux tiers.

L'argent (ou l'or) est évidemment resté quelque part, et ces exemples n'ont pour but que de montrer aux collectionneurs que certaines nouveautés sont loin d'être un placement de père de famille : « En toutes choses, il faut considérer la fin. »

1920-25. — Les n°ˢ 118 et 126 ont été falsifiés pour tromper la poste ; dentelure 12 1/2 et mauvais dessin que la comparaison fait facilement retrouver.

THESSALIE

Série très peu intéressante qui a néanmoins été falsifiée deux fois ; nuances, piquage et dessin non conformes ; la comparaison avec un original suffit.

THRACE

Pays à surcharges dont la majeure partie ne sont pas catholiques dans les émissions de 1913, émissions qui n'ont elles-mêmes rien d'officiel. Ici, s'abstenir tout court est la meilleure règle de conduite.

TOSCANE

Pays fort intéressant par ses nuances, ses variétés de papiers et ses oblitérations.

Premier choix. — Les marges sont toujours très étroites (1/2 à 2/3 de $^m/_m$ pour les marges latérales et 3/4 à 1 $^m/_m$ pour les marges horizontales) ; on se contente donc de quatre marges visibles, aucun filet d'encadrement n'étant touché. Les pièces avec 4 marges de plus de 1/2 $^m/_m$ sont considérées comme hors ligne et valent des prix très supérieurs.

Oblitérations. — Les types B et D sont communs sur les trois émissions ; on trouve d'autres modèles du type B, barres rapprochées, grosses barres, 3 barres très espacées, etc. ; le dernier est rare. Le type A est commun sur la première émission ; mais rare en rouge ; on en trouve d'autres modèles, par exemple à petits points carrés : rare (2 U pour les timbres communs) ; C : 2 U sur timbres communs, rare en rouge ; type E, Livourne, Firenze, même valeur ; F est commun sur les deux premières émissions ; moins commun en rouge : U, 50 sur communs ; G est commun, encadré un peu moins commun et en rouge : U, 50 ; le type H est l'apanage de la troisième émission ; le type I, également, ce dernier est recherché : U, 50.

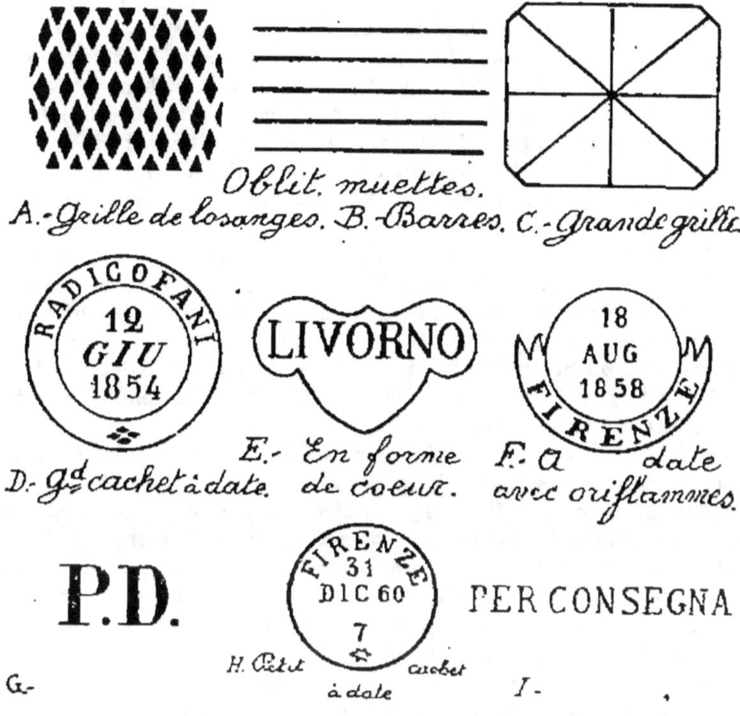

On trouve d'autres oblitérations muettes, rares, un cachet
ovoïde Sa Fa (Strada Ferrata) : 3 U sur timbres communs ; grand
cachet à date avec PD dans le haut : rare ; etc. Les oblitérations
d'autres Etats sont toujours rares ; grille pontificale : 10 U sur
communs ; losange de points et chiffres (France), etc. Les affranchissements avec timbres étrangers à la Toscane sont rares.

1851-52. *LION ASSIS.* Nᵒˢ 1 à 9.

Filigrane. — Fragments de couronne ; traits horizontaux.

Feuilles de 240 en trois groupes de 80 (16×5). Typographiés.

Papier. — Le papier est le plus souvent gris-bleu ou gris, mais
les premiers tirages ont été tirés sur un papier nettement bleu : ils
sont recherchés et rares. Ces papiers renforcent la teinte ; elle
devient très foncée quoique vive ; le nº 4 devient carmin foncé vif ;
le nº 5, bleu foncé vif ; le nº 7, bleu-noir ; le nº 8 violet foncé.
(Voir nuances). Le papier est moyen ou épais (60 à 85 mc.) ; on
trouve le 6 cr. sur transparent de 75 mc. : rare.

Nuances. — 1 quattrino (1ᵉʳ sept 52) sur azuré : N, 25 ; U, 25.
1 soldo bistre ou ocre orangés ; bistre ou jaune foncé sur azuré : rare
N ; U ; 25. Le 2 soldi est toujours sur azuré. 1 crazia (1ᵉʳ juillet 51)

diverses nuances carminées ; carmin violacé sur azuré (Yvert 4a) : rare N ; U, 50 ; carmin vif foncé sur bleu (1ᵉʳ tirage) : rare. 2 crazie diverses nuances bleues, bleu gris, bleu vert, etc. ; bleu franc sur azuré : rare N ; 2 U. 4 crazie vert jaune ; vert ; vert-bleu foncé sur azuré : rare N ; 2 U. 6 crazie diverses nuances de bleu, d'indigo, ardoise ; bleu-noir : rare N ; U, 50. 9 crazie (1ᵉʳ juillet 51) brun-lilas ; violet foncé : 3 N ; U, 50 ; violet foncé sur bleuté : rare N : 2 U. 60 crazie sur gris bleuté (1ᵉʳ nov. 1852). Les 1, 2 s. et 2, 4 et 6 cr. sont du 1ᵉʳ avril 51.

Variétés. — Papier vraiment bleu (1ᵉʳ tirage) : très rares neufs ; usés : 2 à 3 U. On trouve parfois des exemplaires bord de feuille, autant dire sans filigrane ; des défauts de planche dans toutes les valeurs (par ex. 1 quatt. tête du chiffre 1 épaisse ; 1 cr. coin supérieur droit arrondi ; 4 cr. tache de couleur entre la tête du lion et la patte gauche ; etc.) ; un léger quadrillage du fond (trace du blanchet) n'est pas rare.

Paires : 1, 2 et 9 cr. : 3 U ; les autres : 4 U. Les bandes de 3 en bon état sont rares. Blocs de 4 : R.R.

Réimpressions (1866). — 2 soldi et 60 cr. sur papier original des derniers tirages (grisâtre) avec filigrane, mais l'inscription de la valeur refaite n'est pas conforme, les nuances non plus. Comparaison. Ces réimpressions ont donc une partie fausse et doivent passer aux albums de références. Des essais existent de toutes les valeurs, (excepté du 60 cr.) sur papier blanc (que le temps a souvent rendu jaunâtre) ; sans filigrane, papier épais (85 à 90 mc.). La série : 30 francs. Quelques-uns ont passé par la poste.

Originaux. — Largeur 19 ᵐ/ᵐ environ ; hauteur 22 1/2 à 22 3/4 (parfois près de 23, un soldi), suivant tirages et papiers. Voir dans l'illustration les principaux signes d'expertise, renseignés par des flèches.

On notera, en outre, que le cadre inférieur est interrompu à droite et à gauche du cartouche de la valeur (excepté dans les rares cas d'impression empâtée) ; et que ce trait de cadre est rarement de la même épaisseur que les portions du cadre inférieur situées sous les ornements des coins. Les lettres des inscriptions sont alignées, ne se touchent pas et ont 1 ᵐ/ᵐ 1/4 de hauteur ; celles de la valeur : 1 ᵐ/ᵐ 1/2. Enfin, les traits de la couronne filigranée ont de 1/2 à 3/4 de ᵐ/ᵐ d'épaisseur ; les traits horizontaux (ou le trait vertical) sont de moitié plus minces et espacés de 7 ᵐ/ᵐ environ ; les perles placées dans le haut de la couronne ont 7 ᵐ/ᵐ de diamètre.

Faux. — Il faudrait un petit volume pour décrire en détail les caractéristiques de la centaine de contrefaçons qu'on peut trouver des deux premières émissions de Toscane. Ce serait, d'ailleurs, aussi fastidieux qu'inutile, car la méthode éliminative permet de les juger toutes très rapidement. Il en est de ceci comme de beaucoup d'objets et de gens :

> *« De loin c'est quelque chose, et de près ce n'est rien ! »*

1° Commencez par examiner le filigrane ; plus de la moitié des séries fausses n'en portent pas. On trouve bien des originaux qui n'en ont que quelques traces ou pas du tout, mais ils sont rares et cela doit donc attirer l'attention ; les essais n'en ont pas non plus, mais le papier blanc suffit à les faire repérer.

2° Vérifiez ensuite le dessin central avec l'illustration et les inscriptions avec un original commun.

3° Vérifiez si le papier est bien du papier à la main, raviné au dos, convenablement teinté et de bonne épaisseur.

4° Comparez si possible la nuance de l'impression et celle du papier, avec des originaux.

5° Examinez le foulage ; les lithographiés n'en ont pas.

Quand cet examen est fait avec soin, il suffit pour pointer tous les intrus.

Voici maintenant les points qui caractérisent les faux (souvent en séries complètes et parfois imprimés en petites feuilles) ; tous sont lithographiés, un seul est gravé.

1° Format arbitraire ; souvent plus ou moins de 19 $^m/_m$ de large ; 2° pas de filigrane ; 3° filigrane non conforme, traits de la couronne et traits rectilignes de même épaisseur ; les derniers espacés de 5, 6, 8 $^m/_m$; perles du haut de la couronne 5 ou 6 $^m/_m$ de diamètre ; 4° papier trop mince ; 5° papier non teinté (souvent jaunâtre) parfois vergé verticalement ou horizontalement ; 6° la face du lion ressemble à un groin, à un sagouin ou à un animal d'une espèce proche de cette dernière : l'homme ; 7° l'œil, les traits de la narine et de la joue sont arbitrairement tracés ou manquent ; 8° 2 ou 3 doigts aux trois pattes visibles ; 9° le trait extérieur du bouclier n'est pas rectiligne ou il porte des traits trop longs, trop courts ; 10° les points manquent totalement ou partiellement entre les cadres du bouclier ; 11° l'ornementation intérieure de celui-ci n'est pas régulière et touche parfois ou presque le cadre intérieur ; 12° les points et traits situés à hauteur du genou du lion sont trop longs, trop courts, parallèles ou manquent ; 13° le trait au-dessus de la valeur est beaucoup trop épais ; 14° le cadre inférieur n'est pas interrompu ; 15° le pointillé sur le corps et l'arrière-train du lion ne ressemble pas à celui des originaux ; 16° la couronne est chavirée (plus haute d'un côté que de l'autre) ; la croix qui la surmonte est à plus ou moins de 1/2 $^m/_m$ du cadre, ou bien elle est placée sous le corps du T ou sous le trait terminal droit ; les branches de la couronne sont mal tracées ; les traits du bandeau sont rectilignes et non courbes ; les joyaux manquent ou bien il y en a 4 ou 5 ; 17° les croix des coins ont des branches trop longues ; non épaissies aux extrémités ; parfois pas de cercles dans les carrés ornementaux ; 18° les lettres trop hautes ; trop basses ; trop larges , trop minces ; les lettres O ou Q sont rondes et non ovales ; des lettres se touchent ; 19° chiffres non conformes, notamment chiffre 1 (quattrino) trop étroit, ou situés à des distances variables du bord du cartouche (il faut 1/2 $^m/_m$ dans le 1 quattrino et 1 $^m/_m$ dans le 1 crazia et soldo) ; 20° on trouve un trait séparatif dans la marge supérieure (1/2 $^m/_m$) ou des traits de séparation tout autour (1 $^m/_m$ environ).

On trouve, enfin, des imitations dentelées ou des « erreurs » flagrantes telles que 9 CRAZIA ou pas de chiffre devant le mot CRAZIE.

Faux photolithographiés. — Ces contrefaçons, qui sont parmi les plus récentes, sont meilleures que leurs devancières au point de vue du dessin, mais l'impression lithographique, le format, le papier et le faux filigrane les feront vite dépister.

La série dite de Florence ? munie de faux cachets à Genève est sur un papier qui paraît parcheminé, assez épais (80 à 90 mc.), parfois aussi mince (60 mc.) et semblable au papier calque (6 crazie); hauteur : 23 $^{m}/^{m}$ environ; largeur 18 3/4 à 19 1/5 suivant valeurs; nuances ternes; faux filigrane à gros traits rectilignes.

Truquages. — Tripotages du chiffre du n° 4a et de la lettre A de CRAZIA pour faire le 60 CRAZIE; la loupe suffit, par transparence, et aussi la comparaison de la nuance. Des essais ont été munis d'un faux filigrane obtenu par pression ou amincissement au verso, ou par impression d'un corps gras. A noter que dans les réparés le filigrane est bien moins visible dans les parties refaites.

Fausses oblitérations. — Très nombreuses sur les faux; on en trouve de tous les genres et souvent, quand il s'agit d'imitations anciennes, il est bien inutile d'aller plus avant.

Voici les fausses oblitérations sur faux de Florence : type A, rond; B, 9 barres séparées par 2 $^{m}/^{m}$ ou 6, distancées de 2 $^{m}/^{m}$ 1/2; D, grand cachet à date : LUCCA 23 GIU 54; S. MINIATO 25 NOV 185.; ROSSIGNANO 10 AGO 1856; PISA 16 FEB 1854; PONTE-DERA .. SETT 18..; type F, 8 MAG 1856 LIVORNO; type G a cadre octogonal.

1857. *ID. FIL. LIGNES ONDULEES.* N°⁸ 10 à 16.

Mêmes caractéristiques, même dessin que pour l'émission précédente. Non dentelés.

Filigrane. — Lignes ondulées formant des « lentilles » de 28 $^{m}/^{m}$ de longueur environ sur 6 $^{m}/^{m}$ de plus grande largeur; ces « lentilles » sont séparées entre elles par une distance de 9 $^{m}/^{m}$ aux extrémités (en y comprenant l'épaisseur des traits) et 3 $^{m}/^{m}$ au milieu. On recherche les exemplaires contenant des fragments de l'inscription I I E R R POSTE TOSCANE en filigrane à double trait.

Papier blanc grisâtre, mêmes épaisseurs que précédemment; le papier mince (55 à 60 mc.) est parfois transparent.

Format : 18 1/2 à 18 3/4 sur 22 1/2 à 22 4/5 environ.

Nuances. — Bien moins nombreuses que dans la première émission; généralement la nuance cataloguée et celle-ci en plus clair; le 2 cr. aussi en bleu gris et en bleu verdâtre; le 6 cr. en bleu, bleu franc et en bleu foncé.

Variétés. — Quelques défauts de planches : lettres et chiffres; en outre, un grand défaut sous forme de tache colorée entre la cuisse et la crinière et couvrant toute la largeur du corps : 2 U; mais 1 s. : U, 50 et 9 cr. : U, 25.

Paires : 3 U; blocs : rares.

Faux. — Ce que nous avons dit à la première émission suffit pour celle-ci, dont les timbres ont été bien moins imités; se méfier pourtant de bons faux photolithographiés des 1 quattrino et 9 crazie avec faux filigrane non conforme. (Dans le 1 quatt. très bien venu, le R de quattr est ouvert au milieu et les « lentilles » du filigrane ne sont séparées aux extrémités que par 8 $^{m}/^{m}$ de distance et au milieu par 2 ^m/^m environ. Papier gris foncé, 3 ou 4 points sur le genou à gauche. Bonnes dimensions.)

A noter que l'impression des originaux est souvent beaucoup moins bonne que dans la première émission ; les exemplaires bien venus, notamment ceux avec perles au-dessus de la couronne sont très recherchés.

Truquages. — Essais avec faux filigrane.

1860 (1-1) *ARMOIRIES*. Nᵒˢ 17 à 23.

Emis par le Gouvernement provisoire. Armes de Savoie. Valeurs décimales.

Feuilles, papiers et *filigrane* comme dans l'émission précédente.

Nuances. — 1 centes. du lilas pâle (commun) au lilas brun foncé. 5 c. vert ; vert olive : 3 N ; U, 25. 10 c. du brun lilacé au brun foncé et au chocolat. 20 c du gris-bleu terne : 2 N ; U, 25, au bleu foncé ; 40 c. rose-carminé plus ou moins vif. 80 c. rose terne (chair). 3 lire, ocre.

Variétés. — Quelques minimes défauts de planches, par exemple nᵒ 18 avec chiffre 6 ou 8, etc. Le 40 cent. existe coupé pour moitié (usé en 1861 à Terni et à Orvieto) : R.R.

Oblitérations. — La grille pontificale est très rare sur cette émission. (A prendre sur lettre.)

Paires : 3 U ; 80 cent. : rare ; blocs : R.R.

Originaux. — 18 1/2 × 23 ^m/^m environ. Comme dans les deux émissions précédentes, pour ce qui concerne les inscriptions (lettres), les ornements des coins et les interruptions du cadre inférieur. Le filigrane est pareil à celui de la deuxième émission.

Il y a un point après les lettres S ou T de la valeur. L'écu comporte cinq hachures verticales bien séparées dans chaque quartier ; elles sont bien alignées horizontalement dans le haut et au milieu de l'écu ; dans le bas, elles suivent la courbe ; aucune n'est reliée avec ses voisines ; dans chaque quartier les hachures de droite ou de gauche sont plus épaisses que les autres. Dans le haut, la ligne de l'écu dépasse les bords latéraux ; la branche verticale de la croix est située sous le corps du T, mais pourtant à gauche de l'axe de cette lettre. Il y a cinq joyaux dans le bandeau de la couronne.

A noter que dans les 1 à 20 centes l'inscription de la valeur est placée trop bas dans le cartouche et touche presque le cadre inférieur.

L'impression de cette série n'est guère meilleure que celle de l'émission précédente et dans les bonnes imitations ou dans le 3 lire dont la nuance ne facilite pas l'examen, il est suffisant de s'en tenir à l'étude du papier et du filigrane.

Faux. — Tous lithographiés ; la plupart sans filigrane ou avec filigrane non conforme (par estampage, par impression grasse, mauvais dessin en losanges, lignes ondulées parallèles, lignes ondu-

lées de bonne apparence mais dont la mensuration diffère (parfois
1 $^{m/m}$ 1/2 de largeur !), sans lignes ondulées, mais avec fragment
de lettre à double trait).

Comparez, comme précédemment, avec un original commun.

Hachures trop courtes, trop longues ou reliées entre elles;
papier jaunâtre et non blanc grisâtre; parfois papier vergé; traits
séparatifs dans les marges; la croix est située sous l'axe du T
ou trop à droite, parfois beaucoup trop à gauche; trois joyaux dans
le bandeau de la couronne ou pas du tout; ce bandeau parfois
formé d'un seul trait; FRANCO BOLLO écrit en deux mots; les
A pointus dans le haut; lettres non conformes; point derrière la
valeur trop rapproché de la lettre finale, ou deux points, ou pas
du tout; croix des coins non conformes et sans cercle; on trouve
une série (y compris 3 lire) avec les parties blanches en relief;
une autre série sans 3 lire? pourvue de la même curiosité; une
série a le trait sous la valeur beaucoup trop mince; dans une série
allemande en feuilles de 25 (5×5) le chiffre 5 est devenu un 6.

La plupart des séries ne vont que jusqu'au 40 ou 80 c., le
modèle du 3 l. ayant souvent manqué aux imitateurs.

Réimpression (1866). — Réimpression privée du 3 lire comme
pour les 2 soldi et 60 crazie (papier original, mais inscription de
la valeur non conforme et nuance jaune vif.

Truquage. — Les truqueurs, après avoir cherché dans les 10 cent.
ceux dont les nuances secondaires (brun lilacé) pouvaient s'harmo-
niser plus ou moins avec celles du 1 cent., ont gratté le 0 du 10
et ont cru que leur bon tour était joué. Oui... mais la distance du
chiffre 1 à la lettre C est de 2 $^{m/m}$ dans le 1 cent. original et de
3 $^{m/m}$ dans le 1 cent... truqué, comme dans le 10 cent. N'oublions
donc pas ce petit œuf de Colomb. (*Catalogue du Spécialiste*, 1922).

1854 (1-10). *TIMBRE-TAXE POUR JOURNAUX.*

2 soldi sur papier à calquer jaunâtre mince (50 mc.). Feuilles de
80 exemplaires (10×8). Le format est assez différent et va de 40 à
45 $^{m/m}$ de côté environ; les timbres sont séparés par un trait à
l'encre rouge. Le tête-bêche vaut 25 N.

On trouve des essais sur papier blanc.

Faux. — Nombreux. Comparaison nécessaire. Format non
conforme; pas d'encadrement rouge; diamètres arbitraires (par ex.
grand cercle 22 1/2 au lieu de 23; petit cercle 14 1/2 au lieu de 15);
papier jaune ou rosé peu transparent; des lettres des inscriptions se
touchent ou ont plus de 2 $^{m/m}$ 1/4 de hauteur, etc., etc.

TURQUIE

La collection spécialisée des anciens timbres turcs est extrêmement attachante par ses variétés de tout ordre.

I. — **NON DENTELÉS**

Noir sur couleur. Croissant et toughra. Les timbres sont imprimés en tête-bêche verticaux avec contrôle officiel en rouge ou en bleu dans le bas du timbre. *Papier* pelure de 25 à 30 mc. (pour les 20 paras et 1 piastre des timbres-poste, aussi papier épais de 70 à 80 mc.).

Premier choix. — 4 marges de 2 $^m/^m$ environ, ou allant jusqu'aux filets séparatifs placés entre les timbres dans les premiers tirages (troisième tirage, filet séparatif en haut et en bas seulement).

Oblitérations. — Le type le plus commun est un rectangle de points avec une inscription turque ressemblant à la lettre M (majuscule anglaise), en noir ou en bleu. Moins commune est l'oblitération rectangulaire divisée en quatre parties rectangulaires dont les quartiers N.-E. et S.-O. se composent de 12 traits parallèles et les quartiers N.-O. et S.-E. d'une grille de losanges. Toutes les autres sont rares.

A. TIMBRES-POSTE

1862-63. *CADRES VARIÉS.* Nᵒˢ 1 à 4.

Nuances : 20 p. jaune ; jaune foncé : N, 50 ; U, 50 ; 1 p. gris ; violet : U, 50 ; 2 p. bleu-vert ou bleu ; bleu foncé : 2 N ; 2 U ; 5 p. rose ; rose carminé.

Variétés. — 20 p. jaune et 1 p. sur papier épais : même prix usé ; N, 25. 1 p. sur papier moyen (50 à 60 mc.) : 2 N ; 2 U. On trouve les erreurs 1, 2 et 5 p. imprimés en jaune et le 20 p. en bleu, ce dernier : R.R. ; les autres : 20 à 30 N et U. Les tête-bêche valent 4 N ; 4 U. On trouve des pièces avec teinte de fond mal venue (taches blanches) : N, 50 ; U, 50. 1 p. avec teinte de fond au verso : rare.

Variétés de bordure de contrôle. — Régulièrement, le contrôle est rouge, excepté pour le 5 p. où il est bleu. Sans bordure de contrôle : 2 N ; 2 U ; avec contrôle en haut et en bas : 50 fr.-or pièce ; les timbres avec contrôle sur la valeur ou sur le haut de la vignette valent : 25 francs-or pièce (n'existent pas en tête-bêche). Les erreurs de couleur du contrôle en bleu au lieu de rouge et vice-versa valent

50 francs-or ; ceux en vert, violet, jaune sont des essais ; ceux avec bordure régulière au verso : 150 francs ; enfin, ceux avec bordure en bronze (timbres du Sultan, non émis) sont rares.

Paires : 3 à 4 U. Blocs usés : R.R.

Originaux. — 20 paras 20 1/5 à 20 1/2 × 25 1/4 à 25 1/2 ᵐ/ᵐ, carrés des coins compris. Les hachures dans le bas du croissant ne sont visibles que dans les très bonnes impressions ; elles sont assez bien venues sur le papier épais. Le chiffre 2 est plus mince dans le bas que dans le haut ; sa partie inférieure touche généralement

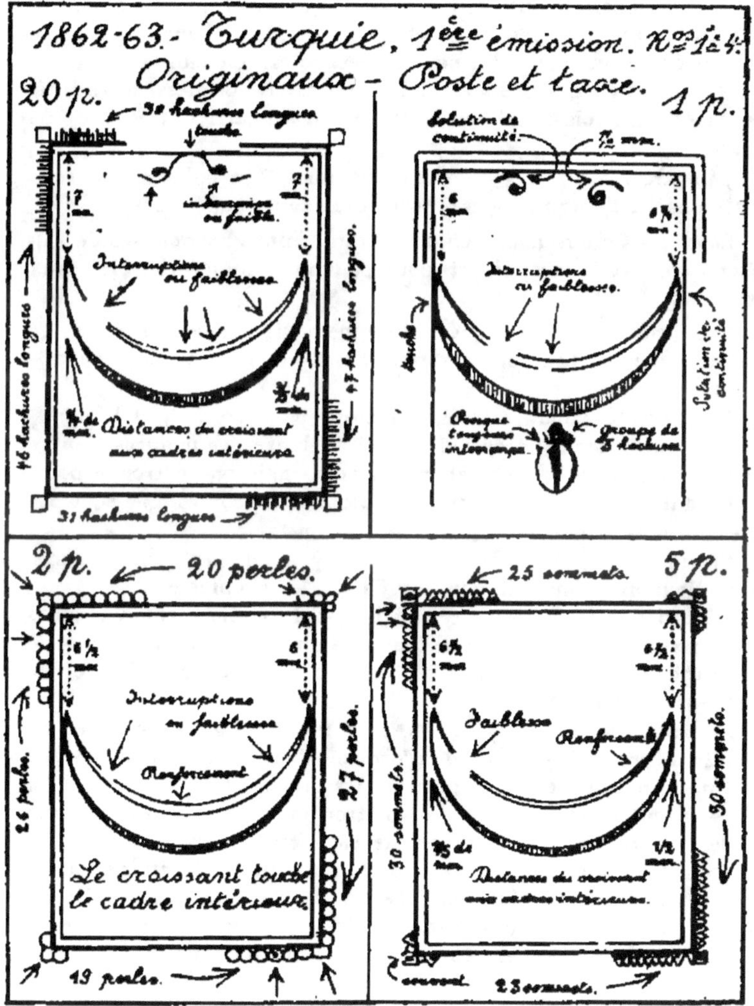

l'ornement, excepté dans les impressions légères. Les ornements des coins sont à 1 $^{m}/^{m}$ du cadre intérieur en haut et à 1/2 $^{m}/^{m}$ des cadres intérieurs latéraux. (Voir l'illustration pour les autres signes d'expertise.)

1 piastre. 19 à 19 1/4 × 25 1/2 à 25 $^{m}/^{m}$ 3/4. Même remarque au sujet des hachures du croissant. Les extrémités de ce dernier sont à environ 1/2 $^{m}/^{m}$ des ornements des coins. (Voir l'illustration.)

2 piastres. 19 × 24 1/4 à 24 $^{m}/^{m}$ 1/2 perles comprises. Le nombre de perles renseigné dans l'illustration ne comprend pas les perles? des coins ; celles-ci sont d'ailleurs plutôt des raccords du dessin et leur forme est différente dans chaque coin. Les hachures, dans le bas du croissant, sont rarement discernables. La feuille des ornements inférieurs des coins reste à 1/2 $^{m}/^{m}$ environ des cadres intérieurs et du croissant, mais celle de droite arrive très près de celui-ci.

5 piastres. 20 × 25 1/4 ornements compris. Les pointes des croissants restent à environ 1/2 $^{m}/^{m}$ des ornements supérieurs.

Faux. — Ce que nous venons de dire, joint aux données de l'illustration, est bien suffisant pour pouvoir épingler tous les faux existants.

Voici, néanmoins, quelques renseignements secondaires à l'usage des non spécialistes, toujours plus Saint-Thomas que les connaisseurs :

Le papier des faux est souvent trop épais (40 mc.) et l'impression est généralement trop noire, trop brillante ; les nuances (timbre ou contrôle) sont, en général, arbitraires, mais on en trouve pourtant d'admissibles ; les erreurs de couleur et de contrôle ne sont pas rares du tout si l'on en juge... par les contrefaçons.

Pratiquement, on peut dire qu'il n'y a eu que quatre clichés faux (dont un refait) ; ils ont servi pour les timbres-poste et taxe ; les imitations provenant de ces clichés sont extrêmement répandues et se reconnaissent rapidement au manque de faiblesses dans le croissant. Les autres faux sont, en général, plus grossiers et ne méritent pas une description.

20 paras. 19 3/4 à 20 × 25 $^{m}/^{m}$. 33 traits longs en haut et en bas, 42 à gauche, 45 à droite. L'ornement situé en haut au milieu du timbre ne touche pas le cadre et les ornements des coins sont à 1/2 $^{m}/^{m}$ seulement. Le chiffre 2 est trop gros et le zéro forme une étoile à 4 branches dont une pointe est dirigée vers le bas.

1 piastre. Dimensions possibles. L'extrémité de l'ornementation du coin gauche est plus éloignée du cadre gauche que celle de l'ornement droit ; le petit cercle au-dessus de la valeur forme un U. Dans un autre les extrémités des ornements sont bien placées, mais le petit cercle au-dessus de la valeur est un ovale non fermé raccordé à l'ovale de la valeur. Point carré à gauche du chiffre 1 ;

le deuxième cadre droit s'arrête à hauteur du troisième cadre inférieur, etc.

2 piastres. 18 × 24 1/2 ou, cliché refait pour le format seulement 19 × 25 $^m/^m$. Le croissant ne touche pas le cadre gauche; ses pointes s'arrêtent à 5 $^m/^m$ 1/2 du cadre supérieur, à gauche, et à 6 1/2 à droite. En bas, la feuille de gauche touche le cadre et la feuille de droite, le croissant. 22 perles sur les petits côtés, 29 sur les grands (sans compter celles des coins). La barre du chiffre est droite et ne touche même pas le cercle à droite. A droite de la courte branche du chiffre le point manque dans l'ornement extérieur.

5 piastres. 20 × 24 $^m/^m$ 1/2. Les pointes du croissant touchent presque les ornements supérieurs; 29 sommets en haut et en bas; 32 à gauche, 34 à droite. Le croissant est 1/2 $^m/^m$ du cadre gauche. Dans un autre faux lithographié les dimensions sont passables mais il y a 25 sommets en haut et en bas et 31 sur les côtés.

B. TIMBRES-TAXE

1863. *IDEM*. N°s 1 à 4.

Mêmes caractéristiques et valeurs de variétés que dans les timbres-poste de la première émission. Les nuances sont brun et brun-rouge (dans le 5 piastres brun et brun rosé) mais on trouve pour les 4 valeurs une nuance rouge, presque brique qui vaut le double des autres. Le brun-rosé du 5 piastre ne peut pas se confondre avec le rose ou le rose carminé du timbre-poste car dans ce dernier la teinte ne contient pas de brun.

Originaux et faux. — Exactement pareils aux timbres-poste.

II. — DENTELÉS

L'abondance des matières nous oblige à négliger l'étude des valeurs dentelées; elles sont, en général, suffisamment détaillées dans les catalogues généraux.

Les émissions jusque vers 1876 sont intéressantes par leurs nuances et leurs oblitérations (notamment celles de poste locale, et les cachets de contrebande — Catchak —); on recherche également les surcharges triangulaires du Mont-Athos. La plupart des valeurs ont servi pour moitié, mais il est nécessaire de prendre ces pièces sur lettre entière car il y a beaucoup de tripotages. Les paires valent : 3 U; les blocs de 4 sont rares et recherchés.

EMISSIONS DE 1865 à 1875. N°s 7 à 33 et *TIMBRES-TAXE DE* 1865 à 1871. N°s 5 à 24.

Originaux. — Typographiés 10, 20 paras, 1 et 2 piastres, 18 1/4 à 18 1/2 × 21 3/4 à 22 $^m/^m$; 5 et 25 piastres, 18 3/4 à 19 × 22 à 22 1/2 maximum, les matrices étant différentes pour ces deux catégories de valeurs; le croissant est plus épais et plus large dans les deux dernières. On recherche l'erreur du 1 p. en jaune; les pièces sans

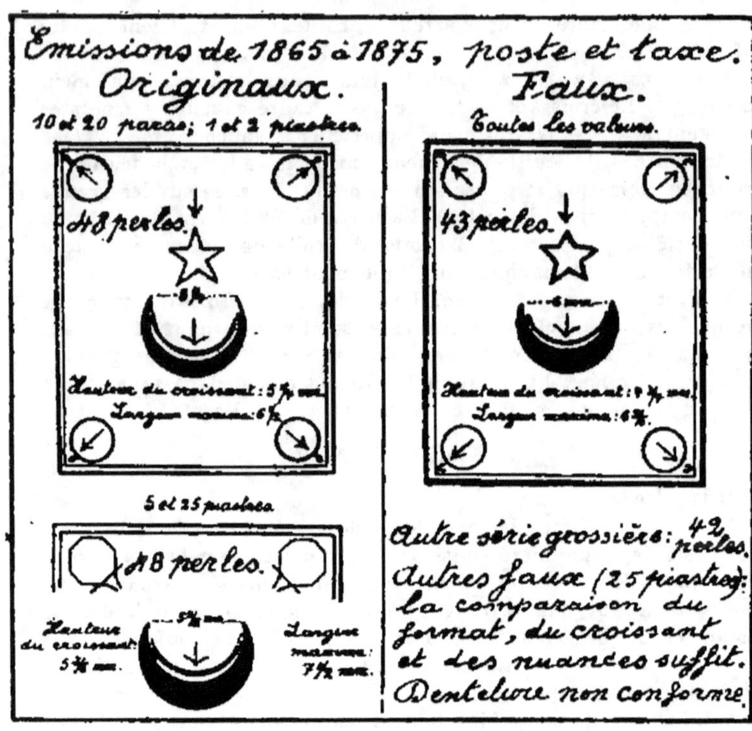

inscriptions noires ou avec inscriptions renversées et les non dentelés. L'émission de 1865 est dentelée 12 1/2; 1867, 12 1/2; 1869, 13 1/2; 1871, 9 ou 10; 1873, 12 (10 paras); 1875, 13 1/2 (10 et 20 par., 1 pi.). Papier de 50 à 70 mc. généralement un peu transparent; l'impression est fréquemment huileuse dans l'émission de 1871.

Faux. — L'illustration renseignera en détail sur les originaux et sur la fausse série qu'on rencontre le plus fréquemment; 19 ■/■ de largeur, excepté pour le 25 piastres 19 1/4; toutes les valeurs 22 3/4 environ de hauteur. Les perles sont souvent irrégulières. Lithographiée. La série à 42 perles, également lithographiée, ne mérite pas une description. Toutes deux ont le cadre extérieur beaucoup trop épais. On trouve, en outre, quelques faux des 25 piastres qui présentent des défauts semblables ou n'ont pas la double hachure intérieure dans le croissant. La mensuration de celui-ci est toujours arbitraire.

La simple comparaison des inscriptions en noir (avec un timbre commun de chaque émission) suffit presque toujours à classer ces productions dont aucune n'est insidieuse pour celui qui veut bien se donner la peine de regarder.

On trouve parfois des nuances assez bien venues, mais le plus souvent, le spécialiste, aidé de ses timbres références, parvient à la bonne décision à plus de 1 mètre de distance sans voir dessin, inscriptions noires, dentelures ou papier.

1876. *SURCHARGÉS, CHIFFRES ROMAINS.* Nᵒˢ 39 à 43.

1876-82. *ID. SANS CHIFFRES.* Nᵒˢ 34 à 38b.

Toutes les erreurs (non dentelés, tête-bêche et surcharges renversées) sont des non émis, rebutés au contrôle.

Originaux. — Le papier et l'impression comme dans l'émission de 1865. Dentelure 13 1/2 ; les dentelés 11 1/2 sont des non émis.

Faux. — Toute la série de 1876 (nᵒˢ 39 à 43) ; il suffit donc d'examiner le dessin, le format et la dentelure, pour retrouver la fausse série à 43 perles ; et aussi de comparer les surcharges, inscriptions turques et autres, bien mal imitées, pour être fixé. L'oblitération habituelle, grille bleue est également mal imitée. On trouve des fausses surcharges de la valeur en noir. (Comparaison).

1876-77 à 1888-90. *INSCRIPTION EMP. OTTOMAN ET GRAND CROISSANT.* Nᵒˢ 44 à 79.

1876 à 1880, nᵒˢ 44 à 53, dentelés 13 1/2 ; les dentelés 11 1/2, non dentelés et tête-bêche sont des non émis ; l'erreur 1 piastre noir et jaune est rare.

1884, nᵒˢ 54 à 60, dentelés 11 1/2 ou 13 1/2 ; les 2 et 5 p. 13 1/2 seulement ; non dentelés ; non émis. On trouve les 10, 20 par. et 1 pi. sur papier épais : U, 50.

1886, dent. 13 1/2 ; les dent. 11 1/2 et non dent. sont des non émis ; les 5 pa., 2 et 5 pi. sur papier épais : U, 50.

1888-90, les nᵒˢ 72, 73, 74 et 76 sont dentelés 13 1/2 ou 11 1/2 ; les autres, 13 1/2. Les non dent. sont des non émis. Les nᵒˢ 80 à 82 ont été coupés et surchargés à Bagdad.

Originaux. — Typographiés 19×22 3/4 avec de légères différences, comme toujours, en cas d'impression légère ou empâtée. Papier mince : 50 à 55 mc. avec les exceptions renseignées plus haut. Les lettres de la valeur ne se touchent pas ; les points des inscriptions turques sont toujours de forme carrée. Pour les détails, voir l'illustration.

Faux. — 1°) Anciennes imitations, notamment des 5 et 25 piastres. Dentelés 12 1/2. Lithographiés en deux couleurs. Papier trop épais. Mauvais dessin dont l'illustration montre la caractéristique principale. Les lettres de la valeur se touchent fréquemment.

2°) Faux de provenance turque (25 piastres). 1/4 de ᵐ/ᵐ trop peu haut ; un rien trop étroit. Les points sont ronds. L'S de PIASTRES est penché à gauche. La lettre N est trop près du cadre. L'illustration montre les principales caractéristiques de ces faux d'apparence insidieuse. Dent. 11 1/4, parfois 10 1/4 ; papier mince.

3°) Faux de Genève (F.). Toutes les valeurs mais les rares du

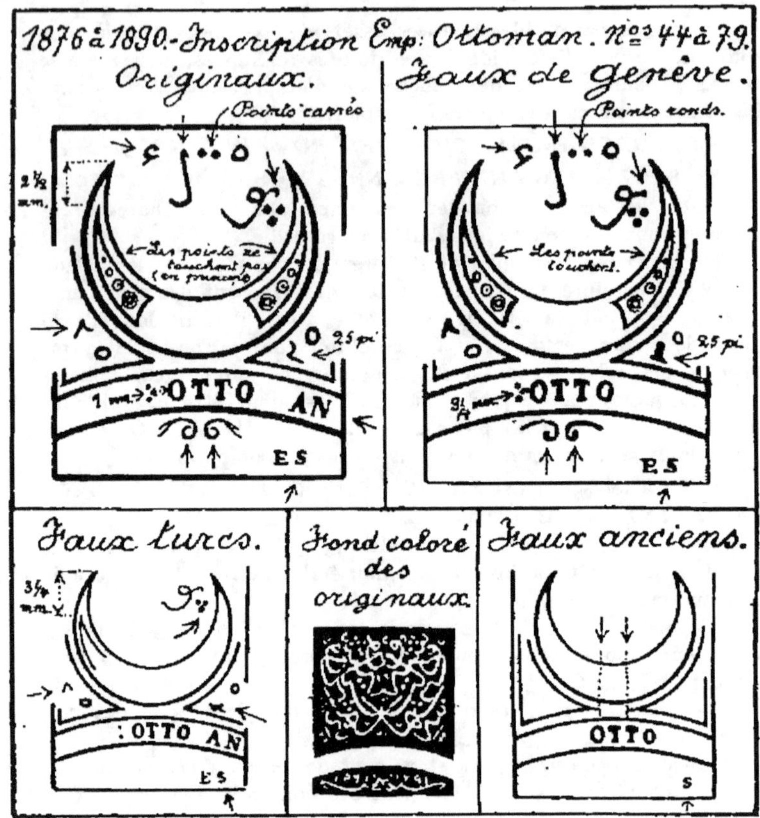

5 paras, 5 et 25 piastres sont particulièrement répandus. Papier de diverses épaisseurs (40 à 75 mc.) blanc ou jaunâtre. Dentelés 13 1/2. Très bien exécutés et aussi insidieux que les précédents quand ils sont sur papier blanc et mince; de superbes non dentelés, coins de feuille sont également entrés en intrus dans les collections. Le cadre extérieur est, en général, trop mince. Voir l'illustration pour les signes d'expertise.

N. B. — Les nuances de ces trois catégories de faux ne sont que rarement conformes, surtout dans la première, et le dessin du fond coloré ne l'est jamais. (Voir illustration et Roumélie orientale). Les fausses oblitérations sur faux de Genève sont : 1° triple rectangle de 21 × 18 m/m (extérieur) et 2° double triangle. Toutes deux avec inscriptions turques; toutes deux en noir ou en bleu.

EMISSIONS SUIVANTES

A partir de 1900 les séries se suivent et se ressemblent; à partir de 1914, c'est le grand inflationnisme : 400 nouveautés en cinq ans.

Nombre de collectionneurs se refusent avec raison à suivre les Etats nécessiteux dans cette voie.

Les fausses surcharges pullulent; la nécessité de s'abstenir n'en est que plus grande. Comme pour toutes les surcharges, le spécialiste n'a qu'un moyen de s'y reconnaître : la comparaison.

1914. — 200 piastres. Ce timbre est le plus souvent coupé par un coup de ciseaux des employés de la douane; mais on l'offre souvent après.... stoppage invisible... qui devient très visible dans l'eau et la benzine.

TIMBRES POUR IMPRIMÉS

Ici encore il faut se spécialiser à fond si l'on ne désire pas collectionner des nullités ; on pourrait faire un petit livre rien qu'avec la description des fausses surcharges, mais il serait fort inutile de classer toutes les mauvaises surcharges qui laissent percer le bout de l'oreille, car il en est d'autres réellement bien venues que la comparaison minutieuse peut seule faire reconnaître. On trouve d'ailleurs des tirages clandestins où la même étude est de rigueur.

POSTE LOCALE PRIVEE. 1865. N°s 1 à 3.

Originaux. — Dentelés 14. 39 traits obliques en haut et en bas. Il y a beaucoup de fausses oblitérations.

Faux anciens. — Toute la série avec le chiffre turc du 5 paras dans les coins du haut. 32 traits obliques.

N°s 4 à 7. — Il existe des faux qui doivent se juger par comparaison car les petites feuilles de ces timbres ont des types différents.

N° 8. — Les couleurs autres que le noir sur vert sont des essais.

UKRAINE

On ne saurait assez conseiller de s'abstenir de collectionner l'Ukraine si l'on n'a ni les capacités ni les moyens de spécialiser ce pays.

Toutes les surcharges ont été imitées à foison, d'abord par des imitateurs allemands, arméniens et juifs, avec fausses oblitérations, puis par les innombrables truqueurs de tous pays; rien qu'à Genève (F.) on a fabriqué une trentaine de surcharges différentes. Les matrices existent et rien ne prouve que demain ne verra pas de tirages clandestins qui embrouilleront encore plus la question.

Des faux cachets oblitérants ont été fabriqués par les Allemands pendant leur séjour en Ukraine ; ils sont gravés sur bois avec dates

interchangeables. Il en existe une soixantaine, de BIELIKI POLT
à MIRGOROD (cachets à date double cercle) sans compter le cachet
de recommandation et celui de supplément à payer (taxe).

A leur retour d'Ukraine, les Allemands ont su frapper... à la
bonne porte pour que toutes ces élucubrations passent comme une
lettre à la poste.

WENDEN

1862. *INSCRIPTIONS DANS UN CERCLE.* N° 1.

2 kop. bleu, non émis, non dentelé. Papier blanc ou jaunâtre.
Les exemplaires avec gomme jaunâtre : 5 N ; tête-bêche : 10 N
(dans la cinquième rangée de la feuille). On trouve des exemplaires
avec traits séparatifs, d'autres sans, d'autres avec traits doubles.
L'original, lithographié porte un accent (apostrophe) à droite et en
haut de la lettre N de WENDEN.

1863-64. *BRIEFMARKE OU PACKENMARKE.* N°⁸ 2 et 3.

Premier choix. — 4 marges de 1 $^{m/m}$ minimum. Impression noire
sur fond burelé de couleur, papier blanc épais (80 à 90 mc.). Dans
le 2 kop. (Briefmarke) le burelage est d'un rose tendre ; dans le
4 kop. (Packenmarke) il est vert, mais un second tirage (1871) a été
tiré en vert-jaune : 2 N ; 2 U. Ces timbres sont presque toujours
oblitérés à la plume. Le 4 kop. a été coupé pour moitié : R.R. Les
timbres avec burelage renversé (une quinzaine de petits losanges
blancs dans le coïn de gauche en bas, au lieu de à droite en haut)
sont rares : 2 N ; 2 U.

Originaux. — Le burelage du fond et celui qui forme le cadre
sont d'une finesse extrême, toutes les lignes sont bien équidistantes
et l'impression, très fine, ne montre pas de blancs. 28 1/2 × 18 1/2
$^{m/m}$, carrés des coins compris. Les « carrés » ont 1 $^{m/m}$ de large sur
4/5 de $^{m/m}$ de haut excepté celui de droite en bas qui est bien un
carré de 1 $^{m/m}$ de côté (burelage droit). L'impression est noir intense
relativement brillante ; les lettres sont bien alignées et régulières, le
d de des a la boucle fermée et un petit trait terminal oblique à la
gauche de celle-ci (loupe) ; il y a un point derrière Kreises.

Réimpressions (Exécutées par le directeur des postes de Wenden). — 2 kop. en rose foncé, rose un peu trop vif et rose pâle (le
ton original est celui de la rose France) ; 4 kop. en vert-bleu, vert-
jaune pâle et vert-jaune foncé. Le trait d'union derrière Wenden
est simple et non double, et il y a des différences dans l'inscription
en surcharge. On trouve le 2 k. avec double surcharge. Ces réimprimés sont rares.

Faux. — Le vrai burelage est absolument inimitable ; aussi la comparaison avec l'original fait repérer à vue toutes les imitations par suite des taches blanches ou de couleur dont le fond est parsemé. La surcharge montre de grandes différences dans les lettres ; d de des ouvert ou sans trait oblique à gauche ; B et P à boucles trop rondes, forme des K, et notamment du K de Kreises ; toutes les lettres de « schen Kreizes » ont des traits terminaux longs et extra fins ; les hachures d'ombre des lettres de Wenden non conformes, etc.

Voici d'autres caractéristiques de trois séries assez répandues :

28 × 17 1/2 ᵐ/ᵐ. Fond lithographié en rouge pâle terne, les carrés des coins sont un peu trop petits, y compris le carré inférieur droit et les croix inscrites sont trop grandes. Papier jaunâtre, dur, de 70 mc. Impress. en surcharge lithographiée en noir ou gris-noir, etc.

28 1/2 × 18 à 18 1/4. Photolithographiés de 85 mc. environ, gomme blanche. Cadre burelé informe. Les trois lettres de « des » sont tronçonnées.

Enfin, une autre série est si mal exécutée qu'on ne distingue pas s'il y a un encadrement ou non.

1863-71. *OVALE VERT*. Nᵒˢ 4 à 6.

Nᵒ 4 (1863) petites étoiles dans les coins ; rose carminé et vert, pas d'encadrement de trait rouge mince autour de l'ovale. Le fond de l'ovale est vert. Nᵒ 5 (1871), étoiles plus grandes ; rose carminé et vert foncé ; double encadrement mince en rouge autour de l'ovale ; nᵒ 6 (1864) petites étoiles ; carmin et vert, encadrement de trait vert et mince autour de l'ovale ; ce dernier contient un griffon.

Le burelage des nᵒˢ 4 et 6 est vertical et ressemble au burelage des Hanovre (1856), mais il est beaucoup plus serré ; celui du nᵒ 5 est formé d'entrelacs presque aussi fins que dans le 1/3 silb. de Tour et Taxis (celui figuré dans le cat. Yvert ne lui ressemble en rien).

Le nᵒ 6 est le plus rare, on n'en connaît ni paires, ni blocs.

Le nᵒ 4 porte un mince trait vert d'encadrement autour de l'ovale vert dans le tirage de 1863 (rare) ; il a disparu dans les tirages de 1866 et 1870 (nuances plus rouges que carminées) ; valeur : 30 fr.-or. On connaît un tête-bêche sans encadrement vert.

Ces timbres sont oblitérés plume ; mais on les trouve parfois avec cachet postal partiel quand ils se trouvent sur lettre à côté de timbres russes ; ces affranchissements sont rares.

Originaux. — Les nᵒˢ 4 et 5 se reconnaissent au burelage et aux courbes qui entourent la bande ovale rouge ; dans le nᵒ 4 les courbes se coupent dans le bas, le trait le plus épais se trouvant à droite (en partant sous Briefmarke) ; dans le nᵒ 5 ces courbes, bien plus régulières sont formées d'une suite de demi ovales minces et épais se coupant symétriquement. Dans le nᵒ 6 les courbes sont comme dans le n° 4 ; l'œil et les oreilles du griffon sont visibles, les oreilles pointent vers le haut, le sol est représenté par des hachures blanches et courbes.

Réimpressions (non officielles, comme les précédentes ; directeur des postes). N° 4, rose et rose foncé ; un trait rose et mince entoure l'ovale ; n° 5 rouge pâle et rouge foncé ; l'ovale n'a que 5 $^m/_m$ de large au lieu de 6 ; n° 6 rose pâle et rose foncé ; un trait rose entoure l'ovale vert. Une autre réimpression du n° 5 a été faite en 1893 par le Directeur des Postes (von Hirschheyt) ; rose pâle et rose ; planche usée.

Il existe en outre des essais.

Faux. — C'est surtout le n° 6, le plus rare, qui a été visé. On trouve pourtant le n° 4 (faux ancien), gomme blanche au lieu de brune, avec les traits courbes autour de la bande ovale rouge ayant la partie la plus épaisse à gauche (sous Briefmarke) et le trait ovale qui arrête ces courbes est d'égale épaisseur partout. Un n° 6 présente le même défaut et le griffon a l'aspect d'un petit rat... sans sabre. Dans un autre le burelage est imparfait dans le haut, l'œil est invisible, les oreilles sont couchées. Un autre encore porte des inscriptions trop grandes. Tous se reconnaissent facilement par la comparaison du burelage avec un n° 4.

1872. *BRAS ARMÉ DANS L'OVALE*. N° 7.

Burelage et cadre rouges ; centre rouge ; ovale et bras armé verts. Dentelé 12 1/2. On trouve vert-jaune et vert foncé : N, 50 ; U, 50. Papier plus épais que les précédents. L'impression en noir et rouge est un essai. L'ovale en vert-bleu provient de l'exposition à la lumière.

1875-93. *MÊME TYPE*. N°s 8 à 10.

N°s 8 et 9 burelage vert-jaune ou vert-bleu (moins commun) et ovale rouge. N° 10 noir, vert et rouge. Feuilles de 28 timbres (7 × 4) pour le n° 8 (1875, sans chiffres dans les coins), dans cette valeur, chiffre 3 à droite en haut, défaut de planche : R.R. Le n° 9 (1878, avec chiffres dans les coins) en feuilles de 132 (11 × 12) ; ce timbre est connu non dentelé. Le n° 10 en feuilles de 112 (8 × 14) ; également connu non dentelé ; divers tirages de 1884 à 1893, les premiers avec petit W.

Réimpressions (1893). — N° 9, divers tirages tous en gris-vert et rouge, dentelés 12 1/2 et 11 1/2.

1901. *VUE PANORAMIQUE*. N° 11.

L'ovale en brun-rouge : N, 50 et U, 50 ; en rouge violacé : rare. Ce timbre est connu en tête-bêche (ovale brun) ; aussi non dentelé. Feuilles de 150 (6 × 25).

WURTEMBERG

Oblitérations. — A) Oblit. muettes : 1º quatre cercles sans
numéro (celles avec numéros sont de Bade, etc. : rares); 2º losange
de barres, comme dans l'illustration ou 7 barres (Tuttlingen); 3º
oblit. circulaire assez semblable au type A de Bavière mais sans
cercle intérieur ni numéro; deux modèles : petit et grand soleil
(Keulen); toutes ces oblitérations se rencontrent sur la première
émission (généralement sur le 3 kr.) et valent de 20 fr. à 50 fr.
Type B, en noir ou en bleu, assez commun sur la première émission, il devient plus rare sur les suivantes et vaut 2 U sur les
valeurs communes; sur une ligne sans date (Calw, etc.) : rare;
les Postablage sont rares. Type C, commun en noir ou en bleu sur
la première émission et en noir sur les suivantes jusqu'aux percés
en lignes sur lesquels il est moins commun. Type D, moins commun
sur les trois premières émissions (en bleu sur la première : U, 25);
on le trouve ensuite plus rarement sur les émissions suivantes

A.-Oblit. muette. B.- Nom de ville et date. A.- Ob. muette.

C a date triple cercle D.- Double cercle coupé. E- Date, 2 cercles.

F- a date, 1 cercle. G Trapézoïdale. H. avec bande horiz.

jusqu'en 1875 où il est rare. Ne pas confondre ce type avec un cachet bavarois (voir Bavière type J) UNTERTURKK ? qu'on trouve quelquefois sur le 1 kr. nº 1 ou avec d'autres cachets bavarois du même modèle qu'on peut trouver dans les émissions suivantes et qui sont toujours rares. Le type E est commun jusqu'aux percés en lignes de 1866 compris; après, il devient rare. Le type F (plusieurs modules) est commun en noir sur les deux émissions de percés en lignes, moins commun en rouge. Le type G (noir) n'est pas commun sur les percés en lignes de 1866 mais le devient, en noir, en bleu, en vert et en violet sur les p. e. l. de 1869 et émissions suivantes. On le trouve avec ou sans barre sous le nom de ville; Stuttgart est commun; les autres, Gmund, Heudenheim, etc., sont recherchés. Le type H n'est pas commun sur les percés de 1866, mais le devient ensuite.

Les oblit. d'essai, de chargé et les oblit. étrangères sont rares.

I — **NON DENTELÉS**

1851. *NOIR SUR COULEUR.* Nᵒˢ 1 à 5.

Chiffre sur fond burelé (1 k. quadrillé; 18 k. ligné).

Premier choix, 4 marges de 1 $^{m}/_{m}$ minimum.

Nuances. — 1 k. chamois et chamois clair; 3 k. jaune, jaune foncé orange : 12 N; 6 U; 6 k. vert; vert bleu : N, 50; U, 50; 9 k. rose et vieux rose; 18 k. violet. Les neufs avec gomme originale sont R.R. et obtiennent des prix d'amateur jusqu'à l'émission de 1862. Le 9 kr. rose foncé est assez commun neuf.

Papiers. — Les nᵒˢ 1 à 5 ont le papier moyen ou mince; parmi ces derniers, il y a des impressions nettement transparentes (notamment nᵒˢ 2 et 3). Le papier moyen n'est pas fort solide et il faut toujours décoller très prudemment (à l'eau) les charnières gommées et seulement quand c'est indispensable.

Variétés. — Nombreuses variétés typographiques dans les inscriptions. I. Wurtemberg, 18 à 20 $^{m}/_{m}$ point final compris; on trouve notamment 18 $^{m}/_{m}$ dans les 1 à 9 kr.; 18 $^{m}/_{m}$ 1/2 dans les 3 et 6 k., et 19 $^{m}/_{m}$ dans les 1, 3 et 9 k.; les dimensions supérieures sont anormales; II. Un seul point sur l'U (1 k.); III. Le point après l'ost-verein est situé à quatre endroits différents par rapport à l'ornement en serpentin qui se trouve dessous. IV. 6 kreuzer vert. Diverses brisures du cadre intérieur (cadre mince et épais au-dessus de Freimarke). Mauvaises retouches (ou plutôt mauvais remplacements typographiques). Bonnes retouches. V. Défauts d'impression : inscriptions de droite sans point après 6 (3 et 18 kr.) sans point après V et U (3 kr.). VI. On trouve, en outre, des points qui manquent dans l'inscription de droite.

Paires. — 1 k. : 3 U; 3 k. : 12 U (nº 2a : 5 U); 6 k. : 6 U; 9 k. : 8 U; 18 k. : 3 U. Les bandes de 3 valent 5, 50, 20, 16 et 5 U pour les cinq valeurs et 12 U pour le n° 2a. Les timbres sur lettre valent : U, 50 ; le 18 kr. : 2 U.

Réimpressions. — (1864). En réalité, faux officiels sur planches retouchées (lettres). Le W de Wurtemberg se trouve à 1/2 $^m/^m$ du cadre gauche au lieu de 1 $^m/^m$ et la comparaison fait remarquer des différences dans les caractères typographiques ; les fleurons sont également modifiés dans les cartouches du bas. Les nuances sont, dans l'ordre : jaune brunâtre ; jaune plat ; vert-jaune ; rose et violet rougeâtre. (Voir illustration).

Originaux. — 22 à 22 1/4 × 22 4/5 à 23 -2/5 de haut ; dans les impressions lourdes ces mesures sont dépassées. Les inscriptions sont régulières et placées symétriquement dans les cartouches. Dans les impressions fines du 1 kr. la boucle droite de l'ornement de gauche en bas est interrompue. Dans le 18 kr. les chiffres touchent la douzième hachure horizontale (en comptant du haut) et la quatorzième en comptant du bas.

Faux. — 1° Très mauvaise série ancienne, genre « décalcomanie » qu'il est bien inutile de décrire.

2° 1 kr. Un faux de Genève (F.) qui fait bonne impression... à première vue ; pour ce motif, ses caractéristiques sont renseignées dans l'illustration. Lithographié, 22 1/2 × 23, souvent sur papier pelure transparent, de 35 mc. environ, alors que le papier mince des originaux a de 45 à 50 mc. et le papier moyen 75 mc. environ. Le mot Wurtemberg est de 1 $^m/^m$ trop large et placé trop bas ; pas de point après 1850. 2 clichés. Encadrement à 1/2 $^m/^m$ du timbre.

3° 6 kr. Un seul point sur l'U ; l'F touche le cadre.

4° 18 kr. Valeur fréquemment attaquée... mais si mal que ces lithographiés sont réellement sans danger. Le meilleur signe d'expertise réside dans le placement des chiffres ; le haut de ceux-ci touche la 10°, la 11°, la 14° ligne horizontale du fond ou tombe entre la 11° et 12° ; le bas des chiffres touche la 10°, la 11°, la 12° ou la 13° hachure (en comptant du bas). Le reste du dessin fait naturellement voir des différences (lettres ; nombre de festons des cartouches latéraux non conforme, points au lieu d'ornements dans le cartouche du bas, etc.) ; les dimensions et les nuances sont arbitraires, etc.

Un faux de Genève (F.) photolithographié, est mieux venu ; 22 × 22 2/3 de haut ; le plus souvent sur papier pelure comme dans le 1 kr. ; dans l'original, le lignage du fond ne touche pas le carré d'inscription des chiffres, mais ici la plupart des hachures touchent ; quelques différences dans le dessin des lettres. (2 clichés). Voir, en outre, l'illustrat. pour quelques signes distinctifs très apparents.

Fausses oblitérations sur faux et « réimpressions ». Faciles à vérifier par l'examen du timbre. Sur les faux de Genève on trouve une oblitération type D ; BLAUB 17 AUG. 1858, qui a servi aussi pour les faux du 18 kr. des émissions de 1858.

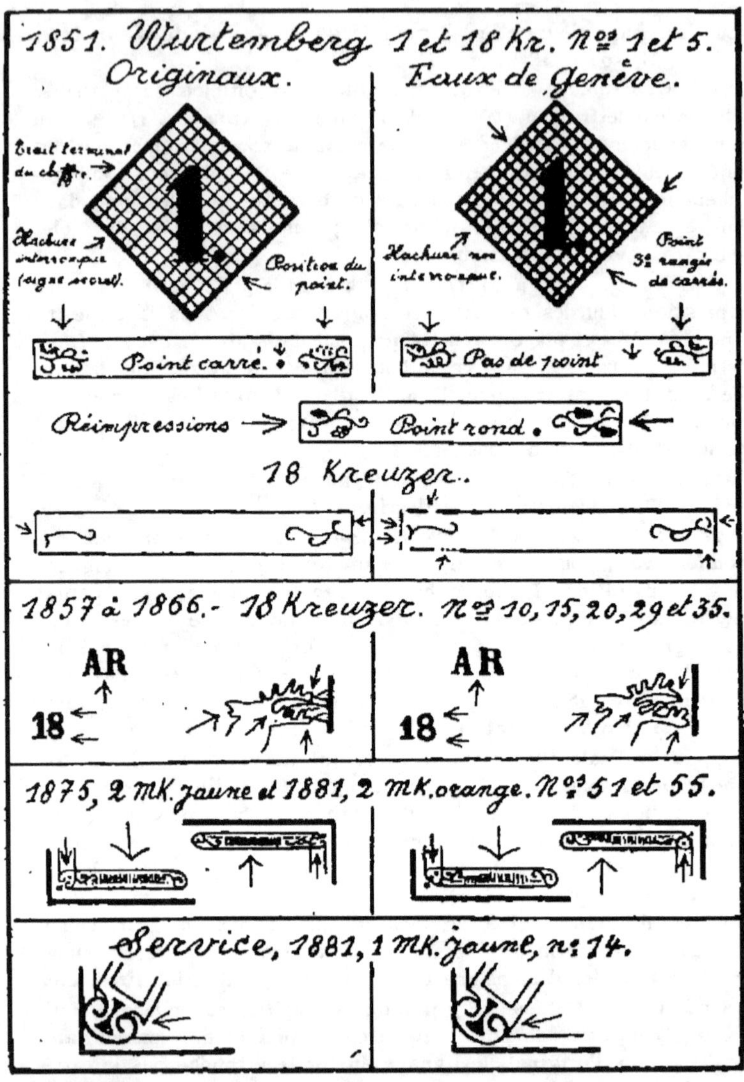

Truquages. — Tripotages divers d'autres valeurs pour faire le 18 kr. L'eau chaude, la benzine en viennent à bout et parfois même la plus commune des loupes.

1857. ARMOIRIES EN RELIEF. Nos 6 à 10.

Fil de soie orange dans la pâte du papier.

Papier épais jusque 120 mc. ; moyen (70 mc.) : rare.

Marges. — Cette série peut être comparée à celles de Toscane ou de Tour et Taxis au point de vue des marges ; parfois 1/2 $^m/^m$ seulement. Les timbres sont donc de premier choix quand le cadre n'est pas touché. Les pièces avec quatre marges de 1/2 $^m/^m$: 3 U.

Nuances. — 1 k. brun (rougeâtre) ; brun foncé : N, 25 ; U, 50 ; 3 k. orange : N, 50 ; jaune orangé ; 6 k. vert-jaune ; vert-bleu : N, 25 ; 9 k. rose ; rose carminé ; 18 kr. bleu, bleu-pâle.

Variétés. — On recherche les impr. avec médaillon coloré.

Paires : 3 U, excepté le 9 k. : 4 U ; bande de 3 : 5 U, mais 9 kr. : 8 U. Blocs : R.R. Timbres sur lettres : U, 50, mais 18 kr. : 2 U ; 18 k. seul sur lettre : 2 U, 50.

Réimpressions. — (1864). Fil de soie rouge ; le 6 k. aussi avec fil jaune ; l'intervalle entre les timbres est de 1 $^m/^m$ 3/4. Nuances gris-brun, jaune orange ; vert-jaune gris ; rose carminé et carmin ; bleu. Rares.

Originaux. — 22 $^m/^m$ 1/2 environ dans les deux sens.

Faux de Genève (F.). — 18 kr. 23 $^m/^m$ dans les deux sens ; papier de 70 à 80 microns avec fil de soie collé au verso ou bien la contre-façon, est faite de deux épaisseurs de papier mince, avec fil de soie entre les deux. La nuance est bleu indigo, ou bleu foncé terne. Un trait sépare presque la queue du lion de gauche et la croupe. Les traits blancs du fond burelé sont moins tremblés que dans l'original. Cadre extérieur blanc rectiligne et non « cordé ». L'extrémité de la banderole arrive jusqu'au dessus de l'E de Kreuzer. (Voir illustration).

Autres faux. — Mal faits, la banderole n'arrive que jusqu'au dessus du milieu de l'R, etc.

Fausses oblitérations de Genève. — 1° Voir première émission. 2° type C, WANGEN 20 10 59 (le dessin du bas n'est pas conforme) ; TOTTLINGEN 2 APR. 1867 3 N 6 (oblit. réservée aux faux des n°⁸ 29 et 35, ainsi que la suivante) ; SCHELINGE 21 1 ....

Truquage. — N° 20 édenté. Nuance non conforme, papier de 50 mc. d'épaisseur et fil de soie..... amovible.

1858. *ID. SANS FIL DE SOIE.* N°⁸ 11 à 15.

Premier choix. — 4 marges de 2/3 de $^m/^m$.

Nuances. — Comme précédemment mais à peu près de même valeur dans chaque numéro.

Variétés. — 3 kr. avec deuxième R de kreuzer à queue longue ; divers défauts d'impression : E de kr. relié à l'U, etc.

Paires. — N°⁸ 11 : 3 U ; 12 à 14 : 5 U ; 15 ; 4 U ; les bandes de 3 des n°⁸ 12 à 14 : 10 U ; du n° 11 : 5 U ; du n° 15 : R.R. Les blocs sont tous rares. Timbres sur lettre : U, 50 ; 18 kr. : 2 U.

Réimpressions. — (1864). 1 kr. brun-jaune ; 3 k. jaune-orange et jaune pâle ; 6 k. vert foncé, vert-bleu et vert jaune grisâtre (rare) ; 9 kr. rose vif et carmin ; 18 r. bleu terne, bleu vif. Rares.

Faux. — Voir émission précédente.

Truquages. — Nᵒˢ 20, dentelure coupée; nᵒˢ 27, 32 et même 33, id. et tripotage des chiffres. Le papier trop mince (50 mc.), la nuance arbitraire (excepté pour le 6 k. nᵒ 32) et un demi-gramme de benzine suffisent à les repérer.

II. — **DENTELÉS**

Premier choix. — Les timbres doivent être centrés (rares). Pas de réimpressions.

1859-61. *ID. DENTELES* 13 1/2. Nᵒˢ 16 à 20.

On utilisa d'abord le stock restant de papier épais (80 mc. environ) et le tirage de 1859 comprend les nᵒˢ 16b, 17a, 18a et 19b. Ensuite vient l'émission de 1861 sur papier mince (50 mc. environ).

Nuances. — Sur papier épais, les neufs sont tous rares; particulièrement le 1 k. gris-brun : 2 N; U, 50; et le 9 k. lie de vin : 2 N; 2 U. Sur papier mince, on trouve deux nuances de chaque valeur (même prix), excepté pour le 1 k. où le sépia foncé est plus rare et pour le 9 k. lie de vin, plus commun neuf; le 18 kr. est bleu foncé. Les nuances du 9 k. sont plus vives sur épais que sur mince.

Paires : 3 U; bandes de 3 : 5 U; blocs de 4 : R.R. Les timbres sur lettre valent : U, 50; mais 18 k. : 2 U, 50.

Faux. — Voir émission de 1857. Dentelure possible.

Truquages des nᵒˢ 27, 32 et 33 pour faire le 18 kr. Voir émission précédente.

1862. *ID. DENTELES* 10. Nᵒˢ 21 à 24.

Le 9 kr. lie de vin est rare, mais une nuance rouge carminée vaut le double.

Paires : 3 U, mais 9 k. : 4 U.

1862-64. *NUANCES MODIFIEES.* Nᵒˢ 25 à 29.

Nuances. — 1 k. vert-jaune, vert foncé, vert mousse (rare); 3 k. rose, rose carminé; lie de vin : 4 N; 10 U; 6 k. bleu, bleu pâle : 9 k. bistre, bistre-brun et brun-noir : 2 N; 2 U; 18 k. jaune et jaune orange. Tous dentelés 10.

Paires : 3 U. Timbres sur lettres : U, 50, mais nᵒ 28 a : 2 U.

Faux. — Voir émission de 1857. Dentelés 11 1/2; 13. Genève, dentelure possible.

1866-68. *PERCES EN LIGNES.* Nᵒˢ 30 à 35.

Le perçage doit montrer 4 marges de 3/4 de ᵐ/ᵐ environ quand le timbre n'est pas décentré.

Nuances. — 1 k. vert-jaune pâle, vert-jaune, vert-jaune foncé; 3 k. rose pâle, rose carminé; 6 k. bleu; bleu pâle (presque laiteux) : 2 U; 7 k. (1868) bleu, bleu foncé, bleu indigo (bleu-noir) : N, 50; U, 50; 9 k. bistre, bistre-brun; fauve (rougeâtre) : N, 25; 2 U; 18 k. (1867) jaune; jaune-orange (rare).

Variétés. — On trouve des impressions défectueuses ; l'écu est coloré ou non, comme dans les émissions précédentes.

Paires : 3 U ; le 7 k. est rare en bande de 3 : 8 U ; timbres sur lettres : U, 50, mais 9 k. : 2 U et 18 k. : 2 U, 50.

Faux. — 18 kr. Voir émission de 1857. Aussi vieux faux du 9 kr.

Truquages. — Quelques truquages enfantins du n° 29... en mauvais état, avec perçage en lignes confectionné sur mesure. Benzine.

1869. *TYPE MODIFIÉ*. N°s 36 à 42.

Percés en lignes 10 ; le n° 42 dentelé 11. Les n°s 36 à 41 dentelés sont des essais.

Nuances. — 1 k. vert-jaune, vert-jaune foncé ; vert-bleu foncé : 2 N ; U, 50 ; 2 kr. (1872) orange terne ; orange vif, moins commun ; 3 kr. diverses nuances du rose ; 7 k. bleu clair et bleu foncé ; 9 kr. (1873) bistre et bistre-brun ; 14 k. (1869) jaune et jaune orangé ; jaune pâle : 2 N ; 2 U. Les 1, 3 et 7 k. sont de la fin de 1868 ; le 1 k. dentelé de 1874. Le n° 37 terne a la nuance du Luxembourg n° 25. Le 14 k. existerait en orange, nuance du 2 kr. ?

Paires : 3 U ; timbres sur lettres : U, 50, excepté 14 k. : 4 U et le 7 k. qui est rare.

1873. *70 KREUZER*. N° 43.

Imprimé en petites feuilles de 6 avec pointillé séparatif simple ou double. Le premier choix doit avoir des marges allant jusqu'au pointillé.

Nuances. — Lilas rouge (pointillé double) ; violet (simple).

Paires : 3 U. Très rare sur lettre : 4 à 10 U, suivant qu'il s'agit d'une carte, d'un fragment, d'une lettre.

Faux. — Vieilles contrefaçons allemandes grossières et réclames qui ne valent pas mieux ; l'une de ces dernières porte des noms de marchands à gauche et Stuttgart à droite ! Une autre imitation grossière montre toutes les parties blanches trop grandes, y compris les étoiles des coins (1 ^m/_m 1/2 maximum de largeur), la bouche du cerf fermée et le relief est beaucoup trop peu accentué. Mot FALSCH en petits caractères dans le haut, etc.

EMISSIONS SUIVANTES

Suffisamment détaillées dans les catalogues généraux.

1875. *2 MARK*. N° 51. — Origin. 18 1/4 × 21 1/4. Dent. 11 1/2 × 11.

Faux de Genève (F.). — Cliché très insidieux (photolitho), mais 18 × 21 et qui présente les différences renseignées dans l'illustration. Dent. 12, papier mince. J'ignore si on s'en est servi pour contrefaire le n° 52 (avec fausse surcharge au verso).

Fausse oblitération de Genève type C, SCHELINGE 21-1-1875.

1881. *2 MARK*. N° 55. — Faux. Le même cliché, ou un report de ce dernier a servi à contrefaire le n° 55, toujours en lithographie, même format, mais le chiffre est typographié. On le trouve dentelé 11 1/2 (au lieu de 11 1/2 × 11) ou non dentelé, en jaune ou en orange.

1881. 5 *MARK*. N° 56. — Original 18 1/3 × 21. Dent. 11 1/2 × 11.

Faux de Genève (F.). — 18 × 20 7/8. Dentelé 11 1/2. Egalement photolithographié. Les hachures des cadres intérieurs ne montrent pas la symétrie des originaux ; elles sont plutôt en « accordéon ». On trouve un « essai de couleur » de cette contrefaçon, neuf ou oblitéré sur papier grisâtre, avec impression bleu verdâtre terne, mais le « tirage définitif » est de bonne nuance sur blanc.

Les n°ˢ 51 et 52 valent 2 U sur lettre ; le n° 56 vaut : 3 U. Avec oblit. télégraphique, le n° 56 ne vaut que 50 %.

Les n°ˢ 57 et 61 ont été falsifiés pour tromper la poste ; si mal exécutés qu'ils peuvent se juger à vue.

III. — **TIMBRES DE SERVICE**

Ces timbres, en dehors des quatre premières émissions sont peu intéressants ; on trouve les n°ˢ 38 à 125 par kilos et il vaut mieux rechercher un bel exemplaire du 1 kr. brun (poste, n°ˢ 6, 11, 16 ou 21), car on pourra l'échanger facilement dans 20 ans contre toute la collection des timbres de service de 1907 à nos jours.

1881. 1 *MARK JAUNE ORANGE*. N° 14.

Original. — 18 1/2 × 21 1/3 (sur lettre : 2 U.). Dent. 11 1/2 × 11.

Faux de Genève (F.). — 18 2/3 × 21 1/2. Dentelé 11 1/2. Nuance passable (un peu ocréc) ; papier trop épais, mais ceci peut être modifié. Grave défaut dans le dessin à gauche en bas (voir illustration), et même défaut dans le dessin du coin supérieur droit (à droite).

Fausse oblitération de Genève, grand cachet à date 1 cercle, URACH .... OCT 1 (lettre b à gauche au milieu....).

1906. *COMMEMORATIFS*. — Quelques fausses surcharges. Comparaison. On trouve également des fausses surcharges du n° 61 de 1919, la seule nouveauté qui ne soit pas extra commune.

YOUGOSLAVIE

Pays à nouveautés où les fausses surcharges abondent. S'abstenir totalement ou spécialiser à fond en comparant minutieusement tout ce qui est surchargé, notamment pour les n°ˢ 1 à 26, 85 à 108, 145 à 149, ainsi que les journaux (3 et 4) et les taxes.

Faux. — 1918, n°ˢ 31 à 34. La comparaison des hachures et lignes de lumière du personnage agenouillé suffit. Plutôt percé en lignes que dentelé. Dans le 45 h. les chiffres 5 sont trop grands, trop « carrés ».

1920, n°ˢ 85 à 86. Faux de tirages clandestins ; nuances, format et papier non conformes.

TABLE DES MATIÈRES

VADE-MECUM

DU

SPÉCIALISTE-EXPERT

EN

TIMBRES-POSTE

HORS D'EUROPE

PAR

FERNAND SERRANE

Description des Originaux et des Faux

Nombreuses illustrations

BERGERAC

IMPRIMERIE GÉNÉRALE DU SUD-OUEST (J. CASTANET)

Place des Deux-Conils

1929

* 9 7 8 2 3 2 9 2 0 3 1 5 7 *